U0377113

中国文学人类学理论与方法研究系列丛书

叶舒宪 著

玉石神话信仰与华夏精神

复旦大学
出版社

本丛书为国家社会科学基金重大招标项目

"中国文学人类学理论与方法研究"（10&ZD100）　　结项成果

上海市新闻出版专项资金

上海交通大学文学人类学研究中心、神话学研究院

上海市社会科学创新研究基地——中华创世神话　　资助项目

中国社会科学院比较文学研究中心

序　言

对于当今的人文研究者来说，一个又一个的研究项目，已经成为我们学术生存的常态。我从1978年进入大学学习至今，四十年来，也不知做过多少大大小小的项目。本项目——"中国文学人类学理论与方法研究"（编号10&ZD100），是2010年国家社科基金第一次将重大招标项目向基础理论研究开放时，首批中标的文学类项目。2016年，这个重大项目以较为丰富的成果和较为突出的理论创新，获得免检结项。此后就进入出版的程序中。

本项目中期成果的代表著是2013年出版的《文化符号学——大小传统新视野》一书（陕西师范大学出版总社）。最终结项成果一共五部书稿，即《玉石神话信仰与华夏精神》《文学人类学新论——学科交叉的两大转向》《四重证据法研究》《希腊历史神话探赜——神、英雄与人》《玉石之路踏查续记》，其中的《玉石之路踏查续记》是系列的田野调查报告，已在结项后的2017年率先出版（上海科学技术文献出版社）。本书《玉石神话信仰与华夏精神》则是项目中突出体现新理论和新方法应用的研究成果。其所承接的前一个案例，是2015年出版的前一个重大项目成果《中华文明探源的神话学研究》（社会科学文献出版社）。2017年以来的第三个研究案例，则是在2018年夏刚刚完成尚待出版的《玄玉时代——五千年中国的新求证》（上海人民出版社）。如上所述，本书和其前后的两个研究案例合起来，可以视为近十年来完成的"玉成中国"理论研究的三部曲。

我曾用一个结构图式来简括地说明文学人类学理论与方法论的学术脉络情况。阅读本书的读者可以通过这个图式来理解理论、方法、研究个案三者之间的关联与对应：

实际上，本项目的理论目标在一开始立项时，就确认为梳理文学与文化的关系。不过，那时的认识还比较朦胧。随着研究工作的展开，这个目标就逐渐清晰起来，那就是要在一般而言的文学理论之外，重新构建一套新的文化理论。新理论的形态称为"文化文本论"，其特点是：从前文字时代（即文化大传统）的图像叙事和物的叙事所构成的"文本"（文化的一级编码），到象形文字本身的"文本"（二级编码），再到文字书写的早期文本（三级编码）和后期文本（四级编码，或称N级编码）。将文字产生以来的传统视为文化的小传统，再将小传统放置在和大传统的有机联系中，重新认识它。这就是我们目前十分明确的理论追求。新理论的基石是学术新发现和新材料，这里主要指近百年来中国考古学对中国史前文化和上古文化脉络的全新认知。有学界友人戏称，文学人类学研究者正在经历一场"考古学转向"：原来研究文本文献的，现在都去研究遗址和文物了。如今看来，文学人类学研究方法论，从20世纪90年代总结的"三重证据法"到如今的"四重证据法"，确实是经历一个考古学转向的结果。

有朋友进入我们的办公室时会感到惊讶，书架上摆满的书，怎么不是文学名著，而是一堆又一堆的考古报告呢？要建构一套以文化大传统的再发现和再认识为契机的文化理论，绝非易事。这将是一场知识观和文化观的大变革。我们确信，对文化大传统认识的深度，直接决定着我们对中国文化总体的理解程度。本书梳理出的"华夏精神"之渊源和脉络是否准确和稳妥，还有待于专家和读者给予批评和判断。

借此机会，向参加本项目和关心、支持本项目的所有同仁们，向承担这个系列出版工作的复旦大学出版社，向尽职尽责的宋启立编辑表示诚挚的谢忱。

目 录

第一部 玉 的 信 仰

第一部

玉 的 信 仰

第一章

玉石神话背后有一种"信仰"吗?

——关于华夏文明信仰之根的讨论

▶本章摘要◀

　　2014年秋,文学人类学界的青年学者读书会分别在京沪两地举行,讨论的主题是:玉石神话信仰是否可以被视为一种独立的宗教现象?怎样才能从考古学资料重建出的大传统[1]新知识出发,探寻华夏文明的信仰之根?由此问题讨论所引发的另外的问题是:相对于西学的理论优势,为什么中国的人文学界迄今少有自己的理论建构和理论输出?学者要怎样努力才能实现理论的突破?回答是必须从青年学者开始培育理论思维的训练功夫,引导其思考重大理论问题的自觉性。玉石神话信仰(可简称"玉教")的深入探讨能够突破有关中国无宗教的现代偏见,找回驱动华夏文明发生的信仰之根。

　　2014年秋, 文学人类学界的青年学者在上海、北京、成都先后组织3次读书研讨会活动,研讨的共同主题是探寻华夏文明发生背后是否有统一的神话信仰? 玉的宗教算不算一种潜在的宗教(拜物教)? [2] 为什么我们这个文

---

① 本书中的一对重要概念即"大传统"和"小传统",过去都按照美国人类学家雷德菲尔德的用法,分指精英文化和民间文化,是层级划分;文学人类学一派将这对概念重新定义:大传统指无文字的文化,小传统指文字记录的文化。这是时间上(先于文字的史前时代)和空间上(外于文字的社会)的划分。参看叶舒宪等编:《文化符号学——大小传统新视野》,陕西师范大学出版总社,2013年。

② 笔者于2009年在首届世界汉学大会(于中国人民大学)的发言中,首次提出玉教是中国的国教这一观点。详见叶舒宪:《玉教——中国的国教:儒道思想的神话根源》,《世界汉学》2010年春季号,第74—82页。

明的崛起，能够在东亚地区、在数百万平方公里的巨大范围内，整合不同的地域、族群和文化，构成一个相对统一的国家行政体？华夏文明国家形成期的夏商周三代，同属所谓"青铜时代"，为什么在金属崇拜之上，还会流行"玉亦神物也"（《越绝书》）或"玉帛为二精"（《国语·楚语》）的信仰观念？本章首先从这场学术讨论出发，以期引发更加深入的探究，希望有助于文学人类学一派的中国范式的理论建构和理论提升。

第一节 玉文化理论建构

2014年10月23日星期四，上海交通大学的文学人类学专业师生举办了一场专题读书研讨会，参加者有唐启翠、安琪、章米力、吴玉萍、张玉、栾为、赵菡、公维军等。讨论的主题一明一暗，相互呼应。明的是：对应马克斯·韦伯《新教伦理与资本主义精神》的理论思路，追问中国的玉石信仰是不是一种宗教？它对催生华夏文明有怎样的作用？暗题是：西学东渐以来，中国人文学界有什么成功的理论建构吗？如果成功的理论建构寥寥，其原因何在？我们提出这样的对应问题，意在针对我国人文学界的先天弱点，训练青年学人自我培育理论思维能力。

西方学术的根基在于古希腊文明，以科学和哲学的突破为代表，其所突破的是来自史前时代漫长的神灵信仰和神话思维传统。一旦突破，形而上的理论思维通过"逻各斯"的新权威的确立，主宰了其后两千多年的思想发展。理论思维的特质是抽象思考的能力，由此催生出哲学家辈出的群星灿烂局面。

当今中国的人文学科为什么在国际上发不出自己的声音，基本上还处于为人家提供资料的境地（中国文科的学术出版物在国际上被引用最多的，不是研究成果，而是考古发掘报告！）？数一数改革开放以来输入中国的形形色色的外国理论有多少，再数一数我国输出国外的人文学科理论又有多少，就立刻明白了：逆差是巨大的，巨大到惊人的地步。造成这种强烈反差局面的主因，就是国内的文科教育没有把培育理论思维当作重要的目标。国内学者一般缺少那种能够独当一面、自立门户的理论气势。国人为什么不习惯理论思维呢？这和从业者理论素养和理论积累较差，总体上缺乏理论抽象和理论建构的能力有关。这就难免出现一些不自量力的理论构建尝试，结果往往是留下一些学术怪胎，如同过眼云烟，或给学术史留下反面的案例。多数人面对此情此景，也就望而却步，不去费神费时思考理论问题了。

笔者在会后总结道：做学术研究，如果没有高瞻远瞩的理论视野，做得再好也类似"匠人"，无法提升到一种高度和境界上。中国传统文化以禅宗式悟道和考据学实证为特色，理论思维是其所短，堪称先天不足。西学东渐以来，我们要以己之短竞人之长，难度可想而知。国内的文科学人凡是在理论上有所建树的，可以说全都离不开向西方学习。目前中国的文、史、哲、人类学、考古学等都没有发展出独立自主的理论体系。有人以钱钟书为例，说明中国学人为何竭力回避理论，以至于情愿去写小说，也不愿追求体系的理论。

现代以来，在文科方面，中国学人的理论努力大体属于借鉴、应用西方理论。当代汉语学术圈内声望较高的人文学者有美籍华裔张光直和余英时，前者是人类学家，后者是史学家。余英时主要受到两个西方理论家影响，即马克斯·韦伯的宗教社会学理论和社会学家莫顿的中程理论。观其代表作《士与中国文化》可知矣。余英时把韦伯的命题搬到中国语境中来做，我们认为这种做法属于理论照搬，难免有郢书燕说之嫌。这和当年王国维照搬德国哲学家叔本华理论解释《红楼梦》的情况相似。这里的理论挪用缺乏一个人类学的本土化转向过程，难免有误区和产生误导作用。其误区在于把西欧的问题当作中国的问题，把西方的理论当成普世有效的万能药方；没有去寻找本土文化自觉的方向，没有找到中国文化自身的问题。要追问为什么没有找到，或许是沉溺于文字小传统的知识牢房，没有窥见文字之外的文化大传统吧。张光直在这一点上比较自觉，因为他的专业方向是考古人类学，自然较为熟悉文化大传统的新知识。他在晚年著述中一再点明中国文化的特殊性，提示中国社会科学应该对世界学术作出独特贡献。可惜他写完一篇充满激情的论文讨论玉琮，并未循此方向全面进入玉文化的史前脉络探究，他关注比较多的还是商周的青铜器。如果他能在写完《中国青铜时代》之后，再续写有关中国玉器时代之类的著述，那么其理论建构的规模和特色就会非同一般。

文学人类学一派是在改革开放以后的学术环境中孕育出的，希望能够在前辈领袖级学者止步的地方，全力推进，寻求理论上的创新与突破。文化大传统理论的提出，对于两三千年来沉溺于书写文献的国学学术传统而言，不啻为轰天惊雷。与此相关的"玉石神话信仰即玉教"的理论探讨，无非是要给构成中国文化大传统的玉礼器符号体系，寻找一种发生学的驱动力。在这样的问题意识下对照韦伯的理论，有没有必要？这和余英时的照搬韦伯理论运用于中国历史一样吗？显然不一样。比余英时更早些时候，梁启超曾经附和西方学界的普遍说法，认为中国先秦没有宗教，后来能够算得上中国本土宗教的只有道教。他还说与西方的教堂和神学相比，道教的表现愚昧至极，丢国人的脸，不值一提。[①]梁启超那个时代中国考古学还没有开始建立，所以缺乏大传统新知识，根本无法弄清儒道墨的思想来源是什么，更说不清道家供奉的主神为什么叫"玉皇大帝"！如今我们可以说"玉皇大帝"之得名，是小传统的文字编码，也是对大传统核心信仰的再传承和再编码！

　　如今有大传统知识为新的起点，我们可以说：儒道墨三家，他们彼此区别的东西都是孔子、老子、墨子分别提出和强调的；不过，他们三者共同的东西却无人关注，那就是玉崇拜和圣人崇拜。儒道墨都是小传统的知识分支，其树根来自大传统的玉石神话信仰。圣人和俗人的区别很简单，老子的《道德经》透露一个细节，叫"圣人被褐怀玉"[②]。儒家更是对君子佩玉制度深信不疑。中国文学的开端作品《诗经》《楚辞》中充满着对美玉的颂扬之辞。根据老子的一句重要提示，华夏传统的圣人崇拜还可以还原为史前大传统的玉崇拜。作为拜物教的玉教是发生在文明国家诞生之前的一种"国教"，它支配着古人的世界观和人生观，支配着汉语表达习惯，也支配着汉字的造字活动。《说文解字》第六部首124个从玉旁的字，已经举世无双地证明这个文明最关注的东西是什么。西方人表达其自由理想常常用诗人的语言说："生命诚可贵，爱情价更高，若为自由故，二者皆可抛。"中国古人表达类似的价值观更有一个统一的措辞，叫作"宁为玉碎，不为瓦全"。

　　我们还希望从玉石神话和玉石信仰的学术讨论中总结经验，训练每个参与者的本土文化自觉和理论反思、建构能力，进一步思考我们预设的暗题：

---

① 梁启超：《饮冰室合集·饮冰室专集之九十九·中国历史研究法（补编）》，中华书局，1989年，第140页。
② 朱谦之：《老子校释》，中华书局，1984年，第281页。

"中国文学为什么没有提出属于自己的理论？" 对本土文化的聚焦和再思考，将引发文化自信与理论自觉，使我们不再简单地盲从和挪用西方理论，而是从华夏传统的整体把握中尝试提炼适合本土的理论。

当代最负盛名的历史学家之一，英国的汤因比（Arnold Joseph Toynbee）在《人类与大地母亲——一部叙事体世界历史》（*Mankind and Mother Earth: A Narrative of the World*）中，纵论世界各文明的兴衰历程，视野之开阔，气度之宏伟，一定让许多读者为之叹服。不过该书直到第十三章才讲到中国文明兴起，而且仅以公元前1500年左右的商代文明为起始，这就实在不够大气了。其基本观点是，中国文明破晓之际也出现过一系列创新，不过这些创新似乎是受到外来文明影响的结果。如马拉战车，是公元前18世纪或稍后从欧亚大草原传入中国的；再如甲骨文，是受到苏美尔文字的影响而产生的。中国的青铜器生产也是受到西方的影响而出现的。汤因比据此认为中国文明的发生与苏美尔文明的自发进化截然不同，是受域外文明刺激而形成的。①这里不准备就中国文化西来说的老调重弹展开批驳，让我最感遗憾的是，汤因比对中国文明独享的玉文化基础只字未提。从这位国际史学界的泰斗级学者可以看出，外国人缺乏对一个文明特有要素的感同身受的真切体会，这样就难以指望从这个文明外部去找到认识文明发生的动力要素。这样一种在历史表象背后隐藏得极深的精神驱动力，只有在本土文化充分自觉的知识人这里，才有希望根据新发现的考古材料得到一种整合性的认识。任何外来的文明理论，如果不能结合中国文明发生的实际特色，就难免会有郢书燕说之嫌。这就预示着本书探讨的基本原则：立足本土，面对中国素材，强调中国问题。

第二节　项羽在鸿门宴上为何不杀刘邦
——玉教伦理钩沉

要走出文字书写小传统旧知识的束缚，就要走出读书人已经熟知的"文

---

① ［英］阿诺德·汤因比：《人类与大地母亲——一部叙事体世界历史》，徐波等译，上海人民出版社，2012年，第108页。

字时代"和"青铜时代"的观念,真正进入那个既没有文字也没有金属的时代中去。带着这样的期待,"玉石神话信仰是不是宗教"的讨论,从上海移至北京。在2014年11月4日星期二,第二个以"玉石崇拜和信仰"为专题的文学人类学读书会在北京语言大学举办。出席会议的有北京语言大学比较文学专业的黄悦副教授,中国社会科学院文学研究所谭佳副研究员、王蓓助理研究员,中国社会科学院研究生院夏陆然博士,内蒙古社科院包红梅研究员,中国社会科学院民族学与人类学研究所易华研究员,中央民族大学于玉蓉博士(博士后),《中国社会科学评价》杂志社编辑方艳,还有《光明日报》的记者郭超、《中国玉文化》杂志的记者和文化部官员等。

这一次的读书会由笔者先主讲"鸿门宴上的5件玉器",以说明一种本土信仰支配下的文化价值观,如何让项羽放弃杀掉刘邦的初衷。大家围绕刘邦带到鸿门宴的特殊礼物"白璧一双"的解读,引出玉石神话传播史中的白玉崇拜起源问题,并直接借来韦伯考察资本主义兴起的理论术语,称之为玉石宗教信仰的"新教革命",其意义在于给华夏统治者确定出一个"天子佩白玉"的独尊性价值谱系。楚汉相争的实质就是谁该当天子,重新号令天下。天下至宝白璧的出现等于告诉项羽:刘邦虽然先入秦都咸阳,却无意争夺帝王尊位,他有意要把天子之位留给项王。项羽当然熟知"化干戈为玉帛"的华夏王权原理,在得到白玉璧的情况下无论如何也不能再动杀机,所以决意放弃对刘邦的追杀。此处凸显出玉石神话信仰的符号圣物之力量。在此基础上,才好理解秦始皇建立大一统帝国时为什么偏偏看中一件天下太平的统治象征物——传国玉玺。

北京的读书会围绕玉石神话信仰是否能算作一种宗教的问题展开热烈讨论,有赞同者,也有质疑者。质疑的理由是判断宗教的标准,若没有教堂、寺庙和圣经,没有传教人员和固定的仪式规范,似乎不宜称为宗教。对此质疑的答复是参考国际上比较宗教学有关原始宗教和拜物教的观念,尤其参考伊利亚德所说的"神圣与世俗"的划分,要看有没有对玉的崇拜和信仰,以及一整套相关的神话观。另外,参考华裔学者在国际宗教学界代表作,即杨庆堃(C. K. Yang, 1911—1999)的《中国社会中的宗教》①一书,其中关于

---

① [美]杨庆堃:《中国社会中的宗教》,范丽珠等译,上海人民出版社,2007年。

"制度性宗教"（institutional religion）与"弥漫性宗教"（diffused religion）的区分，特别适合中国国情。玉石神话信仰来自中国史前的文化大传统，它一直支配着华夏文明的最高统治者；而在文字书写的小传统中，除了传国玉玺制度2 000多年不变以外，玉石神话信仰逐渐沦落为民间信仰和中医的若干信条。针对此种现象的理论概括，使用全称是"玉石神话信仰"，使用简称则可以说是"玉教"。

还有一个关键的辨析在于，韦伯要论证的基督教新教，是众人皆知的现实存在；我们要论证的玉教，早已在华夏国家历史中湮没、失落了，它是否存在过，主要依靠地下出土的史前玉礼器的广泛而持久的分布给予实物证明。像凌家滩文化和良渚文化的高等级墓葬中随葬上百件或数百件玉礼器的现象，不从宗教信仰角度去看，是难以解释的。由此看，所谓"玉教"这样一种特殊的崇拜现象，是立足于当今的新学术资料，从理论意义上重新建构出来的。之所以要提示玉教的存在，是因为只提玉石神话，很容易被误解为文学方面的虚构，不能突出强调玉石玉器被神圣化和神秘化的信仰原因。

笔者写给读书会成员的寄语是：学术研究如同一场漫长的接力赛跑，你要明白自己处在什么位置，要接谁的棒，在你几十年的学术生涯中能将这一棒传到哪里。最关键的是需要思考你如何在竞赛中取得和保持领先的、领跑的地位。一般学者只跟随个人兴趣做研究，或者迫于生计跟着人家的项目做研究，不去思考学术史传承问题，这样的学术起点不能算高，研究也成不了气候。国内的文学人类学研究，从无到有，如今有一点优势，就是力求能处在人文学一方面的领跑位置。原先这一批学者也是专注于问题导向，个案研究，特别是用文化人类学视野与方法解读中国上古的经典，但不追求理论建构，只强调先人一步的方法论，即四重证据法。自2010年重大招标项目立项以来，本学术团队转而思考理论建构问题。目前已经提出的"大小传统"和"文化符号编码论"，[①]是初步的理论提炼，还需要进一步地充实和完善。希望能够由此形成一种具有普遍适应性（最好能够解释古今的文学和文化现象）的文学和文化理论，不光针对史前和上古，还要兼顾当代，甚至能够解

---

① 参看本项目的阶段性成果，叶舒宪等编：《文化符号学——大小传统新视野》，陕西师范大学出版总社，2013年。

释贾平凹、莫言和村上春树等的创作。

如何才能让文学人类学方向的青年一代学人继续在国内人文学科发挥理论的领跑作用，避免被西方理论完全宰制和裹挟，从而引发本土文化自觉，这是笔者组织青年学者读书会的初衷所在。思考此类问题，需要回溯我们对学术史接力赛的意识是如何形成的。早在1979年3月7日，笔者那时读大学二年级，在以阶级性、人民性之类为主的教科书体系中，拿着印刷着"最高指示"的油印本教材，学习苏联模式的文艺理论。与此同时，在大洋彼岸，张光直先生在耶鲁大学做了一个题为"中国青铜时代：一个现代的综合"的演讲。其中说到：中华人民共和国成立30年来的考古学进展，"最大的收获是在中国文明形成阶段上的新的知识，也就是中国青铜时代的新知识"。原因很简单：

> 青铜时代的考古将我们对中国历史的了解造成了基本性的改变。我们甚至可以说在三十年以前我们还不知道中国的历史是如何开始的，可是现在我们已经知道了或至少已经开始知道了。[①]

如今，30多年过去了。我们之所以能给司马迁的鸿门宴叙事作出玉石神话信仰的新解读，也是依赖"新知识"的法宝。不过现在不再是青铜时代的新知识，而是玉器时代的更新的知识。套用张光直的原话，重新说一遍，即：

> 玉器时代的考古将我们对中国历史的了解造成了基本性的改变。我们甚至可以说在三十年以前我们还不知道中国的历史是如何开始的，可是现在我们已经知道了或至少已经开始知道了。

对比张光直的有关青铜时代新知识的慷慨陈词，时间过去了35年；更深远的知识观大改变，可以压缩为一句话，即："青铜"变成"玉器"。这就是学术思想与时俱进的很好案例。

1992年，夏商周断代工程首席专家李学勤先生发表宏文《走出"疑古时代"》，对20世纪20年代以来北京大学以顾颉刚、胡适等人为首发起的"古

---

① ［美］张光直：《中国青铜时代》，生活·读书·新知三联书店，1983年，第1页。

史辨"运动及其影响深远的疑古学派，发出告别宣言书。书中写道：

> 我们要讲理论，也要讲方法。我们把文献研究和考古研究结合起来，这是"疑古"时代所不能做到的。充分运用这样的方法，将能开拓出古代历史、文化研究的新局面，对整个中国古代文明作出重新估价。[①]

李先生为什么要用"走出"一词呢？因为实际上不走出不行，人如果被旧观念局限住，就无法展开创新思考。走出之后，会迎来思考范式的变革，出现重写历史的契机。其连锁反应，可参见李学勤的《重写学术史》[②]和美国学者夏含夷的《重写中国古代文献》[③]等。20世纪90年代的学术氛围，鼓励我们走出疑古时代，到今天又觉得不够，需要再度走出两个传统观念的制约。如今我们要走出的是什么旧观念呢？不光是疑古派思潮造成的几十年旧观念，而且还有自先秦两汉以来的书本知识造成的2 000多年的旧观念，还有就是现代性的知识传统之青铜时代说。所以如今具有超前意义的学术号召是两个：

第一，走出文字时代；

第二，走出青铜时代。

换成文学人类学的术语，可以说：走出小传统知识观的束缚。

不然的话，所谓前文字时代的文化大传统，只能流于空谈，可望而不可即。为什么不可即？因为我们的身体加头脑都被文字知识的小传统占据和宰制了，都被书本知识牢牢掌控住了，不解脱出来，无法虚心地重新学习，面对大传统新知识。

第三节　协作攻关：探索夏文化的考古难题

关于青铜时代的知识是过去几十年内发生的，相对于书本中心的传统

---

① 李学勤：《走出疑古时代》（修订版），辽宁大学出版社，1997年，第19页。
② 李学勤：《重写学术史》，河北教育出版社，2002年。
③ ［美］夏含夷：《重写中国古代文献》，周博群等译，上海古籍出版社，2012年。

知识而言，当然是新知识，但是相对于比青铜时代更早的大传统知识而言，则又是老的、旧的。不走出青铜时代说的束缚，就难以觉悟到在青铜和其他金属出现以前很久的时候，玉石神话信仰统治的世界已经是十分辉煌的，而且也是非常广阔的。玉教观念驱动和统治的时代，就是我们说的"玉器时代"。

其实走出疑古时代的努力一直是中国史学界（考古学在中国隶属于历史学）在现代以来全力推进的方向，走出疑古时代的一个重头戏在于如何打消西方人的怀疑，求证夏商周三代历史的真实性，证明那些圣王谱系都不是神话传说。商晚期都城安阳已经被找到，接下来就是继续发掘和研究。关键是怎样寻找夏代的王都。以往的文献本位式研究根本无法完成这一任务，于是学界诉诸对中原地区 4 000 年前后遗址的考古发现。排查的结果是，大家把目光聚焦到洛阳盆地偃师市的二里头遗址，并提出二里头文化的概念，[1]希望能够借助出土文物来重新建构有关夏代的真实面貌。

有采访人问考古学家安金槐关于 1990 年在洛杉矶举行的夏文化国际研讨会的情形，安先生有如下答词："在这次会议上发言的，凡是中国学者基本都认为中国历史上有'夏代'这个历史发展阶段，而国外的学者，则多不承认中国历史上有'夏代'这个历史发展阶段。"[2]可见有没有夏代，关乎中国人的历史认同和民族感情，不只是纯粹的学术问题。如今的考古学界一致公认：探索夏文化是中国考古学的最大难题之一。[3]

从考古视角看夏文化，有一个当代的理论建构标本——《手铲释天书》。该书汇集了探索夏文化的25位专家学者的访谈录，主要用中原出土遗址和文物去求证文献上记载的夏王朝。[4]根据以往的考古学碳十四测年数据，二里头文化一期的时间被定在公元前1900年，自一期至四期的时间则在公元前1900年至前1600年。[5]这看上去和夏王朝延续的时间大体相近。

---

[1]　关于二里头文化及其分期，参看中国社会科学院考古研究所编：《二里头（1999—2006）》第1卷，文物出版社，2014年，第25页。

[2]　张立东、任飞编：《手铲释天书》，大象出版社，2001年，第20页。

[3]　中国社会科学院考古研究所编：《中国考古学·夏商卷》，中国社会科学出版社，2003年，第38页。

[4]　张立东、任飞编：《手铲释天书》，大象出版社，2001年。

[5]　中国社会科学院考古研究所编：《新中国的考古发现和研究》，文物出版社，1984年，第214页。

但天有不测风云，以二里头文化为夏文化的假说，如今已经面临重大挑战：从1999年结项的"夏商周断代工程"，到2001年启动的"中华文明探源工程"，按照更严谨的科学尺度重审以往的碳十四测年数据，得到的新结论，有出乎专业人士意料的重要变更，那就是中国考古遗址和遗物的碳十四测年数据的整体性后移，一下子把原本认为属于夏代的遗址，推后到商代纪年范围。二里头文化一期的起始年代被重新确认为公元前1800年，甚至是公元前1750年，[①]这就比商代的开端略早而已。如果是夏，也是夏末的一个尾巴，用夏的初始年即公元前2070年，减去1750年，是320年，基本上相当于夏代的大部分时间。也就是说：即使二里头文化真属于夏代文化，那也是夏代历史发展的一个尾巴，夏代历史的全身并不在二里头，甚至还可能并不在中原腹地。

这是令人惊讶的学术信息。自从徐旭生到豫西地区寻找夏代都城开始，许多古史学者怀抱着希望奋斗一辈子，发掘，清理，登记，研究，撰写，发表……大家都在为证明夏代都城而不懈努力，可是天道酬勤的古训却不能兑现，因为研究的前提和出发点就有所偏差，所走的路线就难以保证不会误入歧途。考古学的知识传承就是这样严酷，一点也不讲情面。一个新的发现，一次年代数据的更新，就会报废很多人一生的心血和劳动。

明白了上述背景，才能够理解，为什么文学人类学学会的同仁要以那样大的热情去探索中国考古学研究的焦点问题，尤其关注距今4000年前后的华夏文明发生遗迹。其中，2012年公布的陕西榆林石峁遗址的新发现，无疑是引人注目的。石峁古城不仅面积巨大，号称中国史前最大的一座城池，而且其年代距今约4300至4000年，那不正是人们一直相信的夏代开启之际吗？城墙的门墩和墙壁里都发现玉器，这不是应验了夏代帝王修建瑶台、玉门的传说吗？自2012年至2013年，笔者3次前去调研，陆续发表相关文章，并且与中国收藏家协会合作组织"中国玉石之路与玉兵文化研讨会"。2014年6月，笔者还到石峁遗址黄河对岸的山西兴县调查史前玉器。[②]目前来看，

---

① 中国社会科学院考古研究所编：《二里头（1999—2006）》第3卷，文物出版社，2014年，第1287页。

② 叶舒宪：《玉石之路黄河道再探——山西兴县碧村小玉梁史前玉器调查》，《民族艺术》2014年第5期。

石峁玉器一个世纪以来大量流失在古玩市场上，发掘所得只是少数。[①]来自石峁的私人收藏品玉器中有一些精美白玉质的玉器，其原料很可能来自遥远的西部。这些白玉材料的重要性，有助于考察中原文明中白玉崇拜的起源线索，可以链接周穆王西游昆仑山采集美玉的传奇叙事，以及《战国策》与《史记》一致讲述的昆山之玉通过雁门关进入中原的古道——这当然都是大大早于丝绸之路的，属于华夏战略资源运输的文化大通道。要追问拉动这条玉石之路开通的根本原因，则非史前一直在各地传播扩散的玉石崇拜和神话信仰莫属。而反过来说，玉石之路的开通则为新疆的和田白玉输入中原，改变以往数千年史前玉文化的颜色特征，催生玉教的"新教革命"，[②]奠定了物质基础。

回到证明夏王朝是否存在的问题上，目前最有效的证据之一就在于寻找距今4 000年前后的高等级的玉礼器群的存在。理由是，在夏朝之前的龙山文化、良渚文化、石家河文化都受到玉石崇拜神话观念的影响，有发达的玉礼器生产，与夏王朝大约同时的西北齐家文化更是拥有丰富的西部玉矿资源作为玉礼器生产的条件。在夏朝之后的商周文化，也都保留着大批量生产和使用玉礼器的传统。两相对照起来看，夏王朝统治者受到玉石崇拜观念影响的程度不会亚于青铜时代之后的商周两代，夏王朝的都城一定不会缺少规模性的玉礼器生产和相关遗迹。如果说二里头遗址年代稍晚一些，王城岗、新砦和禹州瓦店等中原遗址都缺少规模性的玉礼器存在，那么，寻找夏王朝早期都城的努力或许需要一个朝向西或西北的转向。

研究玉石神话，没有辨玉的知识不行，没有植根于本土的想象力也绝对不行。需要遵循人类学家所说的"从本土视角去看"（from the native point of view），否则就无法理解瑶台、玉门一类夏代建筑的所以然，也无法理解项羽为什么一见到刘邦献上的一对白玉璧，就放弃追杀。就是这一对白玉璧，救了刘邦的命。项羽因为太看重白玉璧的缘故，才犯下放虎归山的大错，最后败给刘邦，让后者得以创建新的王朝——汉朝。

---

① 孙周勇、邵晶：《石峁遗址的考古新发现及有关石峁玉器的几个问题》，见叶舒宪、古方主编：《玉成中国——玉石之路与玉兵文化探源》，中华书局，2015年，第64—70页。
② 参看本书第十三章。

　　2 000多年过去了，如今我们站在9 000年玉文化传承的历史长河中，回顾这场千古流传的鸿门宴，似乎可以进一步理解玉璧的信仰意义。[①]特别是白玉璧的稀有性，使之成为所有玉礼器中的极品。以刘云辉主编《陕西出土东周玉器》一书收录的出土样品为例，玉璧总共有36枚，以青玉为主，青白玉次之，白玉璧则一枚也没有！我们对此的感悟是，白玉璧是先秦时代顶级的玉礼器，其神圣性对项羽来说，是无与伦比和至高无上的，而对于刘邦来说，白玉璧亦是足以拯救自己于危难的天下至宝。没有这样预先备好的重礼，他岂敢踏上亲赴鸿门之宴的路？

　　对于后人来说，深入探究刘邦之所以能够从九死一生的鸿门宴全身而退，就需要进一步理解玉石神话的信仰作用如何在暗中支配着项羽的行为。

　　找出华夏文明背后的信仰之根，不仅能够说明儒家君子比德于玉的伦理根源，解读道教玉皇大帝想象的温床，而且对文字小传统中的历史叙事，如卞和献玉璞、完璧归赵和鸿门宴之类，也能作出新的历史理解和深度文化阐释。

---

① 参看本书第五章。

第二章

玉石神话观

本章摘要

　　本章从玉石神话看华夏文明的信仰祖根，依靠四重证据法去重建这一段失落已久的中国思想史前史。通过发掘女娲补天神话的潜隐物质内涵，分别透视金属天体神话观与玉石天体神话观的文化渊源，说明孰为文化大传统，孰为文化小传统，并揭示大传统的玉石崇拜及其神话对小传统的发明具有怎样的原型编码意义。

　　世界五大文明古国是怎样发生的？从精神层面看，孕育文明大树的信仰之根何在？中国文明的孕育发生期，能否找到这样一种信仰之根？这是本书重点攻坚的学术难题，也是本章承接上一章，要概括论说的主旨所在。

　　2015年1月笔者应邀到贵阳孔学堂讲授儒家神话，讲座之后与《当代贵州》杂志的记者姚源清就讲座的内容进行了深度对话（笔谈），本章第一节的内容即由此构成，并大体保留着笔谈格式的问答体。本章第二节以女娲补天神话的深度阐释为例，说明华夏史前宗教中的"天"与"玉"的信仰关联，尝试重建其以玉为天的大传统神话宇宙观。

第一节　关于华夏文明信仰之根的对话

文明的信仰之根

姚源清（下简称姚）：中国文化源远流长，谈论中国文化信仰，必定离不开神话叙事，如何看待二者之间的关系？

叶舒宪（下简称叶）：从世界文明史的大背景看，所有的史前文化无疑都受到一种相似的思维方式和共通的观念形态支配，用意大利哲学家维柯（Giovanni Battista Vico, 1668—1744）和德国哲学家卡西尔（Ernst Cassirer）的命名，这种史前的思维方式称作"诗性智慧"或"神话思维"。[①]这个时期所能产生的思想观念，大都包裹在神话的象征叙事之中，而不是概念式的、推理的理论表述。中国文明的发生期当然也不例外。

现代疑古派学者将中国上古史的前段视为"伪史"，用胡适的话说是"现在先把古史缩短二三千年"，[②]认为东周以上的历史为神话传说。如今看来，这是对文化传统认识上的自我遮蔽。受到西学洗礼的现代学者要求用客观实证标准来确认文献记载的历史的可信性，将中国人的一部信史缩短到仅有2000多年，其根本误解在于将神话和历史看成完全对立的东西。这是西学东渐以来西方的学术分科制度造成的一种观念误区，以为文学专业所讲的内容都是虚构想象的，历史专业的对象则是客观真实的。而事实上，所有的"历史"都不可能是客观发生的事物原貌，而是对历史事件的人为表述。所有古文明国家的历史都是从神话叙事开始的，[③]不论是《圣经·旧约》讲述的希伯来历史，还是希罗多德《历史》讲述的古希腊历史，就连古希腊地理学家斯特拉博的巨著《地理学》中也充斥着古希腊的和其他地区的神话传说。[④]

---

① ［德］恩斯特·卡西尔：《神话思维》，黄龙保、周振选译，中国社会科学出版社，1992年。

② 胡适：《自述古史观书》，载顾颉刚编著：《古史辨》第1册，上海古籍出版社，1980年，第22页。

③ 参看金立江：《苏美尔神话历史》，南方日报出版社，2014年；林炳僖：《韩国神话历史》，南方日报出版社，2012年。

④ ［古希腊］斯特拉博：《地理学》，李铁匠译，上海三联书店，2014年，第247、252、539—542页。

就我国的史书而言，不仅《尚书》离不开神话，[①]就是《春秋》和《史记》也都被神话思维和神话观念所支配，[②]距离现代人所设想的"客观"历史或"历史科学"十分遥远。

因此，探讨中华文明中思想和精神的发生历程，首先需要还原到史前期的东亚人群主体之意识状态，尽量复原神话思维在这一地域的自然条件下催生出的特有的信仰和观念，解读后代文献中依稀存留的相关神话式记忆。

　　姚：如何透过纷繁的神话叙事探寻中国文明的脉络，其有无典型的标志？

　　叶：针对中国文化源远流长和多层叠加、融合变化的复杂情况，可以把由汉字编码的文化传统叫作小传统，将前文字时代的文化传统视为大传统。这样的划分，有助于知识人跳出小传统熏陶所造成的认识局限。

一般来说，判断文明的起源，国际学界通用的有三要素：文字、城市、青铜器。但在这三要素之外，华夏还有另外一个非常突出的文化要素：玉的信仰和玉器生产。如果说神话是中国大传统的基因，那么玉石则是中国大传统的原型符号，而对于华夏文明而言，文明发生背后的一个重要动力即玉石神话信仰。以女娲炼石补天为例，这是小传统讲述的流行神话，可谓家喻户晓，可是后人所熟知的神话情节却遮蔽了炼石补天观念的古老信仰渊源：史前先民将苍天之体想象为玉石打造，所以天的裂口要用"五色石"去弥补，之所以用"五色石"，是因为它隐喻了万般吉祥的玉石。由此可见，这种文化特色鲜明的玉石神话观由来已久，并非汉字书写的历史所能穷尽。

事实上，作为华夏大传统固有的深层理念，玉石神话对于构成华夏共同体起到的统合作用不容低估。在广大的地理范围内整合不同生态环境、不同语言和族群的广大人群，构成多元一体的国家认同，是华夏文明发生和延续的关键要素。

---

① 参看［法］马伯乐：《书经中的神话》，冯沅君译，商务印书馆，1939年。
② 参看叶舒宪、谭佳：《比较神话学在中国》，社会科学文献出版社，2016年，第281—284页。

"天人合一"的中介圣物

姚：当前，学界一些学者先后提出了"玉器时代"的概念。[①]那么，由玉石神话信仰所衍生的玉文化大概出现在什么时候？其背后蕴藏的核心价值是什么？

叶：玉文化率先出现于中国北方地区，随后在西辽河流域、黄淮流域和长江流域的广大的范围里长期交流互动，波及岭南珠江流域，逐渐形成中原地区以外的几大玉文化圈，最后汇聚成华夏玉礼器传统，同后起的青铜器一起，衍生出文明史上以金声玉振为奇观的伟大体系。[②]

例如，北方西辽河流域的红山文化、黄河下游的大汶口文化、南方环太湖地区的良渚文化、西北甘青地区的齐家文化、长江中游江汉平原的石家河文化，以及晋南的陶寺文化等，都发现有一定规模的玉礼器体系，以圆形玉璧和内圆外方的玉琮为主，其年代皆在四五千年或三四千年以前。那时，像甲骨文这样的早期汉字体系还没有出现。若要上溯玉器制作这种"物的叙事"在华夏文明中的最早开端，则要算内蒙古东部一带出土的兴隆洼文化玉器，其年代距今有8 000年左右。与最早使用的汉字体系——甲骨文所承载的3 000多年历史相比，大传统的年代悠久程度足足是小传统的一倍以上。

无论是5 000年前的史前玉礼器，还是3 000年前的商代甲骨（占卜），都是一个完整的通神礼器符号传承脉络，而所有这些都用于宗教目的：人与天神或祖灵沟通。为什么人在沟通天神和祖灵时要用玉？许慎《说文解字》解释"靈"字的说法："巫也，以玉事神。"[③]这个说法已点明答案。也就是说，美玉是本土文化中神人关系的现实纽带和"天人合一"的中介圣物。知道了这一点，就不难理解在上古中原人的神话想象中为什么要创造出一个位于遥远的西极、独自掌握永生不死秘密的女神形象——瑶池西王母，以及

---

① 参看曲石：《中国玉器时代》，山西人民出版社，1991年。
② 参看叶舒宪：《中华文明探源的神话学研究》，社会科学文献出版社，2015年，第六章"东亚玉器时代"，第211—244页。
③ 段玉裁注云："巫能以玉事神，故其字从玉。"见段玉裁：《说文解字注》，上海古籍出版社，1981年，第19页。

黄帝播种玉荣、夏启佩玉璜升天等典故了。透过玉石神话扑朔迷离的外表可以引出其基本理念：玉代表神灵，代表神秘变化，也代表不死的生命。这三者，足以构成支配玉文化发生发展的核心观念。

姚：依此看，史前玉文化似乎可以解读为中国的文化信仰之根。

叶：是的。一般认为，中国文化史上的儒道释三教足以概括本土宗教的突出特色和多元互动倾向，然而从长时段上作文明发生学的审视，这三教产生的时间都比较晚，并不具有文化本源性质。近年来的考古新发现表明，华夏先民凭借精细琢磨的玉器、玉礼器来实现通神、通天的神话梦想，并建构出了一套完整的玉的宗教和礼仪传统（玉教）；并且，玉石崇拜具有巨大的传播力，大约从8 000年前开始，用了4 000年左右时间便已基本上覆盖了中国。

没有固定的教堂、教义、教规，也没有书写成文本的圣经，更没有统一的宗教组织，凭什么说它是一种宗教呢？原因有三：其一，"玉石神话信仰即玉教"说可以彰显本土文化最突出的独有特征；其二，玉石崇拜是迄今可知中国境内最早发生也是最普及的一种史前宗教现象；其三，玉石崇拜和相关神话满足东亚原始宗教建构的基本理论条件。

《尚书》所载大禹获得帝赐的玉圭（玄圭）一事，穆天子在西行昆仑圣山之前，北上河套地区向黄河之神献上玉璧的仪式行为，都是玉教信仰所支配的神话叙事。后来的卞和献玉璞给楚王的故事、完璧归赵的故事等，也是如此。离开信仰的背景，就难以看清其文化底蕴，甚至误以为是文人编造的传奇虚构。因此，关注史前玉文化分布与演进线索，便可大致还原出中国史前信仰的共同核心和主线，揭示作为中国最古老宗教信仰和神话的玉教底蕴，及其对华夏礼乐文化的根本性奠基作用和原型编码作用。

通过玉文化的脉络梳理，寻觅天人合一这种形而上观念的形而下原型，这部分研究的内容将在本书第四章中具体展开，这里就不赘述。

重溯中华文化认同的起源

姚：有关中国文化主干的思考，现代以来的儒家主干说和道家主干说相持不下，而作为中国文化信仰之本源，玉教对后世儒道思想及中国文化是否产生了影响？

叶：在我看来，儒道两家的思想分歧处，只是属于小传统中的枝杈；而两家一致认同的观念要素，如玉和圣人信仰，则来自大传统，这才与文化主干相联系。老子《道德经》第七十章讲到圣人"被褐怀玉"的标志，是异常深远的玉教信仰传统在老子时代的语言遗留，也是2 500年前的知识人对8 000年前开启的玉文化及其神话意识形态的一种诗意回顾和高度概括。再看《论语》中孔子的反问之辞"礼云礼云，玉帛云乎哉"，从中也可领会到大传统的遗音。

需要注意的是，玉石神话铸就的意识形态除了包括大传统中以玉为神、以玉为天体象征、以玉为生命永生的象征等观念要素外，还因其进入小传统而逐渐从宗教信仰方面延伸至道德人品方面。比如，儒家由玉石引申出的人格理想（玉德说）和教育学习范式（切磋琢磨），以佩玉为尚的社会规则（君子必佩玉），以围绕玉石的终极价值而形成的语言习俗，以玉（或者玉器）为名为号（从玉女、颛顼，到琼瑶、唐圭璋），以玉为偏旁的大量汉字生产，以玉石神话为核心价值的各种成语俗语等等。以上方方面面通过文化传播和互动的作用，不仅建构了中原王权国家的生活现实，而且也成为中原以外诸多方国和族群的认同标的，从而形成整个中华文化认同的基本要素。

姚：史前玉文化是否仍然有所延续？对当下文化审视有何启示？

叶：自北方西辽河地区的兴隆洼文化的先民创造出体现崇拜及审美精神的早期史前玉器，到曹雪芹写出玉石神话大寓言式的长篇小说《石头记》（《红楼梦》一书的原名）为止，8 000年来华夏文明一直没有中断和失落的玉石神话历史传统的联系，在西学东渐后的现代语境中有趋向失落的表现。

中华文明的核心价值理念之所以从现代学院派人士那里失落，和其受到西学的学科范式宰制而迷失了本土文化自觉的思考方向不无相关。研究者不熟悉玉文化的"编码语言"，也不从汉字编码的价值体系本身去寻找，而是刻舟求剑一般依照外来的范畴体系去对号入座，最终遗失了洞见本土文化核心的可能性。因此，检讨使得华夏核心价值在现代失落的原因，需要从跨文化认识的理论方法方面有所反思，并达到充分自觉。只有对文化特性真正洞悉，才能引导对本土智慧之根的价值重估。

第二节　女娲补天：以玉为天的信仰钩沉

中国古典神话中最著名的故事之一是女娲补天。补天为什么用"五色石"？此一细节所透露的远古玉石崇拜信念十分久远，大大超出汉字记载的历史，也超出文明人熟知的常识。从跨文明的比较神话学视野，可以分别透视金属天体神话观与玉石天体神话观的文化渊源，说明孰为无文字时代的文化大传统，孰为有文字时代的文化小传统，并揭示大传统的玉石神话信仰对小传统的文字发明具有怎样的原型编码意义。

人类各大文明对天体的初期认识充满神话想象。随着铜石并用时代和文明的到来，先民较普遍信仰的玉石天体神话向金属天体神话转化。荷马史诗就透露出希腊文明早期以天为金属的观念；汉字"锡"既指青铜时代必不可少的金属，又指天赐或天赐，体现出冶金的神圣起源神话观。女娲补天用五色石则表明更加古老的玉石天体信仰，它基于华夏史前玉器时代数千年琢磨玉石的实践。玉、绿松石和天青石等分别在中国、苏美尔、古埃及等古文明发生期充当天命和神权象征，并在金镶玉工艺和玉璧、玉璇玑等模拟天体的圣礼器制作传统中留下物的叙事。

一、说"锡"：金属天体观的比较神话学视野

在现代科学所建立的宇宙天体观产生以前，人类各大文明对天体的初级认识普遍具有神话想象的性质。据古希腊荷马史诗所讲述的神话观念，古希腊先民认为天体是用金属打造而成的。《伊里亚特》第5卷第504行讲到黄铜的天空（希腊文为 οὐρανὸν ἐς πολύχαλκον；[①]英译文为 "the brazen

---

① ἐς 在此句中可作介词with解。

heaven"）。① 而《奥德赛》第 15 卷第 329 行讲到的天体则是铁制的（希腊文为 σιδήρεον οὐρανὸν；英译文为 "the iron heaven"）。② 二者共同反映出人类文化发展进入文明时代的新观念，即由冶金术的发明而催生出新的天体神话想象。冶金术在希腊神话中的人格化代表便是美神阿佛洛狄忒的夫君赫淮斯托斯。他是天后赫拉以非常态的受孕方式生育出的亲生儿子，③ 出生时被赫拉从奥林匹斯山上摔下来。作为残疾者而出现的火神和冶金锻造之神，古希腊人构想出的铁匠神为什么会是在奥林匹斯圣山上开设锻造工场的跛子形象呢？据传他不仅为众神打造出铜制宫殿，还给主神宙斯制造象征最高权力的王杖和神盾，还有阿基琉斯的铠甲以及赫利俄斯的太阳车等。中国文学想象中并没有一位标准的冶炼锻造之神，但却有一位作为八仙之一的铁拐李形象，他手持铁拐，也是跛足者。中外文学中这一对以冶金为特色的异常人格形象，耐人寻味。

在文明时代即青铜时代到来之前，人类诸多史前文化都经历过一个铜石并用时代。该时代的生产力要素和工具特征是新兴的冶金技术与古老的石器加工技术同时并存。在铜石并用时代的神话想象中，冶金和金属本身都被神圣化，成为天神对人间的某种恩赐。贵金属除了因为稀有而显出贵重的经济价值以外，本身也具有象征神圣和王权的宗教信仰意义以及政治意识形态意义。

新发现的金属成为神话创作者们想象天和天神时的一种物质投射：人类将其在大地上发现的金属投射到神话世界的天宇之上。希腊神话历史观的第一期"黄金时代"想象，与汉字"锡"字的语义转换，都出自这种金属神话观。"锡"在造字者那里本来专指一种稀有金属元素：符号 Sn；银白色，富有延展性，是冶炼青铜的必要添加物质。《周礼·考工记·辀人》载："金有六齐：六分其金而锡居一，谓之钟鼎之齐……金锡半，谓之鉴燧之齐。"宋应星《天工开物·五金》介绍锡矿产地说："凡锡，中国偏出西南郡邑，东北寡生。古书名锡为'贺'者，以临贺郡产锡最盛而得名也。"这是从产地

---

① Homer, *The Iliad*, vol. I, Trans., A. T. Murray, Boston: Harvard University Press, 1971, p. 230.

② Homer, *The Odyssey*, vol. II, Trans., A. T. Murray, Boston: Harvard University Press, 1975, p. 98.

③ 关于赫淮斯托斯的父母，神话有不同版本的说法，参看 Gantz, Timothy, *Early Greek Myth*, vol. 1, Baltimore and London: Johns Hopkins University Press, 1993, pp.74-78。

偏远的情况说明锡在我国较为稀有的原因。从矿产资源角度看，由于锡和金玉同样重要，对于国家具有战略意义，自周代以来便由专门的官员掌管之，禁止非官方开采。《周礼·地官·卝人》载："（卝人）掌金玉锡石之地，而为之厉禁以守之。"至于这样的禁令严厉到什么程度，孙诒让正义引《管子·地数篇》云："山有铁有银者，谨封而为禁。有动封山者，罪死而不赦；有犯令者，左足入，左足断，右足入，右足断。"孙氏的断语是："此所谓厉禁也。"[①]可见上古时期即已将具有战略意义的自然资源视为天赐国宝，需要由国家级政权完全垄断，甚至不允许百姓越雷池半步。"有犯令者，左足入，左足断，右足入，右足断"的严厉禁规，能否为冶金之神的跛足现象提示一些所以然的思考线索呢？

在华夏先民的神话想象作用下，稀有的物质锡被视为天神赐予人间的圣物，专有名词于是演变为及物动词，表示天赐、神赐、赐予等意思。刘勰《文心雕龙·比兴》云："故金锡以喻明德，珪璋以譬秀民。"作为新发明的金属物质之金锡，就这样和古老的圣物玉器圭璋等一样，成为具有宗教和伦理象征意蕴的圣物。"锡"表示天赐或赐予的用法，早自《尚书》《诗经》的时代就已经常见。《大雅·崧高》云："既成藐藐，王锡申伯：四牡蹻蹻，钩膺濯濯。"郑玄笺："召公营位，筑之已成，以形貌告于王，王乃赐申伯。"《尚书·禹贡》云："九江纳锡大龟。"宋孙奕《履斋示儿编·总说·字训辨》云："《书》曰'敷锡'，又曰'不畀'；《诗》曰'赉'：予也，皆上与下之谓也……'纳锡大龟'，此又古者下予上亦可谓之锡也。"不论稀有物质的实际来源如何，在天命信仰的语境下，其终极根源还是被归结为上天或神灵。韩愈《息国夫人墓志铭》说得明白："昔在贞元，有锡自天。"在此种神话信念基础上，产生出合成词"锡予"，亦写作"锡与"。如《诗经·小雅·采菽》："君子来朝，何锡予之。"

"锡年"一词，则专指上天赐予的年祚。张九龄《贺衢州进古铜器表》云："鱼为龙象，既彰受命之元；铭作久文，更表锡年之永。"赐予的主体除了上天神灵，还有人间代表神灵的帝王。"锡命"一词出自《周易》，指天子有所赐予的诏命。《易》之师卦云："王三锡命。"孔颖达疏："三锡命者，以

① 孙诒让：《周礼正义》卷31，第4册，中华书局，1987年，第1211页。

其有功，故王三加锡命。"此外还有古语"锡珪"的说法。珪是华夏王权特有的象征物——古代诸侯朝聘时所执的玉礼器。上古帝王在封爵授土之际，赐珪以为信物。第一王朝夏朝的王权，就是由神话历史讲述的天帝（一说帝尧）赐予大禹玄圭为符号标记。[①]

以上举出汉字"锡"从名词变为动词的例子，说明金属物质在我国先民想象中被神话化并用来作为王权建构符号物的情况。当代比较宗教学家伊利亚德（Mircea Eliade）在《神圣的存在：比较宗教的范型》（*Patterns in Comparative Religion*）一书第二章"天与天神"中，讲到了天在宗教想象中的重要作用，天的观念与至上神观念之间的关系，各大宗教中的通天或登天神话与仪式行为。

> 仪式性地爬上一架梯子登天也许是俄尔甫斯教入会礼的一项内容。我们当然在密特拉教的入会礼中也可以发现梯子。在密特拉密仪中，仪式性的梯子有七根横档，每根横档都用不同的金属制成。……第一根横档是铅，对应于"土星"的天，第二根是锡（对应于金星），第三根是铜（对应于木星），第四根是铁（对应于水星），第五根是钱币的合金（对应于火星），第六根是银（对应月亮），第七根是金（对应太阳）。至于第八根，塞尔索告诉我们，代表天上恒星的区域。爬上这架仪式性的梯子，那个入会者事实上就穿过了"七重天"而达到最高天。[②]

密特拉教将七重天构想为多种不同金属的构造，其取象的基础就在于铜石并用时代以来的新神话想象已经将冶金术神圣化。由此可见，人类进入青铜时代的一个必然的观念产物，便是意识形态中对金属神圣价值的建构，以及金属象征王权的各种叙事。与文明史的进程相伴随的炼金术神话观，也是将金属的自然属性与神明世界的永生观念相互结合的结果。在今日的中国少数民族神话中，也不乏类似的来自青铜时代的冶金想象母题。如彝族创世神

---

① 详见《尚书·禹贡》和《史记·夏本纪》等。
② ［美］米尔恰·伊利亚德：《神圣的存在：比较宗教的范型》，晏可佳等译，广西师范大学出版社，2009年，第92—93页。

话《天地变化史》，将宇宙本体的由来讲述成类似炼金术的金属化合过程：

> ……
> 混沌演出水是一，
> 浑水满盈盈是二，
> 水色变金黄是三，
> 星光闪闪亮是四，
> ……①

《天地变化史》讲到天地的构成原材料时，特意点明是"四个铜铁球"所制成的"九把铜铁帚"。②彝族古歌《天地论》讲述神仙打造天门地门共九十门，所用工程方式类似金属锻造——"打金打银"。九十门造好后又造出四种不同的金属锁各九十把：

> 又来打门锁。
> 铜锁九十把，
> 铁锁九十把，
> 银锁九十把，
> 金锁九十把。③

苗族古歌《开天辟地》讲述的宇宙发生过程，有金柱撑天、银柱撑地的工艺细节。阿昌族史诗《遮帕麻与遮米麻》叙述天神遮帕麻造天的过程中，用闪闪的银沙造月亮，用灿灿的金沙造太阳。显而易见，阿昌族神话构想日月的材质时，依照类比思维将地上的两种贵金属投射到天宇，月亮与银的类比，太阳与金的类比，都是基于颜色上的相似性。同样的神话类比观念，也见于汉字书写的先秦古籍。

---

① 朱桂元等编：《中国少数民族神话汇编·开天辟地篇》，中央民族学院少数民族古籍整理出版规划领导小组办公室印行，1984年，第96页。
② 同上书，第99页。
③ 同上书，第130—131页。

古人以金属制作的镜来象征日月，将青铜镜称为金监和锡监。《管子·轻重己》讲到天子在立春之日的祭天行为，有"搢玉忽，带金监"两个礼制细节。郭沫若《管子集校》引闻一多曰："祭日'带金监'与下文祭月'带锡监'对举。金即铜。古以青铜铸器即铜与锡之合金，故每金、锡并举。然单铜单锡不中为镜，疑此称铜多锡少者曰金，锡多铜少者曰锡，其实皆青铜耳。铜多则色黄象日，故金监以祭日；锡多则色白象月，故锡监以祭月。"闻一多还说："此祭祀所用特制之鉴，义取象征。"[①]神话思维的颜色类比，原来所遵循的联想逻辑就是各象其类。从太阳发出金光的比喻措辞，不难看出日与金的类比基础；锡的颜色和银类似，二者都可被当作月亮的象征物。不过在李白的《古朗月行》诗句"小时不识月，呼作白玉盘"中，月亮又被形容为白玉。少数民族神话叙事也有相似的表现方式，如彝族创世史诗《查姆》中有：

> 太阳和月亮，
> 轮流转玉盘。
> 它们是天地的眼睛，
> 专给大地照明送温暖。[②]

这里的问题在于，中外文学语言用金属物质比喻天体中的太阳与月亮，以玉比喻太阳与月亮，究竟哪一种想象母题的产生更加古老呢？

按照石器时代和玉器时代在先，金属时代在后的历史顺序，问题的答案应该是不言而喻的，下文将给出具体说明。

二、玉石天体观的信仰与神话

就华夏的上古神话观念产生来看，比铜石并用时代更早的是玉器时代（即新石器时代中期和后期），那时根本没有冶金技术的实践经验，一切重

---

① 郭沫若：《管子集校》，见《郭沫若全集·历史编》第8卷，人民出版社，1985年，第433—434页。
② 朱桂元等编：《中国少数民族神话汇编·开天辟地篇》，中央民族学院少数民族古籍整理出版规划领导小组办公室印行，1984年，第93页。

要的圣物生产经验主要来自加工玉石的实践。所谓"切磋琢磨"或"他山之石，可以攻玉"等汉语流行说法，都直接源自那个先于铜石并用时代而存在的玉器时代的生产工艺经验。由此不难说明：前文论述的金属天体观，产生于铜石并用时代的信仰和神话，属于较晚出现的文化小传统；本部分论述的玉石天体观，才是需要特别重视的史前玉教信仰的神话观念产物，属于根深蒂固的文化大传统，具有文化编码方面的原型价值。

在我国，从前金属时代的仰韶文化、红山文化和良渚文化，到铜石并用的龙山文化，大约经历了一两千年的漫长演变过程。可以判断的是，以金属比喻天体的神话观念的产生，只能是在龙山文化到夏商周文明的过渡时期，不可能出现在新石器时代。相比之下，以玉石比喻天体的神话观，显然具有更加深远的历史根源。理由很简单，冶金器物的普遍出现是在距今约4 000年以前，而玉石器物的出现时间要早到距今8 000年以前，二者之间足足有数千年的时间差，可知二者的关系可以理解为深远的大传统与新兴的小传统之关系：玉石崇拜的大传统是金属崇拜的小传统之母胎和发生基础。杭州湾地区的浙江余姚河姆渡文化遗址，距今约7 000年，出土玉器有玉管、玉珠、玉璜、玉玦等。① 在仰韶文化的典型村落之一，陕西临潼姜寨遗址，考古工作者发现了几件加工风格格外古朴的玉器。其时距今约6 000年。② 在安徽含山县凌家滩遗址，2007年新发掘出酋长级别的高等级大墓，一位领袖人物的墓葬中居然陪葬玉礼器多达300件，其中还有代表神秘占卜方式的玉龟和玉签，其时距今约5 300年。相比之下，与此大约同时的中原地区史前文化遗址中，出土玉器的数量和质量都远远不及，这很可能是受到中原地区缺少足够的玉石矿藏的自然条件制约。例如，河南省洛阳市第二文物工作队于1994年发掘的伊川县伊阙城遗址仰韶文化晚期遗存，5座带棺椁的大墓中有4座墓有陪葬器物，其中1座墓随葬陶器2件，3座墓随葬玉器各1件，皆为小件玉佩饰。③

从早期出现古玉加工生产的史前文化遗址看，先是单独使用青天色的

---

① 河姆渡遗址博物馆编：《河姆渡文化精粹》，文物出版社，2002年，第35—38页。
② 参看古方主编：《中国出土玉器全集》第14卷，科学出版社，2005年，第5页图版。
③ 洛阳市第二文物工作队：《河南伊川县伊阙城遗址仰韶文化遗存发掘简报》，《考古》1997年第12期。

玉石或绿松石，随后进入铜石并用时代开端之际，才相应地出现金玉组合的礼器圣物，这表明"天赐圣物"之观念随着物质生产方式的进步而变化的轨迹。值得注意的是，天蓝色或绿色的玉石——绿松石，由于其天然色泽的特征，很可能是先民们最初较为普遍的类比于天体之圣物。地矿宝石研究家何松在《中国古老名玉——绿松石》一文中指出：

> 中原是氏族公社时期先民们最早利用绿松石的地区，在河南新郑裴李岗、沙窝李两处裴李岗文化遗址（距今 8 200—7 500 年）中，出土有绿松石方形饰、圆珠等饰物。在黄河流域的郑州大何庄、陕西西乡何家庄、山西临汾下靳村等仰韶文化遗址（距今 7 000—5 500 年）中，发现绿松石鱼形饰、腕饰、镶嵌指环、圆珠等饰物。在山东大汶口、兖州王因、临沂大范庄、宁阳堡头、苏北邳县刘林等大汶口文化遗址（距今 3 800 年）中，都发现了绿松石装饰物。在东北辽河流域的大连郭家湾、丹东喀左东山咀、东沟、阜新胡头沟、内蒙古克什克腾旗等红山文化遗址（距今 7 000—6 000 年）中，皆发现绿松石饰物，其中喀左东山咀出土的作展翅形态的绿松石器物，出现在祭坛中心部位，为史前人类祭祀活动的文物。在长江流域的湖北屈家岭、上海青浦福泉山等良渚文化遗址（距今 5 000—4 000 年）中，也发现了绿松石饰品。在珠江流域广东曲江石峡文化遗址（距今 6 000—4 000 年）中，出土了绿松石饰物。古老而又美丽的绿松石在中国新石器时代已遍布中华大地，被史前先民用来制作装饰物，其开发利用历史悠久，传统优秀。[①]

绿松石的外观呈现出一种酷似蓝天的色泽，这就足以使它成为惹人喜爱的美石。从矿物学角度看，它是一种含水的铜铝磷酸盐，石质细腻，微透明至不透明。绿松石因为含铜量和含铁量的差异，其颜色也有不同：从天蓝、绿蓝到绿色等。作为广义的中国四大名玉之一，绿松石以其色彩上的联想特征而较早成为天体的象征物。不过，类似的联想也不仅限于东亚古国，而是在世界许多地方催生出较为普遍的神话象征观念，还牵涉到颜

---

① 何松：《中国古老名玉——绿松石》，《珠宝科技》2004 年第 6 期。

色与绿松石相近的天青石（即青金石），这就需要借助于跨文明的比较神话学视野去看待了。

符号学家哈罗德·白雷在《失落的象征语言》中讲到蓝色在古埃及和美索不达米亚的天空象征意义，他指出埃及的伊西斯女神不光被称为"开端之女神"，也被称为"绿松石女神"；她召唤奥西里斯为"绿松石和天青石之神"（the God of Turquoise and Lapis Lazuli）。[①]亚述的光明与智慧之神辛（Sin），其形象特征是留着长长的天青石色的胡须，其象征意义在于显示和降下真理。[②]宗教学家则强调，对于古人来说，天青石承载着超自然的神力或灵力，足以为其拥有者和佩戴者发挥辟邪和保佑的功能。如《黑巫术》的作者阿赫迈德说：

> 宝石类被普遍用作护符，古埃及人为此而特别看中宝石。蒙古人种也十分相信宝石具有的驱邪护身功能。……古埃及特别喜爱天青石所制的护符，某些金属也被认为具有吉祥意义。[③]

伦敦大英博物馆的古埃及和亚述馆馆长巴齐所著《埃及巫术》第二章题为"魔法石或护符"，其中讲到一个埃及传说，公元前4300年的埃及法老赫塞普提（Hesepti）统治期间，《亡灵书》第六十四章就被人用天青石刻字（letters of Lapis Lazuri）记录下来。这种象征天界的神圣材料当然为这一章的内容赋予了重要意义。[④]至于天青石在古埃及的邻邦苏美尔文明中所起的作用，就显得更加关键了。让·谢瓦利埃等专家编著的《世界文化象征辞典》给出的词条解释如下：

天 青 石

在美索不达米亚地方，在古代伊朗的萨桑王朝，在哥伦布之前的美洲，天青石是宇宙中星星之夜的象征。有一点很重要，在西非一带，一种人造的青色石头具有特殊的意义……这些石头的象征意义和宗教价

① Bayley, Harold, *The Lost Language of Symbolism*, New York: A Citadel Press Book, 1990, p.171.
② Ibid., p.272.
③ Ahmed, Rollo, *The Black Art*, London: Arrow Books, 1971, pp.286–287.
④ Budge, E. A. Wallis, *Egyptian Magic*, Secaucus, N. J.: Citadel Press, 1978, p.31.

值，可以从神圣力量的观念中得到解释，因为他们具有天空的颜色，所以它们具有这种力量。[①]

　　苏美尔的神话历史叙事表明，天青石被推崇为神权和王权的共同象征物。苏美尔城邦以位于中央的巨大神庙建筑为核心，而神庙的标志性装饰材料就是天青石。根据当地信仰，人间王权的获得是神灵挑选的结果。作为王权标志物的节杖也以镶嵌天青石为特色。美国的东方学家富兰克弗特（Henri Frankfort）认为，尽管埃及人把法老看作一位神，但美索不达米亚人却把他们的国王看作一位被赋予了神圣职责的凡人。"王权从天空中下来"，好像它是某个有形的事物。事实上，在苏美尔文献中已经把王权和国王的标志物等同起来：

> 他们（众神）还没有为糊涂的人们树立一位国王
> （还）没有束发带和王冠被扣住……
> （还）没有节杖被装饰以天青石……
> ……
> 节杖、王冠、束发带和权杖
> （仍）被放在天空中的阿努面前
> 结果没有它的（即王权的）人民的询问。
> （然后）王权从天空中下来了。[②]

　　由此不难看出，天青石作为神明的象征和王权的符号物，如何在神话观念支配下发挥出文明城邦意识形态建构的重要作用。鉴于玉石的神圣化历史比一切金属都要久远得多，它并不因为文明社会进入青铜时代就失去往昔的法力。一种常见的方式是将贵金属与玉石相互组合，打造成为宝上加宝的顶级圣物。在世界各大文明发生期，金属与玉石组合的方式呈现出惊人的一致

---

① ［法］让·谢瓦利埃等：《世界文化象征辞典》，本书编写组译，湖南文艺出版社，1994年，第980—981页。

② ［美］亨利·富兰克弗特：《王权与神祇》，郭子林等译，上海三联书店，2007年，第345页。

性，那就是用镶嵌工艺，将老的圣物玉石切割为小块再拼接和镶嵌在新的圣物金属界面上。在这方面，全球最著名的古老代表作首推古埃及法老图坦卡蒙之墓出土的镶嵌天青石黄金像。

古埃及是世界上最早制造黄金圣器的地方之一。制造这一件法老金像所用的珍稀材料，除了在埃及本土冶炼的黄金之外，还有极品的绿松石和天青石，后者被认为是从遥远的东方进口的。①法老金像虽然在地下掩埋了 3 000 多年，当它在 1922 年被英国考古学家霍华德·卡特重新发掘出来时，其黄金质地依然金光灿烂，上面镶嵌满满的深蓝色天青石和浅蓝色绿松石，依然熠熠生辉，动人心魄。法老手中所持的神圣王杖与连枷，也都是用一节黄金加一节天青石精心组合而成的。埃及法老被认为是人间的神，这些神话想象的圣物是表明他们君权神授身份的最佳物证。

回顾中华文明发生期，绿松石的使用虽然早自裴李岗文化就已经普及，但是直到甘青地区的马家窑文化陶器和晋南的陶寺文化器物上，才出现较早的成规模的镶嵌绿松石圣物。如在陶寺遗址出土的玉器有 800 多件组，"此外，还见到已散落的绿松石镶嵌饰片 900 余枚"。②陶寺文化中的铜器生产似乎还处在萌芽阶段，金玉组合也尚未出现。又经过六七百年的发展，到了河南偃师二里头文化，人们在该遗址看到一大批伴随着中原王权建构而出现的金玉组合圣器，也就完全在情理之中，不会让人觉得意外。如用 2 000 多块绿松石粘贴而成的巨龙与铜铃的组合法器，以及铜铃加玉舌的搭配组合，还有一批镶嵌绿松石的铜牌等，都是如此。③从二里头文化的镶嵌绿松石兽面纹铜牌和绿松石龙与铜铃二元组合的情况看，中原地区新出现的冶炼和铸造铜器技术等，和传统的更古老的琢磨玉石技术一样，具有明显的宗教意识

① 埃及本土也出产天青石和绿松石，但是质量不佳。优质的天青石从阿富汗转道苏美尔输入埃及，甚至推动了一场"工业革命"。英国埃及学家哈里斯说："这种情况第一次发生在前王朝晚期，那些以使用青金石（即'天青石'，引者注）和白银为标志的西亚人不断冲击埃及，完全改变了尼罗河谷的物质文化。"［英］J. R. 哈里斯：《埃及的遗产》，田明等译，上海人民出版社，2006 年，第 64 页。
② 高炜：《龙山时代中原玉器上看到的二种文化现象》，见解希恭主编：《襄汾陶寺遗址研究》，科学出版社，2007 年，第 691 页。
③ 中国社会科学院考古研究所编：《中国早期青铜文化——二里头文化专题研究》，科学出版社，2008 年，第 153—155、301 页。

形态的象征性建构功能。新老技术的结合，体现为金玉组合型礼器的全新问世。

考古学界一般认为二里头遗址属于夏代晚期都城所在。从夏代晚期到西周早期，华夏先民的"天垂象"神话观已经建构出相当成熟的观念体系，表现在《周易》及更早的占卜书（如《归藏》和《连山》）的出现。《易·系辞上》云："天垂象，见吉凶，圣人象之。"华夏先民们确信，天所垂之象，在地上也能够找到对应之物，那就是颜色与天类似的玉石。如青玉、白玉、青白玉的颜色皆可以类比于天，当然还有绿松石的蓝绿色，也容易被初民想象为天体本色。经过这样的类比联想，当人们在大地的万千种石料中发现晶莹剔透的玉时，首先会想到这就是天神赐给人间的符号物。所以玉石在华夏人想象中，一开始就和天界的神明相联系，带有"瑞""兆"和"法"等多种意蕴。在此种远古观念背景下，女娲炼石补苍天的神话可以得到深度的文化分析。一个形容天之颜色的"苍"字，早已透露出其中的玄机。"苍"指青色，尤其指天空的颜色。《诗经·王风·黍离》云："悠悠苍天，此何人哉！"毛传谓："苍天，以体言之……据远视之苍苍然，则称苍天。"

在中国人家喻户晓的上古神话中，女娲补天占据着显赫的位置，这是文字书写小传统讲述的流行叙事。从西汉淮南王组织修撰的官书《淮南子》到清代小说《红楼梦》开篇，女娲补天的事迹在华夏文明中流传广远，可是为后人所熟知的神话情节却潜含着炼石补天观念在前文字阶段的文化大传统的古老信仰渊源：史前先民将苍天之体想象为玉石所打造而成的，所以天的裂口还要用五色石去弥补。《淮南子·览冥篇》云：

> 往古之时，四极废，九州裂，天不兼覆，地不周载……于是女娲炼五色石以补苍天，断鳌足以立四极，杀黑龙以济冀州，积芦灰以止淫水。苍天补，四极正，淫水涸，冀州平，狡虫死，颛民生。[①]

炼石补天的奇思妙想给后代文学家带来无尽的灵感。唐代诗人李贺为此写下脍炙人口的名句："女娲炼石补天处，石破天惊逗秋雨。"（《李凭箜篌

---

① 刘文典：《淮南鸿烈集解》，中华书局，1989年，第207页。

引》)宋代文豪苏东坡也在《十二琴铭》中表达他的回应："炼石补天之年，截匏比竹之音，虽不可得见，吾知古之犹今。"清代小说家曹雪芹则在《红楼梦》第一回开篇处，用他自己的想象补充出女娲所冶炼石头的体积和数量："那女娲氏炼石补天之时，于大荒山无稽崖炼成高十二丈、见方二十四丈大的顽石三万六千五百零一块。"从《红楼梦》原名《石头记》的情况看，曹雪芹让他的主人公贾宝玉出自女娲炼石补天时剩下的一块石头，这非常高明地演绎了华夏玉文化的神话观：玉出于石而胜于石。清代学者赵翼的《陔余丛考》一书中有"炼石补天"一条，别出心裁地提出五色石指五种金属。他说："五金有青黄赤白黑五色，皆生于石中，女娲氏以火煅炼而出。炼五色石即炼五金。女娲氏始通炼金之术，其后器用泉货，无一不需于此，实所以补天事之缺。"

赵翼是用世人所熟知的小传统的冶金观念去解释大传统遗留下来的天体神话，所以说法虽然新奇，却不免有张冠李戴之嫌。回到上古文献中的叙述母题看，《列子·汤问篇》也有一段和《淮南子》大同小异的补天叙事：

> 天地亦物也。物有不足，故昔者女娲氏练五色石以补其阙；断鳌之足以立四极。[1]

以上言论是《汤问篇》中商代大臣夏革回答圣王商汤的话。他确认天地具有物质性，在此前提下，又认为在物质的天体有缺损的情况下，可以用同类物质去补其缺口。这就说明女娲补天所用的材料性质，不能是一般的石头，而是有颜色的美石。女娲不是直接用天然石料去补天，而是先"练五色石"，再去补天。《列子集释》引秦恩复曰："练"，古"炼"字。著名东汉思想家王充在《论衡·谈天》篇引述这个神话，在"炼"字前又加一"销"字，称为"女娲销炼五色石以补苍天"。他对此提出质疑说：

> 且夫天者，气邪？体也，如气乎？云烟无异，安得柱而折之？女娲以石补之，是体也，如审然，天乃玉石之类也。石之质重，千里一柱，

---

[1] 杨伯峻：《列子集释》，中华书局，1979年，第150页。

不能胜也。[①]

　　王充的意思是，云烟一般的天体何以需要天柱来支撑呢？假如天体为玉石之类的物质，那么天的重量就大到不可思议的程度，一千里用一根天柱也无法支撑住整个天体吧。在王充的问话中，透露出远古想象的神话天体观由来已久。天是永生之神灵的居所，象征天体的玉石，不仅能够代表神明，也代表一切美好的价值和生命的永恒。中国的文人墨客对玉宇琼楼的天庭仙境想象，堪比犹太教《圣经·旧约》描述的伊甸园。道教所言"玉天"或"玉清天"，天帝所居被称为"玉宇"或"玉京"，都表明天与玉的相互认同。陶弘景《真灵位业图》云："玉帝居玉清三元宫第一中位。"陆游《十月十四夜月终夜如昼》诗云："西行到峨眉，玉宇万里宽。"毛泽东诗《七律·和郭沫若同志》有："金猴奋起千钧棒，玉宇澄清万里埃。"这些措辞皆以玉比喻天，此类比喻观念也延续了几千年而不变。女娲补天的材料之所以用"五色石"，因为这类美石隐喻万般吉祥的玉石。宋代张孝祥《浪淘沙》词云："楼外卷重阴。玉界沉沉，何人低唱醉泥金？"此处所说"玉界"，仍清楚地体现着天为玉石所制的观念。这样一种文化特色鲜明的玉石神话观，其由来之久远，绝不是汉字书写的历史所能穷尽的，需要上溯到史前的玉器时代，并多多体认各地出土的玉文化之盛况。

　　王充给《淮南子》女娲补天叙事添加的"销"字，和"炼"字一样，反映着金属时代以后才有的冶炼观念。这两个字在后代的道教神话发展中都是重要的关键词。因为销炼金属矿石的冶金观念与人体修炼实践相互作用，衍生出炼金术或炼丹术思想。道家话语有遗其形骸而升仙之神话，称为"销化"。《史记·封禅书》云："形解销化，依于鬼神之事。"裴骃集解："服虔曰：'尸解也。'张晏曰：'人老而解去，故骨如变化也。'"清戴名世《答张伍两生书》云："吾闻为神仙，遗形骸，解销化，其术秘不传。"由此不难看出，源于冶金术的"销"的概念直接转变为人体不死升仙的神话想象。从汉代到清代的知识分子大都对此深信不疑。"销"字本义指加热金属使之变化为液态。西汉文豪贾谊写《过秦论》，有名句云："收天下之兵，聚之咸阳，销

---

① 　王充：《论衡》，诸子集成本，上海书店，1986年，第105页。

锋镝，铸以为金人十二。"①可见"销"是"铸"的前提。《淮南子·览冥训》云："若夫以火能焦木也，因使销金，则道行矣。"由于冶金用火，指示销熔金属现象的"销练"一词，亦可写作"销炼"。

然而，除了金属物之外，难道玉石或石头也可以冶炼吗？看来华夏先民确实是这样认为的。否则就不会有炼石补天的奇幻想象。《逸周书·世俘》云：

> 商王纣于商郊。时甲子夕，商王纣取天智玉琰缝身厚以自焚，凡厥有庶告焚玉四千。五日，武王乃俾于千人求之，四千庶（玉）则销，天智玉五在火中不销。②

不论今人认为这是历史还是神话，《逸周书》的叙述至少足以证明古人确信玉石是可以销炼的。《宋史·乐志一》云："炼白石为磬，范中金为钟。"这是将冶金与冶石相提并论的例证。"炼石"或"炼丹"的思想，就是建立在此基础上。元好问《尚药吴辨夫寿冢记》云："世乃有烹金炼石，合驻景之剂；衔刀被发，为厌胜之术。"这一意义上的"炼石"又称"炼丹"，被看作道教信仰和实践中的重要法术，其基本操作是将朱砂放在鼎炉中炼制。后来派生出内丹与外丹之分：以气功修炼人体称为内丹，以火炼药石称为外丹。宗教学家伊利亚德提示人们，需要关注炼金或炼丹的神话观念如何在物质和精神两个方面相互作用："我们也必须考虑到冶金术的象征和神圣特征，这种神秘技术使得矿物'成熟'，金属'净化'，这种神秘技术的延续是炼金术，因为它加速了金属的'完满'。"③响应这一重要提示，台湾地区学者杨儒宾对五行之"金"的原型意义作出探究，揭示出冶炼与不朽信仰之间的神话关联。④

近年来的考古新发现表明，华夏先民在发现金属冶炼的神秘性之前，正

---

① 贾谊：《贾谊新书》，《二十二子》，上海古籍出版社，1986年，第731页。
② 黄怀信：《逸周书校补注释》，三秦出版社，2006年，第203页。
③ ［法］米尔恰·以利亚德（即"伊利亚德"）：《不死与自由》，武锡申译，中国致公出版社，2001年，第323页。
④ 参看杨儒宾：《刑—法、冶炼与不朽：金的原型象征》，（台湾）《清华学报》2008年第38卷第4期。

是凭靠数千年精细琢磨的玉器来实现通神、通天之神话梦想的，并在长期的实践中，建构出一整套玉的宗教和礼仪传统。大量的玉器先于汉字而出现并被代代传承。夏商周以来的历代王室贵族精英们，都以占有和传承古玉为荣耀和满足。2005年在位于黄河西岸的陕西韩城梁带村发现的春秋时期芮国大墓中，就出土了令人吃惊的红山文化时代的典型玉器——玉猪龙（参看本书第三章图3–22）。①这表明2 000多年前的王室贵族们就有收藏前代古玉作为圣物传承的习惯。专家们还充分意识到，从出土古玉的取材、造型和传播线索，即可以窥探到前文字时代的文化史信息。文学人类学界的学者把这一渠道的非文字信息称为"第四重证据"，主要包括实物和图像。若用叙事学的术语，则称为"物的叙事"和"图像叙事"，它们给古神话的文字文本解读所带来的新空间是前所未有的。

三、玉璧、玉璇玑与天体神话：华夏文明的天堂想象

华夏先民的神话宇宙观将天体设想为圆形的，将大地设想为方形的，所谓"天圆地方"的观念自古以来就十分流行。根据类比原则，玉器时代的先民制作出一种圆形的玉礼器，专门用来祭祀上天和神明，那就是圆形的玉璧以及类似的器物——玉环、玉瑗、玉璇玑（又称牙璧）等。

关于天堂玉界的神幻想象，至少在夏代末期已经十分明确。夏桀攻打四川夺取岷山之玉材，用来为自己建造超豪华的玉质宫殿和玉门，在大地上修造模拟天界仙境的人间天堂式符号建筑，其初衷无疑来自神话学的动力，无非和后代的秦皇汉武求长生一类痴迷举动一样，希望其神圣王权获得永恒的生命，并且像苏美尔国王和埃及法老的权杖那样，昭示于天下人。对于史书上的此类有关夏桀的叙事，过去缺乏深度解读的文化背景，要么被当作子虚乌有的文学想象，要么附和传统的说法，给予伦理道德上的谴责。如今看来，采用珍贵材料营造王宫的做法，不光是穷奢极欲和铺张浪费的体现，其中也有以人工假借天意和天命的方式，为摇摇欲坠的夏王朝统治起死回生或重建政治权威的意义。

---

① 孙秉君、蔡庆良：《芮国金玉选粹——陕西韩城春秋宝藏》，三秦出版社，2007年，第39页图版。

从传世和出土的上古玉器情况看，玉璇玑和玉璧、玉瑗等圆形品种，是直接与天体神话相关的器物。从神话学视角看，此类器物的神圣性就体现在"天垂象，圣人象之"的制作原理上。《周礼·春官·大宗伯》说的"以苍璧礼天，以黄琮礼地"的观念，就是此种史前神话信仰在后代的礼仪性延续。"苍璧"特指颜色像天青色的玉璧。近年来，考古学者赵殿增和神话学者陈江风根据新发现的汉代画像石上的玉璧形象分析，提出玉璧象征天国之门的意义，其图像功能在于引导死者的灵魂升入天堂仙界。[①]这些新材料带来的新认识突破了自古以来公认的"玉璧象天"的一般性常识，为进一步探索华夏文明早期的天堂想象景观，给出一条值得重视的实物线索（参看本书第五章图5-7）。

有关"天垂象"神话观的一个未解之谜是玉璇玑。这一名称既能指代天象，又能指代地上的玉器。曹丕《让禅表》说："下咨四岳，上观璇玑。"这是就天象而言的，呼应着《周易》认识论的仰观俯察精神。对地上的人造玉器而言，这种圆形带齿牙的礼器自古以来就没有统一的解释，一般认为是古人观测星象的一种玉制仪器。非常巧合的是，上古天文学把北斗七星的前四颗星命名为"璇玑"，亦作"琁玑"。《楚辞·王逸〈九思·怨上〉》云："谣吟兮中壄，上察兮琁玑。"洪兴祖补注："北斗魁四星为琁玑。"《晋书·天文志上》云："魁四星为琁玑，杓三星为玉衡。"同书又具体解说云："魁第一星曰天枢，二曰琁，三曰玑，四曰权，五曰玉衡，六曰开阳，七曰摇光。"在这七星的名称中，至少有两个名称的用字（琁、玑）从玉旁，一个名称用到玉字（玉衡）。这是否能够说明，古老的玉神话观不仅把天体和日月想象为玉制的，夜空中发光的群星也都是以玉为质地的？

古人还有一种观点认为璇玑指北极星，这同样反映着玉教信仰支配下的天象学说。《后汉书·天文志上》云："天地设位，星辰之象备矣。"刘昭注引《星经》曰："琁玑者，谓北极星也。"北极星被认为是天界中央的轴心，美称"帝星"，和地上的帝王形成上下呼应之势。那么地上的玉礼器玉璇玑也应该属于王者之器，其器形象征着天体围绕天极（北极）而旋转的动态，其名称也隐喻着天体旋转的意思。

---

① 分别参看赵殿增、袁曙光：《天门考》，《四川文物》1990年第6期；陈江风：《汉画像中的玉璧与丧葬观念》，见《汉画与民俗》，吉林人民出版社，2002年，第163—174页。

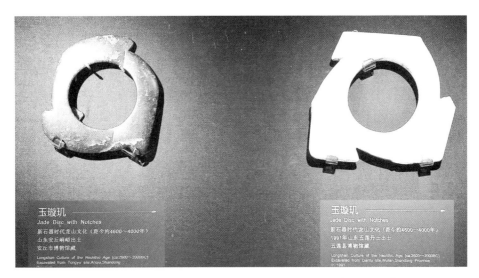

图2-1　山东安丘、五莲出土的龙山文化玉璇玑，距今约4 500年
（2014年摄于山东博物馆"玉润东方：大汶口-龙山·良渚玉器文化展"）

观测星象的玉制仪器和天上的星象既然都叫璇玑，按照天人合一的神话观，这其中必然喻示着重要的科学和政治信息。《后汉书·张衡传》说："（张衡）遂乃研核阴阳，妙尽琁机之正，作浑天仪。"[1]这是就科学意义而言的。《尚书·舜典》"在璇玑玉衡，以齐七政"一句，则透露出政治方面的意蕴。孔传："璇，美玉。玑衡，王者正天文之器，可运转者。"孔颖达疏："玑衡者，玑为转运，衡为横箫，运

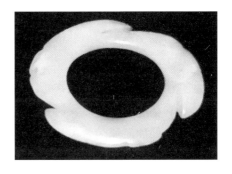

图2-2　陕西神木石峁遗址采集的白玉璇玑，距今约4 000年
（陕西考古研究院藏，2016年摄于良渚博物院"玉器·玉文化·夏代中国文明展"）

玑使动于下，以衡望之。是王者正天文之器。汉世以来谓之浑天仪者是也。"《后汉书·安帝纪》："昔在帝王，承天理民，莫不据琁机玉衡，以齐七政。"[2]

---

① 王先谦：《后汉书集解》，中华书局，1984年，第664页。
② 同上书，第100页。

孔传："琁，美玉也，以琁为机，以玉为衡，二者正天文之器。"孔颖达疏引蔡邕曰："玉衡长八尺，孔径一寸，下端望之以视星辰。盖悬玑以象天而衡望之。"郦道元《水经注·河水一》云："玉衡常理，顺九天而调阴阳。"[①]以上这些记载众说纷纭，后人更无从辨识其本相。至今学界仍难以说清玉璇玑如何观测星象的道理和具体操作方式。于是有现代学者怀疑将此类玉器命名为玉璇玑的合法性，提出织机零件说、发环说，或抽象凤鸟形玉环说等，[②]试图重新解释玉璇玑的所以然。

　　唯有一批新近出土文物中的玉璇玑，默默无言地见证着华夏文明发生期先民对天体的玉神话想象与投射。值得注意的是，出土的玉璇玑分布在各地自龙山文化至夏商周三代的众多遗址中，其形制和大小不一，但是都遵循在圆形平面上表现某种旋转运动的制作规则。这很难用实用器物发环说来解释。如果注意到史前文化出土玉璇玑的地点分布情况，有自东部沿海地区向西传播的迹象。较早的实例，如辽宁省大连市旅顺口区出土小珠山二期文化玉璇玑，山东省五莲县丹徒出土新石器时代三齿牙玉璇玑，山东省海阳市司马台遗址出土龙山文化三齿牙玉璇玑等。[③]稍晚的实例有河南淮阳冯塘乡冯塘村出土商代三齿牙玉璇玑；较晚的实例有陕西省长安县张家坡西周墓出土五齿牙玉璇玑（编号M129：29）。[④]从物的叙事连贯性看，这里透露出一个不成文的玉神话制作传统在延续，并大致呈现出自沿海东夷文化圈向中原文明传播和拓展的轨迹。探讨其传播轨迹的奥秘，大体上能够透露出以玉为天的神话信仰如何伴随着玉礼器的接受和使用范围的扩大，从少数地区逐步地向各地拓展、扩散开来。

　　找回以玉为天的信仰真相，是重建华夏国教即玉教体系的关键环节。对一个文明的信仰之根的再认识，必将引导对此文明本身的重新解读和重新诠释。例如这个文明的天人合一观念，这个文明国家思想史上儒释道三家的祖型，这个文明特有的资源依赖现象，等等，均将在本书中列专门的章节加以探究。

---

① 参看郦道元撰，陈桥驿校证：《水经注校证》，中华书局，2013年。
② 参看江伊莉、古方：《玉器时代：美国博物馆藏中国早期玉器》，科学出版社，2009年，第243页。
③ 古方主编：《中国出土玉器全集》第4卷，科学出版社，2005年，第30、35页图版。
④ 中国社会科学院考古研究所编：《张家坡西周玉器》，文物出版社，2007年，第280页图版。

| 第三章 |

"玉帛为二精"

◀ 本章摘要 ▶

　　本章考察玉和帛两种物质从无文字时代大传统到汉字书写小传统，在中华文明中被神话化的编码过程，集中阐发《国语》"玉帛为二精"说的丰厚文化底蕴，还原7 000年前的蚕吐丝图像和6 000年前的玉雕蚕神，从两种"精物"的互动关联，揭示玉殓葬和帛殓葬之类礼仪行为背后的信仰观念动机，深度诠释"化干戈为玉帛"的华夏核心价值观的发生。本章还将着眼于玉殓葬礼俗的6 000年传承，探究支配此类中国文化特有现象的信仰因素，解析作为拜物教的玉教神话核心教义，揭示"礼"的发生为何以玉帛为其物质基础，侧重发掘《左传》中子产有关"用物精多则魂魄强"的宗教观，诠释"生命之精流转循环"及"天德"崇拜原理，对"守精"和"取精"说、"积德"说、"献物"说、"礼尚往来"说，以及"盛德必百世祀"等话语中隐含的国教观念作出系统阐释。

　　"化干戈为玉帛"这句成语代表着华夏文明的核心价值。干戈意味着冲突和战争，玉帛则意味着冲突的和解、财富、和平与美好的人间理想。玉和帛为什么会组合在一起，即玉石为什么和丝绸并列为早期华夏理想的象征物呢？本章希望从大传统新知识谱系上重新认识，从考古材料辨析玉帛神话组合发生的年代和地域，通过文献记述和出土实物的对照，揭示这两种物质被神话化的编码及再编码过程。

　　目前，借助于考古发掘材料，有关玉文化起源的研究和中国丝绸史的研究都已经达到远远超越古人的史前史深度透视：在华夏国家文明发生之前，玉文化始于八九千年前的北方地区，养蚕缫丝生产起源于7 000年前的南方地区。二者在约4 000年前中原文明崛起之际，都已经历了数千年的发展、传播、积累和崇拜的过程，并且早早就形成合二为一的组合联想模式。能够确证玉崇拜和蚕丝崇拜观念合流的最佳物证，莫过于史前期先民留下的用玉石雕琢出的蚕形象——红山文化玉蚕，其批量的考古发现足以说明早在大约6 000年前，玉与帛的神话联想之同盟关系就已经确立。此后又过了3 000多年，在先秦最早的汉字书写史料之一《国语》中，才初次记录下当时人有关"玉帛为二精"的宗教神话观念。

　　过去，在没有考古学材料的情况下，人们无从知晓《国语》"玉帛为二精"说的来源有多么深远——是春秋时期的还是商周时期的？如今，我们将汉字早期形态，即甲骨文中的"玉"和"丝"字作为文化符号的二级编码，将先于文字出现的有关玉和蚕的史前符号表现作为一级编码，即原型编码，则《国语》"玉帛为二精"说作为书面典籍崛起时代的三级编码，《搜神记》中蚕为马头娘的神话为N级编码，足以构成系统而未曾中断的华夏文化文本衍生编码链条，为中华文明核心价值观的生成提供全局性和透视性的认识。所谓全局性，就是兼顾无文字大传统和汉字小传统之间的榫卯衔接关系，真正将文献记录的观念内容追溯与还原到文献以前很久很久的历史纵深处，作史前史和文明史的贯通式理解。所谓透视性，就是利用大传统新知识谱系的认识能力，穿透文献记载的当下符号编码，看到之前和之后的原型编码与再编码情况，诠释出神话观念传承与变异的微妙细节。

第一节　《国语》"玉帛为二精"说

　　在中国神话学110多年的发展史上，学者们对"神""仙"和"鬼"的观念研究较多，还对照西方的"神话"概念，分别提出过"中国仙话"和"中国鬼话"之类的本土特色分类范畴，出版了一批专书乃至专项知识词典。相对而言，学界对"精"及"精物"的观念研究较少，这方面的探讨留下很多空白之地，目前还没有一部专书问世。在中国哲学和思想史研究方面，学者们虽然注意到"精"和"精气"说的宇宙发生论意义，有不少相关论述，但却大体局限于形而上的探究，缺乏神话学的进路，[①]未能从形而下到形而上的贯通方面作全盘把握。

《国语·楚语下》记载：楚昭王熊轸（在位年代为公元前515年—前489年）询问臣子："在祭祀祖先的祭品方面，有没有大或小的讲究？"朝廷重臣观射父回答说："帝王祭天的郊禘之礼也只不过用茧栗。"上古说的"茧栗"有三种意思：一种是字面意义，专指蚕茧和栗子。二种是形容牛角初生之状，言其形小如茧似栗。如《礼记·王制》云："祭天地之牛，角茧栗；宗庙之牛，角握；宾客之牛，角尺。"《汉书·礼乐志》云："牲茧栗，粢盛香。"颜师古注："言角之小，如茧及栗之形也。"三种是借小如茧栗的初生牛角指小牛犊。《国语·楚语下》的用法是第三种："郊禘不过茧栗，烝尝不过握把。"[②]

楚王不解地问："为什么祭品如此之小呢？"其言外之意是这样微小的祭品莫非是对祖神太过吝啬？观射父再解答说："夫神，以精明临民者也。故求备物，不求丰大。是以先王之祀也，以一纯、二精、三牲、四时、五色、六律、七事、八种、九祭、十日、十二辰以致之。……明德以昭之，和声以听之，以告遍至，则无不受休。"韦昭注："一纯，心纯一而洁也。二精，玉帛也。""八种，八音也。"[③]

祭祀是人神沟通的重要手段。玉帛作为祭神礼仪中的祭品，获得了"二精"之美称。中国人的"精神"一词，也是在"神"和"精"之间相联系的产物。为什么人需要将"精"祀奉给神呢？原来神和祖灵都是以"精明"来恩赐和保佑人间的，人作为领受神恩者，必须以"精明"回报神灵才对。玉和丝绸作为两种物质，都被初民理解为天神恩赐给人间的神物或"精物"。这种神话想象的结果，就奠定了"玉帛为二精"说的信仰关键。

---

① 如张岱年《论古代哲学的范畴体系》编排的哲学范畴总表中，将"精（精气）"列入78个概念范畴之中。但在解说这些概念的历史出现顺序时，将西周至春秋时代的概念范畴确认为"天命""德"等10个，却没有注意到《国语》的"精"的概念。参看张岱年等：《中国观念史》，中州古籍出版社，2005年，第3—15页。

② 左丘明：《国语》，上海古籍出版社，1988年，第565页。

③ 同上书，第565—566页。

以下先从跨文化的视野来考察。古汉语中的"精"，大体上如同人类学援引自原住民信仰中的"马纳"（Mana）概念，特指某种神秘传承的超自然生命力。三国时期的韦昭用玉帛来注解"二精"，其实也是援引观射父的原话，并不是注释家的发明。楚王听了以上数字化模式的解说，又问什么是一纯、二精、七事？① 观射父的后续解释是：

> 圣王正端冕，以其不违心，帅其群臣精物以临监享祀，无有苛慝于神者，谓之一纯。玉帛为二精。天地民及四时之务为七事。②

韦昭注："明絜为精。"③ 韦昭对"精"这个如此重要的核心概念的简单解释，不能让人满意。因为其依据是祭祀物品需要洁净的宗教礼制通则，没有什么新鲜之处，无法揭示出精字的语义丰富和相关信仰之深远流行。韦注"明絜"，即清洁、洁净的意思。"絜"字通"洁"，指清洁。《诗·小雅·楚茨》："济济跄跄，絜尔牛羊，以往烝尝。"就是专指祭祀礼仪用的牛羊需要宗教意义上的洁净、净化。那么玉和丝绸，一个被理解为天地山川之精英，一个被认为是神物变化出的精华，不用说都是宗教洁净的代表，用"明洁""精明"之类的同义词来说明，大同小异。用玉帛于祭献神明或祖灵的场合，符合神话信念的一切条件。观射父解说祭品的核心观点在于，祭神需要用人间最有代表性的精华物质（即所谓"备物"），而不求数量之多和物体之大，所谓"不求丰大"是也。这样的祭祀观念，使得玉帛两种物质在华夏文明中出类拔萃，成为上古时代最贵重的东西，也因此成为核心价值的代表。

玉帛作为合成词，还有另外的同类表达词，如"币玉"，也是指丝绸和玉，一般用途也是作为祭祀的礼品。《礼记·曾子问》云："天子诸侯将出，必以币帛皮圭告于祖祢……设奠，卒，敛币玉，藏诸两阶之间，乃出。"孔疏引熊氏安生云："每告一庙，以一币玉。告毕，若将所告远祖币玉行者，即

---

① 楚王之所以没有再追问什么是三牲、四时、五色和六律，是因为这些名目已经属于常识，尽人皆知，无需解释了。唯有"二精"和"七事"较为生僻，还需给予具体说明。

② 左丘明：《国语》，上海古籍出版社，1988年，第570页。

③ 同上书，第571页。

载之而去；若近祖币玉不以出者，即埋之。以其反还之时，以此载行币玉告于远祖。事毕则埋于远祖两阶间。"①《孔子家语·曲礼子贡问》云："凶年则乘驽马，力役不兴，驰道不修，祈以币玉，祭事不悬，祀以下牲。"王肃注："君所祈请用币及玉，不用牲也。"合成词"币玉"中的"币"字，是"幣"的繁体字，本义指丝绸，即古代所说的缯帛，本用作祭祀品，后用作馈赠礼品。《尚书·召诰》云："我非敢勤，惟恭奉币，用供王能祈天永命。"孔传："惟恭敬奉其币帛用供待王，能求天长命。"

图3-1　陕西韩城芮国26号墓出土的春秋时玉项饰

（2013年摄于苏州博物馆芮国文物特展）

这是用合成词"币帛"解释单音节词"币"。同样的训释也见于礼书的注解。如《仪礼·聘礼》"币美则没礼"句，郑玄注："币，谓束帛也。"束帛就是捆为一束的丝绸，用为祭品或礼品。考古新发掘的陕西韩城芮国周代墓葬中，就有用7件玉雕束帛和6件玉牌等串联成的项饰（图3-1）。这是古人用玉材表现丝绸制品的巧妙案例。

币字既能泛指祭品，也能泛指车马、皮帛、玉器等贵重物品，从通货交换的意义上就成为货币、等价物。例如《仪礼·士相见礼》云："凡执币者不趋，容弥蹙以为仪。"胡培翚正义："散文则玉亦称币，小行人合六币是也；对文则币为束帛、束锦、皮马及禽挚之属是也。"又如《国语·鲁语上》云："哀姜至，公使大夫、宗妇觌用币。"②币字作为货币而使用的例子，见于《管子》一书，其《国蓄》篇云："先王为其途之远，其至之难，故托用于其重，以珠玉为上币，以黄金为中币，以刀布为下币。"③在管子列举的上中下三种币中，以玉为最高级，以黄金为中级，以铜币为下级，丝绸还没有排入三级

①　郭□□□□□□，岳麓书社，1992年，第216页。
②　□□□□□□□语》，上海古籍出版社，1988年，第156页。
③　□□□注：《管子》，《二十二子》，上海古籍出版社，1986年，第178页。

序列。可见玉和帛相比，无疑具有优先性。后来金属钱币日渐流行，玉帛的通货作用才相应弱化。《史记·吴王濞列传》诏曰："吴王濞倍德反义，诱受天下亡命罪人，乱天下币。"[1]裴骃集解引如淳曰："币，钱也。以私钱淆乱天下钱也。"《汉书·食货志下》颜师古注："凡言币者，皆所以通货物、易有无也，故金之与钱，皆名为币也。"在金属时代的早期，金属的神话价值已经获得确立，但是毕竟还无法一下子取代更加古老的传统价值物。这就是为什么玉帛始终留在汉语表达中，充当至高无上的"精物"之道理。

古书中还常用合成词"币帛"指丝绸制品，一般用于祭祀、进贡、馈赠之礼。《墨子·尚同中》云："其祀鬼神也……珪璧、币帛，不敢不中度量。"唐封演《封氏闻见记·纸钱》云："按古者享祀鬼神，有圭璧、币帛，事毕则埋之。后代既宝钱货，遂以钱送死。"作为贵重礼物的"币"，可用来诱惑人。如《左传·僖公十年》载："邵芮曰：'币重而言甘，诱我也。'"[2]"币"作为进贡的礼品，可称为"币贡"，内容包括绣帛、圭璋、虎豹皮、马等贵重物品。《周礼·天官·大宰》云："以九贡致邦国之用……四曰币贡。"郑玄注："币贡，玉马皮帛也。"币贡的同义词是币献。如《周礼·天官·内府》云："凡四方之币献之金玉齿革兵器，凡良货贿，入焉。"郑玄注："诸侯朝聘所献国珍。"

丝绸制品的另一个重要功用是做高贵的包装物或串联丝带。《左传·昭公二十六年》："夏，齐侯将纳公，命无受鲁货，申丰从女贾，以币锦二两，缚一如瑱，适齐师。"孔颖达疏："礼以一绦五采横冠上，两头下垂系黄绵，绵下又悬玉为瑱以塞耳。"[3]这里的绦指丝带，绵指丝绵，用于悬玉瑱。《荀子·礼论》云："丧礼者，以生者饰死者也……充耳而设瑱。"王先谦集解："《士丧礼》：'瑱用白纩。'郑云：'瑱，充耳；纩，新绵也。'"古代帝王所用冕、弁等皆有塞耳饰物，上悬于丝绳，下饰玉，叫作瑱。按照班固《白虎通·绋冕》的说法："纩塞耳，示不听谗也。"但是为什么用丝和玉的组合，仍未能说明，有待进一步探究。笔者推测，或与模拟蚕吐丝做茧自我封闭

---

① 司马迁：《史记》，中华书局，1962年，第2833页。

② 阮元：《十三经注疏》，中华书局，1980年，第1802页。

③ 同上书，第2113页。

的仿生学想象有关。因为这个"纩"字本来就含有蚕茧的意思。如《淮南子·缪称训》云："小人在上位，如寝关曝纩，不得须臾宁。"高诱注："纩，茧也。"唐代杨炯作《盂兰盆赋》，明确说出天子依靠这些丝和玉的饰物及塞耳，以求通神通天神话效果的原理："圣神皇帝乃冠通天，佩玉玺，冕旒垂目，纮纩塞耳。"

综合以上语义学和语用学的讨论，《国语》记录的楚昭王熊轸与观射父的对话，生动展示出春秋时期的宗教祭祀观念。在人对神的表示方面，玉器和丝绸的物理特性都足以代表"明洁"的虔敬和庄重，遂能成为首屈一指的"显圣物"。玉器更能够收到视觉和听觉的双重通神效果，那就是观射父说的"明德以昭之，和声以听之"。国家祭祀活动的第一要务是圣王对待神明的虔诚专一态度，第二要务就是玉帛所代表的献给神的珍贵祭品。对照儒家创始人孔子在《论语》中感叹的"礼云礼云，玉帛云乎哉？乐云乐云，钟鼓云乎哉？"大体上能够看出先秦国家祭礼的核心精神与核心物质，为什么会紧紧围绕着玉器和丝绸。钱穆《论语新解》对此二句的白话译文是："先生说：'尽说礼呀礼呀！难道是说的玉帛吗？尽说乐呀乐呀！难道是说的钟鼓吗？'"[1] 刘宝楠《论语正义》引皇疏云："玉帛，礼之用，非礼之本。钟鼓者，乐之器，非乐之主。假玉帛以达礼，礼达则玉帛可忘。借钟鼓以显乐，乐显则钟鼓可遗。以礼假玉帛于求礼，非深乎礼者也。"[2] 这些说法表明，上古时代的礼观念中，必有两种礼仪用物以为其标志，那就是围绕着古人信仰的"二精"之物——玉和帛。孔子时代是礼崩乐坏的时代，孔圣人不满足当时有名无实、流于仪节形式的礼乐，所以发出这样的感叹。那个时代的贵族往往起名字都叫玉，如《论语·卫灵公》篇记录的孔子赞语"君子哉蘧伯玉"。可见"玉帛为二精"的信仰在春秋时期民间的巨大影响力和传播情况。如果还要细究二者之间的关系，那么刘宝楠注释《阳货》篇时引用的郑玄笺《尚书》的一句，较为简明地说清了玉在先、帛在后的次序之所以然：

---

① 钱穆：《论语新解》，生活·读书·新知三联书店，2002年，第453页。
② 刘宝楠：《论语正义》，中华书局，1990年，第692页。

　　郑注《尚书》云：帛，所以荐玉也。[①]

　　从这个注释中可知，玉与帛同时出现，可以有并列关系，也可以有主次关系。可以同时代表神圣生命力的"精"之显圣物，也可以让丝绸充当礼仪用玉器的包装物和陪衬物。而在玉石原料的交换贸易场合，更多的则是中原国家以丝绸或布换取西域特产的美玉。

　　礼失而求诸野。中国民间至今仍然有在宗教祭祀礼仪场合使用玉和丝绸，或者至少在名义上使用的情况。例如，素有古礼活化石之美誉的湘西土家族"还傩愿"仪式，如今还完整保留着上古时代的仪式记忆。其仪式的全部程式分为十八朝，从第一朝启师开坛，到第十八朝送神，一班法师，即民间的神职人员用载歌载舞的表演形式，酬谢保佑百姓的天地诸神。在十八朝的结构名目中，祭拜的诸神之首叫玉皇大帝，简称玉帝。其中第八朝叫作"呈牲献帛"，表演时间是26分钟，具体分为五段程式：上香；拜神；赞酒；呈劝七段神；赞牲。在赞牲部分，又细分为六小节，分别称为：献帛；赞猪；赞鱼；赞鸡；赞酒；打卦问神。具体解释是：将三牲和美酒呈现给神，就要一一将三牲与美酒的来源讲清楚。这里极力夸张三牲的高贵和不凡，以此表达还愿者的诚心诚意。至于为什么把祭献三牲和美酒的仪式开场叫作"献帛"，老司的唱词中给出的答案是：

　　　　老司开始在壳子伴奏中唱：
　　　　献帛钱财交于我皇天仓，
　　　　齐唱：
　　　　福禄流于主东君。
　　　　齐唱：
　　　　金仓量入银仓库，
　　　　银钱量入库仓银。
　　　　老司念唱：
　　　　户主择取本月吉日，

① 刘宝楠：《论语正义》，中华书局，1990年，第692页。

酬恩伴驾和会，

良愿一堂，良愿一赐，

虔备千斤刀头，

壶奉美酒，鸡鱼二牲，

头蹄四角，心肝五脏，

五花邪尾，悬吊金钱，

文疏方函，奇花教果，

信香三柱，宝烛一堂，

所许之物，

一并献在我皇仙台上。

齐唱：

小师且赞二三牲。①

在土家族"还傩愿"仪式上可以清楚看到，远古信仰的"二精"之一的玉，已经被抬高到万神之主的祭祀对象位置，被视为高高在上的玉皇；"二精"之二的帛，则遗留在仪式程式的名称"献帛"中，代表币帛财富，是敬献给诸神的祭品之总称。虽然真实的丝绸物质并不在场，但在其符号命名中依然潜隐着华夏上古时期的礼用玉帛之本相。

第二节 "精"与"道"的神话原型

古汉语中"精"的概念，作为"神""灵"等字的近义词，语义变化繁复而微妙。如《庄子·天地》篇所说的"神之又神，而能精焉"，似乎是在暗示一种比神更神的超自然力，很难用下定义的方式去界定。诠释"精"字语义的主要义项有如下诸多合成词：精神、精气、精魂、精灵等。这类词语大都和史前至上古的宗教神话信仰密切相关，需要还原到当时的神话思维语

---

① 陈正慧等：《乡民们的庆典——湖南桑植县土家族民间宗教还傩愿仪式实录》，中央民族大学出版社，2009年，第191—192页。

境中去理解，而不宜按照今天的观念去引申。

从造字结构看，"精"字从米从青，有学者认为"青"即"精"或"精"的本字。米作为南方生长最广泛的农作物，其周期性的生长特征，被原始的农耕文化信仰设想为某种神秘生命力作用和变化的结果。后世民间信奉的植物精灵和谷物精灵，当与此十分接近。谷物精灵代表一种体现在季节性周期中的不断循环往复的生命力，正是它促使农作物生长和丰收。"青"字不见于甲骨文，在金文中写作"生"在上、"丹"在下的形象。《说文解字》谓："青，东方色也。木生火，从生、丹。丹青之信言象然。"后人对许慎的这个字的迂曲解释大都不满意。林义光认为"青"字下半部不是"丹"，而是"井"。他提供的解释是："草木之生其色青也。井声。"[①]马叙伦的看法是："青自是石名。《大荒西经》有白丹青丹。是青即丹之类。字盖从丹生声也。……戴侗谓石之青绿者，从丹，生声。是也。丹砂石青之类，凡产于石者，皆谓之丹。……章炳麟曰：丹为赤石，青从丹，生声。宜本赤石之名。"[②]其最后的推论是：青即颜色之色的本字。众所周知，有颜色的石头或为玉石，或为石之次玉者。看来"精"和"青"的概念本来就可能得之于玉石。有颜色而半透明的玉石，被先民设想为通灵通神，当不足为奇。莫非就是因为石头的艳丽色彩和晶莹特质，被看作是承载神秘生命力的结果？

在老子《道德经》中，"精"指精气，"神"指鬼神或灵验，二者尚未组成合成词"精神"。这一合成组词的任务是在战国时期的《庄子》一书中首次完成的。不过，该书中也有不少"精"和"神"分开、各自独立使用的情况。由此可推知，古汉语中的"精神"一词为文人创造的书面语，而"精"和"神"则无疑来自口语。《庄子》内篇只有两个"精"字。其《德充符》"外乎子之神，劳乎子之精"一句，是将"精"与"神"对言的首个例子。从上下文看，这两个概念在此属于同义词，皆指人的精神状态或心智。更加具有宗教神话意义的"精"，见于《左传·昭公二十五年》："心之精爽，是谓魂魄。"[③]《左传·昭公七年》有："用物精多，则魂魄强，是以有精爽至于神

---

① 林义光：《文源》卷11，见古文字诂林编委会编：《古文字诂林》第5册，上海教育出版社，2002年，第261页。
② 同上。
③ 阮元编：《十三经注疏》，中华书局，1980年，第2107页。

明。"还有《管子·侈靡》的"天地精气有五"说和《管子·心术》的"一
气能变曰精"说；《大戴礼记·曾子天圆》中曾子引用孔夫子的话"阳之精气
曰神，阴之精气曰灵"；[1] 再如许慎《说文解字》说"螭（魑）"字为"山川
之精物也"。这些用法的共同特点是，都属于具有宗教信仰背景的措辞，承
载着鲜明的神话意识内涵。

　　魂魄、神灵或魑魅，都是指宗教信仰的对象，管子说的精气，也来自民
间信仰，并且通过中医学观念普及流行至今。可见"精"的概念之产生，必
然和原始宗教的神话观互为表里。"精气为魂"说奠定了华夏的生命观和身
体观，影响不可谓不深远。近现代以来，受到西学中的文化人类学和比较宗
教学之濡染，学界倾向于将中国人"精"的观念，与宗教学、人类学所说的
"马纳"（Mana）概念相互对接。这个外来词又译作"灵力"或"神力"等。
下面引用的是台湾商务印书馆出版的《云五社会科学大词典·人类学》对该
词的释义：

灵力（Mana）

　　一、"灵力"是一个源于大洋洲的术语——它是指一种具有普通人
类体能所不能达成效果的综合力量概念。

　　二、灵力的土音是大洋洲语"马拉"（Mana），在它引起人类学界
的注意而成为一个术语之前，已普遍流行于大洋洲的许多民族之中。字
典中首次提到波利尼西亚（Polynesia）的"灵力"，似乎是 L. Andrews
所提出的，他译之为一种"力量"，超自然的力量，神圣的力量。R. H.
Codrington 也提供了一个很重要的定义。他用"精神的力量""巫术的力
量""超自然的力量或影响"等词和"灵力"一词相对等。但在一本古
典的著作中，他描写"灵力"是"一种力量或影响……"[2]

　　用"灵力"的观点看"精"，二者虽不宜完全等同，但作为原始信仰对

---

① 　王聘珍：《大戴礼记解诂》，中华书局，1983年，第99页。
② 　王云五主编：《云五社会科学大词典》第10册《人类学》，台湾商务印书馆，1986年，第318—
　　320页。

象，又确实有相通之处。既然"精"的概念联系着原始信仰的情况，再看《道德经》和《庄子》等道家书中被今人当作中国哲学第一关键词的"道"，其实也和"精"的信仰息息相关。《道德经》第二十一章云：

> 道之为物，惟恍惟惚，忽恍中有象，恍忽中有物。窈冥中有精，其精甚真，其中有信。自古及今，其名不去，以阅众甫。[①]

《庄子·大宗师》云：

> 夫道，有情有信，无为无形；可传而不可受，可得而不可见；自本自根，未有天地，自古以固存；神鬼神帝，生天生地；在太极之先而不为高，在六极之下而不为深，先天地生而不为久，长于上古而不为老。狶韦氏得之，以挈天地；伏戏氏得之，以袭气母；维斗得之，终古不忒；日月得之，终古不息；堪坏得之，以袭昆仑；冯夷得之，以游大川；肩吾得之，以处大山；黄帝得之，以登云天；颛顼得之，以处玄宫；禺强得之，立乎北极；西王母得之，坐乎少广。莫知其始，莫知其终。彭祖得之，上及有虞，下及五伯；傅说得之，以相武丁，奄有天下，乘东维，骑箕尾，而比于列星。[②]

庄子在此所描述的诸位得道者的非凡事迹，根本不像在表达什么哲学思想，倒是很像在炫耀宗教神话中掌握超自然灵力即马纳的神灵或圣者。先民用代表"精"的玉帛来祭献神灵，因为信徒们一致确信，任何神灵在得到"精"后，就会马上显出超凡法力。灵力或精，都是先于宇宙天地而存在的生命始基。其神秘特征是：可以获得却看不见摸不着；可以传播和转移，却无法人为地生产制作。自狶韦氏、伏羲、黄帝、西王母至傅说，一大批神圣者或英雄先贤都先后得到它，结果是上天入地，无所不能，并且掌握无始无终的永恒生命。祭祀的原理是人通过祭献精物而让神明获得"精"之灵力，

---

① 朱谦之：《老子校释》，中华书局，1984年，第88—89页。
② 郭庆藩：《庄子集释》，中华书局，1961年，第246—247页。

庄子渲染的"得道"原理，与祭祀原理相比，大体上是异形同构的。

人死后升天之灵魂可称"精"。例如，《楚辞·远游》"奇傅说之托辰星兮"。王逸注："辰星，房星，东方之宿，苍龙之体也，傅说死后，其精著于房尾也。"原来庄子说的"傅说得道，而比于列星"，就是屈原说的"傅说之托辰星"，也就是王逸注解中说的"其精著于房尾"的结果。这就透露出"道"即"精"、"精"即"道"的重要秘密。难怪老子要点明"道之为物……其中有精"的正面判断。中国思想史的第一关键词"道"就这样发源和脱胎于有关"精"的原始信仰，植根于以玉帛祭献神明的悠久祭礼传统。

涂尔干（Emile Durkheim）曾经强调宗教信仰的群体幻想对于社会意识构成的重要奠基作用，他指出：

> 像宗教这样的在历史中占有极其重要的地位的观念体系、自古以来人们从中获得他们生活所必需的能量的观念体系，应该是由幻觉罗织而成的。而今天，我们开始认识到，法律、道德甚至科学思想本身都是从宗教中产生的，长期以来，它们始终与宗教混同在一起，始终渗透着宗教的精神。那么空泛的幻想如何能够形成如此强烈而持久的人类意识呢？……这些实在究竟来自于自然的哪个部分呢？究竟是什么使人类用宗教思想这种独有的方式来表现这些实在呢？[1]

至少针对华夏文明而言，我们现在清楚地知道，构成华夏国家核心价值的精神原型，就是来自自然的两个部分——玉和帛。观射父像说教者或传教士一样，面对君王倾诉的祭祀神明之原理，把玉和帛两种物质紧密地联接在宗教语境之内，让后人能够超越时空，回到那个以玉帛为"精物"的信仰年代，感受和体会到这两种物质所承载的异常厚重的神话内涵。为了加深理解，以下引述比较宗教学家对祭祀仪式之原理的若干高见，和观射父的上古话语作对照。

> 宗教信仰者认为，在宇宙中、社会结构中的生命以及个体的生命，

---

[1] ［法］爱弥尔·涂尔干：《宗教生活的基本形式》，渠东等译，上海人民出版社，1999年，第85页。

如果没有使之与宇宙或神圣力量保持协调的仪式的滋养和刺激，将无法持续下去。……在所有这些仪式中，献祭占有一个核心位置，因为通过献祭，宗教信仰者用礼物的方式把自己作为一个奉献物；通过分享和参与奉献的祭品，献祭者和神之间就建立了最密切的共享（communion）与交流。因此无疑，献祭作为重要的宗教仪式而显现出来，在许多部落中血祭（blood-sacrifice）是核心的宗教行动。[①]

对于参与仪式的信仰者而言，献祭的品级越高，献祭者与神明的精神联系就越密切，这就是初民社会需要拿出最大的财富用于祭神的心理动因。观射父所处的东周时代，楚国以"一纯二精"为特色的祭献活动，更突出祭献者的诚意与祭品的精粹性，这要比初民社会追求祭品的丰和大，提升了一个层次。玉帛之所以能够成为祭品之精华，一定和数千年积累的玉石神话和蚕丝神话信念相关。献祭者相信，这两种精物中存在灵力，通过神明的回馈可以让他们获得保佑，这种信念给他们带来巨大的精神支持和情绪抚慰。

献祭与洁净和不洁净、罪过和疾病、和平和和好、健康的恢复、关心死者的福乐、群体的情感、声誉和康复等相联系。我们可以说在原始宗教中献祭的慰抚因素更多是仪式本身所固有的，而不仅仅是指向神或者某个膜拜对象的象征。愉悦的、盟约的或者调停的仪式就其结构本身而言是指称需求这些反映的社会境况。例如，歃血盟约的参与者就没有向神祈求。当某个神或者祖先神灵进入画面时，献祭的权威性就得到了加强。仪式的参与者相信神或者神灵控制着他的生命和行为。对于原始人来说，生命就是力量，主要是生殖的力量。善是力量；健康和精力代表了在运作中的力量。不幸和疾病是逆向的力量。通过献祭平衡得到恢复，因此献祭似乎成为增强人的力量或者神灵的和神的力量的途径。……在力量的等级序列中人是在优越性上次于神的，他能把力量引

---

① ［意］马利亚苏塞·达瓦马尼：《宗教现象学》，高秉江译，人民出版社，2006年，第218页。

导进有生命的和无生命的对象之中……①

玉教神话早在华夏史前期的文化大传统中已经延续数千年，使得玉为"神物""精物""灵物"的信念在华夏文明早期深入人心，再与蚕丝神话信念相互结合，开始充当起化解社会矛盾和克服社会危机的法宝，即所谓"化干戈为玉帛"。诸子百家时代转用哲理化的表达，精物遂隐去其形而下的外观，抽象化为"道"的理念，享受精物献祭者也就相应地转换为庄子笔下理想化的"得道者"。唯有老子《道德经》第七十章"圣人被褐怀玉"一句，将得道者的物质原型还原出来，再度暗示出道与玉之间的隐喻关联。

古汉语"精"的概念中还包含灵魂的意思。与"魂不守舍"的说法相应，"精"可以像魂一样独立离开躯体，四处游荡。西汉文豪司马相如在《哀秦二世赋》中写道："精罔阆而飞扬兮，拾九天而永逝。"②可见在古代文人的想象中，"精"是一种奇妙的、能够飞扬和通天的神秘生命力。

有"精"的事物是活物，即有超级生命力的物。超越现实世界的束缚，上天入地，飞升于天河，沉潜于渊。另一篇汉代作品为汉武帝刘彻所作《李夫人赋》，是著名的"想象灵魂"之作，赋中有"神茕茕以遥思兮，精浮游而出畺"等奇思妙想。③梦想中的境界，被古人理解为人之精魂出游的所见所闻。这一魂游（或梦游）意义上"精"的概念，又体现在后世的"精梦"神话观，又称为"意精之梦"。汉代王符《潜夫论·梦列篇》云："凡梦，有直有象，有精有想，有人有感，有时有反，有病有性……孔子生于乱世，日思周公之德，夜即梦之。此谓意精之梦也。"④鉴于梦想与神话想象的对应关系，我们在此需要再度将华夏的"精（魂）"概念与人类学的"马纳"概念相对照。

在不信基督教的波利尼西亚，人类灵魂分享一个来自宇宙的"超

---

① ［意］马利亚苏塞·达瓦马尼：《宗教现象学》，高秉江译，人民出版社，2006年，第213页。
② 费振刚等编：《全汉赋》，北京大学出版社，1993年，第89页。
③ 同上书，第126页。
④ 王符：《潜夫论》，诸子集成本，上海书店，1986年，第132—133页。

自然的活力，并在精神上表明其自身"，因为有如此多的atua（神灵或精神）曾一度作为人的灵魂，受到马纳（Mana）支配。那里不存在介于"自然的"和"超自然的"之间的鸿沟，唯有两者之间的连续。在波利尼西亚的神话当中，马纳的活力由男人、神灵以及天上相关的事物所共有，探寻一个超越可能之限度的世界。在这样一个等级制分明的社会里，即使不是为活着的个人，在其探求超验的渴望没有宣泄渠道的情况下，至少为了神灵和古老的英雄，也要在仪式中获得语言的满足。①

人类学家还注意到，初民社会中的礼物交换，除了物质本身的使用价值或经济价值外，更重要的信息还是属于宗教神话性的。萨林斯（Marshall Sahlins）在《石器时代经济学》（Stone Age Economics）一书第四章"礼物之灵"中，讨论了法国人类学家马塞尔·莫斯（Marcel Mauss）《论馈赠》（The Gift）的论点：他将新西兰毛利人信仰的神话观念"hau"，翻译为"物之灵"，并据此发问："是什么样的权力和利益原则，使原始和古代社会奉行收礼必还？在礼物中究竟存在何种魔力促使接收者必要回赠礼物？"②莫斯的答案极具经典性：hau 不仅是礼物中蕴含的灵，而且是礼物赠与者之灵。这个洞见让我们立即联想到中国东周时代的"精"观念，其本源也是来自信仰中的终极赠与者即神灵。只要将祭神用的祭品理解为人对神明的回赠礼品，则玉帛二者被华夏先民的神话思维认定为天神恩赐之"精物"厚礼的信念，就可以反推出来。玉帛能够代表财富、宝物或货币的观念，原来的根本出处全是神话信仰。如美国人类学家古德所说：

> 市场由于其在社会中的显著作用而成为各种礼俗的集中表现地。这些习俗中有些确与交换直接有关，而更多的则是与别的价值观念有联系。由于人们比较注意市场活动，故此从一些表面上看属于经济范畴的

---

① Torrance, Robert. M., *The Spiritual Quest, Transcendence in Myth, Religion, and Science*, London: University of California Press, 1994, p. 89.

② [美] 马歇尔·萨林斯：《石器时代经济学》，张经纬等译，生活·读书·新知三联书店，2009年，第172页。

现象中，往往可以发现其中重要的社会-宗教作用。①

"精物"的实质首先在于神圣物，其次则引申出伦理道德和人格方面的意义。如《管子·水地》所论玉之九德说：

> 夫玉之所贵者，九德出焉。夫玉温润以泽，仁也；邻以理者，知也；坚而不蹙，义也；廉而不刿，行也；鲜而不垢，洁也；折而不挠，勇也；瑕适皆见，精也；茂华光泽，并通而不相陵，容也；叩之，其音清搏彻远，纯而不杀，辞也；是以人主贵之，藏以为宝，剖以为符瑞，九德出焉。②

由于儒家的"君子比德于玉"说伴随着"君子必佩玉"的国家制度化现实，③后人多从伦理道德方面接受玉德观，玉中储藏着"精"或神力、灵力的信念就被淡化乃至遗忘；唯有民间的巫者和医者，还有熟悉民间信仰的文学家，对此还是念念不忘，如曹雪芹创作的《石头记》之"通灵宝玉"新神话。

第三节　从玉和蚕（丝）神话看玉帛组合的起源

玉和丝绸这两种不同的物质是怎样组合到一起的？如果把观射父的"玉帛为二精"说作为华夏经典叙事的三级编码，那么汉字作为先于经典而发生的二级编码符号，为此提供了重要线索。一些关键的字表明：远在造字时代，玉和帛就结合起来了。

"玉"字写作一竖贯三横的形象，许慎解释说"象三玉之连"。甲骨文"玉"字写作一竖贯三横或四横，甚至五横。古文字学家一致认为"象贯玉

---

① ［美］威廉·J.古德：《原始宗教》，张永钊等编译，河南人民出版社，1990年，第85页。
② 房玄龄注：《管子》，《二十二子》，上海古籍出版社，1986年，第147页。
③ 参看叶舒宪、唐启翠编：《儒家神话》，南方日报出版社，2011年，第一章第五节"德与玉：儒家神话关键词"，第50—53页；第六章"体与礼：佩玉践行与礼仪的神圣源起"，第145—176页。

之形"。甲骨文"珏"字写作并列的两个"玉"字;"豐"字写作两串玉在礼器豆之上,有学者认为"豐"字就是"礼"的本字。高田忠周解释甲骨文"玉"字形象的构成:"盖玉之用,主于佩玉。"佩玉以组佩形式出现,贯穿多件玉器的材料是什么? 正是丝绸制成的丝带或丝绳。商承祚解说甲骨文"玉"字形,"象丝组贯玉后露其两端"。[①]戴家祥也认为,甲骨文"玉"字写法"象贯玉丝带,而两端露绪"。[②]杨树达还引用《左传·襄公十八年》记载的中行献子以朱丝系玉二瑴祷于河,说明上古以玉事神的现实,是"玉"和"豐"等字的造字取象原型。依照以上文字学家的观点,3 000多年前产生甲骨文的时代,祭祀仪式上用的玉器以丝带丝绳为贯串,表示祭神的汉字"礼(禮)",字形中就包含着玉和丝两种物质的信息。王宇信《卜辞所见殷人宝玉、用玉及几点启示》一文指出,甲骨文中有"玉"字,也有双玉并列的"珏"字,还有"弄"字,写作以手持玉之形,三者都用于祭祀,"所祭对象有先公先王和旧臣,而自然神祇有河、山等"。[③]从文化文本生成建构的历史看,前文字符号是一级编码,汉字的产生作为二级编码,使用汉字叙事的早期经典为三级编码。我们已经能够将春秋时代的"玉帛为二精"说的由来,上溯到汉字产生的年代,落实到殷商王者以玉帛祭祀的宗教实践。更早的神话原型,将再度上溯到文字文明到来之前的新石器时代,探讨的对象由玉帛组合扩展到玉与蚕的组合。因为帛为蚕所化生,二者有因果关系。

战国时期的荀子作《蚕赋》一篇,其辞云:

> 有物于此,㒃㒃兮其状,屡化如神,功被天下,为万世文。礼乐以成,贵贱以分,养老长幼,待之而后存。名号不美,与暴为邻;功立而身废,事成而家败;弃其耆老,收其后世;人属所利,飞鸟所害。臣愚

---

① 商承祚:《说文中之古文考》,转引自古文字诂林编委会编:《古文字诂林》第1册,上海教育出版社,1999年,第239页。
② 戴家祥:《金文大字典》中,转引自古文字诂林编委会编:《古文字诂林》第1册,上海教育出版社,1999年,第243页。
③ 王宇信:《卜辞所见殷人宝玉、用玉及几点启示》,见邓聪主编:《东亚玉器》中册,香港中文大学考古与艺术研究中心,1998年,第22页。

而不识，请占之五泰。五泰占之曰："此夫身女好而头马首者与？屡化而不寿者与？善壮而拙老者与？有父母而无牝牡者与？冬伏而夏游，食桑而吐丝，前乱而后治，夏生而恶暑，喜湿而恶雨，蛹以为母，蛾以为父，三俯三起，事乃大已，夫是之谓蚕理。"[1]

王先谦注"事乃大已"句云："言三起之后事乃毕也，谓化而成茧也。"蚕的生命变化过程，从飞蛾产卵生下的蚕子开始，一变为蚕，再变为茧，三变为丝帛，其生命运动所体现的是金蝉蜕壳一般的神奇微妙，能够获得"屡化如神，功被天下，为万世文"的赞誉，也就在情理之中。这种着眼于生命形态变化过程的"帛"之由来，难怪让先民信奉丝绸这种物质材料中一定潜含着超自然生命力，即"精"。"玉帛为二精"的神话想象，由蚕与丝的关系可窥见其产生的奥妙原理。

简言之，帛的神秘性来自其生命变化之源——作为变形动物的蚕。而古人对蚕的神话化表现的明确认识，虽然以文学作品形式记录在荀子所处的战国时代，其观念渊源却要大大向前追溯，一直到出土蚕形图像的新石器时代中期，距今足有7 000多年。

蚌埠双墩遗址是淮河中游地区新石器时代中期的重要遗址，其年代在距今7 300—7 100年。[2]遗址中发现大量陶器刻画符号，其中的动物形象主要围绕鱼、猪、鹿和蚕4种。值得注意的是表现蚕的形象，还兼表现蚕茧和蚕丝的形象。这一系列的形象能够显示史前初民对蚕吐丝成茧现象的神话式想象。如标本92T0722（20）：43，为一件陶碗的残底片（图3-2，左图），"在其外底部刻画有似蚕吃叶片或吐丝样的组合符号，该符号具有一定的抽象性，刻道清楚，似在未干的胚胎上刻画"。再如标本92T0722（26）：17，为一件陶碗的残底片，"在其外底部刻画有方框和蚕茧形组合符号，刻道清楚，似在未干的胚胎上刻画"（图3-2，右图）。又如标本92T0722（28）：73，为一件陶碗的底片，"在其外底部刻画有索状蚕丝形

① 王先谦：《荀子集释》，诸子集成本，上海书店，1986年，第316—317页。
② 安徽省文物考古研究所、蚌埠市博物馆编著：《蚌埠双墩——新石器时代遗址发掘报告》上，科学出版社，2008年，第414页。

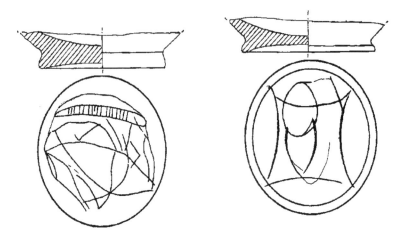

图3-2　安徽蚌埠双墩新石器时代陶器刻画的蚕吐丝和蚕茧，标本92T0722
（20）：43和标本92T0722（26）：17

（引自安徽省文物考古研究所、蚌埠市博物馆编著：《蚌埠双墩——新石器时代遗址发掘报告》上）

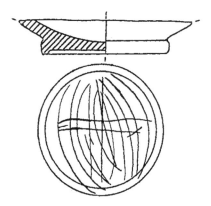

图3-3　安徽蚌埠双墩新石器时代陶器
刻画的蚕吐丝和蚕茧，标本
86T0820（3）：2。

（引自安徽省文物考古研究所、蚌埠市博
物馆编著：《蚌埠双墩——新石器时代遗址
发掘报告》上）

符号，刻道清楚，似在未干的胚胎上刻画"。[1]

又如，更加生动的一件标本是86T0820（3）：2，碗底完整，"外底部刻有蚕形与相对多弧线形构成的组合符号，似表示一条横卧的蚕正在昂首吐丝结茧，蚕的形象逼真、生动"（图3-3）。[2]

荀子在2 000多年前《蚕赋》中要表达的意思，其实在7 000多年前的图像叙事中已经可以看到：蚕的变化和吐丝造茧功能，正是其非凡神性的表现。蚕就是"精"或"神"的化

____

① 安徽省文物考古研究所、蚌埠市博物馆编著：《蚌埠双墩——新石器时代遗址发掘报告》上，科学出版社，2008年，第196页。
② 同上书，第339页。

身，是生命力永恒不息的象征物。

比淮河流域先民留下的陶器符号晚1 000多年，北方西辽河流域的红山文化先民又用代表神圣生命力的玉石材料来表现蚕，留下一批精彩绝伦的玉器叙事，从中能够体悟出丝帛起源的神话式理解。以下便是一系列（共10件）出土的玉蚕和铜蚕实物分析，以红山文化玉蚕为主。

第一件。内蒙古巴林右旗博物馆收藏有红山文化玉蚕多件，其中精美而较大的一件长8厘米，直径3.4厘米。1982年在当地那日斯台遗址出土。[①]玉蚕呈圆柱形体，双眼之上有两条向上弯曲的阳凸纹表示蚕化蛾时的翼翅，造型别致而生动（图3-4）。

第二件是辽宁考古工作者在建平县牛河梁第2号冢第1号墓发掘出土的红山文化玉蚕，长12.7厘米，其雕琢形象较为简单，但是长度却是迄今所见最大的。五六千年的土壤侵蚀已经导致该玉蚕严重钙化，表面呈灰白色，俗称"鸡骨白"（图3-5）。

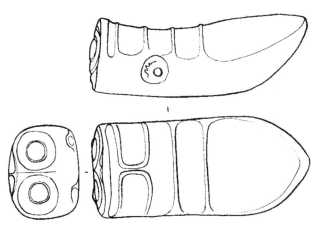

图3-4　内蒙古巴林右旗出土的红山文化玉蚕
（内蒙古巴林右旗博物馆藏）

图3-5　辽宁建平牛河梁第2号冢第1号墓出土的红山文化玉蚕，长12.7厘米
（辽宁省文物考古研究所藏）

① 于建设主编：《红山玉器》，远方出版社，2004年，第140页。

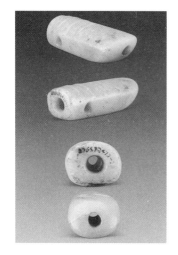

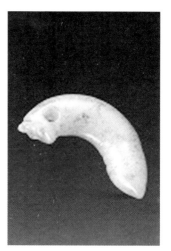

图3-6 辽宁喀左群众捐献的红
　　　　山文化玉蚕蛹

（辽宁省朝阳博物馆藏）

图3-7 红山文化玉蚕蛹，长5
　　　　厘米

（上海博物馆藏）

第三件，红山文化玉蚕蛹，1990年辽宁省喀左县群众高时松捐献，现藏辽宁省朝阳博物馆，长7厘米。[①]该玉蚕虽然不属于考古发掘品，却仍被专家确认为红山文化的遗物。其特点是头部没有刻画，蚕身上有横向和纵向两个直孔相通，显示出没有金属工具条件下的高超打孔技术（图3-6）。

第四件，上海博物馆藏红山文化玉蚕蛹，[②]其造型的与众不同处是头部琢磨出凸眼和双立耳，蚕身呈现弯曲状，让人产生由蚕到龙的联想。有学者认为东北地区素产柞蚕，此件玉蚕形态和色泽都与柞蚕相合，当为红山文化先民崇奉的蚕神（图3-7）。

第五件，2012年春，辽宁省文物考古研究所在北京艺术博物馆举办红山文化出土玉器精品展，借展内蒙古巴林右旗出土的两件大玉蚕，这是其中之一。[③]其特点与第三件标本类似，蚕身上有横向和纵向两个直孔相通。玉质呈黄色，莹润细腻，精光四射（图3-8）。

────────────

① 郭大顺、洪殿旭编：《红山文化玉器鉴赏》，文物出版社，2010年，第139页。

② 同上书，第181页。

③ 此次展览共展出红山文化玉蚕5件，是历来展出最多的一次。参看北京艺术博物馆编：《时空穿越——红山文化出土玉器精品展》，北京美术摄影出版社，2012年，第53—56页。

图3-8 内蒙古巴林右旗出土的红山文化玉
　　　 蚕，长9.4厘米，直径3.9厘米
（北京艺术博物馆藏）

图3-9 河南安阳殷墟出土的商代玉
　　　 雕蚕龙
（殷墟博物苑藏）

　　第六件，河南安阳殷墟出土商代玉雕蚕龙，其造型介乎蚕与龙之间，首尾相接，呈自环之形，或又隐约透露蚕吐丝成茧的形状（图3-9）。如与下面第七件曲身的西周玉蚕相比较，可知玉蚕工艺风格传承自史前到早期文明的大致变化脉络。

　　第七件，西周玉蚕，1981年出土于陕西扶风强家村一号西周墓，为墓主人头骨东侧玉串饰中的一件。该串饰由大玉蚕、小玉人为两端，中间串以两节玉管、四颗红玛瑙珠和四节料管。玉蚕呈卷体，玉管之一刻画龙纹，形成蚕、龙、人三种生物形象的对应，耐人寻味（图3-10）。[①]

　　第八件，西周白玉蚕，其刻画特征是蚕身短小而丰满，头大于身，张着大口，似乎在表演其非凡的吐丝变化功能（图3-11）。

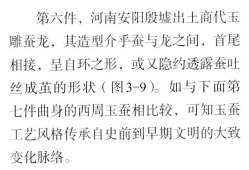

图3-10 陕西扶风强家村一号西周墓出
　　　　 土的玉蚕
（宝鸡市周原博物馆藏；引自古方主编：
《中国出土玉器全集》第14册）

图3-11 陕西扶风齐家村遗址出土的西
　　　　 周白玉蚕
（宝鸡市周原博物馆藏；引自古方主编：
《中国出土玉器全集》第14册）

① 周原博物馆编：《周原玉器萃编》，世界图书出版公司，2008年，第90页。

第九件，春秋早期的玉握饰，2005年出土于陕西韩城梁带村芮国夫人墓。中央为方形玉柱，以利死者右手握持，玉柱两端有多个孔，并联8条串饰，每条串饰的顶端为直体玉蚕，蚕身刻画类似螺旋纹，共计有玉蚕10余件，玉贝、玉龟、玛瑙珠等共300余件（图3-12）。此种玉握饰之繁复奢华，在目前的西周到春秋考古中首次发现，尚未有合理的解释。有一点可以肯定，西周至春秋的玉蚕制作虽有其时代特色，但这一神话生物造型传统却是承袭自夏商和史前，并非新的发明。将玉蚕置于墓葬，当与更多见的玉蝉一样，寄寓着让死者灵魂不死或再生的神话意向。

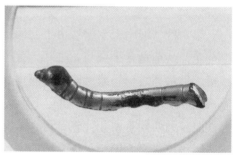

图3-12 陕西韩城芮国26号墓出土的玉手握，由玉蚕、玉龟和玉兽面等组成
（陕西省考古研究院藏；2013年摄于苏州博物馆芮国文物特展）

图3-13 陕西石泉出土的西汉鎏金铜蚕
（摄于陕西历史博物馆）

第十件，玉蚕制作的数千年传统在西汉时期的衍生形式——鎏金铜蚕，出土于陕西石泉县（图3-13）。从玉石到金和铜，神蚕的制作材料有了变化，其基本的宗教崇拜和生命祈祝功能却一脉相承，始终如一。

以上10件蚕形文物，其中第一至第五件皆为红山文化玉蚕，第六至第九件为商周玉蚕，第十件为西汉铜蚕，还可以再加上山西芮城出土的仰韶文化陶蚕等，组合起来构成一个完整的文物叙事系列，历时长达4000年之久，堪称华夏文明特有的神话主题传承之大传统。《国语》中人物所说的"玉帛为二精"，表明先秦社会之所以一致推崇这两种物质，是因为它们二者以其美妙的外观，潜含着或承载着神秘的和神圣的观念。简言之，玉和帛早已从万物之中脱颖而出，成为华夏先民心目中至高无上的圣物。

下文拟结合华夏上古的人体生命神话观，从天人之间互动的视角，辨析

"玉帛为二精"命题的潜在思想意义，力求深入细致地揭示出玉教俨然为国教的教义成分，说明中国古人特别爱玉崇玉的观念-情感因素。

第四节 唯玉为葬的源与流

在华夏文明诞生之前的兴隆洼文化、红山文化、夏家店下层文化、大汶口文化、崧泽文化、良渚文化、凌家滩文化、石家河文化、陶寺文化、龙山文化、石峡文化和齐家文化中，普遍出现专用批量玉礼器为社会显要人物随葬的现象，考古学称之为"唯玉为葬"或"玉殓葬"（图3-14）。这样的现象在世界范围看具有十足的中

图3-14 辽宁建平牛河梁出土红山文化玉龙
（2009年摄于首都博物馆早期中国展）

国特色，其来源比作为中原国家政权的"中国"观念的出现，还要早数千年。如2007年在长江下游新发掘的安徽含山凌家滩07M23号墓葬为社会领袖级墓葬，随葬的以玉钺和玉环为主的玉礼器多达300余件（图3-15）。其墓主仅左右两只手就佩戴玉镯20件，堪称今古奇观，而其年代则距今约5 300年。由此看，研究玉殓葬的现象，需要从史前大传统出发，探寻支配此类特殊葬仪行为的原初性神话观念动机，说明先民为何在青铜时代到来之前较为普遍地对玉石情有独钟到如此地步。对此，迄今尚无公认的解释理论，为此有必要结合华夏文明特有的人体生命神话观，解答玉器与人体之间的特殊关联意义。只有这样，才能凸显出玉帛二者所承载的拜物教观念，找回被后世丢弃和遗忘的玉教信仰及其传承脉络。

唯玉为葬的礼俗不光是考古发掘的史前现象，史书记载周武王攻陷朝歌，商纣王以宫中宝玉缠身而自焚的事件，[①]是这种远古礼俗在殷商文明末期

---

① 《逸周书·世俘》："商王纣于商郊。时甲子夕，商王纣取天智玉琰缝身厚以自焚，凡厥有庶告焚玉四千。五日，武王乃俾于千人求之，四千庶（玉）则销，天智玉五在火中不销。"见黄怀信：《逸周书校补注释》，三秦出版社，2006年，第203页。

图3-15　5 300年前以玉钺为主的玉殓葬：安
徽含山凌家滩07M23号墓发掘现场
（安徽省文物考古研究所张敬国供图）

特殊场合的表现形式。以玉缠身，是商代末代帝王在不得已的情况下为自己量身定制的一种升天葬礼。帝国王室珍藏的玉器一起出场，其场面肯定难得一见。一切尽在不言中，因为玉教的信仰和教义都将通过玉礼器的仪式性呈现而得到神圣的表达或表演。玉文化在商纣王之前的数千年积累，已经使得要说出口的一切人为话语都显得多余。西汉时代开启的王者金缕玉衣葬仪制度，同样如此。

唯玉为葬的礼俗进入两周时期，依然在持续地发展和演变。现存的古文献中有关西周初年王室葬礼的详细叙述，莫过于《穆天子传》卷六记述的天子为盛姬举行的葬礼。玉和帛两种物质以或实物或象征的方式呈现在葬礼上，耐人寻味。帛的出场，是葬礼上专用锦绣制成的"明衣"九领，郭璞注："谓之明衣，言神明之衣"；[1] 还有异常隆重的哭丧游行队伍，游行终止处则是专为盛姬建造的"重璧之台"。[2] 何谓"重璧之台"？特别熟悉玉教神话教义的郭璞用一句话解释说："言台状如垒璧。"也就是筑台的形状如同垒放的玉璧。重璧之台的修造，究竟有没有实际使用玉璧实物，如今谁也无法说清。但是，把多个玉璧垒起来叠放于墓穴，原是新石器时代后期常见的高等级葬礼现象（图3-17）。直到西汉时的广州南越王墓，仍然有用14块玉璧为死者裹尸的豪华用璧葬法。这样看《穆天子

---

① 郭璞注：《穆天子传》，丛书集成初编本，商务印书馆，1937年，第37页。
② 同上书，第34、37页。

传》的"重璧之台"，就无非是唯玉为葬古老礼俗承上启下发展的一个中间环节。玉璧圆形以象天，葬礼上使用象征天的"重璧之台"，无非是祈祝死者之魂顺利升天的意思。①穆天子为自己的爱姬送葬，除了明确表示要让礼仪隆重如同皇后的等级，还特别设计出一种用流水环绕丧车的情节，同样寄寓着祈祝升天的美意。以下引用该葬礼的若干细节描述（括号内文字为郭璞的注）：

> 天子乃为之台，是曰重璧之台（言台状如垒璧）。
>
> ……
>
> 癸卯，大哭殇祀而载。甲辰，天子南葬盛姬于乐池之南。天子乃命盛姬□之丧，视皇后之葬法。亦不拜后于诸侯。河济之间共事，韦穀黄城三邦之事辇丧，七萃之士抗即车，曾祝先丧，大匠御棺，日月之旗，七星之文，鼓钟以葬，龙旗以□，鸟以建鼓，兽以建钟。龙以建旗。曰丧之先后及哭踊者之间，毕有钟旗□百物丧器，井利典之，列于丧行，靡有不备。击鼓以行丧，举旗以劝之，击钟以止哭，弥旗以节之，曰□祀大哭九而终丧。出于门，丧主即位。周室父兄子孙倍之。诸侯属子，王吏倍之。外官王属、七萃之士倍之。姬姓子弟倍之。执职之人倍之。百官众人倍之。哭者七倍之。踊者三十行，行萃百人。女主即位，婴人群女倍之。王臣姬姓之女倍之。宫官人倍之，宫贤庶妾倍之。哭者五倍，踊者次从，曰：天子命丧，一里而击钟止哭。曰匠人哭于车上，曾祝哭于丧前，七萃之士哭于丧所。曰小哭，错踊，三踊而行，五里而次。曰：丧三舍，至于哀次，五舍，至于重璧之台，乃休。天子乃周姑繇之水以圜丧车。是曰圜车，曰殇祀之。②

所谓"圜车"，即周穆王本人"周姑繇之水以圜丧车"。这究竟意味着什么？郭璞注云："决水周绕之也。"简单说，是引来特殊的水流，使水流环绕灵车一周的意思。将仪式的象征性行为与象征性物质两相对照，意义就会呈

---

① 参看本书第五章。
② 郭璞注：《穆天子传》，丛书集成初编本，商务印书馆，1937年，第35—37页。

现出来。因为神话思维中的水，突出表现循环性运动特性。水流所构成的升天入地的循环往复的运动方式，一方面在寓意上对应着玉璧的圆环形状，另一方面还兼有水的宇宙论神话功能。原型理论家弗莱对水意象的文化含义及象征功能的解释是："水的象征同样有其循环性，由雨水到泉水，由泉水、溪水再到江河之水，由江河之水到海水或冬雪。如此往复不已。"[①]简言之，大自然中的水，是以升天（蒸发）入地（雨雪）和出地（泉涌），再通过河流奔向海洋（蒸发准备）的四阶段循环运动为特色的。水的循环性运动与车轮的旋转运动，能够构成类比性的对照。美国哲学家威尔莱特在《原型性象征》中便将此二者放在一起讨论。[②]在《穆天子传》的盛姬葬礼上，玉璧之台、灵车、环状的水流，三者相互为喻，折射出生命循环运行的规则；再加上预示天体的"日月之旗，七星之文"和升天工具的"龙旗"等复杂道具系列，一种死者魂归天国的活剧就这样无言地表演出来。可以说，围绕葬仪的重要出场物，均以这样或那样的形式寄托生命力循环的意义，体现着"精"的流转运动，以至于无穷。如果用汉代瓦当上的成语，那就是"与天无极"。

迄今所发掘的周代高等级墓葬中，常见以玉蚕为主的玉组佩。蚕吐丝为帛的原料，蚕本身的生命周期变化呈现为季节循环的特征，因而也一定是"精"之能量运动的代表。用玉雕琢为蚕，更体现将玉帛之二精合而为一的观念意蕴（图3-16）。

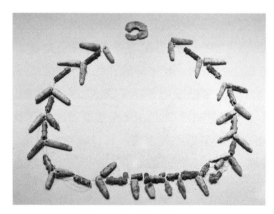

图3-16　2004年山西绛县倗伯夫人毕姬墓出土的以玉蚕为主的项饰

（摄于中国国家博物馆）

①　[加拿大] N.弗莱：《原型批评：神话理论》，王宏印等译，见叶舒宪选编：《神话-原型批评》增订版，陕西师范大学出版总社，2012年，第194页。老子《道德经》有关"水几于道"的循环论阐释，参看叶舒宪：《老子与神话》，陕西人民出版社，2005年，第86—93页。

②　[美] P. E.威尔赖特：《原型性的象征》，叶舒宪译，见叶舒宪选编：《神话-原型批评》增订版，陕西师范大学出版总社，2012年，第205页。

玉帛能够代表"精"即神圣生命力，那是一种隐形的超自然的生命能量。裘锡圭先生曾撰长文将先秦道家的精气说类比为人类学学者在原住民社会调研中发现的"灵力"，即"马那"观念。[①]他的着眼点是为道家的"道"概念找出思想的原型。若是从大传统的新知识视野看这种思想的来源，笔者建议聚焦玉教信仰作为史前拜物教的存在及其数千年传承，这样将有助于对文明以后时代的儒道墨等各家的思想获得深度透视。[②]没有玉教神话信仰的驱动作用，玉殓葬之类礼仪行为编码的观念要素难以获得整体解读；而玉殓葬在文明社会中的极端发展模型——汉代的金缕玉衣制度，也将像奇风异俗一样得不到大传统渊源的贯通性诠释。

回到《穆天子传》讲述的盛姬葬礼行为，无论是将哭丧的灵车引到"重璧之台"，还是给死者配备"神明之衣"（丝绸即帛），或是用圆环状的流水环绕灵车，这些行为都是要借助"精"的不死性和循环运动特性而想象它对灵魂不死发挥作用。人是会死的，精是永生的。通过调动"精"的能量，死者之灵升入天界，获得天国的永生，这似乎是一切玉殓葬行为的神话观念初衷。由此看，"玉帛为二精"虽然出于春秋时期楚国大夫观射父的言论，但绝非他个人的创造发明，而是大传统的玉教信仰的思想遗产。从8 000年前兴隆洼文化出现玉殓葬开始，到汉代灭亡为止，玉殓葬行为模式持续的大约6 000年间，"玉帛为二精"说是作为支配性的核心教义而存在的。

第五节　沉璧于河：祭礼与"精"的循环

借助水能够在天地之间循环运动的特性，一种来自史前大传统的玉礼器

---

① 裘锡圭：《稷下道家精气说的研究》，原载《道家文化研究》第2辑，上海古籍出版社，1992年；收入《裘锡圭学术文集》第5卷，复旦大学出版社，2011年，第286—307页。裘锡圭：《〈稷下道家精气说的研究〉补正》，见《裘锡圭学术文集》第5卷，复旦大学出版社，2011年，第321—325页。
② 叶舒宪：《玉教——中国的国教：儒道思想的神话根源》，《世界汉学》2010年春季号，第74—82页；叶舒宪：《玉石神话信仰与文明起源》，（台湾）《政大中文学报》2011年第15期。

祭神模式是，举行特殊的仪式，将玉璧或其他玉礼器沉入河水，以此强化玉器的循环运动和通神效果。这样的仪式场景在《穆天子传》卷一讲述的河宗氏祭祀河神的典礼上，就已经异常生动地呈现过一次。

> 癸丑，天子大朝于燕然之山，河水之阿。乃命井利梁固，聿将六师。天子命吉日戊午。天子大服冕袆、帗带、搢曶、夹佩、奉璧，南面立于寒下。曾祝佐之，官人陈牲全五□具。天子授河宗璧。河宗伯夭受璧，西向沉璧于河，再拜稽首。祝沉牛马豕羊，河宗□命于皇天子。河伯号之帝曰：穆满，女当永致用事。南向再拜。[①]

《穆天子传》讲述的西周时期用玉璧沉河的祭祀河神行为，有其明确的神话地理观念作为背景，那就是穆天子西征的重要目的地昆仑山与黄河息息相关。在河出昆仑的神话地理观支配下，将玉璧沉入黄河，在象征的意义上如同将玉璧献上昆仑之巅。昆仑是"帝之下都"，是宇宙大地上实现天人合一的最佳地点，沉璧的祭礼，透露着玉礼器承载之"精"的循环往复运动和永生不灭性质。

沉玉于河的祭神模式从西周延续至春秋时期，也见诸史书记载。如《左传·襄公十八年》所叙中行献子以朱丝系玉二毂祷于河一事，即为以玉帛二"精"同时献祭祷神的生动案例。

> 秋，齐侯伐我北鄙。中行献子将伐齐，梦与厉公讼，弗胜。（厉）公以戈击之，首队（坠）于前，跪而戴之，奉之以走，见梗阳之巫皋。他日，见诸道，与之言，同。巫曰："今兹主必死。若有事于东方，则可以逞。"献子许诺。晋侯伐齐，将济河，献子以朱丝系玉二毂（双玉曰毂）而祷曰："齐环怙恃其险，负其众庶，弃好背盟，陵虐神主。曾臣彪将率诸侯以讨焉，其官臣偃实先后之。苟捷有功，无作神羞，官臣偃无敢复济。唯尔有神裁之。"沈玉而济。[②]

---

① 郭璞注：《穆天子传》，丛书集成初编本，商务印书馆，1937年，第3页。
② 杨伯峻：《春秋左传注》，中华书局，2009年，第1035—1037页。括号内为引者注。

这一事件突出表现了玉器在神人交往方面的媒介作用。中行献子先把玉器沉入黄河，然后才有渡河行为，这和穆天子的做法如出一辙。难怪古人在"祀"与"戎"两件国家大事的排序上，总是先祀后戎。若无宗教信仰因素的作用，不会有从西周到东周大体一致的祭祀行为。由于巫皋事前发出"今兹主必死"的预言，才会有晋侯伐齐的渡河行为。沉玉于河之祭礼也充当着祈求河神禳解凶灾的意思。由此可见，巫和玉的功能都在于充当人神沟通的中介作用。从禳解凶灾用玉和葬礼用玉可见，玉礼器突出显现的场合，常常在统治者的生死转换之际，这是为什么呢？就初民社会玉殓葬而言，初民奉其统治者为天神之子，其死后自然魂归天国。玉被视为天与神的象征物，或天与神在人间的代理，这样，唯玉为葬的升天神话寓意就大致可以理解了。

日本汉学家贝冢茂树认为："远古中国的王被称为天子，就是文字所表示的居于天上的玉皇大帝之子的意思。"[①]统治者对玉料的支配和对玉礼器的独占，构成上古社会的一大特色。这样的现象不只是文明社会里有，自从有以玉为精为神的信念开始，佩玉者和享有玉殓葬待遇的人始终与平民社会无缘。老子《道德经》只说过"圣人被褐怀玉"。圣人当然不是一般俗人，圣人佩玉说，从信仰角度看道理很简单，唯有社会中的通神者和统治者能代表天，一般社会成员当然无权掌控代表天的圣物资源的分配和赏赐。至于天为什么被设想为宇宙生命力的总根源这样的问题，也还是要结合玉教信仰的天体由玉石构成的信念来解释。玉宇琼楼这样的成语表明，天体神话不仅把发光的日月星辰视为玉，就连整个天宇都被设想为玉体。天既然是以玉为物质本体，"天出其精"的说法就获得神话逻辑的连贯性。求证有关天作为宇宙生命力总来源的观点，首选《周易·乾卦》的表述："大哉乾乎！刚健中正，纯粹精也。"古往今来，所有玉器中为什么圆形的玉璧是使用最多最持久的礼器（图3-17），原因就在于玉璧直接代表天或天国之门。

在华夏初民信仰中，天神与凡人之间虽然截然有别，但是二者之间是可沟通的，沟通所用的方式类似一种能量转换：天神恩赐玉石和蚕丝给人，以

① ［日］山崎正和：《世界文明史——舞蹈与神话》，方明生等译，上海译文出版社，2014年，第140页。

图3-17 "用物精多"教义的实物见证之一：良渚文化反山M23号墓以玉璧为主的玉殓葬景
象，该墓随葬玉器总数为459件

（2015年摄于山东博物馆"玉润东方"特展）

图3-18 戴冠和柱状耳玦的玉人
像，石家河文化

（摄于上海博物馆）

增加人的生命能量。人则琢玉、缲丝，并以玉礼器和丝帛祭神，以同样的生命能量回报神明（图3-18）。不论是沉入河水，还是埋入地下，只要献玉的祭祀仪式是虔诚和洁净的，玉礼器中承载的"精"一定能够回到天上，反馈给天神和祖灵。于是乎，玉帛充当了人神沟通所必需的物质中介。这就催生出孔子《论语》中那一句著名的感叹之辞："礼云礼云，玉帛云乎哉？"

学界公认礼是上古文化的核心。借助于考古新发现，玉帛和礼的特殊关系视角彻底刷新了今人对华夏礼制源流关系的看法。史前大传统在缺乏金属技术的情况下，将通天、通神的信念主要贯注在玉器上，乃是自然而然、不足为奇的。儒家学说诞生前，玉礼器的存在至少已经有三四千年之久，这样深厚的大传统信仰和实践，必然给文字书写小传统带来巨大的辐射性影响。这一方面重要的古文献依据是春秋时期知识界权威的相关论述，观射父和子产都是这样的权威人士，他们的话语代表先秦普遍流行的观念，源远流长，不像后来战国诸子百家个人性的争鸣意见。另一方面，《国语》和《左传》之所以有选择地记录下观射父、子产等人讨论宗教信仰的半官方言论，是因为左丘明本人对此有着充分的认同感，此类言说足以代表那个时代的权威观点：就物而言，精的主要代表就是玉帛，所以观射父要概括为"二精"；就人而言，子产指出个人生命的原力来自肉体之外的魂魄，魂魄的构成同样依赖"精"这种神秘的生命要素；对个人和国家而言，"精"的多与少，既有先天的遗传禀赋，也有后天的人为原因。了解这些原因，就能够有效保证"精"的丰富性，维持个人的生命旺盛和国家的长盛不衰。

第六节 生命之精：国教信仰的核心

《左传》载，昭公七年（前535年），晋国的赵景子向子产询问鬼神的问题，子产说："人生始化曰魄，既生魄，阳曰魂。用物精多，则魂魄强，是以有精爽至于神明。匹夫匹妇强死，其魂魄犹能冯依于人，以为淫厉。"[1]

子产的话表明，当时的人认为鬼与神的区别是很明确的：人死后，其精神化为魂气者，上升于天为"昭明"的神灵；其身体和魄则要下而归于地，成为鬼。对照《礼记·郊特牲》篇所云"魂气归于天，形魄归于地"，可知春秋时代的鬼神观中确有高低贵贱的二分现象。当代学者杨伯峻注《左传》，对子产论鬼神的言论感到不可理解，他这样写道："子产不信天道，不禳火灾，见《昭十八年》传，而信鬼神，详梦，甚为矛盾。疑鬼神详梦之言皆非子产之事，作《左传》者好鬼神，好预言，妄加之耳。或者子产就当时人心而迁就为之。"[2]

杨伯峻的判断关系到古代史官的诚信与否问题，不得不辨。子产的地位

---

[1] 杨伯峻：《春秋左传注》，中华书局，2009年，第1292页。
[2] 同上书，第1293页。

和名声，可谓如雷贯耳。他在郑国为卿时，郑国公子中就有传言，说："子产仁人，郑所以存者子产也。"①郑国公子居然将一个国家的兴衰都系在子产个人身上，可见其受重视的程度。孔子听说子产去世，都要流泪并感叹说："古之遗爱也！"②从当时人对子产的推崇程度看，史官记录他的话当不会是信口开河。窃以为其言论不但庄重严肃，而且传递着来自史前玉教的基本教义内容。

我们把子产有关"精"的言论和《国语·楚语》中观射父的言论并列起来看：玉帛作为二精，其能与人类生命共振的意蕴就显现出来。玉帛以及后来的金属都属于典型的"物精"，它们与人类个体及社会的生命互通互感，也充当人神之间的关联物，成为"礼"的基石和物质要素，因此显得特别重要。

玉帛之"精"与人类生命的关系，还特别指向人死后的生命去向问题。初民认为，人的肉体最先孕育，其次为体之魄，再次为体魄之魂。所以子产说人生始化为魄，指人孕育出胎儿状的身体，这时还没有被注入灵魂；又说"既生魄，阳曰魂"。生命三要素之间，有其依次诞生的先后程序：没有肉体，体魄和魂灵无所凭依，所以先有肉体和魄，凭依的魂再接踵而至。在华夏先民看来，人类个体生命所禀赋的魂魄，在生命能量方面，会有很大的差异性。魂魄是强是弱，关键要看其是不是"用物精多"。如果用物精多，则魂魄强，否则就弱（图3-19）。如果魂魄特别强盛者，甚至还有可能接近神明的境界。这就是子产说的"是以有精爽至于神明"一句话的底蕴。这就容易使人想到中国式修道实践：俗人先修炼自身为君子，再从"君子比德于玉"的高境界出发，迈向圣人乃至神明。这样的信仰一定会给修行者带来极大的内在动力，驱动华夏神话的一大特色发展方向——仙话。古人求仙的一个途径是通过玉达成，佩玉也好，直接食玉也好，都包含着从玉中汲取物精的动机。除了玉帛以外，还可以求诸其他手段实现成仙理想，从秦皇汉武的痴迷求仙，到后世的炼丹术、游仙诗和度脱剧，其基本要旨都在于探寻一个奥秘：人怎样变得像神一样永生？

---

① 司马迁：《史记》，中华书局，1962年，第1772页。
② 同上书，第1775页。

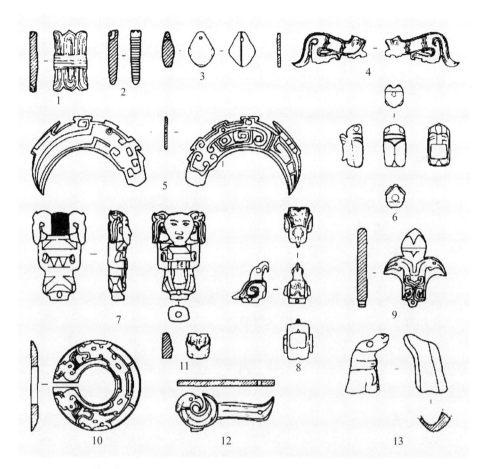

图3-19 "用物精多"的实物见证之二：陕西韩城梁带村芮国墓M26号出土玉器十三种线描图。其中1为玉雕束帛，2为玉蚕，6为玉蝉，13为玉熊。蚕、蝉、熊皆为古人心目中生命周期循环的蛰虫或蛰兽（冬眠之兽）。其余龙、凤、花蕾等，其宗教神话寓意更为明确
（引自陕西省考古研究所等：《陕西韩城梁带村遗址M26发掘简报》）

　　西方神话强调人神之别，一开始就杜绝了凡人变成神或仙的可能性，而华夏神话则不同，逝去的先祖和先王们都在天国为神。国人所谓仙，就是人修成的神。道家话语中描述的人类榜样——那些吸风饮露、不食五谷、乘风漫游于天宇的"真人"或"至人"形象，还有老子比喻的"圣人被褐怀玉"形象，毫无疑问都是此类魂魄无比强盛者生活风貌的表现。因为玉帛就是精，代表生命的原力，佩玉者的身体自然与不佩玉者的身体有所区别，至少

在精的层面上会截然不同。《庄子·刻意》篇不仅强调"守精"的重要，还将"精"与"神"两个同义字组合成"精神"一词，并美称之为"同帝"，通过守精和同帝的关系，讲出道家修炼的基本原理。

> 精神四达并流，无所不及，上际于天，下蟠于地，化育万物，不可为象；其名为同帝。纯素之道，惟神是守。守而勿失，与神为一；一之精通，合于天伦。[1]

对庄子上述话语中的宗教关键词，笔者曾试图作出比较宗教学视角的评论："中国的'同帝'毕竟不同于希伯来人的上帝，他不直接用赏罚去干预、调控人的行为，把自己的意志强行推广于人类社会，而只是以自然化育的方式为人类与众生物提供不朽的生命力，因此可以称之为精气、精神、精魂等等。这些大同小异的词汇表明中国式的宗教信仰中总是把超自然力同'精'的概念相联系，因而带有某种医学哲学的色彩。"[2]"这些以'精'为神的看法显示出中国古代的鬼神信仰的特殊品格，又开启了以'精、气、神'为核心的中医思想的先河。正因为这样，西方宗教强调上帝的全知全能和绝对意志，中国宗教却强调天人合一式的生命贯通……自老庄开始便特别看中个人的精神训练，讲'守精'和'养生'。"[3]

至于孟子推崇孔子为天纵之大圣，达到一种"金声玉振"的伟大境界，以及孟子自己提出的"养气"说，都体现为儒家系统对国教信仰的再表达。因为玉教信仰在随后到来的冶金技术时代，拓展出金属崇拜，即扩大玉帛为精的原有信念，认为金属也像玉帛那样，皆为精之载体。葛洪《抱朴子》所说的"金玉在九窍则死者为之不朽"，是华夏拜物教从玉帛组合崇拜到金玉组合崇拜的明证。在神话思维中，金属的可熔铸性犹如生命的再造契机。冶金的发明与炼金术神话观密不可分。"金声玉振"的说法表面上指声音，其实质还是声音中承载的神圣生命力，可以超越个体有限的躯体而传播，并发

---

① 郭庆藩：《庄子集释》，中华书局，1961年，第544—546页。
② 叶舒宪：《庄子的文化解析》，湖北人民出版社，1997年，第589页。
③ 同上书，第590页。

扬光大。浩然之气的原理也是如此，重在强调后天的修炼功夫。这便是由孔子、孟子到儒教所建构的信仰力量。儒家所强调的"德""明德""积德"等，与"精"的信仰和观念也是息息相通的（详见下节分析）。

从上述分析可知，有关玉石神话信仰，古书记载中没有比子产的判断更为明确的原始标准了。儒家特别强调的君子与小人之分，还原到子产的人体生命神话的表述方式，即君子精多则魂魄强大，小人精少则魂魄赢弱（图3-20）。那么，什么才是"用物精多"呢？个人怎样才有可能达到此类境界呢？

孔颖达《春秋左传正义》云："人禀五常以生，感阴阳以灵。有身体之质，名之曰形。有嘘吸之动，谓之为气。形气合而为用，知力以此而强，故得成为人也。此将说淫厉，故远本其初。人之生也，始变化为形，形之灵者名之曰魄也。既生魄矣，魄内自有阳气。气之神者，名之曰魂也。魂魄神灵之名，本从形气而有。形气既殊，魂魄亦异。附形之灵为魄，附气之神为魂也。附形之灵者，谓初生之时，耳目心识，手足运用，剔呼为声，此则魂之灵也。"①又云："魂既附气，气又附形。形强则气强，形弱则气弱。魂以气强，魄以形强。若其居高官而任权势，奉养厚，则魂气强，故用物精而多，则魂魄强也。"

那么，"用物精多"之"物"指的是什么？杜预注说是"权势"。《春秋左传正义》则云："物非权势之名，而以物为权势者，言有权势则物备。物谓奉养之物，衣食所资之总名也。是以有精爽，至于神明。"又云："此言从微而至著耳。精亦神也，爽亦明也。精是神之未着，爽是明之未昭。言权势重，用物多，养此精爽，至于神明也。"②

在子产所说的"匹夫匹妇强死，其魂魄犹能冯依于人，以为淫厉"之后，还有接着说的一段话，实际是印证以上所说的道理，一般的引用者都略去不引，非常可惜，导致不利于全面理解子产的话。接下来的话是这样说的：

　　况良霄，我先君穆公之胄，子良之孙，子耳之子，敝邑之卿，从

① 孔颖达：《春秋左传正义》，见阮元编：《十三经注疏》，中华书局，1980年，第2050页。
② 同上。

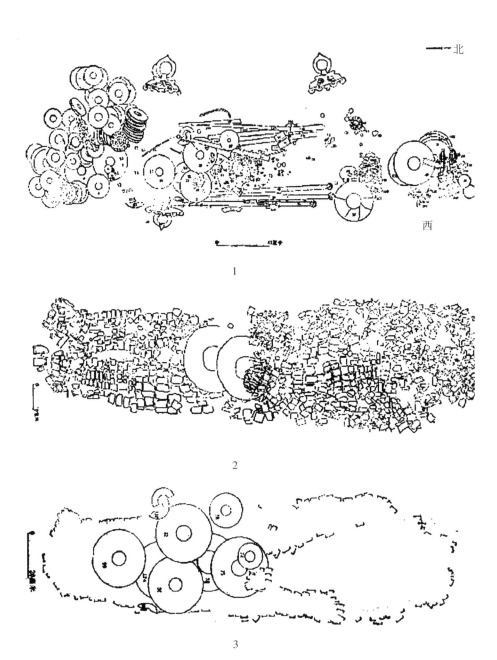

图3-20 "用物精多"的实物证明之三：广东广州出土的西汉南越王墓椁内层的玉器

（引自广州市文物管理委员会等编：《西汉南越王墓》）

政三世矣。郑虽无腆，抑谚曰"蕞尔国"，而三世执其政柄，其用物也弘矣，其取精也多矣，其族又大，所冯厚矣。而强死，能为鬼，不亦宜乎？①

此话表明：人死后能否化为鬼神并且葆有强大生命力，也要看其生前的条件。在"用物弘"和"取精多"之间存在明确的因果联系；在其"族"的大小与"精"所冯（凭）的厚薄之间，也有因果联系；个人出身的贵贱，从政的时间长短，掌控权力的大小和持续时间的多少，家族势力的大小，使用的物的精粗品质及大小多少，都是关系到"精"所凭依是厚是薄的重要因素。其信念根源当来自史前拜物教的玉教基本教义。明确玉帛之物精的价值，玉帛与礼的相关性问题便可迎刃而解。如果"礼"的物质内涵本来就特指玉帛，则礼的实际目标也在于协调天人间的能量，为礼的实践者更多更好地"取精"。这一层拜物教信仰的内核，需要等到儒家用人格宗教倾向取代远古以来的拜物教倾向，才得以最终改变。这种取代、转换过程，在东周时期逐渐展开。前面引用的孔子话语"礼云礼云，玉帛云乎哉"，便明确表现出从关注物到关注精神的转变。再如《左传·襄公十五年》记载的宋人得玉叙事中，也有清楚的呈现。

　　宋人或得玉，献诸子罕，子罕弗受。献玉者曰："以示玉人，玉人以为宝也，故敢献之。"子罕曰："我以不贪为宝，尔以玉为宝。若以与我，皆丧宝也。不若人有其宝。"稽首而告曰："小人怀璧，不可以越乡，纳此以请死也。"子罕置诸其里，使玉人为之攻之，富而后使复其所。（正义曰：我得不贪，女得其玉，是我女二人，各有其宝。）②

"玉人"是东周时期各诸侯国中专门为统治者鉴别玉料和生产玉礼器的专业人员。一位来自民间的不知名的宋人献玉者，以为经过玉人职业眼光鉴定为宝的玉，一定价值连城，所以拿来进献统治者。没想到子罕有自己的做

---

① 杨伯峻：《春秋左传注》，中华书局，2009年，第1292—1293页。
② 同上书，第1024页。

人准则，即"以不贪为宝"。他如果接受了宋人献来的玉，就打破了自己设立的"不贪"之人格标准，所以他坚守其人格标准而不接受所献之玉，这使得自己的人格之宝和献玉者的宝物都不至于丧失。但是从献玉者"稽首而告"的话中可知，玉作为天赐人间的圣物，为当时社会统治阶级所垄断，平民百姓是不可以拥有的。所谓"小人怀璧，不可以越乡"，否则会犯下死罪。子罕将玉料交给自家的玉匠加工成玉器后出售，让献玉人既可以免罪，又可以因为这块玉高价售出而发家致富，衣锦还乡，子罕自己依然保持不贪的君子美誉。这一次发生在公元前558年的献玉事件，充分表明原始的玉石神话拜物教信仰如何遭遇新兴的儒教人格宗教思想的挑战。这件史实可以帮助理解《论语·子罕》中的孔子，为什么在回答子贡的问题"有美玉于斯，韫椟而藏诸？求善贾而沽诸"时，会毫不犹豫地重复说："沽之哉，沽之哉！我待贾者也。"①

把人格和思想品德看得比传统观念中的国宝美玉还要宝贵，这是玉教拜物教传统数千年来所遭遇的真正的新观念挑战。社会所推崇的核心价值从物向人转移，虽然还仅仅是个别的现象，远远没有得到广泛普及，但毕竟是值得注意的思想新动向。好在儒家主流伦理还有"君子必佩玉"和"君子比德于玉"的强烈信念，维系着社会统治者的用玉实践，不然的话，不用等到汉王朝覆灭时，中国玉文化的衰微或许会提前数百年到来吧。在子罕和献玉者所代表的两种价值观中，以玉为国宝的观念无疑是更加深厚的传统价值观的表现。其深厚的程度，比"国"的观念出现还要早许多年，需要从献玉事件发生的公元前6世纪，上推约三四千年，至红山文化和崧泽文化的玉殓葬流行时代。

第七节 精与德：国"宝"观的宗教含义

将玉帛承载生命之"精"原理，由个人生命推及社会群体的生命，即推及一个家族乃至一个国家，可以充分诠释夏商周以来以玉为国宝的现象，那

---

① 邢昺：《论语注疏》，见阮元编：《十三经注疏》，中华书局，1980年，第2490页。

绝不仅仅是经济价值、政治权力和财富象征的问题，同样潜含着宗教信仰的价值观意义。例如，《尚书·顾命》篇讲到西周初年天子继位的国家大典上"陈宝"仪礼：在东序和西序陈列出的国宝几乎是清一色的王室秘藏玉石！[①]从国家需要"用物精多"的信仰层面去理解，玉石无疑是比"国"的生命更悠久的国宝。从"精"与"德"的相关性看，"以德治国"的政治道德理念，无疑脱胎于"以玉治国"的宗教信仰观念。

从物之精与人的生命力相互感应的意义上看，玉帛受到早期国家的推崇，不光因其财富、权力等经济的、政治的象征意义，还有更深层的玉教教义层面的意义：精的多少与好坏，直接关系到一个政权的生命力。从这个意义上看，古书中一再叙述的地方性献玉和贡玉，最后的目标是要转给地方国家的国君（如卞和献璞给楚王）或给中原王朝的统治者（如《穆天子传》所言西北各地豪强争先献玉石给周王的现象），其文化功能的意义，就会昭然若揭。《竹书纪年·周纪》载："（周）夷王二年，蜀人、吕人来献琼玉，宾于河，用介珪。"[②]比周代早得多的献玉传奇，要算黄帝时代、尧舜时代的进献白玉环典故。《瑞应图》云："黄帝时，西王母献白环，舜时又献之。"到夏禹建立夏王朝时的一次朝会，竟然出现"执玉帛者万国"的空前盛况。[③]这样的说法尽管在数量上有所夸张，但还是能够突出显示远古以来文化大传统"以玉治国"的真实情况。到了儒家学说兴起时，"玉德"理论的道德化倾向，只不过是文明小传统对远古玉教神话观念的一种伦理化改造而已。

《周礼·天官·大宰》载："以九贡致邦国之用……四曰币贡。"郑玄注："币贡，玉马皮帛也。"郑注解释上古进贡常用的4种珍贵物品：玉第一，马第二，皮第三，帛第四。验证于西周金文，可知玉和马二者，确实为当时最贵重的物品。帛即丝绸，为华夏特产，所以在珍贵性上不如外来的玉和马，排序位置靠后也就难免。美玉和名马都不产于中原王朝地区，主要来自西域和北方草原，俗话说物以稀为贵，贱近贵远。周朝统治者非常看重外来输入

①　参看顾颉刚、刘起釪：《尚书校释译论》，中华书局，2005年，第1755—1763页；王国维：《陈宝说》，见《观堂集林》第1册卷1；叶舒宪：《多元"玉成"一体——玉教神话观对华夏统一国家形成的作用》，《社会科学》2015年第3期。
②　方诗铭等：《古本竹书纪年辑证》，上海古籍出版社，2005年，第55页。
③　杨伯峻：《春秋左传注》，中华书局，2009年，第1642页。

的宝物玉和马，常用作最高等级的封赏。铜等贵金属，以及帛，即丝绸，也是稍逊于玉、马的赏赐宝物。如今从神话学视角看，这四种物质都是先被神话化，然后才获得宝贵价值的。换言之，其资源意义不是天生的，而是神话观念驱动的。没有以玉为精为神的信仰观念，古代统治者不会把大自然中的一种石头看得比命更重要。

发生在战国时期秦赵两国之间的"完璧归赵"一事，可以充分说明对华夏的统治者而言，这个世界上什么东西才是最重要的。比梦寐以求和氏璧的秦昭王早数百年，周朝第五代最高统治者穆王就表现出对和田玉产地的极大关注。他不远万里亲自西征，终于来到昆仑的群玉之山，晋见西王母时，手中所拿的两件珍稀的晋见礼不是别的，就是两件色彩反差强烈的玉器——白圭、玄璧；还有就是丝绸："好献锦组百纯，□组三百纯。"[①]接受厚礼的一方西王母虽具有神性背景，看来也十分懂得人间礼法，她面对周天子所贡献的玉帛，态度是："西王母再拜受之。"如果说秦赵争夺和氏璧是因玉帛而几乎要动干戈，那么周穆王与西王母的交往则是"化干戈为玉帛"的典范。秦赵是近邻，穆天子的周朝和西王母之邦是距离遥远的异邦他者，一张一弛之间，玉成为重要的中间物。中原帝王到西域昆仑山送给当地领袖西王母的玉器仅仅是2件，外加400纯丝绸，而他从当地群玉之山一次获得的玉料就是付出的5 000倍之多，即《穆天子传》卷二所说的"载玉万只"。[②]还有就是在西王母之邦以东的鄄韩氏之邦获得良马等："鄄韩之人无凫，乃献良马百匹，服牛三百，良犬七千，牦牛二百，野马三百，牛羊二千。"[③]

周人用两件玉礼器换回上万件玉石原料，其利弊得失不能仅从经济贸易视角去看，更重要的是从"化干戈为玉帛"的异地异族友好交往和结盟的华夏经验去看，从中可以归纳出宝贵的、可以为后世大国统治者效法的华夏交往理念与和平友好原则。从玉为精为神的信仰看，周穆王的西征其实兼具"朝圣"和"请神"的双重含义。请来更多的西域特产宝玉石，足以为周朝国家利益而"积精""积德"，使国家的生命力旺盛，乃至传播千秋万代。后

---

① 郭璞注：《穆天子传》，丛书集成初编本，商务印书馆，1937年，第15页。
② 同上书，第12页。
③ 同上书，第13页。

人不理解作为玉教信仰者的周穆王的西游行为，误认为其是无目的游走或好大喜功。如《左传·昭公十二年》记载楚大夫子革的批评："昔穆王欲肆其心，周行天下，将皆必有车辙马迹焉。祭公谋父作《祈招》之诗以止王心，王是以获没于祗宫。……其诗曰：'祈招之愔愔，式昭德音。思我王度，式如玉，式如金。形民之力，而无醉饱之心。'"[1] 其实《祈招》的诗意不一定是讽喻周穆王，而在于强调"王度"和"德音"的关系，"式如玉，式如金"的说辞中充满赞扬的美意，开了孟子颂扬孔子用"金声玉振"为比喻的先河。

从西周到西汉，历经800余年，中原王朝最高统治者对西域的关注有增无减，理由主要是，西域是名马和顶级美玉的重要产地。玉教信仰者们一旦确认最佳宝玉的出产地，自然会把它神圣化。笔者把此类现象称为由神话观念驱动的中原国家政权的远距离资源依赖。[2] 汉武帝是西汉王朝最有作为的皇帝，也是历史上努力

图3-21　安徽巢湖北山头1号汉墓出土的朱雀纹玉卮
（摄于北京艺术博物馆）

打通西域、维护玉石之路的首要人物。没有汉代统治者对西域美玉的艳羡和渴求，哪里会有河西走廊上的"玉门关"？难怪汉代玉器制作大量采用和田玉作为原料（图3-20、图3-21），而东汉的灭亡则使得西玉东输的运动衰微下来。从此以后直至明清两代，只要略观一个王朝的用玉情况，就可以大体上了解其国力是强盛还是衰败。

总结本节的讨论，"德""精"是来自大传统的玉教派生观念，玉石则是体现"德"与"精"的实物载体。神话想象认为这三者的来源一致，即都来自天。"天出其精"和"天德"（《庄子·天地》）说即是明证。《管子·心术》

① 杨伯峻：《春秋左传注》，中华书局，2009年，第1341页。
② 叶舒宪：《玉石之路与华夏文明的资源依赖——石峁玉器新发现的历史重建意义》，《上海交通大学学报（哲学社会科学版）》2013年第4期。

云：“化育万物，谓之德。”此话说得再明确不过：“德”和“精”一样，是神秘的生命力。①经过西学东渐以后的现代学界对两周时代的有关“德”的话语解说，出现普遍的伦理道德化倾向，其中有少数的解说尚符合原意，多数的解说则难免陷入以今度古的误区。一旦将来自大传统的玉教信仰观念复原出来，就给重新认识此类先秦思想带来深度阐发和系统阐发的契机。

例如，对周代流行的“献物”说，就可以从“精”和“德”的流转意义上作信仰观念的诠释。“献物”指小国与大国的相处之道，即生存之道。《左传·宣公十四年》中记载孟献子云：“臣闻小国之免于大国也，聘而献物。”孔疏：“臣闻小国之免罪于大国也，使卿往聘大国，而献其玉帛皮币之物。”②孔颖达用4个字解释献物之“物”字，仍然是带有“精”特色的“玉帛皮币”。小国将大量带有“精”的宝物贡献给大国，在增强大国国力的同时，自己的物质生命力不是会受到减损而衰弱吗？按照礼尚往来的观念，这种担忧就显得多余，因为小国的献物不光是为讨好大国，也是小国一方遵循礼尚往来精神的明确表态。其将获得大国的回报或赏赐，这也是“礼”的道义所要求的。当代人类学对“礼物之灵”的深度透析，有助于理解通过“物”的交换而获取的精神与道义收获。③

据《左传·宣公十五年》记载，晋侯赏恒子狄臣千室，亦赏士伯以瓜衍之县。当时有羊舌职评价这次赏赐，认为晋侯能够做到物尽其用、人尽其才，这就是“明德”的表现。羊舌职还引用《诗经》所述周朝的先王之道，称为“陈锡哉周”。④锡即赐，哉即载。来自《大雅·文王》篇的这四字箴言的神话底蕴，就相当于说：周王朝的生命力是通过发布恩赐之物而得以传播的。这就是羊舌职引经据典发出评论的最后着眼点：“能施也。率是道也，其何不济？”在施予与获得之间，赏赐与献物之间，“礼”的要求和“道”的原理一致，“精”即生命力的流转也自然伴随着“物”的转移。赏赐者以获得

---

① 参看叶舒宪：《庄子的文化解析》，湖北人民出版社，1997年，第十二章四节“‘德’与‘无为’的环境伦理观”。
② 杨伯峻：《春秋左传注》，中华书局，2009年，第756页。
③ ［美］马歇尔·萨林斯：《石器时代经济学》，张经纬等译，生活·读书·新知三联书店，2009年，第171—213页。
④ 杨伯峻：《春秋左传注》，中华书局，2009年，第765页。

献物为回报；献物者以获得赏赐为回报。双方均为有得有失，失而复得。德者，得也。这就是西周以来不断重复出现的"明德"说的言下之意。

这个原理也可以由个人推及社会群体，即推及一个家族乃至一个国家。《左传·昭公八年》记载的陈国被楚人灭国的情况，即是很好的实例。陈国作为诸侯国虽然不复存在，但是其国人承载的生命力却没有断绝，而是以某种形式转移到齐国，继续传承。当晋侯问于史赵曰："陈其遂亡乎？"史照回答说："未也。"公问："何故？"史照解释说：

> 陈，颛顼之族也。岁在鹑火，是以卒灭，陈将如之。今在析木之津，犹将复由。且陈氏得政于齐，而后陈卒亡。自幕至于瞽瞍，无违命。舜重之以明德，置德于遂，遂世守之。及胡公不淫，故周赐之姓，使祀虞帝。臣闻盛德必百世祀，虞之世数未也。继守将在齐，其兆既存矣。[①]

一个国家所拥有的文化正统性和生命力，居然可以比该国家本身更为深厚和长久。史照所说的"盛德必百世祀"，与子产所说的"用物精多"则生命力强大，在道理上是完全一致的。陈国因为拥有来自颛顼族的神圣血统，再加虞舜的"明德"，给后世带来巨大恩泽，使其生命力不会轻易中断。即便是国破家亡，虞舜的盛德仍然要流芳百世，只不过转移到别国而已。难怪我们在考古发掘的商代妇好墓、周代芮国墓和秦国墓中都能够看到红山文化的"玉猪龙"（图3-22）和"勾云形玉佩"（图3-23）

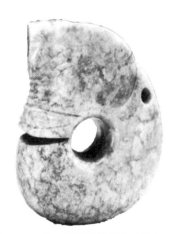

图3-22 陕西韩城梁带村芮国墓出土的红山文化玉猪龙

（引自孙秉君、蔡庆良：《芮国金玉选粹：陕西韩城春秋宝藏》）

等史前国宝，原来这些玉器都是承载着前代文化"盛德"的遗物，其所包含着的"物精"即神圣生命力，要比制作这些玉器的红山文化本身更加持

[①] 杨伯峻：《春秋左传注》，中华书局，2009年，第1305页。

图3-23　陕西凤翔春秋秦国墓出土的红山文化"勾云形玉佩"

（实为展翼之鸱鸟；引自古方主编：《中国出土玉器全集》第14卷）

久。由此不难看出，古人收藏前代宝玉的现象与今人的收藏有着极大不同，一言以蔽之，那首先是玉教信仰驱动的"积精"与"积德"一类的准宗教行为。

第八节　总结：玉帛在大、小传统中的编码过程

总结本章的讨论，玉帛两种物质在华夏文明中的特殊待遇，表明一种非常深远的神话化过程，其编码和再编码的历史程序性已经清晰可见。

从蚌埠双墩陶器上7 000多年的蚕茧蚕丝形刻画符号，到红山文化玉雕神蚕形象，均可以视为无文字时代对蚕神的一级编码，即图像表现的神话编码；这种原型编码形式率先将玉和蚕（丝、帛）两种物质结合为一体，甚至在商周以后仍能与文字编码并行不悖地发展延续。而甲骨文中出现"玉"和"丝"等字形时，二级编码宣告问世，书写的小传统由此开启。文字表达的抽象化发展过程，让许多大传统的图像编码渐渐失传或被遗忘。"玉帛为二精"说在春秋之际的提出，作为三级编码，如果不结合大传统的玉蚕文物叙事，就会像无源之水、无本之木，让后人摸不着头脑。至于后代诗人墨客笔下的玉帛，如唐代常建《塞下曲》之名句"玉帛朝回望帝乡，乌孙归去不称王"等，只能看作用典式的N级编码。

　　玉作为天地山川孕育的精英，蚕与丝作为宇宙生命循环变化无穷的典范，二者共同承载的神话观念是生命的变化与不变。帛是缫丝的结果——丝织品；而丝是神秘生物蚕吐出的结果；蚕是体现神力的变化象征。玉来自天，带有非凡超俗的神的禀性。玉也能够变化——沁色，包浆，绺裂，复原。以玉为神和以蚕（丝）为神的观念结合，成就了"精物"的深度想象。民间中医信奉的玉养人、人养玉之说，在此获得神话观念的支持。

　　玉蚕形象的特殊意义不仅仅在于说明蚕神话的产生年代之久远，还能够说明二精的有机结合，即以一种"精物"（玉）来表现另一种"精物"（帛），更能够从历时性上诠释出一部玉蚕图像叙事的文化观念史，从6 000年前的红山文化到2 000年前的汉代，一线贯穿始终，其间的延续传承并没有中断过。

　　本节的余论是：从红山文化和凌家滩文化、良渚文化的玉殓葬，到西周的玉帛组合殓葬，古人丧葬礼仪行为和神话观的互动阐发，可以找到重要线索。上古人把玉和帛放在一起使用的礼仪场合，过去考古发现较少，主要原因是丝绸制品很难在地下埋藏环境中历经数千年保留下来。不过，2004年冬在山西绛县横水发现的西周墓，第一次向世人展示了玉帛组合葬式的真实，尤其能说明"玉帛为二精"神话观念的实际应用问题。

　　据考古报告描述，该墓葬之棺分外棺和内棺，棺木已朽烂并且塌落。外棺上发现了小木结构痕迹，以及状似帐架构件的铜具。木结构痕迹是方格状的木架，因已塌落成堆，难以了解其整体结构。据推测，这可能是墙柳之类的棺饰。"外棺之外是荒帷，也就是棺罩，当时应该是套盖在外棺上的。荒帷的残存面积约10平方米，其中西、北面保存相对较好，现存高约1.6米；西北角有塌陷错位的现象；南面的荒帷上部已塌落，现存高约1.2—1.3米；东面保存最差，仅余下部底裙的局部，高约10多厘米（图3-24）。荒帷整体是红色的丝织品，由两幅布横拼而成，下有帷边。……布的外面是精美的刺绣图案，主题内容是凤鸟。北壁的画面保存较为完整，至少可观察到3组大小不同的凤鸟图案。每组图案中间是一个凤鸟的侧面形象，昂首，大勾喙，凤眼圆睁，冠高耸，翅上扬，尾下卷，腿健硕粗壮，利爪。"[①]关于西周国家

---

①　山西省考古研究所等：《山西绛县横水西周墓发掘简报》，《文物》2006年第8期。

的凤鸟图腾，笔者曾结合凤纹玉器实物作过专文论述，[1]这里需要提示的是同时使用丝绸与玉器的葬礼意义。对此，只要引用墓葬实景描述的细节，就不难体会古人的深切用心了。以下再借考古描述为本文结尾：

> 荒帷的附近散落着大量的玉、石、蚌质小戈、小圭，可能原来被挂缀在荒帷上或者附属棺饰上。在外棺东端的棺椁之间，有3具殉人骨架，用苇席包裹。墓主人头朝西，正对着墓道，仰身直肢，双手交叠放在小腹上。身上佩戴着大量玉饰，其中头两侧是耳玦、束发的玉箍、带圆堵头的小玉串发饰，口中有大量的玉琀，颈部有玉蚕形料管项饰一组。墓主的左右肩和胸两侧，有5组骨牌联珠串饰组佩，胸部有3组玉璜玛瑙管组佩。胸到小腹上是2组柄形器，手里有握玉。[2]

图3-24　玉帛为葬：山西绛县横水西周墓棺外的丝绸荒帷
（引自山西省考古研究所等：《山西绛县横水西周墓发掘简报》）

---

① 参看叶舒宪：《西周神话凤鸣岐山及其图像叙事》，《民族艺术》2010年第4期；《河图原型为西周凤纹玉器说》，《民族艺术》2012年第4期。
② 山西省考古研究所等：《山西绛县横水西周墓发掘简报》，《文物》2006年第8期。

第四章

玉教神话与"天人合一"

——中国思想的大传统原型

本章摘要

　　本章尝试解答：中国本土信仰的最高人格神为何称"玉帝"？国人头戴的帽子为什么要在前额位置标志一片玉帽花（玉华）？从玉教神话信仰的视角梳理中国文化的大传统，给中国特色天人合一思想的由来找到形而下的物质原型——玉石，通过对考古出土的主要玉礼器形制和功能的神话学解析，结合文献记载的再认识，还原失落已久的玉教信仰基本教义：以玉为神；玉代表天（天命）；玉象征永生。本章将说明，玉教的传承不像西方宗教在教堂内的有意识传教，而是通过"无意识的习惯"，即通过神话观念与语言惯例而世代相传。玉教神话所建构的天人合一观犹如潜藏在文化表层之下的深层结构，对文化符号生产始终发挥着支配作用。梳理玉教神话的兴衰演变，相当于重新找回处在潜隐状态的国族信仰源头。

　　犹太教和基督教的最高神圣称为"上帝"，伊斯兰教则称"真主"，中国人崇拜的至上神有其特殊的命名——"玉帝"。这样命名的缘由是什么？读过小说《西游记》的人都知道：孙悟空看守蟠桃园是奉玉帝圣旨。玉帝何德何能，又何以有如此威权？玉帝不仅管天管地，还能管住无法无天的孙大圣？

　　玉帝的命名现象中，潜藏着中国式天人合一的神话想象，即把世间最高权力归之于天，并且将天人格化，用"玉"来代表，称"玉皇大帝"。这里实际潜藏着华夏文明的大传统深层奥秘。本章尝试用"玉教神话"这一观念来重新诠释天人合一思想，其诠释依据是参照考古发掘出土的重要玉礼器形式，将每种玉器形式中承载的玉教教义作逐一梳理，争取做到理论观念与实物及功能的统一观照，实现形而下与形而上的再整合，即感知与认识的再整合。笔者所尝试的，是一种重建失落的华夏深层宗教信仰的努力，其发生的年代不仅大大早于道教和儒教，而且也大大早于中原文明国家的形成，故可视为先于中国而发生的"国教"。①支配它的核心信仰是以玉为神，以玉为天和天命的象征，以玉为永生不死的符号。

面对可能出现的"玉教是否存在"一类质疑，需要先引用比较文明研究的重量级学者布鲁斯·崔格尔的一个判断：

> 一般性词汇"宗教"不见于埃及，也不存在于古典希腊时期，但这无法否定宗教在这两个社会中发挥了主要作用。类似的情况是古代美索不达米亚没有"法律"一词，但不意味着这种文明缺乏法律系统。巴比伦语言中不见"法庭"一词，也不表明这里没有任何正式的诉讼。"宗教"一词的缺失可能意味着在古代埃及，宗教已经和日常生活密切地融合为一体，无需单独说明。②

玉教、神话和玉石神话这样的词语都不见于古汉语，但是它们确实已经完全融入华夏社会的物质和精神生活之中，高高在上的"玉帝"只是史前期以来的玉教信仰衰落之后的通俗性形象代言者。作为人格神，玉帝高居天上，却有人的形象和人的意志，造成这种人格神想象的文化编码原理究竟是怎样的，这就是本章探索的主旨。附带可以说明的是，为什么在辛亥革命以前，国人头上戴的帽子要在覆盖"天庭"（前额）的帽前部位镶嵌一块玉帽花。

---

① 参看叶舒宪：《中国圣人神话原型新考——兼论作为国教的玉宗教》，《武汉大学学报（人文科学版）》2010年第3期；《玉教——中国的国教：儒道思想的神话根源》，《世界汉学》2010年春季号；《图说中华文明发生史》，南方日报出版社，2015年，第三章"玉石神话与信仰"。
② ［加拿大］布鲁斯·崔格尔：《理解早期文明——比较研究》，徐坚译，北京大学出版社，2014年，第49页。

第一节 "天人合一"出于神话想象

文化人类学家面对每一种区域性的社会文化共同体，都要找出该文化特有的信仰和观念要素，以此为基点，才好区分该文化与人类其他社会群体的差异，形成对文化特性的认识。

解读中国文化的核心理念的生成历程，就相当于找出这个古老文明凝聚的观念动机。天人合一这一命题，目前看来是最有希望当选中国文化核心理念的突出代表。但是，在讨论天人合一命题方面，当代学界制造出一些理论误区，以致多数跟着说的后学很容易不自知地陷入此类误区而难以自拔。

一个根本性的误区是：把神话思维习惯当成一种哲学来看待，这是今天国内大学哲学系的主要做法。[①]要知道中国古代并没有"哲学"这个词，也不会有类似古希腊式的哲学思维。在中国建构出哲学史的人都是现代留洋归来的专业人士。他们以西方哲学史为样板范式，将外来的一套哲学术语套用于中国古代思想家的解释，发明了中国哲学史这门学科。一个世纪以来，这样的张冠李戴做法流行日久，直到最近才有人对其合法性、合理性提出反思和质疑。仅就本部分的论题而言，把中国的固有思想说成哲学，其弊端在于遮蔽了天人合一的神话根源意义，把一种来自史前时代大传统并且数千年世代承继的全民性的文化惯习，误解为是哲学家创造发明出来的形而上的东西。

假如要追问：在尚未产生文字的史前时代（即国内的文学人类学一派重新定义的"文化大传统"）中，被后人追认为"哲学"的东西尚未孕育萌生，那时的天人合一神话观是怎样得到体现的呢？目前的考古学知识能够给出的回答是：东亚先民自新石器时代中期始，即从自然万物中筛选出一种神话中介物，即物化的神话符号，来实现天人合一的梦想。

对此天人合一神话中介物的详细解说如下：

---

① 代表性的说法见张岱年《"天人合一"思想的剖析》："中国传统哲学，从先秦时代至清时期，大多数哲学家都宣扬一个基本观点，即'天人合一'。这是中国传统哲学的一个独特的观点，确实值得深入的考察。"参看张岱年等：《中国观念史》，中州古籍出版社，2005年，第24页。

从空间经验上看，在人和天之间，有一种相对固定的上下划分界限：人在下方的大地，天在上方的空中。在下的人和高高在上的天，是怎样取得联系的呢？神话思维时代，大致有两种想象方式来实现人与天的联系：一是想象人类中某些个体能够飞升上天；二是想象人攀上那些高耸入云的地点——高山之巅。两种想象的原理是相通的，即让生活在下方大地上的人尽可能地向上天和神界靠拢。无论是飞升还是登高，都属于由下向上的位置移动。以下分别论述之。

图4-1 湖北荆州出土的东周白玉佩：二龙拱璧载人升天

（摄于荆州博物馆）

图4-2 河南安阳小屯村出土的商代白玉燕

（中国社会科学院考古研究所藏；2009年摄于首都博物馆考古发现展）

其一，飞升的移动方式效法天上的飞禽，而神话思维的变形记法则可以将陆地上的走兽和爬行动物幻化为飞禽类，即让它们拥有神奇的飞行能力，如飞虎、飞龙、飞熊、螭龙、螭虎、腾蛇、天马等。这些神话生物形象成为史前至早期文明礼仪活动中不可或缺的礼器或法器符号。所谓攀龙附凤，其原初目的不在于附庸风雅或攀附权贵，而在于借助龙凤实现升天之梦或天人沟通之梦。不论出现在前场的能指符号是龙还是凤（图4-1），抑或是龙马、天马、玉燕（图4-2），其神话隐喻层面的意义指向都是天和神（或祖灵）。[1]迄今考古所见东亚玉器最初的形式之一是玉玦，其模拟"珥蛇"神话的意义，即相当于最初的"天人合一"法器

---

① 有关龙的神话形象的解析，参看本书第八章；有关凤的神话形象意义解析，参看叶舒宪：《中华文明探源的神话学研究》，社会科学文献出版社，2015年，第576—590页。

道具。①

其二，登高的移动方式，则从史前的高台祭天与观星传统，演化出古代帝王的五岳巡游（巡守）制度和封禅制度，其文化影响的余波则是后世官员和文人墨客们季节性的登高赋诗礼俗。用李白的话说是"五岳寻仙不辞远，一生好入名山游"。古人的"游"，绝不同于现代人的旅游。名山多为高山，高山之巅一般人迹罕至，虽然有高处不胜寒的凉意，但是却能够接近天界，不仅最接近天光灵气，而且可以方便得到天降之仙露即玉露。看看华山等名山上的寺庙称为"玉泉寺"或"玉泉院"，就可以大体上理解其得名的神话想象背景。既然天体为玉，天上滴下的露水自然被设想成玉露玉液，那就是寄托着永生不死希望的仙露妙药。请看晋人郭璞《山海经图赞·太华山》的如下说法："华岳灵峻，削成四方，爰有神女，是挹玉浆。"可见古人对山岳的崇拜之中，多少也隐含着对天露即玉液玉浆的崇拜。在这种观念驱动下，会产生人为的渴求玉露或生产玉露的行为。

据史书记载，西汉帝王在都城长安修筑建章宫神明台，在台上用铜盘玉杯承接仙露。这一建筑举动，背后是非常典型的天人合一神话思维。这样的事件和这样的神话建筑物，都是对盲目挪用西方"哲学的突破"说以及"轴心时代"说，并且机械套用于中国思想史的反证。制作建章宫神明台承露盘的初衷便是天人合一，其实质是让世间的统治者能够获得和天神、神仙一样的特殊饮食特权，即所谓玉食珍馐或餐风饮露，由此获取超越死亡的物质条件，能够和天神一样永生。②如果觉得玉杯所承接的天之玉露中，神圣生命力的成分还不足的话，那还有附加的办法，即在天露中添加一些玉粉玉屑。如毕沅校本《三辅黄图》卷三引《庙记》曰："神明台，武帝造，祭仙人处，上有承露盘，有铜仙人，舒掌捧铜盘玉杯，以承云表之露，以露和玉屑服之，以求仙道。"③这里没有哲学，只有神话信仰和神话想象。究其根本，是围绕着玉与天的神圣性的信仰和想象，姑且称之为玉教。

---

①　参看叶舒宪：《珥蛇与珥玉：玉耳饰起源的神话背景》，《百色学院学报》2012年第1期；《红山文化玉蛇耳坠与〈山海经〉珥蛇神话》，《西南民族大学学报》2012年第12期。

②　有关铜盘玉杯的神话学分析，参看叶舒宪：《从玉教神话到金属神话——华夏核心价值的大小传统源流》，《民族艺术》2014年第4期。

③　何清谷：《三辅黄图校释》，中华书局，2005年，第180页。

图4-3　广东广州南越王墓出土的西汉铜盘玉杯
（摄于西汉南越王博物馆）

以往的国学知识系统中缺乏对玉教神话的系统认识，主要原因是对古书中许多光怪陆离的相关叙事无法求证。20世纪培育起来的中国考古学，给我们重新认识此类光怪陆离的神奇叙事找出了实物证据。文学人类学派称此类文物为第四重证据。[①]以上面提到的西汉铜盘玉杯叙事为例，过去没有人知道古书中这样的说法是虚还是实，直到1983年在广东省广州市象岗山发掘出西汉时代的南越王赵佗的次孙赵眜（死于公元前122年）墓葬，其中出土一套完整的铜盘玉杯（图4-3），人们才恍然大悟，史书中有关西汉统治者制作铜盘玉杯的叙事不是神话，而是神话般的现实。[②]驱动此类历史行为的观念动机在于玉石神话信仰，即玉教。

对于玉泉、玉液、玉浆、玉膏等神话想象的认识，目前还不能说是史前玉文化在八九千年前发生之际就与生俱来的。从现有文献证据看，此类神话想象或来源于中国人认定的天下第一圣山昆仑山的神话景观。因为昆仑山既是被认定的黄河源头，又是现实中顶级美玉材料的来源，于是神话思维创造出玉与水的联想产物——玉泉。按照这样的推论，西玉东输的远距离贸易运动，在中原国家催生出有关昆仑山与美玉相联系的神话想象。王充《论衡·谈天》引司马迁曰：《禹本纪》言'河出昆仑……其上有玉泉、华池。'"今本《史记·大宛列传论》作"醴泉、瑶池"。[③]与昆仑玉泉想象同时出现的，还有昆仑玉山及西王母形象。它们都在战国时期见诸文献记

① 参看叶舒宪：《论四重证据法的证据间性——以西汉窦氏墓玉组佩神话图象解读为例》，《陕西师范大学学报（哲学社会科学版）》2014年第5期。

② 此件铜盘玉杯的详细信息，可参看常素霞：《中国玉器发展史》，科学出版社，2009年，第218页。该书把铜盘玉杯归类为"实用器"，表明文物学界的一般态度，即只描述其尺寸、形制和材料，不解读其神话含义。

③ 司马迁：《史记》，中华书局，1982年，第3179页。

载，并其来有自，因为战国时代的中原人已经明确表达出对昆山之玉的认识和艳羡。玉山、玉泉的想象也随之流传开来，给后世文人带来的灵感和幻想不绝如缕。唐代韩愈在《驽骥赠欧阳詹》诗中说："饥食玉山禾，渴饮醴泉流"，这是诗化表达的玉教圣山昆仑之信念。如果要追问如下问题：昆仑玉山的玉石和玉泉涌出的玉液从何而来？那么神话思维自有其回答的想象逻辑：由于宇宙中的水流是在天与地之间循环运行的，所以有《礼记·礼运》中的如下判断："故天降膏露，地出醴泉。"昆仑山被想象成距离天最近的地方，所以其上的玉泉之水，也自然被联想为天降甘露或甘雨。《尸子》卷上云："甘雨时降，万物以嘉，高者不少，下者不多，此之谓醴泉。"这样的说法就在天降之雨露与地上之甘泉间，建立起因果关联。汉代王充《论衡·是应》云："《尔雅》又言：'甘露时降，万物以嘉，谓之醴泉。'醴泉乃谓甘露也。"一般的水，一旦能够称为甘露，就有了类比为玉液、玉露、玉膏的条件。

中国神话中的重要一类是仙话，它极大地发挥了玉泉、玉露、玉浆、玉膏为仙露、仙液的神话想象主题，并在古典文学中催生出蔚为大观的表现传统。《文选·王褒〈洞箫赋〉》云："朝露清泠而陨其侧兮，玉液浸润而承其根。"吕延济注："玉液，清泉也。"要追问把泉水比喻成玉液的理由何在？苏轼在《仇池笔记·辟谷说》中给出一个标准答案："能服玉泉，使铅汞具体，去仙不远矣。"文人墨客们竭力发挥想象力，希望在大自然给予的雨露和清水中，发现玉泉、玉液。明代焦竑《焦氏笔乘续集·金陵旧事下》讲到一则逸事："许长史旧宅有井，色白而甘。徐鼎臣作铭曰：……分甘玉液，流润芝田。"清代刘献廷《和顾小谢水莲子》组诗第九首云："风摇翠盖珠玑落，露滴青萍玉液流。"这些文学性描绘的背后，其实依然潜伏着玉教的长生信仰。如明代药学大师李时珍在其《本草纲目·金石二·玉》中明确指出："今仙经三十六水法中，化玉为玉浆，称为玉泉，服之长生不老，然功劣于自然泉液也。"在李时珍所表述的服食玉泉长生法中，依稀还能看出汉武帝承接天之玉露的影子。如果说西汉帝王用铜盘玉杯承接的天露是自然泉液，类似昆仑山的玉泉，那么明代的仙经三十六水法的化玉为玉浆法，虽然也称作玉泉，却只能是模仿自然泉液的人工制作的玉液了。玉教的神话观念就是以这样的教义形式普及流传，积淀为华夏文化中弥漫性的

图4-4　北京昌平明定陵出土的明代金托玉杯
（定陵博物馆藏；引自古方主编：《中国出土玉器全集》第1卷）

观念和流行的文学语言，并铸就一种悠久传统，历经周秦汉唐，直至宋元明清（图4-4），代代相承，发扬光大。国人不用进入教堂去念圣经，也不用教父牧师之类神职人员的施洗仪礼，仅仅依靠传统医学和文学的熏陶，就能接受并传承玉教的神话观念和基本教义。

第二节　玉：天人合一的神话中介物

有关玉的神话信仰和神话想象由来久远，与此紧密伴随的是以玉比神、以玉礼神的礼仪制度。从考古发现的北方红山文化和南方良渚文化大量玉礼器实物看，中国的玉礼制度至少需要溯源到距今6000年的部落社会。难怪熟知古代礼乐传统的孔圣人会面对玉礼活动发问："礼云礼云，玉帛云乎哉？"支配玉礼制度的信仰观念即是天人合一的梦想。

在全球范围看世界神话，有飞升母题和天梯母题，来协助人们实现升天梦想。飞升的手段有腾云驾雾、乘龙驾车或践蛇（以及珥蛇、操蛇）驾凤，等等，其原理是借助于能飞升的超自然力量。在华夏神话中还有一种独特的飞升手段——佩戴某种标志天的神圣物体，即通过天人合一、神人合一的联想，达到精神上的升天旅程。

什么样的物体能够标志天和神呢？华夏初民在石器时代的漫长进化中，把在地上发现的某种物质想象成上天降临下来的符号物，人就是通过掌握这种能够代表上天的符号物，在大地上实现天人合一的梦想。这种标志物的出现有一个漫长的筛选实践过程，最终代表人的升天想象。它究竟是什么物质呢？

华夏初民给出的第一个答案就是"玉"！

如果说石头代表大地的骨骼，那么各种石头中具有一定透光性的玉石，其色泽近似天，就被联想成天体的物质。一旦初民从石头的概念中分离出"玉"的概念，他们就可以大体上终结那种望天兴叹的可望而不可即的状况，在大地上找出这种足以代表天的物质存在，并通过它来实现人与天的沟通。所谓"通灵宝玉"这样的说法，往往让今人不明所以然：明明是一种透亮的美石，怎么就能够通灵呢？原来，通灵就是通天或通神的同义词。汉语表达习惯中，"灵"既可以叫天灵，也可以叫神灵。通灵宝玉的奥秘就在于承载着天或天命、神祇的超自然力。需要追问的是神话的所以然问题：玉为何成为"宝玉"？宝玉中的这种"宝"，即超自然灵力是怎样得来的？

"宝"字本来就从玉，原为玉石和玉器的统称。《国语·鲁语上》记述说："莒太子仆弑纪公，以其宝来奔。"韦昭注："宝，玉也。"一个王位更替过程，居然仅靠由象征王权的宝（玉）的易主来表示。这样的先例早在周武王击败殷纣王、俘获殷商王室秘藏宝玉的史书叙事中就表露无遗。到了春秋战国时代的列国纷争，诸侯们争夺的对象一旦具体化，往往就剩下一些夺宝传奇之类的故事，乍听起来很像是虚构的文学内容，而其实却是记述当时的真实历史。诸如卞和献玉和完璧归赵的叙事，没有玉教信仰的大背景，很难理解这些神话观念驱动的历史事件。今人很容易把此类历史事件误认为是出于文学虚构。再如《春秋公羊传·庄公六年》记载："冬，齐人来归卫宝。"何休注："宝者，玉物之凡名。"各个诸侯国都有自己的玉器国宝，掌握这些玉器国宝的人就相当于掌握该国的命脉。整个东周时代最著名的夺宝传奇莫过于天下第一美玉和氏璧由来的故事。《韩非子·和氏》讲到楚人卞和献给楚王的宝玉："王乃使玉人理其璞而得宝焉，遂命曰：'和氏之璧'。"从韩非子写下的和氏璧叙事中可以看出，玉、宝、璧三个字在当时能够作为同义词来使用。晋代潘岳《杨仲武诔》云："春兰擢茎，方茂其华；荆宝挺璞，将剖于和。"这就是用"宝"来称和氏璧的例子，可见"宝"和"璧"二字都能泛指美玉，既能指代玉石原料，也能指代玉器制品。

国宝级玉礼器中有一种始于史前龙山文化，叫作玉圭。《诗经·大雅·崧高》云："锡尔介圭，以为尔宝。"《左传·昭公二十四年》云："冬十月癸酉，王子朝用成周之宝珪于河。"这两则叙事都是先秦时代把玉礼器中的一种大玉圭称为"宝"或"宝圭"的例子。考古学者在山西襄汾陶寺遗址

图4-5 山西襄汾陶寺遗址出土的陶寺文化玉圭
（中国社会科学院考古研究所藏；2009年摄于首都博物馆早期中国展）

中发掘出最早的玉圭（图4-5），[①]距今约4 300年。对照起来看，《诗经》和《左传》里讲到的国宝级玉圭，其年代属于有文字记载的小传统，其源头却在史前大传统，堪称渊源有自，一脉相承。

《尚书·顾命》中有著名的周王"陈宝"叙事。西周国家王室所珍藏的宝物，不是玉器成品，就是属于玉器原料的玉石："越玉五重，陈宝，赤刀、大训、弘璧、琬琰在西序，大玉、夷玉、天球、河图，在东序。"[②]孔传："列玉五重又陈先王所宝之器物。"什么是先王所宝之器物呢？从"赤刀""弘璧"这样的名称看，属于玉礼器；再从"琬琰""大玉""夷玉"这样的名称看，则属于非未经雕琢的玉石。《礼记·礼运》云："天不爱其道，地不爱其宝，人不爱其情，故天降膏露，地出醴泉，山出器车，河出马图。"大地上的美玉，可以理解为"天降膏露"所化成的，也就相当于天神恩赐给人间的宝物。玉就这样理所当然地成为沟通天地人神的中介物。

史前期玉教信仰的第一要义，即通过宗教神话想象，把世间的东西设想成来自天宇，即来自神界的东西。有了它，天人合一，神人沟通，就都能得以十分方便地实现。天人结合为一体的理想，至少是在信奉玉石神圣性的信仰者们心中兑现了。大自然的造化所安排好的物质世界中，石头极多而美玉很少，仅凭这种物以稀为贵的逻辑是否就能够使玉石凌驾到众多种类的石头之上成为宝物吗？未必。世间稀有的物质很多，国人唯独偏爱玉，一定还有

[①] 古方主编：《中国出土玉器全集》第3卷，科学出版社，2005年，第34页图版。
[②] 顾颉刚、刘起釪：《尚书校释译论》，中华书局，2005年，第1737页。

其他驱动因素。简单言之，使玉石成为宝物的第一驱动因素是玉代表天的神话联想。神话联想的一贯原则是类比，类比是一种着眼于经验相似性的关联思维。换言之，是物理性状上的通透和颜色上的泛青色，使得玉石在万千种类的石头中脱颖而出，因为通透和青色都是天空在人类视觉经验中的突出特色。以类比为基本运作逻辑的神话思维，就这样在玉与天之间找到能够相互认同的理由，玉代表天的联想就如此顺理成章地在东亚史前的个别社会中率先发展起来，随后通过类似传教的过程而逐渐普及流行，跨越地域成为较为普遍的神话信仰文化传播的一个方面。

中国史前期的玉器生产呈现出各地开花、就近取材、异彩纷呈的局面，但是验证于早期玉石原料的颜色，则大体上是一致的；那就是以泛青色玉为主，包括发绿、发黄、发白或发灰的青色，一般习惯上称为青玉、水苍玉、青白玉、黄玉、青花玉，而不称绿玉、灰玉。2013年至2014年，浙江良渚博物院和山东博物馆先后举办了两次特展，分别展出相当于夏代的北方史前出土玉器和山东本地的大汶口文化、龙山文化玉器。笔者带研究生

图4-6　内蒙古敖汉旗大甸子出土的夏家店下层文化青玉环形雕花臂饰，距今约3 800年
（中国社会科学院考古研究所藏；2009年摄于首都博物馆考古发现展）

仔细考察这两次史前玉器展的近400件出土玉器，大都以青绿色为主。史前玉器与商周以后的古玉最大的区别之一，就是玉器制作选材中缺少白玉，也缺少来自遥远的新疆的和田玉。史前玉器可以说是青玉一统天下（图4-6）。

古人习惯称呼天为青天、苍天，是突出天之颜色特征的命名。古人称呼玉的习惯用语竟然和称呼天的习惯用语惊人地相似，这是十分耐人寻味的文化符号现象，具有认知人类学方面的深刻蕴含。比较神话学方面的材料表明：突厥语和蒙古语称天为"腾格里"，在鄂尔浑叶尼塞碑铭文上就出现了"柯克·腾格里"。突厥语里"柯克"指一切蓝色、深绿色，也指蓝色的天空。"柯克·腾格里"即"苍天"，表示神灵的概念，"柯克"所代表的颜

色因之成为神圣之色。蒙古也有"呼克·腾格里"的说法，此与突厥人的"柯克·腾格里"是同样的概念。"呼克"指蓝色、青色，是蒙古人的神圣之色。[1]华夏崇拜的青天与青玉之间，大概也是由此种颜色的类比联想，将神圣性赋予玉石的。于是顺着神话联想的逻辑线索，人与玉之间建构起主要的对应关系，相当于曲折地体现出天人之间的关系。

从古典文学中歌咏玉佩的母题看，诗人常常通过玉佩引出天、天国、神仙的联想。"玉佩"时常又写作"玉珮"，或写作"琼佩""瑶佩"等，指个人身体上佩挂的玉制饰品。人身体上的玉佩足以映射到天体或天上的琼楼玉宇，佩玉成为古人实现天人合一的便捷途径。佩玉的远古楷模来自大家一致崇拜的圣人、圣王。老子《道德经》第七十章有一句概括的话，叫作"圣人被褐怀玉"。[2]《诗经·秦风·渭阳》云："我送舅氏，悠悠我思；何以赠之？琼瑰玉佩。"清代黄鹭来《冯公泽先生招看红梅漫成长句》诗云："又疑帝子列华宴，霞裾琼佩光参错。"如果说这里的琼瑰玉佩与天的联想还不突出，那么再看宋代诗人梅尧臣的《天上》一诗，其诗云："紫微垣里月光飞，玉佩腰间正陆离。"这样的诗意表述就赫然将玉佩与天上世界对应起来。清代戏剧家孔尚任《桃花扇·栖真》云："何处瑶天笙弄，听云鹤缥缈，玉佩丁冬。"孔尚任也是从人间玉佩发出的声音，联想到天上世界的妙音。而诗句中的"瑶天"一词，是确凿无疑地将天与美玉相互认同为一体的明证。这种玉与天的认同，在华夏的古汉语文学表现中司空见惯，不一而足。一般都习惯将其看成是诗人的文学性比喻修辞，深究其想象的来源，则非玉教信仰莫属。圣人君子怀玉佩玉的长期实践积累，是国人效法和追求天人合一境界的远古榜样。

若以5 000年前良渚文化时期发展起来的一种玉礼器——玉琮为例，其外方内圆的造型特征最能契合贯通天地人三界的象征意蕴。良渚文化的社会首领为实现天人合一梦想而制作玉琮的神话初衷，由其造型可以得到揭示。人类学家张光直著有《谈"琮"及其在中国古史上的意义》一文，其中引用《周髀算经》一段话，诠释玉琮所代表的天人合一意义："方属地，圆属

---

[1] 那木吉拉：《蒙古神话的腾格里形象研究》，见《阿尔泰神话研究回眸》，民族出版社，2011年，第272页。

[2] 这段话在后世文献中的借用情况，见于《孔子家语·三恕篇》。子路问于孔子曰："有人于此，被褐而怀玉，何如？"孔子曰："国无道，隐之可也；国有道，则衮冕而执玉。"

天，天圆地方。方数为典，以方出圆，笠以写天。……是故知地者智，知天者圣。"并解释说："能掌天握地的巫因此具备智人圣人的起码资格。"①张光直由此得出推论说，外方内圆的玉琮，恰好是此类神圣巫师所执掌的通天地鬼神事务的法器和象征。玉琮只是众多玉礼器通天神话的一方面案例，其他的玉礼器也大都承载着同类的通天通神职能。这是由玉充当天人合一媒介物的神话联想特性使然。

第三节　玉人合一：天人合一神话的史前原型

如果说人体佩玉制度是华夏文明天人合一观念的实际体现，那么其源头则是玉与人合一的神话性工艺制作实践——玉人形象生产。从汉字造字结构上看，国人讲的"天"这个字中就包含着人，以人体为尺度来指示天在人头顶之上的意思。"玉"这个字的结构中则包含着"王"字，王即人间社会的统治者。史前部落社会的统治者一般是由通神者即巫觋或萨满兼任的，所以，通神者的形象通过玉人形象塑造来加以表现，就是以红山文化、凌家滩文化玉器生产为代表的玉雕神人形象（图4-7、图4-8）。

天人合一出于神话想象，而不是哲学思辨。天人合一有其形而下的原型，那就是用玉材制成的人。其物质基础是玉，可以代表天；其塑造的形象是人，还有比这更加简单明快的表达天人合一的方式吗？近年来，考古发掘出土的这一类圆雕的立体型玉人形象，已经不止一两例了。此外还有阴刻的、浮雕的平面型玉人形象或头像。对此，目前学界一般的解释是，此类形象要么是通神者即巫觋、萨满的形象，要么就是天神的形象。从玉教信仰的解读看，需要特别注意的是，此类史前玉人形象与天的宗教神话联想，以及逝去的祖先灵魂升天、天帝及诸神同在的宗教信念相关。汉代扬雄《元后诔》云："皇皇灵祖，惟若孔臧，降兹珪璧，命服有常。"扬雄的文学性措辞带来一个重要启示：玉礼器可以成为承载祖先之灵的符号物。祖先之灵存在于天上，其来到人间的方式是"降兹珪璧"。玉礼器的文化功能，既包括沟

---

① ［美］张光直：《中国青铜时代》二集，生活·读书·新知三联书店，1990年，第72页。

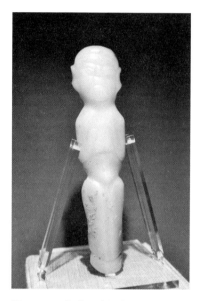

图4-7 辽宁建平牛河梁出土的红山
文化黄玉雕玉人形象，距今
约5 000年
（2012年摄于北京艺术博物馆红山文
化玉器精品展）

图4-8 安徽含山凌家滩出土的玉
人像，距今约5 300年
（摄于安徽省博物馆）

通天人之际，也包括沟通祖灵与其后代子孙。

后世国家政权出现以后，在古人的观念中出现一种最突出也最通俗的命名，那就是有关"天子"的观念。考古发现的大量史前玉质斧钺表明，从配备玉质斧钺的"王"者，到天下至尊的统治者观念"天子"，其实仅仅一步之遥。石钺演进为玉钺，玉钺又演变出铜钺。有学者认为，作为玉礼器的玉圭就是以玉钺为原型变化而来的。玉钺的数千年传承终于造就华夏王权观念的具体象征物，衍生出统一国家的"天子黼扆"制度。所谓"黼扆"，特指古代帝王座后的屏风，上画斧形花纹。相关黼扆的最早文献出处是《尚书·顾命》篇，其中有"狄设黼扆缀衣"的说法。孔传："扆，屏风，画为斧文，置户牖间。"明代焦竑《焦氏笔乘续集·黼扆》云："谨按礼书白与黑间为黼扆，则屏障画黼文于其上，取分辨昭彰之义无疑矣。"天子因为代表天和天命，需要用同样代表天的玉器为象征，于是就选中了代表权力和杀伐之威严的武器——玉斧钺。史书中就特别详细地记述了周武王割下殷纣王及其妃子们的头所用的不同斧钺的情况。当然，秦始皇觉得仅此还不够，还要独创性地选用天下最尊贵的一块玉，制作一枚传国玉玺，把"受命于天"的字样镌刻在玉玺上，使天人合一神话完全落实到最高统治者——帝王一身之上，并使之永不磨灭，也永远铭记。

需要梳理的是，从史前玉人的圆雕形象（图4-8），到神人兽面纹的平面刻画形象，再到商周以后的人头形玉柄形器，[①]以及纯几何形的玉柄形器，伴随华夏祖先崇拜的发展和强化，祖灵比德于玉的大传统在西周政权覆亡之后趋于衰微，取而代之的是石祖灵位和木质的祖灵牌位制度。[②]玉质柄形器象征祖先人格的传统就此中断了，但是祖先的在天之灵一类观念却千古不变地传承下来，直至今日。

中国人使用文字的编码原则中，就包含着基于天人合一、天人感应的神话原理。不仅是天子和从天而降下的祖灵，其他具有神性的人物，也可以联想为自天降临的佩玉者形象。如明代胡文焕编的戏曲作品集《群音类选》中有《炭虏记·梦回纪怨》的神话式台词："无心翻贝叶，有梦逐桃花，佩玉衣霞，女菩萨从天下。"女菩萨被想象为身佩美玉、穿着彩霞衣服的天降美女。与此佩玉天女形成对照的，还有唐代诗人韦应物《鼋头山神女歌》中对神女的描绘："阴深灵气静凝美，的砾龙绡杂琼佩。"战国至秦汉时代重建的玉雕题材——玉舞人，就其神话蕴含而言，也是天人之际相互沟通的中介者形象，类似西方神话中的天使。

第四节　总结：确认华夏文明的信仰之根

文化相对主义认为，每一种文化都有其独特的信仰、价值观和行为范式。这些内容构成文化的内在法则，或者可以比喻为一个文化的灵魂。无论是本土的文化成员还是外来的认知者，在没有自觉意识到并系统梳理出这种

[①]　中国社会科学院考古研究所编：《安阳殷墟出土玉器》，科学出版社，2005年，第28页图版。

[②]　参看叶舒宪：《玉人像、玉柄形器与祖灵牌位——华夏祖神偶像源流的大传统新认识》，《民族艺术》2013年第3期；《竹节与花瓣形玉柄形器的神话学研究——祖灵与玉石的植物化表现》，《民族艺术》2014年第1期。

文化独特性之前，对该文化的理性把握就只能停留在肤浅的、外在的、皮毛的层面。在闭关锁国状态下的本土文化成员，无法得出对文化法则的认识，道理很简单：不识庐山真面目，只缘身在此山中。那么，是不是外来文化的认知者就容易窥见一种文化的深层法则呢？也未必。

如果外来者不能学会文化人类学家的田野作业方法，即学会"从本土视角去看"，不能和本土文化成员一样感同身受地去体验和体认该文化的符码和意义，而是机械地挪用外来文化的概念和学科术语去作张冠李戴、对号入座式研究，其结果只能像千篇一律的中国哲学史或中国文学史编撰那样，弄成类似郢书燕说的尴尬局面，在一些关键问题上盲目因袭，让唯物、唯心、主观、客观一类外来标签满天飞，以讹传讹，而不自知。由此看，如何在后殖民时代开启反思批判的新思路，启迪本土文化的自觉，借助考古新发现，深入本土文化最深的信仰层面，就成为人文学者面临的新问题。怎样才能跳出搬用外来概念的研究窠臼，实现本土文化的内部视角重新体认呢？借鉴阐释人类学派新近拓展出的认知经验，无疑是必要的。如考古学理论家崔格尔（Bruce Trigger）所说：

> 众多文化相对主义者将文化传承性行为的决定力量或制约力量视为普遍的、未经批评性思索的对所习得内容的接受，不论其是有意识的信仰还是无意识的习惯。现实考量或普遍存在的自我利益都被认为不足以改变人们的信仰和习惯，信仰和习惯控制了人们感知、相信和坚持所认为恰当的事物。简而言之，人类所适应的不是世界本身，而是他们所认知到的世界。信仰按照特定的文化轨迹指导行为，因此即使在基本相似的环境之中，来自不同文化的人会有截然不同的行为表现。这就是萨林斯的"文化理性"的本质……
>
> 其他的人类学家认为，无意识地影响信仰的发展的深层结构是文化的决定力量，其运作方式与语法隐性地规范口头表达的方式大体相当。[1]

---

[1] ［加拿大］布鲁斯·崔格尔：《理解早期文明——比较研究》，徐坚译，北京大学出版社，2014年，第7页。

　　本章尝试通过玉教神话观，重新审视被误认为是哲学的天人合一思想，依据考古发掘玉礼器文物的叙事功能，将华夏大传统的信仰之根追溯到史前的玉文化脉络之中，希望能够给出玉教信仰潜在的基本教义，说明玉教的传承不像西方宗教在教堂内部的有意识传教行为，而是通过"无意识的习惯"，即通过神话观念与语言表达的惯例而世代相传。玉教神话所建构的天人合一观念犹如潜藏在文化表层之下的深层建构，对文化符号生产始终发挥着决定和支配作用。没有教堂、教主和圣经，潜在的信仰力量依然十分强大，历久弥坚。"化干戈为玉帛""君子比德于玉""宁为玉碎，不为瓦全"，这些中国人时常挂在嘴边的措辞，都是足以见证其存在的语词化石。而在后世的中医学思想和大量文学作品中，更多地保留着发源于史前大传统的玉教神话观。在《西游记》前台表演最多的是孙悟空，有关这一神猴形象的原初国籍的争论一直不断，然而孙悟空是从石头中生出的，仅此一个细节中就隐喻着国人攻玉治玉的数千年传统。小说中代表天的最高权威无疑是玉帝，而弥漫在社会生活中的玉教观念遗留，更是多不胜数。民间习俗用玉质帽花（玉华）来点缀头顶上戴的帽子，局外人或以为是出于美学目的的装饰品，只要聚焦一下玉帽花对应的人体部位叫"天庭"（最地道的本土文化命名，也是天人合一神话观的产物），就会顿时明白：玉华神话原型如何暗中支配着中国人佩戴帽花的行为礼俗。①

　　最后，拟用一种符号学发问来作本章结尾：洞察到"玉帝"名号的所以然，重新找回处在潜隐状态的国族信仰之根，是否能够像人类学家所说的那样，相当于把握到一种文化的决定力量，即为一种文化传统找回其失落的灵魂，犹如把握隐性地支配着无数个体口语表达的语法通则呢？

---

① 玉花神话的最初播种者是华夏共祖黄帝，参看《山海经·西山经》黄帝在峚山播种玉荣的叙事。考古发掘的玉花实物，早在6 000年前的红山文化和5 000年前的良渚文化玉器中均有标本。本文图3-6呈现的是距今约4 000年的夏家店下层文化之玉花冠形象。

第二部

寓 道 于 器

——四重证据法重建玉器神话学

第五章

玉　璧

▶ 本章摘要 ◀

　　玉璧是迄今所知最古老和最有生命力的中国文化符号。本章从神话学视角研究玉璧的起源和传播史，从7 000年前的小型玉璧到良渚文化的大型玉璧群组，再到商周秦汉的玉礼体系，直至2008年北京奥运会的金镶玉奖牌复制汉代玉璧形式，按照大、小传统重新划分的文化编码论，揭示由玉璧原型派生的多种符号再编码现象，包括铜钱、汉画像图案、辟雍（太学）建筑、璧形墓葬、环形砚等，诠释一部持续不断的华夏核心观念及其图像史，指出其比文字叙事的历史长久一倍以上。

　　在中国传统文化中，玉璧是古往今来所有玉器中最重要和影响最深远的一种。在《周礼》一书所归纳的上古玉礼制度的关键性玉器组合"六器"之中，没有任何一种玉礼器能够像玉璧这样具有持久、广泛的文化渗透性和历史传承性。与其他5种上古玉礼器——琮、圭、璋、璜、琥相比，玉璧的起源年代没有玉璜那样早，却能够最终超越所有的史前玉器形式一直繁荣到东汉末年，并断断续续地沿用到明清时代，甚至还沿用到2008年北京奥运会的奖牌设计造型中，堪称中国玉器群体中的生命力之最。玉璧的早期衍生品有陶璧和石璧，进入文明以后的衍生品主要是铜、铅等铸造的金属璧和玻璃璧。[①]偶尔也能见到用玞瑌、骨、角等有机材料制作的璧。玉璧除了基本

---

① 　金属璧和玉璧一样能够代表天命和神意。《汉书·元后传》记载王莽改制时，有冠军（转下页）

的圆饼形有中孔的形制外，还有一些变体形制，如有领玉璧（又称"凸唇璧"）、璧戚、出廓璧、牙璧（即玉璇玑）等。近年来随着玉学和玉文化研究的兴盛，研究玉璧的论述呈现逐年增多的趋势。

本章在前人研究的基础上，从文化的大、小传统划分和分级编码历程入手，着眼于玉璧的神话符号学意义及其历史变迁，揭示其在"神话中国"想象中的原型性作用。

第一节　玉璧起源、传播与流变：大传统的一级编码

文学人类学研究近年提出的文化理论创新原则是：以符号媒介为基准重新划分文化传统，将先于和外于文字的传统作为大传统，以文字书写传统为小传统；并将先于文字出现的图像叙事、物的叙事作为文化文本研究的一级编码，将文字发生作为二级编码，将早期的经典作为三级编码，经典后的写作为N级编码。[①]这样的文化文本编码理论，旨在鼓励学者走出文字和书写文献的牢笼，大大加深对本土文化研究的历史深度和厚度。

从文化符号的视角回顾玉璧的历史，其悠久的程度，居然要比有文字记录的中国文明历史足足长出一倍，也是世界上所有的古老文明都无法比拟的。迄今为止的出土资料表明，玉璧大约在距今7000年的黑龙江和吉林新石器时代遗址中率先出现，主要是4—6厘米的小型玉璧。[②]随后在距今约6000年的红山文化玉器中得到继承发展，又在距今5000多年的山东大汶口文化中得到延续，并再度南下，传播影响到距今约5000年的安徽凌家滩文化和江浙地区良渚文化，波及长江中游的石家河文化。[③]

史前玉璧的发展历程用了近3000年时光，从最初的佩饰用的小型系璧，

（接上页）张永献符命铜璧，文言："太皇太后当为新室文母太皇太后。"莽乃下诏曰："予视群公，咸曰'休哉！其文字非刻非画，厥性自然'。予伏念皇天命予为子，更命太皇太后为'新室文母太皇太后'，协于新、故交代之际，信于汉氏。"参看王先谦：《汉书补注》，中华书局，1983年（影印版），第1676页。

① 参看叶舒宪等编：《文化符号学——大小传统新视野》，陕西师范大学出版总社，2013年。

② 李陈奇、赵评春：《黑龙江古代玉器》，文物出版社，2008年，第22页（及以下）。

③ 田名利：《凌家滩墓地玉器渊源探寻》，《东南文化》1999年第5期。

演化发展为大型的随葬重器，即南方地区史前玉文化最主要的玉礼器器形。此后，在距今4 500—4 000年龙山文化繁荣之际，玉璧继续向南方传播，抵达广东的珠江流域；同时沿着长江向西传播，催生出江汉地区的石家河文化玉璧；①再通过大汶口文化玉璧、玉璇玑的西传以及北方红山文化玉器及南方石家河文化玉器的多重影响，才后发性地进入中原地区的玉礼器群，规模性地出现在山西芮城庙底沟二期文化、山西襄汾陶寺文化、陕西神木石峁遗址和西北地区的齐家文化玉器生产中。玉璧进入中原文明的意义在于，经过二里头文化和商代早期的短暂衰微冷落之后，②到了商代后期和西周时期，终于得到后来居上的发展繁荣。除了来自史前大传统的素璧形制之外，还出现了雕刻龙纹等纹饰的创新型玉璧，玉质精美且器形大的玉璧被奉为国宝。

　　到东周时期，随着西玉东输运动的升级，玉璧生产呈现数量逐渐增多和玉质逐渐优化的趋势。在战国至秦汉时代，采用新疆和田玉料精制而成的大型玉璧，成为华夏统一大帝国最主要的玉礼器形式，也是帝王贵族们须臾不离、生死相伴的神物和圣物。在上古史中，最著名的玉璧传奇是发生在秦赵之间的"完璧归赵"故事；最值得重新认识的玉璧功能是刘邦带到鸿门宴上的一对白玉璧；最令人称道的考古实物案例之一是20世纪80年代在广州发现的西汉南越王墓主墓穴出土的47件大玉璧，其中有14块玉璧垫在丝缕玉衣与南越王尸身之间，几乎围满死者的前胸后背（图5-1）。玉衣的头顶部分也是用一件玉璧缝制的。有专家联系良渚文化墓葬的类似情况，推测汉代随葬大量玉璧的观念动机是，"可以增加墓主灵魂通天的能力"。③鉴于南越王墓除了玉璧之外，还随葬有大量陶璧，显然是玉璧的替代品，表明西汉时代珠江流域的统治者对璧的数量追求已达到近乎痴迷的程度，在玉璧数量不足的情况下，就退而求其次，利用制陶术生产和使用玉璧的替代品。

---

① 荆州博物馆编：《石家河文化玉器》，文物出版社，2008年，第161—164页。
② 二里头文化出土玉器中称得上玉璧的，仅有2件"璧戚"（参看本章图5-2），可见并不是当时玉礼器的主流器形。郑州商城和偃师商城等商代早期遗址中的情况也是如此。
③ 邓淑苹：《试论中国新石器时代的玉器文化》，《"国立故宫博物院"藏新石器时代玉器图录》，台北故宫博物院，1992年，第28—29页。

图5-1 死后的天人合一梦想：广东广州南越王
墓出土玉衣内14块玉璧，祈祝墓主升天
（摄于西汉南越王博物馆）

无独有偶，考古工作者在毗邻广东的湖南地区汉墓中还大量发现另一种玉璧替代品——玻璃璧。傅举有等所作《湖南出土的战国秦汉玻璃璧》一文专门介绍了该地战国秦汉时期的玻璃璧。他指出，半个多世纪以来，湖南出土了大量距今2 000多年的玻璃器，品种非常丰富，有礼器、生活用品、葬器、佩饰等，数以千百计。经过科学检测，这些玻璃器的化学组成，与古代世界各国不同，造型和艺术风格也有鲜明的中国特色，在世界玻璃史上独树一帜。湖南许多县市都出土了玻璃璧，如长沙市出土101件，其中楚墓97件，秦汉墓4件；益阳市楚墓36件；资兴市20件，其中楚墓19件，汉墓1件；衡阳市9件；湘乡市7件；汨罗市6件；平江县2件；郴州市、浏阳市、大庸市、临澧县、株洲市、永州市、辰溪县、龙山县各出1件；等等；共计201件。目前全国共出土战国秦汉玻璃璧233件，湖南出土的玻璃璧占全国总数的86%，这说明中国古代玻璃璧的主要产地在湖南。①略分析其原因，显然是由于湖南地区缺少玉料资源，但是玉璧神话观的信仰传播却非常普及，东周秦汉之际的当地人在不得已的情况下只能用接近玉料的人工材料玻璃作为替代品。古汉语惯称玻璃为"琉璃"，这两个字皆从"玉"旁，属于后起的新字。这充分表明外来的玻璃在古代文字叙事的小传统中，被国人视为玉类新材料的编码观。

傅举有等的文章还根据玻璃璧的出土位置，推测其信仰背景：

目前的玻璃璧，多数是在墓葬中发现的，大多是放在死者的头部，如1983年湖南省汨罗县汨罗山第33号战国楚墓（图5）、第36号秦墓（图6）的玻璃璧，都是放在死者头部的。《周礼》郑注曰："璧圆象天。"

---

① 傅举有、徐克勤：《湖南出土的战国秦汉玻璃璧》，《上海文博论丛》2010年第2期。

把玻璃璧置于死者头部，有墓主人灵魂升天的含意。①

从"苍璧礼天"和"璧圜象天"等说法中可以看出古人的神话思维遵循的逻辑是类比。天圆地方的神话观念或许是驱动玉璧生产的根本动机。利用能够代表天体的玉这种物质，制成圆天的象征符号，这便是在追求天人合一神话境界的华夏传统中，玉璧这种形制受到特殊的青睐，以至于数千年延续不断的奥秘。那志良在《中国古玉图释》中较早阐发过《周礼》的"苍璧礼天"说。

> 古有祭祀天地四方之礼，所用的六种祭器，是代表六方之神的，叫做"六器"。其中祭天的，是用苍色的玉做成的璧，叫做"苍璧"。古人已然有了"天圆地方"的观念，祭祀时，要选用一件代表天神的器物，当然还要选用圆形之器，璧正好被选中了。苍璧在六器之中，是比较特殊的，其他五器，都与五行发生了关系，惟有璧不在五行之内。……苍的颜色，《尔雅》释为"青也"，苍璧应是青玉璧。②

验证以大量的考古发掘实物，出土的玉璧确实以青玉璧数量最大，白玉璧和黄玉璧较为稀少，这和文献上的"苍璧礼天"说大致吻合。在本书中，我们将白玉崇拜释为华夏玉教观念史上的一场"新教革命"，并提示白玉璧同样与天的神话联想有关，可以代表天上的发光体，如日月星辰。文献方面的例证有《庄子·列御寇》篇的"吾以天地为棺椁，以日月为连璧"的著名比喻。班固《汉书·律历志》中也有"日月如合璧，五星如连珠"之说。③此外，还可举出公孙乘的汉赋《月赋》的描写："炎日匪明，皓璧非净，躔度运行，阴阳以正。"④公孙乘着眼于月亮，要表现的是宇宙运行的节奏意义。所谓"阴阳以正"，表明的是宇宙和谐不变的永恒秩序，可以为人类所效法。用玉璧比喻月亮，功能明确。

---

① 傅举有、徐克勤：《湖南出土的战国秦汉玻璃璧》，《上海文博论丛》2010年第2期。
② 那志良：《中国古玉图释》，（台北）南天书局，1990年，第100页。
③ 王先谦：《汉书补注》，中华书局，1983年（影印版），第403页。
④ 费振刚等编：《全汉赋》，北京大学出版社，1993年，第40页。

不过，近年来随着玉文化研究的拓展，也有学者对玉璧的神话学蕴含提出不同看法，如玉璧源于纺轮说、玉璧模仿太阳说、玉璧代表眼睛说，等等。郑建明在《史前玉璧源流、功能考》一文中提出，根据良渚文化玉璧在墓葬最主要的位置是胸腹上、下部位等上半身，其次才是脚端的情况，可推测玉璧是由仿东升西落的太阳而来。太阳有最明显的两点：一是每天从东边升起，象征着一种永恒与再生；二是清晨从地平线升起，具有一种向上托起的巨大力量。而胸腹部在当时人的认识里，应是灵魂所在，因此最精美的玉璧置于此，一方面可保护灵魂，另一方面借助太阳的巨大力量，将之向上托起，从头部上升至天穹，从而进入永恒与再生。而脚端的玉璧起辅助灵魂上天的作用，在财力许可的情况下，可以多置一些，制作得粗糙一些无妨。[1]

雷广臻参照我国史前岩画中对人物眼睛的刻画呈现为玉璧状，认为这绝不是单一的文化现象。如果和史前文化遗址中发现的以玦示目、以璧示目、以玉示目等现象结合起来审视，可以认为玦、璧等是眼睛的对等物，或者说玦、璧等是对眼睛的仿生。[2] 以上几种新观点的提出，旨在超越文献记载的局限，对局部地区考古发现的玉璧作文化功能的重新阐释。如果在取样方面能够较全面地覆盖，并更多参照比较神话学的材料，将有助于从局部的论述拓展到普遍性的论述。

从文化传播视角看史前玉璧的发展，有几个悬而未决的问题值得思索。

第一，并不是多数拥有出土玉器的史前文化都有玉璧，像浙江的河姆渡文化，长江下游的马家浜文化、崧泽文化，长江中游的大溪文化、屈家岭文化，黄河中游的仰韶文化，目前都有玉器发现，却鲜有玉璧。其原因有待探讨：是这些文化本来就不存在崇奉玉璧的信仰观念，抑或是有玉璧尚未被考古工作者发现？可以肯定的是，玉璧象征圆天的神话类比观念虽然产生得很早，但是本不具有跨地域的普遍性。一般而言，人类作为观念动物，是观念决定行为，只有先接受这样的玉璧神话观，才会促成主动性的玉璧生产行为和使用行为。

---

[1]　郑建明：《史前玉璧源流、功能考》，《华夏考古》2007年第1期。
[2]　雷广臻：《玉玦、玉璧仿生原型探源》，《辽宁师专学报（社会科学版）》2008年第4期。

第二，玉璧起源于东北地区，然后依次向南传播，最远到达广东，最西到达河西走廊上的武威地区，前后历时约3 000年，覆盖中国多数地区数百万平方公里的广阔范围，却一直没有能够进入青藏高原和蒙古高原，也没有进入河西走廊西端的新疆地区。在某种程度上，玉璧分布所能覆盖的地理范围，恰好是华夏王权所覆盖的核心区范围，这当然不是巧合，需要从玉璧象征意义所承载的神话意识形态作用着眼，展开系统的比较和分析。

第三，早期玉璧的形制并不固定，以黑龙江文物考古研究所李陈奇、赵评春著《黑龙江古代玉器》所收录的25件新石器时代玉璧为例，就被编者划分为方形璧、出廓璧、梨形璧、方肩形璧、菱形璧、椭圆形璧、双联璧等类型。稍晚于此的西辽河流域红山文化玉璧以方形璧和圆形璧为主，到山东大汶口文化则保留着圆形璧和双联璧，扬弃了其他类型的璧。最后在南方的史前文化中只剩下一种圆形玉璧得到高度发展，并真正奠定了后世玉璧的基本形式。

图5-2　河南偃师二里头出土的璧戚
（2014年摄于良渚博物院夏代文明展）

第四，就玉璧传播分布地区看，为什么中原文化接受玉璧的时间最晚，而且发展过程相当曲折？虽然中原龙山文化就接受了玉璧这种在外围文化中已经流行数千年的礼器，但是很快就花果飘零，其器形也呈现出变化不定的情形。如2001年河南巩义市宋家嘴遗址祭祀坑出土璧形钺（图5-3），像璧又像钺，其文化含义也就显得模棱两可。

图5-3　河南巩义宋家嘴遗址祭祀坑出土的龙山文化璧形钺
（2014年摄于良渚博物院夏代文明展）

直到距今 3 600 年左右的二里头文化二、三期时，玉璧依然没有在这个早期的华夏王都地区获得普及流行。在宫殿、高等级墓葬和灰坑等遗迹中都不见玉璧的踪影，替代玉璧的是大量的陶纺轮和一种被称作圆陶片的特殊器物（图5-4）。这两种圆片形的陶器，前者有中孔，后者无孔，有时在一座墓中同时存在，其文化含义暂不明确。《二里头（1999—2006）》一书中有如下案例：

圆陶片　标本3件，C型。

2003 VG14：50，保存完整。泥质黄褐陶。利用捏口罐或大口尊的残片制成，近似圆形，周缘不规整，表面有绳纹。直径4.35厘米、厚0.65厘米。

2003 VG14：51，保存完整。泥质深灰陶。利用尊的残片制成，椭圆形，周缘不规整，内壁有麻点。直径4.45—5.3厘米、厚0.7—0.9厘米。

2003 VG14：59，保存完整。夹砂灰陶。利用炊器残片制成。圆角方形。周缘不规整，表面有绳纹。直径2.9—2.95厘米、厚0.45—0.55厘米。[1]

此处出土的3件圆陶片，是用不同颜色的陶器残片专门改制而成的，必然是有意义的制作行为，不是下脚料，也不是制作纺轮时的半成品。同时出土的一件陶纺轮，直径大小与圆陶片相仿，为4厘米。其中孔的位置不在圆形的中央，而且是斜穿的。考古报告指出："穿孔稍偏，一侧不在器物中央。"[2]这就让人怀疑它的用途似乎不是纺轮，或许是一种疑似陶璧的器物。

洛阳市第二文物工作队的蔡运章曾撰文论述玉璧源于纺轮的观点。他接受庞朴的看法，认为陶质环形器不是纺轮，而是原始宗教的法器；同时认为玉璧起源于同样外形的陶纺轮，并可以落实到距今五六千年的屈家岭文化。玉璧圆形圆孔的外形和纺轮一样，可以涵盖天圆的含义，而且其形体也是

---

① 中国社会科学院考古研究所编：《二里头（1999—2006）》第3卷，文物出版社，2014年，第945页。
② 同上书，第942页。

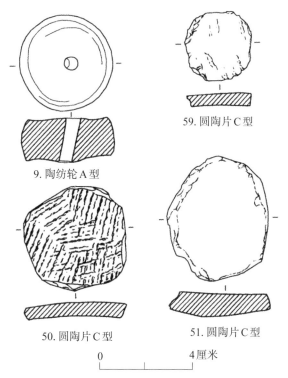

59. 圆陶片 C 型

9. 陶纺轮 A 型

50. 圆陶片 C 型

51. 圆陶片 C 型

0　　　　　　4厘米

图5-4　河南偃师二里头2003 VG14出土的陶纺轮、圆陶片

（引自中国社会科学院考古研究所编：《二里头（1999—2006）》第2卷）

运转而不能自止的天体的象征。[①] 此观点意味着玉璧的起源地在长江中游地区，其主要论据基于纺轮与玉璧的外形相似性。这样的推理，似乎论证不够充分，在比屈家岭文化更早的黑龙江史前玉璧批量出现以后，就更显得说服力不足。黑龙江文物考古研究所李陈奇、赵评春所著《黑龙江古代玉器》一书，共收录该省各地新石器时代出土的玉璧25件，按照年代分为早期和晚期两类：其早期玉璧以东部饶河小南山墓葬、鸡西市刀背山墓地，中部地区尚志市亚布力遗址等为代表，约距今7 000—6 000年；晚期以西部地区齐齐哈尔昂昂溪遗址、杜尔伯特蒙古族自治县烟筒屯镇新合村墓葬等为代表，约

---

① 蔡运章：《屈家岭文化的天体崇拜——兼谈纺轮向玉璧的演变》，《中原文物》1996年第2期。

距今5 000—4 000年。^①就此看，玉璧仅在黑龙江一地的史前期发展就经历约3 000年时光，可谓源远流长，自身传统异常深厚。郑建明、马翠兰撰文指出，西辽河地区早于红山文化的诸遗址如兴隆洼与查海遗址均未发现玉璧，相反，东北的吉林与黑龙江新石器时代早中期遗址却发现玉璧。黑龙江距今7 500—7 000年的饶河小南山和距今6 000—5 000年的鸡西刀背山、杜蒙李家岗、泰来东翁根山等遗址，吉林距今7 500—6 500年的聚宝山、腰井子遗址均有玉璧发现。此时玉璧的特点是器形多呈圆角方形或不规则圆形，体侧不见钻孔。与红山文化相比，其器形变化较大，显得较为原始。可见东北地区新石器时代文化不是封闭的，而是互相交流的。红山文化的玉璧可能是受吉林等地早期玉璧的影响而出现的，并在红山文化中晚期反过来影响该地区。^②郑建明、马翠兰还分析了玉璧的出土位置：吉林与黑龙江早中期的玉璧在墓葬与地层中均有，且墓葬中的位置不固定，红山文化玉璧基本出自墓葬中，位置也相对固定，主要出自墓主头骨左右两侧或四周。如牛Ⅴ M1，2件玉璧位于头骨两侧；牛Ⅱ M21，10件玉璧呈对称状放置于墓主人的头骨两侧、臂骨内侧、大腿骨外侧及小腿骨下。这显然具有特殊含义，与良渚文化的玉璧功能有相通之处。^③此类分析如果能更多取样，向数据化和细节分析推进，将会有更可观的结论。

第二节 "璧"与"辟"：汉字小传统二级编码

玉璧在中华大地的长久流行，使得"璧"作为一种玉器的具体名称，居然能够抽象出来，成为"玉"这个总名的同义词，代表所有的玉器。像举世皆知的"和氏璧"一词，^④就是将玉料称作"璧"的用法。可以说，古今数以

---

① 李陈奇、赵评春：《黑龙江古代玉器》，文物出版社，2008年，第10—11页。
② 郑建明、马翠兰：《史前小型玉璧研究》，《北方文物》2008年第3期。
③ 同上。
④ 和氏璧原本是楚国的一块玉料。《韩非子·和氏》："楚人和氏（卞和）得玉璞楚山中。奉而献之厉王。厉王使玉人相之，玉人曰：'石也。'王以和为诳，而刖其左足。及厉王薨，武王即位，和又奉其璞而献之武王。武王使玉人相之，又曰：'石也。'王又以和为诳，而刖其右足。武王薨，文王即位……王乃使玉人理其璞，而得宝焉，遂命曰'和氏之璧'。"

百计的玉器种类中，还没有哪一种能够像玉璧这样独超众类。在《汉语大词典》中，对"璧"的解说分为5个义项，除了第五义项"通'壁'"，属于通假字用法之外，另外4个义项中，前一个是"璧"的本义，后三个均为其抽象引申义。

> 1. 玉器名。扁平、圆形、中心有孔。边阔大于孔径。古代贵族用作朝聘、祭祀、丧葬时的礼器，也作佩带的装饰。《诗经·卫风·淇奥》："有匪君子，如金如锡，如圭如璧。"《荀子·大略》："聘人以珪，问士以璧。"《尔雅·释器》："肉倍好，谓之璧。"……
>
> 2. 泛指美玉。《庄子·山木》："子独不闻假人之亡与？林回弃千金之璧，负赤子而趋。"……
>
> 3. 指归还赠礼或借物。……
>
> 4. 喻月亮。

从以上语义变化看，璧的神话联想具有鲜明的华夏文明特色，可以视为"神话中国"的核心性原型意象。这和玉璧在上古文化中的应用范围极其广泛有关。作为最重要的玉礼器，璧首先用于祭祀。《周礼·春官》中有"典瑞"官职，其职务是"掌玉瑞、玉器之藏，辨其名物与其用事，设其服饰"。①在典瑞之官所掌管的礼器中，标准的祭天用玉器是圭璧组合形式：其一说"四圭有邸以祀天、旅上帝"；其二说"圭璧以祀日月星辰"。②所谓祭祀天神和上帝用的"四圭有邸"，指的是用一块玉雕成中央为璧、四角为四圭的器形。③从目前出土玉礼器组合的情况看，圭璧组合是东周至汉代的流行礼制。如《后汉书·明帝纪》中引用汉明帝的自述之言："朕以暗陋，奉承大业，亲执圭璧，恭祀天地。仰惟先帝受命中兴，拨乱反正，以宁天下，封泰山，建明

---

① 孙诒让：《周礼正义》，中华书局，1987年，第1573页。
② 同上书，第1584、1591页。
③ 贾疏云："于中央为璧，谓用一大圭，琢出中央为璧形，亦肉倍好为之。四面琢，各出一圭，天子以十二为节。盖四厢圭各尺二寸，与镇圭同。其璧为邸，盖径六寸。"同上书，第1584页。

堂，立辟雍，起灵台，恢弘大道，被之八极。"① 比这更早的是单独使用玉璧的祭礼，如《山海经》的北山经和东山经祭祀山神，皆为"用一璧瘗"。② "瘗"指埋于地下。南北朝庾信《周祀方泽歌·皇夏》云："瘗玉埋俎，藏芬敛气。"庾信的这种措辞透露的信念是：玉器中承载的神秘精气可以随同掩藏于地下。这符合用最珍贵的东西奉献神灵的祭祀原理。

玉璧的第二种文化功能是用于丧葬场合。有学者把周代墓葬用璧情况分为两类，即饰棺用璧和敛尸用璧。前者起源于战国时期的楚国，后者则贯穿整个两周时代，在地域分布上也更为广泛。③ 除了祭祀和丧葬两种场合外，玉璧的其他功用还有外交礼物、佩戴饰物、礼仪用器、财富象征等。对此，中国艺术研究院的一篇论文结合文献和考古实物较全面地梳理了东周玉璧的功用。④

回到"璧"这个汉字的结构分析。首先看许慎《说文解字·玉部》的解说："璧，瑞玉，圜也"，这样的解说对国人而言容易理解，对其他文明的成员来说则不知所云。认知人类学认为，语言文字是人类主体对现实的反映，也能够反过来创造（或再造）现实。没有玉璧实物和相应词语的其他文化成员，在其历史和生活语境中都根本无需知道什么是玉璧。象形的汉字符号，其取象的原型即实物，属于文化编码历史程序中的一级编码，其使用时间长达数千年，已如前论。下面通过汉字造字原则的解析，看中国文化小传统的二级编码的产生原理。

"璧"字从"辟"从"玉"，是后起的字，其本字就作"辟"。从古文字的演变看，"辟"在甲骨文和金文中的两种写法区别明显，甲骨文写作两个形象：人+辛。"辛"字的形象写得类似一件玉器——玉斧或玉钺（吴其昌说）；也有人说"辛"字像玉圭、玉璋或金属工具。不论是斧钺还是圭璋，都属于玉礼器。金文"辟"字的构成多出一个形象：左侧为一个人形，下面有一件圆形的玉璧；右侧为一件长形的玉斧钺（图5-5）。这个三合一形象也

① 王先谦：《后汉书集解》，中华书局，1984年（影印版），第66页。
② 袁珂：《山海经校注》，上海古籍出版社，1980年，第99、110页。
③ 孙庆伟：《周代用玉制度研究》，上海古籍出版社，2008年，第268页。
④ 参看赵瑾：《东周时期出土玉璧用途的初步研究》，中国艺术研究院硕士论文，2013年。

就意味着：一个人与两件玉礼器同在，他绝非俗人，而是社会中某个级别的统治者。所以"辟"字读音bì时，第一个义项就指君、王或天子。这种用法在西周金文和《诗》《书》等早期文献中常见。

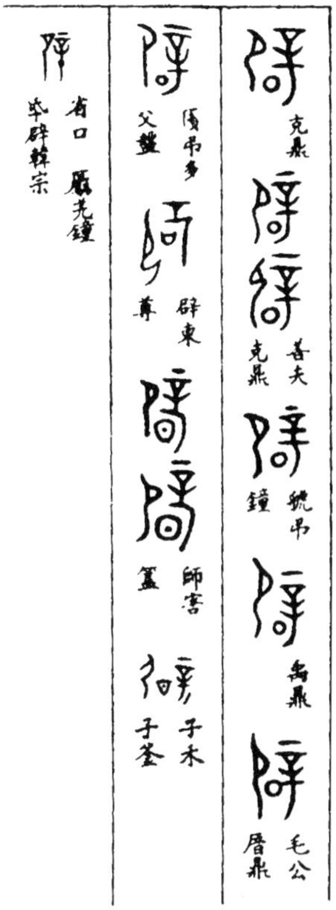

金文中的用例，如《伯公父簠》和《作册魋卣》所见"辟王"（04628）（05432）、[①]《眉寿钟》所见"朕辟皇王"（00040）（00041）、[②]《沇其钟》所见"辟天子"（00187）（00189）等。[③]《诗经》的用例，如《大雅·文王有声》云："丰水东注，维禹之绩；四方攸同，皇王维辟。"郑玄笺："辟，君也。"《尚书·洪范》："惟辟作福，惟辟作威，惟辟玉食。臣无作福，作威，玉食。""辟"字有君王之义，和"王"字组合成新词"辟王"，作为西周以来帝王的又一种美称。除了上引的金文用例，还有《诗经·大雅·棫朴》云："济济辟王，左右趣之。"郑玄笺："辟，君也。君王谓文王也。"《周颂·载见》亦云："载见辟王，曰求厥章。"郑玄笺："诸侯始见君王，谓见成王也。""章"通假为"璋"，[④]则辟王以玉礼器璋或圭为王权标志物，如同史前部落社会领袖以玉钺为权力标志一样。

在"辟"字流行许久之后，为了让表示玉璧的字和表示拥有玉璧、玉璋一类圣物的人区别开来，"辟"字下方被添加上一个"玉"旁，新造出"璧"字。虽然有叠床架屋之嫌，造字者还是在所不辞，因为璧这种玉器太

图5-5　金文中的"辟"字
（引自容庚编著：《金文编》）

---

① 中国社会科学院考古研究所编：《殷周金文集成》（修订增补本）第4册，中华书局，2007年，第3004页。
② 同上书第1册，第31—32页。
③ 同上书第1册，第200、203页。
④ 金文中就有"章""璋"二字通假的现象。

重要，非有专名专字来表示不可。罗振玉《增订殷墟书契考释》中写道："古文辟从辛人。辟，法也。人有辛则加以法也。古金文作 辟，增〇，乃璧之本字。从〇辟声，而借为训法之辟。许书从口，又由〇而讹也。"①罗氏的这一看法并没有得到普遍认可。高田忠周《古籀篇》谓辟为古文譬字；郭沫若认为辟字所从辛，为剖劂，是一种实施墨刑所用的工具。"辟"字指与刑法相关的人，所以后世一般解释字义为"法"。于省吾认为，"辟"字用作动词，意为效法；在句末用作名词，则为"法则"。对于"辟王"一类称呼，他并未多加解释。唯有戴家祥所编《金文大字典》，完全接受并阐发了罗振玉的观点。

> 辟乃璧之初文。金文从〇，象璧形。说文一篇"璧，瑞玉圜也"。尔雅释器"肉倍好谓之璧"，注："肉，边也。好，孔也"。金文亦有从 ⊙，〇中有点，为孔。后世"辟"有"法""诛"等意，初义泯灭，乃加"玉"为"璧"，以还原义。史记"宋辟公名辟兵"，索隐引纪年作"璧"。尧庙碑"吕君诸壁"，史晨奏铭"臣伏见临壁"，"辟"均作"壁"。唐韵璧读"北激切"，帮母宵部，集韵音必益切，帮母支部，与辟同母又同部。②

由罗振玉和戴家祥两位的阐发可知，作为二级编码的汉字"辟"是元编码，汉字"璧"则属于派生的再编码。元编码的"辟"字语义广泛而多样，派生的"璧"字则专指一种圆形有中孔的玉器，在语用过程中则又衍生出泛指的玉之义。综合前人观点，并推进一步说，甲骨文"辟"字原指掌握玉礼器之人，引申为掌握法度的人，即王者。王者凭借玉器证明自己代表天命和天意。如汉代刘阳《酒赋》所云："君王凭玉几，倚玉屏。"③辟字在西周金文中的写法（辟）中被加上一个代表玉璧的圆形。这样的字形联想到的玉礼器，就从玉斧钺转向玉璧，由圆形的玉璧再类比联想到圆天，玉璧和人的组

---

① 古文字诂林编委会编：《古文字诂林》第8册，上海教育出版社，2003年，第131页。
② 同上书，第134页。
③ 费振刚等编：《全汉赋》，北京大学出版社，1993年，第37页。

合就隐含着实现天人合一的神话理念。按照这一理念，辟字不仅成为君王、天子的修饰词，也带来立法、开辟、辟除一类的重要引申义。远古社会用玉璧来通天、通神并在此基础上立法（确认合法性，即天命①）和辟邪的礼仪实践活动，带给"辟"字丰富多样的含义。在这种情况下，需要重新制作一个特指玉璧的字，以示区别，这就完成了从"辟"到"璧"的汉字编码演化过程。其实，从殷商甲骨文的"辟"到后期金文的"璧"，所添加的成分非他，还是一个"玉"字。

从汉字的二级编码分析中可看出，华夏文明的核心价值，在上古的奠基时期如何围绕着玉这一核心物质不断生发出意义，其过程耐人寻味，尤其是玉能通神辟邪的神话观影响深远，一直到贾宝玉的通灵宝玉也烙印着这种影响。

第三节　玉璧的文化符号再编码

玉璧，作为一个文化传统的原型性编码符号，既然在华夏社会的上层生活中持续了数千年，它一定会给后世文化发展带来巨大而深远的影响。上文就"璧"的本字"辟"作字形和语义分析，下文再列举璧在中国文化文本中多方面的符号衍生现象，这一现象可称之为文化符号的"再编码"，如：玉璧与钱币起源——圜钱；玉璧在汉画像中的图案模式表现，如"连璧纹"与"二龙穿璧"等；从璧到辟雍（太学）的建筑形式；从璧到天坛的祭坛形式；从璧到璧形墓葬；从璧到砚台、铜镜的形制；等等。

先看玉璧与圜钱的起源。中国人习惯把铜钱叫做"孔方兄"。在后世流行的圆形方孔的铜钱之前，还曾有过圆形圆孔的钱币。这种圆形圆孔的铜钱在外观上和玉璧几乎别无二致，如出一辙。对此，现代学者多有高见，提示铜钱起源于玉璧的线索。如高鸿缙《中国字例》指出："是知璧者，小孔之环也。玉质扁平，形圜而孔圆。古人以为瑞信，亦用如货币。《左传》晋公

---

① 统治者用玉璧代表天意的典型案例，除了《尚书·金縢》叙述的周公植璧秉珪祷告先王之灵一事，还见于《左传·昭公十三年》讲述的楚共王选择继承人时用璧一事。

图5-6　东周时期的圜钱
（引自丁福保：《历代古钱图说》）

子重耳出亡，过曹，僖负羁馈盘飧，置璧焉。公子受飧反璧。璧者，货币也。周人有以铜仿璧形制之者。今考古家称之为圜钱。"（图5-6）马叙伦也认为："古以玉为货，璧盖本以石为货时代之钱币。取石之美者琢而穿之，联之以系，以便佩携。后世之钱有孔而以若干钱为一贯者，即其遗俗也。……玉为一璧以上相连贯，实即珏之初文。……《淮南·原道训》：'玄玉百工。'工非工巧之工，即二玉相合之珏。玉工一字也。"①

古文字学家高鸿缙讲到圜钱脱胎于玉璧，这种钱币是先秦时期铸造的一类圆形铜质货币，简称"环钱"。圜钱的外形有两种，即圆形圆孔的圜钱和圆形方孔的圜钱。圆孔的圜钱是原始形式，由圆形圆孔逐渐演变成圆形方孔的圜钱。②以铜圜钱的主要产地秦国为例："圆孔圜钱铸造较早，形态较为原始，直径在3.6—3.7厘米，重量在14克左右，面文均有'一两'二字。目前所见多为传世品。方孔圜钱直径在3.5厘米左右，一般重在7克左右，个别重达10克以上。"③钱币学家也认为，圜钱是由玉璧和古时的纺轮演化而来的。理由很简单，圜钱是沿用璧、环的专称来称其形体的。《尔雅·释器》分别用"好"和"肉"称谓璧的中孔部分和实体部分。环钱的穿孔也称为"好"，穿孔至廓之间的实体也称"肉"。④据此可知，圜钱的产生是以更加古老的玉璧为原型的。

玉璧在周代影响到铜钱的产生，再到秦汉两代催生出建筑用砖和墓葬画

---

① 古文字诂林编委会编：《古文字诂林》第1册，上海教育出版社，2003年，第239页。
② 丁福保所列西周东周四枚圆钱，皆为圆孔。丁福保：《历代古钱图说》，陕西旅游出版社，1990年（影印版），第1页。
③ 中国社会科学院考古研究所：《中国考古学·两周卷》，中国社会科学出版社，2004年，第461页。
④ 丁福保：《历代古钱图说》，陕西旅游出版社，1990年（影印版），第1页。

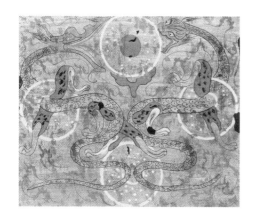

图5-7 二龙穿四璧天国图：河南洛阳金谷
园新莽时期汉墓后室顶脊

（引自韦娜：《洛阳汉墓壁画艺术》）

图5-8 重庆巫山出土的东汉鎏金铜牌饰标本
A3：门阙，中央玉璧，上书"天门"
二字

（引自重庆巫山县文物管理所、中国社会科学院
考古研究所三峡工作队：《重庆巫山县东汉鎏金
铜牌饰的发现与研究》）

像石中的最流行的图案表现模式，如十字穿璧、连璧纹、二龙穿一璧、二龙穿
多璧（图5-7），等等，构成中国美术史上一个重要章节。同时，其所传达的天
国神话想象意蕴，反而比以前更加明确和生动。就玉璧的神话学研究而言，最
重要的考古发现来自重庆巫山县出土东汉墓葬中带有"天门"二字的饰棺铜牌
（图5-8）。①从其玉璧形中套有玉璧的造型特征看，或可称之为铜璧。笔者曾从
四重证据法的意义上，对"天门"铜牌的诠释学价值作出如下评述：

　　汉代文物榜题的"天门"二字无疑属于二重证据，而文物整体连
同其刻画的图像在内，均属于四重证据。一件文物上同时出现二重证据
与四重证据之间的相互证明、相互阐释作用，这对于重建神话思维支配
下汉代人死后世界观，具有前无古人的证明优势和阐释优势。赵殿增
先生所写《天门考》一文，以四川巫山、简阳等地出土的石棺、铜牌
等文物为例证，令人信服地回答了这一问题。②这些石棺与铜牌上都用

① 重庆巫山县文物管理所、中国社会科学院考古研究所三峡工作队：《重庆巫山县东汉鎏金铜牌饰
的发现与研究》，《考古》1998年第12期。
② 赵殿增、袁曙光：《"天门"考》，《四川文物》1990年第6期。

汉隶在阙楼上中部刻着"天门"二字，而这些石棺与铜牌上所表现的"天门"，其重要特征即于数重楼阙上饰之玉璧与瑞兽（龙、虎、朱雀之类）。①

对照20世纪70年代在陕西咸阳秦一号宫殿遗址出土的二龙盘三璧空心砖图像（图5-9），可知汉画像中的玉璧表现模式完全继承自先秦和秦代。如果汉代的玉璧象征天国之门，那么这种神话蕴含肯定不是汉代人发明创造的，而是继承自遥远的古代，即玉璧发生的文化大传统。

图5-9　陕西咸阳秦一号宫殿出土的二龙盘三璧空心砖
（摄于中国国家博物馆）

如果现代读者对天国之门在古汉语中简称为"天门"的神话想象还缺乏一些感觉的话，那么建议多涉猎一些我们称为"第三重证据"的民俗文化事项，看看天门在神话世界中究竟是起什么作用的一种母题。彝族的《超度祖灵升天经》（云南楚雄彝族文化研究所藏本）就有相关的生动描述：

① 叶舒宪：《论四重证据法的证据间性——以西汉窦氏墓玉组佩神话图像解读为例》，《陕西师范大学学报（哲学社会科学版）》2014年第5期。

天有九重天，
地有七道地；
世代如此传。
……
祭祀为首要；
用牲祭天地。
祖妣上天门，
牵绵羊抱鸡，
以便开天门，
代代皆如此。
衣朴素无妨，
用鸡祭神龙。
祖先进天门，
天门必须祭，
祭后能进去。①

　　在彝族的宗教经典叙事中，天门作为活灵活现的一种想象的形象，如何代表天国的门户，发挥着接引人类逝去的祖先魂飞天国的重要功能，已经十分清楚。天门与神圣祭礼和死者葬礼的宗教想象关系，也得以大白于天下。以此为借镜，反观华夏上古葬礼中一再出场的玉璧实物或玉璧形象（战国棺木上的彩绘玉璧和汉画像石上雕刻的玉璧），其如何引导天国之门的神幻想象问题，也就大致可以迎刃而解了。

　　由玉璧衍生的第三种重要的文化符号，是古代国家的官办学校——太学，古汉语称作"辟雍"，亦作"辟雝"。西周青铜器《麦方尊》铭文中就有国王"在璧（辟）雍"（6015）的说法。②可见，西周时期"辟"与"璧"通用。辟雍本为西周天子所设的王室学校，校址圆形，围以水池，门外有便

① 朱崇先：《彝族氏族祭祖大典仪式与经书研究》，民族出版社，2010年，第594页。
② 中国社会科学院考古研究所编：《殷周金文集成》（修订增补本）第5册，中华书局，2007年，第3704页。

桥。东汉以后，历代王室皆有辟雍建筑，除了供皇家子弟学习之外，也是举行乡饮、大射或祭祀之礼的神圣场所。班固《白虎通·辟雍》云："天子立辟雍何？所以行礼乐宣德化也。辟者，璧也，象璧圆，又以法天，于雍水侧，象教化流行也。"北魏郦道元《水经注·穀水》云："又迳明堂北，汉光武中元元年立，寻其基构，上圆下方，九室重隅十二堂，蔡邕《月令章句》同之，故引水于其下，为辟雍也。"班固等人的这些解释虽然出于汉魏时代，他们所言辟雍建筑用圆形格局模仿玉璧的设计原理，还是充分可信的。

辟雍是国家级教育建筑，地方性的类似教育机构称为"頖宫"。因为不得比照天子用圆形建筑，只能采用半个玉璧的形状，建成半圆形的水池形制。这就是我们在西安碑林和各地州县的孔庙大门前看到的半圆池水景象。《礼记·王制》云："大学在郊，天子曰辟雍，诸侯曰頖宫。尊卑学异名。"《文选·潘岳〈闲居赋〉》云："其东则有明堂辟雍，清穆敞闲，环林萦映，圆海回渊。"李善注引《三辅黄图》："明堂辟雍，水四周于外，象四海也。"宋王栐《燕翼诒谋录》卷五叙述说："（宋）徽宗创立辟雍，增生徒共三千八百人。内上舍生二百人，内舍生六百人，教仰于太学；外舍生三千人，教养于辟雍。"从唐宋到明清，辟雍之制大体不变。清代陈鳣《对策》卷一评论说："又有学宫等俱在城中，而别建明堂、辟雍于郊外，以存古制，如祭天之坛，冠冕之市也。"在陈鳣的说法中，可以看出辟雍的形制、帝王祭天的圆形天坛和个人所戴的圆顶冠冕，也有神话观念上的类比关系。

日本学者白川静在论说金文中的"莽京辟雍"时推测："盖辟雍之内，有一大池，池中央筑以高台，奉为圣处。《诗经》所言灵台、灵沼，就是这个地方。《周礼》大司马职谓天子于四时，立旗狩田，以供祭祀。辟雍所行正谓此事。辟雍之礼于昭穆期频频出现于金文。"[①] 元代陈浩《礼记集说》也有标准的解说："汉代儒者注经，以为辟雍水环如璧，泮宫半之。"其实若从玉器实物的原型看，自古就有"半璧为璜"的说法。辟雍的结构是复制玉璧，泮宫则是复制玉璜。

华夏文明的神话理念一脉相传，在今日北京城安定门内国子监旧址中，

① ［日］白川静：《金文的世界——殷周社会史》，温天河、蔡哲茂译，（台北）联经出版事业公司，1989年，第86页。

依然能看到清乾隆四十八年（1783）修造的辟雍。它位于白石护栏的环河（即模拟玉璧的圆形水池）中央，大殿前有乾隆御笔题写的"辟雍"大字匾额。环河四周修有4座石桥，莫非是要效法《周礼》所说的"四圭有邸以祭祀天"的一璧贯四圭之形制？

玉璧衍生出的第四种文化符号是璧形墓葬。玉璧既然能够代表天国之门，那么有意识地让死者进入璧形的墓穴，不也能够传达出先下地、后升天的美好神话蕴意吗？ 2012年7月12日的新闻，安徽考古工作者在蚌埠双墩发掘的一号春秋墓中，看到一层圆环状的白土垫层（图5-10），媒体上耸人听闻的问句是："白土玉璧"是最早的室内装修？其实双墩发掘的一号春秋墓所谓的"白土玉璧"，就是古墓建造者有意模仿玉璧修筑墓穴的创新尝试，可以称之为典型的璧形墓葬。

M1墓葬封土堆

白土垫层剖面

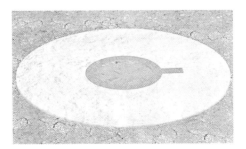

白土垫层复原示意图

图5-10　安徽蚌埠双墩一号春秋墓的白土垫层模拟白玉璧

（引自阚绪杭等：《安徽蚌埠双墩一号春秋墓发掘简报》）

图5-11 河北定县43号汉墓出土的二龙出廓璧

（引自定县博物馆：《河北定县43号汉墓发掘简报》）

限于篇幅，最后需要略加提示的玉璧衍生符号物还有铜镜和砚台等。由此更能体会，一个文化的核心符号之原型编码，会具有怎样的符号再造能产性。唐代文人杨师道在《咏砚》诗中有"圆池类璧水，轻翰染烟华"的句子，所描写的是隋唐时期盛行的环形砚。这种砚台又称"辟雍砚"，砚面呈圆形且周边环水如辟雍。仅仅这个名称就足以透露这类砚台与玉璧的神似关联。至于2008年北京奥运会奖牌的金镶玉设计是如何复制已知最为精美的汉代出土玉璧的，读者只需比较一下文末的两张图片（图5-11、图5-12），就足以领悟了。这一设计在全球媒体上曾经被热议，但是不知有多少人能够从中悟出华夏的玉璧神话及其深远的7000年原型？

图5-12 2008年北京奥运会金镶玉奖牌设计展品

（摄于2010年上海世博会震旦馆）

第六章

玉人像、玉柄形器与祖灵牌

——对华夏祖神偶像源流大传统的新认识

本章摘要

　　本章探究华夏祖先崇拜的符号原型，从前文字时代的大传统着眼，溯源于夏商周三代传承不衰的玉柄形器，通过对出土玉器文物作宗教学、神话学解读，重建失落的祖神偶像之源与流：从5 000年前的玉人像到如今的祖灵牌位。

　　西方人看中国文化，常有中国无宗教的印象。这当然是以西方基督教文明为尺度，刻舟求剑地审视中国文明的结果。其实中西文明在宗教崇拜方面各有千秋，表现形态差异显著：在西方国家，基督徒每个礼拜日去教堂里领受天主上帝的教诲，朗读《圣经》并唱圣歌；中国没有类似的教堂，百姓当然也没有定期去教堂的义务。但不能由此表面上的差异就判断中国无宗教。其实，中国人的"教堂"就在自己家里，每一家的堂屋供奉着祖灵牌位，就相当于西方人的上帝（图6-1）。

　　英国人类学家詹姆斯·乔治·弗雷泽（James George Frazer）为西方基督教文化寻根的巨著名为《金枝》（*The Golden Bough*）。所谓"黄金的

图6-1　河北内丘神码《牌位》

（引自冯骥才主编：《中国木版年画集成·内丘神码卷》）

枝叶"，乃是基督教的死而复活信仰与黄金崇拜价值观结合的产物（以金为神圣永生的象征）；笔者效法弗雷泽为华夏文化寻根的小书，取名为《金枝玉叶》，[①] 因为在华夏传统的底层找到玉石崇拜的"国教"信仰（以玉为神、为永生象征），其发生时间比甲骨文汉字早得多，于是将汉字出现前的华夏传统称为大传统，试图依托玉文化大传统的新认识，重建中国文化观。本章继续这种尝试，集中探讨华夏祖先崇拜的前文字形态，落实到贯穿整个夏商周三代的玉礼器形式——玉柄形器，兼及玉柄形器的史前祖型——玉人像，从而将审视华夏祖先崇拜源流的视野，拓展到5 000年前的大传统深处。

第一节　神主、灵牌与祖像：华夏祖先崇拜形式

曹植《禾讴》四言诗云："昔生周朝，今植魏庭，献之朝堂，以照祖灵。"以禾苗的生生不息，对照祖宗之灵，在植物的生命延续中看到人的生命之延续不断。四句诗也同时说明，中国人家的堂屋为什么包含着祭祖神圣空间的意思。曹植《感节赋》又云："岂吾乡之足顾，恋祖宗之灵丘。"古人以为逝去的先祖不能像活人一样存在于现实世界，却能够以灵的虚幻现实存在于想象的天上世界，故又称祖灵为"灵祖"，表示为一种敬称。从看不见摸不着的天界存在到现实的人间，祖灵或灵祖究竟是怎样为生人所感知的呢？有证据表明，在后代所熟悉的祖像和祖灵牌位之前，玉器曾经发挥着承载祖灵的功能。换言之，祖灵能够通过玉器形象得到转换和体现。如汉代扬雄《元后诔》所说："皇皇灵祖，惟若孔臧，降兹珪璧，命服有常。"按照这一说法，祖灵可以从天界降临人间，其表现形式就是玉圭、玉璧一类玉礼器。汉代人作品中的这种观念并不是那个时代的发明，而是因袭自先秦时代乃至史前时代。扬雄的话，是我们今日能够通过玉礼器研究玉教神话观的极好提示，通过精美亮丽的古玉，去体认到古人所想见的"皇皇灵祖"之存在。既然考古证据表明玉圭和玉璧存在的历史均早于甲骨文，即在4 000年以上，那么祖灵降临玉礼器的信仰观念当可追溯到夏代或更早时代。这是玉器符号超越汉

---

① 叶舒宪:《金枝玉叶——比较神话学的中国视角》，复旦大学出版社，2012年。

字符号小传统的时间限制，深入华夏文化大传统的优势所在。

中国的本土宗教信仰以祖先崇拜为突出特征，将已经从现实世界中逝去的祖先之灵，想象为依然存在于天国神界的人格化主体，其意志足以支配生人的祸福命运。商周以来所崇奉的"天"或"天命"，并不是纯自然的对象，而是有生命、有意志的存在，因为其中蕴含着祖灵在天的观念。一整套祭祀和沟通祖先之灵的礼仪，成为夏商周以来在国与家不同层面都要恭敬从事的重大行为模式，几千年未曾中断地传承下来，一直延续到今天。西周金文中所称道的"祖考先王"或"前文人"，《诗经·大雅·下武》所言"三后在天"或《文王》所言逝去的周文王"在帝左右"等，均表明祖灵的意志及其庇护保佑作用。假借天的保佑，对人间的最高统治者与一般平民来说，都是不可或缺的精神需求。由此看，祖灵的存在，大体相当于一般宗教信仰中神灵的作用。换言之，在华夏国家官方与民间信仰中同等重要的祖宗英灵，虽然地位比上帝或天神稍低，却同样属于某种神话想象世界中的超自然存在。如《旧唐书·文苑传下·刘蕡》所说："神器固有归，天命固有分，祖庙固有灵，忠臣固有心，陛下其念之哉！"我国古人通过祭祀活动供飨天神时，要以祖先配祀，称为祖配。这是想象祖灵生活在天上的结果。如《晋书·礼志上》说："丙寅，武皇帝设坛场于南郊，柴燎告类于上帝，是时尚未有祖配。"又如《金史·乐志上》说："赫赫上帝，临监禋祀，居然来歆，昭答祖配。"上帝也好，配祭的祖宗也好，二者的共同点就是享有永恒的生命。曾巩《本朝政要策·郊配》说："自此孟春祈谷，孟冬祀神州，季秋大飨明堂，用宣祖配。"植物与季节的生命循环不息，总是让孝子贤孙们想到永恒不灭的祖灵。

对祖灵的信仰导致子孙后代与祖灵相互沟通的需要，祖庙的建立，成为生人沟通祖灵的标志。"祖"这个汉字，其基本的字义就是指宗庙。《尚书·舜典》云："受终于文祖。"孔传："文祖者，尧文德之祖庙。"《周礼·考工记·匠人》云："左祖右社。"郑玄注："祖，宗庙。"生人遇到重要的决策时，有必要上告祖灵，获得其特别的恩准。《后汉书·袁谭传》有云："昔先公废黜将军以续贤兄，立我将军以为嫡嗣，上告祖灵，下书谱牒。"如果说在祖庙中告祭祖灵已经是相对发达的形式，那么比祖庙更原始的形式，应该是代表祖灵的祖像。原住民社会一般没有神庙或祖庙，其祖像或者是木制的，或者是石制的。这两种祖像在上古社会中也是最常见的。

在东周时代的诸侯国，木制祖像要放置石盒中保存，此类石盒叫"祏"，一般珍藏在祖庙中。《左传·哀公十六年》云："（孔悝）使贰车反祏于西圃。"杜预注："使副车还取庙主。西圃，孔氏庙所在。祏，藏主石函。"杜预注解中所说的"庙主"，也叫神主。《左传·昭公十八年》云："（子产）使祝史徙主祏于周庙，告于先君。"杜预注："祏，庙主石函。周庙，厉王庙也。有火灾，故合群主于祖庙，易救护。"孔颖达疏："每庙木主皆以石函盛之。当祭，则出之。事毕，则纳于函，藏于庙之北壁之内，所以辟火灾也。"宋代程大昌《演繁露·祏室》说："宗庙神主皆设石函，藏诸庙室之西壁，故曰祏室。室必用石者，防火也。"杜预和程大昌的这些解释，说明为什么木制祖像或牌位要用石盒来保存，同时也说明祖像可以成组存放并在祭祀中集体使用。《管子·山至数》云："三世则昭穆同祖，十世则为祏。"郭沫若等集校引张佩纶曰："《说文》：'祏，宗庙主也。'"在这里似乎能看到后世成组的祖宗牌位在先秦时代的使用原型。

古汉语"神主"一词可兼指诸神之像和祖宗像。《尚书·咸有一德》云："皇天弗保，监于万方，启迪有命，眷求一德，俾作神主"，说的是前一种意思。孔传："天求一德，使代桀为天地神祇之主。"蔡沈集传："神主，百神之主。"《后汉书·光武帝纪上》的如下叙事则是用"神主"一词的后一种意思："大司徒邓禹入长安，遣府掾奉十一帝神主，纳于高庙。"李贤注："神主，以木为之，方尺二寸，穿中央，达四方。天子主长尺二寸，诸侯主长一尺。"从李贤描述的情况看，此处的神主十分接近现在还通行的祖宗牌位。国家层面上的官方太庙祭祖礼仪要用神主，民间祠堂祭祖也同样如此。元代杂剧家柯丹丘所作《荆钗记·辞灵》云："若是亲娘在日，岂忍如此肮脏，不免到祠堂中拜别亲娘神主。"除了专门祭祖的祠堂，一般富人家的堂屋，也通常承担祭祖的功能。吴敬梓所著《儒林外史》第十回也有类似描写："（鲁编修）进了厅事，就要进去拜老师神主。"后代的神主似乎不像先秦时代那样用石盒来保存，其防火功能也就不存在了。唐玄宗时代还发生过祭祀列祖列宗的太庙被焚毁的事件。《旧唐书·玄宗纪下》说："时太庙为贼所焚，权移神主于大内长安殿，上皇谒庙请罪。"

古人把藏在宗庙中的神主，称为宗主或祏主，把失落宗主看成和中断祭祀香火一样严重的事件。《左传·昭公十九年》子产的一段话，就是说的这个意思："郑国不天，寡君之二三臣札瘥夭昏。今又丧我先大夫晏。其子幼弱，其一二父兄惧队（坠）宗主……"孔颖达疏引汉服虔曰："祏主藏于宗庙，故曰宗主。"①清代唐甄《潜书·远谏》，也将国破家亡比喻为"宗庙丘墟，祏主毁弃"。在信仰者心目中，不论是祖像还是祖宗牌位，都是真实的灵性存在，其遭到毁弃，将导致严重不堪的后果。

古人之所以要强调宗主不坠，是因为坚信"祖德"的力量对后代子孙的生命及其社会道德表现都有重要的意义。如《管子·四称》所云："循其祖德，辩其顺逆，推育贤人，谗慝不作。"过了2 000多年，曹雪芹在《红楼梦》中依然将"天恩"与"祖德"并称，可见祖先崇拜在华夏文明史上的贯通全程性质，用"光被四海""万世不衰"来形容，也并不为过。

祖灵信仰还导致对其常年供奉的虔敬行为。上古时代坚信这是社会和国家最重要的行为，所谓"国之大事，在祀与戎"。《诗经·小雅·信南山》云："祭以清酒，从以骍牡，享于祖考。"韩愈《祭郑夫人文》则云："春秋霜露，荐敬苹蘩，以享韩氏之祖考。"如果按照性别而言，被祭的"祖考"又称"祖妣"，祖指男性祖先，妣指女性祖先。《诗经·周颂·丰年》云："为酒为醴，烝畀祖妣。"孔颖达疏："为神所佑，致丰积如此。故以之为酒，以之为醴，而进与先祖先妣。"先祖先妣的在天之灵还可以统称祖灵。如汉代蔡邕《京兆樊惠渠颂》就说："泯泯我人，既富且盈，为酒为酿，烝畀祖灵。"据此可知，中国人拜祖灵相当于西方人拜上帝。中国式宗教的普及，不在教堂，而在每一个基本的社会单位——家庭。

在与西方宗教对照时，需要特别说明的是，华夏的祖先崇拜形式不像犹太教、基督教那样的非偶像崇拜，而是具有自身的偶像塑造传统。具体而言，祖灵有过多种多样的明确可感知的显现形式。上文关于神主、宗主的讨论实际已经给出系列的答案。再看鲁迅小说《呐喊·故乡》，更不用怀疑此答案的可信性，因为即使到了现代，国人仍然习惯于将祖宗遗像供奉在堂屋。"正月里供祖像，供品很多，祭器很讲究，拜的人也很多，祭器也很要防偷去。"何启治《少年鲁迅的故事》之十二写道："旧历新年才过十八天，便要悬挂祖像，摆列许多祭器，让本家的人前来瞻拜。"这里所说的祖像，在清代以前又称"祖宗影神"。如凌濛初《二刻拍案惊奇》卷二六所描写："伯伯过年，正该在侄儿家里住的。祖宗影神也好拜拜。"西方文明中最看重

① 洪亮吉：《春秋左传诂》，中华书局，1987年，第736页。

的人神关系，在中国社会中就这样被替换为人与祖灵的关系，而"吾日三省吾身"的儒家典范行为必然包括对祖先的虔诚与敬意。

熟悉民间祖神像传统的人都明白，祖宗的观念中包含着所谓列祖列宗，当然不止一两位崇拜偶像，往往是一组偶像。既然自祖父以上各辈尊长都可称"祖"，则祖先的组合有时阵容显得相当庞大。《诗经·大雅·生民序》云："《生民》，尊祖也。"孔颖达疏："祖之定名，父之父耳。但祖者，始也，己所从始也。自父之父以上皆得称焉。此后稷之于成王乃十七世祖也。"祖先记忆的多代叠加，使得祖考之庙的情况也会随之复杂化。《礼记·祭法》云："（殷人）祖契而宗汤，（周人）祖文王而宗武王。"又云："王立七庙、一坛、一墠，曰考庙，曰王考庙，曰皇考庙，曰显考庙，曰祖考庙。"明代朱国祯《涌幢小品·朱巷》说："既即大位，刻石于临濠之陵，并祭四代祖考。"这样以四代或三代为整体的祭祖形式至今仍很常见（图6-2）。

本节需要追问的是，华夏祖先崇拜的初期形式如何？有没有可能探寻比东周时代更古老的祖像或祖宗牌位之原型呢？

图6-2　广东陆丰石寨古村落的祭祖堂

（2013年考察拍摄）

第二节　祖像溯源：玉人像与玉柄形器

现代考古学给中国祖先崇拜的溯源研究打开了一扇前所未有的窗户。如何通过前文字时代大传统的新知识，重新看待文字记载的偶像崇拜祭祖文化现象，是摆在当今学者面前的新课题。许倬云先生《神祇与祖灵》一文，从玉文化与祭祀的源流关系上区分了祭神与祭祖的礼法区别。他认为："郊禘与祖宗两套祭祀，在性质上大有区别。郊禘祭祀神祇，在郊外的'圜丘'举行，有巫为媒介，礼器用玉；祖宗祭祀祖灵，在宗庙举行，有子孙为媒介，礼器由日常器用转化。根据以上的差异，红山与良渚两个文化的礼仪中心，当为郊禘祭神传统，而仰韶文化的氏族组织及其相关的灵魂信仰，则是祖宗祭祀传统。两个传统的第一次结合，或可以襄汾陶寺为代表；商人的先王先妣祀典，是祖灵信仰的极致；周人则又一次兼采神祇与祖灵信仰，合并为郊禘与祖宗的大祭系统（直到明清，犹有太庙与天坛、地坛两类遗存）。儒家又以人事的功劳，解释神祇的地位，则是将传说与信仰转化为理性的人文精神。"① 许倬云先生的这个判断，从考古发现的史前文化现象反观文明史中的神鬼分别祭祀的源头，确有高屋建瓴的俯视之气势，但是其观点却有不能与事实吻合之处，值得商榷。如说祭祀神祇才用玉器，祭祀祖灵不用玉器，就恰好与考古发掘所揭示的史前玉文化现象相矛盾。因为不论是红山文化还是良渚文化，都有大量的玉器作为墓主人随葬器物而埋入地下，其用途当然不限于祭祀神祇，还在于陪伴逝去的先人。

尤其是在夏商周三代的墓葬中，始终有一种被今人称为玉柄形器（或"玉柄形饰"）的器形（图6-3），其基本用途或许是用以显示具体祖灵存在的神主，大约相当于后世的祖宗牌位。一般的祖宗牌位上都有文字书写的先祖或先妣名字，在玉柄形器上写明祖宗名字的情况，居然也在殷墟发掘玉器中有所发现。虽然仅有一座商代墓中出土的6件玉柄形器是上面写有祖先名字的，但是不能将此视为孤证，因为大量柄形器作为墓主人的随葬器物，主持丧葬礼的家属们是明确知道代表哪些祖灵的，故没有必要一一书写其名字。只有对外人来说，某一件玉柄形器

---

① 许倬云：《神祇与祖灵》，见费孝通主编：《玉魂国魄——中国古代玉器与传统文化学术讨论会文集》，北京燕山出版社，2002年，第18页。

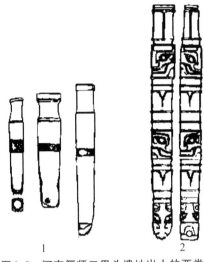

图6-3 河南偃师二里头遗址出土的两类玉柄形器：素面柄形器和神人兽面纹柄形器

（引自郝炎峰：《二里头文化玉器的考古学研究》，载中国社会科学院考古研究所编：《中国早期青铜文化——二里头文化专题研究》，图片有所简化）

代表什么样的祖先才是完全未知的。

始于先夏时代（石家河文化）的玉柄形器礼制，经过整个商代的因袭和传承，到西周时期仍然基本不变地流行于墓葬方式中，看不出有丝毫衰微的迹象，这是研究中国玉文化和玉礼器传承现象中最引人瞩目的一项。不过，学界拘泥于文献记载的知识，对此关注很不够，研究相对薄弱，理解上分歧较多。年代属于夏代末期的偃师二里头遗址共出土玉柄形器18件，多数为简化型的素器，个别则精雕细刻出神祖兽面纹和花瓣纹饰（图6-3）。商代自早期到晚期的遗址和墓葬，大都出土玉柄形器。数量最多的是殷墟妇好墓，共出土玉柄形器33件。"商代前期的玉柄形器不仅与爵、斝、罍等成为铜礼器墓葬较为固定的随葬组合，而且在小型墓葬中也有相当的普及率。出土位置不仅见于墓内死者的头部或腰部附近，还见于棺椁之间，尤其在祭祀坑中也能见到它的身影。这些表明，商代前期的玉柄形器在当时的礼仪活动尤其是宗教祭祀中开始扮演重要的角色，其社会地位比起夏代已经有了明显的提高。"[1]对商代柄形器的用途，较流行的说法出自考古工作者推测的"佩饰"说，其推测依据是出土位置多为腰部或腹部。[2]

从中国社会科学院考古研究所编《张家坡西周玉器》一书反映的近400座西周墓情况，可以看出玉柄形器在西周时期历经数百年而沿用为玉殓葬主要器物的持续性现象。就张家坡西周墓地出土柄形器的数量，从一墓中出土1件到22件不等，表明墓葬等级及所代表祖先数量上的差异。考古报告依据墓葬规格划分为四个等级，其随葬玉器的情况分别如下：

---

① 李小燕：《玉柄形器研究》，吉林大学硕士学位论文，2008年，第18页。
② 中国社会科学院考古研究所编：《殷墟的发现与研究》，科学出版社，1994年，第346页。

在玉器器类方面，第一等级和第二等级大体相同，礼玉有璧、琮、璜；仪仗性的兵器有戈、钺；葬玉有缀玉面幕、棺饰；装饰品有串饰、柄形饰以及各种动物形象的玉饰等。第三等级墓玉器器类相似但种类减少，礼玉仅见璧，兵器仅见戈，装饰品大都为柄形饰。第四等级仅见璜、戈和柄形饰。由此可见随葬玉器中各等级必备的为礼玉中的璧和璜，兵器中的戈和装饰品中的柄形饰。其他则由等级的高低而增减。[①]

报告将玉璧、玉琮、玉璜等归类为礼器，将柄形器称"柄形饰"，归类为装饰品。这是拘泥于小传统的传世文献《周礼》玉器分类观的表现，值得反思和修正。《周礼》"六器"（琮、璧、圭、璋、璜、琥）说与其说是西周的礼制，不如说更符合汉代的玉礼器组合体制。迄今为止，西周墓葬中实际出土较多的玉器有三种：玉鱼、玉玦、玉柄形器，三者皆未在《周礼》中获得相应的体现，或表明真正的周礼已经伴随着西周的覆亡而长眠地下。后人追忆和附会的周礼则加入了想象的成分。[②] 由于《周礼》历来被奉为经学中的重要经典，其玉器分类体系观对后人的制约和影响作用巨大，以考古发掘物去印证文献经典的做法至今十分流行，有必要重建先于汉字和文献而存在的文化大传统观，根据实物而不是文献说法去判断古礼制的情况。就此而言，柄形器肯定属于贯穿整个夏商周三代的重要玉礼器，不宜再将其看作美化装饰用的所谓"装饰品"。

周原博物馆编著《周原玉器萃编》一书，没有将玉柄形器归入礼器和玉装饰品两类，而是单独列为一类。[③] 这比把柄形器视为装饰品的做法进了一步，但是仍不能突出柄形器作为重要玉礼器的实际地位，其主要原因还是被《周礼》"六器"说所困；该书卷首介绍周原遗址和墓葬中出土的玉柄形器时，特意说明"柄形器在夏商时就有发现，但至今用途尚不清楚"。[④]

《张家坡西周玉器》报告这一遗址保存完整（未经盗墓扰乱），有随葬青

① 中国社会科学院考古研究所编：《张家坡西周玉器》，科学出版社，2007年，第86页。
② 参看笔者指导的上海交通大学博士后出站报告，唐启翠：《神话历史与玉的叙事——〈周礼〉成书新证》，2012年11月通过。
③ 周原博物馆编著：《周原玉器萃编》，世界图书出版公司，2008年，第121—129页。
④ 同上书，第Ⅷ页。

铜礼器的墓共13座，其中随葬玉器的情况，按照时代分期来看，五期的分布情况如下。

第一期随葬青铜器的墓葬有6座，其中只有M285一座墓随葬玉器，及墓主人腰部出土一件鸟龙纹柄形饰，可见这类墓当时很少随葬玉器。但是在第一期没有青铜器而只有陶器的墓葬如M151中却出土璜、戈、珑等4件玉器。可见，有铜礼器的不一定出玉器，只有陶器的也可以随葬玉器。①以上现象表明，西周第一期墓葬所处的时代，墓葬用玉显示出一定的随意性，显然还没有一种固定尊奉的礼制规定存在。不过其玉柄形器的存在，显然是直接继承夏商两代古礼，而非周人的发明。

第二期墓葬有5座，其中4座有玉器，少则一两件，多者6件。出6件玉器的是M183，有一戈、一钺、二柄形饰、二鱼。这表明《周礼》所言之"六器"无一出现，而实际出现的四类玉器也无一被纳入"周礼"。第三期墓只有1座（保存完整的），出玉鱼4件。第四期墓2座皆有玉器。其中M253墓主人腰部有1件玉柄形饰，而其形已成长条形片状。M216墓主人为男性，年龄约25—30岁。随葬有5件玉器，其中腹部右手掌附近有1件玉柄形饰。②第五期墓没有完整保留下来，但从不完整的墓葬看，随葬玉器基本延续第四期的形制和数量。主要的变化是，由于墙柳用玉改为铜鱼，玉鱼数量锐减。③我们根据张家坡五期墓葬出土玉器的实际情况，明显看出唯有玉柄形器是自一期到五期始终存在的（因为第三期保存完整未经盗掘的墓仅有1座，取样不足，难以说明问题），而且随葬位置多在墓主人腰腹之际（图6-4），暗示着一种不成文的葬器模式或传统。

夏商周连续不断的玉礼传统，因为有持续千年的玉柄形器大量实物重现天日，让今日学人能够大大超越以往的眼界，摆脱《周礼》和吴大澂《古玉图考》的旧观念束缚，将失落的古礼细节再现出来。至于玉柄形器的礼仪功能，经过一段时间的误解和猜测，也有个别学者摸索到合理的推测。大体说来，在20世纪70年代之前，人们对柄形器的用途茫然无知。不少出版物和考

① 中国社会科学院考古研究所编：《张家坡西周玉器》，科学出版社，2007年，第87页。
② 同上书，第75页。
③ 同上书，第88页。

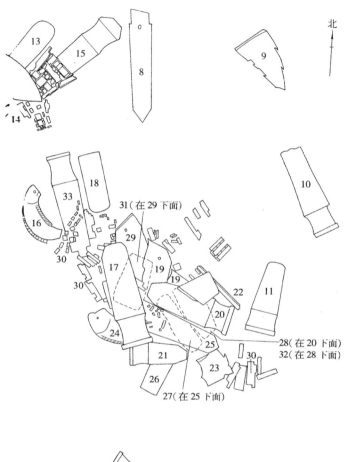

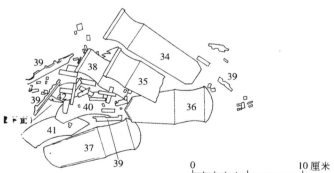

图6-4　陕西长安张家坡西周墓M302随葬42件玉器（其中22件柄形器）位置图

（引自中国社会科学院考古研究所编：《张家坡西周玉器》）

古报告以讹传讹地将柄形器随意称为"琴拨"，这就像望文生义一样，属于过去古董商人望形生意的臆测命名法。后来有学者提出它应该是一种实用的工具，但是不知道怎样使用。李学勤著文认为，柄形饰其实就是《周礼·春官·典瑞》"裸圭有瓒"（以玉圭为柄的铜勺）所说的"裸玉"，[①]其论证思路仍然是将出土器物用来印证传世文献。可是圭瓒既然是仪礼上用来酌郁酒的容器（酒勺），[②]显然与柄形器的外形与功能不合，与放置在墓主人腰际的随葬情形更无法吻合。数年前一位研究者提出"柄形器为神主"说，认为是商人为纪念祖先亡灵所琢制的一种高级祭祀性礼仪玉器，功能上类似近代木制灵牌。这位学者就是尤仁德，其《古代玉器通论》一书指出：柄形饰的用途问题是学术界的谜团，他经过长期的考察研究，特别对照柄形饰常出于墓主胸、腹、肘等重要部位，其造型统一为长条形扁玉柱等特点，认为它们可能是商人纪念祖灵用的玉制灵牌，即《说文解字》中所说的"祏，宗庙主也"。

据段玉裁注，宗庙主即祏，亦即代表祖宗牌位的玉石主，在宗庙石室藏之。支持这一观点的主要证据是，1991年安阳后冈殷墟墓3、15、27、33、39号墓共出12件玉或石柄形饰，它们的特别之处是，大多数器物上有朱书文字，如"祖庚""祖甲""祖丙""父口""父辛""父癸"等。文字显然是墓主人先祖的称谓。尤仁德提到他后来又见到刘钊的论文，与自己观点暗合，称柄形饰的用途是"石主"。看来柄形饰是商人用以追念与祭祷祖先的"柄"，似无疑义。不过，刘文认为后冈柄形饰上的文字还是孤证，目前只能说柄形饰可以用为"石主"，或说用为"石主"是柄形饰的用途之一。至于柄形饰还有其他什么用途，还要靠今后新出土资料和研究来加以论定。尤仁德还注意到，一些柄形饰刻有两只眼睛，或兽面纹（如妇好墓者335、1089号），这些特殊纹饰的柄形饰的文化内涵难以确定。西周的一些柄形饰属于玉组佩中的饰件，与商代的用法迥然不同，其原因也不明确，有待研究。关于柄形饰的尺寸，刘钊论文据实物及文献，认为"最大长度为9.7厘米，相当于商尺的6寸多"，与典籍所说的7寸说法相近。但是，江西新干大洋洲商墓所出者，达到20厘米。传世品柄形饰也有较长者，如天津市艺术博物馆

① 李学勤：《说"裸玉"》，见《重写学术史》，河北教育出版社，2002年，第53—60页。
② 《尚书·文侯之命》云："平王锡晋文侯秬鬯圭瓒。"孔传："以圭为杓柄，谓之圭瓒。"

所藏者最长达17厘米。①还可举出二里头遗址4号坑出土分节兽面纹柄形器，也长达17.1厘米；②妇好墓出土莲花瓣纹分节柄形器长15.3厘米；洛阳北窑西周墓出土花瓣纹分节柄形器长16.5厘米；③等等。可知三代柄形器的长度，超过15厘米的不在少数。

笔者基本赞同尤仁德的看法，并试图提出进一步的论证和修订。要补充论证的是，尤仁德认为无解的柄形器特殊纹饰的文化内涵问题，可以参照民族学提供的第三重证据作出合理的解释。限于篇幅，拟在下一节展开。这里先要修订的观点是，商代柄形器的功能问题不是孤立的文化现象，需要上引下联，找出其大传统渊源和原型，即距今4 200年的石家河文化玉柄形器，从而获得系统性的把握。

2008年出版的荆州博物馆编《石家河文化玉器》一书，对研究柄形器的起源给出重要提示：如果承认柄形器是华夏祖灵牌位的原型或前身，那么迄今能够看到的最早的出土玉柄形器不在中原文明内部，而是来自南方长江中游地区的江汉平原。张绪球执笔的《石家河文化玉器的发现与研究》一文认为，石家河文化晚期与（龙山文化）煤山一、二期基本相当，故可以推测其年代大约是在公元前2200年到公元前2000年之间。④张绪球还指出，柄形饰是一种很有特点的饰物，与夏商时期的柄形饰可能有一定的渊源关系。从形式上看，所有的柄形饰都带有不同形状的榫，可见这类饰物并不是单独使用的。肖家屋脊遗址的AT1219①：1柄形饰比较有特点，该器呈圆柱形，柄部以4条竖凹槽分成4等分，饰5节简化的人面纹，这种纹饰为良渚文化晚期玉琮所特有。⑤这就将玉柄形器的初始造型特征追溯到5 000年前的良渚文化玉琮。邓淑苹等海外玉学家在20世纪80年代就有一种解读，将玉琮解读为神祖象征物。⑥她到20世纪90年代则进一步作出宗教学意义的综合论述：

---

① 尤仁德：《古代玉器通论》，紫禁城出版社，2002年，第97—99页。
② 古方主编：《中国出土玉器全集》第5卷，科学出版社，2005年，第9页。
③ 同上书，第50、124页。
④ 荆州博物馆编：《石家河文化玉器》，文物出版社，2008年，第2页。
⑤ 同上书，第11页。
⑥ 邓淑苹：《考古出土新石器时代玉石琮》，（台湾）《故宫学术季刊》1988年第6卷第1期。

先民们相信，神祇世界是祖先生命的源头，经由某些神灵动物为媒介，祖先可自神祇处得到生命力。神祇、祖先、神灵动物三位一体，可相互转形。在特殊的质地——玉上，雕琢这些特殊的纹饰，有些图像，已具有符号的意义。用它们祭祀，可与神祇沟通感应，达到天人合一的境界。这种天人合一的宗教特质，可由中国古玉器上，充分表达出来，它是产生中国文明的主要因素之一。[①]

笔者以为，中国史前宗教的两大显著特征，即玉崇拜和祖先崇拜，通过考察同时承载玉石神话观念和祖灵观念的神圣器物符号——5 000年前的玉人像（红山文化、凌家滩文化）、玉琮（良渚文化），以及4 000年前由玉琮分化出的玉柄形器，可以得到较为系统的整体把握。如果把华夏国家起源期的宗教视为"国教"，即可简单将其概括为"玉教"，亦能通过玉器形制的演变而重建失落已久的玉教传承的前后关联，特别是从长江下游到长江中游，再辗转传播到中原的大致传教轨迹。把握住神人兽面纹玉琮到类似纹饰柄形器的线索，还能大体上勾勒出中国式祖先崇拜的5 000年物质符号传承链：神人兽面纹玉琮（良渚文化）——神人面纹分节柄形器（石家河文化）——神人兽面纹花瓣分节柄形器（二里头文化）——简化型的素面柄形器（从石家河文化到商周，包括书写祖先之名的和不书写祖先之名的）——祖灵牌位。

在石家河文化玉器中有一种近似柄形器的形式——长方形透雕片饰，仅见肖家屋脊W71∶5一件，出土前已碎成许多块，经拼对成形。器身为长方形，上端琢卷云纹，中间有4条平行的竖凸线，凸线两侧各穿5个椭圆形的孔，两边各饰3组形状相同的牙，下端有尖榫。[②]这件残损玉器和多数柄形器有榫接功能一样，应该都在仪式场合发挥视觉意象的功能，其上端雕饰卷云纹意味着祭祀仪式功效的上达通天之能量。

目前学界承认，殷墟出土的商代玉器曾受到石家河文化玉器的影响，[③]殷墟出土的玉柄形器和二里头出土的玉柄形器也都明显受到石家河文化玉柄形

---

① 邓淑苹：《新石器时代玉器图录》，台北故宫博物院，1992年，第29页。
② 荆州博物馆编：《石家河文化玉器》，文物出版社，2008年，第127—128页图版。
③ 中国社会科学院考古研究所编：《安阳殷墟出土玉器》，科学出版社，2005年，第VIII页。

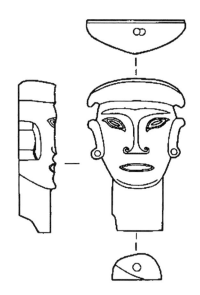

图6-5　石家河文化玉人头像

（荆州博物馆藏；引自荆州博物馆编：
《石家河文化玉器》）

器的影响。而石家河文化玉器中除柄
形器外，还有一种更像祖神形象的品
种，即玉人头像（图6-5）。这是将玉
器上平面雕琢的神人兽面纹形象独立
表现的立体形式。我们的推论是：石
家河文化的玉人头像形式，同样与仪
式上再现祖灵的形象需求相关，它可
能是玉柄形器之具象化的祖型。何以
求证？请看以下几点理由：

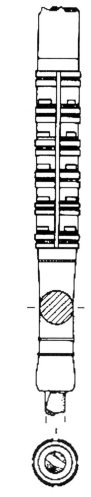

图6-6　石家河文化玉柄形器，雕刻有五节
简化的人面纹，源自良渚文化玉琮

（引自荆州博物馆编：《石家河文化玉器》）

　　其一，石家河文化玉人头像突出刻画的人的头部，以戴冠（冠喻示着通
天的宗教文化功能）和佩戴大耳珰为突出特征。玉柄形器的形制虽然抽象化
并向几何形发展，不再追求表现与人的相似性，但是石家河玉人头像上端的
冠形刻画，毕竟基本按照原样保留在柄形器的顶端造型上（图6-6）。所谓
"柄"形指的就是像把柄一样的长条形状，其上端的两道刻画横线，恰好分

出人头、人身和人头上的冠形，使得柄形器的整体表现为三个相对独立的造型单元。有灵修背景的学人甚至能够一下子看出柄形器代表着天地人三位一体的意思。

其二，按照玉教神话观，玉石由于其颜色和通透性，被先民们类比想象为天神在人间的化身物。如果说石家河文化玉人头像的出现代表着史前社会中神人同形观念的成熟化表现，那么用珍稀的玉材代表神明和祖灵的生命不死性，其物质本身的符号显圣意义就得到彰显。夏商周的柄形器同样一直用玉材来制作，有关祖灵祖德的神圣观念同样通过玉质材料得到充分体现。

其三，在玉人像与玉柄形器之间，需要找到足够的关联性物证，说明二者的源流或继承性。1996年安阳殷墟黑河路M5出土的一件玉柄形器，其"柄首上半部呈简化的人面形"（图6-7）。[1]柄形器上方的人面形刻画，尽管是十分简略的粗线条，但是却明显呈现出柄形器造型与人体形象的类比和认同关联。这就为求证柄形器用几何形代替人形的发生之谜提供了宝贵的线索。该柄形器长7.4厘米，属于同类器形中的中小体积者，柄前端有短榫的特点，表明其可插接的使用性能。简化的人面形，将柄形器的文化蕴涵揭示出来，那就是模拟人祖形象，具体体现祖灵和祖德的存在。当然，除了人面形之外，祖灵还会用其他神话变形的生命方式加以呈现，如禽鸟和兽类的形象、植物的形象等。二里头遗址出土的兽面纹柄形器，基本上可以和更早一些的良渚文化、龙山文

图6-7　河南安阳殷墟黑河路M5出土的人面形玉柄形器

（引自中国社会科学院考古研究所编：《安阳殷墟出土玉器》）

---

[1]　中国社会科学院考古研究所编：《安阳殷墟出土玉器》，科学出版社，2005年，第28页图版。

化兽面纹玉器等合并看成是同一种玉礼器应用传统，它们在不同时代和不同地域按照大同小异的变化方式得以传承（图6-8）。

图6-8 良渚文化神人兽面纹玉琮
（摄于上海博物馆）

柄形器作为玉礼器传统背后的支配性观念，除了相对统一的东亚史前玉教观念之外，目前还无法找出更加重要的可解释因素。从柄形器到祖灵牌位之间一脉相承的迹象是较为明显的（图6-9）。

其四，1991年殷墟后冈M3出土的6件朱书玉柄形器，的确分别把6位祖先的大名书写在柄形器上，其中5位较清晰的名字是祖庚、祖甲、父□、祖辛、父癸。[1] 目前商周出土的大量玉柄形器中虽然仅有这一座商墓中的柄形器上书写着祖先之名，但是这也足以说明柄形器在商代是可以代表祖灵的！无独有偶，1985年在殷墟刘家庄南发掘的60座商墓中，有关于出土朱书玉璋残片的报道，其中的朱书文字也同样有祖甲等祖先名字。这些所谓朱书玉璋残件的性质和宗教功能，应该和后冈M3出土朱书柄形器大

图6-9 河北内丘神码《祖宗》
（引自冯骥才主编：《中国木版年画集成·内丘神码卷》）

---

[1] 中国社会科学院考古研究所编：《安阳殷墟出土玉器》，科学出版社，2005年，第21—26页图版。

致相同，它们都相当于3 000多年前殷商人心目中的祖宗牌位。其功能是让玉器所承载的祖灵祖德能够庇护墓葬中的死者，让其重获死后的生命，以至于永恒。

礼失而求诸野。本节结尾引用云南楚雄彝族自治州普德氏族祭祖礼的《开祖灵岩洞门经》，作为民族学的旁证材料，希望能够相对地复原远古时期玉柄形器的仪式应用语境，让默默无言的出土文物，得到活态文化传承的对照和激活效果，并有助于理解中国宗教中祖灵与神祇的微妙关联。

> 希冀祖宗白昼保佑子孙，
> 祈祷祖宗黑夜庇护族裔。
> 请各方诸神呼唤吾祖宗，
> 降临祭场青棚供祖台。
> 请各方诸神呼唤吾祖宗，
> 降临族裔聚集的祭祖场。
> 祖宗诸神齐降临，
> 同受祀奉赐福禄，
> 共享祭礼保平安。
>
> 祖公与诸神自古同存在，
> 今朝诸神成为祖宗天使；
> 祖妣与颖索自古同存在，
> 今朝颖索成为祖妣天使。
> 请诸神引导祖宗祭奠，
> 请诸神引导祖宗享祭礼。[1]

---

① 彝文《开祖灵岩洞门经》的汉译，引自朱崇先：《彝族氏族祭祖大典仪式与经书研究》，民族出版社，2010年，第242页。

第三节 竹节与花瓣形玉柄形器
——祖灵与玉石的植物化表现

本章以上两节提出，以虞夏商周四代为主线的上古玉礼器的统一性与延续性，突出表现在出土数量最多的古玉器形式之一——玉柄形器。这种华夏文明初始期所特有的礼器，同时凝聚着来自史前宗教的两大要素：祖先崇拜和玉石崇拜。本节继续对玉柄形器造型中的四种基本变体形式——"有牙形柄形器"、神人兽面纹柄形器、花瓣形柄形器、竹节形柄形器——作出神话学解读，其主要参照为来自民族学活态文化即"第三重证据"，期望让无言的出土文物发挥出"物的叙事"作用，重建贯通在文化大、小传统之中的神话原型编码；并尝试对自石家河文化花瓣形柄形器到三星堆二号祭祀坑出土神秘青铜器——枝头花果上的人面鸟身形祖神像的神话学意蕴，作出系统诠释。

一、祖先与君子：比德于玉

公元前3000—前2000年，世界上最古老的四大文明古国相继在欧亚大陆和北非地区诞生。四大文明中的每一个都伴随着发源于史前期的玉石神话信仰，以及由玉石崇拜所衍生出的贵金属崇拜。在古埃及是黑曜石、青金石和绿松石崇拜加黄金白银崇拜；在苏美尔和巴比伦是以青金石为主的玉石神话和各种金属神话；[①]在古印度是贵金属和多种玉石崇拜，包括玛瑙、绿松石和青金石，尤其是替代天然青金石材料的人工材料——琉璃。[②]除了上述三大文明外，唯有诞生在东亚的华夏文明，不仅全面继承着来自史前的玉石崇拜传统，而且在公元前5世纪孕育出一整套有关人格理想的"玉德"理论，这便是以孔子为代表的儒家学说的重大思想发明——君子比德于玉。作为儒家伦理之基石的，是同时来自史前信仰的两大要素：玉石崇拜与祖先崇

---

① ［美］萨缪尔·诺亚·克拉莫尔：《苏美尔神话》附录《苏美尔青金石神话研究——文明探源的神话学视野》，叶舒宪、金立江译，陕西师范大学出版总社，2013年，第175—198页。

② ［美］乔纳森·马克·基诺耶：《走近古印度城》，张春旭译，浙江人民出版社，2000年，第160—161页。汉译为"天青石"之处，笔者改为"青金石"。

拜。二者集中体现在一种延续 1 400 多年之久的玉礼器上，那就是今人称之为"玉柄形器"的上古玉。就目前所掌握的资料看，玉柄形器发源于距今4 200年前的石家河文化玉器，兴盛于华夏文明早期的虞夏商周四代，到春秋时基本废止不用，但还是偶有发现。至战国以后就逐渐失传了。后人面对此类器形，只能作出各种联想和猜测，根本忘记了其原初的用途。春秋时期以后成书的重要礼书如"三礼"，甚至都没有记录下它原有的名称。

儒家学说兴起于春秋战国之际，那正是西周王权旁落之后"礼崩乐坏"的时期。儒家倡导君子比德于玉的人格理想，为的是恢复西周以前圣人（圣王）以美玉为标志物的大传统价值观。玉德说背后的古老信仰要素是，玉器既能够体现天神的超自然存在，也能够体现祖灵的存在。换言之，从神灵凭附于玉和祖灵比德于玉的神话想象，到儒家用美玉比喻人格修炼境界，完全是大传统玉石神话信仰的世俗化和伦理化转变。后人习惯于从伦理道德方面解说，形成一种新的君子比德观和君子佩玉习俗，取代和遮蔽了更加悠久的"祖德"观，即祖先比德于玉的信仰及实践。借助于当代考古发现，今人有可能穿越汉字文献小传统的束缚，根据出土的远古玉器实物，复原那个失落已久的大传统。

祖灵祖德是夏商周历代人们心目中的神圣价值所在，故不仅生前要用玉礼器和竹木类制作祖像来崇拜，就连死后也要佩戴在腰部或安置在棺木里，以期永远地伴随。从出土玉器的情况看，首先是史前玉器上的祖神形象的出现：从良渚文化、龙山文化和石家河文化等玉礼器上普遍出现的神人兽面纹形象或圆雕人头像，或可看到四五千年前华夏祖先崇拜的早期表现，其具象化形式和功能大致相当于后世的彩绘祖像图。其次是由江汉平原的石家河文化到中原二里头文化，以及随后的商周两代一直盛行的玉柄形器，有学者将它看成后世祖灵牌位的前身。孔子曾感叹夏商周三代古礼一脉相承，[①]如今从玉柄形器的沿革看，孔子的话确实能得到玉礼器方面的佐证。率先生产柄形器的石家河文化晚期，距今约有 4 200—4 000 年，[②]大致对应着虞和夏两代。

---

① 《论语·为政》篇孔子云："殷因于夏礼，所损益，可知也。周因于殷礼，所损益，可知也。其或继周者，虽百世，可知也。"

② 张绪球《石家河文化玉器的发现与研究》一文认为，石家河文化晚期与煤山（龙山文化）一、二期基本相当，故可以推测其年代大约是在公元前2200年到公元前2000年之间。荆州博物馆编：《石家河文化玉器》，文物出版社，2008年，第2页。

这里既有批量制作的玉人头像，也有玉柄形器，可分三类：一是光素无纹饰的；二是顶端雕琢为开花状的；三是柄上刻画分节和人面纹饰的。这三种形式都在日后近千年的中原王朝玉礼器中继承下来。距今约3 700年的二里头遗址出土玉柄形器18件，其中有一件最精美的是白玉质，雕有神人兽面纹和花瓣纹，既威严又神秘。商代遗址和墓葬中常见玉柄形器，其分布已遍及北方各地，如河南、山西、河北、山东等地。一次发现随葬数量最多的殷墟妇好墓，共出土33件。商代小型墓中也有一定的普及率，随葬位置多见于墓主人头部或腰部。玉柄形器在某些祭祀坑中也有发现。这意味着来自虞夏时代的石家河文化玉礼器在商代社会极度崇拜祖先的氛围里，发展为祭祀活动的重要符号物。1991年殷墟出土6件朱书玉柄形器，把6位祖先的大名写在器上，如祖庚、祖甲、父癸等，[①]这就异常生动地证明了古人的如下观念：玉柄形器可承载祖德、祖灵。这是出于一种宗教的想象。西周时期，柄形器的数量有增无减，还增加了雕琢凤鸟纹的新形式，[②]再现周人的天命观和王权起源神话"凤鸣岐山"。随着西周国家的衰亡，流行1 400多年的柄形器终于退出历史舞台。正是在祖先比德于玉的礼制大传统废墟上，儒家才重建出君子比德于玉的新传统，并深刻影响到其后2 000多年华夏玉文化的发展。

就史前期玉柄形器的源流看，南方起源的可能性较大。石家河文化晚期玉器出现的年代约在公元前2200年，2012年陕西考古研究院公布神木石峁遗址的龙山文化古城及出土玉器，该城的存续年代是公元前2300—前2000年。目前发掘出玉器的数量还很有限，是否有批量的玉柄形器还不得知。陕西以西的齐家文化玉器则不流行玉柄形器。这就意味着南方石家河文化玉器向北方传播的可能性。石家河玉器和石峁玉器处于大体相近的年代范围里，在具体器形种类方面谁影响谁的问题，还有待进一步的出土资料作数据分析才能有较为确凿的判断。

商代早期国家礼制的用玉情况，突出体现在郑州商城的发掘结果（图6-10、图6-11）。郑州商城出土玉器总数为213件，其中玉礼器5种共83件，

① 古方主编：《中国出土玉器全集》第5卷，科学出版社，2005年，第9页；中国社会科学院考古研究所编：《安阳殷墟出土玉器》，科学出版社，2005年，第VIII页。

② 周原博物馆编著：《西周玉器萃编》，世界图书出版公司，2008年，第36—38页。

是各类玉器中数量最多的。83件玉礼器中前4种加起来一共30件（其中有玉璧8件、玉琮1件、牙璋2件、玉璜16件，等等），而柄形器一种的数量就有53件。[1]可知这是商代早期玉礼器生产中占比数量最大也最重要的玉礼器。就陕西长安县张家坡西周贵族墓地出土玉器种类看，情况依然如此。由此带出的问题是：柄形器何以成为商周两代玉器生产中最主要的器形？能否通过象征祖灵的此类玉礼器的大量使用情况，反推殷商和西周时期祖先崇拜及相关礼仪活动的普及和发展呢？

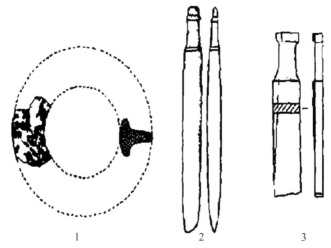

图6-10　河南郑州洛达庙三期出土的商代玉瑗和玉柄形器

（引自河南省文物研究所：《郑州洛达庙遗址发掘报告》）

从甲骨文专家伊藤道治的下述判断看，答案应该是肯定的。"殷代人的宗教态度，从第一期到第五期，逐渐把祖先灵看作神灵，祭祀祖先成为最重要的事情，与此相为表里的是王权的确立。可能由于重视对祖先的祭祀，以致王权被看得更为神圣。"[2]将祖灵与神灵等同看待，是华夏文明的一大特色。不仅汉族是这样，诸多少数民族也是这样。例如上一节所引彝族祭祖歌词就把祖灵和神灵看成同样降临自天的神圣生命。

---

① 宋爱萍：《郑州商城出土商代玉器试析》，《中原文物》2004年第5期。

② ［日］伊藤道治：《中国古代王朝的形成》，江蓝生译，社会科学文献出版社，2002年，第30页。

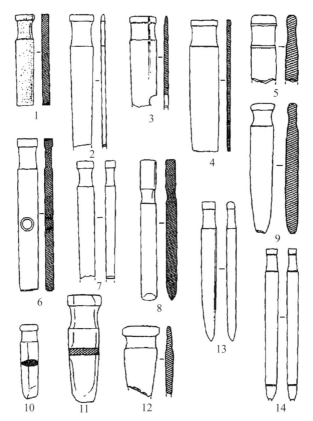

图6-11　河南郑州商代二里岗上层一期出土玉柄形器14件

（引自河南省文物考古研究所编：《郑州商城》）

希冀祖宗白昼保佑子孙，
祈祷祖宗黑夜庇护族裔。
请各方诸神呼唤吾祖宗，
降临祭场青棚供祖台。

……

有关诸神与祖宗之灵的并列存在的信仰，早在史前期就孵化出玉器同时承载神力和祖灵的观念，并逐渐集中到以玉柄形器象征祖灵凭附物的礼仪行为实践。

二、玉柄形器四种变体：神话学诠释与民族志旁证

从石家河玉器、二里头玉器到商周玉器，柄形器的基本形制大体延续着千年不变的格局，有所差异的是其有四种基本的变体形式："有牙柄形器"；神人兽面纹柄形器；花瓣形柄形器；竹节形柄形器。下文拟对这四类造型的神话学意蕴依次给予讨论，进一步说明为什么柄形器被充当祖灵象征物。

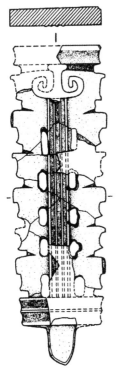

图6-12　石家河文化"有牙玉柄形器"
（引自荆州博物馆编：《石家河文化玉器》）

第一种是所谓"有牙柄形器"。对此命名，孙庆伟的分析解说如下："所谓有牙饰的柄形器就是在柄部下端连接一块木片或其他片状器，并在其上镶嵌数量众多的玉牙饰、绿松石甚至金片；有些柄形器在牙饰前端还有横置的蚌托以及插在蚌托上的长条玉柱。因为片状器均已腐朽，所以其形制如何并不清楚。"[1]笔者以为，用"牙饰"来命名附加在柄形器上小片玉、金或绿松石，有先入为主的嫌疑。从组合情况看，所谓"牙饰"数量较多，而柄形器只是一件。可见"牙饰"并不是牙，而可能是模拟植物种子的意思。柄形器象征祖灵的永恒生命力，"牙饰"象征这位祖宗的后代将生命力延续到子子孙孙，以至无穷。这种祈祝的意向，就如同商周青铜器上要书写"子子孙孙永宝用"字样，也突出表达"一传多"的美好愿望。[2]

---

[1]　孙庆伟：《周代用玉制度》，上海古籍出版社，2008年，第216页。

[2]　参看王纪、王纯信《萨满剪纸考释》中的"人丁兴旺"剪纸和"萨满树百子图"。王纪、王纯信：《萨满剪纸考释》，时代文艺出版社，2004年，第256—257页。

　　追溯此类柄形器的由来，依然可以在石家河文化中找到其祖型。编号为
肖家屋脊W71：5的出土玉器，在《石家河文化玉器中》题名为"透雕片饰"
（图6-12），[①]可以视为"有牙柄形器"的早期形式，因为该玉器上端有刻画出
冠状，下端有隼，符合柄形器的常见外形，而且"两侧边缘饰对称的钮牙"。
到西周时期的有牙柄形器，其众多的"牙"已不在主器器身上刻画雕琢而
成，而是以附件的形式依附于柄形器之外（图6-13）。

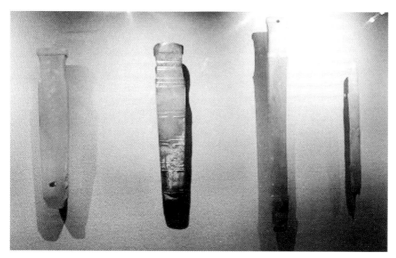

图6-13　河南安阳殷墟妇好墓出土的玉柄形器

（摄于首都博物馆）

　　既然所谓"有牙柄形器"隐喻的是祖灵生命力能够像植物撒种那样的传
播方式，那么对神话的植物生命观的理解，可以借鉴比较宗教学家对农耕文
化起源期有关农作物信仰的描述。如伊利亚德曾经指出，与这种新兴的农耕
的科学共生的，是一种宗教敬畏。[②]他还具体分析说：

　　　　旧石器时代的人们曾经把狩猎活动视为一种神圣行为，现在农耕生

---

① 　荆州博物馆编：《石家河文化玉器》，文物出版社，2008年，第128页。

② 　Eliade, Mircea, *Patterns in Comparative Religion*, Trans., W. R. Trask, Lodon: Sheed and Ward, 1958,
pp.331-343.

产也同样成为神圣的行为。当农夫们耕作土地或收获农作物时，他们要使自己处在一种仪式性的洁净状态。当他们看到种子下到土地的深处，发现种子竟然在地下黑暗中破土而出，带来令人惊奇的、形态各异的生命，这些种植者会意识到一种潜藏的力量在运作。生长的庄稼就这样被理解为一种神力的显现，即一种神圣性的能量的展示。每当农夫们耕种土地或为他们的社群带来食物时，他们就感到他们已经进入一个圣洁的领域，参与到了这场神奇的丰收之中。[1]

在逝者的墓葬中随葬象征祖灵的玉柄形器，并让它带有大量生命力种子的象征物，其祈祝祖宗生命力在来世获得繁衍和丰收的意图，不是和盘托出了吗？

第二种柄形器的变体是雕琢神人兽面纹的柄形器。从意象总体构成上看，这类器形是将神人头像与柄形器相互组合而成的。早期的形式以石家河文化出土的人面纹柄形器为代表，而石家河文化玉器中也是兼有玉人头像和玉柄形器（图6-14）。若从同时代各地域文化关联方面考察，此类纹饰的柄形器或与山东龙山文化玉器纹饰有密切关系，尤其是龙山文化的刻纹饰玉圭。山东日照两城镇刻有两幅抽象形兽面纹的玉圭，是龙山文化玉圭中的精品。龙山玉圭造型的共性特征是：平首式，顶缘有刃，无磨损痕迹，下部有孔，孔的上下有阳线雕横向平行线，并有阳线雕或阴线刻人面纹、兽面纹、鸟纹。有学者将人面纹分为两种形式：一式为正平视，如美国佛利尔美术馆所藏的耳佩环；二式，戴三凸形冠，口出四獠牙，如台北故宫博物院所藏。兽面纹多作抽象形兽面，头戴三凸形冠，大眼圆睁，或有巨口，如日照两城镇出土的玉圭与台北故宫收藏的玉圭均为典型实例。这种雕刻神人兽面纹的柄形器风格，在商代玉器生产中得以完好继承。如安阳殷墟妇好墓所出土的同类器型，有标本335、1089号。浮雕似花瓣纹的柄形饰，也在妇好墓中发现，如标本415、555、

---

[1] Eliade, Mircea, *Myths, Dreams and Mysteries: The Encounter between Contemporary Faiths and Archaic Realities*, Trans., Philip Mairet, New York: Harper, 1960, pp.138–140.

1082号。①

　　商代是玉礼器生产中柄形器大流行的时代，也是祖先崇拜登峰造极的时代。二者之间的对应关联，已如上述。随葬柄形器的墓葬情况不一，有只见一件柄形器的，也有多件的，还有多至数十件的。原因何在？我们看甲骨卜辞中反映的商代祖庙情况，就有一位先王或先妣的宗庙和多位集合的宗庙之别。陈梦家在《殷墟卜辞综述》中指出：卜辞中示与宗的区别，即神主（或庙主）与神主所在之宗庙、宗室的区别。卜辞中有关建筑的名称，多属于庙室。大体可划分为三类：

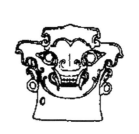

图6-14　石家河文化玉雕神人兽面形像与神人兽面纹柄形器

（引自姜伊莉、古方编：《玉器时代——美国博物馆藏中国早期玉器》）

> 壹　先王先妣的宗庙：宗、升、家、室、亚、户、门。
> 贰　集合的宗庙：宗、大宗、小宗、中宗、亚宗、新宗、旧宗、寺宗、又宗、西宗、北宗、丁宗。
> 叁　宗室及其他：东室、中室、南室、血室、大室、小室……②

　　陈梦家还指出，宗与升，特别是宗，其义为藏主之所。就集合的宗庙而言，大宗的庙主自大甲起，小宗的庙主自大乙起。③墓葬中随葬柄形器集群的现象，以及在玉柄形器上刻画出人头形，或者在柄形器上书写祖宗名字的现象，④都可以联系当时祖先崇拜方式日趋复杂化的情况加以考察。陈志达《商代玉石文概说》提到安阳小屯村北殷代宫殿区一座殷墓（YM331）出土的一组编珠鹰鱼饰，由1枚雕鹰玉笄、17条玉鱼和181颗绿松石珠组成。发

①　见中国社会科学院考古研究所编：《殷墟妇好墓》，文物出版社，1980年，第86页。
②　陈梦家：《殷墟卜辞综述》，中华书局，1988年，第468页。
③　同上书，第473页。
④　陈志达：《商代玉石文字概说》，见安志敏先生纪念文集编委会编：《考古一生：安志敏先生纪念文集》，文物出版社，2011年，第391—401页。

掘者推测：把三种东西配合起来，可以组成一个美丽的头冠。值得注意的是，在上述17条玉鱼中，其中一条的鱼身一面刻有"大示它"三字，耐人寻味。大示、小示在甲骨文中屡见。据陈梦家研究，"立于宗庙中的神主，称之为示"，大示是直系先王，小示是包括旁系先王。据此，玉鱼上所称之大示，指殷王室的直系先王。它有"祸患、为祟"义。玉鱼刻文可以理解为殷直系先王将祟于某人（可能指墓主）。墓主佩戴此饰物，似有自我儆戒之意。① 从玉鱼上刻写祖先名字的现象看，玉鱼和玉柄形器都有承载祖灵的神话学意蕴。上文中的图6-10所展现的张家坡西周墓葬中玉柄形器与玉鱼同在的现象，也就不难理解。至于在商周青铜器铭文中常见的祖名现象，也应当看作金玉承载"灵力"神话观念的同类表现。张长寿《前掌大墓地解读》指出，山东商代史家族墓地出土青铜器，以M11号等级最高，出土33器有26器见一个铭文"史"字，由此推测墓主人是史氏家族中地位最高的先辈"父乙"。② 比金属和玉石类材料更早充当祖灵凭附物的，应当可以在民族学材料所反映的活态文化传承中找到，如南方民族中所见用竹子做的祖灵筒习俗。

云南楚雄彝族自治州普德氏族祭祖礼的《开祖灵岩洞门经》，隐约透露出竹制祖灵筒与玉石相认同的说法：

> 俗话说：
> "山崩泥石流，
> 树倒鸟巢毁。"
> 禽兽过往处无所不倾倒，
> 唯恐祖灵筒被禽兽碰倒，
> 翡翠玉石遭断裂。③

竹制祖灵筒被碰倒，类比于翡翠玉石被弄断裂，此一比喻耐人寻味。本是

---

① 陈志达：《商代玉石文字概说》，见安志敏先生纪念文集编委会编：《考古一生：安志敏先生纪念文集》，文物出版社，2011年，第397页。
② 张长寿：《前掌大墓地解读》，见安志敏先生纪念文集编委会编：《考古一生：安志敏先生纪念文集》，文物出版社，2011年，第402—432页。
③ 朱崇先：《彝族氏族祭祖大典仪式与经书研究》，民族出版社，2010年，第238页。

植物的生命力被神话思维先投射到本无生命的玉石，再进一步投射到金属物。金属能够熔化、冶炼和再造，这一特点使得金属成为体现神圣创造力的神奇性物质。在发明冶炼技术之前，是什么东西发挥类似金属的神奇生命功能呢？至少对东亚大地的史前先民来说，是玉石。在金属被类比为有生命的植物之前，是玉石承载着更早的同样的类比功能。《山海经》中黄帝播种玉荣的神话想象不是凭空产生的。一万年以来伴随农作物耕种现象而来的农耕信仰同更加古老的拜物教对象——玉石信仰的结合，建构出玉石承载和体现神圣生命力的观念，俗称"宝玉"或"通灵宝玉"。玉器之中的"灵力"大体相当于人类学家在原住民社会中看到的"马纳"，可以和个体的生命发生神秘的交感和互动，实现辟邪禳灾和治疗保佑的功能。逝去的祖先之灵在天为神，并可随时降至人间发挥对子孙后代的赐福保佑作用的想法，发扬为华夏宗教信仰以祖先崇拜为核心的现象，同时也要借助玉器通灵的观念加以具象化表现。

第三种是花瓣形纹饰的柄形器（图6-15、图6-16）。

原来较令人费解的是：柄状的玉棒，远古玉匠们为什么会煞费苦心地雕刻出植物类的形状或纹饰呢？此种形制的玉器加工，所依据的神话学原理已如上述。简言之，柄形器中凭附的祖灵是有生命的灵体，古人按照植物种子及其生长原理，让花瓣形代表植物的生命勃发。参照古代玉器器形中的玉叶、玉树枝、玉麦粒等植物类意象，可以给出很好的神话类比观念旁证：这些模拟植物种子、发芽、开花、抽笋等生命状态的玉器造型，其符号学表意功能大体一致，而且从民族学方面能够找到大量可资参考的旁证。这就是我们一直强调的第三重证据对重建失落的文化文本的重要作用。如彝文《请祖灵筒经》所云：

> 森林草木长势格外茂盛……祖神妣灵如同绿林草木般兴盛，但愿宗嗣族裔亦能如同森林草木般兴盛。祈祷能如愿，事事都成功！
>
> 山峰长松柏，挺拔又高大；祖妣神灵如松柏挺拔又高大。盛开，祖妣心花如同松柏花盛开；宗嗣族裔生活如同松柏花盛开。祈祷能如愿，事事都成功！①

---

① 朱崇先：《彝族氏族祭祖大典仪式与经书研究》，民族出版社，2010年，第62页。

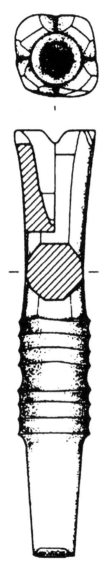

图6-15 石家河文化出土的
　　　 花瓣形玉柄形器

（引自荆州博物馆编：《石家
河文化玉器》）

图6-16 四川广汉三星堆二号祭祀坑
　　　 出土的青铜器——枝头花果
　　　 上的人面鸟神形祖灵像

（引自四川省文物管理委员会等：《广
汉三星堆遗址二号祭祀坑发掘简报》）

祖灵的生命被类比为植物的生命，用种子、花蕾、花瓣等意象纹饰来塑造玉柄形器，其祈愿祖灵生命永远繁茂生长的初衷，也就顺理成章了。关于植物生长与祖灵显现的关系，云南洱源白族人的神话观认为，祖先能够同活人相见，其方式是在七月初一，于祖先堂前放上用清水浸泡过的蚕豆和小麦各一碗，数日后长出嫩苗，据说祖先的灵魂就能够躲在里面看望子孙们。[①]此类祭祖礼俗和相关神话充分说明大传统的信仰遗产是怎样有效地保留在民间文化中的。这就给民族考古学的研究和古老文物的解读带来丰富的启迪。文学人类学一派自1994年起将这方面的资源命名为"第三重证据"，发挥其辅助说明作用，让无言的出土文物功能问题，获得一个再语境化的理解可能。

第四种是竹节形柄形器。这也是直接源于史前玉文化大传统的刻画母题。上溯其源头，有《中国出土玉器全集》辽宁卷所载"竹节状玉坠"，其为辽宁省东沟县后洼文化遗址出土，属于距今约6 000年的新石器时代中期。[②]这是迄今所见最早的玉雕竹节意象，比玉柄形器的出现时代要早千年以上。稍晚有距今4 000多年的山东临朐西朱封遗址龙山文化晚期202号大墓出土的玉簪，长19.6厘米，"形似玉笄，截面略成扁圆形，通体有竹节状旋纹"。[③]在南方凌家滩遗址出土玉器中，也不乏竹节形状的玉管等器形（如被考古报告称为叉形器的87M9：62和98M29号墓出土的一批玉管），还有87M4号墓出土的花球状柄形饰和玉树（叶）等。[④]这表明玉雕艺术史上因袭不变的竹节形纹饰，从史前期一直发展不衰，并进入文明期。还有一类花瓣形与竹节形相结合的玉雕纹饰形式。如山东滕州前掌大遗址222号墓，属于商代晚期，出土玉管一件，长5.4厘米，直径1.5厘米，横截面呈八角环形，表面饰三层莲花纹，三层花纹相错，每层分4瓣，最上一层莲花之上饰两道相邻的窄突棱。[⑤]从视觉表现效果看，此类突棱的原型显然是模拟竹节的分节

---

① 何耀华等主编：《中国各民族原始宗教资料丛编·白族卷》，中国社会科学出版社，1996年，第538页。
② 古方主编：《中国出土玉器全集》第2卷，科学出版社，2005年，第106页。
③ 同上书第4卷，第20页。
④ 安徽省文物考古研究所：《凌家滩——田野考古发掘报告之一》，文物出版社，2006年，彩版72、彩版31、彩版205、彩版30。
⑤ 古方主编：《中国出土玉器全集》第4卷，科学出版社，2005年，第51页。

突棱。

花瓣与竹节相结合的情况，在彝族祭祖礼上也有所表现。如《云南彝族歌谣集成》中收录的云南双柏县彝族《祭祖歌》（编者：李世忠，讲述者：普天文，采集者：孟之仁）：

> 人死三个魂，
> 一个随祖去。
> 随祖这个魂，
> 供在香案上。
> 用草做祖身，
> 马樱花做手脚，
> 山竹做骨骼，
> 涂上黄颜色，
> 敬供灵台上，
> 儿子来献酒，
> 女儿来献饭。
> ……
> 青石板刻碑文，
> 墓碑黑颜色，
> 刻上祖先名，
> 子孙各列名。
> 碑文字齐整，
> 碑石亮铮铮。
> 过了百年后，
> 碑文字不蚀，
> 过了千年后，
> 石碑仍垂青。
> 年年祭祖灵，
> 祖灵守坟墓。
> 你的子孙们，

烧纸又献饭，

祖灵来吃饭吧！

祖灵来喝酒吧！

年年祭祖灵，

祖灵保儿孙清吉，

保六畜兴旺，

五谷丰登。①

就考古资料看，目前所见竹节形柄形器的最早出处和传播脉络，依然是自南方石家河文化到中原二里头文化。如张得水指出："同样从二里头文化开始，具有南方玉文化特征的玉器才较多地出现，比如玉柄形器、琮、璧、钺、多孔玉刀等，特别是神秘的玉柄形器，在湖北省天门市肖家屋脊遗址就出土7件，其形制与器身上的花瓣形、竹节形纹饰等都与二里头遗址及殷墟出土的同类器很类似。"②

理解竹节形玉器或竹节形柄形器的发生之谜，需要先熟悉先民关于竹子（竹笋）的神话想象。弗雷泽《〈旧约〉中的民间传说》提供的一则神话是婆罗洲沙捞越邦的伊班人（the Ibans）或沿海迪雅克人（the Sea Dyaks）讲述的其祖先如何在大洪水中逃生并发明取火的故事。故事讲到当地妇女去采集嫩竹笋，以便准备饭食。就在采集完毕在丛林中穿行的时候，她们看到一棵巨大的树倒在地上，于是坐在上面开始削竹笋。她们惊讶地发现每削一刀，就从树干中渗出一滴滴的血液。从这个神秘的情节判断，日常生活中可以用作食物的竹笋，原来蕴藏着神奇的法术力量。难怪世界上有许多民族相信竹子生人的神话（如日本古代传奇小说《竹取物语》，中国藏族故事《斑竹姑娘》）。还有一些民族信奉竹灵或竹魂的神话。云南富民县彝族的祖公洞礼俗和云南禄劝县彝族中流传的《敬竹词》，都是这类信念的活态标本。先看有

---

① 云南省民间文学集成编辑办公室编：《云南彝族歌谣集成》，云南民族出版社，1986年，第165—167页。据编者李世忠的注释：彝族崇拜祖先，逢年过节都要祭祖，祭祖也在3月、10月进行，俗称上坟。这首歌就是在祭祖时诵唱的。

② 张得水：《周边地区对中原文明化进程的影响——从河南古玉文化的起源与发展谈起》，《东岳论丛》2006年第3期。

关祖公洞的记载：

> 一般截取竹根约五六寸长一段，死者若是男性，这段竹根要有六个
> 节，若是女性，则要七节。毕摩用一条五寸长、四寸宽的白布，写上某
> 氏门中某某人……插在家里中楼正面墙上的祖公洞里，相当于汉族的祖
> 先牌位。在这里的彝族家里，每家都供有几个或十几个祖公牌位。[①]

6节或7节的竹根形状，可以协助解说玉琮与玉柄形器的分节原理。石
家河文化玉柄形器一般分为5节的比较常见。再看《敬竹词》（翻译：王学
光，记录注释：刘辉豪）：

> 青青山林中，
> 有竹又有果，
> 双生在山林。
> 不让畜吃竹，
> 不让竹冷落，
> 不与果为伴，
> 不与石为伴。
> 人死魂附竹，
> 竹魂要找着，
> 兹莫也一样，
> 挖回住祖堂。
>
> 拿着鸡、酒上山找，
> 提着盐、米上山找，
> 找到了祖竹，
> 把你挖回来，

---

① 何耀华等主编：《中国各民族原始宗教资料丛编·彝族卷》，中国社会科学出版社，1996年，第
140页。

拜你为祖灵。

人一节，
竹一节。
人两节，
竹两节。
人三节，
竹三节。
……
……
人八节，
竹八节。
人九节，
竹九节。

用你做祖神，
拿你供家堂，
不怕天涯远，
不怕海洋阔，
祖竹你回来。

鸦雀变鸳鸯，
老鼠变老猫，
山狗变野狼，
各种都能变，
不管变什么，
祖竹你回来。

竹神你回来，
竹神你回来！

祖死变竹去，

挖竹回家来，

挖竹拜家堂，

竹祖请回来！ ①

这首《敬竹词》中说到的"祖竹""祖死变竹""竹魂""竹神"等名目，正是解读出土玉器中的竹节形柄形器的很好参照。下面再引述云南牟定县流传的民间故事《竹根祖灵牌的来历》（讲述者：普国海，采集者：普启旺），可知竹子的神圣价值来自宇宙浩劫时代，因为从那时起竹子就成为人类生命传承的终极守护者。

传说在人类经历了洪灾以前，人类还经历过一场特大的火灾。也就是说人类是经历了九次磨难才生存下来的。最早一次就是火灾磨难。火灾以前仙人对人们说：人要遭大难了，你们要磨好面，准备好冷水，不能生火，各人都要躲好，七天七夜不能出来，才能躲过这场磨难。人们都按仙人的话去做了。有的躲进大森林里，有的躲在家里。人们刚躲好，天上就下了七天七夜的大雨，这个雨不是普通的雨，而是油雨，下着就不停。油雨下了七天七夜还不停。七天七夜不做活，有一个人实在闲不住了，拿起斧子在石头上顿了两下，不想浸透了油的石头轰的一声燃起了火。冲天的大火一下子吞没整个大地和森林。天是火的天，地是火的地。雨助火，火助雨，这样烧了七天七夜，把个绿茵茵的世界烧得干干净净。连地皮都烧焦了三尺。通过这场大火灾，大多数都被大火烧死了。唯有一对男女躲在"默"（一种小山竹）里幸存下来，后来他们结为夫妻，生儿育女，繁育后代。后代子孙为了感谢"默"竹保护祖先的功德，将"默"做成了祖灵牌供奉至今。②

---

① 云南省民间文学集成编辑办公室编：《云南彝族歌谣集成》，云南民族出版社，1986年，第85—88页。

② 引自中国民间文艺家协会与汉王科技公司合编：《中国民间口头文学遗产数字化工程》，2013年12月验收本。

彝族神话史诗《洪水泛滥》讲述大洪水过后，老三和妹妹得救，繁衍出7家人，这7家人为了不忘祖先，便到处寻找祖先，最后找到竹节草是自己的祖先。

　　一程又一程，来到乃果山。乃果悬崖边，有蓬竹节草。向竹喊爷爷，竹节把话应。竹节草是祖，竹节草是宗。①

竹子不仅可以象征祖灵，也能够通过神话化想象变成通天的阶梯，如同彩虹桥或玉璜一般，行使沟通天人两界的宗教功能。如贵州西北的彝族神话说，洪水滔天之后，一个女子抱着一棵竹子随波逐流。口中祈祷说："天为父，地为母，竹子呀，你若有意救彝族，搭座天桥让我登上岸边去！"女子说完，竹子若棒棒蛇，插进两边岩缝，女子上了岸。②后来这个女子生育后代，自己爬上通天母竹子，升天去了。这个故事把竹子神话表现得淋漓尽致，让竹子的通天与通神功能完全得到语境化的诠释。这和华夏信仰中的通灵宝玉功能又是何其相像。文学人类学研究将来自民族学的这类活态文化资料视为考证古代文化疑难的第三重证据，其基本作用原理在于"礼失而求诸野"，对出土的器物作出参照性的诠释。来自《敬竹词》和《竹根祖灵牌的来历》的民间信仰的珍贵信息，对于解读竹节形玉礼器的文化功能，能够发挥重要的触类旁通作用。巴莫阿伊《彝族祖灵信仰研究》一书，介绍彝族祖先从竹而生或因竹而生的图腾信仰，提示出祖灵从鬼到神（仙）的转换，是以从"家鬼"变为"族灵"为标志的。有关制作族灵偶像的礼俗，也为理解古代的玉礼器生产提供了借鉴。祖灵偶像的制作细节，据《赊榷濮》中记载，有如下一些描述："玉石祖妣骨，彩线祖妣筋，金银祖妣面，美饰祖妣身。""祖公的脸用银雕，祖妣的脸用金镶。"正如《作斋经》中"祖变银妣变金以逝"之语，偶像制成便装在一个獐皮袋中，希望祖灵如獐一样适于崖洞生活。由此可知，珍贵的玉石材料和后起的贵金属材料，都会在祖灵偶像

① 梁红等译：《洪水泛滥》，云南民族出版社，1997年，第131—134页。
② 熊正国收集：《竹的儿子》，转引自龙倮贵：《彝族图腾文化研究》，云南民族出版社，2013年，第176页。

制作过程中充当神圣生命力的象征物。同书中还写道：

> 祖妣偶像是族灵的附着体，祖筒则是族灵及其物质形态的栖居之所。在装偶像入祖筒时，举行焚灵仪式，把原家灵灵位放在油锅中焚毁，以使祖灵无法附于原来安灵祭制作的竹灵位上，只得附于新的祖妣偶像入祖筒。同时，毕摩将正在被超度的祖先姓名登记在记录家族族灵谱系的白绸上，与偶像一同装入祖筒。祖筒，系用长约尺余的化桃木整段凿空制成。据传说用化桃木作祖筒是因为洪水时期远祖笃幕因赖化桃木而幸免于难，所以奉化桃筒为祖筒，取其护祖之功用，意即祖灵归于祖筒与先祖笃幕一道共享祖筒的保护。每举行一次送灵祭换一个新祖筒，祖筒的选择经占卜而定……祖筒中还装有祖灵的日常用具、五谷种子，有一撑天柱供祖灵出入，一祖铃供祖灵应答后代祭祀之用。在送灵祭后，祖筒被藏于深山祖灵箐洞中。[①]

对照后世汉民族的祖灵牌位祭祀制度，南方民族的祭祖观念和礼俗似更接近那个产生出玉柄形器及其各种变体的远古礼制。

第四节　祖灵与玉石的人格化、植物化表现

民族考古学的基本解释原理在于，史前文化大传统的信息，可能在后世古文明的中心地区失传，但其可以大体上完整不变地保存在边缘地区少数民族社会的口传文化里。这就使得文学人类学派所倡导的四重证据法得以应用：利用第三重证据的活态文化信息，解读出土文物即第四重证据的宗教与神话意蕴。发源于华夏南方的玉柄形器的花瓣形和竹节、竹笋状造型之谜，得到当代南方民族的民族志材料参照，而获得一种系统性的观照和解释，就是一个鲜活而生动的案例。

本章对史前期玉柄形器各种主要变体的探讨，除了标准型的人格化表现

---

① 巴莫阿伊：《彝族祖灵信仰研究》，四川民族出版社，1994年，第115页。

及人像之外，主要的变体形式是生物化的，有时是植物化的，有时又是动物化的。总括起来看，玉柄形器的具体样式之一是所谓"有牙形"（在独立的柄形器以外，附加的众多小玉片或绿松石片、金片组合形式）；之二是神人兽面纹形；之三是植物开花的生命勃发表现；之四是竹节竹笋状的生命表现。每一种均可以对柄形器为祖灵凭附物的诠释提供一种旁证，合起来构成系统的宗教学与神话学解说，成为玉教信仰自史前大传统贯穿于文明小传统的玉礼器证明。

简言之，玉柄形器的出现和使用场合，应当与祭祀类的仪式行为相关。作为史前信仰中的祖先之灵的生命象征物，则有牙形柄形器，附加以众多微小的玉饰组合体，寄托着祖灵生命无限延续、子子孙孙无穷尽的祝祷意向。神人兽面纹是祖灵显现的具象形式，一般以獠牙的怪异化和穿耳佩玉玦的写实表现，组合成人兽合一的幻化形象；其变体则是以"鸟形灵"的神话表达模式，塑造成三星堆二号祭祀坑出土人面鸟身祖神像立于枝头花果之上的奇妙青铜器景观。以植物发芽、开花、抽笋状为象征的花瓣形和竹节形柄形器，突出表达祖灵蕴含的强大生命力和生殖力，对应着南方少数民族有关竹灵、祖竹、族灵等宗教信仰观念。同时也有可能代表通天、通神的媒介物，类似于民族民间宗教想象中的竹子天梯或天桥，让神圣玉柄形器的持有者获得超乎常人的法师地位，行使上天入地和祖灵交流的神秘职能。

在此需要再引用两个民族学方面的案例，给"有牙形柄形器"和"竹节形柄形器"的探讨带来更加丰富的现实语境参照。

其一是彝族的灵竹卜一类宗教实践活动。灵竹是许多彝区安灵祭做灵位的质料。对于选择哪一株山竹做灵竹，一般由后代决定。一旦选定了的山竹就是祖灵的象征，能代表祖意。凉山彝族的灵竹卜，以竹的根须多、长，表明后代将来家业繁荣；新笋芽多，预示着人丁兴旺。[1]如果将植物生命的生长和延续视为柄形器生产的神话原型编码之意义取向，后世儒家的神话思维则又发展出"君子比德于竹"观念，成为文明小传统对原型编码的置换或再编码，这明显是对史前大传统的灵竹观念的改造。"君子竹"说的类比依据有：竹耐寒挺立，心虚节贞，德比君子，故称"君子竹"。董解元《西

---

[1]　巴莫阿伊：《彝族祖灵信仰研究》，四川民族出版社，1994年，第135页。

厢记诸宫调》卷一云："出墙有千竿君子竹，绕寺长百株大夫松。"对照《礼记·玉藻》中说的"君子于玉比德焉"，可知竹和玉虽然都成为儒家人格的象征物，但是取义上的差异及时代先后还是十分明显的。明代文人何景明在《玉冈黔国地种竹》诗中写出"比德亮无瑕，抱节诚可久"的佳句，总算完成了对君子玉和君子竹的合并论证。后人画竹看竹多联想到人格伦理方面的品质，几乎彻底淡忘了其原型编码的祖灵生命方面的意涵。

其二是彝族宗教经典中保留的竹子图腾观念：他们认为人生命来源于竹，死后也要归宿于竹。"人失竹丛寻"和"祖变为山竹"的说法就体现着基于竹子图腾的彝族生死观。马学良先生收集的云南禄劝县一段经文说：

> 人若一节兮，设置竹三节。竹若三节兮，设置人六节；人若六节兮，设置竹九节。竹若九节兮，上由天官白头仙来缚，置灵柏枝杖，置灵呗藤冠，置灵呗布都（巫师祖灵），置灵呗灵杖，置灵白洁米，置灵香醇酒，置灵以香著，灵位保子媳，保佑竹子裔，孙居旺来族居昌。[1]

竹节的数量与人的关系，原来也有其信仰方面的神秘蕴意。这对于理解竹节柄形器的分节数量，乃至比柄形器更早的玉琮的分节现象，都给出了民族学资料的再语境化条件。至于四川凉山彝族制竹根祖灵牌位的做法，更可以为大量出现在商周两代墓葬中的玉柄形器的现象提供解读的线索。

> 今凉山彝人，长老去世火化七天后，要请毕摩备祭品到竹林里择一棵直标、根须发达的竹子，且作祭后，把竹挖到火葬坟地上，男的在坟上转九圈，女的转七圈。再把竹拿回家中，毕摩边念经书边用刀将竹根制成小人状做祖身，羊毛做祖衣，麻线作祖灵的腰带，插在竹篱笆上。[2]

这样的南方民族竹根祖灵牌位，给玉柄形器作为祖灵牌位原始雏形的认识带来很好的旁证。甚至连柄形器上的人形与竹节形、花瓣形三者之间的关

---

[1] 龙倮贵：《彝族图腾文化研究》，云南民族出版社，2013年，第1页。
[2] 罗布合机：《凉山彝族的竹文化》，《凉山彝学》2003年第2期。

系，都能给出合理的推测性诠释。

　　竹子崇拜作为祖先图腾崇拜的一种形式，不仅流行于彝族，而且在壮族、布依族、苗族、仡佬族等诸多南方民族中流传。据何积全的调查研究，体现竹子崇拜的竹王传说就广泛分布在以贵州为中心的四川、云南、广西、湖南、湖北等省区。[①]其历史渊源可以从古文献中的《华阳国志》和《后汉书》相关记载，上溯到 2 000 年前。不过，文献属于文字叙事的小传统，竹子崇拜的更古老源头，无疑是史前期就已经流传的竹节形玉柄形器，那才是神话与信仰发生的大传统符号物。如果仅仅把它们看成先民美化生活的装饰品，就会失去探讨玉礼器生产背后的神话观念意义的契机。

　　玉柄形器在墓葬丧礼中的应用情况，在西周王朝覆灭之后就戛然而止。这种神秘无解的远古玉礼器，在秦汉以后人们的心目中已经变得十分模糊，在汉朝灭亡之后更是消失得无影无踪，以至于在古汉语中究竟叫什么名字，都无法说得清楚。借助于"礼失而求诸野"的原则和四重证据法，我们今日能够相对地接近玉柄形器的性质和功能之真相，尝试找回贯穿在华夏大传统和小传统之间的一种神圣符号物及其失落的意义。

---

① 　马学良：《罗民的祭祀研究》，见《云南彝族礼俗研究文集》，四川民族出版社，1983年，第291页。

| 第七章 |

玉璜与天桥

◥本章摘要◣

　　玉璜是一种有七八千年历史的玉礼器。玉璜的弯条形或半圆形，是模仿大自然中的彩虹现象，即史前东亚初民所想象的架设在天地之间的七彩天桥。本章从天梯与天桥的相关神话观念入手，将史前玉璜的流传分布作为天桥信念的大传统原型来解析，聚焦红山文化双龙首玉璜的造型特征，兼及商周青铜器的二龙戏型纹饰，以及后世二龙戏珠神话美术模式的发生和演变，给予其系统的思想观念史诠释。

　　中国人大都熟悉龙凤这两种神话生物，与龙凤的神话功能关系密切的一种玉礼器便是玉璜。对此，今人大都不熟悉了。既然每一种玉礼器的产生都有其神话和信仰的根源，那么，在流传时间悠久而且地域分布最广的玉礼器之中，玉璜无疑占有非常显赫的地位。要真正理解玉璜的由来和所以然，需要首先从天梯和天桥的神话观念入手。

第一节　天桥与天梯的神话

　　天人合一与天人沟通如果是一种神话想象而不是抽象的观念，那就需要有一个十分具体的符号物，即确认某种贯通在上天与下地之间的中介物。按照一般的联想类比，这个中介物符号或为创世之初的擎天之柱，或为登天之桥梁，或为升天之阶梯。前二者简称为天柱和天桥，后者则称为天梯。古汉语文献记录中，共工怒触不周山，使得天柱折、地维绝的神话，在中国是家喻户晓的故事，其空间想象的原型观念就是天和地之间有四大擎天柱子支撑着。杨利慧等编的《中国神话母题索引》列举的天柱神话观之表现，在各族神话中有如下十几种：

> 1. 用人或神的身体做撑天柱。2. 尸体化为撑天柱。3. 神的角做撑天柱。4. 神的肋骨做撑天柱。5. 动物为撑天柱。6. 鳌鱼做撑天柱。7. 鳌足（鱼足）做撑天柱。8. 石柱撑天。9. 玉柱撑天。10. 金银柱撑天。11. 铁柱撑天。12. 珍珠柱撑天。13. 冰块做撑天柱。14. 巨树做撑天柱。15. 虾脚做撑天柱。16. 虎骨做撑天柱。17. 山是撑天柱。[①]

与天柱观念类似的是天梯观念。在贺学君、蔡大成与日本学者樱井龙彦合编的《中日学者中国神话研究论著目录总汇》中，就在神话分类研究中列出一类"天梯、绝地通天神话"。[②]其中收录张福三等《天梯神话的象征》和钟年的《天梯考》等相关论文。与天梯观念相关的还有研究昆仑神山的大批论著。相对而言，天桥的神话观念所受到的关注要少得多，研究较为薄弱。

从对大自然观察的经验层面看，首先被设想为天桥或天梯的物体就是高耸入云的山峰，诸如天柱山（安徽潜山）、天梯山（甘肃武威）这样一些山名，一听就能够体会出其命名的神话想象基础。山峰因为接近天体和神界而被初民设想为神圣的媒介。后世帝王的登山封禅一类国家礼仪行为，无非在天地沟通和神人沟通的原始想象观念支配下，借助于天然大山的天梯或天桥功能，实现祈求上苍和神灵庇佑国家政权统治的宗教政治初衷。

人类学家弗雷泽在《〈旧约〉中的民间传说》中讲到世界各民族的天梯神话，从希腊、罗马，到印度尼西亚的西里伯斯群岛（Celebes）和苏门答

---

① 参看杨利慧等编：《中国神话母题索引》，陕西师范大学出版总社，2013年，第192—195页。
② 贺学君、蔡大成、〔日〕樱井龙彦编：《中日学者中国神话研究论著目录总汇》，中国社会科学出版社，2012年，第289—290页。

腊，从古埃及法老的登天梯子到尼泊尔武士的升天神梯。

与希腊和意大利的那些景色优美的神谕地点判然有别的是，位于光秃秃的小山中的荒凉石洞，雅各曾在此入睡，看见了神的使者在从地上通往天界的梯子上上来下去。在世界的其他地方，我们也遇到了对这样一种被神灵或鬼魂使用的梯子的信仰。例如，当谈到西非的神灵时，金斯利（Kingsley）小姐告诉我们："在那里的几乎所有的本土传统系列中，你都会发现一些故事说，有一段时间，生活在天界的众神或神灵能与人直接交流。据说，这种交流总是被人类的某些过错阻断了。例如，费尔南多波岛上的人说，从前大地上没有困难或严重的干扰，因为有一架梯子，就像用来摘棕榈果的梯子那样，'只是很长，很长'，这架梯子从地上伸到天上，所以神灵可以通过它上来下去，亲自参与世俗的事务。可是，有一天，有一个跛足的孩子爬上了梯子，当他的母亲看见他时，他已经爬了很高，母亲就在后面追他。神担心孩子和女人会闯入天界，就推倒了梯子，从此就真正丢下人类不管了。"

西里伯斯群岛中部说巴雷埃语的托拉查人（the Bare'e-speaking Toradjas）说，古时候，所有人都生活在一起，天与地由一根巨藤相连。有一天，一位出身于天界的英俊小伙子，骑着一头白色的水牛出现在大地上，他们称之为太阳先生（Lasaeo）。他发现田里有一位正在劳作的姑娘，就爱上了这个姑娘，并娶她为妻。他们一块儿生活了一段时间，太阳先生教会人们耕地，给他们配备了水牛。可是，有一天，太阳先生的妻子给他生的那个孩子在家里偶然做错了事，由此冒犯了太阳先生。出于对人类的厌恶，他又通过巨藤回到了天界。他的妻子想爬上去追他，可他把巨藤砍断了，所以他和妻子都摔到地上变成了石头。现在，我们还可以从离温比（Wimbi）河不远的灰岩山上看出他们的形象。这座山的形状像一圈绳子，由此产生了"藤山"这个名字。此外，在托拉查人的故事中，我们听说了某种升藤，凡夫俗子能够通过它从地上升到天上。它是缠绕着无花果树生长的一种多刺的攀缘植物，每年都绕着树干长出新的一圈。任何想利用它的人，都必须首先弄断其柔韧的纤维上的7根粗茎，这样就把"升藤"从睡梦中唤醒了。

它抖动着身子，卷着一个槟榔子，问这个人想要什么。如果他请求被带上天，"升藤"就让他坐在它的刺上或者上端，随身带上7个装满水的竹容器，作为压载物。当"升藤"升上天时，它左歪右斜，让上面的客人倒出一些水，然后"升藤"就恢复了平衡。到达了天穹之后，"升藤"飞速通过天穹上的一个洞，用它的刺紧紧抓住天界，它耐心等待着，直到那位客人在上面把事情办完并准备返回大地。故事的主人公以这种方式去了天界，在那里实现了他的目的，无论这个目的是找回被偷的项链，是袭击或抢劫某个天界的村庄，还是请天界的铁匠让某人起死回生。

苏门答腊的巴塔克人（the Bataks）说，从前在大地的中央有一块岩石，其顶部直达天庭。某些有特权的人物，如英雄或祭司，可以通过它爬上天。天上生长着一棵很大的无花果树（waringin），它的根部连接着这块岩石，这样就使芸芸众生爬上它，进入高高的天庭。可是，有一天，有一个人不顾一切砍倒了这棵树，或者可能砍断了它的根，因为他的从天界下凡的妻子又从那里返回了，留下他一人孤苦伶仃。马达加斯加的贝齐米萨拉卡人（the Betsimisaraka）认为，死者的灵魂沿着一根银锚链升天，天界的神灵也可以通过它来到人间，完成他们的使命。

与这些想象的梯子不同，一些民族树起真梯，供神或神灵从天界下到地上。例如，在印度群岛（the Indian Archipelago）的帝汶海、巴伯尔（Babar）和勒提岛（the Leti Islands）的土著，把太阳当做主要的男神来崇拜，认为在每年雨季开始时，它使被看做女神的大地肥沃多产。为了这个仁慈的目的，这位神祇降落在一棵神圣的无花果树上。为了让它能够降落到地上，人们在树下搭了一个七档梯，这些横档被装饰有两只公鸡的雕刻形象，似乎要用公鸡尖锐嘹亮的声音通报日神的到来。当西里伯斯群岛中部的托拉查人在新房落成典礼上向神献祭时，他们树起两根植物秸秆，饰以7条白棉花带或树皮带，作为神的梯子，让诸神下来分享为他们提供的米、烟草、蒌叶和棕榈酒。

此外，古代和现代的一些民族还想象亡灵通过梯子从地上升天，他们甚至在墓穴里放置微型的梯子，让亡灵能够由此爬进天堂的住所。因此，在世界最古老的文献之一金字塔经文（the Pyramid Texts）中，经常提到已故的埃及法老借以登天的梯子。在许多埃及的墓穴中，都发现了梯子，这大概是意在使幽灵爬出墓穴，甚至像古代法老那样升天。尼泊尔的一个好战的部落曼嘉人（the Mangars）为他们的死者精心准备了能够借以爬上天庭的梯子。"在墓穴的每一边都竖着大约3英尺长的两段木头。其中一个被刻上9个阶梯或切口，形成让亡灵升天的梯子，每个参加葬礼的人都要在另一段木头上刻上一个切口，表明他来过这里。当死者的舅舅从墓穴里爬上来时，他向死者庄重地告别，并提醒他用为他准备好的梯子升天。"但是，为了提防这个幽灵拒绝趁此机会上天，而是喜欢回到他熟悉的家中，送葬者们小心翼翼地用荆棘丛堵住他回家的路。①

中国的天梯神话，分布在汉族和诸多少数民族之间。就华夏上古流传的神话文本而言，文学人类学研究一派将新发现的甲骨文、金文资料，以及新出土的东周时期的竹简、帛书等统称为文史研究的"二重证据"。这方面就提供了一个楚国版本的创世神话，即20世纪40年代在湖南长沙子弹库出土的楚帛书甲篇，讲述从天熊伏羲大神到女娲、禹与契、共工的创造宇宙的整个过程，其中也提到天梯的母题。兹引述该文献的前面一段如下：

> 曰故（古）大（天）熊雹戏（伏羲），出自□震（震），尻（居）于睢□。厥□俣俣，□□□女，梦梦墨墨，亡章弼弼。□每（海）水□，风雨是于。乃取（娶）□□□子之子，曰女娲（娲），是生子四。□□是襄（壤），天戋是各（格），参化□□（法步），为禹为万（契），以司□（堵）襄。咎（晷）天步达，乃上下朕（腾）传（转）。②

以上引文中，凡是原文中的异体字后均以括号标出今字。缺字和未识字以"□"表示。帛书甲篇内容可分为两部分，上引第一段为主情节，叙述的

---

① ［英］詹姆斯·乔治·弗雷泽：《〈旧约〉中的民间传说》，叶舒宪、户晓辉译，陕西师范大学出版总社，2012年，第244—246页。

② 帛书甲篇文本，以董楚平《中国上古创世神话钩沉——楚帛书甲篇解读兼谈中国神话的若干问题》（《中国社会科学》2002年第5期）的文本为底本。

是世界初创的过程；随后的部分是附属情节，叙述创世之后的宇宙灾难和禳灾，可视为宇宙的二次创造。[①]帛书称创世时第一个出现的大神雹戏为天熊，这符合楚人以颛顼即黄帝之孙为其祖先的图腾信仰。黄帝号有熊，伏羲号黄熊，二者的共同点是以熊为图腾。楚王族本姓芈，王者继位后便改称熊某，从穴熊、鬻熊到熊通、熊丽、熊狂……据《史记·楚世家》的记录，一共有25位楚王以熊为号。这样的现象除了图腾信仰之外很难解释。楚人的先祖之国得名叫"熊盈国"，其天人合一的模仿道理或出于此。[②]雹戏即伏羲，娶女娲为妻。伏羲和女娲生出四子，根据帛书后文所云"四神相代，是唯四时"，可知这四子是代表四方四时的神。李学勤先生指出："以五木奠四极，意味着五行的空间分布；以四色名四神，又意味着五行的时间分布。"[③]也有学者提出四神初为云气之神、空气之神。天地形成过程中，空气之神具有巨大的作用。空气正是填充在天地之间的物质，或可以视为最初的天地媒介物，最初的天桥。所以帛书下文说道："而（天）戋是各（格）。""而"字在楚系文字中与"天"字相通，学者认为而即天。"戋"，一般认为是"践"字。陈斯鹏指出："践"古训"履"训"迹"，"天践"即登天之所履或登天之迹，犹言"天梯"也。"天戋是格"盖上下于天梯之意。这除了道出雹戏、女娲的神通广大之外，似乎也暗示着其时天地之未分。[④]"各"字，在此用作"格"，值得仔细推究其神话学、宗教学的意蕴。笔者在《文学人类学教程》中将此二字作为中国汉语文学发生的神圣化仪式背景的关键词来分析。

> 各与格二字，作为汉语文学发生的关键词，其意义非同小可。它们一方面和"格于皇天"的神圣沟通行为密切联系在一起，另一方面则引出通神叙事的所谓"格物致知"理论，成为富有中国传统特色的神话式认识论之深远源头。

[①] 有关再创世的神话母题研究，参看叶舒宪：《中国神话哲学》，中国社会科学出版社，1992年，第八章第三节。

[②] 叶舒宪：《中华文明探源的神话学研究》，社会科学文献出版社，2015年，第373页。

[③] 李学勤：《楚帛书中的古史与宇宙论》，见张正明主编：《楚史论丛》，湖北人民出版社，1984年，第145—154页。

[④] 陈斯鹏：《楚帛书甲篇的神话构成、性质及其神话学意义》，《文史哲》2006年第6期。

　　甲骨文中已有"各"字，写作两个意象组合：上方是一足印，下方是一口。杨树达《卜辞求义》分析字形说："示足有所至之形，为来格之格本字。"（《甲骨文字集释》第二卷第399页）。《说文解字》："各，异辞也，从口夂，夂者，有行而止之，不相听也。"许慎在此没有解说得很清楚，他虽知道"各"指一种从口中发出声音的言辞，是诉诸人之听觉的。至于什么是"有行而止之，不相听也"，就显得含混不明了。从字形和字义看，"各"和上面讨论的"告"有共同性——都以口传文化的言语活动为造字取象之基础。所不同的是，"告"之本义有自下向上发言的告神之意，尔后才引申出自上而下的告意。而"各"（格）所代表的言说，一开始就含有自上而下与自下而上的双向打通意思，即虞夏书第一段中赞美尧的所谓"格于上下"（《尧典》）是也。同书中还讲道："月正元日，舜格于文祖。"指舜举行神圣仪式上通祖神。《吕刑》："乃命重黎，绝天地通，罔有降格。"降格即降神也①。《多方》之"惟帝降格于夏"，是"格"字的同类宗教神话用法。天空在人的头顶上方，那是神圣的天神世界。比如，甲骨卜辞中讲到天上的事物时，常用"各"来修饰。如说"各云"（《乙》，四七八），指天上来的云；"各日"（《甲骨文合集》29802）指落日。"各"还作祭名使用（《甲骨文合集》27310），那是商王亲自主持的祭仪。显然，"各"理所当然地带有沟通上下即神人之间的宗教神话意蕴。②

　　由此来看楚帛书所述创世神话中的"天坮是各"一句，意义就不难理解了，那是指通过沟通天地之间的天梯而实现上下的交通。联系上下文看，是说在天地开辟之初，混沌初开，由天熊伏羲和女娲两位父母大神所生出的四神，开始确定宇宙四方的性质，那时的基本特征是有天梯贯通于天地之间，上上下下很方便也很容易，人神之间没有阻隔。这就自然让人联系到《尚书·吕刑》和《国语》所说的"乃命重黎，绝天地通，罔有降格"的神话情

---

① 屈万里注"降格"云："神降临谓之降格。"屈万里：《尚书释义》，（台北）文化大学出版部，1980年，第193页。

② 叶舒宪：《文学人类学教程》，中国社会科学出版社，2010年，第184—185页。

节。在这次"绝天地通"事件发生之后，人类就和创世之初的天地相通状态永远告别了。天地被阻隔的状态下，唯有借助于特殊的仪式行为，人类才能暂时性地找回天地相通和神人沟通状态。玉器，尤其是玉璜，就是这样的通神仪式用法器。

第二节　玉璜：天桥神话的大传统渊源

华夏通天神话的基本主题，早在秦始皇统一中国之前五六千年的新石器时代中期就已萌生，体现为龙-璜-虹的三位一体神话观念。国人所熟知的"真龙天子"观念和"龙的传人"观念，都是在秦汉帝国时代以后相继建构出来的龙图腾新神话意识形态。辨析新老神话观的关键在于研究理念的变革和方法的推陈出新，以便神话学与考古学的知识互动、视界融合，为中华文明起源研究带来新的理论认识功效。

其一，文明起源研究可从双向打通的视界来进行：以文字为代表的文明传统为小传统，前文字的传统为大传统。这样的二分法有助于清醒地看到文字符号出现后被割裂的神话历史大传统的存在，将神话-文学研究的目光引向无文字时代的历史纵深处；通过大传统的神话想象规则的分析归纳，找出华夏认同的根源，即超越方国和史前地域文化共同体的广泛公认的神话观念，确定其发生的相对年代。

其二，重新解读小传统的文字记录的神话，给诸多孤立的文学母题找出来自史前大传统的神话相关性，重新恢复各母题间的彼此联系。这样就能够相对地重构出先民们神话式感知思维的世界观。其认识效果在于：后人在文字小传统中失去参照和无法解释的东西，通过恢复大传统的文化参照系，可以得到有效的再认识和再理解。

怎样在无文字的史前时代探寻神话观的存在呢？"第四重证据"的考古实物和图像，承担起了物的叙事和图像叙事的任务，从而使无文字材料的神话学研究成为可能。本节以神话想象的龙-璜-虹三位一体观念为例，提示华夏通天神话的根脉所在。

先秦文献中出现的龙，以升天和潜渊为能事，充当着人与天界-神界相互沟通的媒介或运载工具。屈原在《天问》中发问："焉有虬龙，负熊以游？"或许可以借黄帝有熊氏骑龙升天的神话来解答。作为坐骑的龙的形象，在此显而易见。人借助于龙而升天，获得神意、神赐或天命、永生，这是天人合一神话的真正底蕴所在。其观念背景在于如下远古信仰：人神之间的沟通需要借助神圣物来充当中介。神圣物可以是玉石、金属等天赐良材所打造的礼器法器（玉礼器和青铜器），也可以是龙凤龟麟等神话生物。这些圣物能够协助人间的通神者实现升天的旅行。

中国第一王朝夏朝的第一位国君夏启，他在先民的神话历史记忆中正是具有乘龙升天的特异能力者，兼玉礼器的拥有者。《山海经·海外西经》说："大乐之野，夏后启于此舞九代，乘两龙，云盖三层。左手操翳，右手操环，佩玉璜。"[①] 这里讲述的是礼乐歌舞的由来和掌握者——乘两龙的夏后启。他能够乘龙，为什么还要手操玉环和身佩玉璜呢？文本叙事中没有具体的解释。参照《山海经》的另一处叙事，可知玉环、玉璜皆为沟通天人之际的神圣媒介物，与龙的功能类似。《山海经·大荒西经》云："西南海之外，赤水之南，流沙之西，有人珥两青蛇，乘两龙，名曰夏后开。开上三嫔于天，得《九辩》与《九歌》以下。"[②] 它把人间礼乐歌舞的来源，解说成夏启三次上天取来的。而夏启的升天工具，照例还是乘龙。将这两个神话文本组合分析，可归纳出天人合一神话观的基本范式，以三个相关母题为表达，即升天者-乘龙-佩玉璜。

在晋代郭璞所作《山海经图赞》中，这三个相关母题再度得到强调："箴御飞龙，果舞九代。云融是挥，玉璜是佩。对扬帝德，禀天灵海。"[③] 参考《周礼》所讲的西周礼制，可知玉璜是先秦6种主要玉礼器之一，其形状为半璧形，与璧、琮、圭、璋、琥并称"六器"。华夏历史记忆中最重要的一件玉璜就叫"夏后氏之璜"，历经夏商周三代的政权更替，一直传承到西周王室分封诸侯时，这导致后代的政治家们对这件象征权力的神圣国宝津津乐道。如《左传·定公四年》记述周公分封子弟时赐给他们带到封邑去的宝物

---

① 袁珂：《山海经校注》，上海古籍出版社，1980年，第209页。
② 同上书，第414页。
③ 郭璞著，王招明、王暄注：《山海经图赞译注》，岳麓书社，2016年，第222页。

情况：

> 分鲁公以大路（辂，即车）、大旗，夏后氏之璜。
>
> 分康叔以大路、少帛、綪茷、旃旌、大吕。
>
> 分唐叔以大路、密须之鼓，阙巩、沽洗……①

　　据此可知，在西周以后，夏代之初的国君升天所用的神龙早已不知去向，而当年王者所用玉璜却作为宝物而世代传承。唯有周公之子鲁公在分封之际单独获得世间唯一的这件夏后氏之璜。杜预注"大旗"曰"交龙为旗"。那么，在玉礼器——璜与神龙之间，隐含着怎样的秘密呢？

　　将传世文献作为一重证据，神话研究难以获得超越性的深度；将出土文字作为二重证据，不仅有助于找出龙与玉璜的神话认同，还能揭示二者共同以彩虹现象为想象原型的情况。陈梦家的《殷墟卜辞综述》根据甲骨文中3处"虹"字写法，认为其像两头蛇龙之形；并印证《汉书·燕王旦传》"虹下属宫中，饮井水"，及《山海经·海外东经》"虹虹在其北，各有两首"，郝懿行疏云"虹有两首，能饮涧水，山行者或见之"。甲骨卜辞中也有"虹饮于河"的记录，正与此种神话相符合。甲骨学家于省吾进一步指出：

> 虹与杠梁、古玉璜形之相似。……《御览》十四天部引《搜神记》："孔子修春秋，制孝经。既成。孔子斋戒，向北斗星而拜，告备于天。乃有赤气如虹，自上而下，化为玉璜。"此虽事属演义，然可推知古来有璜似虹形之观念。《说文》："璜，半璧也。"按半璧正象虹形。吴大澂《古玉图考》及黄濬《图录初集》所载近世出土之商周玉璜，两端多雕成龙蛇首或兽首形，尤与传记所称虹有两首之说相符。②

　　文字学家于省吾作出虹、龙、璜三者相似的判断时，其主要的实物依据出自考古学在中国诞生以前的文物图录，以及出土之商周玉璜。此后的考

---

① 杨伯峻：《春秋左传注》，中华书局，2005年，第1536—1539页。
② 于省吾：《甲骨文字释林》，中华书局，1979年，第5—6页。

古发现表明，玉璜制作和使用的历史之悠久，绝非商周时代所能限制。我们今日称这些发掘出土的文物为第四重证据，让它们按照考古学文化的分布情况排列在中国地图上，大体呈现为超出汉字历史时间一倍以上的符号物叙事链：将龙-璜-虹的神话想象原型一下子就落实到七八千年前。

就龙与玉璜的结合情况看，在距今5 000多年的红山文化遗址中发现了双龙首玉璜的精美造型。在辽宁喀左县的东山嘴史前祭坛遗址，考古工作者发掘出一件小玉璜（图7-1）。其出土于方形基址南墙基内侧，淡绿色，长4厘米，[①]两端雕琢形制相同的龙首造型，长吻上扬。二首一身的龙弯弯的身体，恰似虹形的天桥。该红山文化玉璜出土于圆形祭坛中，其中还伴随出土陶塑裸体孕妇像，使人们容易与牛河梁遗址出土女神像相联系。在崇奉女神为生命之源的史前社会，祭祀仪式用的玉璜，就更多地与女神信仰发生关联。

比红山文化稍晚的长江流域史前文化有安徽含山的凌家滩遗址，历经5次发掘，出土玉璜76件。其中87M15、87M4、87M17、07M23计4座墓葬的随葬品除玉璜数量较多外，还有大量器形特殊的重礼器，因而推断墓主可能是酋长、大巫司之类的政治、军事或神权领袖。[②]在07M23号顶级墓葬中，南侧墓主颈部分布有多达10件的精美玉璜组佩，假设墓主大巫司的神权领袖身份能够得到确认，玉璜的神圣宗教意义就更加凸显。

图7-1 人造"彩虹桥"：红山文化双龙首玉璜
（引自古方主编：《中国出土玉器全集》第2卷）

有关玉璜的性质和功能，一般认为其是一种装饰品，没有什么深刻的观念含义。陈淳、孔德贞两位学者撰文提出，关于玉璜作为祭祀和配饰的功能也是根据史料的记载和考古发现的推断，不能根据史籍中记载的玉璜祭祀功能去推断史前的玉璜也具有相似的功能，因为从随葬品性质看，

① 郭大顺、张克举：《辽宁省喀左县东山嘴红山文化建筑群址发掘简报》，《文物》1984年第11期。
② 安徽省文物考古研究所：《安徽含山县凌家滩遗址第五次发掘的新发现》，《考古》2008年第3期。

大体是一种个人饰件。[①]这样的看法有一定代表性，表明今人已经完全不明白神话思维时代的升天观念了。玉璜作为配饰，无论早期的单件璜，还是后来的玉组佩体系，都是不难理解的，因为无论是双龙首的形象（图7-2），还是双虎首的形象，甚至是没有生肖动物形象的素器，其弯条形状本身就是模拟彩虹桥的。

图7-2 安徽含山凌家滩遗址出土的双虎首玉璜，距今约5000年

（安徽省博物馆藏，安徽省文物考古研究所张敬国供图）

图7-3 甲骨文中的"虹"字，写作双头龙从天上下凡喝水形状

（引自中国科学院考古研究所编：《甲骨文编》）

从汉字起源的商代甲骨文形态，可以看到"彩虹象征天桥"的"虹"字。由其双头龙下凡喝水的神话叙事形象特征，不难理解初民的神话想象逻辑：一般的彩虹出现，需要以天下急雨为其前提条件，这意味着天上的积水流失到地下去了。居住在天界的诸神和祖灵们一旦感觉口渴，便会化作双头龙形象从天上降到地下来喝水。甲骨文"虹"字写作双头龙张开大口向下喝水的"虹桥"形状（图7-3），形象非常鲜明。

从双头龙形象的甲骨文"虹"字，向前文字时代的神话想象世界上溯，找出先于甲骨文时代而出现的双头龙形象原型——玉璜，再通过各地大量史前文化遗址出土的玉璜形制及造型特征，说明玉璜象征天桥是目前可知最古老的天桥神话的表象，能够落实其发端于兴隆洼文化的玉璜（当代又称"玉弯条形器"）生产，其年代距今已经有8000年之久。据目前所见的实物资料，没有比这更早的天桥神话想象。南方地区的玉璜以浙江余姚河姆渡文化为早，距今约7000年（图7-4）。

---

① 陈淳、孔德贞：《性别考古与玉璜的社会学观察》，《考古与文物》2006年第4期。

图7-4 浙江余姚河姆渡出土的玉璜，距今约7 000年

（摄于河姆渡博物馆）

明确雕刻为双龙首形象的玉璜，则以辽宁建平东山嘴红山文化祭坛出土的一件为最早，距今约5 000多年。[1]考古出土的红山文化文物中还有双人首或双熊首的三孔桥形玉器，其对应的神话观念是：大雨之后天上的水都流到地下，天神口渴就化作双头人或双头龙、双头熊的形象下凡喝水。此类神话旨在解释彩虹现象的起因。而玉璜的发明则是人工制作的彩虹桥，象征天地沟通和人神沟通。总之，以表现为玉礼器的天桥观念为标志看，它们出现在中国版图的时间要比汉字早一倍以上。史前先民对天桥的神话构想，通过先于文字的玉器符号传播数千年之后，在距今约2 700年的西周时期晋侯墓地，派生出由200多件玉器组合而成的联璜玉组佩，外加两只玉雕大雁。其仿效飞禽而祈祝佩戴者魂灵升天的意图，通过玉璜、天桥和大雁的形象加以表达。这和西和县《乞巧歌》中歌唱的天桥与一对鸭子一对鹅同在的情况比照，其神话幻想的升天方向与辅助飞禽意象如出一辙。

第三节　乞桥：七夕乞巧节的仪式想象

玉璜的叙事给出一种典型的中国版的天桥重建神话观念。虹是雨后阳光穿过空气中的水滴时，经过复杂的反射与折射过程形成的一种色散现象，然而，在现实生活中，人们对于"虹"的体认，多是基于自身视觉

---

[1]　叶舒宪：《龙-虹-璜：玉石神话与中华认同之根》，《中华读书报》2012年3月21日。

思维对该自然意象的直接感官"表达"。但从文学人类学视角分析，色散现象与感官"表达"对于理解其更深层次的文化意象显然是不够的，因此我们需要求助于四重证据法这一立体释古方法论，在大传统新视野下，需要对虹文化意象进行"表述"。这种"表述"的借喻意义在于，"对应的是'文化文本'，而非只是'文字文本'，或'书面''口头'及'图像'等文本"。①换言之，对虹文化意象的"表述"，应该对应文字（传世、出土）、口传、文物及图像等多重文化文本，而传统的民俗学、文字学等学科解读方式无法进行系统的准确诠释，因此，用四重证据的"四位一体"知识考古范式来解读虹文化意象，可以加深对神话想象原理的认识。

在古文献中，虹又称"蛊""蝃蝀""蝃蛛""虹蜺（霓）""雩"等，因而也就具有了连类比附的多种文化意象，诸如双首龙蛇、美人、桥梁、天弓、玉璜等（图7-5、图7-6、图7-7、图7-8），纷繁复杂。同时，针对虹具有的祯祥、性爱、灾祸、淫乱等多种隐喻意义，学人的看法也是莫衷一是。因虹被视作双首龙蛇，所以帝王感虹而生的传说也就在史书中流行开来，应验着"神话历史"的传承文脉。《晋书》卷一百二十一载："李雄，字仲俊，特第三子也。母罗氏梦双虹自门升天，一虹中断，既而生荡。"又《宋书》卷二十七载："帝挚少昊氏，母曰女节，见星如虹，下流华渚，既而梦接意感，生少昊。……帝舜有虞氏，母曰握登，见大虹意感，而生舜于姚墟。目重瞳子，故名重华。龙颜大口，黑色，身长六尺一寸。"诸如此类圣君明王感虹而生的叙事母题，与感龙而生的母题形成呼应。如《春秋元命苞》所言，古人将虹之出现视作雄虹、雌霓的交尾现象，而虹既为双首龙蛇，也就自然转化为双龙蛇交尾之状。高亨认为，在先秦人的迷信意识中，虹是天上的一种蛇类动物，天上出虹是这种动物雌雄交配的现象。②将虹视作蛇，天上出虹看作蛇类雌雄交配都没有问题，但还不能轻易判断先秦的这种认识仅仅是出于迷信。

① 徐新建：《表述问题：文学人类学的起点和核心——为中国文学人类学研究会第五届年会而作》，《西南民族大学学报（人文社会科学版）》2011年第1期。

② 高亨注：《诗经今注》，上海古籍出版社，1980年，第73页。

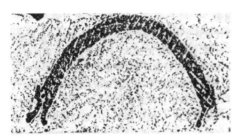

图7-5 汉画像石中双龙首蛇形虹，河南南阳唐河针织厂汉墓出土

（引自闪修山等编：《南阳汉画像石》）

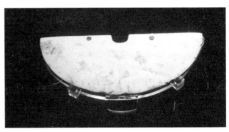

图7-6 浙江余杭出土的良渚文化玉璜，距今约5000年

（摄于良渚博物院）

图7-7 长江中游地区大溪文化玉璜，距今约5500年

（摄于重庆博物馆）

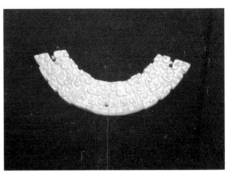

图7-8 春秋时期玉璜，山西太原金胜村赵卿墓出土，距今约2500年

（摄于山西博物院）

　　文学人类学把民间的和民族的活态文化传承视为第三重证据，通过各民族民间口传资料，包括神话、传说故事、仪式、习俗等，从比较神话学视角看虹的神话，有助于深化对天桥神话的认知。依照"礼失而求诸野"的原则，多民族有关虹的神话解释对汉字典籍中的相关记述起到了补充和诠释的参照作用。[1]这里需要强调的是，除了物证，还应有所诠释。此处有必要提及虹为桥的文化意象，仅仅看到在文字记载中虹因形似而与"杠""长梁"等联系在一起，是远远不够的。在台湾泰雅族中，传统宗教信仰以祖灵

––––––––––––––––––––––

[1] 叶舒宪：《四重证据法重建中国非物质文化遗产体系——以玉文化和龙文化的大传统研究为例》，《贵州社会科学》2012年第4期。

为中心，族人认为生存的终极意义在于跟随祖灵顺利进入神灵世界，而必经之路即是一座神圣的彩虹桥，只有善良的族人才能够走上彩虹桥，得到祖灵庇佑。同样，黔东南苗族丧葬仪式上，要唱《焚巾曲》："妈妈要上天，先去远东方，先去祖先乡，告别祖先乡，攀登彩虹桥，登彩虹上天。"[①]他们认为灵魂的归宿是"攀虹上天"，沿着彩虹桥，从1层爬过12层之后，最终到达月亮——极乐世界。从比较神话视角看，北美印第安纳瓦霍部落、南美亚马孙河以及大洋洲、日本、西伯利亚的诸多土著部落中，都存在将虹看作族人灵魂通向天堂的"彩虹桥"传说。因此，彩虹桥成为连接天地、神人的神圣媒介，这一意象中也蕴含了祖先崇拜的特殊意义，这与古人乘龙升天的神话叙事有着异曲同工之妙，而这在经典古籍文献之中是难以看到的。第三重证据的活态文化能够诠释考古文物的所以然，其功效于此可见一斑。

现存的民间活态文化中保留天桥想象最明显的节日习俗以陇南七夕乞巧节最为突出。这是一种唯有织女、没有牛郎的七夕仪式活动，搭天桥请神是其中的关键情节。我们可以从象征天桥的史前玉璜形象8 000年的传承，解说甲骨文"虹"字中透露的双头龙虹桥神话，将乞巧节《搭桥歌》的天人沟通想象上溯到大传统的祭神仪式，再依次梳理父权制文明对史前女神独尊现象的改造，即女儿节乞巧的由来，由此可以透视一夫一妻制的父权制社会理念如何给织女配上牛郎，再从神女天桥演变为鹊桥的母题。

每年农历七月初七，是传统的乞巧节。民俗专家对于七夕节是怎样在华夏文明史中产生的这一问题，迄今未能达成公认的定论。从神话-仪式的互动关联看，如果能复原出这一节庆的仪式原貌，就有可能找出相关神话的初始状态。聚焦在甘肃陇南地区流行的乞巧仪式活动，有助于拓展中国七夕神话礼仪的系统性新认识：从史前文化传承而来的祭神乞桥仪式，到父权制文明改造后的人向神乞巧，再到引渡织女与牛郎相会的鹊桥神话母题，神话的演变轨迹大致可以复原出来。

甘肃乞巧仪式活动还以活化石的形式直接显现出其原型结构——天神降临型的请神仪式。西和县杨克栋先生收集的乞巧歌中的"祈神祭祀类歌词"，

---

① 潘梅：《世俗与神界之间的媒介——苗族传统蜡染的巫术意味》，《贵州社会科学》2007年第8期。

第一首题为《搭桥歌》，全文如下：

> 三张黄表一刀纸，
> 我给巧娘娘搭桥子。
> 三刀黄表一对蜡，
> 手襻的红绳把桥搭。
> 巧娘娘穿的绣花鞋，
> 天桥那边走着来。
> 巧娘娘穿的高跟鞋，
> 天桥那边游着来。
> 巧娘娘穿的缎子鞋，
> 仙女把你送着来。
> 巧娘娘穿的云子（云形图案）鞋，
> 登云驾雾虚空（天空）来。
> 巧娘娘，香叶的，
> 我把巧娘娘请下凡。[1]

歌的主旨围绕着搭天桥这一想象，同时也代表着七天八夜的节日活动始于以临时性天桥的出现为标志的人神沟通。其所呈现的核心象征也是乞巧节礼俗活动的核心象征——"手襻的红绳"（图7-9）。这种红绳能够把虚构想象中的织女从天界接引到人间，构成乞巧节全部仪式行为的神话想象基础。

西和县乞巧节的仪式全程分为12项程式，分别是：手襻搭桥、迎巧、祭巧、唱巧、跳麻姐姐、相互拜巧、祈神迎水、针线卜巧、巧饭会餐、供馔、照瓣卜巧、送巧。[2] 在这12项程式的名目中，以"巧"字命名的有迎巧、祭巧、唱巧、拜巧、针线卜巧、巧饭、照瓣卜巧、送巧，一共8种，占了12项中的大多数，好像整个风俗仪式活动的主旨就在于一个"巧"字。

---

[1] 杨克栋整理:《仇池乞巧民俗录》，西和县文联印制，内部资料，2013年，第55—56页。
[2] 同上书，第15页。

更深入的分析则表明，以"巧"为主题的名目虽多，却都被包装在以"桥"这一主题为核心的仪式框架结构中：如位列12项程序之首的一项，名叫"手襻搭桥"，最后一项名叫"送巧"，实际还是重复7天之前的手襻搭桥，让织女能够上天桥回到天界。由此不难看出，乞巧仪式以营造天桥接引巧娘娘（织女）下凡为开端，又以天桥送巧娘娘（织女）上天为结束。其间的七天八夜活动全部以女性参与为特征，没有男性神灵或神话人物出现。这确实是中国文化中保留的远古大传统的遗音绝响。

图7-9 甘肃西和剪纸：乞巧节开端的"手襻搭桥"

（2013年摄于西河县在北京举办的乞巧文化展）

把西和县乞巧节仪礼和屈原的《九歌》以及我国南方傩祭仪式相比，其先请神下凡最后再送神回归天界的仪式结构几乎如出一辙，由此不难看出七夕牛郎织女鹊桥相会神话的根源还是祭神礼仪活动。天桥的神话母题源于祭神礼仪的结构要素。以杨嘉铭所调研的贵州铜仁地区傩堂戏演出为例，演出之前的傩祭仪式共有16个程式：（1）开坛；（2）发文敬灶；（3）搭桥；（4）立楼；（5）安营扎寨；（6）造席；（7）差发五猖；（8）铺傩下网；（9）判牲；（10）膛白；（11）和会交际；（12）上熟；（13）造船清火；（14）大游傩；（15）送神上马；（16）安香火。16个程式中的"搭桥"旨在请神下凡，"送神上马"旨在送神归天。有关"搭桥"的细节是：

> 搭桥仪式是法师用白布一匹，从大门外牵到傩堂中师坛位前，白布上铺画案（画案上绘有各种傩神）搭成桥状，名曰天仙桥，目的是请各路神祇从桥上来到傩堂为愿主赐福驱邪。表演时法师……围绕"桥"上下左右穿花跳唱。主要内容有：上坛；启口语；发锣（迎神下马、观

师、参神、采木、架桥、扫桥、亮桥、坐桥、讳桥、锁桥，以上用歌舞动作表示伐木造桥、用桥的象征性过程），游傩（托傩母像表示在桥上观景过程）；拆桥（拆去"桥"，祭祀各位神祇）；卸装。[1]

图7-10　甘肃西和剪纸：乞巧节中的"跳麻姐姐"

（2013年摄于西河县在北京举办的乞巧文化展）

对照之下，南方傩堂戏演出开始于祭祀请神的"天仙桥"母题，和甘肃西河乞巧节活动始于"手襻搭桥"，其信仰上的原理完全一致。乞巧这种源于祭神礼仪活动的民俗节庆，给沟通天地与人神的祭祀需求披上歌舞表演的外观，在大多数地方已经脱离了宗教信仰的环境土壤，好像是纯粹世俗的初秋民间节日了。西和乞巧节的搭天桥、制巧（制作纸质的巧娘娘偶像）、迎神、祭拜、供奉、神灵附体的跳麻姐姐（图7-10）、反复占卜等礼仪活动内核，[2]让今人通过活化石的方式看到七夕礼俗背后的大传统要素，就在于女性社会群体对独立存在的女神祭拜活动全过程，其中既没有男神

的陪衬或陪祭，一般也不需要男性成员的参加，这完全是男性中心主义的父权制宗教意识形态出现之前，史前女神文明时代的神话礼仪风俗的遗留形态。[3]据此可知，西河乞巧节礼俗属于残存在父权制社会中的前父权制宗教和礼俗的罕见遗迹，其以女神为中心的神话想象和仪式活动，大体上见证着来自史前期的大传统文化余脉。在其中，直接来自大传统的天桥神话

① 杨嘉铭：《贵州省德江县傩堂戏及其面具文化调查报告》，见赵心愚等：《西南民族地区面具文化与保护利用研究》，民族出版社，2013年，第312页。

② 参看雷海峰主编：《乞巧风俗志》，内部资料，2007年，第38—67页。

③ 关于史前女神文明的研究，参看叶舒宪：《千面女神·导论》，上海社会科学院出版社，2004年。

观与女神神话观的相互交织，构成七夕信仰实践活动的原型编码，即一级编码。

采用国内文学人类学派提出的知识考古学的分层次透视分析法，即"四重证据法"，可以大体认识到甘肃陇南地区七夕乞巧神话仪式综合体的发生和演变过程，分别找出其原生意蕴（底层）、次生意蕴（中层）和派生意蕴（表层），重建各种文化意蕴的历史生成程序。概括地讲，七夕乞巧的原生意蕴在于乞桥，即人间女子祈求与天界女神沟通的桥梁，亦即女神从天上下凡的天桥；而和青年女子们祈求智慧与生活技巧并没有太大关系，后一方面的内容是次生的或派生而来的。

从七夕节原生性的意蕴"乞桥"祭神，到次生性的"乞巧"给人，后者是史前祭祀女神的文化大传统在进入文字小传统之后，根据汉字的谐音原理派生出来的再联想内容，从文化编码程序上看属于大传统要素在汉字小传统中的再编码，即二级编码。在"桥"与"巧"之间发生的这种目标转换，相当于从神到人的转换，即从人请神下凡，到神赐福于人的转换。二者的逻辑联系就出自祭神仪式的结构和功能的对应本身（图7-11、图7-12）。

图7-11 乞巧节的女神祭祀因素，甘肃西和剪纸："祭巧"
（2013年摄于西河县在北京举办的乞巧文化展）

图7-12 甘肃西和剪纸：乞巧节中的"祈神迎水"
（2013年摄于西河县在北京举办的乞巧文化展）

中国各地突出表达的七夕节为织女牛郎相配对的恋爱主题，与陇南乞巧节的神人同庆的女儿节模式相比，应属于更晚些的文化发明，尤其为古代文人们所津津乐道，可视为父权制社会一夫一妻家庭观念的再造传统。唯有天河上架起的鹊桥意象中，多少保留着来自神话大传统的天桥想象。

第八章

玉龙及二龙戏珠

——兼及龙神话发生及功能演变

▶ 本章摘要 ◀

　　二龙戏珠是华夏文明中最常见的神话意象之一，相关的文字材料（小传统）有2 000多年历史，而神话图像材料（大传统）则有6 000年以上。本章通过对大传统神话观念知识的系统梳理，探究二龙之间的变形意蕴：珍珠、太阳、火球、蜘蛛、钱币、玉璧、云雷纹、蝉及兽面等，借助跨文化视野认识神话思维的类比联想，揭示不同意象彼此间的关联性，把握神话原型的多元性，摸索其变形转换的逻辑规则。

　　二龙戏珠是华夏文明中流行最广的神话意象之一。它以双龙对应为主的构图形式呈现，其各种变体造型可谓五花八门、千姿百态，成为从古至今的装饰性原型符号，出现在上自皇室建筑、家具、帝王服饰，下至各级宗庙、祠堂、达官贵人的私宅、佛寺道观，乃至民间百姓屋舍、服装、官帽、令牌、玉石雕刻、瓷器图案和舞龙表演等各个方面，几乎成为国人司空见惯的常用意象（图8-1、图8-2），其受欢迎和被喜爱的程度，很少有其他的组合意象能够与之相提并论。可是，若要追问一下：二龙戏珠这一意象或图式的意义是什么？其吉祥或祥瑞蕴含的由来是怎样的？就会遇到非常尴尬的局面，众说纷纭，缺乏系统性的研究与诠释。换言之，二龙戏珠意象是被使用得最多而解释得很少的一个神秘案例。一般的读书人也大都知其然而不去追究其所以然。英国著名汉学家李约瑟曾提出一种解说：二龙所戏之珠是指月

图8-1　金代二龙戏珠铜镜
（摄于北京吉泉斋）

图8-2　河北涿州三义庙清代石碑
（摄于河北涿州三义庙）

亮，可是认同这一看法的人寥寥无几。庞朴在《火历钩沉》一文中写道："龙之作为中华文化象征，举世皆知。谈龙说鳞的巨制鸿文，车载斗量。唯谈龙而兼及龙珠者，几难得一见。"[①]本章从文献叙事和图像叙事两个角度考察二龙戏珠神话原型的形成和演变情况，试图对其发生问题，作出图像学的追溯和求证，并对与此相关的神话观念，如二龙戏蜘蛛、二龙拱璧和二龙穿璧等，作出初步的系统性梳理、解说与呈现，通过大传统的玉龙原型编码，整体地审视二龙戏图像的谱系生成。

第一节　二龙戏珠与一龙戏珠

"二龙戏珠"在《辞海》《辞源》和《汉语大词典》等重要汉语工具书中没有被列入词条。后者仅有"二龙"这个词条：

> 誉称同时著名的二人。一般多指兄弟。（1）指后汉许劭、许虔兄弟。《后汉书·许劭传》："兄虔亦知名，汝南人称平舆渊有二龙焉。"南朝宋刘

[①]　庞朴:《火历钩沉》，载《中国文化》创刊号，生活·读书·新知三联书店，1989年，第14页。

义庆《世说新语·赏誉》："谢子微见许子将兄弟，曰：'平舆之渊，有二龙焉。'"……（2）指三国吴刘岱、刘繇兄弟。《三国志·吴志·刘繇传》："若明使君用公山（刘岱）于前，擢正礼（刘繇）于后，所谓御二龙于长涂，骋骐骥于千里，不亦可乎？"（3）指南朝梁谢览、谢举兄弟。……①

从上引文看，"二龙"这个合成词是个比喻词，以二龙比喻二人，似乎是在三国时期以后流行起来的，因为《三国志》一书首开其例。可是，若从图像叙事的情况看，非比喻意义上的二龙戏或二龙对应主题，早自商周时代就存在并流行，后世历朝历代都没有中断过（图8-3、图8-4）。至于二龙戏

图8-3　南北朝时期二龙对戏画像砖，河南邓县出土
（摄于中国国家博物馆）

图8-4　隋代赵州桥栏板上的二龙对戏浮雕
（摄于中国国家博物馆）

---

① 汉语大词典编辑委员会编：《汉语大词典》缩印本，汉语大词典出版社，1997年，第59页。

珠的意义，顾名思义的字面解释是："两条龙相对，戏玩着一颗宝珠。"又称"二龙抢珠"。常见的例子出自众多文学作品，其中最著名的要算曹雪芹《红楼梦》第三回讲到主人公贾宝玉的头部装饰情况："头上戴着束发嵌宝紫金冠，齐眉勒着二龙抢珠金抹额。"①

图8-5 明神宗定陵出土的乌纱翼善冠
（摄于首都博物馆）

图8-6 明代锦衣卫指挥使象牙牌
（摄于首都博物馆）

明清两代皇家贵族们用最贵重的金属加宝石打造成的"二龙抢珠金抹额"和"嵌宝紫金冠"究竟是怎样的一种形象呢？2011年秋首都博物馆的特展"回望大明——走进万历朝"，展出一批顶级的明代皇家文物，或可作为以上问题的标准图像答案。以下依次说明其中6件含有龙戏珠题材的文物：

第一件（图8-5）为乌纱翼善冠，出土于明神宗定陵。为明代皇帝上朝时所戴，冠上部有用黄金制成二龙戏珠形象，代表至高权力。二龙身上嵌满各种珍珠和宝石，龙眼用绿宝石镶嵌。二龙之间的"珠"也是用金花嵌珍珠的特殊形式表现的。该冠外层以双重黑纱制作，冠后有双翼形，冠缨像"善"字，故得此名。这件金制二龙戏珠皇冠堪称古往今来最高贵的一顶"乌纱帽"。其上的二龙所抢之珠，是名副其实的珍珠。

第二件（图8-6）为明正统年（1436—1449年）造锦衣卫指挥使象牙圆牌，牌上刻有"锦衣卫指挥使马顺"字样。牌的整体设计为二龙戏珠形象，用牌面顶端的穿孔代表二龙口之间的珠。这也是众多同类玉牌的表现模式，体现着最富有民族文化特色的装饰性模式。

---

① 曹雪芹：《红楼梦》校注本，北京师范大学出版社，1987年，第55页。

第三件（图8-7）为碧玉嵌宝石龙首带钩，也是从明神宗定陵棺内发掘出土的，现存北京十三陵博物馆，属于明代最高等级的文物，可作为"一龙戏珠"图像的代表作。整个带钩呈玉龙回首状，龙口微张，口前一字排列着5颗珠，分别用珍珠和宝石镶嵌而成。其寓意不在抢珠，而是龙口吐珠的意思，隐喻天降祥瑞。从使用的频率看，一龙戏多珠的形象较少见，或可看作二龙戏珠原型的一种省略变体形式。

图8-7　明代碧玉嵌宝石龙首带钩
（摄于首都博物馆）

图8-8　北京昌平明定陵出土的十二章福寿如意衮服
（摄于首都博物馆）

第四件（图8-8）为明定陵出土的丝制黄袍——"十二章福寿如意纹衮服"，也是以单龙戏火球图案为主体的形象设计。黄袍上一共使用了12个一龙戏珠的图案，以金线织地，孔雀羽线织龙头、躯体和龙足，显得精美华贵。除了十二章纹以外，还装饰有万字纹、寿字、蝙蝠和如意云纹，寓意皇帝万寿洪福。至于龙所戏之火球，通常的理解是太阳。

第五件（图8-9、图8-10）为二龙戏珠纹金盆，亦出土于明神宗定陵棺内，看来是要伴随这位逝去的统治者升天的祝祷性神话想象道具。外底中心有铭文"万历年造六成五色金重二十七两三钱五分"，合1 013克，即超过1公斤，是罕见的巨大金器。金盆的沿面刻两组对称的二龙戏珠纹，盆内壁刻二龙戏珠纹加云纹，盆中央的半圆球状突起象征火球。该金盆经过匠心独具

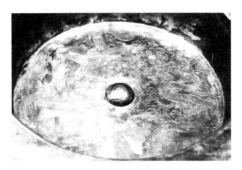

图8-9 北京昌平明定陵棺内出土的二龙戏珠
纹金盆
（摄于首都博物馆）

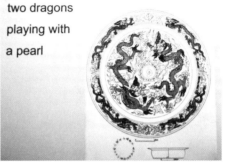

图8-10 二龙戏珠纹金盆纹样摹本
（摄于首都博物馆）

图8-11 北京昌平明定陵出土的明万历青花梅瓶
（摄于首都博物馆）

的设计，叠加运用二龙戏珠意象，在重复和对称中，让人感到天意的无处不在。

第六件（图8-11）为明定陵出土的万历年制青花梅瓶。瓷器上的二龙戏珠图案也是国人最熟悉的神话意象。这一件因为出自明皇帝墓而显示出官窑瓷器的典型性。瓷瓶上的两条升龙呈现为腾云驾雾的升天状，背景还间以缠枝番莲纹，瓶盖上也饰以对称的二龙纹和番莲纹。

以上6件文物，表现出明代帝王对"龙戏珠"意象（包括"单龙戏珠"和"二龙戏珠"）的极度偏好，是了解这一神话意象在后世流行情况的入门案例。下文先讨论戏珠主题的多种变化形式，再探索其神话原型的由来。

第二节　龙戏珠、戏火球、戏桃、戏蜘蛛

综观二龙戏珠的造型史，其变化相对较少的是龙的形象，而变化较多的则是珠的形象。大体而言，有珍珠、玉珠、夜明珠、火球、太阳、寿桃、蜘蛛、玉璧、兽面等五花八门的形象。那么，究竟哪一种形象更能代表二龙戏珠的本来意义呢？下文结合图像叙事与文献记载，探讨龙珠神话的由来与演变。

一、珍珠、玉珠

二龙戏珠造型中的"珠"，后世常常表现为火球的形象（图8-8）。庞朴先生以为龙戏之火珠是天象中的大火星，但没有涉及先秦以来文献中的龙珠神话。① 龙可升天，当然也能潜渊。从文献记载看，龙珠的古老原型要追溯到神话宇宙观的水下世界：那是龙口中所含的珍珠或玉珠，因而又称"龙珠"。这显然出自一个历史悠久的神话传说，早在庄子、尸佼所生活的先秦时期就很流行。据传，"龙珠"的珍贵性直接起源于它的稀有性。由于只有在龙额下或龙口中才能找到龙珠，这就充分表明其世所罕见的性质。《庄子·列御寇》云："夫千金之珠，必在九重之渊而骊龙颔下。"九重之渊这个说法，表现的是印度佛教的东海龙宫神话进入中国以前，本土文化特有的龙之居所观念。华夏远古信仰认为龙为水神，龙又能升天，于是将龙休息的状态想象为"潜龙"，即在水底休眠的龙；又将结束休眠后的龙想象为跃动出水并能升天的龙，称之为"见龙在田""亢龙"或"腾龙"。要想得到龙口中价值千金的宝珠，唯有在龙的休眠状态才能够做到。汉语成语中"探骊得珠"一词，便是以上文引用的《庄子》寓言为出处，也包含着这一层故事想象的背景。

用现代汉语来讲述庄生的寓言：传说古时候黄河边有个穷人，靠编织蒿草帘为生。他的儿子入水，得千金之珠。他对儿子说："宝珠生在九重深渊的骊龙颔下。你一定是趁它睡着的时候摘来的，如果骊龙当时醒来，你肯定会命丧黄泉。"后世文人习惯用"探骊得珠"比喻应试得第或吟诗作文能抓住

---

① 庞朴：《火历钩沉》，载《中国文化》创刊号，生活·读书·新知三联书店，1989年，第15页。

关键。这一成语又省略写作"探珠""探骊""探骊珠"。李白《赠丹阳横山周处士惟长》诗云:"抱石耻献玉,沉泉笑探珠。"李白让珠与玉相对应,这不是偶然的。"珠"字本身就从玉旁。玉珠,是与天然珍珠相应的人造宝珠。郭庆藩《庄子集释》引成玄英疏云:"骊,黑龙也,颔下有千金之珠也。"① 为什么龙珠出自黑龙呢? 骊即黑龙又是何许之龙?

参考《尸子》卷下所言"玉渊之中,骊龙蟠焉,颔下有珠",可知神话中的骊龙潜渊之处又叫"玉渊"。其位置在何处,史书缺载。葛洪《抱朴子·祛惑》讲得更加具体:"凡探明珠,不于合浦之渊,不得骊龙之夜光也。采美玉,不于荆山之岫,不得连城之尺璧也。"② 五代谭用之《赠索处士》诗则讲到骊龙抱珠而眠的情况:"玄豹夜寒和雾隐,骊龙春暖抱珠眠。"葛洪讲的"合浦"是汉代所置郡名,地点在今广西壮族自治区合浦县东北,县东南有珍珠城,又名白龙城,以产珍珠而知名天下。看来,龙珠的神话想象原型之一是海中特产的珍珠。白珍珠被古人想象为白龙所产,黑珍珠则被想象为骊龙所产。因为现实中白珍珠常见而黑珍珠稀有,所以就通过文学再造作用而显得更加奇幻化。苏轼《示过》诗云:"合浦卖珠无复有,当年笑我泣牛衣。"明代宋应星《天工开物·珠玉》说:"合浦、于阗,行程相去二万里,珠雄于此,玉峙于彼,无胫而来,以宠爱人寰之中,而辉煌廊庙之上。"如果再向历史纵深处追溯,那么珠和玉在华夏传统中的对应联想,还可以落实到神话的宇宙山昆仑。

《天问》曾问到昆仑山上哪里有"石林"的问题。《山海经》《淮南子》等在描述昆仑仙境时所罗列的"珠树、文玉树、琪树、不死树"和"珠树、玉树、璇树"等,从名称上就知道属于同类的玉石树林。而玉之所以在古人心目中享有崇高地位,正因为它自石器时代起就已成为永恒生命的象征。古人在埋葬死者时往往在口中含放玉珠之类玉器,正是希望生命能够永续。由此可见,"石林"实质上是"玉林",同不死药一样,是现实中并不存在的永生想象之圣物。③ 神话可以将宝物想象在树上,同样也可以想象在水中。《尸子》卷下讲到天下珍稀的珠玉的出处,还有如下一段神奇的叙述:

① 郭庆藩:《庄子集释》第4册,中华书局,1961年,第1062页。
② 王明:《抱朴子内篇校释》,中华书局,1985年,第345页。
③ 叶舒宪:《英雄与太阳》,上海社会科学院出版社,1991年,第132—133页。引文有压缩。

凡水，其方折者有玉，其圆折者有珠。清水有黄金，龙渊有玉英。[①]

　　珍珠的出处无疑皆在水中生物。而玉石出处可以为山料，也可以为水料（即籽玉）。但远古所用玉料多为籽玉，产自水中。《尸子》将4种宝物（玉、珠、黄金、玉英）的来源追溯到4种水环境，让珠与玉在神话想象中的并列关系和认同关系得到真切的还原理解。现实中的珠和玉，为什么要与龙这种超现实的虚构生物结合在一起呢？

　　从先秦典故中的隋侯之珠看，虚构的龙背后有现实的动物蛇。传说春秋时隋侯出行，见大蛇被伤中断，使人以药傅之，蛇乃能走。岁余，蛇衔明珠以报之，谓之"隋侯珠"，亦曰"灵蛇珠"。此事见晋干宝《搜神记》卷二十。后人习惯把隋侯之珠（"灵蛇珠"）与《韩非子》等书记载的和氏璧相提并论，故有"随珠和璧""隋和""隋卞"一类喻指奇珍异宝的成语。例如，《汉书·西域传赞》："兴造甲乙之帐，落以随珠和璧。"清代钱泳《履园丛话·收藏·总论》云："看书画亦有三等，至真至妙为上等，妙而不真为中等，真而不妙为下等。上等为随珠和璧。"晋代陆云《赠顾彦先》诗之一云："光莹之伟，隋代卞同珍。"汉代班固《答宾戏》云："先贱而后贵者，隋和之珍也。"宋代王安石《送石赓归宁》诗云："微诗等瓦砾，持用报隋和。"此外还有"隋珠荆璧"等同类成语。例如，汉代荀悦《汉纪·武帝纪六》载："立神明通天之台，造甲乙之帐，络以隋珠荆璧。"这一则汉代记载点明了珠玉等珍宝的通神功效，非同一般的贵重物品。探讨龙珠或灵蛇珠神话的起源，人口含珠之礼俗或许能够提供一种思考的线索，这也许是非常古老的史前礼俗。考古工作者在山东大汶口文化遗址中发现一种奇特现象——一些死者口含石球或陶球。从牙齿磨损的情况推测，死者生前就有长期口含球的习惯。[②]从现实中的人口含珠，到神话想象中龙蛇含珠，其间或许有一定的因果关联，以目前的有限材料尚难下结论。

---

①　汪继培辑：《尸子》，《二十二子》，上海古籍出版社，1986年，第374页。

②　中国社会科学院考古研究所山东工作队：《山东兖州王因新石器时代遗址发掘简报》，《考古》1979年第1期；苏秉琦主编：《中国通史》第2卷"远古时代"，上海人民出版社，2004年，第175页。

二、太阳、火球—夜明珠—闪电珠

二龙戏珠在后世的常见表现形式以龙与火球为特色，与珍珠、玉珠等龙珠神话明显有别。火球的文化含义是怎样的呢？英国的佛学研究家罗伯特·比尔（Robert Beer）在《藏传佛教象征符号与器物图解》（*The Handbook of Tibetan Buddhist Symbols*）一书中认为：

> 与印度的龙众一样，传说中的中国龙偏爱控制天气，尤其偏爱狂暴的雷鸣及暴风骤雨。从龙爪中散射出叉形闪电，从口中喷出灼热的火球。它的吼声是一团闪电，在黑色雷暴云中不停地翻腾，形成一道犀利的闪电。倾盆大雨如热带暴雨般从其闪亮的鳞片落下。[1]
>
> 夜明珠是与龙并行出现的一个特殊标识，它被画成包在烈焰中的红色或白色小球。中国人认为，夜明珠是在海龙王口中生成的。而在印度，人们认为，它们生成于太阳之火。双龙常被画成二龙戏珠或相互追逐宝珠掠过天空。夜明珠可能源自"闪电珠"。叉形闪电爆炸形成无数白色的小闪光体时就生成了夜明珠。[2]

比尔的说法表明，是中国与印度两国神话情节的差异，造成二龙所戏之"珠"的不同表现。简言之，中国本土的龙珠想象与水中所出的珍珠和玉珠相关，而印度想象的龙珠则产生于太阳之火。据此，在佛教输入中国后所见到的二龙戏火球一类表现模式，就可以从文化传播的视角来理解。除了太阳-火球的联想以外，也不排除闪电-火球的联想。后世从印度传来的龙戏火球，能够相对地取代先秦时代本土的龙珠观念，也有本土方面的自身因素。这种因素是：骊龙作为黑龙的别称，曾在神话世界中作为妖魔化的恶龙，位配北方。女娲大神在拯救宇宙秩序的补天之际，曾经击杀过黑龙，使之成为一种反面形象。《墨子·贵义》云："且帝以甲乙杀青龙于东方，以丙丁杀赤

---

[1] ［英］罗伯特·比尔：《藏传佛教象征符号与器物图解》，向红笳译，中国藏学出版社，2007年，第75页。
[2] 同上书，第76页。

龙于南方，以庚辛杀白龙于西方，以壬癸杀黑龙于北方。"《淮南子·览冥训》云："于是女娲炼五色石以补苍天，断鳌足以立四极，杀黑龙以济冀州。"高诱注："黑龙，水精也。"唐代杨炯《唐上骑都尉高君神道碑》云："娲皇受命，杀黑龙而定水位；汉祖乘机，斩白蛇而开火运。"趁着黑龙沉睡之际从其颌下盗取龙珠的故事和屠杀黑龙的故事，一个奇妙而美丽，一个血腥而悲壮。在两相冲突的张力的作用下，黑龙之珠的神话想象，逐渐让位于异邦传来的龙戏火球的神话主题。这一点从造型艺术的表现中看得较为分明。

虽然图像叙事中的"珠"被太阳火球所替代，但是在民间口传和文本的叙事中，龙珠的吉祥意义又和佛教中的如意宝珠母题相结合，不断催生新的神话故事。下面以自河南周口采集的民间神话故事《海珠》为例，说明龙蛇与珠的联想是如何启发民间想象叙事的。

> 从前有个叫王小的，靠卖盆为生。有一天看到一群孩子追打一条大青蛇，蛇已经奄奄一息。王小苦口婆心劝说孩子们放过大蛇。原来蛇是龙王之子。龙王得知王小救蛇一事后，将他请到东海龙宫来答谢，让他任意挑选一件龙宫宝物。王小都不要，只要龙王的一只小黑狗，带回家里。此后，每当王小卖盆归来，家中就摆好酒肉饭菜。王小不明究竟，就趁外出卖盆之际暗中溜回家，在窗外偷看。只见小黑狗一打滚，就脱掉狗皮，化作一美女，拿出一紫色包，对着东南方叫"快来"，桌上就立刻有了热饭热菜。王小急忙进屋抢走狗皮，扔到井里。姑娘无奈哭诉，说出真相：自己是龙王小女儿，名叫海珠，遵龙王之旨化身为狗来报恩的。王小和海珠彼此相爱，结为夫妻。①

这个民间叙事巧妙地调解了隋侯之珠与龙珠典故潜含的龙蛇之别的矛盾，将蛇处理为龙王之子。还让龙珠幻化表现为人格化的形象——海珠，并发挥出类似佛教如意宝珠那样随心所欲的神奇功用，传达出佛教的不杀生和果报原理。《海珠》故事堪称中印龙珠神话母题合流再造的生动范例。

---

① 据《海珠》缩写，见谷迁乔、岳献甫主编：《周口神话故事》，学苑出版社，2006年，第255—257页。

三、寿桃

图8-12是陕西关中清代民居建筑装饰，拍摄于西安的关中民俗艺术博物院。二龙对戏之间的珍珠或太阳火球，被替换为一棵红色大寿桃，二龙盘曲的身体上也各加饰两大莲花形象。在二龙戏桃的造型上方，还有二狮滚绣球的对应造型，在二狮子之间的中央上方则是蝙蝠形象。桃代表西王母蟠桃会上的寿桃，蝙蝠谐音福。这个繁复的建筑装饰，充分体现出民间艺术家综合利用传统神话观而再造的主题：二龙献寿、二狮纳福。其组合图像叙事的寓意十分吉祥美好：祝愿本住宅主人一家福寿双全，事事（二狮谐音"事事"）如意。

图8-12　清代关中民居装饰二龙戏桃

(摄于西安关中民俗艺术博物院)

四、蜘蛛

除了以上依次分析的三种对象，本章列举二龙戏的第四种对象是蜘蛛。

2007年11月4日笔者在河南禹州考察时，在禹州市文物库房院内看到一口宋代的黄釉水缸（图8-13），上面画着巨大的二龙戏珠图案，处在二龙之间的是一只巨大的蜘蛛！原来二龙戏珠的另类版本居然是"二龙戏蜘蛛"。这难道是一种出于民间艺人的恶作剧吗？

参照华夏传统以及跨文化的比较神话学材料，可以看出蜘蛛也是十分重要的神话意象，其被表现的年代几乎和龙一样古老。汉语文献材料中记述的蜘蛛要晚出很多。如《关尹子·三极》云："圣人师蜂立君臣，师蜘蛛立网罟，师拱鼠制礼，师战蚁制兵"，讲的是圣人模拟蜘蛛而发明网罟的仿生学原理，其源头当为前文字时代大传统的口碑神话材料。

据彝族神话史诗《梅葛》所述：在开天辟地之际，打雷来试天，地震来试地，试天天开裂，试地地通洞。用松毛做针，蜘蛛网做线，云彩做补丁，把天补起来。用老虎草做针，酸绞藤做线，地公叶子做补丁，把地补起来。

再看俄罗斯比较神话学家梅列金斯基对东北亚民族和美洲印第安民族神话叙事的分析，蜘蛛母题则是作为文明使者形象的一种化身出现的。

图8-13　宋代黄釉缸上的二龙戏蜘蛛

（摄于河南禹州文物库房）

> 美洲和非洲本地部落的文明使者往往有着动物的名字，且有着动物的外形（北美印第安人中的文明使者主要是乌鸦、水貂、家兔、丛林狼、乌龟；非洲的则是羚羊、猴子、变色龙、蚂蚁、蜘蛛、金龟子、山羊）。但是文明使者往往不会像图腾祖先那样成为宗教崇拜的对象，而是作为一个凡人进行活动的。动物的名字往往成了氏族或人的名字，而他们变成相应的动物形象只是为了说明它具有变幻的魔术，或是打猎时所施的巧计。[1]

文明使者形象可以用众所周知的希腊普罗米修斯神话为代表，其叙事中主人公的目的就是为人类谋求福利。据梅列金斯基考证，此类文明使者的动物化身母题起源于史前萨满教信仰时代，具有大传统的深厚想象基础，早在东北亚的古亚细亚人祖先与北美印第安人祖先尚未断绝往来以前就存在。此类原始神话在向宗教传说过渡的过程中，文明使者也可能转化成天神、天神使者或史诗英雄。由于文明使者的双重性格（有时表现为孪生子），他们就成为动物故事、笑话、家族传说等民间叙事的惯用人物题材。这是我们在童话和传奇故事中看到蜘蛛人格化形象的文学背景。

---

[1] ［俄］E. M. 梅列金斯基：《英雄史诗的起源》，王亚民等译，商务印书馆，2007年，第21页。

鉴于古亚细亚人和印第安人的历史早已中断，我们将这两个民族的"渡鸦"史诗的进化过程作一比较，对从总体上确定原始社会文化艺术发展的主要阶段是非常有益的。如果说古亚细亚人和印第安人的古代神话在很大的程度上是一致的，而关于沃隆的笑话和同样塑造了该形象的动物神话，日常生活神话、魔幻英雄神话则大相径庭。但是沃隆这一形象以及有关沃隆的故事情节（尤其是沃隆由文明使者变为可笑的骗子和贪吃鬼的情节）的发展趋向在古亚细亚人和印第安人的民间口头创作中基本还是一致的。况且，这也顺应了北美洲印第安人描写其文明使者（神貂、鱼神、蜘蛛仙、伊克托米、老仙、马纳博扎、丛林狼神；他们同时还会是创世者和骗子）传说的共同发展趋势。[①]

关于蜘蛛母题在印第安神话中的角色，还可参看列维-斯特劳斯的多卷本大著《神话学》的分析论述。

在文明社会建立之后的神话和文学中，蜘蛛是作为文化记忆而存留下来的。例如，在希腊神话中也有神灵将人变化为蜘蛛的母题。《希腊众神的日常生活》一书指出：阿波罗的愤怒是由人类的献祭来平息的。神明能够实施惩罚，也能撤回惩罚。在希腊神话中，存在很多神明对人类的惩罚，这种惩罚有时候乃是将人类变形，变为另外一个物种。著名的例子是吕狄亚姑娘阿剌克涅（Arachne）胆敢向雅典娜女神提出比赛织布技艺，因此被女神变为蜘蛛的故事。[②]如此神话情节对应着史前社会定型的性别分工：男耕女织。晚近的女性主义神话学对此类表现提出了尖锐的批评。

当比较神话学的视野转回到中国本土并向历史最深处探寻时，可以在华夏的中原地区找到非常古老的史前图像叙事案例，这也许是迄今能够看到的世界上最初的蜘蛛形象之一。那就是属于仰韶文化（公元前5000—前3000年）的河南濮阳西水坡遗址天文神话表现。

---

① ［俄］E. M. 梅列金斯基：《英雄史诗的起源》，王亚民等译，商务印书馆，2007年，第40—41页。

② Sissa, Giulia, and Marcel Detienne, *The Daily Life of the Greek Gods*, Trans., Janet Lloyd, Stanford: Stanford University Press, 2000, p.65.

1987—1988年发掘的西水坡遗址，除45号墓陪葬该墓死者的一组蚌塑龙虎图外，还发现两组同一时期相距不远的蚌塑龙虎图：第二组蚌图摆塑于m45南面20米处，t176第4层下打破第5层的一个浅地穴中。其图案有龙、虎、鹿和蜘蛛等。其龙头朝南，背朝北；其虎头朝北，面朝西，背朝东，龙虎蝉联为一体；其鹿卧于虎的背上，特别像一只站着的高足长颈鹿。蜘蛛摆塑于龙头的东面，头朝南，身子朝北。在蜘蛛和鹿之间，还有一件制作精致的石斧。[①]

据发掘者推测，西水坡仰韶文化遗址蚌壳摆塑的三组动物图案，在一个平面上自南向北一字排开，对应着子午线。第一组摆于m45号墓主人的左右两侧，显然是用于陪葬以显示墓主人身份和地位的，第二组和第三组蚌壳动物图案与m45号墓相关。古人幻想死后升天的观念看来起源甚早。对濮阳西水坡m45号墓主人身份的判断，以巫师兼社会领袖为主。他死后不仅殉葬3人，而且还在骨架左右精心摆塑着天文神话的龙虎图案。人类学家张光直先生针对第二组图案推测其为后世道教的龙虎鹿三跷，是帮助墓主人上天入地的动物形象。[②]唯独蚌塑的蜘蛛形象却没有得到解释。既然龙虎形象皆为天文神话想象的星象，那么蜘蛛形象或许也和天文神话相关，因此也牵连着龙戏珠主题的设想来源。

史前先民通过仰观星空的实践，建构出体系性的天文神话想象模式，后世熟知的关于东方苍龙、西方白虎、南方朱雀和北方玄武的四神模式，便是天文神话在文明中的遗留变体。至于更早的模式中为什么有龙与蜘蛛的图像组合，文献失载，后人已经无从考索。但是宋代陶缸上的二龙戏蜘蛛造型却分明显示出大传统依然通过图像传承而延续。除了第四重证据的图像以外，在来自民间民俗的活态文化中也能够找到充分的物证，说明二龙戏蜘蛛的表现模式由来已久，绝非宋代人的发明，而是来自远古的一个悠久传统，可能

---

① 濮阳市文物管理委员会等：《河南濮阳西水坡遗址发掘简报》，《文物》1988年第3期。参看中国社会科学院考古研究所编：《中国考古学·新石器时代卷》，中国社会科学出版社，2010年，第252—253页。

② ［美］张光直：《濮阳三跷与中国古代美术上的人兽母题》，见《中国青铜时代》二集，生活·读书·新知三联书店，1990年，第96页。

承继着仰韶文化以来的天文神话传统。下面举出2009年春节在陕西咸阳举办的第一届中国花馍艺术节上，关中农村百姓生活礼俗中传承的二龙戏蜘蛛模式（图8-14、图8-15、图8-16）。

图8-14　陕西关中民俗花馍二龙戏蜘蛛
（摄于2009年花馍艺术节）

图8-15　陕西关中花馍双凤牡丹，其上方的
二龙戏珠形象仍然是表现蜘蛛
（摄于2009年花馍艺术节）

图8-16　陕西关中花馍，表现蜘蛛形象的二龙戏珠花馍，所不同的是
在二龙中央的太阳轮上安排着一双蜘蛛，其上下方又有双蜻
蜓和双蝴蝶的形象
（摄于2009年花馍艺术节）

　　蜘蛛与龙和太阳是怎样联想到一起的呢？先民在观察自然时，看到蜘蛛具有结网保护的作用，就将此功能投射到人与神的行为上，形成朴素的神话故事。以下是人类学家采自印度蒙达人的神话：

　　　　在印度半岛东北部的乔塔纳格普尔高原的土著民族蒙达人中，流传着一个类似的故事，而情节上则有奇妙的改变。该故事说，名叫辛波嘎的太阳神最先创造出了两个泥土人形，一个代表男，另一个代表女。但是还没有来得及赋予他们生命，那狂暴的马就预感到自己将来会落入人的手中，忍受被人奴役的命运，于是就用四蹄把两个泥人践踏为土。那个时候，这匹马还长有翅膀，跑起来的速度比现在要快得多。当太阳神发现那匹马把自己创造的泥土人践踏毁坏的情形，他就改变了创造的方式：先造出一只蜘蛛，再造出两个人形，如同被那匹马所踏坏的两个人一样。随后，他命令蜘蛛去守护那两个泥土人，不让他们被马侵犯。于是，蜘蛛用自己编织的蛛网把人形包裹保护起来，使那匹马无法再接近他们。随后，太阳神将生命赋予这两个人，他们成为人类的祖先。①

　　在此神话中，蜘蛛充当着太阳神创世主创造人类这一伟大业绩的助手，其保护功能得到体现。除此以外的蜘蛛或蜘蛛网的神话联想，还有命运、母神、太阳等。米特福德（Mitford, M. B.）编的《符号与象征事典》一书，对此给出的跨文化归纳如下：

　　　　蜘蛛的神话在许多文化中出现。在中国，顺着一根丝滑落下来的蜘蛛，象征着从天而降的幸运。一般说来，蜘蛛作为编织命运者，象征着编织命运的大地母神，另外也表示太阳。因为如同太阳从灼热的中心向四周散发光芒一样，蜘蛛也通过它自己创造的放射状的蛛网来突出蛛丝。所以在美洲原住民神话中，蜘蛛等于女人，等于创造者，等于太阳的女儿。在日本，蜘蛛女可以轻而易举地将过客俘虏到自己的蛛网中。②

---

① ［英］詹姆斯·乔治·弗雷泽：《〈旧约〉中的民间传说》(*Folklore In the Old Testament*)，叶舒宪选译，《杭州师范学院学报（社会科学版）》2005年第3期。

② ［英］M. B. 米特福德：《符号与象征事典》，若桑绿日译本，东京：三省堂，1998年，第57页。

关于美洲印第安神话的蜘蛛女形象，可参看霍皮人和纳伐荷人的女神神话。以蜘蛛为形象的女神既是创造者和庇护者，又是部落祖先智慧的拥有者。[①]

蜘蛛被神化为保护人的母题也同样出现在中国文学中。在河南淮阳的伏羲太昊陵，流传着伏羲大神化为蜘蛛保佑落难中的朱元璋的故事，异常生动地体现出蜘蛛形象背后潜藏的神性意蕴。

> 我们现在看到的陵群格局形成于明朝洪武年间，据考证是仿照南京明故宫建造的，太昊陵为什么要仿南京明故宫而建造呢？相传在元朝末年，朱元璋率兵起义，吃了败仗，剩下孤家寡人，被追兵追得走投无路，惶惶然逃到了太昊伏羲氏的小庙内，看到伏羲氏塑像，跪下便拜："人祖爷啊，你若能保我平安无事，今后夺了天下，一定依照皇家宫殿，替你重修庙宇，再塑金身。"话音刚落，但见一只蜘蛛在庙门飞快地结起了蛛网。元兵追到庙前，见蛛网封门，便追向别处，这才让朱元璋躲过大难一场。后来，朱元璋得了天下建立明朝，便依照自己的皇家宫殿重修了太昊伏羲陵。[②]

综上所述，中原文物图像和陕西民俗花馍所表现的二龙戏蜘蛛主题，代表着常见的龙珠神话想象之外的另类表现模式，它一方面完全符合汉语的谐音文化现象，另一方面也具有深厚的大传统神话基因。更加具体的图像叙事解读与探源工作，还有待新材料的积累。

第三节　秦汉的"二龙戏钱"与"二龙穿璧"

二龙戏的另一种对象是钱币。这是二龙戏珠在汉代画像石中的表现特点，即将夜明珠改换成钱币的形式，其内方外圆的几何造型，充满华夏文明的风格特色，以江苏徐州和安徽萧县的汉画像石为突出代表（图8-17）。

---

① Williamson, Ray A., *Living the Sky: The Cosmos of the American Indian*, Boston: Houghton Mifflin Company, 1984, pp. 63-64.

② 转引自全云丽：《神话、庙会与社会的变迁——河南淮阳县人祖神话与庙会的个案》，见杨利慧、全云丽等：《现代口承神话的民族志研究——以四个汉族社区为个案》，陕西师范大学出版总社，2011年，第284页。

图8-17　安徽萧县汉画像中二龙戏钱
（摄于江苏徐州汉画像石艺术馆）

图8-17是徐州汉画像石艺术馆展出的一幅图像。来自萧县的一组画像石合围起来组成一个天穹似的环境，其中一块长条形石头刻有明显的二龙戏珠图像，二龙开口相对，龙口中有一枚汉代通用的钱币造型，上面居然以纵横两种方式刻写出4个汉字"五铢五铢"。对此，只有用"二龙戏钱"来命名才显得确切。从异常稀有的龙口吐珠，到比较容易的龙口吐钱，汉代民间艺术家的想象力将原有题材改造成百姓喜闻乐见的新形式。

在另外的徐州地区出土的汉画像石上，还可以看到似龙又似麒麟的一对形象，张口相对，口中呈现五铢钱。对于这种二龙戏珠主题的汉代变体形式，此处不作深究。值得一提的是，大清王朝时开创的中国邮票发行之始，在清一色的龙票之中就有双龙戏珠票。

汉代艺术造型中与二龙戏珠类似的一种图像表现模式，是较为常见的二龙穿璧造型。其画面也是由二龙为主体，但是二龙的姿态不光是面对面的，还有相互缠绕的，并且在缠绕中穿越玉璧的圆孔。有二龙穿越一块玉璧的，也有二龙穿越多块玉璧的。二龙穿一璧的代表是湖南长沙马王堆西汉墓出土的帛画。这个表现水陆空三界的神话图像已经为学界所熟悉。二龙穿多璧的情况常见于汉画像石。在徐州汉画像石艺术馆陈列的一块汉墓神阙石柱上（图8-18），就表现了二龙穿三璧的景象：两龙呈自下而上腾起状，龙首相对，龙体在空中3次交会，从3块玉璧的圆孔中反复穿越和缠绕。

古人认为天圆地方，圆形玉璧及玉环既能祭天礼神，也可用作天门的象征。[①]

---

① 分别参看赵殿增、袁曙光：《天门考》，《四川文物》1990年第6期；陈江风：《汉画像中的玉璧与丧葬观念》，见《汉画与民俗：汉画像研究的历史与方法》，吉林人民出版社，2002年，第163—174页。

图8-18　江苏徐州汉画像：神阙
　　　　石柱上的二龙穿璧

（摄于江苏徐州汉画像石艺术馆）

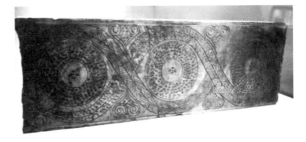

图8-19　陕西秦咸阳一号宫殿出土的龙纹玉璧空心砖
（摄于中国国家博物馆）

河北满城汉代中山王刘胜墓出土的二龙衔环出廓玉璧，就将玉璧与玉环两种意象组合成一体，并以双龙衔环造型代表升天意象。这样看来，汉代大量出现的二龙穿璧意象要表现的意图即升天之旅。但根据早于汉代的实物证据，可证明玉璧为神话天门之象征的信仰来自先秦时代而不是汉代人的新发明。在2011年国家博物馆的"古代中国"展厅中，有秦咸阳1号宫殿出土龙纹空心砖，可称为龙纹玉璧秦砖（图8-19），画面上有二龙相交图像，画面四角和空隙处共画有8处云纹，代表二龙所在位置是天空，也就是腾龙升天的写照。二龙躯体的两次相交形成3个环状空间，其中分别绘制出3块玉璧，并在玉璧表面刻画出谷纹。这样的谷纹玉璧正是自战国时期到秦汉时代最常见的玉璧形制。

　　神话学的解读，能够让这块2 000年前的皇家用秦砖讲述出当时建造者的图像表现初衷。龙纹和玉璧都不是简单的无意义的装饰物：龙代表能够自下界飞升到天上神界的媒介性生物；玉璧则隐喻天国之门。咸阳的秦皇宫是天子的特许空间，是精心设计和用特殊工艺制作出的通天和通神的神话意象，这样的秦砖当然不是俗民百姓的民居建筑所能够向往的。

古语云，宁为玉碎，不为瓦全。面对时隔千载而保留完整的秦砖汉瓦，以及完整的二腾龙三玉璧图像，今人或许能够切身体会到秦皇汉武时代的神话性精神企盼。

河南商丘的古迹阏伯台，相传为商人先祖阏伯（又称商王契）观天象的高台，在陡峭上升的石阶上刻有玉璧符号，喻示这些高升的台阶就是通往天国之路。周礼所规定的"以苍璧礼天，以黄琮礼地"，突出说明了上古礼仪象征系统中玉璧与天界的对应关系。汉代的荀悦在《汉纪·武帝纪六》中写道："立神明通天之台，造甲乙之帐，络以隋珠荆璧"，指的是借用上古两件顶级的稀世珍宝来表达汉武帝建立"神明通天之台"的精神渴求，那就是隋侯之珠与荆山和氏璧。珠玉的宗教内涵在此得到清晰呈现。从二龙戏珠到二龙穿璧，抢夺宝物的想象让位于升天的想象。

在华夏的神话想象中，人死后升天获得灵魂的不朽，需要借助于天神恩赐给人间的美玉作中介。这就是秦汉时代继承西周以来的以玉覆面的葬礼传统，发展出登峰造极的金缕玉衣制度，让地方诸侯王一级的逝者能够享受到顶级工艺的升天神话物质待遇。广东南越王墓出土金缕玉衣，外部用10块玉璧围绕，内部还贴有14块玉璧，总共24块玉璧全部用珍贵的和田玉精制而成，强烈显现出墓主人祈求升天的神话理念。

第四节　先秦玉器的二龙与"二龙拱璧"

自秦始皇被喻为"祖龙"（《史记·秦始皇本纪》）开始，秦汉时代将天子比喻为龙的做法日趋流行。这种"真龙天子"的象征传统，在后世逐渐发展为华夏龙形象的主流。但是与作为升天中介之龙的象征传统相比，象征最高统治者的龙传统显然要晚出。那么，秦汉时代的二龙穿璧（或二龙盘绕玉璧）模式是怎样起源的？寻找这个问题的解答，就相当于梳理出在象征天子之龙的小传统之前，象征升天工具之龙的大传统的古老传承线索。

从四重证据即出土文物方面看，在东周时期的玉器造型中，有二龙拱璧的题材流行，如河南洛阳出土的战国双龙形玉璧（图8-20）、[①]2006年湖北荆州熊家冢墓地出土玉器中有春秋战国时期的二龙拱璧玉佩（图8-21）、"神人与龙形玉佩"（荆州博物馆命名，图8-22），以及荆州院墙湾楚墓出土"神人操龙形玉佩"（图8-23）等。将这些或有人形或无人形的玉佩放在一起审视，即形成一个相对完整的先秦神话造型系统，足以揭示出相对统一的主题：人乘龙升天通神。这就给秦汉的画像砖或画像石造型中的"二龙穿璧"模式找到了更加古老的图像表现原型。

图8-20　河南洛阳出土的战国双龙玉璧
（引自古方主编：《中国出土玉器全集》第5卷）

图8-21　湖北荆州熊家冢出土的二龙拱璧玉佩
（摄于荆州博物馆）

图8-22　湖北荆州熊家冢出土的神人与龙形玉佩
（摄于荆州博物馆）

图8-23　湖北荆州院墙湾楚墓出土的神人操
龙形玉佩
（摄于荆州博物馆）

① 古方主编：《中国出土玉器全集》第5卷，科学出版社，2005年，第211页。

《中国出土玉器全集》湖北卷收录的江陵县九店44号墓出土的战国早期"龙形玉佩"，即有二龙戏珠形象之雏形的意味。而二龙相对的形象，早在西周玉器中就有所表现，如山西曲沃晋侯墓地102号墓出土的梯形玉佩（图8-24）。[①]该玉佩上下端共有16个穿孔，据推测为用穿珠管的方式形成玉组佩。若是玉牌的二龙头上方配以玛瑙珠等，则也能呈现二龙戏珠的组合意象。

图8-24　山西曲沃晋侯墓出土的梯形双龙玉佩
（引自古方主编：《中国出土玉器全集》第3卷）

　　在湖北随县曾侯乙墓出土的"龙形玉佩"也表现了大同小异的图像题材。这隐约透露出楚国玉器加工艺术中潜含着的神话主题：作为通神升天象征物的二龙和玉璧。联系《楚辞》以来的诗歌传统，对此能够有更好的体会。《离骚》曾讲到乘四龙驾之凤车的天空遨游体验："驷玉虬以乘鹥兮，溘埃风余上征。"王逸注："有角曰龙，无角曰虬。鹥，凤凰别名也。……埃，尘也。言我设往行游，将乘玉虬，驾凤车，掩尘埃而上征，去离世俗，远群小也。"洪兴祖补注："言以鹥为车，而驾以玉虬也。驷，一乘四马也。虬，龙类也。"[②]从屈原的文学措辞中可知龙凤皆为神话想象的天体遨游的载体。我们在先秦玉器上看到的诸多龙形玉佩、凤形玉佩、二龙拱璧和二凤拱璧等表现形式，当然也可从升天旅游神话的图像叙事方面去理解。李白《玉真仙人词》云："清晨鸣天鼓，飙欻腾双龙。"李商隐《九成宫》诗云："云随夏后双龙尾，风逐周王八马蹄。"可知在后世文学家想象中的双龙，依然是腾云驾雾的升天使者形象。在前面引用的荆州院墙湾楚墓出土的"神人操龙形玉佩"（图8-23），分明可见一神人头顶玉璧、左右手臂张开各持一龙而腾空的奇妙姿态。尤其值

---

① 古方主编：《中国出土玉器全集》第3卷，科学出版社，2005年，第137页。
② 游国恩：《离骚纂义》，中华书局，1980年，第249页。

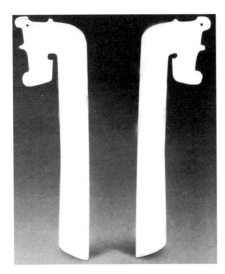

图8-25 陕西扶风西周墓出土的龙首形玉匕
（引自周原博物馆编：《周原玉器萃编》）

得关注的是，二龙相对拱玉璧的雕刻形象还有一个细节，即在二龙头后身体上方，又各刻画出一只凤鸟形象。据此，可改称此玉器为"神人操二龙二凤拱璧升天玉佩"。

以上对二龙形玉器的分析，也大致适用于另外的玉器造型——双龙对应意象。此类成双成对的玉器制作，见于商周时期。如周原博物馆编《周原玉器萃编》一书所收录的一对"龙首形玉匕"（图8-25），是1992年陕西扶风县黄堆村25号西周墓出土的，现藏宝鸡周原博物馆。该器物为高8厘米、厚0.2厘米的青白玉平雕龙形，龙身呈直体条状，上端恰似一张口翘鼻的龙头，下端为斜刃，刃部锋利。在位于龙头角上钻一小圆孔，可穿系。[1]至于同墓中有无配合此二玉龙的珠管等其他器物，因报告中没有提及，尚不可考。

此类双龙或双凤对应的图案或器物造型，在商周出土文物中不乏其例。如1979年扶风县齐家村41号西周墓出土的一对玉鸟佩；1976年陕西省岐山县凤雏村西周甲组宫室（宗庙）遗址出土的"双凤鸟纹梯形玉牌饰"。尤其是以下两对西周龙形文物，墓葬级别高，器物精致讲究，值得仔细辨识和研究：1981年扶风县强家村1号西周墓出土了一对"人龙合雕玉佩"（图8-26）；一对"人龙鱼合雕鸟形玉佩"（图8-27）。后者出土时位于墓主人头部旁侧，两件大小、质地、纹饰均相同。若和墓主人头部联合起来看，则呈现出一种别出心裁的另类二龙戏珠造型：这种随葬安排的二玉龙，上承史前红山文化牛河梁墓的随葬二玉龙现象，其神话观念意味着二龙保驾墓主人升天。推考这一想象模式的由来，居然有近6000年的历史。

由以上诸实物案例可知，二龙并列意象题材的出现，早在史前新石

———————————

① 周原博物馆编：《周原玉器萃编》，世界图书出版公司，2008年，第26页。

器时代就已揭开序幕。到夏商周三代之后，一直延续不断。不论其表现形态如何，均与后世的龙珠神话和所谓二龙戏珠造型有明显差异，其所体现的主要观念是沟通天地之工具，祈祝和协助凡界王者或逝世者能够升天。

龙在神话中所特有的潜渊和升天功能，使之成为先秦时代常见的升天媒介或腾空坐骑形象。下文再列举二例略加说明。

第一，《楚辞·天问》中的"焉有虬龙，负熊以游"一句，可以说明当时神话观中有虬龙充当熊的坐骑的情况。除了坐骑之用外，神话中还常见龙驾之车，甚至马车也被想象为龙车。《吕氏春秋·孟春》载："天子居青阳左个，乘鸾辂，驾苍龙，载青旗，衣青衣，服青玉。"高诱注："《周礼》，马八尺以上为龙，七尺以上为骒，六尺以上为马也。"这些2 000年前的龙马之喻无疑来自更古老的神话思维类比。龙充当坐骑的图像叙事也可上溯到6 000年前。《西游记》想象的唐僧的坐骑名叫"白龙马"，良有以也。华夏所推崇的龙马精神，早将飞龙在天的神话想象与天马行空的神话想象相互认同合一了。

第二，前引濮阳西水坡仰韶文化遗址蚌塑图像（本章第二节），龙为坐骑让人乘坐的形象

图8-26　陕西扶风出土的西周人龙玉佩
（引自周原博物馆编：《周原玉器萃编》）

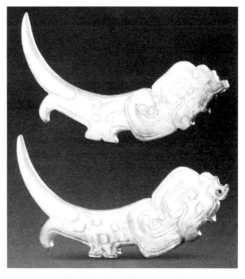

图8-27　陕西扶风出土的人龙鱼合雕鸟形玉佩
（引自周原博物馆编：《周原玉器萃编》）

非常明显，而且其年代之早，突显出其为史前文化大传统遗留在文明中的母题。

第三组蚌图，发现于第二组动物图案的南面t215第5层下（打破第6层）的一条灰沟中，两者相距约25米，摆塑图案有人骑龙和虎等。人骑龙摆塑于灰沟的中部偏南，龙头朝东，背朝北，昂首，长颈，舒身，高足，背上骑有一人，也是用蚌壳摆成，两足跨在龙的背上，一手在前，一手在后，面部微侧，好像在回首观望。虎摆塑于龙的北面，头朝西，背朝南，仰首翘尾，四足微曲，鬃毛高竖，呈奔跑和腾飞状。在龙虎的西面还有一舒身展翅的飞禽，因被两个晚期灰坑所打破而看不出是什么图形。在飞禽与龙之间还用蚌壳摆一个圆圈。[①]

西水坡仰韶文化蚌塑龙的出现，对龙神话起源给出真切的天文想象信息。据此可知，在史前先民仰观俯察的长期实践中，华夏的天文神话观催生出天上之龙星的想象；而以彩虹、虹蜺（即蝃蝀，是雨后或太阳出没之际天空所现七色弧线）、闪电、霁云等为龙的类比联想，又幻化出天地之间沟通使者的神话角色观念。[②]史前先民为了将神秘莫测、出没无常的龙虹给以固定化、对象化的物质表现，便采用天神恩赐人间的美丽透明的石头——玉石，加工成弯弯的彩虹形状，命名为"璜"。[③]又经过数千年的发展，演化出龙首璜、双龙首璜、熊龙首璜、双熊首璜等特殊形象。[④]考古实物可以证明，玉璜在东亚出现已有约7 000年的历史。璜在各个史前文化中的普及流行和传播，有助于龙星与龙虹两类神话的结合。经过功能转换，到夏商周三代时，龙便承担起载人升天的功能，与神鸟、鹰、鹗及凤凰（朱雀）之类飞禽一样，成为天地间的神话使者或运载者。黄帝骑龙升天的说法就是最好的

---

① 濮阳市文物管理委员会等：《河南濮阳西水坡遗址发掘简报》，《文物》1988年第3期。

② 《楚辞·天问》："白蜺婴茀，胡为此堂？"王逸注："蜺，云之有色似龙者也。"

③ 那志良：《中国古玉图释》，（台北）南天书局，1990年，第136页；翟扬：《虹与龙》，《华夏考古》1998年第2期。

④ 关于天熊神话观，参看叶舒宪：《猪龙与熊龙》，《文艺研究》2006年第4期。关于玉璜起源与天熊神话想象的关联，参看叶舒宪：《熊图腾——中华祖先神话探源》，上海文艺出版社，2007年，第211页。

明证。各种各样的龙形玉佩或龙凤形玉佩出现在商周至春秋战国时代,[①]与二龙对应的形象塑造相得益彰。西周玉器造型已出现人龙合体形象。到秦汉以后,龙的功能再度发生重要转化,成为最高统治者即天子的象征。这就是目前的图像材料分析给出的龙神话发生学解释脉络。

第五节　商周青铜器的二龙戏型纹饰

在商周青铜器上,有华夏传统中较早的二龙对应表现图式,其中的二夔龙戏一兽面的意象,或为二龙戏珠造型的图像源头之一。兹列举以下案例加以探讨和说明。

例一,西周中期的格伯青铜簋。该器因内壁铸铭文7行83字而著称。现存国家博物馆。左右和上三个边的整体纹饰,共由4条夔龙和3个云雷纹圆珠组成。其中上端中央的图案,就呈现为二龙戏珠的样式（图8-28）。云雷纹与火球或太阳之间是否有象征对应的关系,学界解释不一。

图8-28　西周格伯青铜簋局部纹饰
（摄于中国国家博物馆）

例二,西周的盠青铜方彝（图8-29）,上面铭文有周王册命做器者的名字"盠"。1955年陕西眉县李村出土。器身中央纹饰图案为二夔龙戏云雷纹圆圈。其特点是二龙之间的云雷纹巨大,而龙则相对较小。

例三,殷墟妇好墓青铜三联甗（图8-30）。1976年河南安阳出土,器形

---

① 参看常素霞:《古代玉器中龙纹的演变》,见国家文物鉴定委员会编:《文物鉴赏丛录——玉器（一）》,文物出版社,1997年,第241—265页。

硕大，加工精美，是国宝级文物珍品，现存国家博物馆。该铜器上部是3只并列的甗，下部是长方形器身。解说词认为"是后世一灶数眼炊具的雏形"。我们在此器上也看到了二龙戏珠图式的雏形。铜甗上端纹饰为二龙戏蝉图案，是迄今所见较早的同类图案。若不是纯粹的装饰，二龙戏蝉的神话意蕴为何，有待结合其他商代和更早的文物作出探究。目前能够推测的是，或许可以在虹为龙的联想和蜕为蝉的联想中寻找神话的逻辑关系。

图8-29　陕西眉县出土的西周盠青铜方彝纹饰

（摄于中国国家博物馆）

图8-30　河南安阳殷墟妇好墓出土的青铜三联甗（局部）纹饰：二龙戏蝉

（摄于中国国家博物馆）

例四，商后期青铜衡饰（图8-31）。1953年河南安阳大司空车马坑出土，现存国家博物馆，上有双龙并列的图式。

例五，兽面纹牺首尊（图8-32）。安阳小屯宫殿区331号墓出土，现存台北"中研院"文物馆，是规格最高的青铜器之一，重11公斤。器顶部有二龙对戏纹饰，但无珠或云雷纹及火球。

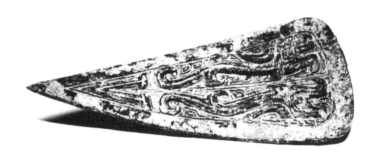

图8-31　河南安阳出土的商代青铜衡饰
（摄于中国国家博物馆）

图8-32　河南安阳出土的商代兽面纹牺首尊图案
（引自李永迪编：《殷墟出土器物选粹》）

图8-33　河南安阳1001商墓出土的大理石鸮

（摄于台北"中研院"文物馆）

图8-34　商后期青铜卣二龙戏图像

（摄于中国国家博物馆）

例六，大理石立鸮（图8-33）。[1]安阳西北岗1001号大墓出土，现存台北"中研院"文物馆，是殷墟出土大理石雕刻的代表作之一。表现一只头顶双毛角的猫头鹰站立形象，笔者曾解释为殷商人祖先由来神话所崇拜的玄鸟。[2]鸮的前胸部雕刻有二鸟对应图案，双翅上有阴刻的夔龙形象，两翅的图案合起来构成二龙对应的组合意象。

例七，商后期青铜卣（图8-34）。现存国家博物馆。鼎身上方纹饰为二龙戏兽面。鼎盖和底座纹饰中都有二龙对应图案。整个器物上共有6对双龙的图形。二龙之间的兽面究竟代表什么，迄今尚无确定的解释。

例八，陕西淳化出土西周大鼎（图8-35）。鼎耳部纹饰为二龙戏兽面图案。和例七的图像结合起来看，可知此类图像表现在商周之际是一脉相承

---

[1]　李永迪编:《殷墟出土器物选粹》,台北"中研院"历史语言研究所,2009年,第150—151页。

[2]　参看叶舒宪:《玄鸟神话的图像学探源》,《民族艺术》2009年第3期。

的，与"戏珠"有明显差异。

从商周青铜器纹饰情况看，二龙对应型的图案是当时相当流行的模式化表现，其中有各种变体形式，如纯粹的二龙相对形、二龙戏云雷纹圆圈、二龙戏蝉、二龙戏兽面等。龙的造型以夔龙为主。近有学者出于天文神话的考虑，将二龙戏珠图式改称为"苍龙戏珠"，[①]似有商榷的必要。因为不论是一龙图式还是二龙图式，均有众多的表现形式，未必都与天象上的东方苍龙星宿有关，似不宜一概而论。

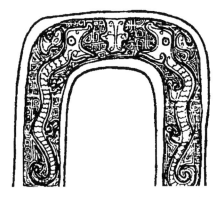

图8-35　陕西淳化出土的西周大鼎鼎耳纹饰

（引自谢崇安：《商周艺术》）

第六节　玉龙与二龙戏图像谱系

从二龙戏珠图像演变的3 000多年历史看，基本不变的是二龙（图8-36、图8-37），变化较多的是二龙之间的形象：龙珠、太阳、火球、蜘蛛（网）、玉璧（图8-18、图8-21）、云雷纹、蝉、兽面等，复杂而多样。它们彼此之间是否有某种关联性？如果有，又是怎样的关联呢？笔者以为解答这个疑问，不宜就事论事，见木不见林。需要充分利用多重证据，并从先民和民间的神话思维的类比联想入手，把握大致的神话变形转换规则。

图8-36　战国二龙戏凤玉佩

（北京故宫博物院藏）

---

① 庞朴：《火历钩沉》，载《中国文化》创刊号，生活·读书·新知三联书店，1989年，第14页；冯时：《中国天文考古学》，社会科学文献出版社，2001年，第304页。

图8-37　湖北随县曾侯乙墓出土的战国二龙戏玉佩

（引自古方主编：《中国出土玉器全集》第10卷）

《庄子·列御寇》云："吾以天地为棺椁，以日月为连璧，星辰为珠玑。"唐代武元衡《德宗皇帝挽歌词》之一云："日月光连璧，烟尘屏大风。"这些文学比喻的说法已经清楚地表明：在神话想象中，太阳、月亮、星辰三种发光的天体对象如何被认同为玉器（玉璧、连璧）和珠玑。这些信息足以为二龙戏珠、二龙拱璧和二龙戏太阳（火球）等不同意象找出共同的神话逻辑。至于太阳与蜘蛛是怎样联系起来的，同样可从人类学、民俗学的三重证据中找到合理的答案。以下引述弗雷泽《〈旧约〉中的民间传说》中的民族志案例，揭示这种联系在神话想象中存在的可能性。

赞比西河上流的一个部落阿罗依人说，他们的太阳神尼亚比从前住在人间，但他后来通过一张蜘蛛网去了天堂。他在高处发布神谕说："崇拜我！"但人们却说"来啊，我们杀死尼亚比！"听了他们渎神的威胁，天神就消失了，看起来好像他瞬间从天上掉下去了。因此人们就说："来吧，我们来造一根桅杆登上天堂。"他们竖起了一根桅杆，又在上面接上更多的桅杆，然后爬了上去。但是当他们已经爬到很高的时候，桅杆忽然断了，桅杆上的所有人都掉下来摔死了。[1]

分析这则神话的想象背景，可以得知：太阳与蜘蛛这两种风马牛不相及

---

[1] ［英］詹姆斯·乔治·弗雷泽：《〈旧约〉中的民间传说》，叶舒宪、户晓辉译，陕西师范大学出版总社，2012年，第161页。

的物象，原来是通过想象中的类比作用而建立起互为象征之关系的。太阳发出金光的形象常常被艺术化地表现为圆形的太阳轮，而蜘蛛网的形象恰好类似于太阳轮，蛛网上的蛛丝呈现出从一个圆心向外发散状，恰似太阳发出的光芒。这就给二龙戏蜘蛛和二龙戏火球（太阳）的两种模式找到神话象征上的相通性。图8-16呈现的陕西关中农民制作的二龙戏珠花馍，在二龙中央的太阳轮上安排一对蜘蛛，这虽然是活在当今的民俗，其想象来源却直通华夏大传统的神话观。

象征学家哈罗德·贝雷曾针对印度教大梵天的各种象征形象指出："大梵天是'存在中的存在'，是'最杰出的光'，是光辉的赐予者。大写字母B构成太阳之轮的表现核心，并为下述信仰提供一种图像表达：大梵天创造宇宙，就好比蜘蛛神织出大蛛网，又好比火花来自火种。"[1]哈罗德·贝雷的这种分析解说，点明了神话思维中太阳轮、火花、蜘蛛网的三位一体象征关联，可为我们研究二龙戏珠图像的各种变体提示系统分析的逻辑思路。中国文化与印度文化一样，从一开始就充满了神话性。文明小传统中的任何一个神话主题或意象，都有可能上溯到史前以来的大传统神话思维背景中。从科学思维看是毫不相干的事物，改用神话思维看就可以相互链接为一个整体。于是，古人不仅在天上的星象中看到龙星和东方苍龙星座，在联结天地之间的彩虹、霓云、虹蜺中看到龙的活动，还在大地上和在水下深渊中看到潜龙的存在。这些都是六七千年前就出现的大传统神话信息。中国风水将山脉或地脉视为龙脉，希望人的居住环境能够效法沟通天地间的神龙使者，将小宇宙（人）与大宇宙完全融合为一体。西周时代玉雕龙人或龙凤人鱼合体形象的出现，其丰富而深厚的精神蕴含尚未得到解读，需要从天人合一的观念层面去把握。秦汉以来的政治神话建构，又将统治者构想为"真龙天子"，所有这些，都是在六七千年龙神话流传的大传统之上派生出来的小传统而已。从查源而知流的意义看，二龙戏珠与二龙拱璧的图像模式出现在后，而一龙或一蜘蛛与太阳、星体、虹蜺等自然现象的神话联想产生在前。从神话思维的类比联想规则入手，是体认神话图像模式发生的必经之路。具体考证二龙母题的发生过程，则辽宁建平县牛河梁红山文化墓葬出土的二玉龙背对背置

---

① Bayley, Harold, *The Lost Language of Symbolism*, New York: A Citadel Press Book, 1990, pp.137–138.

放在墓主人胸部的现象，就发人深省，那是借助玉龙的通天与通神力量，祈求死者魂归天国的最早也是最佳的实物案例。

西学东渐以来，一个多世纪的中国文化研究基本遵循西方的科学主义路径，缺乏一种超越学科界限的神话学路径。与西方科学同时引入中国的神话学，基本局限在文学的学科本位之内，只能在民间文学课堂上传授，这就极大限制了当代人对本土文化的体认，尤其是限制了对弥漫和渗透在汉语、汉字、史书、建筑、服饰及各种艺术造型中的神话性内容的理解。就此而言，目前急需一门能够真正打通文、史、哲、宗教、政治、心理、艺术的神话学知识，借助于它，能够重新看待和解读本土文化的特质所在。与此相应的，需要打破文学本位的神话观，将学术视野从"中国神话"的故事研究，拓展为"神话中国"的文化范式研究。流传最广的"神州""天子"和"龙的传人"之说，早已将中国文化的神话性昭示无遗。不识庐山真面目，只缘身在此山中。

本章从龙珠神话故事入手，拓展到"二龙戏珠"的数千年图像叙事系统梳理，希望通过这个典型案例的跨文化解析，为"神话中国"真面目的再认识，尝试多重证据法的应用；同时说明怎样借助对文化大传统的系统性认识，解读在小传统中被遮蔽的、不知所以然的文化事项。

第九章

玉 戈

▶本章摘要◀

　　从史前玉器时代到青铜时代的转变伴随着重要的兵器和礼器革命。本章从玉石戈到青铜戈的演变过程看华夏戈文化的源流及其文明发生意义，揭示西北游牧文化元素对中原文明建构的影响，特别是夏商周时期玉石之路东段的三条道路（北道即黄河道，中道即泾河道，南道即渭河道）的存在及其文化传播作用，论说以陕北石峁文化及甘肃平凉地区方国卢方等为代表的西北玉兵文化对中原王权玉礼器体系形成的贡献。

　　戈是华夏文明特有的兵器，其来源紧密伴随着中原国家的形成，还直接关系到中国玉文化大传统与青铜文化小传统的衔接与转折过程。探讨戈兵器的源流演变，是考察东亚文明起源与华夏核心价值观由来的一个极佳窗口。

第一节　史　前　玉　戈

　　玉戈源自石戈，到夏商周三代时期，发展成为玉器的典型样式，以商周两代最为流行。从大传统着眼看，在中国上古玉兵器的整个发生谱系中，玉戈是继玉斧钺、玉镞和玉刀之后，与玉矛大约同时代发生的较晚器形。从小传统即汉字和青铜文明传统看，玉器时代先于金属时代，玉石戈是金属戈发生的原型。而铜戈的出现和实际应用大大提升了武器作战的杀伤力，根本性地改变了史前战争的形态，奠定了中原王朝政权统治的某种重要武力保障条件。

关于戈的来源，学界有各种各样的推测，如兽角说、石镰说、石匕首说、石铲说、石矛说，等等。戈的装柄方式大致有两种，短柄用于步兵的劈、刺、钩等，长柄可达 2 米以上，适合骑兵和车战之用。戈的钩杀性能突出，使之获得"钩兵"的美名。"反戈一击"的成语表明了其战斗用途的普遍性。

古玉研究家那志良先生认为："玉制的兵器，可以说没有一件是实用的。如果对方用的是金属兵器，自己使用的是玉兵，两器一相接触，玉兵马上破碎了。玉兵之用，只有两种：一种是作为仪仗，一种是做殉葬之用。此外就是做成小型的玉兵，作为佩饰之用。"① 那志良没有说明的是，在金属时代到来之前的史前期，曾有石制兵器的存在和使用情况。而玉兵器无疑是以石制兵器为祖型的，其发生年代，不论是从理论上讲，还是参照实物来看，都要比金属兵器早一个时代。玉石兵器易碎的情况，也只有和金属兵器相比较而言才是成立的。夏鼐先生认为，仪仗用的武器，虽不是实用器，可依然要算作武器。② 这一说法的意义就相当于，仿真手枪虽不能像真枪那样杀人，但在名称上还得称之为枪。问题在于，比金属戈出现更早的玉石戈，究竟有没有充当过实用器的经历呢？或是在一开始发明出来之际，就是作为仿真兵器的礼器而问世的？考古出土的实物对此给出的答案是否定的。

玉戈的前身为石戈，玉戈出现以后，石戈也没有消失，而是同玉戈并存，其辟邪等宗教神话意义与实用意义都是显而易见的。二里头遗址就同时出土了石戈和玉戈。二里头文化四期的一件石戈，前锋较圆钝（非尖形），援与内有明显区分，即用上下阑的凸起作为分界。全长 21.7 厘米，"从下刃的两处缺口看，似为实用器"。③

---

① 那志良：《中国古玉图释》，（台北）南天书局，1990 年，第 223 页。

② 夏鼐：《商代玉器的分类、定名和用途》，《考古》1983 年第 5 期。

③ 郭妍利：《二里头文化兵器初论》，见杜金鹏、许宏主编：《二里头遗址与二里头文化研究》，科学出版社，2006 年，第 228 页。下文讲到的石峁文化第一件玉戈也有类似的使用痕迹。这些文物的情况成为"玉戈非实用器"说的反证。

　　商代和西周时期的贵族墓葬仍然延续着玉戈、石戈并存的现象，^①如陕西宝鸡強国墓地BRM2号、山西晋侯墓地M8号、河南虢国墓地M2001和M2012号、应国墓地M1号等。台湾玉学界的杨美莉女士认为，石戈、玉戈出现在墓葬中具有类似的辟邪、镇墓功能，其使用意义就在于保护死者；所不同之处在于，玉戈因为其材质的稀有和珍贵，更具有礼器的性质。^②

　　关于玉石戈的起源年代，过去大都认为是在商代。近半世纪以来的考古发现，用大量出土实物彻底扭转了玉戈起源于商代的看法。根据已知的出土材料，早于商代的玉石戈或玉戈的雏形，约有4处，下文拟逐一加以讨论。

　　第一，安徽含山县凌家滩文化出土的玉石戈2件（图9-1）。

戈98M29：80　　　　　　　　　　　　　　戈98M29：81

图9-1　安徽含山凌家滩出土的玉石戈

（引自安徽省文物考古研究所编：《凌家滩——田野考古发掘报告之一》）

　　在中国乃至整个欧亚大陆，具有5 000年以上历史的玉石戈，目前仅有1998年安徽凌家滩遗址出土的2件实物标本，墓葬编号为98M29。人们不禁要问：这是什么样的墓葬，为什么玉石戈起源的标志物会出现在这里呢？

———————————

① 参看中国社会科学院考古研究所编著：《张家坡西周玉器》，文物出版社，2007年，第186—188页。北京大学震旦古文明研究中心等编：《強国玉器》，文物出版社，2010年，第184页图版。

② 杨美莉：《石、玉戈的研究》，（台北）《故宫学术季刊》1998年第16卷第1、2期。

凌家滩98M29号墓是迄今所发掘的该新石器时代遗址的重要大墓，随葬器物共计86件，其中玉器52件，石器18件，陶器16件。据此丰富的随葬品可推测墓主人为当时部落社会首领。52件玉器中，与玉戈同出的珍稀品种还有3件玉人，1件刻有八角星纹的玉鹰，5件玉璜，6件玉环，4件玉璧，1件玉蝉和1件玉圭。玉石戈被归类为18件石器中的2件，同出石器中还有12件石钺（图9-2）。后者通常被认为是史前社会中权力的象征物。由此来看，玉

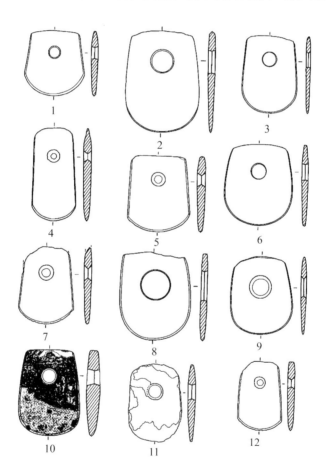

1—12. 98M29：44、45、46、47、66、67、69、71、73、74、75、76（1、
5、6、7为1/3，余均为1/4）

图9-2　安徽含山凌家滩98M29出土的12件石钺

（引自安徽省文物考古研究所编：《凌家滩——田野考古发掘报告之一》）

石戈的出现，是伴随着历史更加悠久的玉石钺等重要礼器，作为地方性政权的礼仪象征物的新兴品种，而发生在新石器时代中晚期的长江下游地区。这比我们通常理解的华夏文明的出现还要早1 000多年。这种现象，对应着《越绝书》等文献中有关"黄帝时代以玉为兵"的说法，十分耐人寻味。换言之，先秦时代有关远古黄帝时代的文化记忆中，存在以玉为兵的古老观念。过去没有实物对证，根本无法确定其虚实真伪。如今，有大批出土文物为见证，表明以玉为兵的现象不是后人虚构，而是远古的现实，充分体现出华夏文明的鲜明特色。

安徽凌家滩的2件玉石戈编号分别为98M29：80和98M29：81。考古报告对其描述是："角砾岩，灰黄色泛红斑纹。表面琢磨光滑。长三角形，三角刃。尾部有一长方形柄，两边磨出刃口。长18.9、刃长15.5、柄长3.4、宽9.5、厚2厘米。"[1]用今日的玉与石的区分标准，角砾岩不算透闪石玉，只能归类为石。可是5 300年前的凌家滩人是否掌握和后代一样的玉石划分的判断标准呢？如果没有的话，那么这2件石戈，是否也该归入广义的玉兵器范畴呢？提出此一疑问，以供进一步思考。

第二，红山文化圭形玉器1件（图9-3）。

以往发现的红山文化玉器中并没有玉戈或玉圭。2010年12月出版的《红山文化玉器鉴赏》一书，收录有考古工作者1981年在辽宁阜新收集的一件玉器，因为形似圭，被命名为"圭形玉器"。

红山文化的年代比凌家滩文化稍早。这件玉器尺寸较大，长达20厘米，两边虽然没有开刃，却也琢磨出刃的形状，尤其是其尖头，与

图9-3 红山文化玉圭形器，可视为玉戈雏形
（引自郭大顺等：《红山文化玉器鉴赏》）

---

[1] 安徽省文物考古研究所编：《凌家滩——田野考古发掘报告之一》，文物出版社，2006年，第256页。

戈的形状一致。据此判断，与其认为它是玉圭的雏形，不如同样视为玉戈的雏形。按照日本学者林巳奈夫和故宫玉器研究家周南泉等人的看法，玉戈是玉圭的前身，玉圭是玉戈衰落之后的一种替代形式。[1]这件似戈的玉器与后代之戈的区别是，没有援和内的分界。也许有人认为这不能算作戈，但是需要注意的是，二里头遗址出土的2件铜戈之一（直内戈），也是没有援内分界的。这是东亚地区最早的铜戈，其原型当为先于青铜时代而存在的玉石戈。

图9-4　陕西神木石峁遗址采集的龙山文化玉戈，长29.4厘米，厚0.6厘米

（2014年摄于良渚博物院"玉器·玉文化·夏代中国文明展"）

第三，陕西神木石峁文化玉戈3件（图9-4）。

石峁遗址的年代距今4 000年左右，被归入龙山文化。石峁文化的玉戈和玉璋等一样是采集品。[2]笔者曾在2014年良渚博物馆举办的"玉器·玉文化·夏代中国文明展"见到该玉戈的实物。据陕西古玉研究专家刘云辉指导的西北大学硕士学位论文《陕西龙山时代至夏时期玉器的初步研究》（作者权敏），对这3件玉戈的介绍如下：

> SSY118：玉戈，赭灰色有暗紫的颗粒斑。锋尖残，方内与援无分界，近末端安柄处有捆绑的磨痕，上下刃有崩伤。长36.5、宽9厘米，内末最厚达1厘米。
>
> SSY112：玉戈，蓝灰色隐现深色斑点，质细腻。平面近似长腰直角三角形，锋尖锐利，援正中一穿，内部钻一小穿。长21、宽5.5、厚

----

① [日] 林巳奈夫：《中国古玉研究》，杨美莉译，（台北）艺术图书公司，1997年。第28页，将一件商代的玉圭称为"像玉戈的迷你型"；第48—49页，将二里头和商周玉戈称为琰圭。另参看周南泉：《玉工具与玉兵仪器》，蓝天出版社，2011年，第269页。

② 参看戴应新：《我与石峁龙山文化玉器》，见《中国玉文化玉学论丛》续编，紫禁城出版社，2004年，第228—239页。

0.2厘米。

SSY121：玉戈，墨玉。长援，两边微内弧，锋端作等腰三角形，内长方形，一穿。长29.4、援末接内处最宽为6、厚0.6厘米。^①①

关于石峁遗址所出的龙山文化玉戈的学术意义，笔者认为值得注意的有以下三点：其一，与中原文明起源相伴生的重要兵器戈，可能有其西北部地区起源和传播的一条线索。目前材料虽然不充分，不能确定这是中原华夏文明之戈起源的唯一线索，但是戈文化和家马、马车文化、青铜文化等，均受到西北游牧文化传播影响的情况，呈现出互为表里的局面，隐约折射着一条重要的史前文化传播通道——玉石之路。玉石之路的北道可称黄河道，它沿着黄河中游的流向，以河套地区为轴心区域，将西部和西北部的草原文化与中原农业文明联系起来，构成文化关联的重要纽带。比石峁文化年代稍早的晋南陶寺文化，持续时间数百年，出现标志中原国家政权雏形的礼器体系，但是在其大量出土兵器中，却尚未发现一件戈。对照起来看，石峁文化玉戈率先在河套地区出现，耐人寻味。用先秦文献中的称谓，这一地区属于所谓"鬼方"，是商周两代人心目中的西北境强敌。《周易·既济》讲到"高宗伐鬼方，三年克之"，指的是商代最高统治者率大军亲征，历经3年苦战，才攻克鬼方王国。这个强大的西北政权之所以给中原文明留下深刻的武力记忆，一个重要原因就是其先进武器的杀伤力。从《诗经》产生的年代，直到唐宋时期，此类文化记忆始终挥之不去。《诗·大雅·荡》云："内奰于中国，覃及鬼方。"毛传："鬼方，远方也。"宋儒朱熹集传解释说："鬼方，远夷之国也。"从宋代学者王应麟《困学纪闻·易》篇，到现代国学家王国维作《鬼方昆夷玁狁考》，基本确认鬼方之人为西北少数民族。汉籍古书中一般以戎狄称之。《文选·扬雄〈赵充国颂〉》云："遂克西戎，还师于京；鬼方宾服，罔有不庭。"李善注："《世本》注曰：'鬼方，于汉则先零戎是也。'"鬼方作为西戎之人的一种代表，其武器的先进性就体现在"戎"字的造字取象中，那就是执大戈的人。

《穆天子传》记述周穆王西去昆仑山朝拜西王母的路线，就是先北上取

---

① 参看权敏：《陕西龙山时代至夏时期玉器的初步研究》，西北大学硕士学位论文，2010年。

道河套地区，以玉礼器拜会当地豪强首领河宗氏，然后再沿黄河一线向上游地区进发，盖非出于偶然。周穆王的行程或许是对应着一条文献中没有记载的史前玉石之路。[①]以大件玉礼器生产为突出特色的西北史前文化即齐家文化，在此充当着重要的传播中介作用。迄今的考古发掘报告中有大件的玉刀和玉铲，[②]但尚未出现齐家文化玉戈，不过民间收藏的齐家文化玉器中却不乏玉戈。如周南泉新著《玉工具与玉兵仪器》第255—256页就收录3件齐家文化玉戈的图片，其可靠性应存疑。[③]窃以为，在古玉收藏界真伪混杂的情况下，严谨起见，在没有正式发掘出土的齐家文化玉戈之前，暂不宜轻易使用民间收藏品作为研究的直接资料，至多可作为一种参照。

图9-5　河南偃师二里头遗址出土的玉戈

（中国社会科学院考古研究所藏，2009年摄于首都博物馆早期中国展）

第四，中原地区二里头文化所出玉戈4件（图9-5）。除了淅川下王岗的1件外，其余3件皆出于偃师二里头遗址三、四期文化的墓葬中。其年代略早于商代，或与早商时期重叠。值得注意的是，二里头遗址还出土铜戈2件，是中原地区迄今所能见到的最早铜戈。这就暗示着玉戈和铜戈之间有相互关联，究竟是玉戈模仿铜戈呢，还是铜戈模仿玉戈？仅仅着眼于二里头文化本身，这个问题难以解答。在中原周边的史前文化中探寻更早出现的戈，可以获得解释的线索。

学界一般将二里头遗址视为华夏第一王都所在，即夏朝晚期的都城，所以对此地出土文物的文明史价值极为看重，甚至会忽略其接受外来文化影响

---

① 参看叶舒宪：《黄河水道与玉器时代的齐家古国》，《丝绸之路（文化版）》2012年第17期；《西玉东输与北玉南调》，《能源评论》2012年第9期。

② 如甘肃东乡县出土长33厘米的齐家文化大玉铲，见古方主编：《中国出土玉器全集》第15卷，科学出版社，2005年，第40页。

③ 笔者对已出版的齐家文化玉器图册的批评意见，参看叶舒宪：《河西走廊——西部神话与华夏源流》，云南教育出版社，2008年，第142页。

的事实。无论是对二里头出土的青铜器还是玉器，都存在这样的观点倾向。例如，在论及"二里头文化兵器所反映的文化交流"问题时，前引《二里头文化兵器初论》一文的观点是，二里头文化的玉钺形制，明显受到东来和东南来的文化影响，如山东龙山文化和良渚文化的玉钺。"二里头文化的戈如空穴来风，石戈、玉戈和铜戈迅速出现，且只出现于二里头遗址中，对同时期的文化尚未产生影响。"①这样的立论观点，似乎无视先于二里头文化出现的陕西石峁文化玉戈，把中原王朝玉兵器的出现用成语"空穴来风"来形容，未免有"东向而望不见西墙"的盲点和以偏概全之嫌。

第二节　华夏的戈文化：从玉石戈到铜戈

从以上4处史前文化所出玉石戈的情况看，前二例的情况属于5 000年前，是相对独立地发生于南方和北方的，在时间和空间方面与中原华夏文明发生尚有一定距离；后二例的情况发生在距今4 000—3 600年间，与中原华夏文明发生密切联系在一起，而且二者之间有明显的源流继承关系。二里头玉戈与青铜戈同时出现，意义非凡，堪称华夏文明中原政权与神权、军权三位一体的标志物，对随后的商代文明有决定性的影响。以下分三点加以阐明。

其一，玉戈与铜戈并存及互动现象，在整个商周两代持续。早在商代早期，实用的铜戈获得社会分工的支持而批量生产之际，玉戈就爆发式地拓展出巨型礼器。惊人的一幕出现在1974年面世的湖北黄陂盘龙城商代遗址，那里发掘出一件巨型玉戈，长达94厘米，堪称"世界第一戈"（图9-6）。此玉戈现存北京的国家博物馆，其年代距今约3 500年，紧随二里头文化的年代。此后，铜戈与玉戈呈现明显的功能性分化：铜戈为实用兵器，也可兼为礼器和葬器；玉戈则脱离实用性，成为专门的仪仗礼器和镇墓葬器。如此看，有众多玉戈出自商周两代墓葬的情况也就不足为奇。殷墟妇好墓就出

---

① 郭妍利：《二里头文化兵器初论》，见杜金鹏、许宏主编：《二里头遗址与二里头文化研究》，科学出版社，2006年，第236页。

图9-6　湖北黄陂盘龙城出土的商代早期大玉戈
（摄于中国国家博物馆）

图9-7　商代图形、文字中所见武器与车
（摄于中国国家博物馆）

土玉戈39件（夏鼐加上铜内玉戈等，认为是47件），整个商代玉戈出土实物有近200件。

其二，戈成为商周以后最重要和最普及的兵器形式，也是充分显现出中国文明特色的兵器形式。"商代常见的兵器为戈、矛、钺和镞等。戈，是兵器组合中的核心器物。在商代墓葬中，铜戈出现最普遍，在各种组合中几乎都有戈。"[①]自商代铜戈大量投入战争之用以来，一直到秦汉时代，戈都是主导性的攻击性武器（图9-7）。在甲骨文和金文以来的古汉字造型中，戈的形象作为偏旁，留下非常深远的影响。像汉字中指代国家的"國"字和指代战争的"戎""战"等字，均从戈，一看就知，这种具有5 000多年历史的兵器何以成为具有3 000多年历史的象形汉字的核心要素成分。由此不难看出，戈对华夏文明的贡献是何其重要。

攻击性武器戈与防御性武器盾（干）组合而成的合成词"干戈"，成为古书中使用频率最高的词语。《尚书·牧誓》云："称尔戈，比尔干，立尔矛，予其誓。"孔传："干，楯也。"《诗经·周颂·时迈》云："戴戢干戈，载櫜弓矢。"桓宽《盐铁论·世务》云："兵设而不试，干戈闭藏而不用。"干戈合称，还能够指代战争本身或参战之人。司马迁《史记·儒林列传序》云："然尚有干戈，平定四海，亦未暇遑庠序之事也。"葛洪《抱朴子·广譬》云："干戈兴则武夫奋，《韶》《夏》作则文儒起。"以上都是用干戈指代战争和武

---

① 中国社会科学院考古研究所编：《中国考古学·夏商卷》，中国社会科学出版社，2003年，第403页。

力的例子。下面是用干戈指代参战之人的情况。赵晔《吴越春秋·阖闾内传》载："孙武曰:'吾以吴干戈西破楚。'"直到元代戏剧家董解元写《西厢记诸宫调》,依然从戏中人物口里说出如下话语:"不是咱家口大,略使权术,立退干戈。"上古时代认为国家大事最重要者莫过于祀与戎。而"戎"作为执戈杀伐之兵,又通称"西戎",与东夷、南蛮、北狄并列为"四夷"。在这种中原中心观念支配下的习惯性用语中,或许还隐约暗示着戈这种武器的文化来源方向在西或西北。

有关二里头文化铜器起源的研究表明,当时比二里头的冶金技术领先一步的是西北齐家文化,因此甘青地区的齐家文化的东向传播对二里头文化有重要影响。同样,北方的夏家店下层文化出土有完整的连柄铜戈。[①]联系到家马和马车的来源也是西北草原文化,则车战与戈兵的组合关联之来源,大体可以有明确的探究线索。

其三,戈的形制在商代已经完成了其历史上几乎所有重要的发展样式(图9-8),以有胡铜戈在商代晚期出现为标志,在此后近千年的戈文化传统延续中,除了纹饰特征外,基本上再没有什么特别新的形制出现。[②]

如果说周代的玉戈形制相对商代而言有什么发展的话,那就是在延续玉戈制作的武器仿真性以外,又朝小型化和装饰性的方向有所演化。如陕西宝鸡茹家庄井姬墓中出土的一组串饰,其中就有13件小型玉戈,与小玉鸟、小玉鱼和贝等共同构成组佩的整体。这些小玉戈个体极小。河南三门峡虢国墓地出土的玉戈中也有类似的小型化和装饰性化的情况。在山西曲沃晋侯墓地,大玉戈或大石戈通常出现在外棺盖板上,小型玉戈则作为组佩饰的部件使用。[③]玉石戈依据其尺寸大小,表现出较明显的功能分化。

长胡三穿戈和四穿戈的出现,也可算作西周以来铜戈发展的一个特色。长胡戈能够有效地加固戈与柄的连接,更加有利于在实战中发挥此类兵器的力学优势。从其源流看,长胡这一特色似乎也是来自中原以西地区。1972年甘肃灵台百草坡西周早期墓葬出土长胡四穿铜戈(图9-9),器长27厘米,

① 陈国梁:《二里头文化铜器研究》,见中国社会科学院考古研究所编:《中国早期青铜文化——二里头文化专题研究》,科学出版社,2008年,第175页。
② 参看潘昌雨:《从品类与材料分化论玉戈之起源》,台南艺术学院第四届硕士论文,2002年。
③ 参看孙庆伟:《周代用玉制度研究》,上海古籍出版社,2008年,第16—29页。

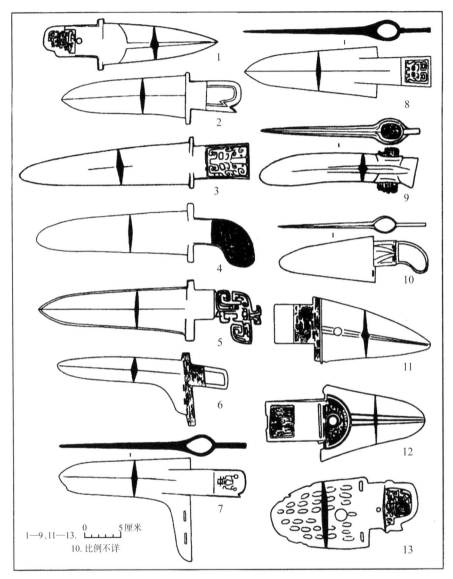

1. 戈（三家庄 M4:5） 2. 戈（大司空村 M663:17） 3. 戈（偃师商城 M1:3） 4. 戈（楼子湾 M3:7） 5. 戈（小屯 M18:40） 6. 戈（花园庄南地 M5:1） 7. 戈（郭家庄 M135:5） 8. 戈（郭家庄 M160:322） 9. 戈（台西 M17:2） 10. 戈（小屯 E16:4） 11. 戚（三家庄 M1:4） 12. 戚（殷墟西区 M279:1） 13. 戚（殷墟西区 M4:1）

图9-8 商代铜戈演变示意图

（引自中国社会科学院考古研究所编著:《中国考古学·夏商卷》）

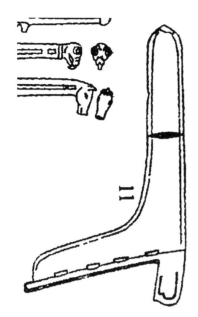

图9-9 甘肃灵台白草坡出土的西周长
胡四穿铜戈

（引自甘肃省博物馆文物队：《甘肃灵台白
草坡西周墓》）

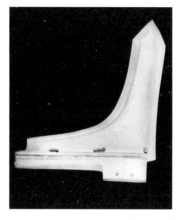

图9-10 秦景公玉戈，明显模仿了西周以
来的长胡铜戈

（陕西历史博物馆藏；引自刘云辉主编：《陕
西出土东周玉器》）

胡长17厘米，重325克，无脊梁，减刃。援与胡之间的夹角大于90度。此
种设计似乎有利于扩大戈的钩杀范围，是在车战实践中逐步改进出来的。

　　这种长胡戈在东周以后逐渐普及流行。1986年陕西凤翔县南指挥村秦
公一号墓出土春秋晚期玉戈（图9-10），从形制看与西周长胡铜戈一脉相承，
只是尺寸小了一半，玉戈长13.6厘米，胡长11.8厘米。胡与援的长度比例更
加接近，胡上的四穿（孔）压缩成三穿（如不算顶端的圆孔，就只有两穿）。
刘云辉先生编著《陕西出土东周玉器》一书对此玉戈的评述如下：

　　　　白玉，玉质鲜润，直援，直内，长胡三穿，援部不起脊，援上下两
　　侧开刃，刃后又磨出凹形槽……此戈比较罕见，形体大，制作考究，当
　　为秦景公生前所用的仪仗性兵器。[1]

---

① 刘云辉编著：《陕西出土东周玉器》，文物出版社、（台北）众志美术出版社，2006年，第80页。

以这件秦景公生前所使用的礼器玉戈为例，参照东周时期有胡铜戈装柄复原的情况（图9-11），可以看出其外形特点上似更接近甘肃灵台白草坡出土的西周铜戈。差异在于，四穿中的一穿从胡部移到内部，戈援外形的直线形演化成了曲线的柳叶形，援与胡之间形成的夹角也缩减到约90度的直角。

从4 000年前的龙山文化玉戈，到如今已经大量出土的商周时期的玉戈和铜戈，参照之下，我们对汉字"國"的写法就可以有更加深切的体悟。"國"，表示以戈守卫的四方形空间，代表地域性的城垣或方国。考古发现，龙山时代以来的古

图9-11　春秋战国时期的有胡铜戈装柄复原图
（摄于中国国家博物馆）

城大都呈现为四方形。商代卜辞中还有不少有关"四戈"的记录。如：

甲子卜，王从东戈乎侯戈。
乙丑卜，王从南戈乎侯戈。
丙寅卜，王从西戈乎侯戈。
丁卯卜，王从北戈乎侯戈。[1]

这4条卜辞由甲子日开始连续4天卜问神灵：商王从"东戈"等四方"乎侯戈"的可能性。"戈"在《说文解字》中释为伤害之意。卜问的内容或是东西南北"四戈"对商王是否有伤害。陈梦家先生以为"四戈"代表四方边境之地。[2]常玉芝先生的研究认为，"四戈"的出现不是一般地指代四方之

① 郭沫若主编：《甲骨文合集》，中华书局，1978—1982年，第33208片（四期）。
② 陈梦家：《殷墟卜辞综述》，中华书局，1988年，第321页。

边境，而是殷人宗教信仰中的崇拜对象。他还对比卜辞中的"四戈"与"四巫"，指出二者的不同："四戈指的是四个方向的地域之神；四巫指的是四个方向的空间之神。"①按照这一观点，四戈的组合形式在语言文字中已经是崇拜对象。实物的戈是否也同样具有神性的问题，参照殷墟出土的镶嵌绿松石铜内白玉戈（有的玉戈形状与玉圭相同，如小屯331号墓出土的和妇好墓出土的）、镶嵌绿松石龙纹曲内铜戈、镶嵌绿松石夔纹三角援铜戈、兽面纹三角援戈，②以及西周以来的双凤首短内白玉戈（1981年陕西扶风县强家村一号西周墓出土，现存宝鸡周原博物馆），③就可以得到对其神话学内涵的大致领悟。特殊的器物本身代表某种神圣性，这也是来自史前大传统的惯例。至于为什么将四方神灵称为"戈"的疑问，只要了解到美丽的玉石在5 000年前东亚先民心目中就是代表神圣的符号物，则玉石戈的根脉中就潜伏着现成的答案。

第三节　铭文戈与华夏戈的源流

最后，本节拟对戈上铭文及书写现象作一简略的论述。在玉戈和铜戈上镌刻铭文的现象，早自产生甲骨文的商代就出现了，流行于整个商周时期。由于玉和龟甲一样能够代表神明，在玉器上书写文字的特殊神圣意义就不言自明了。根据安阳殷墟妇好墓出土的铭文玉戈（M5：580号），当今学者考证出有关商代玉戈来源的重要信息，即直接来自中原以西的陇东地区方国进贡。中国社会科学院考古研究所的曹定云先生认为，妇好墓铭文玉戈上的6个汉字"卢方剐入戈五"，虽然叙事简略，却透露出重要的历史信息，即有关卢方的地望及其向中原王朝进贡的实物问题。卢方作为地方政权的名称也见于殷墟卜辞，可见它和殷商王朝保持着长期交往关系。因为关系良好，卢方还受封爵位，卜辞中称"卢白"即"卢方伯"。曹先生考订，卢方的位置

①　常玉芝：《商代宗教祭祀》，中国社会科学出版社，2010年，第155页。

②　台北"中研院"历史语言研究所编：《殷墟出土器物选粹》，台北"中研院"历史语言研究所，2009年，第93—94页，图版75、76、77、78。

③　周原博物馆编：《周原玉器萃编》，世界图书出版公司，2008年，第14—15页图版。

在今日甘肃平凉地区，很可能是当时某一少数民族的部落。①若进一步追问其族属，则氐羌族群的可能性最大。这个西北方国能够一次进贡给商王室5件大玉戈，从中透露出重要的文化史信息。铭文末尾的"戈五"二字，可解释为卢方此次贡给商王的玉戈总数，也有人解释为"这是所进戈的第五件"。②不论哪一种解释，都足以证明商代玉器生产的重心除了殷都城安阳之外，还要考虑西部的秦陇之地。后世的礼学文献《周礼·考工记》将掌管戈矛类武器生产的专职人员称为"卢人为卢器"，③似乎不是偶然的。卢人生产武器的传统与商代的卢方在西北的情况相对照，暗示着玉石之路的中道，即泾河道的可能性。

众所周知，中原地区缺乏优质透闪石玉矿资源。自二里头文化出现大件玉器以来，直到殷商晚期，中原政权所用大量美玉来自何方的问题一直悬而未决。妇好墓出土的铭文大玉戈，通长38.6厘米，援宽10.1厘米，厚0.6厘米，显然属于大型的玉礼器。若不是来自西北齐家文化的采玉和制玉生产传统，很难给出一个更加合理的源头解释。卢方作为殷商时期西北边地的方国，其文化祖源自然联通着当地史前玉文化的大宗，即齐家文化。铭文玉戈上的几个字，言简意赅地表明西北方国向中原政权输入大件玉器的历史事实，非常难能可贵。参照"四重证据法"，来自西北卢方的玉戈本身的取材和形制，足以充当第四重证据，说明华夏文明起源期中央政权用玉资源的重要来源方向；而玉戈上的六字铭文又是极佳的第二重证据，透露出西北地区史前玉文化与国家起源时期殷商玉文化之间的密切关系，及殷商王朝统治的势力范围和其对地方政权的物质依附程度。玉戈本身来自盛产玉礼器的西北边地，商王室获得的不仅是本国稀有的玉料，而且是加工好的玉器成品。这件事对王朝的重要程度，足以让殷王室专职掌握甲骨文字书写知识的贞人将进贡玉戈事件镂刻在坚硬的玉器上。这不禁让人由此推测，商代早期和二里头时期出现在中原地区的大件玉礼器，是否也会有大致相似的输入性来源呢？尤其是那一件琢磨精美的白玉柄形器，其原

---

① 曹定云：《殷墟妇好墓铭文研究》，云南人民出版社，2007年，第38页。
② 那志良：《中国古玉图释》，（台北）南天书局，1990年，第236页。
③ 孙诒让：《周礼正义》卷82，中华书局，1987年，第3406页。

料为新疆和田玉的可能性较大。

无独有偶，1977年考古工作者在甘肃庆阳商代遗址中发现另一件有铭文玉戈（庆阳博物馆藏）。该玉戈长38.6厘米，厚0.6厘米。这两个数据居然和妇好墓出土的铭文玉戈完全相同，分毫不差。戈上阴刻有"乍册吾"三字，末端两面还琢磨出精美的臣字眼兽面纹。[1]从庆阳到安阳的直线距离有600多公里，其间有黄土高原和黄河的阻隔，两地能够出现几乎同样尺寸的铭文大玉戈，说明整个关中地区都可以是商王国与西部联系的纽带。这种情况是怎样形成的呢？

考古学材料给出的中商文化分布格局，为此提供出解释的基础。"商文化在早商三期进入关中西安至铜川一线，形成早商文化北村类型。""中商文化是在早商文化基础上发展起来的，其分布地域曾一度比早商时有进一步扩展，东到泰沂山脉一线，西抵关中西部岐山、扶风，北面近抵长城，南逾长江。"[2]位于甘肃与河南之间的陕西西安老牛坡商代遗址（50万平方米）的发现，成为联结商朝与西北边地的文化纽带的重要环节。从早商到晚商时期，老牛坡发展成为商王朝控制渭水流域的一个政治军事中心，其对商朝的意义在于有效掌控自西北、西南地区向中原地区输送战略物资的贸易和交通之道。老牛坡商代遗址不仅发现了冶金和铸铜的遗迹，还出土了2件标准的商代玉石戈，长度为31厘米，厚0.7厘米。[3]有学者推测："老牛坡的这两件玉戈在何处制造不得而知，因为老牛坡并没有生产玉器的遗迹。它们的产地可能有二：第一，于本地制造，但制玉工艺源于殷墟传统；第二，在殷墟制造，那么老牛坡的玉戈则是商王室回赠的礼品。我们目前尚无法证实或推翻这两种假设，但是无论是哪一种情况，玉（或原料、或产品）在老牛坡和殷墟的关系中都扮演了至关重要的角色。"[4]在此需要补充的第三种可能情况是：老牛坡出土的商玉戈既不是在本地制造的，也不是在殷墟制造的，而

[1] 许俊臣：《甘肃庆阳发现商代玉戈》，《文物》1979年第2期。
[2] 中国社会科学院考古研究所编：《中国考古学·夏商卷》，中国社会科学出版社，2003年，第253页。
[3] 刘士莪、宋新潮：《西安老牛坡商代墓地的发掘》，《文物》1988年第6期。玉戈之一的彩色图版，见古方主编《中国出土玉器全集》第14卷，科学出版社，2005年，第30页。
[4] 刘莉：《中国早期国家政治格局的演化》，见荆志淳等编《多维视域——商王朝与中国早期文明研究》，科学出版社，2009年，第167页。

是在卢方之类富有玉石资源的西北边地制造的。玉戈在老牛坡与殷王室之间扮演的角色，不是向上贡赋或向下赏赐，而是向中原王朝传播西北玉文化的中介。换言之，三地玉戈的实物对应，足以在甘肃庆阳、陕西西安和河南安阳之间，画出一条三点成一线的文化传播线路。与前述史前玉石之路黄河道（北道）相对应，此处应该视为西玉东输的中道即泾河道，其南面还有玉石之路的南道即渭河道。

自西向东滚滚流去的泾河和渭河，作为黄河的支流，成为西北玉石与玉器等战略物资东进中原的水路通道，这与周人自陇东移居关中，最后挥师东进推翻商王朝的运动方向大抵是一致的。自秦文化兴起到统一六国，其地理空间拓展模式与周人文化的东向运动也是基本相同的。概括言之，周人和秦人的文化发展基本处在玉石之路北道与南道之间的陕北和关中。周人文化记忆中的先祖公刘时代相当于夏代末年，据《诗经·公刘》篇的叙事，从那时起，周人就参与到西玉东输的文化资源再配置运动中。该诗歌颂公刘自陇东迁至豳地，有"何以舟之？维玉及瑶"的描述。玉与瑶的对称，表明二者是有区别的。瑶作为玉中极品，似专指新疆和田玉而言，有神话中昆仑山的"瑶池"地名为旁证。可知先周人部落领袖早就对美玉推崇备至，也暗示出周人玉文化与史前西部玉文化的渊源承继关系。

正因为周人先祖来自陇东地区，与史前西玉东输运动有密切联系，所以西周玉器生产中的大件礼器，如玉璧、玉琮等，几乎在玉材质地、颜色和形制方面与齐家文化玉器一脉相承。《尚书·顾命》等篇记述的西周王室国宝，清一色都是大件玉器或玉石原料。那是和殷商人同样崇拜玉石的西周统治者从四方各地获得的宝玉，其中当然有远自新疆昆仑山的和田玉。[1]在安阳小屯村北的 M18 号商墓中出土的一件铜内玉戈，通体长 20.5 厘米，其铜内已经失去，戈援上近尖锋处有用毛笔写下的朱书铭文七字，极为少见。铭文透露出该玉戈也是殷王室得自外来的入贡品。那志良先生评价说："这的确是一件稀有之物，发掘人鉴定它是一块新疆的青玉。在殷代，新疆的玉，比较难得，用这样大的一块玉做一件记事的戈，当时也是很重视它的。"[2]殷商的玉

---

① 参看叶舒宪：《河图的原型型为西周凤纹玉器说》，《民族艺术》2012 年第 4 期。
② 那志良：《中国古玉图释》，（台北）南天书局，1990 年，第 237 页。

文化发展能够充分利用来自新疆的上等玉石资源，这应当和先周文化以及西北地区的方国如卢方等都有连带关系。在周穆王时代以后，新疆美玉输入中原的数量有显著的增加。由商代开启的在玉戈铜戈上写字刻字的记事传统，也通过周人的继承发扬，一直延续到秦人文化中。故宫博物院收藏的秦子戈（《集成》11352）上有铭文曰：

> 秦子作造中辟元用，左右币鲑，用逸宜。

　　1994年的甘肃天水地区，在打击文物走私活动中缴获一件"秦子元用戈"，铸有铭文类似上述秦子戈。[①]2006年由澳门基金会出版的收藏家萧春源先生藏品集《珍秦斋藏金·秦铜器篇》又见一件秦子戈，是三角锋的中胡三穿铜戈，胡上铸铭两行，内容略同上引故宫秦子戈。李学勤先生在为该书写的前言中综合讨论了多件秦子戈、矛的铭文内容，指出："从西周晚期到春秋早期，三角锋、有胡是戈的普遍型式，而秦的三角锋戈又有自己的特点。"[②]这些意见均有助于对秦铜戈与玉戈的对比研究。

　　总结中国戈兵器自西北游牧文化输入中原的历史过程，其催生华夏文明的物质因素作用和符号作用均非常可观，许多问题有待深究，存在广阔的探讨空间。据文献记载，在夏代开国君王禹的后代姓氏中，就有以戈为氏名的现象。《史记·夏本纪赞》云："禹为姒姓，其后分封，用国为姓，故有夏后氏、有扈氏……戈氏。"《潜夫论·五德志》亦云："姒姓分氏，夏后、有扈……戈……皆禹后也。"曹定云先生据此考证甲骨文中的"戈国"，认为是商汤灭夏后将"戈国"分封给夏族后裔。他还系统分析甲骨文中9种相关的族徽，将其所代表的氏族集中分列如下：

> 戈：戈氏，夏禹之后裔。
> 亚戈：戈氏，夏禹之后裔中享有诸侯爵位的支系。

---

① 吴镇烽：《秦兵新发现》，见广东炎黄文化研究会：《容庚先生百年诞辰纪念文集》，广东人民出版社，1998年。
② 李学勤：《文物中的古文明》，商务印书馆，2008年，第345页。

宁戈：戈氏，夏禹之后裔中担任"宁"官的支系。

戈酉：酉姓（氏），黄帝之后裔。

戈兆：姚氏，虞舜之后裔。

戈己：己氏，夏昆吾之后裔。

戈网：网（芒）氏可能为夏帝芒之后裔。

戈车：车氏，黄帝之后裔。

戈罟：罟氏，因"罟"音义不明，待考。

曹先生对此种符号命名现象作出结论说：

> 从上列的情况可以看到，这些带"戈"之族徽所代表的氏族几乎都与夏发生密切的联系：有的直接为夏之后裔，如戈、亚戈、宁戈、戈网（芒）；有的明显属夏部落联盟内其他氏族之后裔，如戈己、戈兆；有的为黄帝之后，但与夏亦当属同一部落联盟，如戈酉、戈车。这些氏族都和夏发生关联，决不是偶然的巧合，而应是当时客观存在的反映。殷周时代的宗族观念十分强烈，对自己氏族用何标志更是十分慎重。这些族徽都带"戈"，说明这些氏族有某种内在的联系。这些联系应是：他们的先辈都属于夏部落或夏部落联盟内的氏族。[1]

依照这一见解，可作出推论：既然后人所能见到的有关夏族的文化记忆保留在殷商人的甲骨文中，那么，把夏族、夏王朝和戈这种源于夏代的新式武器联系在一起，所反映的正是殷商人心目中夏人的突出特征。这种情况正像甲骨文中体现的羌人文化，用从羊的"羌"字来代表该族人群以牧羊为特色的迥异生活方式。炎帝之姓"姜"的情况可作出类似的推测，因为甲骨文中的"姜""羌"二字通假。可以说，是炎帝族给华夏文明的诞生带来西部牧羊文化的重要成分，是夏族继炎帝族之后给华夏中原国家带来戈兵和车所代表的武力要素。这些西来的要素在殷商文化中已经充分得到消化吸收。

---

[1] 曹定云：《殷墟妇好墓铭文研究》，云南人民出版社，2007年，第75—76页。

殷商人一方面在青铜器铭文中留下大量带"戈"的族徽,让我们在3000年之后还能看到,"夏代灭亡之后,夏部落和部落联盟中各氏族联系的纽带依然存在。各氏族族徽都带有'戈'字,就是这一纽带存在的反映"。[①]另一方面,殷商人充分继承从夏人那里学得的用戈技术,将其作为帝国武力征伐和对内残酷刑罚的威慑性利器,并在大量用戈的实践基础上发明创造出一系列从"戈"的汉字,然后再将这些戈字及从戈的新字书写在玉戈之上。美国哈佛大学福格艺术博物馆收藏的商代晚期玉戈上,铭刻有关商王的九字叙事:

曰肇,王沬,才(在)林田(甸)俞鈅。

古文字学家认为,"王沬"指商王在祭祀仪式上的洗濯祭品,有名为俞的近臣作为旁侍。甸是爵位名。最后一个从戈的"鈅"字,像人踞坐执戈而侍,意在保卫,俞当时可能就手执这件玉戈,因而事后刻铭留念。以甸之爵位而任王者侍卫,说明"鈅"也是商代重要的官职名。作为玉戈铭文解释的物证,还能举出殷墟侯家庄西北岗1001号大墓的殉人,正有踞坐执戈的姿态。[②]如今到安阳参观殷墟博物院的观者们,还能目睹3 000年前执戈商臣的形象。这无疑是亲身体验华夏戈文化源流和意义的生动课堂。

戈的源流在第四重证据批量问世的情况下,得到第一次清楚的系谱性认识。中国人的"國"观念和"我"观念为什么都从"戈"的疑问终于有了深度解说的可能。戈这种兵器是作为远古以来国族认同与自我认同的符号在发挥作用的。

---

① 曹定云:《殷墟妇好墓铭文研究》,云南人民出版社,2007年,第79页。
② 李学勤:《殷商至周初的鈅与鈅臣》,《殷都学刊》2008年第3期。

| 第十章 |

玉　兔

◥本章摘要◣

　　当代中国在探月之旅的科技方面让世界刮目相看：嫦娥三号与玉兔号月球车的命名过程，则体现着文化文本的符号多级编码原理。其原型编码即一级编码，来自史前无文字时代的神话想象：以玉为神明或日月的象征物，用玉雕琢出周期性的变形动物形象——玉蚕、玉蝉和玉蛙等。商代文物中已有玉兔神话观的表现，体现为商周以来的玉兔形象。其二级编码为文字，将每月一生育的兔子同月亮自身的周期性圆缺变化相互类比认同，催生出指代生育的"娩"字，其本义特指兔生子，引申后泛指哺乳动物的生育。三级编码为早期文字书写经典，以屈原《天问》的月兔神话为代表。后经典时代一切书写均为N级编码，代代相沿，无穷无尽。

　　月与兔，是世界上许多文化共有的神话母题。月中有玉兔，则是华夏文明特有的神话母题。本章将发挥四重证据法的考证优势，探究玉兔神话在史前文化大传统的渊源。

第一节　嫦娥三号与玉兔号月球车

　　2012年岁末，世人半信半疑地沉浸在世界末日神话所带来的疑惑与忧虑之中。古老的西方末日想象，通过当代流行全球的影片《后天》和《2012》等的巨大传播作用，给人们带来灭顶之灾的恐惧心理。

时值2013年岁末，世界不但没有毁灭，而且也没有出现大的灾难。事实胜于雄辩，有关末世的一切预言都不攻自破。套用《三国演义》中诗句，可以说"青山依旧在，几度夕阳红"。不过取代西方末世神话成为世人关注新热点的事件再度出现，那就是中国人的嫦娥奔月神话梦想场景的现代科技升级版的卓越表现。

据官方报道，2013年11月26日，中国国防科技工业局在北京举行新闻发布会，宣布一项命名：将中国人自主研发的第一辆登月行走的无人驾驶月球车即"嫦娥三号"月球车，命名为"玉兔号"。一周之后的2013年12月2日，位于四川西昌的卫星发射中心将由着陆器和"玉兔"号月球车组成的嫦娥三号发送到太空。2013年12月15日4时35分，地球上东半球的人们还在睡梦之中，嫦娥三号着陆器与巡视器

图10-1　玉兔号月球车在月球上登陆
（新华社图片）

分离，以"玉兔号"为名的月球巡视器顺利地降落到月球的表面上（图10-1）。大约19个小时以后，即15日23时45分，玉兔号围绕嫦娥三号旋转拍照成功，并在瞬间向地球传回照片。2014年1月，玉兔号休整后再度展开探月工作……一个来自中国神话的名称就这样通过全球媒体向世界传播开来。

这究竟是神话场景，还是现实场景？为什么中国科技的新成就场景会通过嫦娥、玉兔的名号，被华夏民众复原为神话场景？

伴随着视频直播的嫦娥三号成功在月球表面着陆，出现举国望明月、亿万人民观赏玉兔号的激动人心场面，辉映着2013年岁末至2014年岁初的日子。

一时间，玉兔这个古老的神话名字不胫而走，通过网络传媒的爆炸性传播作用，转瞬间就享誉全球，随即成为中外各大媒体版面上的头条。

登月旅行，是人类自古以来的美妙幻想，各族人民的神话传说中充满着丰富多彩的月宫想象，而华夏文明的神话世界，自先秦时代就将月亮与升天奔月的仙

女嫦娥，以及嫦娥的两种重要动物化身——月蟾蜍与月兔紧密联系在一起。正是基于这一神话历史的事实，当今天国产的登月考察航天科技成就需要命名包装之际，嫦娥和玉兔两个充满神话幻想意味的古汉语特有名词就这样先后脱颖而出了。

月球探测器和月球车都不是中国人的发明。在我国的玉兔号之前，世界上成功发射并运行的月球车已经有5辆。其中2辆是无人探测月球车，3辆是有人驾驶的月球车。前者是苏联在20世纪70年代发射的1号和2号月球车；后者是美国阿波罗15号、16号、17号月球车，其名称来自古希腊神话中的太阳神阿波罗。阿波罗狂热地追求河神之女达芙妮，使之最终变形为一株月桂树的神话故事在西方家喻户晓。中国玉兔神话的来龙去脉，则没有那么高的知名度。嫦娥三号上搭载的无人驾驶月球车，从开始研发到成功登月，经历了约10年时间。国内有多所高校及科研院所也研制了多个月球车的实验性样本，为其最终定型提供技术支持。2012年11月13日，"嫦娥三号"月球着陆器实物模型在珠海航展首次亮相。其所搭载的月球车征名活动，于2013年9月25日开始，在网络上一共收到有效投票344.52万余张，其中约有五分之一的选票集中在一个名称上，那就是"玉兔"这个名字。"玉兔"共得票64万余张，排名第一，以压倒性优势胜出，获得冠名。

从美国人用西方神话名称阿波罗命名其3辆月球车，到中国人用本土神话名称"玉兔"命名最新的月球车，当时全世界代表人类登月壮举的6辆月球车中，居然有4辆采用了神话式命名。这些登月实践显示出当代航天科技的巨大进展，也是古代九天揽月神话根本不曾想象得到的。玉兔号的作为，不但堪称梦想成真，并且足以让现实超乎想象。

和那只会在月宫中捣药的传统神话角色相比较，老玉兔被表现为一个敬业的药工形象（图10-2），而如今

图10-2　北京昌平明定陵出土的和田
　　　　白玉雕玉兔捣药金耳坠

（定陵博物馆藏；引自古方主编：《中国
出土玉器全集》第1册）

的玉兔号显示出的科考功能堪称万能。换言之，当代科技所达到的神奇能力，已经远远超越了古老神话。科技的无止境进步，正在创造人类今天的新神话。

第二节　为什么是"嫦娥"？

中国造的登月工具为什么一律采用众所周知的古老名称？答案很简单，这是文化的原型编码在发挥支配作用。每一种文化的原型编码毫无疑问都来自其古代神话传说。

中国多民族文化中大都保留着自古流传的月亮神话，其想象的境界和表现细节都不尽相同，但有一个基本的主题是大体一致的，那就是遵循二元对立的思维模式，将天空上的两种突出的发光体——太阳和月亮，分别视为宇宙间阳性力量和阴性力量的总代表或总象征，在此基础上将太阳神男性化，将月神女性化（也有少数相反的情况）。

汉文古籍中说帝俊之妻常羲生 12 个月亮。[①]汉族民间认为日月是阴阳两气所化成。蒙古族认为月亮是梭罗树人的女儿。苗族神话认为日月是天神的两只眼睛，还有说是开天辟地的大神盘古的眼睛。苗族还有神话说是造明之神果楼生冷创造出日和月。白族神话说，一个人间的妇女把两张饼抛到天空，就成了日和月。彝族神话认为是巨人生出的日月；也有的认为是蜥蜴或鱼生育出日月。从神话思维的类比联想看，蜥蜴和鱼都是典型的外形变化类动物，和青蛙蟾蜍、蛇、蝉、蚕等类似，足以和阴晴圆缺循环变化的月亮互为象征。珞巴族神话认为是地母神生育出日月。普米族认为是两位祖先分别变成日月。傣族神话说是一对兄妹分别变成日月。裕固族认为是神珠变化成日月。佤族神话说太阳被射成两半后，一半为日，一半为月。柯尔克孜族认为冷神到天上变成月亮。毛南族神话说白熊变成月亮。怒族神话说白果子变成月亮。布依族神话说太阳变成月亮。独龙族神话说太阳的亡魂变成月亮。满族神话说镜子抛到空中变成月亮。土家族神话说火把升天变成月亮。京族、鄂

---

① 袁珂：《山海经校注》，上海古籍出版社，1980年，第404页。

伦春族都有太阳男和月亮女的信念。怒族和台湾原住民族都有日月为夫妻的信念。

有不少民族的神话讲述月亮上居住着特殊身份的女性。如柯尔克孜族的天体神话认为，月亮上有一个险恶的巫婆，每天想吃一个人间的生灵。月神为保护人间生灵，给巫婆一麻袋沙子，让她一粒粒数清楚之后，才能降下人间。[1]这样的月宫神话想象，比"寂寞嫦娥舒广袖""碧海青天夜夜心"的汉族月宫仙子景象，会显得更加奇崛和阴冷，多少带有魔法的色彩。

又如广泛流传于东北三江一带的赫哲族月亮神话说。相传，古时，有一个受虐待的媳妇，叫伯雅木奇格，她每日赤脚担水，受尽婆母欺凌。某月明之夜，伯雅木奇格担水中对空哭诉，忽由月亮里伸出一束柳枝，她肩担着桦皮桶，攀扶直上月宫，因得救助而成月神。[2]从这一则赫哲族神话

图10-3　云南潞西纸马《月宫》

（引自沈泓：《俗神密码》）

看，月中仙子依然是女性，而且是人间弱女子升天得救变成的。此一月神神话充分体现着父权制社会中处于底层的被压迫的女性的愿望和想象。

汉族嫦娥神话叙事，从偷窃丈夫羿的不死药，独自升天奔月的情节看，嫦娥本来的身份也是人间女子，是不死药的神奇力量让她奔月成仙。不死药究竟是什么药呢？玉兔所捣制的仙药，莫非就是嫦娥带入月宫的不死药的复制品？（图10-3）

嫦娥与玉兔，又是怎样发生关联的呢？有一则中原地区流传的神话是这样讲的：药奶奶，即嫦娥，

---

[1] 中国各民族宗教与神话大词典编委会编：《中国各民族宗教与神话大词典》，学苑出版社，1993年，第370页。

[2] 同上书，第311页。

是今天在河南方城县流传所称的嫦娥，原为人间农家女。她每天帮父亲采药，因白兔相助，她把采来的药物给乡亲治病。有一天，白兔送她嘴里一枝花，她就飞到月宫去了。嫦娥从此在月中捣药。每年端午节，乡亲们去河边洗澡、采草药时，可以看见月中的药奶奶嫦娥。①

根据这个有趣的民间神话叙事，月宫中捣药的不是白兔，而是被白兔传授草药秘诀的嫦娥，她还获得一个"药奶奶"的美名。不论是玉兔捣药，还是嫦娥捣药，这不死仙药的配方成分是什么呢？唐代的《酉阳杂俎·天咫》篇云：太和中，郑仁本的表弟，与一位王秀才游嵩山，在一处幽寂的仙境中迷路，遇见一位酣睡状的奇人，这位奇人笑着对他们说："君知月乃七宝合成乎？月势如丸，其影，日烁其凸处也。常有八万二千户修之，予即一数。"说罢打开一个包袱，拿出玉屑饭两裹，授予二人，说："分食此，虽不足长生，可一生无疾耳。"说完就隐身不见了。②从这个传奇故事看，月亮本身是七宝合成物，与之相关的仙丹仙药显现为"玉屑饭"的形式，这显然与玉石象征不死永生的神话观念密切相关。李白诗把月亮称作白玉盘，看来也不仅仅是诗人的修辞术。月亮作为夜间的发光体，在物理特性上与白玉有极其相似的一面，月宫中的兔子为玉兔，蟾蜍为玉蟾，嫦娥为玉女，建筑为琼楼玉宇，当然都是顺理成章的。根据这种类比逻辑，嫦娥可以视为美玉或白玉的某种女性人格化表现。而不死药则可表现为固体的玉屑饭，或液体的琼浆玉液之类。③这和古希腊罗马神话关于野兔肉为春药，或者能够使不孕妇女怀孕的民间信仰形成对照。④其信仰的逻辑依据是，兔子的生育周期与月亮的圆缺周期具有一致性，都在29天左右。联系到中国民间有关兔子望月而孕的传说，对永生不死药与生育药、春药之间的神话生命逻辑就能有所领悟。难怪汉字中意指生育和分娩行为的"娩"字，要采用"兔"字为结构要素。

---

① 中国各民族宗教与神话大词典编委会编：《中国各民族宗教与神话大词典》，学苑出版社，1993年，第281页。

② 袁珂、周明编：《中国神话资料萃编》，四川社会科学院出版社，1985年，第237页。

③ 参看叶舒宪：《食玉神话解》，（台北）《中华饮食文化基金会通讯》2007年第13卷第2期；《食玉信仰与西部神话建构》，《寻根》2008年第4期。

④ Golan, Ariel, *Prehistoric Religion–Mythology, Symbolism*, Jerusalem: Jerusalem Press, 2003, p. 468.

更深入地进行分析表明，比野兔更加古老的神奇生命力象征动物是蚕和蛾一类。嫦娥本名姮娥。从女的"娥"字在音和义两方面都隐喻着从虫的"蛾"字。蛾本是变形动物蚕虫所化。嫦娥因此又可视为蚕-蛾的人格化表现。在以下的探讨中可知，比玉兔和玉蟾出现更早的玉雕变形动物，其实正是玉蚕和玉蝉。依照"娥"与"蛾"的符号编码对应关系，玉蚕和玉蝉的人格化表现形式显然即是"婵娟"——另一个象征月亮的人名。[①]

第三节　为什么是"玉兔"？

据新华网记者韩元俊、底东娜的报道《网友贡献20万个名称，月球车终命名为"玉兔号"》，[②]2013年9月25日，在北京钓鱼台国宾馆，中国探月工程总设计师吴伟仁宣布，嫦娥三号月球车全球征名活动正式启动。随着新华网的现场直播，以及其他媒体的报道，全球亿万华人对中国首辆软着陆月球车的关注也从四面八方汇聚而来。

10月26日，来自社会各界的14位评审委员分别从文化内涵、航天事业、民族特征、创意等角度进行评审，经过多轮投票，最终选出玉兔号、探索号、揽月号、钱学森号、追梦号、寻梦号、追月号、梦想号、使命号、前进号10个名称进入为期一周的网友投票环节。从10月27日到11月5日，这10个入围名称接受了广大网友的投票。在10天的网上投票过程中，共计收到有效投票3 445 248张。其中，玉兔号得票649 956张，排名第一；钱学森号得票609 631张，排名第二；揽月号得票526 606张，排名第三；寻梦号、前进号、探索号、追梦号、梦想号、追月号、使命号7个名称分别位列第四至第十。终评会再度延续热烈讨论，以评委打分加公众投票方式评选出"玉兔号""揽月号""寻梦号"三个名称方案上报。最终获胜的还是神话性最突出

---

① 参看叶舒宪：《庄子的文化解析》，湖北人民出版社，1997年，第十一章三节"蚕与龙"、四节"嫦娥奔月：变化哲学的形而下视角"；《嫦娥何以升月？》，《书城杂志》1994年第5期。

② 资料来源：新华网，2013年11月26日。

的名称"玉兔号"。

从世界各民族神话的象征表现情况看，玉兔在象征月亮的各种变形动物中并不占据最显赫的地位，相比之下，其他一些动物反而更具有优势。如比较宗教学家伊利亚德指出：某些动物变成月亮的象征甚至月亮的"临在"，那是因为它们的形状或者它们的行为令人想到了月亮。蜗牛即是如此，它在壳中钻进钻出；熊也是如此，它在仲冬时节消失，在春天又出现；青蛙也是如此，它膨胀身体，没入水中，又浮到水面上来；狗也是如此，因为在月亮上能够看到它，或者因为在某些神话里面被当作人类的祖先；蛇也是如此，因为它时隐时现，因为它盘成许多圈，就像月亮一样，或者因为它是"所有妇女的丈夫"，或者因为它蜕皮（这就是说，周期性地再生，"不死"）；等等。蛇的象征多少有些令人困惑，但是所有象征都指向同样一个核心概念：它是不死的，因为它不断再生，因为它是一种月亮"力量"，同样可以赐予生殖、知识（亦即预言）甚至永生。[①]

对华夏神话传统而言，无论是蜗牛还是熊，都无法和玉兔、蟾蜍竞争月神象征者的地位。《太平御览》卷九〇七引《博物志》云："儒者言月中兔。

图10-4 云南玉溪纸马《月公公》

（引自沈泓：《俗神密码》）

图10-5 唐代铜镜上的月宫图像：嫦娥、玉兔分列左右，桂树位于中央，蟾蜍在桂树下

（神木县博物馆藏）

① ［美］米尔恰·伊利亚德：《神圣的存在：比较宗教的范型》，晏可佳等译，广西师范大学出版社，2008年，第157页。

夫月，水也。兔在水中无不死者。夫兔，月气也。"[1]《封氏闻见记》卷七云："月中云有蟾蜍、玉兔并桂树，相传如此，自昔未有亲见之者。"[2] 神话意象和神话境界离不开文学想象，它们并不会因为没有人见过而受到普遍的怀疑。正因为千百年来中国人的月亮想象已经和玉兔结下不解之缘，所以它能够在当代的网络海选竞争中独占鳌头，获得月球车的荣耀命名权。

从上文图10-4显示的云南玉溪地区民间纸马《月公公》图像刻画，以及图10-5显示的唐代铜镜画面等可知，在一轮圆月中捣药的玉兔形象，自古就随着古老的礼月拜月习俗长久地存活在千百万民众的信仰传承之中。

第四节　玉兔原型：从图像到文字

华夏文明的玉兔神话是如何起源的？其形象演变过程又是怎样的？本节希望从大传统的新视野求解这个问题。

过去，研究玉兔神话的学者多数以文献资料为主，近年来也有学者开始关注图像资料，但是取材的视野大都限于汉代以后的图像资料，其制作年代和文献记录的神话素材大体相当，并无时代上的优先性。例如，有学者发现，从全国范围看，山东、江苏、安徽、陕西、河南以及湖南等地的汉代画像石、壁画和帛画中，均有蟾、兔并列月中的画像。[3] 又如台湾学者刘惠萍《汉画像中的"玉兔捣药"——兼论神话传说的借用与复合现象》一文，[4] 以汉画像为取材资料，认为月宫中玉兔捣药之神话的产生可能在两汉时期。文中借由对汉画像中兔的两种形象的讨论——一种为画于月中，以代表月亮和阴，常作奔跑状的"月中兔"；另一种为常出现于西王母画像中的"捣药玉兔"——认为它们原本应是属于不同系统，且功能和意义不同的两种图像。再如叶柏光《玉兔奔月话"祥符"——从一枚宋代"祥符元宝"背玉兔奔月

---

① 李仿编：《太平御览》，中华书局（影印本），1960年，第4023页。

② 封演撰、赵贞信校注：《封氏闻见记校注》，中华书局，2005年，第67页。

③ 牛天伟、金爱秀：《汉画神灵图像考述》，河南大学出版社，2009年，第350—351页。

④ 刘惠萍：《汉画像中的"玉兔捣药"——兼论神话传说的借用与复合现象》，《中国俗文化研究》2008年第2期。

花钱说开去》，①通过分析铜钱的图像，探讨宋代的相关神话观念。以上这些研究能够梳理月兔和玉兔神话在汉代以后的传承情况，却不足以解释其神话观念的由来和渊源。

国内的文学人类学研究一派在新世纪以来提出了四重证据法的方法论，逐步扩大了探索中国神话的材料范围，特别强调玉文化方面的考古发现新资料。

2013年12月出版的《文化符号学——大小传统新视野》一书，将特定文化传统视为一种动态生成的文化文本，并以符号媒介为尺度，将文化文本再划分为前文字时代的大传统和文字书写的小传统。将大传统的符号编码称为原型编码或一级编码，文字编码为二级编码，文字书写的早期经典为三级编码，后经典时代的一切写作均为N级编码。这样就可以将文化视为一个不断编码和再编码的历史过程，从中寻找到某些重要的符码规则。②

就华夏文明中的玉兔神话意象的符号编码而言，汉字"兔"和从兔的"娩"字等，始见于商代甲骨文，均属二级编码。分析指代生育现象的"娩"字，可知"兔"字中潜含着生命生殖象征的意蕴。③而一级编码的发生早于二级编码，指的是先于文字而发生的图像叙事资料，如商周两代不断出现的玉雕兔子形象的造型艺术传统，以及圆形或半圆形的月兔形象等。比玉兔形象出现更早的一级编码还应追溯到史前玉器：玉雕蝉或蚕的形象，以及玉雕鸮、鸟或蛙的形象等。其基本神话蕴涵为生命力不死——在变形后动物的形体周期变化中体现出永恒的活力。例如，红山文化出土的玉蚕和玉蝉形象，距今约6 000年；④良渚文化出土的玉蛙距今约5 000年。后者明显可以作为月亮变化特征的象征动物。与此同时或稍早，在安徽凌家滩遗址出土的玉器

①　叶柏光：《玉兔奔月话"祥符"——从一枚宋代"祥符元宝"背玉兔奔月花钱说开去》，《收藏界》2013年第5期。

②　参看叶舒宪等：《文化符号学——大小传统新视野》，陕西师范大学出版总社，2013年，导论及第一章。

③　尹荣方《神话求原》一书指出：古人对兔的怀孕生子情况相当关注，《说文解字》用"生子齐均"解释"娩"字的意义，说明古人对兔每月一孕的"齐均"特性早就有所了解。后来才慢慢产生了兔系于月的传说。参看尹荣方：《神话求原》，上海古籍出版社，2003年，第118页。

④　于建设主编《红山玉器》一书收录红山文化玉器中的玉蚕和玉蝉共8件。参看于建设主编：《红山玉器》，远方出版社，2004年，第127—141页图版。相关的研究参看孙守道：《红山文化"玉蚕神"考》，《中国文物世界》1998年第11期；王刚：《浅谈红山文化玉蚕和祭祀》，《内蒙古文物考古》1998年第2期。

中发现了玉兔形象，^①距今约 5 300 年。由此构成从 6 000 年前至 3 000 年前的图像神话表现传统，成为我们理解玉兔神话原型的大传统深厚资源。这一批视觉直观的神话素材多为近几十年的考古新发现，堪称前所未有。

本节的图 10-6 至图 10-10，展示的是 6 件商周两代出土的玉兔形象标本，其中商代 4 件，西周 1 件，至少都要比汉字文献中最早提到月中兔神话

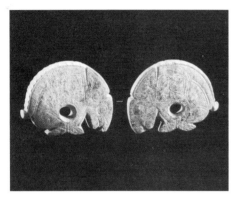
图 10-6　河南安阳王裕口出土的商代玉兔
（引自古方主编：《中国出土玉器全集》第 5 卷）

图 10-7　河南安阳殷墟出土的商代玉兔
（引自古方主编：《中国出土玉器全集》第 5 卷）

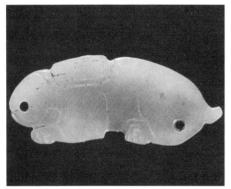
图 10-8　山东滕州前掌大 31 号墓出土的商代玉兔
（引自古方主编：《中国出土玉器全集》第 4 卷）

图 10-9　山东滕州前掌大 219 号墓出土的商代玉兔
（引自古方主编：《中国出土玉器全集》第 4 卷）

---

① 穆朝娜：《兔形玉件的演变》，《文物春秋》2012 年第 4 期。

的屈原《天问》问世的战国时代，
早数百年至上千年之久。这就充分
说明文献提到的月兔或玉兔，都是
远古月亮神话观念流传演变后的派
生结果，并非其起源时期的原型观
念。战国秦汉时代的书面神话叙事
材料，对于考察华夏神话之源是远
远不够的，需要诉诸更早的非文字
符号材料，特别是肖生的史前玉器
形象。①

图10-10　陕西宝鸡强国墓地出土的西周玉兔
（引自北京大学震旦古代文明研究中心等编：《强
国玉器》）

　　台北故宫博物院的玉器研究专
家那志良所著《中国古玉图释》一
书，举出海外各大博物馆收藏的中国商周两代玉兔标本8件，其中被称为
"璜形"和"环形"的2件玉兔，②分明是以兔身形象隐喻新月和满月的形象。
据此看，那种推测兔系于月的观念是后起的观念的立论，还是值得商榷的。
在这方面值得期待的是会有更多新材料的发现。

　　从玉文化的大传统源流情况看，红山文化先民想象的变形动物神话，以
季节性周期变化的动物蚕和蝉为生命再生能力的象征，引申为生命不死的神
力象征；他们采用同样象征永生不死和神明的玉材，雕琢出玉蚕、玉蝉的形
象。良渚文化玉器中则有玉蛙（蟾蜍）形象出土，表明这种周期变形动物同
样受到史前先民神话思维的关注。③不过在商代之前的所有史前出土玉器中，
迄今能够看到玉兔形象，仅有凌家滩的一例。据现有资料判断，可以说，在
商代人的神话观念中，已把来自大传统的玉蚕、玉蝉、玉兔的雕刻形象全盘
继承下来。尤其是图10-6所示安阳出土圆形有缺的玉兔形状，明显在模拟
月亮的形象，这表明至少在3 000多年前的商代已经将月神话与玉兔神话结
合为一体。

---

①　穆朝娜：《兔形玉件的演变》，《文物春秋》2012年第4期。
②　那志良：《中国古玉图释》，（台北）南天书局，1990年，第439页图307。
③　参看叶舒宪：《哈利·波特的猫头鹰与莫言的蛙》，《能源评论》2013年第2期。

从图像叙事的一级编码，之后发展到甲骨文汉字中的二级编码。以兔为编码符号的"娩"字，本义是指兔生子，引申指所有哺乳动物的生育，包括人类的生育。

玉兔文化文本的三级编码之例，以屈原《天问》"月光何德，死则又育？阙利维何，而顾菟在腹"说为最早。屈原作品属于先秦诗歌典籍，在历时性的文化编码序列中位于三级编码的经典文献位置，对后世写作有重要的奠基性影响。汉代刘向《五经通义》云："月中有兔与蟾蜍何？月，阴也；蟾蜍，阳也，而与兔并，明阴系于阳也。"这是用流行的阴阳五行观念解释月兔与月中蟾蜍的并存理由，属于后代的文化再编码。晋代傅玄《拟天问》有"月中何有，白兔捣药"句，这些说法在文化文本的历史排序中，已经到后经典时代的N级编码了。《艺文类聚》卷一引傅玄《拟天问》云："月中何有，白兔捣药，兴福降祉。"[1]

月中玉兔能够恩赐人间福祉的功能一旦被文人点明，其在民间社会流行的精神动力也就和盘托出了。传统的骚人墨客以兔指代月，在宋代之前的诗歌略引用几例如下：

> 《乐府歌诗》：采取神药山之端，白兔捣成蛤蟆丸，奉上陛下一玉柈。
> 《古诗十九首》之十七：三五明月满，四五蟾兔缺。
> 　庾信《宫调曲》：金波来白兔，弱木下苍乌。
> 　江总《内殿赋新诗》：兔影脉脉照金铺，虬水滴滴泻玉壶。
> 　江总《赋得三五明月满诗》：三五兔辉成，浮阴冷复轻。
> 　元稹《月诗》：西瞻若木兔轮低，东望蟠桃海波黑。

这些文学性描写一再将月亮及玉兔的描写与金银或玉等发光物体形成对照。古人称呼月亮的别名，一直就有"玉兔""玉蟾""玉轮""玉钩""玉弓""明弓""兔轮""娥轮""镜轮""金轮""金波""银烛""银盘"等等数十个，[2] 凡此种种，皆可视为文化文本再造过程中的N级编码，至今依然在延

① 袁珂、周明编：《中国神话资料萃编》，四川社会科学院出版社，1985年，第236页。
② 厉荃：《事物异名录》，岳麓书社，1991年，第3—5页。

续。要从中分辨出哪些来自一级编码，需要诉诸大传统的新知识。季羡林先生曾经从中印文化比较研究的视角，把屈原《天问》表现的月兔观念追溯到印度神话对华夏文明的影响，笔者曾撰文对此提出商榷。[①] 如今从文化符号编码与再编码的历史过程看，月兔与月蟾蜍的神话编码都不会早过月为玉的神话编码。玉石神话信仰作为华夏文明发生期的原型编码，实际上主宰或支配着后世的再编码。印度的"月天"神话，又称"月宫天子"，具体有如下阐释：

梵名旃陀罗或战达罗（Candra）。在印度古神话中，此神有创夜神、莲花王、白马神、大白光神、冷光神、鹿形神、野兔形神等多种异名，其中个个包含着动人的神话故事。佛本生故事对古神话加以改造，说释迦前生曾为兔，与猿、狐为友。帝释天为考验释迦，化作老者，向三兽乞食。猿献果，狐衔鱼，唯兔无所奉供，乃跃身入火，自己把自己烤熟了请帝释天吃。帝释天大受感动，遂将兔送入月轮，永享清福。据《阿毗昙论》说，月宫离地面四万由旬（一由旬约为帝王一日行军之路程），此宫团圆如鼓，厚五十由旬，广五十由旬，周围一百五十由旬。殿堂为琉璃所筑，白银所覆，名曰旃檀，月天子居住其中。《法华意疏》等又称月天是大势至菩萨化身，与观世音同为

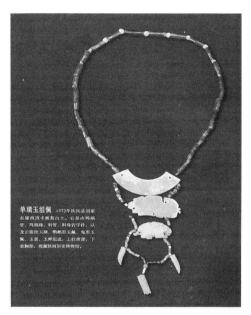

图10-11　陕西扶风出土的西周玉组佩：玉兔、玉蝉、玉蚕（2个）、玉鸟、玉璜
（引自周原博物馆编：《周原玉器萃编》）

---

① 参看季羡林：《印度文学在中国》，《文学遗产》1980年第1期；叶舒宪：《月中兔，还是月中蟾》，《寻根》2001年第4期。

阿弥陀佛胁侍。在汉化佛教寺院中，此天多呈青年天妃像，冠上嵌满月，月中踞兔。若作男像，则为白面中年帝王。[1]

由于印度的月宫神话想象之原型编码物质元素为琉璃和白银，不同于中国原型编码物质为玉，所以二者虽有近似或雷同之处，文化基因上的差异还是决定性的。换言之，月兔想象是中印神话共有的母题，玉兔和玉兔捣药（不死药）的想象则是中国玉文化的大传统要素铸就的。

第五节　总结：玉兔神话的大传统基因

从比较神话学视角看，月兔神话是国际性的想象母题（图10-12）；[2]玉兔及玉兔捣药神话则是民族性的想象母题，属于华夏文明特有的观念（图10-13）。其原因在于中国文化文本的大传统原型编码作用，即玉石神话的基础性编码。早在8000年以前的中国东北地区先民，就已经把晶莹剔透的玉石加工制品视为体现天神之神性和不死性的物质符号。在人为的把玩和佩戴作用下，玉石颜色和物理特性的与时俱进变化，被视为通神或通灵的变化能力，崇拜与艳羡的情感色彩由此而生。经过数千年的文化传播作用，玉石神话普及到东亚各地，并且自然而然地和后起的月亮神话、变形动物神话相互交织组合，形成玉蝉、玉蚕的形象化雕刻传统，其后在5000多年前的长江下游地区凌家滩文化又出现玉雕兔子形象和玉雕月亮形象。3000多年前的商代玉器则将玉兔与月兔的母题结合在一起。商周以后的玉兔造型传统，代代传承下来，直至元明清时代依然在延续其图像编码的惯性作用（图10-2）。这样看，中国玉兔5000多年的符号编码、再编码过程，举世罕见，构成足以凸显神话想象"中国性"（Chineseness）的一大标志物。

---

[1] 中国各民族宗教与神话大词典编委会编：《中国各民族宗教与神话大词典》，学苑出版社，1993年，第210页。

[2] 参看Golan, Ariel, *Prehistoric Religion: Mythology, Symbolism*, Jerusalem: Jerusalem Press, 2003, pp. 467-468；[美] M.艾瑟·哈婷：《月亮神话——女性的神话》，蒙子等译，上海文艺出版社，1992年。

图10-12　南美洲阿兹特克文化的月兔神话形象和印度的月兔神话形象

（引自 Golan, Ariel, *Prehistoric Religion: Mythology, Symbolism*）

图10-13　云南保山纸马《月亮》

（引自沈泓：《俗神密码》）

当代中国的航天和登月技术新成就，采用"玉兔"号来命名登月探测车，是对5 000年玉兔神话的最有力的全球化传播。倘若当代文化创意产业能够充分发掘这个中国神话标志性符号的文化蕴涵，开发相关的国际性形象化作品，包括动漫产品、纪念品、礼品、机器人、影视作品和主题公园，其推广前景和市场前景都是可以预期的。

第三部

玉教及其神话流变

第十一章

从玉教神话到金属神话

▷ 本章摘要 ◁

　　本章考察玉石崇拜和神话信仰现象，作为史前玉器时代的文化大传统要素，如何在进入华夏文明国家的过程中衍生出金属崇拜及神话信仰。依据出现时间的早晚，将伴随文明而来的青铜时代和随后的铁器时代视为小传统，将先于文明和文字而存在的玉器时代作为大传统，通过构成并拉动玉器时代发展的神话观在物质与精神数千年中的互动，探寻华夏核心价值的变迁情况，即金玉组合为最高价值物的文化再编码，如金声玉振、金玉满堂和金童玉女等观念的起源。

第一节　玉器时代的意识形态特点

　　中华文明发生期曾存在一个长达数千年的具有过渡性质的玉器时代，其基本作用是继往开来，完成自石器时代到青铜时代的转换过程：从一般石器材料中先筛选出晶莹剔透并代表天神的玉石，随后又筛选出能够冶炼熔铸的金属矿石，由此，玉器时代成为孕育东亚文明的最重要母胎，或许还可以比喻为华夏国家的摇篮、温床。玉器时代（或"玉兵时代"）是否能够作为一个独立的时代，对应西方考古学所称的"铜石并用时代"？这是中国学界新近讨论的问题，[1]目前尚未达成一致意见。有部分学者不同意使用"玉器时代"这样无法与世界史接轨的新术语。[2]但有一点是肯定的，即铜石并用时代一定有铜器生产。从时间尺度上看，早在8 000年前中国北方兴隆洼文化出现早期玉礼器生产和社会上层人物的佩玉现象时，所谓铜或其他金属生产在东亚地区还没有出现。大约又过了4 000年，即到龙山文化时期，以冶金技术的使用为标志的中国的铜石并用时代才真正到来。在距今3 000—2 000多年的两周之际，再度伴随技术进步而迎来一个铜铁并用的新时代。

就此而言，从8 000年前到4 000年前这一段基本没有金属的史前期，长达4 000年之久，过去都简单地称之为石器时代，当然是无可争议的，也符合世界考古学的惯例；但是中华文明与其他文明古国相区别的神话信仰之根，就在这种普世性的通用命名中被淡化、遮掩了。文化基因层面的特质，无法有效地在全人类一致的进化模式（旧石器时代—新石器时代—青铜时代）中彰显出来。笔者在《"玉器时代"的国际视野与文明起源研究》中曾经论证过，[3]世界四大文明古国的初始阶段都伴随着一个崇拜玉石并使之神话化和神圣化的阶段。世界范围内唯有中国人崇玉爱玉的流行观点需要获得国际视野的重新权衡。所不同的是，苏美尔、古埃及和古印度文明将青金石、绿松石崇拜与金属崇拜（金、银、铜）并列在一起，各种玉石、宝石和贵金属结合起来，构成宗教价值观的象征资源。这和华夏进入青铜时代之后的情况是类似的，汉语成语中所谓金声玉振、金枝玉叶和金玉满堂一类成语和习语，都是此类金玉并重的新价值观形成的华夏明证。成书于铁器时代的《山海经》一书，一方面特别提示新近发现的铁矿产地，[4]另一方面还有在一地物产记录中同时记录铁这样的文明时代新矿产和水玉、苍玉这样来自石器时代的老牌宝物资源。如《西山经》记载的渭水支流竹

---

① 孙守道：《论中国史上"玉兵时代"的提出》，《辽宁文物》1983年总第5期；张明华：《关于"玉器时代"的再讨论》，《中国文物报》1999年5月19日；闻广：《谁首先提出"玉器时代"？》，《中国文物报》1999年6月16日。

② 安志敏：《关于"玉器时代"说的溯源》，《东南文化》2000年第9期。

③ 叶舒宪：《"玉器时代"的国际视野与文明起源研究》，《民族艺术》2011年第2期。

④ 《山海经·西山经》："又西八十里，曰符禺之山，其阳多铜，其阴多铁。""又西七十里，曰英山，其上多杻橿，其阴多铁，其阳多赤金。"袁珂：《山海经校注》，上海古籍出版社，1980年，第23、24页。

水流域的竹山自然资源情况。

> 又西五十二里，曰竹山，其上多乔木，其阴多铁。有草焉，其名曰黄蘿，其状如樗，其叶如麻，白华而赤实，其状如赭，浴之已疥，又可以已胕。竹水出焉，北流注于渭，其阳多竹箭，多苍玉。丹水出焉，东南流注于洛水，其中多水玉，多人鱼。[①]

乔木、铁、药草黄蘿、竹箭和苍玉，是《山海经》作者对竹山拥有当地资源的报告要点。如果去掉植物，就剩下铁和玉两种矿石！同书同篇随后的一大段记述，更显出邻近的7座山丰富多样的矿产资源。

> 西次二经之首，曰钤山，其上多铜，其下多玉，其木多杻檀。

> 西二百里，曰泰冒之山，其阳多金，其阴多铁。浴水出焉，东流注于河，其中多藻玉，多白蛇。

> 又西一百七十里，曰数历之山，其上多黄金，其下多银，其木多杻檀，其鸟多鹦鹉。楚水出焉，而南流注于渭，其中多白珠。

> 又西百五十里高山，其上多银，其下多青碧、雄黄，其木多棕，其草多竹。泾水出焉，而东流注于渭，其中多磬石、青碧。

> 西南三百里，曰女床之山，其阳多赤铜，其阴多石涅，其兽多虎豹犀兕。有鸟焉，其状如翟而五采文，名曰鸾鸟，见则天下安宁。

> 又西二百里，曰龙首之山，其阳多黄金，其阳多铁。苕水出焉，东海流注于泾水，其中多美玉。

---

① 袁珂：《山海经校注》，上海古籍出版社，1980年，第25页。

又西又西二百里，曰鹿台之山，其上多白玉，其下多银……①

归纳起来看，这7座山的矿产资源如下：

1. 钤山：铜、玉；
2. 泰冒之山：金、铁、藻玉；
3. 数历之山：黄金、银、白珠；
4. 高山：银、青碧、馨石；
5. 女床之山：赤铜、石涅；
6. 龙首之山：黄金、铁、美玉；
7. 鹿台之山：白玉、银。

这些矿产资源中，大体上可归属于玉石类的有8种（玉、白玉、美玉、藻玉、青碧、馨石、石涅、白珠）；金属矿石类则占4种（金、银、铜、铁）。这种新老物质资源并重，但玉石类老资源占多数的情况，或许仍然符合"铜石并用"这个术语的本意。不过《山海经》成书的战国时代，早已脱离铜石并用时代和青铜时代，确实进入铁器时代了。在《山海经·五藏山经》末尾处有一段托名为禹的评语，对新老物产资源的评价情况发生了明显变化。

禹曰：天下名山，经五千三百七十山，六万四千五十六里，居地也。言其五藏，盖其余小山甚众，不足记云。天地之东西二万八千里，南北二万六千里，出水之山者八千里，受水者八千里，出铜之山四百六十七，出铁之山三千六百九十。此天地之所分壤树谷也，戈矛之所发也，刀铩之所起也，能者有余，拙者不足。封于太山，禅于梁父，七十二家，得失之数，皆在此内，是谓国用。②

"国用"这样的语汇表明国家政权立场的存在。这个站在"天下"立场上发出的"国用"物产资源总评，只对出铜之山和出铁之山作出数量说明（铁矿资源的统计数字3 690是铜矿资源数字467的近8倍！），而对先于金属时代的古老玉石

① 袁珂：《山海经校注》，上海古籍出版社，1980年，第34—35页。
② 同上书，第179—180页。

资源情况未置一词，原因或许就是当时的铜铁类金属工具和武器已经成为国家攻战防卫的第一实用物质。所谓"戈矛之所发也，刀铩之所起也"，说的就是这种青铜时代和铁器时代国家军事活动特有的资源依赖。不过，相对于《山海经》经文中的金属和玉石资源并重情况，这一段托名"禹曰"的话显然不可能出自夏禹时代，而是体现出铁制武器流行之后（即战国以后）的时代价值观。因为第四重证据表明：4 000多年前的夏代初年，铜且尚未普及，更不用说铁了。

第二节　金属时代的金属崇拜及神话

不论是青铜时代还是铁器时代，毕竟都是后起的文化现象，大致和产生汉字以后的文化小传统的年代吻合对应。在没有发生金属生产的中国史前大传统中，明确存在一种玉器独尊的宗教价值观，以及此种玉教价值观支配下的"玉殓葬"特殊文化现象。在此意义上使用并强调"玉器时代"这样特殊性的命名，有利于凸显华夏国家起源背后的大传统文化要素及其意识形态特性，给中国"铜石并用时代"的发生找到现实的和可考的前身或奠基期。而提出"玉教"是一种特殊的宗教意识形态现象，能够揭示"玉器时代"形成和演进的精神动力。[①]从大、小传统贯穿一体的意义上说，"玉石神话信仰"堪称从前中国到早期中国的某种持久不衰的"国教"。正是在玉教信仰的不断作用之下，"关于玉的神话观念竟然是早于一切书写文本神话的最大也最重要的中国神话"。[②]玉教神话对华夏文明核心价值的形成，不论是精神内核方面还是语词表达习惯方面，都贡献至伟。《左传》说禹建立华夏国家，会盟诸侯时有一个惊人的景观叫作"执玉帛者万国"。国人最习惯的一些措辞如"宁为玉碎"和"化干戈为玉帛"等，早已成为统治者和平民百姓共同享有的口头禅，至少已经从先秦时代一直讲到今天，足以充分体现这一核心价值观。

在依次分级的或时间先后顺序的意义上，我们把一个文化的大传统符号

[①]　曲石的《中国玉器时代》一书论证了玉器时代的命名理由，却缺少从神话观念和意识形态方面的诠释。参看叶舒宪：《玉教与儒道思想的神话根源》，《民族艺术》2010年第3期。

[②]　叶舒宪、唐启翠编：《儒家神话》，南方日报出版社，2011年，第51页。

编码（主要是物的叙事和图像叙事）称为一级编码或原型编码，在此基础上才有随后出现的二级编码（象形文字）和三级编码（文字叙事–经典文献）。由此得出一种整体性的文化文本观念，让它能够涵盖自石器时代发展到今天的文化意义生产的历史，以及象征符号嬗变的历史：从8000年前兴隆洼文化石雕蟾蜍、5000年前马家窑文化彩陶上蛙人神（生育母神）形象模式，到两三千年以来的西南蛙神铜鼓，再到数百年前《聊斋志异》中的《蛙神》，再到如今文学家莫言表现计划生育现实生活的小说《蛙》，我们将三级编码即古代经典之后的一切写作，视为文化文本的N级编码，这样就从理论上得出一个处在不断生成和再造过程中的文化文本观，或可称为依然存活和演化的整体性文化文本。它和每一位作家写作的单个文学文本密切相关，二者的关系犹如孙悟空和掌控孙悟空的如来佛手掌。可以毫不夸张地说，迄今为止，还没有一个天才作家孙悟空能够跳出文化文本的如来佛之手。就连当代词学研究专家唐圭璋和文学家琼瑶的名字，都是由史前玉文化大传统时代铸就的玉石神话信仰为其符号原型的。"投之以木桃，报之以琼瑶"①的说法早在《诗经》的时代就是流行语。玉圭在陶寺文化中的出现更早至4300年以上，玉璋在龙山文化时期的出现也距今有4000年。②

尽管我们无法确证汉字中的"金"或金旁字族与"玉"或玉旁字族产生年代的先后，但是如今能够明确证实的文物出现次序，无疑是先玉石而后金属。从这一意义上，也可以把玉器时代的价值观看成华夏文明的一级编码和原型性价值，把青铜时代和铁器时代的价值观视为次生的、二级编码的价值系统。从一级编码到二级编码的文化再造过程，应该是未来研究的一个重点方向。黄帝战蚩尤的著名神话，之所以把代表玉兵器的黄帝作为正面形象，把代表新兴金属兵器的蚩尤"铜头铁额"形象作负面的和妖魔化的表现，完全是大传统的玉教伦理支配下的文化价值观发挥主宰作用的结果。在玉与金的二元对立中，后起的金当然无法颠覆在它萌生之前就已经存在数千载的玉文化价值系统，尽管金属生产初兴起之际同样会被当时人作出超自然的神话化理解，甚至进入新兴

---

① 朱熹：《诗集传》，上海古籍出版社，1980年，第41页。
② 孙志新：《关于牙璋的年代的再探讨》，载杨伯达主编：《中国玉文化玉学论丛》四编，紫禁城出版社，2007年，第525—532页。

的阴阳五行学说体系，构成金木水火土的宇宙元素论模式。

关于金属的神话化理解，比较宗教学家伊利亚德对铁的神话曾作出经典分析。

> 无论铁是从天空坠落，还是来自大地母亲的腹部，人们均认为铁器充满了神圣力量。即使在具有较高文明程度的人群中，我们依然能够发现这种对于金属的敬畏态度。马来半岛的酋长们都拥有一块圣铁，并将其视为王权的一部分，他们对铁器有一种超乎寻常的敬畏之心。没有金属加工知识的原始人更加崇敬铁器。比尔人——生活在印度东部山区的原始人——常常将得到的第一份果实，祭献给从其他部落获得的铁箭头。这并非恋物癖或对物品自身的崇拜，亦非迷信，而是对一种来自外界的神奇事物的敬畏。这一事物来自于他们熟悉的世界之外，因而是未知世界的象征或符号——一种近乎超自然的象征。这一点在熟悉蹄铁（telluric）（而非陨铁）的文化中非常明显。在传奇故事里，有关天空金属的记忆持续存在着，正如对神秘奇迹的信仰。西奈半岛的贝都因人相信能够用陨铁打造兵器的人，在战场上不会受伤且战无不胜。这种来自天空的金属不同于地上的金属，它来自天空，因而具有超自然的能量。这就是为什么现代阿拉伯人相信铁器具有神奇的性质，能够创造奇迹的原因。这很可能是充斥着神话色彩的记忆所导致的结果，这一记忆可追溯到人类只使用陨铁的那个年代。[①]

铁和铜，还有金和银等金属物质材料，之所以能够在初民想象中获得通天、通神的意义联想，其实不仅仅是陨铁从天而降的表象所使然，更重要的是承接着更加具有神话联想原型意蕴的物质——玉石来自天神恩赐的观念。以玉石为神圣和以金属为神圣，神话想象和编码的逻辑是大体一致的或相通的，不同的只是时代的先后，在先的必然影响在后的，一级编码必然支配二级编码。铜和铁承载魔力的观念，直接承接自玉石承载魔力的观念。

当代知识人依据考古新发现的大量资料信息，对大传统的原型编码能够认

---

① ［美］米尔恰·伊利亚德：《铁器时代的神话》，王乐琪、叶舒宪译，《百色学院学报》2014年第2期。

图11-1 5 300年前以玉钺为主的顶级墓葬：安徽含山凌家滩07M23号墓发掘现场

（安徽省文物考古研究所张敬国供图）

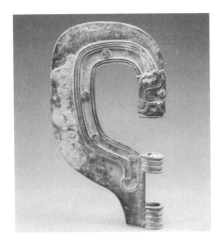

图11-2 陕西韩城梁带村芮国国君墓（M27号）出土的龙纹青铜大钺

（孙秉君、蔡庆良：《芮国金玉选粹——陕西韩城春秋宝藏》）

识到的程度，将直接决定着我们对文字书写小传统的再认识和再理解的深度及可信性。换一个说法，文字叙事的主题和母题，甚至文字符号本身的所以然，大都潜藏在无文字和前文字的大传统符号编码及神话联想之中。过去的文字学知识根本不足以让人们弄清汉字的"王"字和"玉"字为什么如此接近。当史前大传统的高等级墓葬一个一个被打开，人们看到随葬玉礼器是史前社会领袖重要标志物的现象，"王"为什么离不开"玉"来证明自己特殊身份的问题也就迎刃而解。在距今5 300年的安徽含山凌家滩文化顶级墓葬中，一位逝去的部落之"王"，居然能够享有300多件精雕细琢的玉礼器（图11-1）。其中在墓主人身下摆放数量最多的玉礼器是玉钺（穿孔的玉斧），再看3 000多年前甲骨文"王"字的写法，为什么造字者选用一件斧刃向下的钺形，来代表"王者"的意义问题，顿时得到大传统实物符号参照下的阐明。这就是文化的一级编码对二级编码的解码效应，或称为"再解读"效应。相当于诸侯王级别的春秋时代芮国国君墓（M27号）中，为什么单独出现一件十分威严且造型奇特的半环形龙纹青铜钺（图11-2），对照大传统玉石钺的"一级编码"文化意蕴，问题就有了便捷的答案。作为社会权力象征符号物，铜钺无非是升级版的玉钺。因为金属冶炼和浇铸带来的新的生产方式，给铸范生产的一切金属造物带来新生命创生的神话联想。

同样，玉器时代的玉钺独尊现象，在青铜时代之后必然让位于玉钺与铜钺并尊的现象。如商代高等级墓葬中，就一再能见到铜钺和玉钺并存。在中等以下墓葬中还有随葬石钺的情形。①在新老贵重资源被上层社会垄断的情况下，铜和玉都不是一般社会成员所能够得到的，陶器和石器作为玉器时代之前的石器时代遗留物质形式，在青铜时代和铁器时代依然会大量出现在墓葬中。

依照同样的原理，笔者在《熊图腾：中华祖先神话探源》中利用考古发现的五六千年前红山文化女神庙中熊头骨和泥塑熊偶像，将年代上相当于虞夏商周各代的玉石雕神熊形象排列成一个延续不断的历史系列，重新解读黄帝"有熊氏"圣号的由来。②2013年年底，由文学人类学研究会同仁集体完成的《文化符号学——大小传统新视野》一书问世，③书中一再要强调的文化编码论观点是：文化文本是在不断生成的，是编码、再编码和再再编码的。经过再编码的符号往往会丧失本来意义，甚至变成千古无解的哑谜，如《竹书纪年》和《史记·五帝本纪》中"有熊"这样的名号。研究任何一部文学作品，都可以从文化文本的分级编码新知识入手，作文学和文化关联的整体性把握。而对文化整体认识的关键切入点，按照现代社会学奠基人马克斯·韦伯的提示，很可能是潜藏在特定社会-文化传统的精神信仰方面。用如今流行的主流媒体惯用措辞，即所谓"核心价值观"。而在一切前现代社会中，"核心价值观"的缔造和解释权，必然被该社会中主持信仰和礼仪行为的统治者所垄断。巫觋及萨满一类神职人员，作为早期的通神者群体，有条件充当玉器时代社会的首领。这也就是马克思和恩格斯说的，"任何一个时代的统治思想始终都不过是统治阶级的思想"。④

玉石神话信仰或简称"玉教"，就是旨在凸显华夏大传统的意义上提出

---

① 参看董洋：《神权的象征——浅谈古玉中的斧形玉器》，见杨伯达主编：《中国玉文化玉学论丛》三编，紫禁城出版社，2005年，第132—137页。
② 参看叶舒宪：《熊图腾——中华祖先神话探源》，上海文艺出版社，2007年。
③ 参看叶舒宪等编：《文化符号学——大小传统新视野》，陕西师范大学出版总社，2013年。
④ 《马克思恩格斯选集》第1卷，人民出版社，1972年，第270页。

的区分性、标志性概念，因为它是夏商周王权国家出现前就存在已久的相当于"国教"性质的一整套围绕玉石的信仰和崇拜观念，也是社会统治阶层的特产（从史前各地方部落的统治者，到秦汉大帝国的统治者，几乎没有不信仰它的人），足以构成意识形态的核心内容。玉教的信仰和神话想象，直接催生玉礼器生产和仪式用玉现象，这不仅奠定了华夏文明后世发展出的人格理想（君子比德于玉）和天神世界想象（从昆仑玉山瑶池西王母，到玉皇大帝），更在周代文献中被总结提炼为"玉帛为二精"的教义信念。这一教义直接驱动春秋战国之际以玉为信、结盟用玉、祭祀用玉、赏赐用玉、丧葬用玉等文化现象，又间接驱使秦始皇放弃一切贵金属，单独挑选最珍贵的玉料来制作标志至高皇权的传国玉玺。这一教义还在秦汉两代塑造统一大帝国意识形态的过程中，始终扮演着极其重要的文化资本作用和符号编码作用。虽然在汉帝国覆灭之后，玉教神话也同步走向式微，但是其无比深厚的信仰观念却在中医学和民间想象中继续发挥作用，有李时珍《本草纲目》和曹雪芹创作的玉石神话大寓言《石头记》为最佳案例。

　　具体到一种华夏文明最常见的玉器形式——玉璧，很容易看出玉教神话观念是怎样驱动着这种玉器的6 000年历史的展开。在始于7 500年前的黑龙江饶河县小南山遗址，玉璧作为华夏玉文化中最常见也流传最久远的一种器形首次批量出现。[①]此后在6 000年前的红山文化玉殓葬礼俗中，其形制出现了方形和圆形，以及单孔、双孔和三孔等各种样式。到了5 300年前的安徽凌家滩文化和江浙的良渚文化，玉璧的形制基本固定为一种圆形普遍出现。高等级墓葬中一次随葬几十件大玉璧，已经成为司空见惯的礼俗。[②]后人根据《周礼》等古书讲的"以苍璧礼天"说，在圆形玉璧与天圆地方神话宇宙观之间找到了对应关联。而重庆等地出土的汉代铜牌，则给玉璧形象添加了"天门"两字铭文，将以玉璧代表天国神界的底牌亮了出来。

　　玉璧从史前大传统到西汉时代，已经足足流行了55个世纪，这要比世界现存的所有文明都更悠久和深厚。考古发掘出的西汉"玉棺"，充分体现

---

① 常素霞：《中国玉器发展史》，科学出版社，2009年，第36页。
② 王仁湘：《琮璧名实臆测》，见杨伯达主编：《中国玉文化玉学论丛》四编，紫禁城出版社，2007年，第420—433页。

了2 000年前的汉代人对生命不朽的神话信念。图11-3是西汉玉棺的代表：

　　徐州狮子山楚王陵出土，长280厘米、宽110厘米、高108厘米，复原后的镶玉漆棺实际使用的玉片总数达2 095片，多为新疆玛纳斯河流域的碧玉，棺体侧面上部三分之二部分以四组竖菱形玉片分割成三个平面，中间平面以五个饰玉璧的玉版组成对称图案，五个玉璧图案与东汉画像石中五星连珠的画像相似，可能寓有《后汉书·天文志》所载的"五星如连珠，日月若合璧"之意。镶玉漆棺侧面两个空白也应是门的象征，其寓意为供墓主灵魂出入。[①]

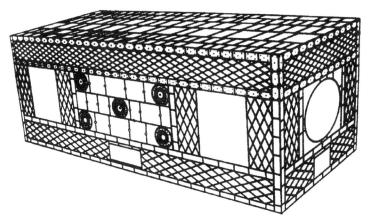

图11-3　汉代"玉棺"的代表作：江苏徐州狮子山楚王陵出土镶玉漆棺
（引自李春雷：《江苏徐州狮子山楚王陵出土镶玉漆棺的推理复原研究》）

　　世界工艺美术史上令人匪夷所思的文化奇观——金缕玉衣制度在两汉时代的出现并流行，也同样是玉教的核心观念"玉为生命不死象征"再度发挥支配行为作用的明证。秦王嬴政为秦帝国特选的天命符号物——传国玉玺，其实物虽然在历史上早已失传，但是汉代诸侯王级别墓葬中的金缕玉衣却在深埋地下2 000余年后的当代——重现于世。从河北满城中山靖王刘胜墓，到徐州狮子山楚王墓，再到广州的南越王墓，金缕玉衣和丝缕玉衣这样出于神话想象的国家级宗教礼仪制度，[②]居然能够覆盖从华北平原到珠江三角洲的

---

① 尹钊、刁海军等：《苍璧礼天天人相通：彭城汉代玉璧漫谈》，《东方收藏》2011年第1期。
② 关于金缕玉衣的仿生学神话蕴涵分析，参看叶舒宪：《金缕玉衣何为》，《能源评论》2012年第5期；收入《金枝玉叶——比较神话学的中国视角》，复旦大学出版社，2012年，第226—228页。

中国南北方大地，它们肯定要比失传已久的秦始皇传国玉玺更能够旁证玉教信仰驱动特殊文化行为的巨大支配力和传播力。

玉石神话信仰或"玉教"是中国史前文化大传统在数千年间孕育的最重要的精神遗产，它对文明国家的物质文化和精神文化分别起到拉动经济和引领核心价值观的重大文化功能。有关玉石神话信仰如何像"星星之火可以燎原"那样在史前东亚各地渐次传播开来，由点到线、由线到面，最后在夏商周中原王朝崛起时，使得优质玉石资源成为历朝最高统治者所向往和追求的第一位重要物质，我们在上古描述夏代开国君王大禹的统治权威与各地方政权之关系的一句流行语中，已经能够看得非常清楚。那就是前文已经引用过的《左传·哀公七年》子服景伯说的名言："禹合诸侯于涂山，执玉帛者万国。"①

第三节　核心价值：从玉帛到金玉

玉帛是在史前社会中已经得到充分推崇和追捧的奢侈物质，它们既不能吃又不能喝，地方首领们之所以要将自己领地中出产的玉帛贡献给中央大国夏王朝的最高统治者，就因为玉帛首先充当的是华夏社会的最高精神食粮，首先满足的是通神祭祀的宗教需求和神话想象需求。②在上古时代比夏禹更早的文化记忆中，《管子》一书还提到"尧舜北用禺氏之玉而王天下"的著名论断。这个说法可以旁证的是，如果在夏朝之前真的存在唐尧虞舜的朝代和中原政权，那么玉石资源在没有和桑蚕丝资源组合搭配为"玉帛"的更早时代里，是唯一重要的国家战略资源，以消耗玉石资源材料为标志的宗教奢侈品生产现象，即玉礼器制作传统，在拉动史前社会经济和跨地区贸易交换方面，曾经发挥了至关重要的作用。换言之，宗教的神话信仰成为驱动特殊物质生产的主因。精神因素反作用于物质，促使北方红山文化、南方凌家滩

---

① 阮元编：《十三经注疏》，中华书局，1980年，第2163页。
② 上古祭祀用玉和帛的情况，参看《论语》孔子云："礼云礼云，玉帛云乎哉？"《礼记·曾子问》："设奠，卒，敛币玉，藏诸两阶之间，乃出。"《孔子家语·曲礼子贡问》："凶年则乘驽马，力役不兴，驰道不修，祈以币玉，祭事不悬，祀以下牲。"王肃注："君所祈请用币及玉，不用牲也。"币玉即指帛和玉。《墨子·尚同中》："其祀鬼神也……珪璧、币帛，不敢不中度量。"

文化和良渚文化、石家河文化、东方大汶口文化和西方齐家文化等，不约而同地出现大规模史前玉礼器宗教制度。对此文化雷同现象的解释，目前看来以玉教神话信仰的跨地域传播说较为妥当。①

　　就河南偃师二里头遗址到安阳殷墟遗址的出土器物情况看，青铜器和玉礼器并重的现象十分显著（图11-4）。老子《道德经》第九章说"金玉满堂，莫

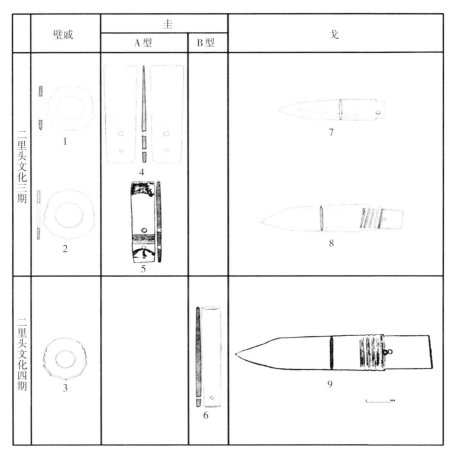

图11-4　河南偃师二里头遗址出土的器物：璧戚、圭、戈

（引自中国社会科学院考古研究所编：《中国早期青铜文化——二里头文化专题研究》）

---

① 　参看叶舒宪：《玉石神话与中华认同的形成——文化大传统视角的探索发现》，《文学评论》2013年第2期；收入《金枝玉叶——比较神话学的中国视角》，复旦大学出版社，2012年，第7—33页。

之能守"，^①将金玉并列作为财富、荣耀的代表和人生追求的目标。生活在商周以后时代的人，一般很难分辨金与玉在历史上孰先孰后，哪一个是正价值的原型编码，哪一个是次生或派生的二级编码。仅仅从老子所代表的语言习惯看，金已经列在玉的前面，堪称在语词应用中的后来居上者。孟子称赞孔子用"金声玉振"一词来形容，情况也是如此。但是如果细看儒家圣人孔子本人的语言习惯，则《论语》中没有说过一个"金"字，却多次提到"玉"，或许能够说明孔子在拜金主义兴起之际坚守传统的玉教价值观的立场，这和他在文字勃兴之际坚守口传文化的信条"述而不作"一样。^②《论语》中记述孔子所推崇的同时代人不多，其中以玉为名字的一位君子楷模，即卫国大夫蘧伯玉。《论语·卫灵公》记载孔子曰："君子哉蘧伯玉。邦有道则仕，邦无道则可卷而怀之。"^③

《左传·襄公十四年》记载的"卫侯出奔齐而蘧伯玉出关"一事，对于理解孔子的推崇赞赏很有帮助。蘧伯玉，名瑗，字伯玉。他的真名"瑗"字从玉，专指一种介于玉璧与玉环之间的圆形中空的玉器，也有专家认为玉瑗就是中孔稍大的玉璧。为什么"蘧瑗"一名不流行，"伯玉"之字却流传于世？其人品德高尚，闻名遐迩，是春秋末期儒家推崇的君子人格典范。孔子称赞蘧伯玉，对于理解儒家"君子比德于玉"的人格伦理观是很有帮助的。换言之，蘧伯玉是早期史书中君子如玉的楷模性人物。如果后人看儒家之书弄不明白怎样才能做一个真正的君子，那就看孔子推崇的人格表率蘧伯玉吧：君王有道，他就出仕辅佐统治者，兑现所谓"治国平天下"的政治理想；君王无道，他就离开官场污浊，保持自己高洁如玉的美好品格。孔子称赞他时强调他的字，而不称其名，这就使得"玉"寄寓君子理想的儒家伦理美学大张其本："玉"与"道"同在，君子的人生也与"道"共进退。

儒家的玉德伦理侧重人格修养方面，其雏形当是以"德"为神力或天命之体现的信仰时代，即和以玉为神的大传统紧密衔接。现代考古学在中国近百年的大发掘表明，古人关于远古时期为"玉兵"时代（汉代文献《越绝书》）的文化记忆，以及玉兵时代之前是"石兵"时代，之后是"铜兵"和

① 朱谦之：《老子校释》，中华书局，1984年，第35页。
② 叶舒宪：《孔子〈论语〉与口传文化传统》，《兰州大学学报》2006年第2期。
③ 刘宝楠：《论语正义》，中华书局，1990年，第617页。

"铁兵"时代的发生顺序论，都是很有历史穿透力的超前性洞见。说它超前，是由于现代以来的进化论历史观尚未萌生的上古时期，就有华夏社会中的智慧者风胡子提出在当时属于反潮流的进化观点，隐约可以看出其历史时代划分的唯物主义和实证倾向。这和当时所流行的主流历史观——体现唯心主义支配下循环论的和退化论的价值顺序，所谓历史时间周而复始，社会的政治和人格道德则每况愈下等，截然不同，因此显得卓尔不群，难能可贵。"石兵—玉兵—铜兵—铁兵"四阶段演进程序，在今天的考古学极为发达的时代看来，是基本正确的和有实物证明的，并非信口妄言。

从玉器到金属器的礼器变化和转移，伴随着种种关于金属神秘性力量、魔力、法力的信念、想象和描述，这些无非是玉器通神通天的史前大传统神话信仰的转移和再造，或者可称为升级改造版的玉石神话。因此，只要掌握了大传统的玉石神话的文化编码原型，则其后发生的各种神话变形编码，也就大体上可以查源知流，迎刃而解。换言之，玉石神话信仰是华夏文化大树的根脉和主干，金属神话和青铜礼器编码是这棵参天大树的重要分枝。像商周两代青铜器上最流行的饕餮纹饰的原型，学界已经考证为良渚文化玉器上的神人兽面纹的变体。

以戈这种体现华夏特色的兵器为例，汉字中的"國"字和"我"字都从戈，更不用说与军事杀伐有关的"武""战""戮""成""戕""伐"等字，以及与敌手相关的"戎""贼"等字。如果把甲骨文中出现的"戈"字作为文化文本的二级编码，那么其原型编码无疑在史前期的大传统中。汉字没有出现时，早在距今4 000多年前的神木石峁遗址就出现采集到的龙山文化玉戈，稍后的夏家店下层文化首次出现铜戈，商周两代玉戈和铜戈作为礼器并行不悖；再往后铜戈大量生产的条件成熟，从礼器变成实用武器；再到春秋时代早期，在陕西韩城的芮国国君墓出土一件铁刃铜戈（标本M27：970），戈身为青铜铸造，唯有援部为铁，这是国内发现的年代最早的铁兵器之一（图11-5）。至此，戈在其4 000年历程中完成了"以石为兵—以玉为兵—以铜为兵—以铁为兵"的四阶段嬗变。如今的我们说"反戈一击""枕戈待旦"一类成语，都是无意识地重复着华夏文化传统的N级编码。如果缺少对大传统的观照，一般人很难弄清楚在"戈"这个字背后曾经发生的数千载物质文化变迁史。

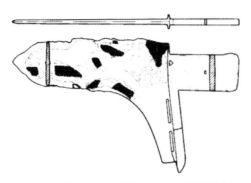

11-5 陕西韩城梁带村芮国国君墓（M27号）出土的铁刃铜戈

（引自陕西省考古研究院、渭南市文物保护考古研究所等：《陕西韩城梁带村遗址M27发掘简报》）

总结本章对玉石神话信仰与华夏文明核心价值来源的讨论，旨在同时验证一种新的文化文本符号学理论及其多级编码的历史分析模式。纵贯文化大、小传统的符号编码与再编码视角，真正让我们认识到从前文字时代到汉字时代的神话世界观的延续性，从玉器时代到金属时代的不间断的文化建构历程，这就大大拓宽了文化史与思想史研究的视野，给中国文化的整体审视和探源研究带来系统的解读范式和新的知识体系。为此，本书突出强调"大传统""玉器时代"和"玉石神话信仰"等新术语的知识创新意义，以期引起进一步的批评讨论。

本章最后引用中国南方傩文化的案例，说明金玉并重的文明核心价值观如何以"礼失而求诸野"的方式遗传到当代的民间信仰和仪式活动之中，历经数千年而不衰的情况。湖南学者孙文辉采集到的民间私刻本《傩歌书》，唱词中有两段利用汉字中的金、玉二字与满字的字形结构，呼应老子《道德经》首创的成语"金玉满堂"，用来赞颂祭礼的对象：

> 金字原来头是人，金色华堂气象新，
> 金銮身正神仙府，金銮殿上照牙庭。
> 金字交与恩东主，又将满字赞化主东君。
>
> 玉字无点便是王，玉石珍珠用斗量，
> 玉皇封赐桃园洞，玉能成凤配鸳鸯。
> 玉字交与恩东主，又将满字赞化主东君。[①]

---

① 《傩歌书》，民间版本，转引自孙文辉：《巫傩之祭——文化人类学的中国文本》，岳麓书社，2006年，第352页。

第十二章

玉教的文化衍生

本章摘要

本章从三个源流和演变的历史视角考察史前的玉石神话信仰对后代小传统的文化衍生作用：其一是儒家的君子佩玉制；其二是道教信仰的天界主神玉皇大帝；其三是中国人有关"国"的观念想象与玉琮形制的关系，兼及华夏国宝的物质原型问题。

作为一种先于文明国家而存在的宗教文化，玉教神话以物神崇拜的方式（拜物教）传播和延续数千载，在华夏的精神领域留下不可磨灭的深刻印记，其文化基因或文化衍生功能十分明显，不仅对后世文化小传统中出现的各种宗教和准宗教现象如儒释道等，均有母胎一般的孕育催生作用或接引作用，就连中国国家观念的形成，也离不开它的奠基性影响。

第一节　儒家君子佩玉制：玉教的伦理化

儒家不是华夏国家佩玉制度的首创者，也不是相关规定的发布者，而是相关伦理学说的阐释者与传播者。早在孔孟时代到来之前，西周到东周早期就有了佩玉制度的明显证据。文献方面如《诗经》，出现了不少佩玉的描写。如《卫风·竹竿》写到巫傩人士的佩玉情况："巧笑之瑳，佩玉之傩。"《郑风·有女同车》和《魏风·汾沮洳》都表现了美女佩玉的情况：

> 有女同车，颜如舜华。将翱将翔，佩玉琼琚。彼美孟姜，洵美且都。
> 有女同行，颜如舜英。将翱将翔，佩玉将将。彼美孟姜，德音不忘。

> 彼其之子，美如玉。

再如《卫风·淇奥》一篇，则用攻玉的实践磨炼来比喻君子。其词云："有匪君子，如切如磋，如琢如磨。"同一篇诗还描述君子佩玉的景致："有匪君子，充耳琇莹，会弁如星。"《齐风·著》云："充耳以青乎而，尚之以琼莹乎而。"这两处的佩玉都指玉耳饰，故曰充耳。更复杂的佩玉是组佩，用于人的全身，还有用于车马仪仗的车马饰等。后者如《小雅·采芑》所描述："薄言采芑，于彼新田，于此中乡。方叔莅止，其车三千，旂旐央央。方叔率止，约𩍐错衡，八鸾玱玱。服其命服，朱芾斯皇，有玱葱珩。"

《大雅·棫朴》则用金玉的美丽外观比喻君王的风采："追琢其章，金玉其相。勉勉我王，纲纪四方。"更多的用法则是以美玉比喻君子。如《秦风·小戎》："言念君子，温其如玉。"

从《诗经》的此类修辞不难看出，周代的诗歌传统中已经形成一种借玉喻人的表达模式，或是突出美人如玉，或是突出君王与君子的完美人格。推究君子佩玉制度的起源，无疑与华夏礼文化的起源有关。巫觋作为社会中的神职人员，应当是最早的佩玉者群体。[①]由神职人员掌握的祭祀礼仪活动，当然也离不开玉礼器。汉字"禮"这个字的字形，从示，从豊。豊字，其形象表达作为容器的豆中，放着成串的物体。王国维考证说，豆上的物体，"象二玉在器之形"。[②]古时候的巫，是礼的主持人，他们也被称为

---

① 周郁成等：《中国巫觋文化的形成与发展对古代玉文化的影响》，见杨伯达主编：《中国玉文化玉学论丛》三编，紫禁城出版社，2005年，第49—61页。

② 王国维：《释礼》，见谢维扬等主编：《王国维全集》第8卷，浙江教育出版社，2010年，第191页。

"靈"（灵）或"灵巫"。"玉"与"礼"、"玉"与"灵巫"的关系非同一般。"礼"字之所以是陈玉于豆而祭，灵巫之所以"以玉事神"，皆是源自史前的文化大传统。到了文献书写的小传统中，各种相关的记载当然是其流而非其源。

《尚书·舜典》有"五玉"之说："修五礼、五玉。"后者即指璜、璧、璋、珪、琮5种造型的玉器。孔传谓："修吉凶军宾嘉之礼，五等诸侯执其玉。"可见用圭璧等构成的"五玉"礼器，既是政治等级制度的标志，又是封建礼仪制度的符号。《大雅·云汉》云："靡神不举，靡爱斯牲。圭璧既卒，宁莫我听。"表明了圭璧两种玉器的祭神通神功效。注疏家认为这是说周宣王时天降旱灾饥馑，为了祈求雨水，没有神灵不曾祭奠，没有牺牲不曾奉献，可即使是礼神的圭璧都已用尽，天地神灵也不肯听我一言，给我回报。玉礼器成为人神对话的媒介物，其承载神力的作用于此可见一斑。

玉与神的关联给佩玉制度奠定了观念基础。《小雅·斯干》云："乃生男子，载寝之床，载衣之裳，载弄之璋。"为什么周代贵族男性在一出生时就要弄璋？玉器的神圣与祥瑞作用为什么直接表现为君子佩玉制度？《礼记·玉藻》云："古之君子必佩玉……进则揖之，退则扬之，然后玉锵鸣也。……君子无故，玉不去身。君子于玉比德焉。"这一段为人熟知的描述，其实点明了君子佩玉之所以然，即"君子于玉比德"。由于坚信玉中潜含着神圣的天命和天赐生命力——精或德，人便可以充分借助玉的生命能量，增加自己的人格力量。需要留意的是，最初，玉中潜含的"德"并非伦理道德之德，而是神圣生命力崇拜之德，即与"精"或"灵"同义，相当于人类学所说的"马那"或"灵力"。由于孔子以后儒家对"德"的再造，"德"便衍生为伦理和品德的意义。玉有"五德""七德""九德""十一德"的种种说法，从先秦到两汉得以完成。后人一般不容易洞悉德的本意，所以就都依照伦理化的方式去理解玉德，延续至今。

恢复玉德说的原初本意，需要回到周代及其以上的人们的信仰语境中。《秦风·终南》云："佩玉将将，寿考不忘"，说明了佩玉与信仰神圣生命力的关系。《大雅·嵩高》云："锡尔介圭，以作尔宝。往近王舅，南土是保。"大件的玉礼器如圭璋，虽不用作佩饰，同样有显示天命和保佑的作用。这表明，政权的生命力与个体的生命力，都需要借助于玉中所蕴含的正能量。台湾学者杜而未《昆仑文化与不死观念》关注到中国仙道思想的起源与现实地理中的昆仑山有特殊关联，却只将昆仑山视为月神信仰的神山，[①]完全忽略了现实中的昆仑山本来就是产玉之山。要知道，永生不死的象征物，对于东亚先民而言，早自五六千年前的红山文化和良渚文化时代，就已经聚焦到美玉这种物质本身了。昆仑神山的观念中一定潜含着和田玉特有的生命能量崇拜的蕴意。昆仑瑶池西王母女神与不死信仰的关联，是众所周知的，她与和田玉的人格化崇拜的关联，却被后世的多数人遗忘了。

　　一般认为安阳殷墟商代高等级墓葬中出土的玉器，如妇好墓玉器，其原材料有大量来自新疆的和田玉。商代王室贵族的佩玉情况非常普遍。石璋如《殷代头饰举例》一文，根据近千座墓葬发掘材料的统计，归纳出十几种典型的头饰：玉冠饰、编石饰、椎髻饰、双髻饰、髻箍饰、额箍饰、雀屏冠饰、编珠鹰鱼饰、织贝鱼尾饰、耳饰、鬓饰、髻饰等，其中多与玉饰相关。如所谓"雀屏冠饰"，是一种如同孔雀开屏的头冠，上插各种各样的笄。殷墟西北岗1550号大墓一具殉葬人的额际，有百余枝骨笄呈扇形排列，笄群下方横置剑形玉饰，头顶偏右侧又横置一玉笄，脑后部位有一堆绿松石，颈部有一玉兔形饰件。显然，这是以玉为主的华丽冠饰。[②]1976年发掘的妇好墓，有28枚玉笄集中出自棺内北端。1977年小屯发掘的18号贵族墓，墓主头上有骨笄25枚、玉笄2枚，呈扇形排列，夔龙形笄头整体顺放，头部还布满细小的绿松石片饰。[③]类似的墓葬用玉礼俗，到西周时代就演变成为一种更加复杂的"玉覆面"现象，并预示着随后出现的汉代帝王金缕玉衣制度。

　　佩玉不仅装饰主人的身体，而且也装点着主人身佩的刀剑。《大雅·公刘》："何以舟之？维玉及瑶，鞞琫容刀"讲的就是用美玉装饰佩刀的情况。《小雅·瞻彼洛矣》亦云："君子至止，鞞琫有珌。"《小雅·大东》云："鞙鞙佩璲，不以其长。"鞞珌指垂挂在刀鞘上的玉珮。它不光有视觉上的效果，

---

① 　杜而未：《昆仑文化与不死观念》，（台北）学生书局，1985年，第30—31页。
② 　参看石璋如：《小屯C区的墓葬群》，台北"中研院"历史语言研究所编：《历史语言研究所集刊》第23本下，1952年。
③ 　宋镇豪：《商代社会生活与礼俗》，中国社会科学出版社，2010年，第287页。

还能发出听觉上的信息，发挥辟邪防灾的功能。如《晋书·舆服志》所云："衣兼鞶珮，衡载鸣和，是以闲邪屏弃，不可入也。"

《大雅·卷阿》云："颙颙卬卬，如圭如璋，令闻令望。"《毛诗正义》解释说："文王圣德，其文如雕琢矣，其质如金玉矣。"因其具有文质双全、表里如一的圣德，故能纲纪严明，统治四方。后例则是颂美成王。"颙颙"，温和恭敬貌；"卬卬"，气宇轩昂貌。此句意在盛赞周成王有"如圭如璋"的高尚品德，威仪不凡，所以才享有名望和声誉。这是史前期的玉教信仰在儒家礼学小传统中向伦理化的演变方向衍生的典型案例。"其质如金玉"的价值判断，也说明金属物在神圣物质谱系中的排序，已经后来居上，排到"玉"的前面去了。

清代学者俞樾说："古人之词，凡所甚美者则以玉言之。《尚书》之'玉食'，《礼记》之'玉女'，《仪礼》之'玉锦'，皆是也。"[①]作为补充，还应该说金玉并列的颂美词也是同样流行的，只是其产生的年代要大大晚于以玉为美的颂赞习惯。

第二节　道教玉皇大帝说：玉教的宇宙观

玉皇大帝是中国汉族神谱中至高无上的天神，相当于古希腊神谱中的宙斯和印度神谱中的大梵天。玉皇大帝的全名叫"太上开天执符御历含真体道金阙云宫九穹历御万道无为通明大殿昊天金阙玉皇大天尊玄穹高上帝"，简称则是"玉皇"和"玉帝"，俗称"天公"（天公祖）、"玉皇上帝"、"老天爷"等。他居住在玉清宫，被老百姓尊奉为众神之皇。大约在唐宋时代成书的道经《高上玉皇本行集经》叙述了玉皇大帝的由来：远古之时，有个光严妙乐国，国王为净德王，王后称宝月光，老而无嗣。一夜王后梦见太上老君抱一婴儿入怀中，她恭敬礼接，醒后就觉有孕。怀孕足足12个月，乃于丙午年正月初九诞下太子。太子自幼聪慧，长大则辅助国王，勤政爱民，行善救贫。国王驾崩，太子却禅位大臣，遁入深山修道。功成经历八百劫，牺

---

① 俞樾：《群经评议·尔雅二》。

牲己身以超度众生，终于修成真道，飞升九天之上，得万方诸神拥戴。于是统御三界，是为玉皇大帝。根据这个说法，民间以正月初九为玉皇的生日，举行祭祀活动。明代王逵《蠡海集》记载：“玉帝生于正月初九日者，阳数始于一而极于九，原始要终也。”北宋张君房编《云笈七签》云：“三代天尊有十号，八曰天尊，九曰玉帝。”南朝陶弘景《真灵位业图》云：“玉帝居玉清三元宫第一中位。”“道书言，四人天外有清境，圣登玉清，仙登太清，则玉帝居玉清之境，亦属至圣矣。道书又言，天上有黄金白玉京，为天帝所居。”①

玉帝何以用玉为名？道家和道教分别产生于先秦时代和汉代，其神话基础为中国特有的仙话。成仙得道，永生不死，是其终极的修炼理想。在道家创始人老庄时代之前很久，永生不死的神话就一直在大传统中流传，并且始终围绕着一种核心物质——玉，形成源远流长的东亚拜物教传统。②玉殓葬这样一种东亚特殊的史前葬俗，就是见证永生不死神话理想的考古实物证明，其目的是让玉器伴随着死者得以升天。等到道教神话谱系在东汉以后得以完备时，国人关于天界最高主神玉皇大帝的信仰，就是采用大传统的物神之名来命名——玉。我们把这种后起的神话与信仰视为文化原型编码的再编码现象。似乎中国人不可能用其他的任何物质的名称，来指代心目中的至高无上之存在，只能是“玉”。理由仅此一个就够了——玉是国人的信仰之根和拜物之源。

以玉为神的信仰来自东亚史前大传统，亚洲以外的国家文化中自然不会有这样的信念。当大英帝国的马戛尔尼使团来到北京皇城，获得乾隆皇帝赏赐的玉如意时，他们根本无法理解这件器物对于中国文化而言的价值意义。他们当时对中国人的关键印象就是傲慢自大。马戛尔尼的秘书巴罗在其日记中记载着1793年9月14日乾隆接见他们时赠给英皇的礼物——玉如意，以及马戛尔尼对这件国礼的印象：

---

① 追云燕编：《儒释道诸神传奇》，（台北）满庭芳出版社，1992年，第35页。
② 由于不了解大传统的不死信仰的存在，顾颉刚先生把神仙信仰的起源归结于战国时代的燕国和齐国，并提出两个原因论的解说：一是时代的压迫；二是战国时的思想解放。参看顾颉刚：《秦汉的方士与儒生》，上海古籍出版社，1998年，第9页。

　　玉石是一块玛瑙样子的石头，多半是蛇纹石，约一英尺半长，雕刻奇特，中国人十分珍视，但我看来它本身不像有多大的价值。[①]

　　中国的最高统治者会随便拿出没有价值的东西作为国礼送给英国国王吗？皇家玉器一律采用最优等级的新疆和田玉制作，又岂会用常见的蛇纹石呢？如果英国使者知道美玉在中国文化中的独尊品格，以及白玉在皇家意识形态中的至高无上的价值联想，那么他们一定会受宠若惊，感恩戴德地叩谢乾隆皇帝。

　　道教神话谱把天神世界想象为琼楼玉宇的物质构造，其中的主神也非玉皇莫属。这方面的道理无需多论，只要看看中国境内名山大川的最高峰往往美称"玉皇顶"的现象，就能够心领神会。中国人信奉的多神教以玉皇大帝为统帅，由他独掌天地万物的统治权。

　　在河北省南部流行神码（木版年画的祖型）的内丘县民间，广泛流传着"后土奶奶"的信仰和相关民间传说。这个传说有助于我们理解天神的统治和管理方式。

　　　据说后土奶奶受玉皇大帝教化，消除了思凡的心思。奶奶就想法点化人类，让天下人安居乐业。哪知民间还有一些横行霸道、争权夺势的恶人，常常搅得芸芸众生不得安生。奶奶就借用玉皇大帝的兵马，派天上的神仙下凡来做人间的皇帝或做重要的官宦。后来民间出现什么"文曲星下凡""灯笼神下凡"，等等，都是奶奶从玉皇大帝那儿请来的兵。

　　　奶奶为了让人们知道玉皇大帝派了神仙下凡，好让人们弃恶从善，遇事先为别人着想，犯了错不但要承认还要自觉改正，就点化人间有罪恶的人来修玉皇殿。奶奶和玉皇走过三府九县十三省，这一带做过亏心事的人经过点化，都不远千里到玉皇殿来捐钱修庙。[②]

---

① ［英］乔治·马戛尔尼、约翰·巴罗：《马戛尔尼使团使华观感》，何高济等译，商务印书馆，2013年，第226页。

② 冯骥才主编：《中国木版年画集成·内丘神码卷》，中华书局，2009年，第346—347页。

文学人类学一派将民间口传叙事视为考证历史文化的第三重证据。在这个民间传说中，依然保留着文化大传统的两大要素：女神信仰和玉石崇拜，分别体现为后土奶奶的信仰和天界的玉皇大帝崇拜。民间信仰在父权制社会中不免遭遇男性中心价值的制约和改造，但是却明确保留着让天神下凡来做好皇帝和清官的政治理想。玉皇殿的建造以神圣空间的物化符号，无言地讲述着神话意识的社会整合功能和心理功能。令人遗憾的是，很少有学院派人士对此类活态的神话遗产作专门研究。用当地的学者韩秋长的话说："国内有不少关于神祇的专著，所论都是广义上的神，诸如儒释道的神，而对内丘神码中大量的民间诸神，这些著作也没有专门的论述。木版年画界虽公认神码为木刻版画之祖，全国十几处木版年画产地也有一部分产神码，但很少涉及对神码的探讨及研究。古代资料中，对神码、纸马只有片言只语的记载，无助于我们的研究。"[①]一个普通的北方小县里居然蕴藏着如此丰富的神话遗产，中国数以千计的县里总共存在多少我们完全陌生的神话资源呢？话说回来，没有什么比玉皇大帝的信仰更加普及流行于中国民间。

在犹太教和基督教世界，至高无上的神圣是上帝耶和华。他被尊为创造主、创世主，是一切生命的赐予者。在中国神话世界，玉皇大帝也是这样的创世主。在中原大地民间收集到的一则题为《盘古山》的神话，就将盘古开天、泥土造人和洪水遗民、再造人类的情节母题融为一体。故事说：

> 盘古开天辟地之时，累得睡着了。玉皇大帝看见盘古疲惫，就派出他的三女儿认盘古做哥哥。二人遂成兄妹。当时有妖魔鬼怪骚扰，他们就做了一个石狮子看守。石狮子叫盘古每天给它嘴里放一个馍，到了七七四十九天，石狮子告诉盘古说："等我眼一红，你就赶紧叫你妹妹一块往我肚子里钻。"第二天，石狮子眼真的红了，兄妹二人在石狮子肚子里躲避四十九天才出来。兄妹二人用开天辟地的斧做金针，用葛藤

---

① 韩秋长：《农耕社会人类的精神家园》，见冯骥才主编：《中国木版年画集成·内丘神码卷》，中华书局，2009年，第8页。

做线，补好了天。又经过石头磨盘的验证，二人结为兄妹婚，捏泥土造人。[①]

这则创世神话典型地体现着我国民间信仰的万神殿实况：比开天辟地的盘古大神更加高一层次的神明，还是玉皇大帝。没有这位宇宙万物的最高主宰，也不会有盘古的成功创世。

第三节　玉石崇拜与"国"的原型

2013年12月至2014年2月，由中国玉文化中心、中国考古学会主办，杭州市余杭区人民政府和中国社会科学院考古研究所、良渚博物院等单位承办、协办的大型史前文物特展"夏代中国文明展：玉器·玉文化"在杭州良渚博物院举行。这是中国有史以来第一次对自己的文明初始朝代作出实物证明式的专题展示，其学术意义和历史知识普及意义，堪称前无古人。上海交通大学文学人类学研究中心和中国神话学会组织师生观摩和参与座谈会，围绕中国第一王朝"夏代是否存在"这一国际学界热烈争鸣的难题，从四重证据法的视角提出新的求解思路。

一、从史前大传统符号物看"國"的起源

作为政治、经济、军事与文化实体的国家，其最初起源的情况如何？这是目前国际国内学界共同关注的前沿问题，目前主要靠考古学发掘的遗址与实物为证据，参照原住民社会的部落联盟或酋邦情况，加以多学科的求证和理论探讨。作为华夏至高权力观念的"國"（国），其起源如何，则是较为具体的思想史和观念史的溯源问题。在这方面，也许没有比汉字的早期形态甲骨文及金文"國"字的构造本身更具有内证性质的证据了。

---

① 马卉欣等编：《河南民间故事》，转引自陶阳等：《中国创世神话》，上海人民出版社，2006年，第35页。

　　根据文学人类学派新提出的文化编码符号理论，汉字作为二级编码符号，可以结合相关的一级编码（实物和图像）新材料对其原型加以探究。"國"字的造字表象中有两个基本的意象要素：作为攻击性武器的戈，作为防御性建筑的城池——四方形的外城墙屏障之内，还套着较小的方形内城。这便是汉字"國"所显示的3个可分拆的成分。造字者显然希望将坚固的城池表象留在代表"國"的象形符号中。但是仅有城池还不足以构成"国"，在外城与内城之间，还有一个重要的武装元素符号，即足以守卫城池免遭外来敌人攻击的武器——戈。这就是我们熟悉的"國"字透露的大传统文化信息。与表音文字相比，汉字能够提供具体可感的造字表象及结构要素。我们利用这一点，可以寻找汉字编码取象的本源：城池和戈相结合的奥秘。

　　"夏代中国文明展：玉器·玉文化"给人留下的第一重要印象，就是同时呈现出史前城池与史前玉兵器的并存关系——新公布的陕西神木县石峁遗址石城及其玉器。布展专家用图片展示了石峁古城的远近景观（图12-1），再以此为背景，重点推出石峁遗址出土的一批玉礼器实物。

图12-1　陕西神木石峁古城2013年发掘全景

（陕西省考古研究院孙周勇供图）

据考古工作者的测量数据，这座始于距今4 300年前的石垒的古城，不仅有外城，还有内城，总面积达400万平方米，大大超过此前发现的山西襄汾陶寺遗址和浙江余杭良渚遗址古城的面积，号称中国目前已知最大的史前城池。不仅如此，考古工作者在20世纪70年代石峁遗址周边村民那里采集来的127件史前玉器中，有多件玉戈。这次展览展出的数十件石峁玉器中，就有2件玉戈（图12-2、图12-3），应该是中国北方地区看到的最早的戈兵器。至于其原初用途是实用兵器还是象征性的礼器，从戈刃部没有磨损的情况看，还是充当玉礼器的可能性大一些。

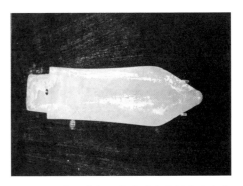

图12-2　陕西神木石峁遗址出土的龙山文化玉戈之一，距今约4 100年

（摄于夏代中国文明展，良渚博物院藏）

图12-3　陕西神木石峁遗址出土的龙山文化玉戈之二，距今约4 100年

（摄于夏代中国文明展，良渚博物院藏）

在相当于夏代纪年内的诸多史前文化遗址中，能够同时出现城池和戈兵器的仅有两个，那就是石峁遗址和二里头遗址。后者的知名度远远超过其他遗址，甚至被考古学家们命名为"华夏第一王都"，有二里头村口新树立的石碑为证。按照汉字"國"的两种原型表象——城池和戈，石峁和二里头两大遗址都无疑进入"国家"得以成立的标准之内。由于尚未发现文字，二者是否称得上"文明"还会有争议，但当时将其定性为"古国"则不会有太多争议。

值得注意的是，中国兵器发展史上在商周以后大量使用的戈兵器，原来都是来源于史前时代的玉石戈。石峁遗址只有玉戈没有铜戈；二里头遗址既有玉戈（图12-4），也出现了中原地区最早的青铜戈（图12-5）。展览中对石峁玉器的解说词指出，是中原二里头文化新砦期玉器传播到陕北，才出现了石峁玉器。这个说法值得商榷，因为石峁遗址的绝对年代（公元前2300—

图12-4　河南偃师二里头文化三期出土的玉
戈，距今约3 700年

（摄于夏代中国文明展，良渚博物院藏）

图12-5　河南偃师二里头文化三期出土的铜
戈，距今约3 700年

（中国社会科学院考古研究所许宏供图）

前2000年）早于二里头文化一期（公元前1750年）数百年，即使按照夏商周断代工程之前的老观点，二里头文化一期的起始年也不超过公元前1900年。何况二里头文化一期并没有出现规模性的玉器和铜器生产，只有在二、三期才陆续出现玉器和铜器。如果要在二者之间寻找影响关联，应该说只能是陕北的石峁玉器南下中原地区，影响到豫西的二里头文化，而不是相反。其间的传播中介还应考虑晋南地区的陶寺文化。从地理距离上看，陶寺遗址位于石峁遗址与二里头遗址之间，它与石峁遗址的关系堪称河东河西的关系。2013年6月在陕西榆林召开的中国玉石之路与玉兵文化研讨会期间笔者曾向陶寺考古队前队长李建民先生咨询，得知陶寺遗址的出土陶器与石峁遗址的出土陶器大体上属于十分相似的类型。更加详细的文物类型学分析比对，将进一步说明这种关系，在此基础上方能重构出夏王朝崛起前夜中国北方各地的古城古国之间交流和整合的大趋势。这方面尤其值得关注的是中原以外地区文化对中原的辐射、传播和影响。只有在二里头文化二期之后，中原国家对外围地区的影响才开始超过外围对中原的影响。不过那已经是距今3 700年以内的事情，距离商代已经十分接近，充其量只能相当于夏代晚期。

如果把铜戈的原型确认为玉戈，那么戈的发生发展经历了从礼器到兵器的转变——二里头遗址出土的青铜戈是中原地区最早的，但还不能算中国最早的青铜戈。夏家店下层文化出土的连柄铜戈，将考察铜戈起源地的眼界再度引向中原以北地区。戈作为实物兵器的使用给中国文化带来深远影响，指代国家的汉字"國"，指代征伐的"戎""伐""战"，甚至也有指代自己的名词"我"，它们都是从戈的。学生们写作文时，哪怕根本不知道戈为何物，也经常要使用"反戈一击""金戈铁马"或"枕戈待旦"一类成语。用文化编码理论看，所有这些从戈的汉字及词语都是文化本文的二级编码符号，玉石戈和铜戈本身才是文化的一级编码。就此而言，"夏代中国文明展：玉器·玉文化"即便还不足以证明夏代的存在，但至少可以用第四重证据充分证明相当于夏代纪年的史前中国的文化文本情况。那么，这200件出自不同地域，看上去朴素无华的4 000年前的珍贵玉器，它们在何种程度上能够支撑说明"玉文化先统一中国"的理论命题呢？

　　从文化的一级编码审视二级编码，即回到汉字给出的中国人有关"國"的概念，从字形演变的先后顺序看，最早的"国"字就写作"或"，后来才有给"或"再加外框的"國"字。也就是说，"或"字是表示"国"这个观念的本字；"國"则是后起的字，主要原因是替代语义已经发生复杂变化的"或"。许慎《说文解字·戈部》："或，邦也。从口，戈以守其一。一，地也。域，或，或从土。"段玉裁注：《邑部》曰：'邦者，國也。'盖或、國在周时为古今字。古文只有'或'字，既乃复制'國'字。以凡人各有所守，皆得谓之或。"[1]甲骨文的发现，证明了段玉裁这个判断的先见之明。甲骨文在20世纪相继被发现和识别，其中只有从戈从口的"或"字，而没有发现一个"國"字。[2]西周早期金文写法在甲骨文"或"字下添加一横（如何尊铭文），形成今日"或"字的完整笔画结构。或的字义指守卫一方土地，即后代所说"保家卫国"的意思。到西周中期，才首次出现给"或"又添加外框的"國"字。杨树达在《积微居小学述林·文字初义不属初形属后起字考》中指出："按或、國二字许君同训为邦，明本是一字，域字加义旁土，國字加义旁口耳……今则或、域、國三字各为一字，音亦互殊，邦國之义专属國字，而或、域无与矣。"杨氏对三字异同的辨析不可谓不精当，但是三字为什么都从"戈"的问题未能受到关注。国家和城市都是文明的重要标志。在中国，国家起源与前文明时代的先进武器戈有着怎样的关联呢？孙海波《甲骨文编》认为："'口'象城形，从戈以守之，国之义也。古国皆训城。"[3]

---

[1]　段玉裁：《说文解字注》，上海古籍出版社，1988年，第629页。
[2]　李孝定编述：《甲骨文字集释》，台北"中研院"历史语言研究所，1965年，第3773页。
[3]　转引自徐中舒主编：《甲骨文字典》，四川辞书出版社，2006年，第1362页。

孙氏的这种兼顾象形字的字形与字义统一性的解释，目前获得较普遍的认同。

如今的简化字将"國"字结构中代表内城的"口"和代表守城武器的"戈"统统去掉，只在代表外城的方框内新加上一个代表被守卫之宝物的"玉"。这样的简化写法不是出于现代人的创造性改制，而是直接采用太平天国时期的一种另类写法，并且能在明代的《正字通》一书找到较早的出处。其实，太平天国钱币上的"国"字比今天的简化字还少一点，即外方框中的字不是"玉"而是"王"。不论是玉还是王，总之"国"之内最尊贵的要素才是需要精心护卫的。一个国家的尊贵宝器在先秦时代就称为"国宝"。如《左传·成公二年》云："子得其国宝，我亦得地，而纾于难，其荣多矣。"杜预注："国宝，谓鼎、磬。"唐代崔曙《奉试明堂火珠》诗云："遥知太平代，国宝在名都。"宋代叶适《受玉宝贺表》云："天运重来，国宝再得；感深昔念，喜甚今逢。"这些文人歌颂的国宝都是指物，而《荀子·大略》说的"口能言之，身能行之，国宝也"，则是指人而言的。自秦始皇以后，国宝一词又可特指传国玉玺。如《新五代史·杂传·王珂》："庄宗自郓入京师，末帝闻唐兵且至，日夜涕泣，不知所为，自持国宝，指其宫室谓赟曰：'使吾保此者，系卿之画，如何耳？'"[1]为什么作为物的国宝万千归一，称为"国玺"，即传国玺呢？原因就在于秦的统一帝国确立了以玉玺为国家最高权力符号的制度。在秦汉之后的封建社会中，所有的皇帝们世代相传的玉质玺印，成为今日官方文件必须加盖公章这一行为的原型。宋代吴曾《能改斋漫录·辨误二》云："盖秦玺自汉以来，世世传受，号称国玺。"从国宝到国玺，华夏文明的国家象征 2 000 余年不变。

"或"与"国"，既然是先后出现的两个字，后来出现混同使用的现象，也就不足为奇。或人，国人，异名同实，二者皆指古代城邦的自由民。《淮南子·齐俗训》云："秦王之时，或人菹子，利不足也。"[2]刘文典集解引俞樾曰："或人即国人也。《说文·戈部》：'或，邦也。'《口部》：'國，邦也。'或、國古通用。"再看《周礼·秋官·士师》的说法："士师之职，掌國之五

---

① 欧阳修：《新五代史》，中华书局，1974年，第460页。

② 刘文典：《淮南鸿烈集解》，中华书局，1989年，第377页。

禁之法，以左右刑罚，一曰宫禁，二曰官禁，三曰國禁，四曰野禁，五曰军禁。"郑玄注："國，城中也。"邦和国作为行政单位，原来皆以城池为其具象标志。

不过，城的意象总是具体的，国的意象则趋于抽象化和概念化的发展，指向后世所说的国家。中国人对这个"想象的共同体"的体认，比使用表音文字的西方人更为具体实在。例如先秦语境中说的"国人"，即指居住在城邑内的人。《周礼·地官·泉府》云："国人郊人从其有司，然后予之。"贾公彦疏："国人者，谓住在国城之内，即六乡之民也。郊人者，即远郊之外，六遂之民也。"孙诒让案："国即国中，谓城郭中。"[1]《左传·成公十三年》云："子驷帅国人盟于大宫。"这里的国人也是指都邑内的市民。还有《史记·伯夷列传》讲道："叔齐亦不肯立而逃之。国人立其中子。"此处的国人还是指殷商的都邑之人。范文澜、蔡美彪等在《中国通史》第一编第三章第五节专门说明野人与国人之别，标准很简单："农夫住在田野小邑，称为野人；工商业者住在大邑，称为国人。"[2]据此可以发问：400万平方米的石峁古城，300万平方米的陶寺古城和良渚古城，其城内都居住着怎样的"国人"呢？以加工玉礼器为职业的手工艺工匠们，是否构成国人的中坚力量呢？

"国"以城池为核心意象，但用"国"字组成的词语也不仅仅限于城池一地。如"国畿"一词，亦即王畿，特指环绕天子都城附近一带地方。《周礼·夏官·大司马》云："乃以九畿之籍施邦国之政职，方千里曰国畿，其外方五百里曰侯畿。"贾公彦疏："云方千里曰国畿者，此据王畿内千里而言，非九畿之畿，但九畿以此国畿为本，向外每五百里加为一畿也。"《管子》一书专门讲到"国势"这个概念，指国家的自然地理形势，大体上归为五种。其《山至数》篇云："桓公问管子曰：'请问国势。'管子对曰：'有山处之国，有氾下多水之国，有山地分之国，有水泆之国，有漏壤之国。此国之五势，人君之所忧也。'"[3]按照管子的五势说，石峁古城当为"山处之国"，陶寺古

① 孙诒让：《周礼正义》第4册，中华书局，1987年，第1096页。
② 范文澜、蔡美彪等：《中国通史》第1册，人民出版社，1994年，第94页。
③ 《二十二子》，上海古籍出版社，1986年，第181页。

城为"山地分之国",而良渚古城则为"氾下多水之国"。

关于"国"的第一华夏名言,即是《左传·成公十三年》刘子所说的八字真言"国之大事,在祀与戎"。这是 2 500 年前华夏社会的高级知识人(相当于当年的智库领袖)对"国"之文化功能的简明概括。《国语·鲁语上》云:"夫祀,国之大节也;而节,政之所成也,故慎制祀,以为国典。"将"祀"的重要性排在"戎"的前面,这表明对于国家统治而言,祭祀比战争还要关键。因为对于一切有信仰的人群来说,能决定战争的胜负的超自然因素,只有通过祭祀行为才能获得,并使之发挥作用。所以《礼记·礼器》要把国家大事与天联系起来,说:"故作大事,必顺天时。"郑玄注:"大事,祭祀也。"《左传·襄公三十年》又云:"子驷氏欲攻子产,子皮怒之曰:'礼,国之干也。杀有礼,祸莫大焉。'"《国语·晋语四》也说:"夫礼,国之纪也。"《尚书·洪范》讲到"八政"的情况是:"一曰食,二曰货,三曰祀。"孔传:"敬鬼神以成教。"由于祭祀仪式的周期性重复,"祀"字又引申为一种时间概念,相当于"岁"和"年"。《尚书·伊训》云:"惟元祀,十有二月,乙丑,伊尹祠于先王。"蔡沈集传:"夏曰岁,商曰祀,周曰年,一也。"先秦时代的国家级祭祀礼仪主要有哪些名目呢?《国语·鲁语上》的说法是五类:"凡禘、郊、祖、宗、报,此五者国之典祀也……非是不在祀典。"除了固定周期的祭祀仪式,还有不固定的祭祀仪式。

从甲骨文反映的殷商时期的情况看,国家什么时候能举行祭祀,什么时候不能举行祭祀,都要通过占卜来决定。如《周礼·筮人》所云:"凡国之大事,先筮而后卜。"郑玄云:"当用卜者先筮之,即事渐也;于筮之凶,则止不卜。"从通神占卜活动,到讨好神灵的祭祀行为,古人留下的文化文本原型编码和二级编码(甲骨文),大抵如斯。在文字产生之后的文化三级编码则是早期书写的经典,其根源大多与祭祀活动有关。刘师培在《文学出于巫祝之官说》一文中提出的命题是,祭祀礼仪乃是产生中国书面文学的母胎。他写道:"是则韵语之文,虽匪一体,综其大要,恒由祀礼而生。"[1]其《舞法起于祀神考》又云:"盖上古之时最重祀祖之典,欲尊祖敬宗,不得不追溯往

---

[1] 刘师培:《刘师培中古文学论集》,中国社会科学出版社,1997 年,第 215 页。

迹。故《周颂》三十一篇所载之诗，上自郊社、明堂，下至籍田、祈谷，旁及岳渎、星辰之祀，悉与祭礼相关，《鲁颂》《商颂》莫不皆然。"[1]这是刘师培针对《诗经》中的颂诗部分作出的起源判断。过去研究上古宗教祭祀，也就是围绕着经典文献中的记载而已。如今，早于商周时代的大量礼器被考古工作者发掘出来，尤其是玉礼器的数量达到惊人的程度。围绕着"玉器·玉文化·夏代中国文明展"的200件玉器实物（大部分是玉礼器和玉兵器），从礼器和祭祀仪式视角看，又能解读或钩沉出多少华夏先民的神话想象和文学内容呢？顺着睹物思人的逻辑，相当于夏代纪年的华夏国家文化的重构工作，也许迄今为止才刚刚拉开序幕，刚刚吹起再出发的号角。

二、玉琮与早期的国（城）

从玉文化起源看，史前文化中的每一种玉器都包含一种神话观念。有些玉器的神话观念含义比较明显，也有些晦涩不明。"夏代中国文明展"所展示的第一件关键玉器是陶寺遗址出土的玉琮（图12-6），文物发掘编号为M1699：1。

玉琮，这种发达于史前南方的良渚文化、在龙山文化时代传播到中原和西北地区的重要玉礼器，其所隐含的神话观念意蕴，学界基本上已有相对的共识，那就是所谓天圆地方的华夏神话宇宙观。[2]根据"國"（或）在甲骨文和金文中的写法，有一种形式就是把戈旁的口写作四方形，这让人很容易联想到玉琮的形制。目前大体上集中出土玉琮的史前文化遗址都有城池即古国的存在，这或许不是

图12-6　山西襄汾陶寺遗址出土的样式较为原始的玉琮：外方形和内圆孔，象征天圆地方的神话宇宙观

（摄于山西博物院）

① 刘师培著、李妙根编：《刘师培论学论政》，复旦大学出版社，1990年，第107页。
② ［美］张光直：《谈"琮"及其在中国古史上的意义》，见《中国青铜时代》二集，生活·读书·新知三联书店，1990年，第67—81页。

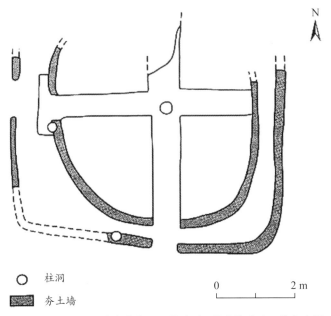

图12-7 河南杞县鹿台岗龙山文化遗址1号建筑遗迹，外方内圆 的形式似乎是模拟玉琮的外形

（引自张国硕等：《河南杞县鹿台岗龙山遗址发掘简报》）

偶然的巧合。[1] 玉琮的四方形状除了可能隐喻方形大地以外，是否也可能兼 有城池的象征意义呢？

给这一问题提供有力的四重证据的史前文化遗址，是在河南杞县鹿台岗 发掘出的龙山文化遗址1号建筑遗迹（图12-7）。其呈现为较标准的外方内 圆形式，类似于一种放大的玉琮。

玉琮的出现要晚于玉璜和玉璧，它是在南方的良渚文化时期获得地方 性流行的玉礼器。正是在随后的龙山文化时期，玉琮的传播正式走向黄河流 域，覆盖到黄河下游的大汶口及中游的陶寺文化和石峁文化，并且西进大西 北，在延安等地和甘肃各地的齐家文化遗址留下大量遗物。河南杞县鹿台岗 龙山遗址1号建筑作为4 000年以前的中原国家社会公共礼仪活动的建筑物，

---

① 张明华：《玉琮研究的思考》，见杨伯达主编：《中国玉文化玉学论丛》四编，紫禁城出版社， 2007年，第434—446页。

如果真的是为了模拟贯通天地的玉琮原型而修筑，也是在情理之中的。有考古界专家指出：

> 该建筑内圆外方的形状，明显与中国新石器时代许多遗址发现的玉琮类似。但是把这样的形状用之于建筑，此前还没有发现过。这种内圆外方的设计是中国传统宇宙观里天地的象征。许多中国考古学家对把方圆两种形状施于一种器物的解释，是象征宗教世界天地两种自然体的结合。因此，该建筑遗迹也许是天地崇拜的产物。该建筑位于遗址的居住区，但是却跟任何房屋没有特殊关系。因此，它很可能是为举行自然神祇的公共礼仪活动而营建。[①]

陶寺遗址既有城又有玉琮，良渚也是有琮有城，发现玉琮的陕北延安、神木等地，乃是龙山文化古城非常发达的地区（图12-8、图12-9）。为什么杞县当地没有发现玉琮，却发掘出模拟玉琮的礼仪性建筑呢？这里或许是因玉琮尚未发掘出土，或许是因玉料供应短缺方面的资源瓶颈限制，使得当地龙山文化古国上层统治者不能直接生产和使用玉琮，只能生产出玉琮的替代性升级版新形式。西北地区4000年前的齐家文化遗址只出土少量玉琮，同时出土较多数量石琮的情况，为这一猜测提供了一种思路。有关史前文化中玉琮的分布与古国古城的对应关系问题，仍有待更充分的考古资料出现，以便展开进一步的探讨。有一点可以明确，玉琮在“夏代中国文明展”200件玉器中所占比例很小，进入商周文明以后的出场情况更是每况愈下，一般都是零星出现，再到东周时代就基本上退出玉礼器体系的前台。与其他玉器相比，玉琮的制作费料费工费时，其最为集中的时空分布范围早于龙山文化的南方良渚文化。“夏代中国文明展”展出的夏代纪年范围的各地出土玉琮，已经是玉琮发展史全程中开始衰落的一段，此后的玉琮在数量上完全让位于玉柄形器等较易制作的玉礼器，[②] 其自身的规模性生产已经终止，只是还有些

---

① ［澳］刘莉：《中国新石器时代：迈向早期国家之路》，陈星灿等译，文物出版社，2007年，第228—229页。

② 参看叶舒宪：《玉人像、玉柄形器与祖灵牌位》，《民族艺术》2013年第3期；《竹节、花瓣纹玉柄形器的神话学解读》，《民族艺术》2014年第1期。

图12-8　陕西延安出土的龙山文化玉琮
（摄于夏代中国文明展）

图12-9　陕西神木石峁遗址的龙山时代古城
（2013年摄于考古现场）

余绪而已。

总结本节的讨论，从第四重证据即出土的遗址和文物看，能够相当于"国"概念之两种物质前提条件（城与戈）的史前文化，目前看来并不是很多，可谓凤毛麟角。自龙山时代以来，各地方国建筑城池的情况逐渐普及，几乎遍布于北方与南方，但是同时具备大规模城池修筑与戈兵器这两个条件的遗址却很少。以公元前2000年为年代界限，陕北河套地区石峁古城遗址算是目前仅有的代表。石峁石头城建筑不仅有外城套内城的华夏都市建筑布局模式，内城中还有中央的高位建筑，被当地百姓称为"皇城台"，或可对应北京城内紫禁城中央的太和殿。这里还采集到中国（或称中国北方）最早出现的兵器戈——玉戈。就考察夏代聚落遗址而言，石峁古城的考古发现开拓了新的思考空间。

一是夏都的时空错位问题。

无论是晋南的陶寺遗址、甘青的齐家文化遗址、山东的龙山文化遗址，还是江汉平原的石家河文化遗址，虽然均有4000年以上的发达文化证据，但是因为没有文字，又都不在中原，所以很难确定谁是夏文化的都邑所在。唯有二里头文化在空间上与夏都位置接近，但是又出现时间的错位：据夏商周断代工程的新数据，二里头文化一期的时间约在公元前1750

年，距今仅仅3 700多年，与夏朝开启距今的约4 100年相差300多年。所以即使退一步说，假定二里头遗址真是夏都，那也只能是夏代晚期的后都，而不是夏朝建国时的国都。突破这一错位问题的出路在于，如何寻找二里头文化发生之前二三百年之际中原的其他都邑遗址，并确认其玉礼器、青铜器的体系和城池、宫殿的遗迹；否则，夏朝都城无法落实，将有碍于论证夏代历史的一切努力。

二是判断夏代是否存在。

法庭审理案件在证据不足的情况下，一般可以采取延期判决，关于夏代的问题目前也是如此，与其在条件不充分的情况下硬要论证夏代是客观存在，不如换一种论说方式：论证相当于夏代纪年范围的华夏国家的形成，不管它叫陶寺文化、石家河文化、二里头文化、石峁文化，还是齐家文化，距今4 100年左右的城池、宫殿、玉礼器和青铜器等，都是构成早期华夏文明国家的领先性物质指标。在排比各项指标的时空分布基础上，大致确定出这个早期华夏国家的地理轮廓、中心都邑及对周边的控制范围。

三是以商周玉礼器为第四重证据，反推其原型。

通过对商周时代玉礼器体系的原型探索，从前后的关联中确认有哪些成分来自相当于夏代礼制的重要玉器，又有哪些成分是夏代所不曾有的，因而是商周玉礼器更新的产物。目前较有把握能够确认的相当于夏代的玉礼器有如下几种：玉柄形器、玉璧、玉琮、玉璜、玉玦、玉璋、玉圭、玉戈、玉刀、玉璇玑等。这些早于商周的玉器形制，到商周以后有的继续使用，发挥其礼器的功能，有的逐渐减少，最后淡出礼制演示的前台。一直普遍使用到西周末年的玉礼器有：玉柄形器、玉璧、玉璜、玉玦、玉璋、玉圭、玉戈。玉琮则在史前南方最为流行，在商周两代中原国家日渐稀少，基本上淡出常见的玉礼器的体系；玉刀和玉璇玑的情况也是如此。再经过春秋战国时期的礼崩乐坏和列国纷争，发展到距今2 000年前后的秦汉时代，玉柄形器、玉璋、玉戈也大致退出了历史舞台。由秦始皇开创的传国玉玺制度，终于取代此前数千年的玉礼器主流，成为此后2 000年封建社会至高权力的国宝象征物。

第十三章

白玉崇拜：玉教的新教革命

▶ 本章摘要 ◀

在八九千年的中国玉文化史上，3 000年前商周之际形成的白玉崇拜奠定了华夏核心价值的物质原型。随后的玉文化发展以新疆昆仑山和田玉为绝对主脉，"白璧无瑕"遂成为国人心目中完美无缺的价值观表达模式。本章从中国文学特有的"白玉堂"意象解析入手，检视从《山海经》到《红楼梦》的文学母题史，揭示多颜色玉石中白玉独尊的文化观的构成奥秘，及其与日月星等发光天体信仰、成仙不死的神话信仰的内在关联；并聚焦国史中著名的白玉传奇事件——鸿门宴上让刘邦化险为夷的白璧和秦始皇御制传国白玉玺，诠释白玉崇拜支配下的神话历史的因果逻辑，以期在中国文化史的整体把握上，凸显"神话—信仰—观念—行为—事件"的动力系统解释模式。

本章还将从物质与精神互动的视角说明驱动华夏文明发生的特殊动力要素：说明从玉石神话信仰（玉教）到白玉（以和田白玉为原型）独尊的文化价值观体系形成，是如何通过一场玉文化的"新教革命"实现的，由此分析周代以来的"白圭之玷"与"白璧无瑕"理想的由来，根据第四重证据即夏商周以来的出土白玉玉器，论说上古国家统治者的神话观如何与西玉东输的文化运动构成因果解释链，揭示华夏文明数千年来所独有的资源依赖现象的宗教信仰底蕴。

中国的成文历史若以甲骨文叙事为开端，有 3 000 多年；不成文的历史，以玉礼器生产和使用的兴隆洼文化为开端，则延续至今有 8 000 多年。我们将文字历史称作小传统，将先于文字的历史传承称作大传统。8 000 年的中国玉文化史无疑是大传统，而与甲骨文的出现大约同时或稍后，约 3 000 多年前商周之际，小传统已经揭开序幕。这一时期的玉文化发展出现重大转折，即从崇拜各种颜色的地方性玉石转向崇拜一个产地的一种颜色的特优级玉石——和田白玉。白玉崇拜的发生，终于奠定华夏文明核心价值的物质原型。随后的玉文化发展以新疆昆仑山和田玉为绝对主脉，"白璧无瑕"遂成为国人心目中完美无缺的价值观表达模式。

第一节　"白玉堂"文学谱系

《红楼梦》第四回形容贾府的富贵气象，只用一句画龙点睛般的赞词："贾不假，白玉为堂金作马。"玉石向来是华夏文明中备受推崇的圣物，但曹雪芹在赞扬的措辞中特意强调玉的颜色，显然表明白色的玉非同一般。不熟悉中国文化的域外读者会问：黄金是世界公认的宝物，为何要把玉石凌驾在黄金之上？玉石在华夏文明中的价值阶梯中何以优先于黄金而独尊？玉石颜色多样，堪称五颜六色，而实际使用中以青色为多，那受到格外推崇的玉为什么只是白玉，而不是其他颜色的玉呢？

解答这些疑问，需要对华夏文明追根溯源，检验从《山海经》到《红楼梦》的整个中国文学史，看看白玉崇拜是在何时，又是怎样形成的，其间有哪些重要的神话叙事奠定后代文学的原型和典故。

我们把玉石神话信仰（简称"玉教"）看成大大先于文明国家而存在的一种宗教意识形态。[①] 如果说夏代国家源于 4 000 多年前，那么玉教的发生则远在 8 000 多年前。从最初的玉礼器生产和使用，到文明的出现，其间的积累和演变过程经历了约 4 000 年。至少从 1 000 多年前的唐代开始，才流行

---

① 参看叶舒宪：《玉教——中国的国教：儒道思想的神话根源》，《世界汉学》2010 年春季号；《从玉教神话到金属神话——华夏核心价值的大小传统源流》，《民族艺术》2014 年第 4 期。

用"白玉堂"这样的文学措辞隐喻天神或神仙的居所，同时也能喻指富贵人家的邸宅。唐代刘方平《乌栖曲》之一云："银汉斜临白玉堂，芙蓉行障掩灯光。"唐代李商隐《代应》诗云："本来银汉是红墙，隔得卢家白玉堂。"两位诗人不约而同地将白玉堂与银汉并提，深层原因还在于玉教神话的关键信念。银汉古时又叫云汉，别名天河、天汉、星河，指的是夜空中呈现的银白色的光带，又靠神话想象和地上的汉水相互对应、联系起来。银河由大量发光的恒星构成，在人类的视觉感受催生的错觉中，好像众星组成的天上河流。这样的天河除了被比喻为金属中发白光的银，还被比喻为玉石中发白光的玉，这就是月光星光隐喻白玉的神话逻辑线索。隋代的江总在《内殿赋新诗》中说："织女今夕渡银河，当见新秋停玉梭。"明代汤式《集贤宾·客窗值雪》套曲云："观不足严凝景致，玉壶春滟滟，银海夜凄凄。"宋代王安石《送吴显道》诗之五有问句："白玉堂前一树梅，为谁零落为谁开？"宋代张孝祥《丑奴儿·王公泽为予言查山之胜戏赠》云："主人白玉堂中老，曾侍凝旒。"同一时代的苏东坡《阳关词·中秋月》则云："暮云收尽溢清寒，银汉无声转玉盘。"清人纳兰性德《减字木兰花》词说："茫茫碧落，天上人间情一诺。银汉难通，稳耐风波愿始从。"这些与诗歌修辞的通例体现了华夏的神话宇宙观：将天体之光与白银白玉作类比联想。

早在大一统国家形成期，秦始皇、汉武帝为追求长生不死的神话境界，不惜在丧葬行为方面上演神话升天的活剧，人工制作银海或玉衣，用来象征天上的不死仙界。《史记·秦始皇本纪》云："始皇初即位，穿治郦山，及并天下，天下徒送诣七十余万人，穿三泉，下铜而致椁……以水银为百川江河大海，机相灌输，上具天文，下具地理。"[①]杜甫写作《骊山》诗，将秦始皇制作银海一事与黄帝铸鼎乘龙升天一事相提并论："鼎湖龙去远，银海雁飞深。"清代的唐孙华《客有作诗讥魏武者辄亦效颦题四绝句》之三则把秦皇的神话剧与汉朝帝王的金缕玉衣之类相比对："银海三泉牧火侵，珠襦玉匣出幽沈。"玉匣即汉朝王者及后妃下葬专用的玉衣，有金缕、银缕、丝缕等不同等级的区别。据当时的神话信仰，死者进入玉衣中就能确保先入地

---

① 司马迁：《史记》，中华书局，1982年，第265页。

后升天的死后旅程，达到永生不死的梦想目标。①《汉书·霍光传》叙述霍光去世后，皇帝"赐金钱、缯絮、绣被百领，衣五十箧，璧珠玑玉衣。"颜师古注云："《汉仪注》以玉为襦，如铠状连缀之，以黄金为缕，要已下玉为札，长尺，广二寸半为甲，下至足，亦缀以黄金缕。"②对此种汉代特有的玉衣葬礼制，《西京杂记》描述得更加具体一些："汉帝送死，皆珠襦玉匣。匣形如铠甲，连以金镂。武帝匣上皆镂为蛟龙、鸾凤、龟麟之象，世谓为蛟龙玉匣。"③

对于两汉时期流行于统治阶层的这种玉衣神话观念，白居易《狂歌词》用看破红尘的尖锐话语质疑说："焉用黄墟下，珠衾玉匣为。"这是在国家官方的金缕玉衣制度伴随着大汉王朝的覆灭而一去不返之后，唐朝知识人的批评和反思。

不过，后世的文人不管是否信奉死后玉衣升天的神话，至少都喜欢将现实的建筑比喻为玉楼、玉堂、玉台之类，以获得天界的联想和天地两界对照的文学张力。杜甫《八哀诗·故右仆射相国曲江张公九龄》云："上君白玉堂，倚君金华省。"宋代刘过《沁园春·题黄尚书夫人书壁后》云："白玉堂深，黄金印大。"这像是《红楼梦》将白玉对比黄金的做法之先声。追溯白玉堂典故的由来，最初始于先秦时代，只称玉堂，或与瑶台、玉门一类神话想象的建筑有关，属于文化大传统的玉教信仰支配下的符号谱系。宋玉《风赋》云："故其清凉雄风，则飘举升降，乘凌高城，入于深宫。抵花叶而振气，徘徊于桂椒之间，翱翔于激水之上。将击芙蓉之精，猎蕙草，离秦蘅，概新夷，被荑杨，回穴冲陵，萧条众芳。然后徜徉中庭，北上玉堂，跻于罗帷，经于洞房，乃得为大王之风也。"《韩非子·守道》云："人主甘服于玉堂之中。"晋代孙绰《游天台山赋》云："朱阁玲珑于林间，玉堂阴映于高隅。"这些作品提到的玉堂都是文学性的，并非实际的建筑。汉武帝时修筑建章宫，将神话想象的玉堂和璧门完全落实到汉家宫殿建筑格局及命名系统中。《史记·孝武本纪》说："于是作建章宫，度为千门万户……其南有玉堂、璧

---

① 参看叶舒宪：《金缕玉衣何为》，见《金枝玉叶——比较神话学的中国视角》，复旦大学出版社，2012年，第226—228页。
② 班固著，王先谦补注：《汉书补注》，中华书局，1982年，第1307页。
③ 刘歆等撰：《西京杂记》卷1，上海古籍出版社，2012年，第13页。

门、大鸟之属。乃立神明台、井干楼，度五十余丈，辇道相属焉。"司马贞索隐引《汉武故事》："玉堂基与未央前殿等，去地十二丈。"[①]从此以后，文献中提到的玉堂，有时就是实指的皇宫建筑。如《东观汉记·孝冲皇帝纪》云："永嘉元年春正月，帝崩于玉堂前殿。"再如班固《西都赋》对长安城宫室的夸赞，凸显出让现实世界成为神话世界的符号能量。

> 其宫室也，体象乎天地，经纬乎阴阳，据坤灵之正位，仿太紫之圆方。树中天之华阙，丰冠山之朱堂，因瑰材而究奇，抗应龙之虹梁，列棼橑以布翼，荷栋桴而高骧，雕玉瑱以居楹，裁金璧以饰珰，发五色之渥彩，光焰朗以景彰。于是左墄右平，重轩三阶，闺房周通，门闼洞开，列钟虡于中庭，立金人于端闱，仍增崖而衡阈，临峻路而启扉。徇以离宫别寝，承以崇台闲馆，焕若列宿，紫宫是环。清凉宣温，神仙长年，金华玉堂，白虎麒麟，区宇若兹，不可殚论。[②]

再如张衡的《西京赋》对长安宫室的描述，既有玉台，又有玉堂，将居住其中的统治者类比为神仙。

> 朝堂承东，温调延北，西有玉台，联以昆德。嵯峨崨嶪，罔识所则。若夫长年神仙，宣室玉堂，麒麟朱鸟，龙兴含章，譬众星之环极，叛赫戏以辉煌。[③]

汉代皇宫建章宫之玉堂和未央宫之玉堂殿，到汉代以后则分别得到引申，前者可泛指宫殿，后者则引申特指翰林院。唐代杜甫《进雕赋表》云："令贾马之徒，得排金门，上玉堂者甚众矣。"依照汉代官制，侍中有玉堂署，宋代以后翰林院也称作玉堂，这就更加扩大了玉堂一词的语义范围。《汉书·李寻传》云："过随众贤待诏，食太官，衣御府，久污玉堂之署。"颜

---

① 司马迁：《史记》，中华书局，1982年，第482页。
② 费振刚等辑校：《全汉赋》，北京大学出版社，1993年，第313页。
③ 同上书，第413页。

师古注："玉堂殿在未央宫。"王先谦补注引何焯曰："汉时待诏于玉堂殿，唐时待诏于翰林院，至宋以后，翰林遂并蒙玉堂之号。"《宋史·苏易简传》云："帝尝以轻绡飞白大书'玉堂之署'四字，令易简牓于厅额。"这种沿用旧名的情况到明清时代依然如故。明代李东阳《院中即事》诗云："遥羡玉堂诸院长，酒杯能绿火能红。"王闿运《郭新楷传》云："君逸才也，玉堂群彦为愧多矣。"除以上隐喻用法之外，玉堂一词还兼指宫中嫔妃的居所，并可引申借指宠妃。例如《汉书·谷永传》云："抑损椒房玉堂之盛宠。"颜师古注："玉堂，嬖幸之舍也。"再如《后汉书·翟酺传》云："愿陛下亲自劳恤，研精致思，勉求忠贞之臣，诛远佞谄之党，损玉堂之盛。"不论实指的玉堂是何种建筑，其取象的原型还是天神或神仙的居处。《文选·左思〈吴都赋〉》有："玉堂对溜，石室相距。"刘逵注："玉堂石室，仙人居也。"李东阳《镜川先生宅赏白牡丹》诗云："玉堂天上清，玉版天下白"，这就明确指出玉堂的原型在天上，所谓神灵天国之琼楼玉宇。

琼楼玉宇作为仙境的隐喻，又与汉代帝王赏赐玉壶的奇闻发生联系。东汉著名的求仙得道之人费长房，见市中有老翁悬一壶卖药，市毕即跳入壶中。费长房便拜叩，随老翁入壶。但见玉堂富丽，酒食俱备。后知老翁乃神仙。这样的离奇梦想事件，被范晔堂而皇之地写进国家正史《后汉书·方术传下》，使得白日做梦的费长房和帝王将相等一样名垂青史。后世人除了白玉堂、玉堂之外，还惯用"玉壶"为典故，喻指仙境。陈子昂《感遇》诗之五云："曷见玄真子，观世玉壶中。"宋人王沂孙《无闷·雪景》词说："待翠管吹破苍茫，看取玉壶天地。"国人大凡需要超越现实的束缚，摆脱世俗烦恼和困顿，都情不自禁地想到玉壶中的永恒理想世界，对此津津乐道。如孔尚任《桃花扇·入道》所云："玉壶琼岛，万古愁人少。"

与白玉堂想象同类的天国神话措辞还有"白玉京"，似专指天帝的居所。如李白《经乱离后天恩流夜郎忆旧游书怀》诗云："天上白玉京，十二楼五城。"苏轼《游罗浮山一首示儿子过》诗云："人间有此白玉京，罗浮见日鸡一鸣。"陆游《夏夜》诗之四云："不知竟是真仙未？夜夜神游白玉京。"经过唐诗宋词的如此渲染，华夏文学中的白玉类建筑与天国想象结下了不解之缘。苏轼《雪后书北台壁》诗之二更加巧妙地运用双关隐喻："冻合玉楼寒起粟，光摇银海眩生花。"宋庄季裕《鸡肋编》卷中指出："东坡作《雪》

诗……人多不晓'玉楼''银海'事，惟王文正公云：'此见于道家，谓肩与目也。'"原来道教信仰认为人的肩部突出于人体之外，堪比"玉楼"。而玉楼的神话原型则照例被归结到天上，是天帝或仙人的居所。《十洲记·昆仑》云："天墉城，面方千里，城上安金台五所，玉楼十二所。"宋代张耒《岁暮福昌怀古》诗说得明白："天上玉楼终恍惚，人间遗事已埃尘。"

据《后汉书·方术传上·王乔》载，当时有一位拥有神术的河东人名叫王乔，他在显宗时期被任命为叶县县令。每逢初一、十五，则化其两舄（鞋）为双凫，乘双凫飞向都城朝见皇帝。这位叶县县令王乔，还留下更加神奇的白玉棺传奇，同样成为引用率很高的文学典故。据《后汉书·方术传上·王乔》和应劭《风俗通义·叶令祠》记载：王乔为县令时，天堕下一玉棺于堂前，众人推排，终不能摇动之。王乔说："这是天帝独欲召我。"于是沐浴服饰完毕，自卧于棺中，棺盖立合。县人为葬于城东，土自成坟。[①]后来的文人给史书叙述的"玉棺"一词加上"白"字，用为隐喻成仙或升天的典故。王乔这个名字也成为点燃文人幻想的神奇符号。如唐代的李白《赠王汉阳》诗云："天落白玉棺，王乔辞叶县，一去未千年，汉阳复相见。"

如果把东汉仙人王乔的白玉棺神话作为原型，那么有关唐代诗人李贺的白玉楼神话则是原型的变体。传说李贺昼见绯衣人，云："帝成白玉楼，立召君为记。天上差乐，不苦也。"遂卒。事见著名诗人李商隐所作的《李长吉小传》。历史性的传记叙事中夹杂着浓厚的神话想象成分，这恰好吻合于中国式的"神话历史"特征。白玉楼遂成为文人逝世升仙的典故。宋代岳珂《桯史·王义丰诗》云："碧纱笼底墨才干，白玉楼中骨已寒。"元代陈庚《吊麻信之》诗之二云："君恩未赐金莲炬，天阙俄成白玉楼。"鲁迅先生在《坟·娜拉走后怎样》中写道："唐朝的诗人李贺……临死的时候，却对他的母亲说：'阿妈，上帝造成了白玉楼，叫我做文章落成去了。'"西方人的上帝观念随着西学东渐进入中国，白玉楼就这样被现代知识人明确解释为上帝的造物。

玉堂或白玉堂、白玉楼，发端于天国想象的神仙世界建筑，在西汉时代

---

① 应劭著、吴树平校释：《风俗通义校释》，天津古籍出版社，1980年，第63页。

被落实为都城皇宫建筑，汉代以后再度被文学家想象成一种若即若离、虚实相生的符号，在个人幻想与精神永生之间架起一道沟通的文学桥梁。

如果说作为建筑的白玉（楼、堂、台、殿）是华夏社会公共理想的符号，对一般人而言可望而不可即，那么作为佩饰的白玉则是社会个体能够企及的物质现实。对白玉物品的艳羡，同样牵动着华夏民众的精神期盼。国人观念中最完美的事物，时常要用"白璧无瑕"这个成语来形容。相反的，形容事物美中不足，则有另一成语"白璧微瑕"，意思是指白玉上的小斑点，比喻有小小的缺点或瑕疵，无伤大雅。梁朝的昭明太子萧统在《〈陶渊明集〉序》中评价陶潜的文学成就，有"白璧微瑕，惟在《闲情》一赋"之语。清代陈廷焯《白雨斋词话》卷五云："此类皆失之不检，致敲金戛玉之词，忽与瓦缶竞奏，白璧微瑕，固是恨事。"鲁迅《华盖集·牺牲谟》说："但是，我的同志，你什么都牺牲完了，究竟也大可佩服，可惜你还剩一条裤子，将来在历史上也许要留下一点白璧微瑕。""白璧微瑕"亦作"白玉微瑕"。唐代吴兢《贞观政要·公平》云："君子小过，盖白玉之微瑕；小人小善，乃铅刀之一割。铅刀一割，良工之所不重，小善不足以掩众恶也；白玉微瑕，善贾之所不弃，小疵不足以妨大美也。""白玉微瑕"亦省略作"白璧瑕"。唐代贾岛《寄令狐绹相公》诗云："岂有斯言玷，应无白璧瑕。"《史记·龟策列传》说到天下没有十全十美的事物，用的是一对比喻："黄金有疵，白玉有瑕。"

以上是对中国文学中白玉堂想象的系统梳理，旁及玉堂、玉殿、玉壶、玉楼等相关典故，从文学作品到史书和子书，用以提示白璧无瑕的理想表达模式，希望能够相对地复原出玉教信仰支配下的华夏神话观念史。

第二节　国史凸显白玉传奇

中国历史书写特征为"神话历史"，驱动其神话想象的终极原型是源于8 000年前的玉教神话。玉教神话发展到文字小传统中形成一种后来居上的核心崇拜，即以和田玉进入中原国家为物质前提的白玉崇拜。白玉崇拜发生在3 000多年前的商周之际，到秦汉之际已经深入人心，在历史中表现得登峰造极，无以复加；而且从全球史视野看仅此一家，具有十足的中国特色。下文仅举出秦汉之际历史中最著名的白玉传奇，透析玉教神话信仰对华夏历史构成与历史书写的支配性作用。

一、鸿门宴上换回刘邦性命的白璧

历史叙事往往由重要人物和事件组成。支配人物行为的是特定的文化观念，观念是文化造就的精神礼物，影响和制约着文化共同体中的每一个成员。官方的历史书写对象以帝王将相为主角，对于鸿门宴故事，一旦以玉教信念角度去揭示帝王将相的行为，就相当于揭示出构成这些历史人物行为的符号编码奥秘，其中潜藏着本土特色鲜明的历史因果关系。

鸿门宴是秦汉历史转换之际的关键事件。这是一次专门设计好的请君入瓮的宴会，也是中国3 000余年成文历史上最著名的一次宴饮，其结果将决定秦朝之后的华夏国家称汉还是称楚，可谓至关重要。当时秦帝国刚刚覆灭，大汉王朝还没有开启，象征前朝大一统权力的唯一符号物——秦始皇特制的传国玉玺已经被刘邦俘获。项羽和刘邦分据称王，各怀一统天下的雄心壮志，遂构成一山不容二虎的相持局面，两个政权的争斗必然以胜者为王的逻辑演绎出一个结局。

鸿门宴叙事中出现三类共5件玉器，凸显出玉文化支配下的中国历史特质，举世罕见。5件玉器中先出现的一件玉器是亚父所执玉玦，在宴饮之中作为决绝杀人的信号，执者希望借此举解决对手的性命，让历史沿着项羽主宰的方向发展。玉玦代表决断、决绝，在先秦史书中早有先例。如《荀子·大略》所云："聘人以珪，问士以璧，召人以瑗，绝人以玦，反绝以环。"王先谦集解云："古者臣有罪待放于境，三年不敢去。与之环则还，与之玦则绝。皆所以见意也。"《左传·闵公二年》有"公与石祁子玦"一句叙事，杜预注云："玦，玉玦……玦，示以当决断。"鸿门宴上发挥作用的5件玉器中的另外4件是同时出现的，那就是刘邦不辞而别逃离鸿门宴现场之际，唯恐项羽手下追捕而来，用为缓兵之计的特殊礼物，由张良转交：给项羽的是一对白玉璧，给亚父的是一对玉斗。

沛公已出，项王使都尉陈平召沛公。沛公曰："今者出，未辞也，为之奈何？"樊哙曰："大行不顾细谨，大礼不辞小让。如今人方为刀俎，我为鱼肉，何辞为。"于是遂去，乃令张良留谢。良问曰："大王来何操？"曰："我持白璧一双，欲献项王，玉斗一双，欲与亚父，会其怒，不敢献。公为我献之。"张良曰："谨诺。"当是时，项王军在鸿门下，沛公军在霸上，相去四十里。沛公则置车骑，脱身独骑，与樊哙、夏侯婴、靳强、纪信等四人持剑盾步走，从郦山下，道芷阳间行。沛公谓张良曰："从此道至吾军，不过二十里耳。度我至军中，公乃入。"沛公已去，间至军中，张良入谢，曰："沛公不胜杯杓，不能辞。谨使臣良奉白璧一双，再拜献大王足下；玉斗一双，再拜奉大将军足下。"项王曰："沛公安在？"良曰："闻大王有意督过之，脱身独去，已至军矣。"项王则受璧，置之坐上。亚父受玉斗，置之地，拔剑撞而破之，曰："唉！竖子不足与谋。夺项王天下者，必沛公也，吾属今为之虏矣。"①

　　玉斗，一般解为玉制的酒器。就目前出土的实物看，先秦时代的玉斗十分少见，属于贵重珍稀的宝物，非一般人所能拥有。邱福海《古玉简史》考证说：玉斗的原型是青铜礼器中的"觥"。"觥"字从角，《说文解字》的解释是："兕牛角，可以饮者也。"所以，觥的最早起源，应是兕牛（即犀牛）角制的酒杯，后成为铜礼器之一，及至铜器没落，因它的造型特殊，而为玉雕所吸收，虽不再具有礼仪用意，却成为战国以后重要的玉雕艺术品。20世纪80年代，在广东出土的汉初南越王墓玉器中，有玉斗一件，雕琢精美，造型奇特，被誉为汉初玉雕的极品。②《中国出土玉器全集》则不称其为玉斗，只命名为"角形玉杯"，③对其描绘是："青白玉，温润致密，呈半透明状，口部和底部有黄褐色斑块，有两绺裂痕，仿犀角形，用一块整玉碾琢而成。口椭圆，腹中空，杯底的端部反折往上加转……外壁布满卷云纹，延向杯口。杯口缘下浮雕一只夔龙，身体修长，振翼而立。"从其仿犀角的形状看，邱福海认为此出土玉杯即《史记》所记玉斗的观点值得重视，因为这毕

---

① 　司马迁：《史记》，中华书局，1982年，第314—315页。
② 　邱福海：《古玉简史》第2册，（台北）淑馨出版社，1994年，第253—254页。
③ 　古方主编：《中国出土玉器全集》第11卷，科学出版社，2005年，第141页。

竟不同于一般的玉杯，南越王墓曾出土一件铜框镶玉盖杯和一件铜承盘高足玉杯，西安阿房宫遗址也曾出土一件玉杯，它们皆不同于犀角状的玉斗。全洪在《华南地区出土玉器概述》中对南越王墓出土的玉制容器称赞有加，对其使用功能也有推测。

在众多玉器中，除为目前唯一可复原的丝缕玉衣以外，还有几件玉制容器也是稀世珍宝。这些玉容器是实用器，其功能为祭祀或庆典时使用的礼仪器，也有的可能与求仙道有某种关联。[①]

图13-1 台北故宫博物院藏西汉龙纹玉斗

（引自台北故宫博物院网站"典藏精选"，http://theme.npm.edu.tw/selection/Category.aspx?sNo=03000131）

玉斗（图13-1）在2 000多年前司马迁的笔下虽然作为鸿门宴上刘邦的礼物被一笔带过，但今人还是能够通过出土的实物加以直观对照和重新解读，将其认定为稀世珍宝。在文学史上所歌咏的玉斗，一方面具有政权的象征意义，比喻社稷江山。如《楚辞·王逸〈九思·怨上〉》："将丧兮玉斗，遗失兮钮枢。"原注："钮枢，所以校玉斗，玉斗既丧，将失其钮枢，言放弃贤者逐去之。一注云：钮枢、玉斗，皆所宝者。"南朝陈徐陵《在北齐与宗室书》谓："正以金衡委御，玉斗宵亡，胡贼凭陵，中原倾覆。"这两例中的玉斗，皆为国家政权象征。南朝梁简文帝《七励》云："酌玉斗之英丽，照银杯之轻蚁。"宋代词人辛弃疾《破阵子·为范南伯寿》词云："掷地刘郎玉斗，挂帆西子扁舟。"而刘邦为亚父准备的玉斗礼物，还有另一种意义。它显然不是一般的日常小礼物，而是与赠与项王的一双白璧配合使用：玉璧象征日月，玉斗则有众星拱月的寓

---

① 古方主编：《中国出土玉器全集》第11卷，科学出版社，2005年，第11页。

意，恰好符合亚父的身份，预示着未来的国家政权中，项羽与亚父的执政辅政关系。

在鸿门宴上，有一件玉器三次使用，却无效，那就是范增所佩戴的玉玦。还有4件玉器一次使用，分别针对两个目标。针对亚父的一双玉斗失效了，被亚父击碎；但是针对项王的一双白璧却奏效了，项王"置之座"，显然是心中欢喜地接受了这件宝贵礼物，也就是接受了这重礼中蕴含着的意思：刘邦无意和自己争夺天下的统治权。司马迁用来描写项王接受白璧一双的文字，虽然仅有区区三字，却已经简洁而传神地透露出项羽本人的态度，即不再追杀刘邦。从整个鸿门宴的前因后果看，让刘邦最终逃脱厄运的，就是这一对白璧！三类玉器符号先后出场，其中有两类皆失效，唯有白玉璧一类奏效，这就足以改变乾坤，完成鸿门宴死里逃生的戏剧性情节程序。

白璧为何能有如此神奇的符号价值？要理解玉璧玉斗所代表的文化意义，需要深入中国玉文化史的深层象征谱系之中，弄清其符号所指。早在战国时期著名的完璧归赵故事中，一件巴掌大的白玉璧如何让秦昭王魂牵梦绕，孜孜以求，不惜拿出15座城池及其百姓为交换代价，举世皆知矣。用老子《道德经》第六十二章的说法："故立天子，置三公，虽有拱璧以先驷马，不如坐进此道"，[①]表明非同一般的极品玉璧是天子的象征符号。从考古出土的情况看，玉璧在商周至西汉时代十分常见。若想成为极品，无非两个条件：一是尺寸大；二是采用优质和田白玉。老子说的"拱璧"即大玉璧。绝大部分的玉璧皆为青玉打造，而刘邦送给项羽的则是白璧。刘项之争的关键就在于谁来当天子：是先入关中占领秦都咸阳者刘邦为王，还是随后入关的项羽后来居上为王？在这样的两强争霸语境中，刘邦特意准备带去鸿门宴的这4件玉器的组合意义，似乎是要用玉教神话的符号物，告诉项羽及其辅佐者亚父一个明确信息：帝王之位我不争，象征帝王的宝玉我已经为你们准备好了！

亚父作为项王的臣下，其政治辅佐作用如同众星拱月一般。何以见得玉斗象征星星？请看李白《秋夜宿龙门香山寺，奉寄王方城十七丈，奉国莹上人，从弟幼成，令问》诗："玉斗横网户，银河耿花宫。"这里的玉斗和银河

[①]　朱谦之：《老子校释》，中华书局，1984年，第254页。

相对应，应为暗示北斗星。北斗星以"斗"为名，星光类比于玉光，则玉斗自然可以隐喻北斗星。如白居易《洛川晴望赋》的说法："金商应律，玉斗西建。"又如金代杨云翼《应制白兔》诗的佳句："光摇玉斗三千丈，气傲金风五百霜。"

为什么刘邦要送的玉器都是成双成对的呢？一对玉璧，又称"双璧"，亦称"连璧"，其天体发光体的象征意义更加明确。晋代傅玄《乘舆马赋》云："高颠悬日，双璧象月。"这是将双璧比喻月亮的例子。《庄子·列御寇》中庄子言："吾以天地为棺椁，以日月为连璧。"[①]这是把日月比喻为连璧的写作案例。这种修辞写法流传后世，影响深远。如唐代武元衡《德宗皇帝挽歌词》之一云："日月光连璧，烟尘屏大风"，沿用的就是庄子的比喻。

玉教信仰的核心理念在于，玉之光彩类比日月星的天体之光。佩玉之人，可由所佩玉器的光华，象征天体光华和神灵保佑。这样的信仰一直延续到今日的民间佩玉者。所以《红楼梦》写贾宝玉所佩之玉叫"通灵宝玉"。灵者，神灵也。通灵，即通神。即使不佩玉，通神者自身也会发出光华。汉代牟融《理惑论》记述的"项日感梦"即是一例。相传汉明帝梦见神人，身有日光，飞在殿前，欣然悦之。明日博问群臣，此为何神？有通人傅毅曰："臣闻天竺有得道者，号之曰佛，飞行虚空，身有日光，殆将其神也。"于是上悟，遣使者张骞等人于大月支写佛经42章，并在洛阳城西雍门外建佛寺。这件事作为成语"项日感梦"的出处，后世文人常用为典故。如北魏杨衒之《〈洛阳伽蓝记〉序》云："自项日感梦，满月流光，阳门饰豪眉之像，夜台图绀发之形。"

由于玉制容器用料较大，加工工艺难度大，所以一直以来都被视为稀世珍宝。被范增击碎的玉斗是什么颜色的玉料制成的，我们不得而知。不过看刘邦率军先破咸阳，入皇宫，俘获的秦朝王室玉器当不在少数，他用来贿赂的玉器重礼，无疑应属于和田玉。李斯《谏逐客书》就说秦始皇聚敛昆山之玉，当然指优质和田玉。刘邦为赴鸿门宴带来的玉斗是否属于和田白玉，从送给项王的"白璧一双""玉斗一双"的措辞看，玉斗似乎不是白玉，而是一般的青玉，否则不会不提其珍贵的白颜色。

---

① 郭庆藩：《庄子集释》，中华书局，1981年，第1063页。

稍早的战国之书《韩非子·外储说右上》，就有记述以白玉容器为喻的寓言故事。

> 一曰：堂溪公见昭侯曰："今有白玉之卮而无当，有瓦卮而有当。君渴，将何以饮？"君曰："以瓦卮。"堂溪公曰："白玉之卮美，而君不以饮者，以其无当耶？"君曰："然。"堂溪公曰："为人主而漏泄其群臣之语，譬犹玉卮之无当。"堂溪公每见而出，昭侯必独卧，惟恐梦言泄于妻妾。①

"当"指"底"。白玉之卮虽贵而美，却没有底，便无法盛酒。白玉之卮无非是一件玉器，说者有必要在叙事中点明其所用玉材的颜色，为什么呢？在此段"一曰"的叙事之前，还有一个类似的叙事，其中的玉卮不叫"白玉之卮"，而叫"千金之卮"。

> （堂溪公）对曰：夫瓦器至贱也，不漏可以盛酒。虽有千金之玉卮，至贵而无当，漏不可盛水。②

从两个版本的叙事对比可以看出，战国时人们心目中最珍贵的东西是白玉制成的酒器，不然的话，智者堂溪公不会面对昭侯说出"千金之卮"这样的话，用来代表"至贵"的观念。

从近年考古发掘已经出土的先秦至西汉玉器情况看，玉卮数量稀少，屈指可数，和刘邦为范增准备的礼物玉斗一样，属于当年玉器种类中十分珍稀的重器。白玉之卮，更是凤毛麟角之物。《汉书·高帝纪上》云："九年冬十月，淮南王、梁王、赵王、楚王朝未央宫。置酒前殿，上奉玉卮为太上皇寿。"③显然，玉卮属于最高统治阶层的奢侈品。堂溪公特别用白玉之卮与瓦卮作对比，其中隐含的价值分野指向贵贱的两极，其对比效果自然十分强

---

① 王先慎：《韩非子集解》，诸子集成本，上海书店，1986年，第241页。
② 同上。
③ 王先谦：《汉书补注》，中华书局，1983年，第53页。

烈。可参照成语"宁为玉碎，不为瓦全"获得体会。

从亚父在鸿门宴尾声之际击碎刘邦所奉"玉斗一双"的情况，可以反衬出刘邦献给项王"白璧一双"的至高无上的文化意蕴。可以推敲的文字差异是，刘邦称给项王的白璧为"献"，称给亚父的玉斗为"奉"。这一字之差，耐人寻味。

二、秦始皇象征大一统国家权力的白玉玺

前文讲到，刘邦为化解鸿门宴埋伏下的杀机所准备的两对玉器礼物，只有给项王的一对玉器说明其颜色为白玉，而给亚父的一双玉斗，司马迁却没有说明其颜色。按照主次对照法判断，一双玉斗很可能是青玉的，充其量也只能达到青白玉的级别。这是上古礼制国家用玉制度所决定的，从玉色来分辨贵贱或高下的社会等级秩序。

《礼记·玉藻》载：

> 古之君子必佩玉……君子无故玉不去身，君子于玉比德焉。天子佩白玉而玄组绶，公侯佩山玄玉而朱组绶，大夫佩水苍玉而纯组绶，世子佩瑜玉而綦组绶，士佩瓀玟而缊组绶。

正义曰：

> 玉有山玄、水苍者，视之文色所似也者，玉色似山之玄而杂有文，似水之苍而杂有文，故云"文色所似"。但尊者玉色纯，公侯以下，玉色渐杂，而世子及士唯论玉质，不明玉色，则玉色不定也。[1]

尊者莫贵于君王，故天子才能佩戴纯色的白玉佩，天子以下的佩玉都属于有杂色的玉。朱彬《礼记训纂》引段玉裁曰："依《玉藻》言，则天子白玉珩，公侯山玄玉珩，大夫水苍玉珩，所谓'三命葱珩'。士瓀玟，则以石。"[2]

---

[1] 孔颖达：《礼记正义》，见阮元：《十三经注疏》，中华书局，1980年，第1482页。

[2] 朱彬：《礼记训纂》，中华书局，1996年，第470页。

天子佩玉用白玉，天子用来象征国家统治的符号物——玺印，当然也要用白玉。始作俑者，还是秦始皇。据《西京杂记》卷一记载："汉帝相传，以秦王子婴所奉白玉玺、高帝斩白蛇剑。剑上有七采珠、九华玉以为饰，杂厕五色琉璃为剑匣。"此处的九华玉指绚丽多彩的玉石，用来装饰汉高祖斩杀白蛇的剑，凸显其"神剑"的性质。南朝梁元帝《乌栖曲》歌颂说："七彩隋珠九华玉，蛱蝶为歌明星曲。"汉代统治者世代相传的另一件神物是秦王子婴留下的白玉玺，即秦朝的传国玉玺。子婴是秦始皇嬴政的孙子，秦二世三年（公元前207年），赵高杀秦二世后，子婴被立为秦王，46日后降于刘邦，后被项羽所杀。那唯一的皇权玉玺就这样被汉代统治者所继承。后世人以"玺剑"并称，指传国之宝。南朝齐谢朓《侍宴华光殿曲水奉敕为皇太子作》诗云："玺剑先传，龟玉增映；宗尧有绪，复禹无竞。"玉玺和神剑，代表的是自尧舜圣王时代以来的国家权力。

至于秦始皇传国玉玺所用的玉料，有两种传说：蓝田玉说与和氏璧说。从出土的古代玉器材料看，高等级社会用玉基本上不用蓝田玉，几乎是和田玉一统天下，所以这里不考虑蓝田玉说而采用和氏璧说。战国时，赵惠文王从太监缪贤处得到楚和氏璧，秦昭王得知，送信给赵王，愿以15座城池连带其人民为代价，换取和氏璧。当时秦强而赵弱，惠文王生怕交出和氏璧却得不到15座城。焦急之中，蔺相如自愿奉璧前往，上演了那一场举世皆知的"完璧归赵"故事。公元前228年，秦始皇亲率大军攻陷赵都，在王宫缴获和氏璧。又过了7年，终于平定天下，当上"始皇帝"。遂命咸阳玉工孙寿将和氏璧再加工改形，雕琢为开国玉玺，后称传国玺。命丞相李斯用小篆字体写下8个字："受命于天，既寿永昌。"

前文已经提到，白玉能够代表天空中的发光体，即日月星辰。如果青玉代表青天，则有《周礼》中的"以苍璧礼天"和"以黄琮礼地"的用玉颜色之对应规定。白璧代表日月星辰，即足以传达出"受天之命"的神圣寓意。古代帝王一律自称受命于天，借以强化其统治的合法性。《尚书·召诰》云："惟王受命，无疆惟休，亦无疆惟恤。"《史记·日者列传》云："自古受命而王，王者之兴何尝不以卜筮决于天命哉！其于周尤甚，及秦可见。"宋代苏轼《策别十八》说："昔周之兴，文王、武王之国，不过百里，当其受命，四方之君长，交至于其廷，军旅四出，以征伐不义之诸侯，而未尝患无财。"受天之命既然是统治者登基或者继位首先需要证明的大事，那么用什么样的物质符号来作此类证明呢？在初建大一统国家的统治者秦始皇看来，采用特殊的白玉来做成王者的玺印，就是最佳选择。秦始皇对待金属和玉两种贵重资源态度不同：一方面销天下之铜兵器，以为金人十二；[①]另一方面只用和氏璧材料制成唯一的传国玺。

玺（璽），古书中亦作"鉨"，因为除了玉石材料外，也有很多金属材料制成的玺印。从出土的秦以前的玺印情况看，所用材料金、玉、银、铜皆有，而且尊卑不分，大家通用。秦帝国以来则作出明确区分：玺专指皇帝的印，只能以顶级的玉材制作。其他人则可以用各种材料制作，但不得再称"玺"。《韩非子·外储说左下》云："（西门）豹对（文侯）曰：'往年臣为君治邺，而君夺臣玺；今臣为左右治邺，而君拜臣，臣不能治矣。'遂纳玺而去。文侯不受，曰：'寡人向不知子，今知矣。愿子勉为寡人治之。'遂不受。"注云："不受豹所纳之玺也。"可见玺印在先秦时代流行的情况，不限于帝王。汉代蔡邕《独断》云："玺者印也，印者信也……卫宏曰：秦以前，民皆以金玉为印，龙虎纽，惟其所好。然则秦以来，天子独以印称玺，又独以玉，群臣莫敢用也。"由于玉质的玺被天子个人垄断，所以后世最高统治权的争夺就时常表现为玉玺之争。唐代刘知几《史通·编次》云："况神玺在握，火德犹存。"明代谢谠《四喜记·祸襄左道》云："天福神皇神后，桓桓群将多筹，等闲握玺御龙楼，玉食锦衣消受。"

用玺印加封的文书称作"玺书"，也是随着玺印的流行而用于先秦时代。《国语·鲁语下》云："襄公在楚，季武子取卞，使季冶逆，追而予之玺书。"韦昭注："玺，印也，古者，大夫之印亦称玺。玺书，印封书也。"到秦代之后，情况有变，玺书改为专指最高统治者皇帝本人的诏书。《史记·秦始皇本纪》云："上病益甚，乃为玺书赐公子扶苏曰：'与丧会咸阳而葬。'"这是秦始皇临终前用玉玺封书遗诏给公子扶苏的，不料后来被掌管玉玺的赵高篡改内容，写成假冒的玺书，赐死扶苏和大将蒙恬，扶持胡亥登基，是为秦二

---

① 张守节：《史记正义》，引唐袁郊《三辅旧事》云："聚天下兵器，铸铜人十二，各重二十四万斤。"

世。玉玺代表最高权力的意义，在这件发生于大秦帝国的偷梁换柱篡位事变中，可以看得非常分明。

一旦白玉神话与皇帝玉玺的最高权力象征意义相互组合，就给后人的史书撰写提供了无尽的想象空间。从传国玉玺失而复得、得而复失的近千年的传奇情况看，它足以成为华夏历史上最具吸引力的一个写作题材。与此相呼应的书写案例多不胜举。这里仅举出《晋书·元帝纪》的一个历史细节："于时有玉册见于临安，白玉麒麟神玺出于江宁，其文曰'长寿万年'，日有重晕，皆以为中兴之象焉。"《晋书》的这个写法，就近呼应着传国玺的神话魅力，还同时远远地影射着古老的典故，即虞舜之时西王母来献白玉环的太平盛世传说。

从物质与意识的相互作用关系视角看，白玉是探究华夏传统文明核心价值形成的第一关键物质。白玉崇拜的前身是史前期长达数千年之久的玉石崇拜及其神话信仰积淀。商周以来先于所谓"丝绸之路"而开通的西域交通路线是"玉石之路"，[①] 盛产于新疆昆仑山下的和田白玉通过玉石之路输入中原国家，使得史前玉文化缺少白玉资源的情况大为改观，也为白玉独尊的文化现象的形成奠定了新的物质基础。白玉崇拜一旦形成，就给中国文学和历史书写带来前所未有的文化要素，构成从《山海经》《史记》到《红楼梦》的整个白玉神话谱系。前文对此谱系的内容作了初步探讨和诠释，从中揭示华夏"神话历史"的本土文化特质，以期抛砖引玉，在中国文化史的整体把握上凸显"神话—信仰—观念—行为—事件"的动力系统解释模式。

第三节　《山海经》与白玉崇拜起源
——黄帝食玉与西王母献白环

审视《山海经》的玉石神话叙事，无论是白玉膏生出玄玉、黄帝播种玉荣，还是西王母所在昆仑玉山（群玉之山）、瑶池，此类母题极为鲜明地体

---

① 参看叶舒宪：《西玉东输与华夏文明的形成》，《光明日报》2013 年 7 月 25 日。

现了华夏本土的白玉崇奉情结。苏雪林、凌纯声等认为西王母是西亚古文明之月神传播到中国的观点，在重新复原出的举世无双的华夏白玉崇拜和昆仑圣山崇拜事实面前，露出无法遮掩的破绽。详细记述140座产玉之山和16座出产白玉之山的《山海经》，或为白玉崇拜者探寻神圣物质资源的"圣经"。

把神话当作类似童话的虚构文学作品，是西学东渐以来的现代学术分科制度下的普遍态度。由于在目前的大学教育制度中只有中文系的民间文学专业才讲授神话学课程，所以从文学或民间文学的立场研究神话，是当下国内学界的主流。近年来，跨学科研究风起云涌，从宗教信仰和意识形态的立场研究神话，也逐渐形成一种势头。受此影响，把神话作为包括文史哲在内的整个文化的原型，而不只是文学原型的研究新气象，带来了神话学研究格局的拓展与变化。本节着眼于《山海经》中充分体现华夏玉文化信仰的两个重要神话形象——黄帝与西王母，揭示文学表象背后的非虚构内容，即发掘隐蔽在奇异文学形象中的历史和思想史的真实内涵，分析和揭示东亚8 000多年玉文化史上具有划时代意义的一次"新教革命"——白玉崇拜的发生，从整体上透视这场玉教观念变革给西周以后的华夏文明带来的深远影响，说明其对塑造国人崇玉心理的历史意义和拉动当代玉器产业发展的现实经济作用（图13-2）。

图13-2　2011年12月8日创造玉器拍卖世界纪录的乾隆六十年白玉圆玺。价值港币1.61亿元

（引自和讯网，http://news.hexun.com/2011-12-07/136086890.html）

一、瑶环及其原产地神话

葛洪《抱朴子·君道》讲到远古时代的理想政权，时常会伴随有种种神奇瑞兆。例如："灵禽贡于彤庭，瑶环献自西极。"[①]葛洪所说的灵禽指

---

① 葛洪著，杨明照校笺：《抱朴子外篇校笺》上，中华书局，1991年，第223页。

周武王伐纣时越裳氏所献的白雉；瑶环则特指舜帝时西王母进献的白玉环。自《竹书纪年》以降，古书中对此白玉环或称瑶环，或称白环，个别场合也称白玉。雉即野鸡，雄者羽色艳丽多彩，雌者皆为灰褐色。白色的野鸡十分罕见，因而被先民视为灵禽，与西王母献来的珍稀白玉环形成对照。"西极"一词始见于《楚辞·离骚》"夕余至于西极"，王逸注："夕至地之西极。"汉代的字书《尔雅·释地》，在四极之外又讲到四荒："觚竹、北户、西王母、日下，谓之四荒。"郭璞注："皆四方极远之国。觚竹在北，北户在南，西王母在西，日下在东。皆四方昏荒之国，次四极者。"此处的四荒是指四方边地的四个国家，西王母则特指西方的一个国名。按照稍早的说法，有西汉《淮南子·墬形训》对西王母国的地理定位："西王母在流沙之濒。"在《尚书·禹贡》中提到的地名流沙，位于河西走廊中段的合黎山一带："导弱水至于合黎，余波入于流沙。"弱水之上源指今甘肃山丹河，下游即山丹河与甘州河合流后的黑河，入内蒙古境后，称额济纳河。《山海经·大荒西经》则说弱水在昆仑山下："西海之南，流沙之滨，赤水之后，黑水之前，有大山，名曰昆仑之丘。……其下有弱水之渊环之。"司马迁《史记·大宛列传》说："安息长老传闻条支有弱水西王母。"如果认可安息①长老的传说，把弱水说成是属于条支国的河流，其地相当于今日的中亚或西亚。范晔《后汉书·西域传·大秦》说："（大秦国）西有弱水、流沙，近西王母所居处。"所指皆在西方的极远之处，甚至到中亚、西亚一带。班固的《汉书·地理志下》也把弱水与昆仑山祠并列，距离中原的位置则要近得多，即在青海一带："金城郡……临羌。"原注："西有须抵池，有弱水、昆仑山祠。"《尔雅·释地》还讲到四方之美者，东方之美者，有医巫闾山之珣玗琪；西北之美者，有昆仑虚之璆琳琅玕。郭璞注"珣玗琪"为"玉属"，实际为今日之辽宁岫岩玉；郭璞注"璆琳"为"美玉"，"琅玕"为"状似珠也"。郭璞的说法模棱两可，仅可供参考。后二者实际可以理解为昆仑山和田玉的专名。

---

① 据班固《汉书·西域传上·安息国》，安息国在今日的伊朗高原。汉武帝始派汉朝使者来到安息，以后遂互有往来。

由以上文献叙事可知，国人心目中的天下最美之玉，出自西域最西端的边极一带，其具体方位一定在中原以西的大高原，其距离则异常遥远，非常人所能及。该地总是和神话之山昆仑、神仙之祖西王母等意象相联系，几乎成为三位一体。这样就把现实中产自于阗国昆仑山的美玉神话化了。就西王母神话的基本表现看，这位女神或女仙不仅掌握着位于大地西极的顶级白玉，而且也掌握着天下唯一的长生不死秘药。两相对照，白玉与不死药之间的隐喻关联就可以被暗示出来。从神话象征的意义上看，瑶环作为西极特产的白玉制作出的玉环，一方面代表天神世界认可的政治清明的太平盛世，另一方面代表永生不死的人间梦想。

从战国以来形成的阴阳五行思想，将世界的五个空间方位与五种物质元素及五种颜色相匹配，实现了对宇宙观的神话符号再编码过程：东方配木和青色，南方配火和赤色，西方配金和白色，北方配水和黑色，中央配土和黄色。[①]五行观念支配下的国家礼仪活动也同样得到再编码，按照四季循环的逻辑，年复一年地规则运行。如孟秋之月，"天子居总章左个，乘戎路，驾白骆，载白旗，衣白衣，服白玉，食麻与犬，其器廉以深"。[②]注云："总章左个，大寝西堂南偏。戎路，兵车也，制如周革路，而饰之以白。白马黑鬣曰骆，麻实有文理，属金。犬，金畜也。器廉以深，象金伤害物入藏。"西方与秋季就这样同白色、金元素等，链接为一个符号象征单位，凝结成不可分割的分类编码体系。官方的玉礼器制度也自然按照此一编码系统重新编排划分为"六器"，分别对应天地四方的六合空间。如《周礼·春官·大宗伯》云：

> 以玉作六器，以礼天地四方：以苍璧礼天，以黄琮礼地，以青圭礼东方，以赤璋礼南方，以白琥礼西方，以玄璜礼北方。[③]

---

① 参看庞朴：《五行漫说》，见《一分为三——中国传统思想考释》，海天出版社，1995年，第114—139页；叶舒宪：《中国神话哲学》，中国社会科学出版社，1992年，第59—99、166—176页。

② 《礼记·月令》，孔颖达等：《礼记正义》，见阮元编：《十三经注疏》，中华书局，1980年，第1373页。

③ 贾公彦等：《周礼注疏》，见阮元编：《十三经注疏》，中华书局，1980年，第762页。

郑玄注：“礼神者必象其类：璧圜象天；琮八方象地；圭锐象春物初生；半圭曰璋，象夏物半死；琥猛象秋严；半璧曰璜，象冬闭藏，地上无物，唯天半见。”贾公彦疏：“云‘琥猛象秋严’者，谓以玉为琥形，猛属西方，是象秋严也。”李时珍《本草纲目·金石二·玉》：“古礼：玄珪苍璧，黄琮赤璋，白琥玄璜，以象天地四时而立名尔。”需要提示的是，《周礼》一书过去被奉为西周时期的礼制写照，近现代学者的考证认为其成书于战国至西汉时代，其六器体系反映的并非西周制度，而是更接近汉代的五行观和玉礼体制。[①]

二、东海龙王为何渴求白玉床？

华夏文明以白玉为至高无上的珍贵之物（图13-3）。《红楼梦》第四回形容王熙凤家的富贵程度，有诗句“东海缺少白玉床，龙王来请金陵王”来说明。东海为什么缺白玉床？因为制造白玉床所需的白玉资源，其产地主要在中原以西的西域地区，与中原以东地区可谓南辕北辙。只有统治阶层或皇亲国戚一类富贵阶层，才有条件和势力在巨大的国土范围内调配和占有这类稀有资源。就此而言，连东海龙王也

图13-3　战国时期绞丝纹白玉环
（摄于上海博物馆）

需要求助于人间拥有丰富白玉贮备的金陵王，才能实现使用白玉床的奢侈愿望。

自古以来，白玉不仅是高官贵族们争相炫耀的奢侈品，而且也是身份等级的标志物。仅以白玉制成的带钩为例，明代徐霖《绣襦记·襦护郎寒》中的人物说道：“俺也曾……结骔帽儿戴着，白玉钩儿束着，琥珀珠儿垂着，纻

----

① 参看唐启翠：《玉的叙事与神话历史——周礼成书新证》，上海交通大学博士后报告，2012年。

丝袄儿穿着，斜皮靴儿登着。"①玉带钩是华夏文明特有的奢侈品，玉带钩中的白玉带钩尤显珍贵。曹雪芹的祖父曹寅有一次在黄河边赏月，写下《黄河看月示子猷》诗，其中有"惟此白玉钩，能探昆仑源"的对句，可谓一语双关。为什么从一件白玉带钩就"能探昆仑源"呢？

首先，曹寅是在月夜里看着天上的月亮而联想到身上所佩白玉带钩的。这样的联想绝非他个人的想象创造，而是沿袭着文学史上的隐喻表现惯例——夜空中发白光的月亮如同人间映照白光的白玉器皿。如李白《古朗月行》云："小时不识月，呼作白玉盘。"清代吴伟业《中秋看月有感》诗云："晚悟盈亏理，愁君白玉盘。"既然满月发出灿烂白光，照彻夜空，可以被比喻为白玉盘，那么一轮弯弯的新月就很容易被联想喻指白玉带钩。白玉的产地和黄河源头被认为是华夏国家西域边疆的一座巨大山脉——昆仑，所以曹寅从月亮和黄河两个毫不相干的自然对象中，生发出文化上的联系，月为白玉，其源在昆仑；黄河九曲十八弯，自河套地区南下，在华山脚下拐弯后，便一江春水向东流，其河源也被想象在昆仑。后一方面的认识，其性质，今人可以称之为"神话地理观"，属于典型的中国上古地理思想要素，即神话想象引导实际的地理学思考，现实的地理存在被想象的神话观念所支配和改造。其结果就是把位于青海的黄河源头一直向西延伸过去，追溯到更远的西部高山，即新疆塔里木盆地以南的昆仑山。清代西域史学家徐松《西域水道记》卷一"罗布淖尔所受水上"开篇即云："罗布淖尔者，黄河初源所潴潴也。"②

徐松所说的黄河初源，本自所谓"黄河重源说"，即以新疆于阗之昆仑山为黄河初源，认为从昆仑至罗布泊（即罗布淖尔），就潜流至地下，成为地面上看不见的暗河，再到青海甘肃交界处的积石山又从地下冒出来。这样就调和了《尚书·禹贡》所云大禹治水"导河积石"说与《山海经》《史记》《尔雅》等书"河出昆仑"说的矛盾。在《山海经·西山经》讲到的昆仑之丘，有4条河源于此山，第一条就是："河水出焉，而南流东注于无达。"③为

---

① 徐霖：《绣襦记》，见李修生、李真瑜等编：《文史英华·戏曲卷》，湖南出版社，1993年，第154页。

② 徐松：《西域水道记》，中华书局，2005年，第17页。

③ 袁珂：《山海经校注》，上海古籍出版社，1980年，第47页。

《山海经》作注的晋人郭璞已经无法说清"无达"在何方，只说这是个山名。这就给确认昆仑丘的地理位置带来麻烦。从《西山经》叙述的上下文看，昆仑丘距离出产天下第一美玉的名山约1 300里，距离钟山约800里。这些山峰都属于广义的昆仑山系，与天山、祁连山一样，以高峻和白雪覆盖为其基本特色。西部文化中崇奉白色的民族心理，[①]当与这种自然地理环境条件有一定关系。国人习惯于将终年积雪的高山之巅峰比作玉山或玉皇顶，就因为白雪与白玉之间构成了颜色上的类比。

白玉崇拜与上古神话人物的关联，突出体现在西王母献白玉环神话中，其叙事虽然极为简略，但其中潜含的文化信息却不少，可归纳为三点。

第一，中原人心目中的白玉产地为极远的西部地区，以西王母所居之地为代表。[②]

第二，白玉之所以珍贵和稀有，因为它同西王母所掌管的天下唯一的不死药的秘方功能有关，它同样代表了人间追求的最高理想——永生不死。[③]

第三，环者，其形状本身寄寓着回环往复的意思，指向无穷尽的广大与极限。玉环的华夏文化特殊隐喻是指友好往来，有去有还。《荀子·大略》云："聘人以珪，问士以璧，召人以瑗，绝人以玦，反绝以环。"五种玉礼器具有不同的意义和功能。其中第四种玦和第五种环，是相反相成的。《广韵》云："逐臣待命于境，赐环则返，赐玦则绝。"那志良对此的解说是：玉环、玉玦都可以用作官方的符节符号物。被放逐的臣子，背井离乡，都希望得到政府的赦免，准许他们回家。政府通知他们的方式并没有什么文书，只凭两件器物，一个是环，一个是玦。环与"还"同音，意味着准许回家。玦与

---

① 关于古代生活在西部地区的氐羌族群及其支系崇拜白色的论述，参看王孝廉：《岭云关雪——民族神话学论集》，学苑出版社，2002年，第八篇第二节"尚白信仰与祖林圣岳的回归"，第331—334页。

② 日本学者森雅子区分西王母一词的不同用法，有如下四类：中国西方的荒远地名；中国西方的国名；中国西方的族群名；该西部国家或族群的首领名。参看［日］森雅子：《西王母的原像》，东京：庆应义塾大学出版会，2005年，第18页。森雅子的四分法来自凌纯声1966年发表的《昆仑丘与西王母》，其对西王母一名的四分法解读是：神名、国名、王名、族名。见台北"中研院"《民族学研究所集刊》1966年第22期。

③ 对永生不死母题的分析，参看叶舒宪：《英雄与太阳——中国上古史诗的原型重构》，上海社会科学院出版社，1991年；以及第二版，陕西人民出版社，2005年，第135—167页。

"绝"同音，意味着没有得到赦免。[①]西王母向中原统治者所献的白玉环，以友好往来的寓意为主，不同于华夏一般用作符节的玉环。

有关西王母和昆仑神话的来源，现代以来有一批学者（如苏雪林、丁山、杜而未、徐高阮、凌纯声等）被德国学者夏德（Hirth）等人误导，著书立说，考证西王母原为西亚地区两河流域古文明的月神，辗转流传到中土，被翻译成"西王母"三个汉字。在当时学者的知识结构里，华夏玉文化传承自史前至商周时代的脉络还不清楚。如今的情况大有不同，考古出土的大量玉器实物表明，西周以来的国家用玉制度离不开白玉和青白玉资源，而这些资源是中原地区所缺乏的，是夏商周以来愈演愈烈的西玉东输运动（图13-4），将新疆和田玉（以白玉为贵）源源不断地供给华夏统治者。据此可知，西王母献白玉环神话是有其现实的实物基础的，绝不是没有白玉崇拜现象的其他古文明所能凭空虚构的。

图13-4　当代"西玉东输"源头一景
（新疆文物考古研究所巫新华2012年摄于和田昆仑山）

---

① 那志良：《中国古玉图释》，（台北）南天书局，1990年，第178页。

三、白玉崇拜的原型：黄帝食玉膏

从宗教崇拜的视角看《山海经》所记各地物产资源，可对相关的神话叙事作出观念史的真实诠释。《山海经》中总共有140座产玉之山的相关描述，只有对一座山的玉石资源描述所用笔墨和篇幅最多，其神话性也最突出，那就是16座产白玉之山中的第7座，名叫"峚（密）山"，和昆仑丘同收在《西山经》。

> 又西北四百二十里，曰峚山，其上多丹木，员叶而赤茎，黄华而赤实，其味如饴，食之不饥。丹水出焉，西流注于稷泽，其中多白玉，是有玉膏，其原沸沸汤汤，黄帝是食是飨。是生玄玉。玉膏所出，以灌丹木，丹木五岁，五色乃清，五味乃馨。黄帝乃取峚山之玉荣，而投之钟山之阳。瑾瑜之玉为良，坚粟精密，浊泽有而光。五色发作，以和柔刚。天地鬼神，是食是飨；君子服之，以御不祥。自峚山至于钟山，四百六十里，其间尽泽也。是多奇鸟、怪兽、奇鱼，皆异物焉。[①]

这一段文字之所以成为《山海经》全书中描述和称颂玉石资源的登峰造极的一段，有四个方面的原因。其一是所记对象为特种白玉。其二是白玉的神奇变化及其能产性，先变化为玉膏，白玉膏又生出黑色玉，这就尽显阴阳变化之奥妙。其三是玉膏之神话般的营养性——足以让华夏祖神黄帝将其作为饮食对象；又由近及远，被推及成天地鬼神的饮食对象。这里暗示着食用玉膏之后的生理变化，即成仙得道，保证神性生命的不死特征。仅此一点，就足以牵动历朝历代统治者的神思和美梦。其四是对特种白玉的播种繁衍的想象：黄帝取峚山之玉荣，投之钟山之阳。其所产出的美玉被命名为瑾瑜，其优秀品质被概括为两方面："坚粟精密"，相当于今日对玉石做科学检测的两项指标，即硬度高、密度大。"浊泽有而光"，郭璞注："浊谓润厚。"浊泽就是今日所说的润泽。又润泽又光亮，这是古今人形容昆仑山和田玉特有的物理特性时一贯的说法——油脂光泽，俗称玉料的"油性"。其反向指标称水性或称干涩，都是大大影响玉石品质（德）的感觉要素。如果缺乏国人对

---

① 袁珂：《山海经校注》，上海古籍出版社，1980年，第41页。

玉石的这种直观感觉特征的体验，以上这段有关顶级玉料品质的描写是难得其要领的。从文化人类学立场看，对玉石资源的描述看似平常，却需要玉文化持有者的内部视角，即"从土著的观点看"，方可获得语境中的把握。脱离了中国玉文化的特殊语境，这类描述就成为无法理喻的奇谈怪论。

在上古文献中，除了白玉，还没有其他颜色的玉料得到如此神奇的描述。可据此推测，在古人想象之中，白玉的通神通灵效应似乎要大大超出其他颜色的玉料。至于为什么白玉会有此奇妙的神幻联想，则可以参考上述古典文学的表达惯例——天上的发光体日月，皆被隐喻成白玉——得到天人合一的逻辑诠释。《山海经·大荒西经》还把日月所入之山称为"丰沮玉门"，[①]这显然是把日月联想为玉的结果。

由于黄帝神话的普及流行，这一人物被后世华夏人奉为民族共祖，黄帝吃白玉膏的神话也必然给中华文明带来深刻的影响，尤其是在饮食文化的符号命名方面。从白色液状的饮用品到白色膏状的豆腐，国人都会有琼浆玉液或锦衣玉食之类的美妙联想。明代李诩《戒庵老人漫笔·豆腐诗》用诙谐的语调表达吃豆腐的美妙感觉："霍霍磨昆吾，白玉大片裁。烹煎适吾口，不畏老齿摧。"作为华夏民族特产食品的豆腐，在翻译为西文的时候常常找不到对应的词语，只好用音译，这表明了豆腐的十足本土属性。将黄豆磨成豆浆，煮开后再加入石膏或盐卤使凝结成块，压去一部分水分而变为固体。整个豆腐制作的物理变化过程也符合"玉膏"说的想象。明代药学大师李时珍认为豆腐始创于西汉年代，其《本草纲目·谷四·豆腐》云："豆腐之法，始于汉淮南王刘安，凡黑豆、黄豆及白豆、泥豆、豌豆、绿豆之类，皆可为之。"刘安就是著名的子书《淮南子》的作者，他发明豆腐之时，也正是西汉盛行黄老道学之际。黄帝食白玉膏的神话，或许在某种程度上驱动着人为制作白玉膏的实验。这和玉教信仰驱动下的自古以来的食玉理念不可分割。甚至连明代进口到我国的原产地为美洲（印第安文化）的农作物苞谷，也被国人重新命名为"玉蜀黍"和"玉米"。食玉理念来自史前神话时代，其持久的作用可见一斑。孙锦标《通俗常言疏证·植物》云："《海门物志》……米之有甲者，一名蜀黍。蜀粟音近，《本草》谓之玉蜀黍，今俗称玉米。"食物与美玉的联想机制，就是如此深深地植

---

① 袁珂：《山海经校注》，上海古籍出版社，1980年，第396页。

根于玉文化的大传统，在潜移默化中不断催生新的符号编码行为。

"玉食"一词，是文人雅士在文学作品中常用的词汇。《尚书·洪范》形容君王的特权说："惟辟作福，惟辟作威，惟辟玉食。臣无有作福、作威、玉食。"孔传："言惟君得专威福，为美食。"后人用"作威作福"为成语，专指统治者握有生杀予夺的特权。孙星衍疏："此言为君者自治其性而至于中和，则喜怒中节，可以专威福也。辟者，《释诂》云：'君也。'玉食，犹言好食。"① 《魏书·常景传》云："夫如是，故绮阁金门，可安其宅；锦衣玉食，可颐其形。"陆游《秋夜读书有感》诗云："太官荐玉食，野人徒美芹。"李渔《慎鸾交·情访》中人物云："你也忒清高，撇下了朱门玉食，到这陋巷觅箪瓢。"从人类始祖黄帝的玉食，到历代君王的玉食，再到达官贵人的锦衣玉食或朱门玉食，形成华夏特有的一种修辞范式。由此审查其源与流的关系，《山海经·西山经》的黄帝食玉膏神话明显发挥着叙事和想象的原型作用。

一心向往通过玉食而达到长生不死境界的汉武帝，对从遥远的西域采集来的玉石珍视有加，《史记·大宛列传》说他亲自查验古书，来为出产这些玉石的西部大山命名。《山海经》极有可能是汉武帝目验西汉国家使者从新疆带回朝廷的美玉标本，亲自命名"昆仑"之山时所参考的古籍。

四、《山海经》与《穆天子传》的白玉崇拜

屈原在《楚辞·九歌·湘夫人》中写道："白玉兮为镇，疏石兰兮为芳。"可知东周时代以来，白玉已经在各种颜色的玉石中脱颖而出，成为诗人单独歌颂的对象。

白玉的特殊魅力，来自玉教神话信仰传承的历史上一次史无前例的观念变革，即从崇拜杂色玉，到崇拜一种洁白色的玉（图13-5）。笔

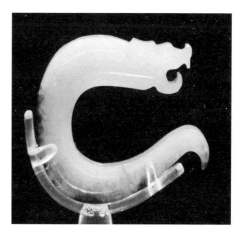

图13-5　湖北荆州出土的战国羊脂白玉雕玉龙
（摄于荆州博物馆）

① 孙星衍：《尚书今古文注疏》，中华书局，1986年，第309页。

者将此种神话信念的大变革比喻为玉教的"新教革命"。催生这个变革的现实背景是新疆昆仑山和田玉规模性地输入中原国家，开启长达三四千年的"西玉东输"的新传统。因为只有新疆和田玉中才拥有数量可观的极品白玉，所以史前玉文化的数千年历史基本上不崇拜白玉，原因是尚未有"西玉东输"的文化运动，玉礼器生产和使用的制度中缺乏白玉原料作为资源。中原统治者一旦发现和使用白玉，意识形态方面的崇拜对象物就随之发生明显的变化。从这一视角看，《山海经》在所有上古文献中独家著录有16处出产白玉之山，还有一座山名叫"白玉山"，这不会是偶然的。我们可以大胆推测此书为华夏玉教的新教革命（白玉崇拜）发生之后，虔诚的信仰者们秘传的"藏宝路线图"。

带着白玉崇拜这一文化主题去阅读对《红楼梦》影响巨大的先秦古书《山海经》，读者马上就会意识到，叙事者介绍的140座产玉之山，特别要提示每一座山出产的玉是否为白玉，这样的提示在《山海经》里出现16次之多，这并不是偶然现象。以现代国家的全方位玉矿开采知识看，中国境内出产白玉的地方并不多见，迄今也没有找到16处出产白玉之山。而2 000多年前的《山海经》言之凿凿，对各地的方物特产高度关注，首先记述有没有玉，其次说明有没有白玉，这究竟出于什么目的呢？

也就是说玉和白玉是分开来作为不同类别的圣物陈述的。成书于战国时期的《穆天子传》中也有提示玉之颜色的案例。如卷二叙说穆天子在昆仑山观黄帝之宫，并用隆重的牺牲祭祀昆仑山后，继续北行，留宿在一个出产宝珠的地方"珠泽"，在水流边垂钓，说出"珠泽之薮，方三十里"一句话。紧接着的一个叙事是："乃献白玉，□只。"文本中的这一叙事似有脱落，缺乏主语，只有谓语和宾语，不明确是谁献给谁白玉，其数量单位是只，表示数量的字却遗失了。今刊的郭璞注与清人洪颐煊校本加注云："《事物纪原》三引作'珠泽之人，献白玉石'"，①补足了叙事的主语，可知是昆仑一带的珠泽当地人向穆天子献上白玉石原料。随后的叙事还讲到更大规模的进献："因献食马三百，牛羊三千。"②

从西周金文中所记述的周王赏赐情况看，玉和马是当时最重要的两种珍

---

① 郭璞注：《山海经·穆天子传》，岳麓书社，1992年，第217页。
② 同上书，第212页。

贵物资，并通常由最高统治者掌控和分配（赏赐），是建构西周国家分封制度权力关系网络和明确等级社会的关键物品。在西玉东输的各色玉料中，白玉的稀有性，使其更显珍贵。

据《山海经》统计，所记的140座产玉之山中，仅有16座山所产的玉是白玉，[①]其余120多座山都只产非白玉，白玉占比约为11%，即稍多于一成。这16座山是：猨翼之山、箕尾之山、柜山、大时之山、鹿台之山、小次之山、崋山、乐游之山、申（由）首之山、泾谷之山、中曲之山、鸟鼠同穴之山、白沙山、宜诸之山、鬲山、熊山。此外还有一座山就叫作"白玉山"。若是统计产白玉的山在五藏山经的总体分布情况，则是：《南山经》有3座山，《西山经》有9座山，《北山经》有1座山，《东山经》中没有，《中山经》有3座山。按照百分比来看，出产白玉的山大部分集中分布在《西山经》的地理范围，占56%；剩下的东、南、西、中四地之山，出产白玉之山的数量加起来才占44%。将《山海经》当作记录上古大传统知识的宝库，可见在多少代古人历年累积下来的地理和物产知识系统中，华夏西部高原区的山脉一直是白玉的主产地所在。后来由于《千字文》等普及读物的"玉出昆冈"说广为流传，后人只知道白玉产地是西域的昆仑山，此外的其他产地都被遗忘了。

直到20世纪末，新疆和田玉资源日渐枯竭，各种替代性的疑似和田玉料被发现和开采，我们才知道出产白玉的源头地绝不仅昆仑山一地，还有俄罗斯贝加尔湖白玉和青海格尔木白玉，二者在业界分别简称"俄料"和"青海料"（又称昆仑玉）。[②]其中，俄料的白玉在色泽上比新疆和田白玉更白，油润度则稍逊；青海料的白玉则呈色发灰，结构内部隐含水线，透光度大于新疆和田玉，油润度则要逊色许多。

2014年夏笔者参与的甘肃省玉帛之路文化考察团，在邻近新疆的甘肃瓜州北部大头山，探查到乳白色的石英石玉。从玉石采样报告看，摩氏硬度为6，主要指标都相当于或接近新疆和田玉。唯有玉料的白颜色上有明显差异，和田白玉一般呈色发青，大头山的白玉呈色发褐黄。这就说明我国西部

---

① 除了注明出产白玉的16座山，《山海经·海内东经》还记载有山名叫"西胡白玉山"，合起来共17座山。

② 参看李永广：《白玉玩家实战必读——购买投资指南》，江西科学技术出版社，2012年，第48—137页。

高原出产白玉的地点是多元而不一的，古今有多少未知的玉矿储藏，至今还是谜。《山海经》记述的16座产白玉之山（或水），不可能是书生在书斋里想象出的，应有其实际考察或采样的依据。

除了白玉，《山海经》中还有11座山注明出产苍玉；8座山注明出产水玉，即水精，今名水晶。其中，《中山经》中有5座山出产"白珉"。珉指似玉的美石。《荀子·法行》说："故虽有珉之雕雕，不若玉之章章"，这就明确了珉与玉的等级高下。《汉书·司马相如传上》云："其石见赤玉玫瑰，琳珉昆吾。"颜师古注引张揖曰："琳，玉也。珉，石之次玉者也。"古人虽然贵玉贱珉，但是在缺少白玉资源的情况下，还是会关注替代性的资源"白珉"，否则也不会见诸《山海经》的物产名单。这也从侧面旁证了《山海经》著作者心目中的白玉崇拜情结。

值得注意的还有《山海经·中山经》的宜诸之山叙事，居然先说山上出金玉，再说山下河流中出白玉。[1]把产玉和产白玉并列陈述，这似有"白马非马"的意思流露出来。为什么会这样呢？莫非白玉有什么非同一般的性质吗？显然《山海经》特别标注白玉产地的记载方式，是潜含着社会价值系统及神话信仰观念的。这些观念的具体情形如何，如今多已经失传。以穆天子面见西王母的玉礼叙事细节来看，就可以略微体会到其中的奥妙。

> 吉日甲子，天子宾于西王母。乃执白圭玄璧以见西王母，好献锦组百纯，□组三百纯，西王母再拜受之。[2]

郭璞注："纯，匹端名也。"来自中原的西周天子，用白圭玄璧之礼晋见西王母，同时带来的礼物还有大量丝绸，锦组的数量是100纯，另一种失去名称的纺织品数量是300纯。上古以布帛一段为1纯。如《战国策·秦策一》云："锦绣千纯，白璧百双，黄金万溢。"鲍彪注："四端曰纯。"这个百、千、万的数量关系，表明对象的贵重程度依次为白玉、锦绣、黄金。从西周天子远道带给西王母的礼品数量关系，也可大致推测其贵重程度。丝绸制品数以

---

① 袁珂：《山海经校注》，上海古籍出版社，1980年，第152—153页。

② 郭璞注：《山海经·穆天子传》，岳麓书社，1992年，第223页。

百计，玉璧、玉圭都仅有一件。其中的玉璧为黑色或深青色，玉圭则为白色，可谓黑白分明，反差强烈。其中的观念蕴含又是怎样的呢？白圭、玄璧两种玉礼器的特意组合与对照，体现出圆方之间、黑白之间、天地之间、阴阳之间的各种神秘联想，耐人寻味。

可以对照考察的是《西山经》峚（密）山白玉生玉膏，玉膏中又生出玄玉的传奇叙事。在两种颜色的变异和转化中，体现出的是阴阳对转、宇宙变化的意思。而目前玉学界称为"青花玉"的一种和田玉，就是深色浅色夹杂一体的。这样的对照将本节考察的两个神话形象联系起来，即男性的先祖神黄帝与以"王母"为名的女神——西王母，可以让我们透过神话叙事的虚幻色彩看出其中隐含的现实信息，即不论是阴阳男女还是黑白变化，神话所聚焦的现实原型都是西域特产之白玉。关于玉的色彩分类也可以从产地命名中得知。原来，在昆仑山下出产白玉的一条河就叫白玉河，出产黑色玉石的河叫乌玉河，出产绿色（青色）玉石的河叫绿玉河。

《五代史·于阗国传》有如下记载：

> 晋天福三年，遣张匡邺、高居晦为判官，册圣天为大宝于阗国王。居晦记曰，其南千三百里曰玉州，云汉张骞所穷河源出于阗而山多玉者，此山也。其河源所出至于阗分为三，东曰白玉河，西曰绿玉河，又西曰乌玉河，三河皆有玉而色异。每岁秋水涸，国王捞玉于河，然后国人得捞玉。匡邺等还，圣天又遣都督刘再升献玉千斤，及玉印、降魔杵等。[1]

既然现实中就存在同时出产白玉和乌玉的昆仑山，白圭、玄璧的色彩对比就可以找到其实物原型了。由国王采玉的垄断性质可知，在此类珍稀物品从遥远的西域输入中原的路途上，为什么会有官方设置的"玉石障""玉门关"之类设施，它们完全是为了有效保障国家利益至上的西玉东输大通道，让统治者以征税形式，在获得战略资源的同时，也能实现利益最大化。

黄帝与西王母的关系，在涉及叙事故事方面，好像是各不相干、各行其道的，但是从地理位置上判断，二者并列于神圣的昆仑玉山一线，似乎是与

---

[1]　转引自章鸿钊：《石雅》，百花文艺出版社，2010年，第96页。

河之源、玉之源同在的神圣者。所不同的是，这两个神话性形象，在神格身份上是分化的：男性的一个，指向人类之祖；女性的一个，指向神仙之祖。人祖与神祖，居然和华夏国族的母亲河源头、美玉源头同在一地，由此可知：昆仑神话的奥妙就是华夏文明的奥妙！

> 《山海经·西山经》：玉山，西王母所居也。又西四百八十里，曰轩辕之丘。《淮南子·坠形训》云：轩辕丘在西方。高诱注：轩辕，黄帝有天下之号，即此也。黄帝之宫，起于昆仑，《穆天子传》：天子升于昆仑之丘，以观黄帝之宫。征之于玉，尤见其然。《山海经》云：黄帝取峚山之玉荣，投之钟山之阳。《太白阴经》云：黄帝以玉为兵。并见《越绝书》。《轩辕黄帝传》云：帝始画野分州，令百郡大臣授德教者，先列圭玉于兰蒲席上……以别华戎之异。是黄帝乃我国之首用玉者也。[①]

章鸿钊作出有关黄帝是我国之首用玉者的判断时，考古学在中国还没有揭开序幕。如今根据考古发现可知，最早的用玉现象出现在距今约8 000年的兴隆洼文化，这比相传的黄帝时代还要早3 000多年。从黄帝时代西王母来献白玉环的神话叙事可知，二者被想象成同时代的神圣存在。如今以中原王朝的白玉崇拜为标志，大致可以将黄帝与西王母神话的起源推测到距今3000多年的商周时代。白玉带来的玉教教义革命，使得后世统治者关注白玉的同时也关注白玉的产地。西周第五代天子穆满去昆仑山晋见西王母一事，当为白玉崇拜定型化的标志性事件。西周以后的白玉崇拜向永生不死的仙话方向发展，才会出现《山海经·西山经》的峚山叙事："其中多白玉，是有玉膏，其原沸沸汤汤，黄帝是食是飨。"郭璞注引《河图玉版》曰："'少室山，其上有白玉膏，一服即仙矣。'亦此类也。"[②]峚山特产的白玉膏与昆仑山西部特产的琼华（玉树之花蕊），在神话功能上是一致的，即象征永生不死。对此，《汉书·司马相如传》引《大人赋》云："呼吸沆瀣兮餐朝霞，咀噍芝英兮叽琼华。"颜师古注引张揖曰："琼树生昆仑西流沙滨，大三百围，高万仞。

---

① 章鸿钊：《石雅》，百花文艺出版社，2010年，第96页。
② 袁珂：《山海经校注》，上海古籍出版社，1980年，第41—42页。

华，蕊也，食之长生。"①

由此可知在白玉崇拜中，包含着不死成仙的古老幻想；白色与永生理想大概得自天体上的永恒发光物——日月星的联想。李白诗歌中把月亮称作"白玉盘"，就生动体现出华夏神话联想中的白玉的隐喻价值指向。从黄帝食白玉膏神话到西王母献白玉环神话，叙述主角发生性别和身份的变化，其实不变的成分更加重要，那就是白玉崇拜的

图13-6　2009年4月29日，被八国联军掠到法国的圆明园乾隆青白玉玉玺在巴黎拍卖168万欧元

（引自腾讯新闻，2009年4月30日，https://news.qq.com/a/20090430/000669.htm）

精神价值追求和以白玉为永生、以白玉为神圣的理想。后人习惯说的"白璧无瑕"便是神圣理想的世俗化延续。正是在这一特殊的华夏文明的文化语境作用下，人与玉的神话相互作用，才有此类思想观念。以此为前提，才能更加深入理解《史记》所述鸿门宴下白璧的作用，②理解秦始皇创制传国玉玺为何选用天下最珍视的一件白玉和氏璧，以及后世帝王延承下来的玉玺制度（图13-6）。

五、《山海经》是白玉崇拜者的圣经

关于《山海经》的成书，历来争议很大，有夏代之书说、商代之书说、西周之书说、东周之书说和汉代之书说，等等。如今以出土文物为实证，大致可以确定华夏文明国家中白玉崇拜发生的年代在商周之际，而白玉的大量使用则是西周中期以后的现象。在《尚书·顾命》等文献中所反映的象征西周王权的神圣宝玉中，可以看到有所谓夷玉、越玉等地方玉料的名目，而且数量不少。就此而言，白玉崇拜显然还处在萌生阶段，尚未形成独尊的教义和观念，否则不会有如此之多的地方杂色玉被周王室奉为至宝。"昆山之玉"的说法从战国时期开始成为国人熟知的常识，"璆琳""琅玕"

---

① 王先谦：《汉书补注》，中华书局，1983年，第1193页。

② 参看叶舒宪：《白玉崇拜及其神话历史初探》，《安徽大学学报（哲学社会科学版）》2015年第2期。

等旧名随之被取代，以至于晋代的博学君子郭璞也不大清楚这些名号的本义。大规模全方位地记载白玉资源及其产地的古书，目前看唯有《山海经》一部。就此而言，这方面的宝贵意义，非白玉崇拜者莫能知晓。在华夏文明早期意识形态中，白玉作为物质资源与精神信仰对象的双重作用不可小觑。《山海经》相关信息的可信度，正在逐渐透过其神话叙事的怪异表象，经过对照考古发现的玉文化传承脉络一一显露出来。如果以唯一性为判断标准，可将《山海经》视为华夏文明早期白玉崇拜者的第一圣书。从白玉崇拜角度重审《山海经》的成书年代，应该属于西周以后的东周时期，以西玉东输运动已经相当活跃为其物质前提，而不大可能出现在西玉东输初始之际的夏商时代。要让中原之人接受外来的新玉种和改变原有的价值观，都需要一个积累和铺垫的过程。

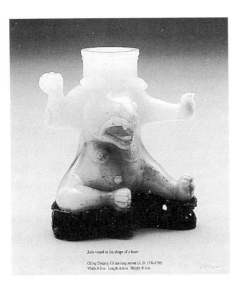

图13-7　清乾隆时期的白玉熊尊，现存台北故宫博物院

（图片引自台北故宫博物院网站"典藏精选"，http://theme.npm.edu.tw/selection/Category.aspx?sNo=03000131）

《山海经》记载的黄帝食白玉膏神话和昆仑玉山西王母神话，都属于西玉东输的历史现实在早期中原国家中催生出的神话想象再造，其想象的原型和驱动力均来自中原国家统治者的和田玉崇拜，尤其是和田玉中的羊脂白玉崇拜（图13-7）。无论是白玉膏生出玄玉、黄帝播种玉荣，还是西王母所在昆仑玉山、瑶池，这些神话母题都极为典型地体现出华夏本土白玉崇奉的心理情结。苏雪林、凌纯声等学者以为西王母起源于西亚古文明之月神，西王母这个名称是通过文化传播而翻译成的汉语译名。[①]此类外来起源说曾经十分流行，也引发出

① 凌纯声：《昆仑丘与西王母》，（台北）《民族学研究所集刊》1966年第22期。该文的节选见马昌仪编：《中国神话学百年文论选》上册，陕西师范大学出版总社，2013年，第534—544页。

持久的争论，但在当下，从我们重新复原出的举世无双的华夏白玉崇拜信仰加以审视，西王母外来说马上就露出无法遮掩的破绽。

第四节 从"玉教"说到"玉教新教革命"说

一、神话观念作为文化动力

神话观念是人类独有的文化现象，没有一种生物像人类这样生活在自己创造的神话观念世界里。伴随着人类文化从大传统向文字书写小传统的演进，神话观念的变革也必然体现出与时俱进的特征。其总体上的趋势在于，从虔诚的大传统神话观念信仰者，走向大传统神话的断裂与祛魅，以及小传统新神话观念的再造和编码。启蒙时代以来，古老的巫术神话观遭到解构，时至今日，科学技术又被神话化为万能的力量，往昔的崇拜狂热演化为今日对科技新产品的趋之若鹜。看看每一款智能手机产品的更新换代给中国电子市场带来的轩然大波，就足以体会科技新神话在当代社会中引发的准崇拜潮流。

对于非西方世界的文化和文明及其演进动力，马克思在19世纪时用有别于西方资本主义的"亚细亚生产方式"命题，从理论上将其悬置起来，以待学界的后来者。那时的世界观，就是将全球划分为西方列强与东方殖民地两大阵营。20世纪以来的人类学发展表明，人类世界除了西方文明和东方文明以外，还有分布在五大洲的数以千计的族群，其中的多数族群都不是以近现代的民族国家知名于世，而是处在边缘地区的不为人知的原生态境况中。

如今，地球上的人类是否能够像19世纪殖民时代那样简单地划分为两大阵营，只要阅读一下后殖民理论家阿吉默德对"印度文学"的统一概念的尖锐质疑，[①]就可大致获得启迪。如何一一细分文化的多样性，成为捍卫人类

---

① 在印度文学这一顶帽子下，有数十种语言的文学。参看［印度］阿吉兹·阿罕默德：《印度文学：关于一个概念定义的笔记》，见《在理论内部》，易晖译，北京大学出版社，2014年，第240—279页。

在这个星球上可持续生存及多样性选择的关键前提。在这个意义上，单数的"亚细亚生产方式"的命题，需要重新分解为更加多元和地方性的复数的生产方式，才更具有实际的研究价值。根据神话意识形态说（或称神话观念决定论）探寻支配每一个独特的文化群体的文化法则，需要诉诸该文化铸就的早期神话观念传统，具体辨析使得该文化有别于其他人类文化群体的特质所在。一旦把握住这种支配性的文化法则（或称核心价值），就等于找到了该文化运行和变迁的动力要素。

在19世纪，思想史上第一次出现对人类文明和文化社会系统的动力学理论，无论是黑格尔的世界精神前行说，还是马克思的生产力与生产关系相互作用说，都试图对其所处的西方资本主义世界的由来及其运行模式、运行方向作出系统的理论概括与诠释。那个时期的神话学尚未在学院内部形成规模性的知识生产，唯有德裔英国教授麦克斯·缪勒（Max Muller）充分利用他的梵文知识，一方面编撰规模空前的"东方圣书"，另一方面努力地构建两个新学科——比较语言学和比较神话学。从黑格尔、费尔巴哈到马克思、恩格斯，在其宏大气魄的理论建构中并没有给神话学留下什么位置，似乎缥缈的绝对精神或现实的物质生产本身就能够发挥驱动人类行为，进而推动历史前行的作用。

经过整个20世纪的理论发展，情况发生了很大变化。人类受到早期神话信仰和神话观念驱使而做出的种种奇异行为，不论是凿齿还是文身、猎头等等，都已经被人类学家、神话学家和民俗学家作出理性的解释。人类社会中之所以有42个不同社会群体吃鼠肉，[①]是因为这些文化群体孕育出吃鼠肉有益于人的饮食文化观。要问为什么古埃及文明创造出金字塔类巨石建筑，古希腊文明创造出奥林匹克运动会，古印度文明创造出山林隐修的宗教方式，中国文明创造出万里长城和传国玉玺，这和解答饮食差异的问题一样，不能从不同人群的生理特征方面找原因，只能诉诸不同的文化传统，尤其是诉诸文化中起到行为支配作用的观念和意识形态。比如希伯来文化观念就像《圣经旧约·创世记》表现的那样，是由神话叙事塑造和表达的；古埃及文

---

① ［美］马文·哈里斯：《好吃：食物与文化之谜》，叶舒宪、户晓辉译，山东画报出版社，2001年，第2页。

明的《亡灵书》也是如此，其中表明的古埃及人神话生死观就是建造金字塔的直接动因所在。人类学家得出结论说：一个族群的初始神话就必然地奠定该族群社会意识形态的原型。

简言之，人类是宇宙间唯一的观念动物。除了人类之外，所有的动物行为都是由其生理本能驱动的，只有人类行为是由生理本能和观念思想双重驱动的。因此，文化观念成为解释人类群体彼此间差异的不二法门，有什么样的观念就会有什么样的行为。史前期和早期文明的主导性文化观念一样，都是围绕着宗教信仰而建构，通过神话叙述而展开和传承的。因为那时世界上还根本不存在不信奉神灵的人（无神论者），神话背后的神灵和鬼怪信念，成为支配人类行为的动力要素。希腊忒拜城邦的国君俄狄浦斯之所以生下来就被父母抛弃，是由于阿波罗神庙中传来的神谕说这孩子将来会弑父娶母；华夏文明的秦王朝开国君王之所以要修筑万里长城，是由于通神的方士卢生向秦始皇进献五字谶言"亡秦者胡也"；同样，秦朝统治者采用和氏璧为材料制作象征大一统国家权力的传国玉玺，是因为玉教信仰及其新教革命即白玉崇拜的直接结果。玉代表天神和天命的思想直接用"受命于天"的字样镌刻在玉玺上，无需后代人再费口舌去解说和证明。

在东亚，玉教信仰持续了8 000年，玉石代表了天神和永生；在华夏，白玉崇拜持续了3 000年，各地不同玉石中唯有来自西域圣山昆仑山的和田玉才是天神和天命（德）的代表物，和田玉中的白玉更是诸多神祇中的至上者的象征。能够确证白玉崇拜发生的文献材料主要是《山海经》和《穆天子传》，足以旁证的先秦时代关键性神话有两个标本：一个是黄帝在昆仑丘山食白玉膏；二是西王母来舜朝廷献白玉环。考古材料则有自二里头文化至商周文化以来日益增多的出土白玉质、青白玉质的玉礼器。地理和地质学方面的证明材料有新疆和田昆仑山下的白玉河及其特产的白玉资源。

作为玉教的新教革命，白玉崇拜以西玉东输的华夏特有文化现象为其物质前提，[①]与昆仑圣山崇拜观念的形成具有历史的同步性。正是在白玉崇

---

① 参看叶舒宪：《西玉东输与华夏文明的形成》，《光明日报》2013年7月25日。

拜的观念驱动下，中原王朝对来自遥远的西域高原的"昆山之玉"形成一种延续数千年的资源依赖现象，蔚为壮观，在世界文明史上仅此一例。其文化余波一直延续到今日，无形中决定了国内市场上和田白玉的价格远远超过世界上其他地方出产的一切玉石；甚至让发源于古希腊的奥林匹克运动会奖牌史无前例地改变形态——2008年北京奥运会奖牌变成了黄金镶白玉的形式。

这就是以文明形成期的信仰和神话作为价值原型，解说当代文化现象的生动的研究案例。

二、神话历史：玉教是先于中国而诞生的"国教"

国内的文学人类学一派，倡导从文学性的神话研究转向神话意识形态研究，正在逐步建构出一种本土文化与社会发展的神话动力学理论。近年来所探讨的神话学问题，可以从理论上加以提升并归结为如下因果链。

从历史过程看，是什么因素在制约着人类群体的行为？根据社会现象的羊群效应原理，是人类群体中的"头羊"即统治者的行为，引导并支配整个社会群体的行为。所以需要重点追问的是：什么因素制约着一个文明国家统治者的行为？针对华夏文明的伟大传统，需要弄清有哪些神圣的精神力量驱使着最高统治者的行为。

从根本上看，这种精神因素来自永生不死的神话信仰，最初的手段是礼仪性地使用中介物：借助于东亚先民从宇宙万物中筛选出来的那种能够代表天和永生不死的物质符号——玉。在玉器时代之后的青铜时代，神圣的礼仪中介物遂向青铜礼器转移，再往后则从冶金实践中衍生出炼金术思想，以为金玉两种物质可保证人永生不死。

从新石器时代中期开始，直到秦汉时代，玉礼器的生产和使用情况约6 000年延续不断，此起彼伏，屡次掀起高潮（图13-8）。其间以5 300年前的安徽含山凌家滩文化玉殓葬和2 000年前的西汉金缕玉衣制度最为引人注目，堪称玉教神话信仰和神话观念驱动的世界文化奇观。前者在一座墓葬（07M23号）中不惜耗费全社会的人力物力随葬惊人数量的玉礼器（300余件）；后者则动用来自数千公里以外的珍贵和田玉原料，切割为2 000多块长方形玉片，再用黄金丝线缝制成从头到脚的全包裹性玉质衣装，为王者下葬专用。没有玉教神话信仰的审视高度，以上数千年延续的玉殓葬现象无法得到合理说明。生前凭借用玉和佩玉标志通神和通天的权力，死后则借助玉礼器实现永生不死梦想，堪称早期中国的国教思想。殷纣王临终用宝玉缠身而自焚的历史叙事，无疑应该是金缕玉衣制度的滥觞形式。金缕玉衣的金玉组合行为，同样能够说明大传统的玉教思想与小传统的金属崇拜是如何融为一体的。

图13-8 2015年江西南昌西汉海昏侯墓出土的白玉雕螭龙凤鸡心佩

（摄于首都博物馆）

玉教说在很大程度上解答了华夏文明统治者的特殊行为动力问题。从"物质-观念"的相互作用层面辨析，玉教作为一种东亚文化的宗教现象，从根源上驱动了华夏文明的发生和演进，并当之无愧地奠定了华夏核心价值观的原型——从"化干戈为玉帛"的正面社会理想，到"宁为玉碎不为瓦全"的个人人格修养箴言，再到君子温润如玉和君子比德于玉的儒家伦理教义建构，"切磋琢磨"的学习理念，"它山之石可以攻玉"的文化借鉴态度，等等——玉文化在华夏思想意识中无处不在，几乎可以被视为中国人的文化基因。

由玉教神话作为驱动之一的华夏文明史，文献中的相关叙事历历在目，并可以一线贯穿下来：（1）黄帝食玉膏和播种玉荣；（2）尧舜时代用赤玉瓮饮甘露；（3）西王母为华夏统治者献上白玉环；（4）大禹获得天赐玉圭建立夏朝王权国家；（5）夏桀远征求取岷山之玉，并建瑶台玉门；（6）商汤问伊尹从何处能运来白玉；（7）商纣王临终用宝玉缠身自焚升天；（8）姜太公钓鱼得玉璜；（9）周公东封其子伯禽以夏后氏之璜；（10）秦昭王以15座城池为条件交换和氏璧；（11）秦始皇用传国玉玺标志历史上第一位皇帝；（12）刘邦用白璧一双为神圣符号物从鸿门宴躲过杀身之祸，建立大汉王朝；（13）"汉帝相传，以秦王子婴所奉白玉玺、高帝斩白蛇剑。剑上有七采珠、九华玉以为饰，杂厕五色琉璃为剑匣。"[①]……

以上历史叙事，凸显了玉教神话支配下的神话历史全景图。其中的（10）（11）（12）（13）4项，时间从战国至西汉，凸显了白玉崇拜观念对玉教大传统的改造结果，可类比为一种古老玉石信仰的"新教革命"。在这里并不需要一位像马丁·路德那样的宗教领袖人物，只需要一位像卞和那样的慧眼识玉者作为社会群体的榜样，甚至作为国家统治者的专业导师。和氏璧作为世间具有唯一性的宝玉，先在楚国、赵国之间流传，后被秦王获得，再由秦始皇改制为传国玉玺，又从秦王子婴手中被汉高祖刘邦缴获，后为汉代帝王所承继。自此以后，玉玺就是帝王和国运的符号，遂生发出"玺运"一词，昭示天命所钟、神明所佑。杨衒之《洛阳伽蓝记·龙华寺》引北魏常景《汭颂》云："玺运会昌，龙图受命。"《魏书·尔朱荣传》则说："今玺运已移，天命有在，宜时即尊号。"这两处所讲都是同一个中国式的道理。如果说"玺运"这样典型的古汉语词汇无法直接翻译成西文，那也是情理之中的事情了，因为这是华夏特有的玉教神话观念的产物，如同"道"与"气"之类的本土观念，最好的翻译只能借助音译。要探索一个古老文明传统的特质所在，首先需要确认的就是独此一家的核心理念（核心价值），其总根源一定与史前信仰的漫长积淀过程密切相关。

更难为外国人所理解的是"玺晚"这样的神话化的国族名称，就连华夏人自己也会感到莫名其妙。《山海经·海内东经》云："国在流沙中者埻端、玺晚，在昆仑虚东南。"[②]流沙与昆仑，都是中原人的文化记忆中与西王母神话形象相关的地名，也是出产昆山之玉，特别是羊脂白玉的藏宝之地。把玺晚古国想象为那一带的神秘国家，在匪夷所思之中原来也有其联想的原型依据。如果知道传国玉玺又简称白玉玺，则玺与白玉的相关性便可大致明了。《山海经·海内东经》随后的叙事又说：

> 西胡白玉山在大夏东，苍梧在白玉山西南，皆在流沙西，昆仑虚东

---

① 刘歆等撰：《西京杂记》卷1，上海古籍出版社，2012年，第11—12页。
② 袁珂：《山海经校注》，上海古籍出版社，1980年，第327页。

南。昆仑山在西胡西，皆在西北。①

　　以上所述明明是西胡、大夏等西方国族，却被放置在《海内东经》，其原因，据郝懿行等学者辨析是由古书传承中的错简现象造成的，不足为怪。值得关注的关键要素是昆仑、西王母与白玉的三位一体性神话联想。郝懿行对西胡白玉山的注释说："《三国志》注引《魏略》云：'大秦西有海水，海水西有河水，河水西南北行有大山，西有赤水，赤水西有白玉山，白玉山西有西王母。'今案大山盖即昆仑也，白玉山、西王母皆国名。《艺文类聚》八十三卷引《十洲记》曰：'周穆王时，西胡献玉杯，是百玉之精，明夜照夕。'云云。然则白玉山盖以出美玉得名也。"②要进一步追问白玉山所出是什么颜色的玉，则非白玉莫属。

　　至于昆仑（大山）、西王母与白玉的三位一体联想，属于西周以来的白玉崇拜核心教义，其想象的现实基础是中原国家西部产玉之众山。但是经过神话历史观与神话地理观的改造，昆仑的所在地同黄河的发源地一样，变得笼而统之，模糊不清。如晋人郭璞注解"昆仑山在西胡西"一句时所言：《地理志》昆仑山在临羌西，又有西王母祠也。"袁珂加按语说："《汉书·地理志》云：'金城郡临羌西北至塞外，有西王母石室。'又云：'有弱水昆仑山祠。'是郭（璞）所本也。"③金城郡是汉代的地名，《汉书·地理志》在金城郡临羌县叙事中还有一句，被以上的郭璞和袁珂引用时裁掉了，那就是："仙海盐池。"④根据这一提示，可知金城郡的地域在今甘肃兰州的西北一带，而临羌县则靠近青海湖。那里的昆仑山祠和西王母祠距离新疆南疆昆仑山还有1 500公里，其间相隔着整个祁连山和阿尔金山。在汉武帝根据张骞和汉朝使者从新疆于阗昆仑山采回的美玉样品而命名其山为昆仑之前，几乎这1 000多公里的延绵不断的西北大山都被中原人想象为昆仑，并且同时兼为美玉之源和黄河之源。⑤从先于中国而

---

① 袁珂：《山海经校注》，上海古籍出版社，1980年，第328—329页。
② 同上书，第329页。
③ 同上。
④ 王先谦：《汉书补注》，中华书局，1983年，第795页。
⑤ 有关神话地理观的黄河重源说，参看钮仲勋：《黄河河源考察和认识的历史研究》，《中国历史地理论丛》1988年第4辑。

诞生的玉教神话观，到伴随华夏国家美玉资源依赖而形成神话地理观，再造出完整的白玉崇拜之新教伦理，由此奠定了华夏文明的核心价值。

三、玉教的"新教革命"——白玉崇拜建构华夏核心价值

图13-9　甘肃临夏出土的齐家文化白玉环
（摄于临夏回族自治州博物馆）

玉石是一种首先诉诸视觉直观的审美对象，它有五颜六色。现已出土的玉器表明，在史前四五千年的玉器生产实践中，一般以青绿色、青黄色、青灰色玉料为主。从红山文化到良渚文化，从大汶口文化到龙山文化和齐家文化（图13-9），这种用料色泽的局限性，受到史前期各地的地域性聚落所采集的地方性玉料资源的物理条件限制。

直到西周王朝中期以后，国家的玉器生产用料才大量转向白玉资源，这和西玉东输的特殊文化现象有关。研究周代官方用玉制度的考古学者孙庆伟指出："周代墓葬出土玉器可谓多矣，其中多以青白玉、青玉和白玉最为常见，红色（朱）或黑色（幽）玉则不见。"[1]周代用玉与前代用玉在色泽上的明显区别，主要取决于周穆王西游以来所开辟的西玉东输的官方运动。

对西玉东输现象的正式调研工作是中国本土学者在21世纪初年以来才得以展开的。从2002年6月底中央电视台科考节目组《玉石溯源》所组织的玉石之路走访和拍摄活动，[2]到2014年7月中国文学人类学研究会与甘肃省及《丝绸之路》杂志社联合组织的"玉帛之路文化考察"活动，中国本土学者对华夏文明形成期特有的资源依赖情况获得了较为清楚的全局新认识，以近

① 孙庆伟：《周代用玉制度研究》，上海古籍出版社，2009年，第182页。
② 梵人等：《玉石之路》，中国文联出版社，2004年；骆汉城等：《玉石之路探源》，华夏出版社，2005年。这两部书都属于记者撰写的报告文学一类，因为那一次科考活动以拍摄纪录片为主要任务，学者们没有为此撰写学术著作。

年来提出的"游动的昆仑"和"游动的玉门关"等系列新观念为代表。①该系列考察成果已经汇聚为"华夏文明之源·玉帛之路"丛书七种,由甘肃人民出版社出版。②同名的四集电视片《玉帛之路》也由甘肃武威电视台制作完成并公开播映。与此同时,笔者还提出"玉石之路黄河道"假说,③认为早期的西玉东输曾经充分借助黄河水道的漕运作用,在河西走廊东端至黄河中游的晋陕峡谷间,开辟出西部玉石资源输送中原的水路文化通道。我们对该路线的两端分别作出田野考察:一方面重新勾勒出早在所谓丝绸之路开通前很久就运送新疆和田玉到中原的具体路线图;另一方面通过地质学、矿物学的探查和采样,求证古往今来中国西部高原白玉资源的多样性存在,包括新疆昆仑山和青海昆仑山、阿尔金山、祁连山、马鬃山、马衔山等透闪石玉料资源产地,验证了《山海经》有关出产白玉之山和水的多样性记录。

在此基础上,先期发表的研究成果有《玉成中国——玉石之路与玉兵文化探源》、④《玉石之路与华夏文明的资源依赖——石峁玉器新发现的历史重建意义》、⑤《玉文化先统一中国说石峁玉器新发现及其文明史意义》、⑥《白玉崇拜及其神话历史初探》、⑦《〈山海经〉与白玉崇拜的起源》、⑧《多元"玉成"一体——玉教神话观对华夏统一国家形成的作用》、⑨《多元如何一体——华夏多民族国家构成的奥秘》、⑩《从玉教神话到金属神话——华夏核心价值的大小传统源流》⑪等系列著作或论文。尚待聚焦论证的核心观点是,从杂色的玉石

---

①　参看《丝绸之路》杂志2014年第19期,"玉帛之路文化考察专号"。

②　七种书为:叶舒宪:《玉石之路踏查记》;冯玉雷:《玉华帛彩》;易华:《齐家华夏说》;刘学堂:《青铜长歌》;安琪:《贝影寻踪》;徐永盛:《玉之格》;孙海芳:《玉道行思》。甘肃人民出版社,2015年。

③　参看叶舒宪:《玉石之路黄河道再探》,《民族艺术》2014年第5期。

④　叶舒宪、古方主编:《玉成中国——玉石之路与玉兵文化探源》,中华书局,2015年。

⑤　叶舒宪:《玉石之路与华夏文明的资源依赖——石峁玉器新发现的历史重建意义》,《上海交通大学学报(哲学社会科学版)》2013年第6期。

⑥　叶舒宪:《玉文化先统一中国说石峁玉器新发现及其文明史意义》,《民族艺术》2013年第4期。

⑦　叶舒宪:《白玉崇拜及其神话历史初探》,《安徽大学学报(哲学社会科学版)》2015年第2期。

⑧　叶舒宪:《〈山海经〉与白玉崇拜的起源》,《民族艺术》2014年第6期。

⑨　叶舒宪:《多元"玉成"一体——玉教神话观对华夏统一国家形成的作用》,《社会科学》2015年第3期。

⑩　叶舒宪:《多元如何一体——华夏多民族国家构成的奥秘》,2014年9月20日在中国比较文学学会第十一届年会(延边大学)上宣读,刊于《跨文化对话》2016年第32辑。

⑪　叶舒宪:《从玉教神话到金属神话——华夏核心价值的大小传统源流》,《民族艺术》2014年第4期。

崇拜，到唯独推崇白玉和羊脂玉，这是玉文化发展史上最重要的一次观念变革，具有划时代性质，足以比作玉教信仰发展史上的一次"新教革命"。其重要意义在于，扭转了东亚玉文化近万年发展历程的大方向，使之迈进以和田玉白玉为独尊的崇拜对象的新时代。这一转变是因为华夏先民之前在新疆以外的其他地方并没有发现和开采到大批量的白色透闪石玉料。这场玉教信仰的新教革命，其文化影响余波直至今日依然制约着玉器收藏市场和玉器工艺品生产的主方向；甚至规定着和田白玉羊脂玉（籽料）在市场上凌驾于一切新老玉石之上，出现按每克计算值超过黄金价格数十倍的疯狂市场现象。和田玉带来的4 000年玉文化变革，其塑造出以白玉为尊的宝玉观念，有曹雪芹《红楼梦》"白玉为堂"说之类的登峰造极表现。

如此能够突显华夏本土文化特色的神话意识形态观念，迄今却没有得到学术界的重视。除了古人喜好白玉、偏爱白玉的种种传闻杂记之外，[①]古往今来基本上没有什么正规的专题研究成果，只有极少数学者关注到不同时代的玉料产地问题，并尝试给出科学性的探索和描述。如王时麒等《论古玉器原料产地探源的方法》一文，将北方辽宁的岫岩玉同新疆和田玉作物理性质方面的比照，首先看出的就是颜色方面的差异。

> 两地透闪石玉的颜色在基本色调、主色调和颜色比例方面有明显差别。
>
> 岫岩透闪石玉的基本色调有白色、黄白色、黄绿色、绿色、青色和黑色。其中以黄白色、黄绿色和绿色为主，可称为主色调；而黑色较少，青色和白色很少。
>
> 和田透闪石玉的基本色调有白色、青白色、青色、黄色和黑色。其中以白色、青白色和青色为主，可称主色调；而黄色和黑色较少。
>
> 由此看来，两地透闪石玉的主色调有明显差别，可以作为判别产地的标志。作为一种个性特征，岫岩闪石玉的黄白色、黄绿色和绿色及和田透闪石玉的白色、青白色和青色可称为"特征色"。利用特征色作为判别产地的标志无需破坏样品，只用肉眼观察即可，是最简便最经济的

---

① 参看唐荣祚《玉说》引《传国玺考》相关内容，见宋恨冰、李娜华标点：《古玉鉴定指南》，北京燕山出版社，1998年，第158页。

方法。[①]

对不同产地玉石原料的"特征色"识别，目前基本还处在肉眼观察的经验水平上，未能展开量化的数据检测和理论性的探讨。一般公认白玉为玉中的优品。台湾玉学家吴棠海著《认识古玉》一书提出，白玉中质地温润、品质最佳者如羊脂，有羊脂白玉之称，常被推崇为玉色之首。战国以前少见白玉，战国中晚期至汉代，常用白玉制作较精致的组佩饰器、剑饰器等。[②]

实际上，战国玉器中的这种白玉至上的景观需要溯源至商周时代（图13-10、图13-11），尤其是西周中期以后，即周朝最高统治者周穆王亲自远行西域，到新疆昆仑山一带采集回来大量珍贵的和田玉白玉材料之后。在周代的传世文献中，白玉和白玉质的玉器已经开始在众多色泽的玉料和玉器中脱颖而出，最有代表性的实例是《诗经》时代的"白圭"典故。

图13-10　商代白玉琮
（摄于上海博物馆）

图13-11　河南安阳殷墟妇好墓出土的白玉龙
（2017年摄于广东博物馆妇好墓特展）

四、白圭之玷与白璧无瑕

《左传·宣公十五年》引用上古流传的谚语曰："高下在心，川泽纳污，山薮藏疾，瑾瑜匿瑕。"瑾瑜指优等的美玉，瑕字本义专指玉色中夹杂的斑点。陶渊明《读〈山海经〉》诗之四将瑾瑜和白玉对举而言："白玉凝素液，

① 王时麒、于洸、员雪梅：《论古玉器原料产地探源的方法》，见杨伯达主编：《中国玉文化玉学论丛》三编（下），紫禁城出版社，2006年，第689页。
② 吴棠海：《认识古玉》，台湾自然文化学会，1994年，第24页。

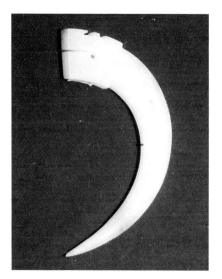

图13-12　2002年陕西长安茅坡村出土的
春秋时期白玉雕秦式龙纹玉觿
（摄于西安博物院）

瑾瑜发奇光。"

《尚书·顾命》讲述西周国家最高统治者的神圣仪式行为，有"执璧秉圭"的说法，可知玉璧、玉圭这两种玉礼器曾经为西周国家仪式上基本的神圣法器。至于周代所用玉璧、玉圭等的颜色，不外乎以青玉为主，白玉则少见（图13-12）。《国语·吴语》云："越灭吴，上征上国，宋、郑、鲁、卫、陈、蔡执玉之君皆入朝。"六国来朝的君主被统称为"执玉之君"，他们所执的是什么玉器呢？韦昭注云："玉，圭璧也。"据此可以推知，西周天子的执璧秉圭的国家级玉礼器传统，在东周时期被诸侯国的王者们所继承。

对玉器玉质之颜色的关注，最初体现在周代文献叙事之中。《诗经·大雅》中讲到"白圭之玷"；《国语·楚语》中有关于"楚之白珩"的记载；《国语·晋语》中公子夷吾对公子絷说："黄金四十镒，白玉之珩六双，不敢当公子，请纳之左右。"这几个例子都凸显出白玉的珍贵价值，一定在其他颜色的玉之上。白玉制成的玉珩，或为南方大国楚国之国宝的代表，或为价值千金的厚礼。珩，指古代佩玉上部的横玉，形似磬，或似半环。《国语·楚语下》云："赵简子鸣玉以相，问于王孙圉曰：'楚之白珩犹在乎？'"韦昭注："珩，佩上之横者。"唐代柳宗元《非国语下·左史倚相》云："圉之言楚国之宝，使知君子之贵于白珩可矣。"唐代元稹《出门行》云："白珩无颜色，垂棘有瑕累。"比白玉珩更早受到推崇的官方礼器应该是白玉圭。如《左传·僖公九年》记述：

　　十一月，里克杀公子卓于朝。荀息死之。君子曰："《诗》所谓'白圭之玷，尚可磨也；斯言之玷，不可为也。'"（注：《诗·大雅》言此言之缺，难治甚于白圭。玷……，缺也）。荀息有焉。（注：有此诗人重言之义。）①

把以上文言翻译成现代汉语就是，君子说：《诗》所说的'白玉圭上的斑点，还可以磨掉；说话有了毛病，就不可以追回了。'荀息就是这样的啊！"白圭，亦作"白珪"，特指用白玉制的玉圭。《诗经·大雅·抑》云：

> 质尔人民，谨尔侯度，用戒不虞。慎尔出话，敬尔威仪，无不柔
> 嘉。白圭之玷，尚可磨也；斯言之玷，不可为也！②

《大雅》产生的年代不会晚于春秋时期，《大雅·抑》所引用的"白圭之玷"，其实物的存在一定早于楚之白珩。可见后世成语说的"白璧无瑕"，最初的原型应为"白圭无瑕"。晋代葛洪《抱朴子·擢才》化用白圭典故云："乃有播埃尘于白珪，生疮痏于玉肌，讪疵雷同，攻伐独立。"谢灵运《初发石首城》诗也说："白珪尚可磨，斯言易为缁。"这是用白圭比喻清白之身。沈佺期《敕到不得归题江上石》诗云："自幼输丹恳，何尝玷白圭？"明代沈受先《三元记·会亲》云："随时送女还家去，使白圭不玷瑕疵。"同类的用典形象一直延续到用白话文写作的现代文学中。鲁迅《且介亭杂文末编·关于太炎先生二三事》："后来的参与投壶，接受馈赠，遂每为论者所不满，但这也不过白圭之玷，并非晚节不终。""玷"指玉上的斑点、瑕疵。南朝宋何承天《重答颜永嘉书》云："夫良玉时玷，贱夫指其瑕；望舒抱魄，野人睨其缺，岂伊好辩？""玷"和"瑕"可以组成合成词，如唐代孟浩然《陪张丞相登荆城楼》诗云："白璧无瑕玷，青松有岁寒"；又如唐代辛宏《白珪无玷》诗云："皎皎无瑕玷，锵锵有佩声。"

引申的用法还有用"玷"比喻人的缺点或耻辱。如《诗·大雅·召旻》："皋皋訿訿，曾不知其玷。"范晔《后汉书·陈蕃传》云："（李膺、杜密、范滂等）正身无玷，死心社稷。"合成词"玷缺"，又写作"玷阙"，也指白玉上的斑点、缺损。唐代程长文《书情上使君》诗云："但看洗雪出圆扉，始信

图13-13　陕西西安出土的西汉金镶玉白玉杯
（摄于西安博物院）

白珪无玷缺。"宋代戴埴《鼠璞·魏相许伯》云："士大夫出处如浑金白玉，不可玷阙。"明代宋应星《天工开物·珠玉》云："璞中之玉，有纵横尺余无瑕玷者，古者帝王取以为玺。"可知玉石颜色纯净而无瑕玷者，是华夏统治者最看重的神圣材料（图13-13）。类似的措辞还有"瑕累""瑕适""瑕谪"等。《管子·水地》云："夫玉，温润以泽，仁也……瑕适皆见，精也。"尹知章注："瑕适，玉病也。"《吕氏春秋·举难》云："尺之木必有节目，寸之玉必有瑕瓋。"古代文人常用"白璧微瑕"这个成语，以白玉上的小斑点来比喻美中不足。最经典的判断出自萧统《〈陶渊明集〉序》："白璧微瑕，惟在《闲情》一赋。"由于《文选》在初唐以后逐渐成为文人墨客手边必备的文学圣典，白璧无瑕或白璧微瑕这两种比喻说法，就分别成为表达中国式完美理想和美中不足的口头禅。如清代陈廷焯《白雨斋词话》卷五云："此类皆失之不检，致敲金戛玉之词，忽与瓦缶竞奏，白璧微瑕，固是恨事。"这种用法一直延续到写作现代白话文的作家群体。

与"白璧微瑕"类似的成语是"白玉微瑕"。唐代吴兢《贞观政要·公平》云："君子小过，盖白玉之微瑕；小人小善，乃铅刀之一割。铅刀一割，良工之所不重，小善不足以掩众恶也；白玉微瑕，善贾之所不弃，小疵不足以妨大美也。"这个说法还可以省略作"白璧瑕"，与白圭之玷的典故遥相呼应。如唐代诗人贾岛的《寄令狐绹相公》有诗句云："岂有斯言玷，应无白璧瑕。"

白玉为天体上运行的日月星之光的象征。在先秦文献中，以玉器来比喻日月星这样的修辞格已经十分明显。《庄子·列御寇》云："吾以天地为棺椁，以日月为连璧。"《后汉书·舆服志上》云："大行载车，其饰如金根车，加施连璧交络四角。"唐代武元衡《德宗皇帝挽歌词》之一云："日月光连璧，烟尘屏大风。"用"白璧"即平圆形而中有孔的白玉礼器来说事的始作俑者是《管子》一书。《管子·轻重甲》云："禺氏不朝，请以白璧为币乎?"《史记·滑稽列传》云："于是齐威王乃益赍黄金千溢，白璧十双，车马百驷。"上文已经引用过的《国语·晋语二》晋惠公赂秦一事，所用之礼为"黄金四十镒，白玉之珩六双"。可见作为国之重礼，白玉玉器在数量上要比黄金为少。镒，古代重量单位，据韦昭注，合二十两，一说二十四两。《墨子·号令》云："又赏之黄金，人二镒。"孙诒让问诂："镒，二十四两也。"白璧或白玉之珩为什么均成双成对地使用，这也是尚未得到解读的谜团。从《穆天子传》到汉代纬书的记载，西周天子和秦始皇都有用玉璧沉河的重要祭礼活动。后者还有伴随祭礼而来的神秘感应现象出现，如《河图考灵耀》云："秦王政以白璧沉河。有黑头公自河出，谓政曰：'祖龙来受天宝。''授玉匣'开，中有尺二玉牍。"①黄河里出玉，被说成是"天"赐之宝，河与天通，来自黄河的玉牍就代表来自天神的天书。比秦始皇更早的周穆王也曾在河宗氏之邦上演这场用玉璧沉入黄河的重礼，不过《穆天子传》并没有点名所用玉璧的颜色。《河图考灵耀》则明确告诉世人秦始皇用的是白璧。这当然让人联想到《史记》讲述的鸿门宴上让项羽不再追杀刘邦的那"白璧一双"。

先秦时代认识的白玉一定以新疆昆仑山为原产地。与各种颜色的地方玉种相比，白玉的出产地距离中原国家要远很多。天赐的观念之所以产生，是由于昆仑山高，更接近天和天帝，所以白玉就能够后来居上，超越有数千年之久的"苍璧礼天"传统下的大量青玉，成为玉中新贵和玉中独尊，并成为华夏政治权力等级制度中的重要标志物。

文学史上众多以白玉为名的词语或典故，随之如雨后春笋一般产生出来。如"白玉管"的典故，特指传说中虞舜时代遗留下来的神秘圣物，是一种用白玉制成的律管。《汉书·律历志上》有"竹曰管"一说，唐代颜师古注："汉章帝时，零陵文学奚景于泠道舜祠下得白玉管。古以玉作，不但竹也。"再如一种地方美酒，取名为"白玉腴"。宋代韩驹《偶书呈馆中旧同舍》诗之一云："去年看曝石渠书，内酒均颁白玉腴。"再如，用白米做成的

---

① 　上海古籍出版社编：《纬书集成》上，上海古籍出版社，1994年，第366页。

粽子，被文人墨客们美其名曰"白玉团"。唐代元稹《表夏》诗之十云："彩缕碧筠粽，香秔白玉团。"此处的白玉是假，白米粽是真。同样一个"白玉团"，还可以比喻白绣球花。如明代谢榛《绣球花》诗云："高枝带雨压雕阑，一蒂千花白玉团。"就连皇家宫殿门前的玉石台阶，也美其名曰"白玉墀"。明代谢谠《四喜记·怡情旅邸》云："题名共列黄金榜，献策同登白玉墀。"引譬连类之后，作为日常食物的莲子，也获得"白玉蝉"一类的别名。清代厉荃《事物异名录·果蔬·白玉蝉》云："苏轼诗：'绿玉蜂房白玉蝉，折来带露复含烟。'按，白玉蝉，亦谓莲子也。"由于白玉足以代表至高理想，文人就对各种以白玉为譬喻的说法情有独钟。如果不加注解，后人很难分辨文学中哪些对象是真白玉，哪些对象根本不是玉。就连平常饮用的生栗汁，也会得到"白玉浆"这样的美称，似乎要呼应《山海经》所述黄帝在昆仑崇山所食用的白玉膏。宋代苏辙《服栗》诗云："老去日添腰脚病，山翁服栗旧传方……客来为说晨兴晚，三咽徐收白玉浆。"生栗汁的药用效果无需怀疑，有李时珍《本草纲目·果一·栗》的记录为旁证："栗生食，可治腰脚不遂。"

第五节　华夏文明起源的神话动力学解释

一、统治者奠定白玉为尊的价值谱系

　　神话观念驱动了资源依赖问题，宗教圣物生产围绕着统治者信仰的神圣物质对象——黄金、白银、青铜等；但在金属冶炼技术和金属崇拜产生之前，社会上推崇的贵重物品似乎只有各种玉石。

　　古埃及文明和苏美尔文明中的青金石崇拜及黄金等贵金属崇拜，[1]希腊文明的黄金崇拜在荷马史诗中的表现，[2]都是神圣物质信仰的产物。如果不留意统治者的关注如何暗中支配着早期华夏国家自然资源调研和著录，那就根本无法理解《山海经》一书为什么会记录下140座出产玉料之山，而其中仅有

---

① 参看叶舒宪：《苏美尔青金石神话研究——文明探源的神话学视野》，《中南民族大学学报（人文社会科学版）》2011年第4期。

② 参看叶舒宪：《特洛伊的黄金与石邙的玉器——〈伊利亚特〉和〈穆天子传〉的历史信息》，《中国比较文学》2014年第3期。

16座山出产白玉的记录。《尚书》中的《伊训》一篇，相传为商代第一位国君商汤的重臣伊尹留下的文献。其中有所谓"四方献令"。

> 汤问伊尹曰："诸侯来献，或无牛马之所生，而献远方之物，事与实相反，不利。今吾欲因其地势所有而献之。必易得而不贵。其为四方献令！"伊尹受命，于是为四方献令曰："臣请正东符娄、仇州、伊虑、沤深、九夷、十蛮、越、沤、剪发文身，请令以鱼支之鞞，□戗之酱，鲛利剑为献。正南瓯邓、桂国、损子、产里、百濮、九菌，请令以珠玑玳瑁、象齿、文犀、翠羽、菌鹤、短狗为献。正西昆仑、狗国、鬼亲、枳巳、阖耳、贯胸、雕题、离丘、漆齿，请令以丹青、白旄、纰罽、江历、龙角、神龟为献。正北空同。大夏、莎车、姑他、旦略、豹胡、戎翟、匈奴、楼烦、月氏、孅犁、其龙、东胡。请令以橐驼、白玉、野马、騊駼、駃騠、良弓为献。"汤曰："善！"[①]

以出土玉器的实物作为证据，如今可以判定这份物产清单不可能是商汤时代的，因为商代初年的玉器生产不成规模，也几乎都以青玉为主，说北方异族来进献白玉，根本不提其他颜色的玉，这一定是白玉崇拜作为新教革命发生以后的文献记录，以东周即春秋战国时代的可能性较大。

从东周到秦汉时代，白玉崇拜的意识形态效果十分明显，上等白玉成为贵族社会等级制度的标志物。玉色以白为上的规定，见于《礼记》和司马彪《续汉书·舆服志》的记载："至孝明帝，乃为六佩、冲牙、双瑀、璜，皆以白玉。"由此说明古代人不但喜用玉，而且十分注重玉的颜色，因此用佩玉的颜色表示佩者的等级，且等级分明，等级最高者多为佩白玉者。

探究白玉崇拜之所以发生的神话信仰因素，可能和升仙不死信仰密切相关。白玉乃至白色石头都曾被先民联想到天上的永恒发光体，即日月星辰。按照天人合一的逻辑，人类只要效法天上的发光体，或与其符号物相认同，就能通过交感巫术的力量达到永生。为此目的，出现了以白色玉或石为食物的神话观。这究竟是信仰还是文学呢？请先看以下有关日月之光被称为

[①]　黄怀信：《逸周书校补注释》，三秦出版社，2006年，第333页。

"白"的表达案例，再看有关白石生或白石仙的叙事资料。

以"白"修饰日光，是古汉语表达的一贯选择。《楚辞·九辩》云："白日晼晚其将入兮，明月销铄而减毁。"王粲《登楼赋》云："步栖迟以徙倚兮，白日忽其将匿。"《南史·苏侃传》云："青关望断，白日西斜。恬源靓雾，垄首晖霞。"清代黄鹭来《送田月枢归隐王屋》诗云："层林翳远空，白日忽西匿。"至于用发光的太阳比喻君主，则产生了白日一词的第二个意义项。《文选·宋玉〈九辩〉》云："去白日之昭昭兮，袭长夜之悠悠。"张铣注："白日喻君，言放逐去君。"唐代武元衡《顺宗至德大圣皇帝挽歌词》之二云："昆浪黄河注，崦嵫白日颓。"

再看白石仙的神话。汉代刘向《列仙传·白石生》云："白石生，中黄丈人弟子，彭祖时已二千余岁，不爱飞升，但以长生为贵……因就白石山居，号白石生。"宋代词人姜夔《余居苕溪上，与白石洞天为邻，潘德久字予曰白石道人，且以诗见畀，予以长句报毙》一语道破天机："南山仙人何所食？夜夜山中煮白石，世人唤作白石仙，一生费齿不费钱。"这就是白石生或白石仙典故中潜含的神话观念奥秘。白石仙又美称白石飞仙，如宋人王沂孙《踏莎行·题〈草窗词卷〉》词云："白石飞仙，紫霞凄调。"除了这三个名号之外，古书中还有"白石先生"一类的尊称。如道教理论家葛洪在其《神仙传·白石先生》中说："白石先生者，中黄丈人弟子也。至彭祖时，已二千余岁矣……常煮白石为粮，因就白石山居，时人故号曰白石先生。"李商隐《玄微先生》诗云："药里丹山凤，碁函白石郎。弄河移砥柱，吞日倚扶桑。"冯浩笺注引朱鹤龄曰："《列仙传》：'白石先生常煮白石为粮，因就白石山居，故名。'"这个笺注已经把白石生的得名之由，即吃白石，与天上的发光体太阳的神话类比和盘托出了。民族学方面的第三重证据，可以举出羌族等少数民族文化中的白石崇拜现象，以白石代表神灵，如同以白玉代表天命的华夏信仰一样，属于典型的拜物教一类宗教神话观；所不同的只是所选的物质对象的差异。

二、第四重证据：夏商周出土玉器中的白玉

新石器时代末期，经过齐家文化、龙山文化一系的文化传播作用，终于第一次将产于西部高原的白玉资源引入中原，并且逐渐成为批量化的进关物资，日益受到中原统治阶层的青睐和追求。从夏代到商代，玉器生产中白

玉的使用大体上呈现为数量比重逐步增加的趋势。以商代后期都城安阳殷墟出土的玉器为例。中国社会科学院考古研究所编《安阳殷墟出土玉器》一书，汇聚新中国成立以来殷墟发掘出土的（除了妇好墓以外）玉器208件（组），用彩色图片和文字说明结合的方式加以呈现。在这208件玉器中，注明为白色、灰白色、乳白色和青白色的玉器共计30件。考虑到有些玉器的白色是埋藏在土壤中受沁的结果，实际用料使用白玉和青白玉者约为20件上

图13-14　2015年江西南昌西汉海昏侯墓出土的勾连云纹白玉环

（摄于首都博物馆）

下，即所有玉器用料比例的10%。至于这些殷商时代玉器所用玉料的来源问题，一般认为有部分来自新疆和田玉，但是围绕此问题的学术争议，迄今还没有形成定论。到西周时代，则基本完成了中国玉文化史上的重要转变，即以地方玉材料为主的就地取材的非白玉时代，到以新疆昆仑山和田白玉为主的西玉东输时代，或称白玉独尊时代（图13-14）。

以《周原玉器萃编》一书为例，著录的160件出土的西周玉器中，注明白玉的为31例，注明青白玉（包括灰白、黄白）的为29例，合计为60例，占比为37%。

再以中国社会科学院考古研究所编《张家坡西周玉器》一书的资料为据进行统计，笔者对该书所收录的玉器474幅彩色照片作目测分析，统计其中玉器用料为白玉和青白玉者150件，占比约为31%。这两个数据，一个出自陕西省长安县张家坡村一地的西周中期以来贵族井叔家族墓地，一个为整个周原地区出土的西周早期至晚期的玉器，合起来大致能够代表陕西境内的西周高等级墓葬玉器的用料情况。对照以殷墟妇好墓玉器为代表的商代晚期的情况，白玉和青白玉都相对较少，可知周人在用玉颜色上，白玉所占比重已经大大超过殷商时期。这也是《穆天子传》所反映的一种真实情况：周人起源于西北，从近水楼台先得月的逻辑看，周朝统治者要比商朝统治者更加关

注并接近昆仑山玉石资源地。

具体分析出土白玉玉器的周代墓葬或遗址情况，可以看出这些墓葬或遗址等级较高，绝非一般的人所能拥有。在《周原玉器萃编》中我们选择3件具有代表性的白玉玉器来举例。其中，1980年岐山县王家嘴村西周二号墓出土花冠玉鸟佩，"白玉，洁白无瑕，晶莹鲜润，透明感强，通体磨光，圆雕作品"。[①]再如，1980年扶风县召陈村乙区西周建筑基址出土白玉蟾佩，"白玉，半透明，色洁白，玉质晶莹鲜润"。[②]又如，1992年扶风县黄堆村二十五号西周墓出土的戴龙冠玉人佩，"白玉：玉质晶莹鲜润，手感细腻，洁白无瑕且硬度高，经北京玉器厂专家鉴定，认为系新疆和田软玉，为玉中之精品"。[③]

《张家坡西周玉器》一书将这里的所有墓葬分为四个等级：第一等级的大型墓共6座，第二等级的墓30座，第三等级的墓173座，第四等级的墓156座。虽然这些墓葬十之八九被盗过，但还是留下不少玉质优良的透闪石白玉、青白玉作品，尤其是第一等级的大墓。最精美的龙纹玉饰出自M157：97号墓地，即属于第一等级大墓。

再以《陕西出土东周玉器》所展示的304件（组）秦国玉器为例，其中著者在解说词中点明其玉质是白玉或青白玉的，有73件，占比为24%。

浅色调的青白玉或青玉，相间夹佩深色调的红玛瑙珠串，是西周以来高等级墓葬中常见的玉组佩形式。从河南三门峡虢国墓地[④]到山西曲沃晋侯墓地，[⑤]再到21世纪初发掘的陕西韩城芮国墓地，此类红白（青）相间的玉组佩实物得以重现天日，而且其数量也不在少数，[⑥]大体上可以表明自西

① 周原博物馆编：《周原玉器萃编》，世界图书公司，2008年，第44页。

② 同上书，第68页。

③ 同上书，第96—97页。

④ 如虢国墓出土玉组佩和玉项饰、2011号太子墓出土玉腕饰等，皆为玛瑙珠与玉璜玉饰片组成。参看古方主编：《中国出土玉器全集》第5卷，科学出版社，第134、135、140、142页。

⑤ 如晋侯墓地第92号墓出土的玉组佩，由282件形制各异的玉器组合而成，主要为玉璜、玉片和玛瑙珠；再如晋侯墓地第8号墓出土玉组佩，由2只白玉璜为主，夹杂以玛瑙珠绿松石珠构成。又如晋侯墓地第31号墓出土玉组佩，由1件梯形玉牌、4件玉蚕、3件玉管加20多颗红玛瑙珠构成。参看古方主编：《中国出土玉器全集》第3卷，科学出版社，第86、87、92、94—98页。

⑥ 如芮国墓地M26号出土梯形牌串饰、M27号出土七联璜串饰、M26号出土右手握串、M19出土项饰等，参看蔡庆良、孙秉君：《芮国金玉选粹——陕西韩城春秋宝藏》，三秦出版社，2007年，第56—59、116—117、142—143页。

周到东周的一种"君子佩玉"习俗制度。1986年陕西省陇县边家庄九号秦墓出土春秋时代玉组佩（现藏陇县图书馆），"由玛瑙珠、六件亚字形玉佩、白玉环、龙纹长方形凸齿玉佩、白玉贝等组合而成"。[①]晋侯墓和芮国墓地M26号墓都出土了煤精串珠与玉器组合成的串饰，[②]其色彩对比形成明显的黑色对青色的阴阳二元对立。

　　浏览或欣赏过以上西周至东周时期出土的一批玉组佩的呈色情况，再读《诗经·卫风·木瓜》的诗句"投之以木瓜，报之以琼琚"，"投之以木桃，报之以琼瑶"，"投之以木李，报之以琼玖"，就能够对"琼"为红玛瑙、琚为赤玉、瑶为白玉、玖为墨玉的杂色相间情况产生新体悟，不再盲从汉代儒生毛诗说的机械注疏。[③]四重证据法带来的新认识，给古代名物词语的训释带来时代契机。与《诗经》同时代产生的批量玉器得以出土展示，就相当于找到了重新解读这些歌咏玉佩的诗歌之谜的"底牌"。

　　以西周以来出土的珠玉组合佩饰的情况看，一般是用玛瑙珠夹杂玉饰件的组合方式构成。玛瑙珠为红色，乃阴之阳的象征色；玉为白或青，乃阳之阴的象征色。二者是天子所珍藏的神物，原因是"其化如神"。或可理解为二者相合能够寓指阴阳之合，并且化生万物。至于《礼记》明文规定的朝廷上五种颜色之佩玉，以"天子佩白玉"制度为首。兹引《礼记·玉藻》原文如下：

> 古之君子必佩玉，右徵角，左宫月，趋以《采齐》，行以《肆夏》，周还中规。折还中矩，进则揖之，退则扬之，然后玉锵鸣也。故君子在车则闻鸾和之声，行则鸣佩玉，是以非辟之心，无自入也。……君子无故玉不去身，君子于玉比德焉。天子佩白玉而玄组绶，公侯佩山玄玉而朱组绶，大夫佩水苍玉而纯组绶，世子佩瑜玉而綦组绶，士佩瓀玫而缊组绶。孔子佩象环五寸而綦组绶。[④]

① 刘云辉编著：《陕西出土东周玉器》，文物出版社，2006年，第43页。
② 蔡庆良、孙秉君：《芮国金玉选粹——陕西韩城春秋宝藏》，三秦出版社，2007年，第144—145页。
③ 章鸿钊：《石雅》，百花文艺出版社，2010年，第31页。
④ 阮元编：《十三经注疏》，中华书局，1980年，第1482页。

图 13-15　明代青白玉雕凤钮牺尊
（摄于上海博物馆）

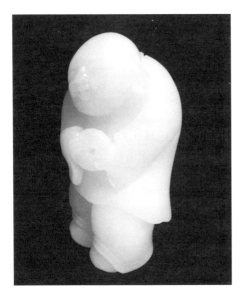

图 13-16　清乾隆工白玉雕招财童子
（私人藏品）

正义曰："'玉有山玄、水苍者，视之文色所似也'者，玉色似山之玄而杂有文，似水之苍而杂有文，故云'文色所似'。但尊者玉色纯，公侯以下，玉色渐杂，而世子及士唯论玉质，不明玉色，则玉色不定也。瑜是玉之美者，故世子佩之。承上天子、诸侯，则世子，天子、诸侯之子也。然诸侯之世子虽佩瑜玉，亦应降杀天子世子也。璵玫，石次玉者，贱，故士佩之。"[1]这一段文字充分说明植根于玉教信仰的官方礼仪教义方面的细节情况，使得华夏最高统治者天子与白玉之间的匹配关系得到很好的诠释。白玉自东周时期显出无与伦比的价值，经过历代天子的御用过程，在2 000多年的王朝历史上始终保持着其崇高地位（图13-15、图13-16）。

<hr />

① 阮元编：《十三经注疏》，中华书局，1980年，第1483页。

| 第十四章 |

从玉教到佛教

——本土信仰与外来信仰的置换

本章摘要

　　本章从世界体系的视角考察伴随各大文明起源的信仰和圣物体系，对照揭示西亚黑曜石崇拜与东亚玉石崇拜的特点，说明文明发生的必要条件是宗教信仰和神话观念，而不是理性与哲学。宗教信仰的人类普遍性与信仰内容（一神、多神、拜物教、人格神）和形式（偶像，禁绝偶像）的文化差异性，成为认识每一个文明特质的关键。玉石崇拜在东亚绵延数千年的偶像崇拜传统，成为后来成功接引佛教东传的内在引力。而以禁绝偶像崇拜为特色的犹太教、基督教和伊斯兰教统治下的西亚及后世的中亚地区，则有效阻挡着佛教的西向传播，使得这个产生于南亚的宗教只能向东传播。

第一节　文明发生期的信仰与圣物

　　为什么世界古老文明最早的一些伟大建筑都是出于宗教信仰目的而建造的？如5 300年前世界最早的城邦即苏美尔城邦围绕着神庙和祭台而形成；5 000年前古埃及文明的标志性建筑为法老王陵与大金字塔。文明起源的观念原因可以依据早期文明发生时留下的宗教礼制建筑和圣物，得到可以辨识和释读的符号线索。换言之，若要追问是什么动机导致这些宗教建筑的修造，其答案一定关系到拉动文明起源的观念因素。

　　早期文明所崇拜的对象是什么？所信奉的神圣物质又是什么？其所想象的人死后去向是怎样的？这一系列问题背后，都指向一个现成的信息库，那就是讲述神灵崇拜和英雄王者受命于天的传奇故事——神话。根据现代以来的研究经验，每一个文明都伴随着自己信奉的神话体系而走来。神话最充分地保留着上古时代的信仰观念，有些观念甚至可以追溯到文明以前很久远的年代。华夏文明形成过程中对玉石的神圣化和神话化便是如此。[①]华夏文明中也有一些"高大上"的宗教建筑，如遍布南北方的佛教石窟和佛像，但是从佛教发生时间和地点看，它既不属于本土宗教信仰，也不诞生在文明孕育的初始期。这样看，要把握华夏文明与生俱来的信仰，就不能诉诸"高大上"的佛教遗物，只能诉诸深埋于地下的小而精的玉礼器系统。

　　探讨华夏文明的宗教信仰历史，值得从学术上阐明的原理有两个方面。

　　其一，玉石神话信仰（玉教）如何催生出玉礼器这样特殊的圣物体系，并使之持续传承和变化，构成华夏文明特有的文化景观，并且至今仍以世俗化的玉器生产构成中国经济生活（包括整个港澳台地区和华人世界）中独有的一道风景？

　　其二，玉石神话信仰及其物质化的体系如何作为圣像原型，有效接引着外来的佛教及其圣像系统，并最终被佛像体系所置换和取代？玉教信仰自身的偶像崇拜传统又是怎样开辟出一道西玉东输的玉石资源运输大通道，并由此发挥出文化接引作用，奠定后来的丝绸之路和佛教石窟寺进入中原国家的传播路线？

　　在探究以上两大问题的基础上，还可以进一步深思：如何在世界体系的宏观视野上有效评估以上举世罕见的文化传播现象及其对中国文化传统的再造作用？

　　通过上溯中国的宗教与神话源头到比汉字更早的年代，我们追随着研究对象的前移——从神话叙事到神话文物，研究视野自然而然地进入史前世界，进而提出一种重新界定的文化大、小传统理论，希望借助于考古学提供的新材料重建新的知识观和文化观。新知识观的最大特点是超长时段的历史认识深度——至少要比过去依赖书写文献而建立的旧知识观深远一倍以上，

[①]　叶舒宪：《东亚玉文化的发生与玉器时代的分期》，《河南社会科学》2014年第4期。

即从两三千年拓展到五六千年。风物常宜放眼量，从史前大传统到文字书写的小传统，这种发生学的超长时段透视，有助于我们认识文明由来的奥秘，并进而认识本土信仰逐渐被外来信仰置换的奥秘。简言之，就是从玉教大传统视角反观佛教小传统的由来和所以然。

以上所说的大传统的神话文物，指的是承载着某种信仰观念的特殊人工制品，一般为社会中的少数成员所拥有和使用。就中国史前考古已经揭示出的实物而言，在商代文明以前的约2 000年中，可梳理出的玉神话文物谱大致如下。

红山文化留下的高等级器物：玉筒形器（又称"玉马蹄形器"）（图14-1）；C形玉龙；玦形玉龙；玉匕形器；"勾云形玉器"，疑似玉凤鸟（一说为天鹅）（图14-2）；龙凤合体玉佩；玉立人像等。

图14-1　辽宁建平牛河梁出土的红山文化玉筒形器

（2012年摄于北京艺术博物馆红山文化玉器精品展）

图14-2　辽宁建平牛河梁出土的红山文化玉凤

（2012年摄于北京艺术博物馆红山文化玉器精品展）

大汶口文化留下的高等级器物：玉璇玑、鸟形陶盉、骨牙雕筒器、獐牙勾形器；龟甲器等。

凌家滩文化留下的高等级器物：八角星纹双兽首羽翼鹰身玉雕像、内置玉签的玉筒形器、上下龟形玉板夹持八角星纹玉版、玉璜和兽首形玉璜、玉立人像等。

良渚文化留下的高等级器物：以玉璧、玉琮和三尖冠饰为主的礼器体系，特别是精雕细刻着神人兽面纹等的玉礼器。

山东龙山文化留下的高等级器物：白陶器、蛋壳陶器、玉璋、玉璇玑、带神人兽面纹饰的玉圭等。

石家河文化留下的高等级器物：玉虎头像、玉人头像、玉喇叭形器、兽面纹玉柄形器、怀抱大鱼的陶人坐像等。

图14-3　陕西神木石峁遗址采集的玉人头像，
距今约4 000年

（摄于陕西历史博物馆）

齐家文化、石峁文化、陶寺文化留下的高等级典型器物：玉璇玑、玉琮、玉璋、三联璜形制的可分合的玉璧、不规则的四联璜或五联璜形制的玉璧、成对的玉手握、多孔大玉刀、玉人头像（图14-3）、铜齿轮形器等。

二里头文化留下的高等级器物：玉璧戚、大玉璋、玉柄形器、白陶斗笠形器、镶嵌绿松石铜牌、绿松石龙蛇形器、青铜铃等。

凡此种种，五花八门。此类神话文物的文化含义和实际功用如何，迄今大都还是哑谜，尚未得到权威的公认解读。就连它们的一些命名也都是今人在不明所以然的情况下姑且冠之的称呼。不过有一点毋庸置疑，即它们没有一件属于日常生活用品，它们都是承载着史前宗教信念的特殊器物，是法器或神器，其神话价值一点也不会逊色于后世的佛像、天王像和观音像之类。只是其信仰的细节内容到文明时期后就逐渐湮没乃至失传殆尽了。这样的现状，不正预示着对华夏文明信仰之根的探索和突破方向吗？

如今研究文字记录的小传统中的外来信仰——佛教，早已形成国际性的显学，而研究大传统的本土信仰即玉教及其神话，才刚刚正式揭开序幕。就此而言，本土信仰之根的再发现和再认识，将给中国文化的整体认识带来重要变化。简言之，可以通过重新确认信仰的原型，去考察其置换变形的过程，把佛教信仰的输入看成华夏信仰自身变化的产物。

中国史前神话文物谱的重现天日，有一个突出的特色在于，除了各地有少量精致陶器、铜器和骨器类型以外，较为普遍出现的圣物唯有玉礼器。因此，特别需要探究的问题也就随之凸显而出：是什么因素催生玉器的生产和使用？

针对这个核心问题的探讨，目前已经得出的初步结论是：每一种玉礼器的背后都有一种神话观念在发挥支配作用。[①]现在有较成熟的解读成果的玉礼器为：玉琮、玉璜、玉璧、玉玦、玉柄形器、玉龙、玉鸮、玉蚕、玉兔、勾云形玉佩等。而上述神话文物谱中的另外数十项，还基本上处在无解状态。眼下亟须协作攻坚的新学科是：认知考古学、民族考古学和神话学、宗教学。基于这些学科交叉的新知识观及其方法论，则按照文学人类学一派的称谓，叫作"四重证据法"。

值得引以为参照的是，国际考古学界和人类学界考察西亚地区文明发生的渊源，也聚焦到一种特殊的玉石崇拜现象——黑曜石崇拜。黑曜石被神化的过程大大早于世界上所有其他种类的玉石和宝石，而且早在10 000年前起就开始拉动史前人类的远程贸易交换行为。在那个时期，东亚的玉文化尚处在孕育的前夜，或者可以说尚未正式登场。从黑曜石的圣化扩展到青金石和金属矿石的圣化，仅用了数千年时间，就把人类带入最早的两大文明古国阶段——苏美尔和埃及。这就意味着，研究西亚和北非古文明起源的视野，因为抛开文献束缚而进入承载宗教信仰和神话观念的文物与矿物，所以聚焦点放在从距今10 000年到距今5 000年这一时期。没有对特殊石头的关注就没有金属矿石的开采活动，这是人类有史以来认识文明的空前深远的研究视野。

在土耳其发掘出土的人工开采的黑曜石原料与加工制成的黑曜石工具、饰物等，都属于实物。而拉动黑曜石开发和使用的人类动机，则与宗教和信仰相关。所以目前聚焦在土耳其的万年城镇古遗址卡托·胡玉克的研究者们，从原来的考古学一科，发展到如今的宗教学、神话学与考古学、艺术史的多学科对话交流。

---

① 叶舒宪：《神话观念决定论刍议》，《百色学院学报》2014年第5期。

2003年在保加利亚出版的《人性化的矿物世界：从社会与象征的观点看东南欧洲的史前技术》一书，[①]仅从书名就不难看出一种新的跨学科研究倾向的形成，即：物质文化史和精神史、宗教与神话史的视界融合现象。书中由博班·特里科维克（Boban Tripkovivc）撰写的论文《新石器时代欧洲的品质观与价值观：有关黑曜石制品的另类观点》，[②]提出黑曜石生产的宗教化神话化层面问题，富有启示性。黑曜石是先于一切金属物而最早被人类神话化的物质，其对人类走出石器时代的精神先导作用不容低估。中国吉林省近年也发现旧石器时代后期的黑曜石开采和工具制造中心的遗迹，从黑曜石到绿松石、玉石的持续性神话建构过程的研究指日可期。

亚洲西端地区迄今考古发现的最早的史前城镇遗址叫卡托·胡玉克（Catalhöyük，又译"加泰土丘"），该市镇始建于距今9 000多年前的土耳其中部。这个年代，距离世界最早的苏美尔文明的出现还有4 000多年。那样早的时期会有宗教吗？发掘资料表明，史前时代所有人都是神鬼世界的虔诚信仰者，所不同的是信仰程度和信仰内容。那时候无神论思想还没有产生，神话思维决定性地支配着当时人的文化创造和行为。斯坦福大学人类学系教授伊安·霍德尔（Ian Hodder）编写的《文明萌生期的宗教：以卡托胡玉克为研究个案》一书，针对9 000年前聚落遗址卡托·胡玉克的文物分析，尤其是对宗教象征物的分析，重建了当时社会群体的仪式行为和神话信仰，并认为这是作为"通向文明起源的关键第一步"。[③]此种具有国际前沿性的研究表明，探索地球上最早的文明发生，不能只关注文明国家，还需要深度考察文明出现之前的数千年文化演进过程。这正是我们重新定义的大传统的新知识范围。伊安·霍德尔强调指出，卡托·胡玉克聚落遗址提供的史前社会案例之所以受到国际上考古学以外的学者，如人类学、宗教学及神学研究者

---

① Tsonev, Tsoni, and Emmanuela Montagnari Kokelj, ed., *The Humanized Mineral World: Towards Social and Symbolic Evaluation of Prehistoric Technologies in South Eastern Europe,* Liege-Sofia, 2003.

② Tripkovivc, Boban, "The Quality and Value in Neolithic Europe: An Alternative View on Obsidian Artifacts", in Tsonev, Tsoni, and Emmanuela Montagnari Kokelj, eds. , *The Humanized Mineral World: Towards Social and Symbolic Evaluation of Prehistoric Technologies in South Eastern Europe,* Liege-Sofia, 2003, pp.119–124.

③ Hodder, Ian, ed., *Religion in the Emergence of Civilization: Catalhöyük as Cace Study*, New York: Cambridge University Press, 2010, p.2.

的关注和讨论，就是因为能够通过交叉科学的视野，在多种因素中寻找驱动文明发生的主导力量。这部书汇集了多学科研究者的智慧，旨在从个案分析中透视文明起源期的三个观念要素：精神与物质是如何整合的；信念在宗教中起什么作用；宗教的认知基础及其社会作用如何。①这部文集中第6篇论文是毛瑞斯·布洛克写的《卡托·胡玉克存在宗教吗，或者那里只有些房子？》。②从这个题目就可看出问题潜在的争议性。关键看如何界定宗教，又如何从史前遗迹和遗物中发现宗教的准宗教行为迹象。

该文集中第4篇论文是范·胡斯廷写的《编码不可见之存在：认知的界限与理解卡托·胡玉克的象征行为》，③作者倡导一种超越现有学科划分的融合视界，即神学的观点与史前人类学和考古学的观点的交叉融合。在文章开篇，范·胡斯廷就指出一种新近出现的奇特现象，即某些神学的和宗教学的专业人士开始关注中东地区的新石器文化。

> 在我最近的著作中曾讨论神学与石器时代人类、考古学之间可能发生的跨学科联系，我提出，如果我们能够从不同的学科话语中找出线索，并将其编织成一种形成中的超学科的研究范式，那就会产生出"神学与科学"之间的对话效果。我还提出由于以往的"神学与科学"对话大大忽略了史前人类学和考古学的重要性，因而难以理解人类的起源和人类的普遍本性。虽然不免有重复之嫌，我还是要在此从哲学意义上强调，在后本质主义的神学研究方法与当今的史前人类学、考古学的某些重要观点之间，实际存在着显著的方法论上的联系。正是出于此种考虑，这些学科，特别是史前人类学和考古学，通过聚焦于人类起源与现代人类行为，可以用令人兴奋的方式转向与神学研究的交叉，并借此为神学理解带来重新定向：这将意味着回到人类的史前文化语境，尝试去把握我们的人类本性的关键要素。④

---

① Hodder, Ian, ed., *Religion in the Emergence of Civilization: Catalhöyük as Cace Study*, New York: Cambridge University Press, 2010, p.27.
② Ibid., pp.146–162.
③ Ibid., pp.99–121.
④ Ibid., p.99.

针对这样的学术变化，范·胡斯廷指出：

> 我确信对于任何认识中东地区新石器文化的尝试，西部欧洲的旧石器时代后期文化都能够提供一个起码的和有价值的开端，这将有助于理解中东的新石器文化中的象征行为，尤其是卡托·胡玉克文化。在此，如同在法国西部的黑暗洞穴之中，我们不得不发问：如果对史前的意象提出"意义"的问题，是否恰当？还有更具挑战性的问题：是何种因素导致卡托·胡玉克的人工制品、壁画、雕像、牛头形装饰和居室葬对当时居民来说是有重要意义的？在卡托·胡玉克的大量绘画、雕塑和用公牛、猛禽及猎豹形象所点缀的墓葬中，有证据表明：由狩猎采集到农耕的经济生活变化与宗教的意识密切联系。[①]

既然西亚 9 000 年前的文物与图像可以考辨出宗教意识、信仰观念，那么东亚 5 000 年前或 4 000 年前的文物和图像，难道只能看作美术史或工艺技术史研究的材料吗？

引入符号编码的意义阐释这一视角，将有助于把问题引向深入。范·胡斯廷认为，试图从史前人类学和考古学的观点去理解人类特性，将不可避免地揭示出象征能力的主宰性影响，人类就是通过符号来创造出意义的世界。显而易见的是，人类的文化行为不仅与非遗传行为的传送相关，而且还与对思想、感觉、非经验的和不可见的事物、时间及地点的编码密切相关。[②]从大传统视野看去，文字是人类较晚的编码形式，全球范围内的文字记载率先出现在约 5 000 年前，我国的甲骨文则出现在 3 000 多年前，因此，必须诉诸比文字符号更早出现的编码形式：图像符号和某些特别的物质。而从旧石器时代末期开始的图像符号激增现象，一定有着史前宗教观念繁荣为其动力要素。而新石器时代以来某些特殊石头被神话化，因而被赋予非同寻常的价值。人类社会从原始平等状态到阶级分化状态的转变原因，便与此类被特别

---

① Hodder, Ian, ed., *Religion in the Emergence of Civilization: Catalhöyük as Cace Study*, New York: Cambridge University Press, 2010, p.100.
② Ibid., pp.105-106.

筛选出来的石头有关。伦弗瑞（Colin Renfrew）指出：

> 当一些物质以及随后以这些物质制成的人造器物被视为有内在本质的价值时，有些非常特别的现象也会跟着出现。这似乎同时发生在欧洲与西亚地区的新石器时代初期。然而，不久之后，即导致不平等的现象。①

范·胡斯廷特别提到伴随着整个旧石器时代末期和新石器时代而来的那种人类的道德自觉和对神圣的感知，必然加深人类对不可见的事物的符号编码能力。人类史前时期普遍存在的萨满教实践，使得如今的考古学家常常借用萨满教的观点来解说被发掘出的文物和图像。"这种通过抽象或象征对不可见的事物进行编码的活动，也使得我们的早期人类先祖们用抽象的方式建构信仰，并维持其信仰。实际上，上帝的观念本身就必然出自于对'人'的一种抽象式构想。这就充分表明，人类的精神生活中包含着在生理上无法预知的那种对世界的经验方式和理解方式，从审美的经验到灵性的冥想经验。"②冥想经验属于宗教体验，审美经验则是非宗教体验，9 000年前二者能否直接区分开来，似乎还是个问题。以卡托·胡玉克遗址发现的最早玉石黑曜石生产为例，究竟是审美因素还是信仰因素拉动黑曜石生产呢？在当地市镇房屋下面，黑曜石作为隐藏物或藏匿的财宝埋于地面之下。细心的考古学家注意到，遗址的地层关系表明，黑曜石财宝被周期性地埋藏于地下，又周期性地被发掘。考古学家卡特还发现一点：可以区分被周期性埋藏和发掘的黑曜石财宝，与随葬于死者墓中的一次性使用的黑曜石冥器。③在该遗址的后期，这种埋藏黑曜石财宝的行为停止了，黑曜石更多地和新的专业性技术联系在一起。④这种情况与玉器在华夏文化中的应用场合十分相似，有生前使用的仪仗礼器和人体佩饰器，也有专门加工出来一次性使用的礼器或冥

① ［英］伦弗瑞：《史前：文明记忆拼图》，张明玲译，（台北）猫头鹰出版社，2009年，第184页。
② Hodder, Ian., ed., *Religion in the Emergence of Civilization: Catalhöyük as Cace Study*, New York: Cambridge University Press, 2010, p.27.
③ Ibid., p.104.
④ Ibid., p.138.

器，如春秋时代的"侯马盟书"所用玉板，都是一次性制作打磨并刻字后，仪式性地埋入地下。而大量的玉殓葬用玉器，从史前的玉筒形器（一般单个使用）、大玉琮（一般多个成套使用）和玉柄形器（有单个使用的，也有成套使用的），到西周的玉覆面，再到西汉的金缕玉衣等等，都是生前并不使用，而专用于死后的葬礼上和墓穴中。

相比之下，探索中华文明的本土宗教信仰之根，不仅有史前持续不断的几千年积淀的玉文化大量实物，还有文字小传统初始期留下的有关宗教信仰和仪礼生活的记录，即有书面线索的记录，可以同史前无文字时代的宗教符号物对接。如《国语·楚语》中有关"玉帛为二精"的言论记录，《越绝书》中有关"玉亦神物"的判断，老子《道德经》有关圣人"怀玉"的说法，都提示着中国宗教史、神话史研究的非常重要的初始线索，使得复原玉教神圣信仰的关键内容成为可能。从大小传统的接榫情况看，以上文献记录的所有言论都不是个人性的思想发明，而是因袭玉文化的数千年传承和传教过程的结果。这样，文献记录的时间虽然仅有2 000多年，其信仰和观念的溯源却可以不依赖文献而依赖玉礼器实物，上溯到三四千年以上的无文字时代。

由于玉教观念发生得很早，所以它不可能在类似神庙的地方，按照书本知识的方式（圣经）传播，它是在东亚地区无数的史前祭坛和墓葬仪式上世代相传下来的，仪式传承和口耳传承是其主要传承方式。后人说出玉为"精"或玉为"神"之类的话，就是其最普遍流传的教义在文字时代的遗留。这就是大、小传统贯通性研究所带来的认知优势。比起9 000年前土耳其遗址缺乏相应的文献知识加以对照和对接的状态，中国的当代玉文化研究群体肯定是更加幸运的，文明与史前的打通式研究，给四重证据法的证据间性探讨带来极大的发展空间。①

一、文明不是伴随理性和哲学而来

20世纪最著名的历史哲学家汤因比，为总结人类文明兴衰存亡的规律和

---

① 叶舒宪：《论四重证据法的证据间性——以西汉窦氏墓玉组佩神话图像解读为例》，《陕西师范大学学报（哲学社会科学版）》2014年第5期；《再论四重证据法的证据间性——从巢湖汉墓玉环天熊图看楚族熊图腾》，《社会科学战线》2015年第4期。

教训，在世界历史上总共概括出21个文明（社会），并对这21个文明作出横向比较考察，其结论凸显在其13卷巨著《历史研究》中册末页的一张列表（附表五）中。[①]该列表横向共列10个栏目，最后3个栏目分别是哲学、宗教和宗教灵感的来源。在哲学一栏中，21个文明有10个空白，即没有哲学，在11个似乎有哲学的文明中，又有4个被合并处理，即美洲的玛雅文明、尤卡坦文明、墨西哥文明和西亚的赫梯文明。汤因比并没有具体说明他们各自拥有什么哲学，实际上也是看不到其体系性的哲学。这样看，剩下有哲学的文明是7个，其中巴比伦文明的哲学一栏填写的是"占星学"，严格地说这也不是哲学，大多数文明都有自己的占星术，没有理由把多数文明的占星术忽略不计，唯独把巴比伦文明的占星术看成哲学。[②]于是，21个文明中还剩下6个文明是明确拥有哲学的，其中埃及文明的哲学栏填写的是"阿顿教"，用括号注明"流产"；安第斯的印加文明在哲学栏填写的是"白须海神教"，也用括号注明"流产"；叙利亚文明的哲学一栏中填写的是"无限教"，也用括号注明"流产"。这样看，在有史以来的21个文明中拥有没有流产的哲学者，只剩下了3个文明。

　　换言之，汤因比认为有哲学传统留存下来的（即没有流产的）文明，全世界唯有3个。按照表格排列的顺序，它们是：

　　（1）古代中国，其哲学是墨家、道家、儒家；

　　（2）古代印度，其哲学是小乘佛教、耆那教；

　　（3）古代希腊，其哲学是柏拉图学派、斯多葛学派、伊壁鸠鲁学派、皮洛士学派。

　　今天的学界在中国有无哲学这个问题上分成截然对立的两派。其中一派认为中国只有思想而无哲学（以法兰西当代哲学家于连为代表），特别是没有西方形而上学意义的哲学体系。如果认可这类观点，世界上真正发生过哲学的古文明就只剩下两个，而且都是属于印欧语系的民族国家，即印度和希腊。

---

① ［英］阿诺德·汤因比：《历史研究》中册，曹未风等译，上海人民出版社，1966年，第417页。

② 占星术来自更古老的天文神话，其发生范围包括旧大陆和新大陆所有人类居住地区，发生时间则在新石器时代，并非文明的产物。参看考古学的分支新学科"天文考古学"的成果结集：Foundtain, Jhon W., and Rolf M. Sinclair, eds., *Current Studies in Archaeoastonomy*, Durham: Carolina Academic Press, 2005。

这或许意味着哲学的出现与抽象化程度高的印欧表音文字系统有关。语言文字与思维方式之间的互动和相互塑造，是晚近的新学科——认知人类学——致力探讨的方向。从世界各文明古国的情况看，若是唯有印度和希腊发展出哲学，而多数文明则没有哲学，那么哲学和理性就都不能算作文明发生的必要条件。研究文明起源，需要较多关注的不是哲学和科学，而是神话观念与信仰，因为它们的出现要大大早于哲学和理性。精准和细致地辨识出不同的信仰和神话观，在很大程度上能够解释不同文明的风貌和差异所在。就连理解为什么少数文明能够催生出哲学和科学的过程本身，也需要检视从神话思维到理念思维的演进，即从"秘所思"（mythos）到"逻各斯"（logos）的演变。

二、文明一定伴随宗教信仰而来

在汤因比所示范填写的世界各文明比较的表格里，宗教一栏21个文明中有5个空白，即没有填写内容。这或许是出于疏忽，或许是因为不言自明。如果我们对这5个空白一一补足的话，那就是：

（1）安第斯的印加文明，那是以人祭为特色的多神教信仰；

（2）米诺斯文明，宙斯为主的多神教信仰，有活人献祭的残酷仪式；

（3）伊朗的波斯文明，祆教即拜火教；

（4）阿拉伯文明，一神教的伊斯兰教；

（5）西方文明，一神教的基督教。

可以看出，每一个文明的产生都离不开宗教，却可以离开哲学。哲学与理性不是文明产生的必要条件，而宗教信仰才是文明的必要条件。如此的推论意味着，研究文明起源必须关注催生文明的宗教信仰因素。而具体的研究途径有精神的、物质的，以及精神与物质互动的。思想史和观念史视角偏重精神方面的材料，考古学与艺术史视角则偏重物质方面的材料。更具有创新前景的研究范式在于，整合思想史与考古学的思路，尽可能从精神和物质互动方面考察，重建早已经湮没在历史尘埃中的、具有国教性质的原初信仰、仪式和观念。进而通过找出国教性质的信仰和观念，梳理在其观念支配下特定文化文本的原型编码及再编码过程。

根据英国考古学理论家伦弗瑞的观点，过去的考古学专注于物质，如今的考古学则开始强调人类与环境之间的物质交会过程及其变化原因。

> 考古学理论目前的趋势，以及对物质化概念的讨论，同样地也强调物质文化在社会结构与宗教思想发展里的积极角色。
>
> 因为宗教涉及的不只是世界观的形成，在大部分的例子里，还加上超自然的概念。除此之外，它也涉及仪典习俗，包括常常在特殊的建筑物（神殿／寺庙）里举行的祭仪，特定的象征器物（如酒器与灯具）、宴会及祭酒用的特殊物质，以及对圣像的敬畏。所有这些习俗都涉及完整定义且特别选取的有形事物。在许多早期社会，这种有形图像具有非凡的力量：它们本身神圣或禁忌的特质有助于信念的永存与增长，许多重要的仪式及最庄严的圣歌吟唱具有亘古不变的特质，也是同样的道理。[①]

从史前大传统的信仰到文明小传统的信仰，考察其间的继承和演变的内容及形式如何，就成为文明探源视角的具体的、可操作的研究方向。落实到中国文明发生的语境，上文已经作出提示，华夏在进入文明之前的神话文物谱，其核心对象是特殊的物质玉石制成的玉礼器；其宗教信仰的观念基础可称为玉石神话，或可视之为一种史前的拜物教，简称"玉教"。

玉石能够成为崇拜对象，这要归功于文化的符号功能，是符号功能将神圣化的意义和价值赋予物质本身。"如同许多当代的进化认识论学者和史前人类学学者们那样，迪孔（Terrence Deacon）这样的神经学家也能够得出结论说，人类种属所特有的象征性能力足以诠释：为什么神秘的和宗教的取向实际上已经被视为人类文化基本的普遍特性。如同我们已经看到的那样，事实上还没有哪一个文化不是富有神话的、神秘的和宗教的传统。"[②]迪孔作出这样的论断，显然带有强烈的排他性。换言之，人类有史以来形成的不同文化群体数以千计，其中有文字书写系统的不足十分之一，有哲学体系和形而上思

---

① ［英］伦弗瑞：《史前：文明记忆拼图》，张明玲译，（台北）猫头鹰出版社，2009年，第143—144页。

② Hodder, Ian, ed., *Religion in the Emergence of Civilization: Catalhöyük as Cace Study*, New York: Cambridge University Press, 2010, p.106.

维传统的不到百分之一，而拥有神话思维和圣物系统的比例却是百分之百！

要追问这种符号化过程是如何发生的，则需要诉诸初民的神话想象。研究宝石的人类学家昆兹认为，某些具有美丽外观的石头种类被初民们的想象力魔法化了，从而承载着超自然的灵力、法力，具有保佑和辟邪的功效。[①]玉石和宝石佩饰的礼俗由此而起。范·胡斯廷引用大卫·里维斯-威廉斯有关人类史前世界观研究的观点，将神经心理学家和脑科学研究者有关人类变换意识状态的能力（指萨满教的"出神"状态，引者注）的理论，应用到对史前宗教的考察中。他认为此类研究为我们今日所能够了解到的旧石器时代后期居住在欧洲西部的人类群体的精神生活和宗教生活，提供了主要的研究角度。[②]

有关旧石器时代后期的艺术和宗教，里维斯-威廉斯认为一个多世纪以来的研究已经为我们积累下足够的资料数据，目前最需要的不是更多的资料，而是一种激进的反思，即对我们已经知道的东西进行充分的再思考。在里维斯-威廉斯最新的著作《走进新石器时代的心灵》中，他对新石器时代的研究也提出类似的观点，尤其是对卡托·胡玉克遗址的研究。[③]

里维斯-威廉斯之所以把约发生在距今10 000年至5 000年间的新石器时代看成人类进化史上最重要的一次大转折期，因为从这一时期开始，农业成为人类的一种生活方式，人们在驯化植物和动物的同时，也开始发展出一种复杂的信仰系统，其主要的关注点是死亡。[④]

范·胡斯廷还认为，在史前文化研究中应该留意的一点是，研究者需要尽量避免用当代人的观点来看待研究对象：不应该轻易地去区分自然与超自然、物质与精神。这是现代学者的哲学训练所导致的惯常性区分，这样的思考习惯在9 000年以前并不存在，或并不明显。"卡托·胡玉克复杂的物质文

[①] Kunz, George Frederick, *The Magic of Jewels and Charms*, New York: Dover, 1997, p.279.

[②] Hodder, Ian, ed., *Religion in the Emergence of Civilization: Catalhöyük as Cace Study*, New York: Cambridge University Press, 2010, p.106.

[③] Ibid., p.107.

[④] Lewis-Williams, David, and David Pearce, *Inside the Neolithic Mind*, London: Thames and Hudson, 2005, p.17.

化显然需要一种更为整体性的观照视角。从这样的视角看去，看到的就不光是少数的艺术性对象和人工制品，而是包括日常的物质生活本身（房屋和其他建筑），它们一定也深深地关联着当时居民的精神。这就意味着，考古学家只有通过当时人留下的物质遗产才能有效地认识精神的和宗教的生活。图像、雕塑和其他人工制品不一定总是象征性的，也可能指向日常的生活空间。"①对9 000年前发生在西亚地区的黑曜石神圣化现象的宗教学认识，非常有助于对8 000年前发生在东亚的玉石神圣化现象的理解和解释，尤其是为玉教信仰萌生之后数千年间在整个东亚地区的文化传播历程的理论解说带来启示。

第二节　神话观念决定文明信仰的差异

宗教信仰的人类普遍性与信仰内容（一神教还是多神教，拜物教还是人格神，偶像崇拜还是禁绝偶像崇拜，等等）及表现形式（象征符号）的文化差异性，成为我们认识每一个文明特殊性的关键所在。

科学和理性是文明发展的结果，不是文明产生的原因，不能作为文明的必要条件，而宗教信仰和神话观念才是文明发生的必要条件。因此之故，汤因比在《历史研究》第二部"文明的起源"第五章"挑战和应战"的两个小节标题上，都使用"神话"一词作为标示：（1）神话提供的线索；（2）用神话来解决问题。②一位以严谨和高瞻远瞩而著称的西方历史哲学家，居然在解释世界历史上的文明起源难题时搬出非理性的"神话"来应对，这是足以引起当今的文史研究者特别留意之处。

时间到了21世纪，考古学理论家崔格尔将文明比较的视野集中到世界几个主要的古老文明，而不考虑后代的派生型文明，比较的内容则深入而具体。崔格尔从五大洲的众多文明中所归纳出的文化统一性要素，就是宗教信仰的普遍存在。对此，他在《理解早期文明》一书第26章有如下说明：

---

① Hodder, Ian, ed., *Religion in the Emergence of Civilization: Catalhöyük as Cace Study*, New York: Cambridge University Press, 2010, p.117.

② ［英］阿诺德·汤因比：《历史研究》上册，曹未风等译，上海人民出版社，1966年，第74、83页。

宗　　教

　　在大量的特质性概念之外，宗教信仰表现出显著的跨文化统一性。宗教信仰在所有人类社会的出现都与泛人类的认知能力有关，这可能是在生物进化过程中通过自然选择产生的。

　　随着人类个人对自然和社会领域中面临的险境的意识加强，他们缓解精神压力的方式是提出一种与人类控制无异的超自然力量的普遍控制，并认为这种控制有可能被说服来保护他们。宗教信仰试图解释宇宙的起源和本质，驱动宇宙的力量、人类的起源和本质和每个人在死后的命运，以及人类可以按照有利于自身的范式规范与超自然界的关系。特定的早期文明的信仰都可以通过特定文化的居民回答宇宙的本质以及他们与宇宙的关系的问题表达出来。①

　　既然所有文明的产生都离不开宗教信仰的条件，要寻找不同文明之间的差异性，诉诸各个文明不同的神话观念体系，就成为顺理成章的首要任务。这也说明了为什么在中华文明探源研究中，必须要及时地引入宗教学与神话学的视角。②

　　柏拉图曾在《米诺斯》一书中讨论法律的起源，其结论同样离不开宗教神话。柏拉图认为，用活人献祭的行为具有野蛮性，这样的礼俗难免保留在早期文明中。中美洲墨西哥的阿兹特克文明就盛行人祭，希腊人的高明处在于主动提出扬弃人祭。这个弃旧图新的过程及其张力就充分体现在米诺斯王的神话中。这位克里特文明的统治者留给后世西方文明的形象是两个面孔：一个正面形象和一个反面形象，一个虔诚的祭神者和一个暴虐的统治者。反面形象的米诺斯王和维护人祭旧礼俗联系在一起。苏格拉底出面为米诺斯平反，要恢复其虔诚信仰者的形象。中国文明发生之际也同样伴随着人祭和人殉制度。早在5 000年前的大汶口文化中就出现男性墓主脚下殉葬两个少年和一只狗的现象。③4 300年前的陕西神木石峁古城下新

---

① ［加拿大］布鲁斯·崔格尔：《理解早期文明——比较研究》，徐坚译，北京大学出版社，2014年，第452页。
② 参看叶舒宪：《中华文明探源的神话学研究》，社会科学文献出版社，2015年，第117—125页。
③ ［日］宫本一夫：《从神话到历史：神话时代·夏王朝》，吴菲译，广西师范大学出版社，2014年，第139页。

发现的奠基坑，每坑内用24个女性人头作
为牺牲品的现象，[1]震惊中外（图14-4）。
商代遗址中更有大量的人祭和人殉现象。
中国玉文化的存在，部分替代性地满足了
信仰的需要，推动祭祀礼仪走向文明化方
向。以至于孔子不禁发问："礼云礼云，玉
帛云乎哉？"从孔子的问句中也不难看出，
似乎凡是古礼活动的场合都要出现玉和帛
这两种圣物。

　　古代礼制发展背后潜在的神圣化物质
需求，在何种程度上成为推动华夏文明国
家生长的要素？玉和帛又在何种程度上成
为野蛮的人祭习俗的替代物？这是两个相
互依存的问题，有待于依据大数据的资料
整合作进一步阐明。

**图14-4　陕西神木石峁城墙下奠基
坑中的24个女性人头**
（2013年摄于考古工地）

　　据《逸周书》和《史记》的记载，商代的末代统治者纣王临终之际，取
用宫中珍藏的宝玉缠身后自焚，而并没有拉几个奴隶作为殉葬人。商纣王的
行为遵循的是玉教信仰的召唤，以玉通神通天，实现死后灵魂的超度和升天。
所以，纣王的行为是典型的神话观念驱动的宗教行为。后代人因为无法理解
或难以设身处地从信仰角度去体会，这种行为反倒成了纣王穷奢极欲的表现。
中国没有一位像苏格拉底那样的哲人出面，为纣王平反和辩护，让他恢复虔
诚的玉教信仰者形象，所以，纣王留给华夏历史的形象只能反映在西周统治
者的一面之词里！换言之，商朝的末代统治者形象，只有通过取代商朝统治
的周人的话语才能看到，那当然只是一个荒淫残暴的纯粹反面形象，否则的
话，周人如何能够证明他们推翻商纣王的统治是合法的或是顺应天命呢？
《逸周书》在讲述纣王之死时，不忘记下他缠身所用的玉器的种类和差别，这
多少保留了纣王作为玉教虔诚信仰者的一面，可惜的是后人较少留意到这一

[1]　孙周勇、邵晶：《石峁遗址的考古新发现及有关石峁玉器的几个问题》，见叶舒宪、古方主编：
　　《玉成中国——玉石之路与玉兵文化探源》，中华书局，2015年，第60—61页。

点或视而不见，信仰者的虔诚行为得不到理解，反而成了他的罪恶之证。

如今，比纣王足足要早2000年的玉殓葬现象被中国考古界一一发现，今人终于可以看明白，所谓玉殓葬，就是只用玉礼器而不用其他物质恭送死者到另一世界。无论是北方的红山文化玉殓葬，还是南方的凌家滩文化、良渚文化玉殓葬，还有东部地区的大汶口文化玉殓葬，西部地区的齐家文化玉殓葬，全都是发生在华夏文明国家出现之前的共同文化现象。这就是大传统新知识对文献知识的再解读和再阐释作用。商纣王于危难之际不得已采用的玉器缠身自焚方式，在结束自己王朝统治的同时，也结束自己的生命。他坚信宝玉所代表的神力和天命会同他一起离开这个世界，并足以保证他的来生幸福。《逸周书》的作者在细致入微地叙述纣王用以缠身的两种玉石在火烧之后的不同结果时，他一定对玉教教义的神秘有着心领神会的体悟。尽管自周代以后，迄今为止还没有一个人能够说明"天智玉"究竟是何种物质，以及为什么它是烈火所不能焚毁的。

这就是借助大传统的新知识之光，照亮古史叙事的缝隙，希望能够找回失传已久的玉石神话信仰的若干蛛丝马迹。

玉殓葬对于人死后之生命（灵魂）的超度作用，在道教和佛教兴起之后被彻底替换掉了。玉殓葬在没落之前的两汉时代，终于达到数千年发展的登峰造极境界，最有代表性的标志就是汉代统治者专享的金缕玉衣制度。如果没有宗教信仰层面和神话观念方面的释读，玉衣制度的起因就被埋藏起来。[1] 佛像的出现，特别是涅槃境界的睡佛形象，从根本上改变了中国人的生死观念。当我们在最近的佛教造像史研究方面看到，我国四川省发现的早期的佛像竟然是西王母形象的置换，[2] 也许会感到诧异，但是一旦意识到西王母是本土神话想象建构的昆仑玉山瑶池玉女神这样的真相，她被外来的佛陀形象所替代的道理，就不难推究了。佛教是典型的"象教"，在亚历山大东征带来希腊雕塑传统之后，佛教以突出表现的偶像崇拜为其特色（图14-5），庙塔和佛像成为传达信仰和神话教义的基本形式。[3] 产生于

---

① 李银德：《西汉玉衣葬式和形制的检讨》，见杨伯达主编：《中国玉文化玉学论丛》四编，紫禁城出版社，2007年，第752—763页。

② 何志国：《早期佛像研究》，华东师范大学出版社，2013年，第179—180页。

③ 李崇峰：《印度石窟中国化的初步考察》，见《佛教考古——从印度到中国》，上海古籍出版社，2014年，第559—609页。

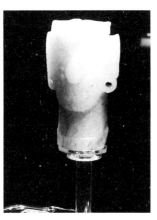

图14-5　犍陀罗风格的
佛陀头像，公元2世纪
（加尔各答印度博物馆
藏，2015年摄于上海博
物馆印度佛教艺术展）

图14-6　约4 000年前的玉雕
　　　　偶像，石家河文化
（摄于上海博物馆）

图14-7　缅甸汉白玉（大理石）佛像
（2015年摄于上海博物馆印度佛教
艺术展）

南亚的佛教之所以不能向亚洲西部地区大规模传播，而只能以中亚为跳板
向东亚方面传播，一个根本的原因就是当地文化中有没有接引佛教的本土
偶像崇拜传统。在亚洲版图的西面占据宗教统治地位的犹太教、基督教和
伊斯兰教，都是禁绝偶像的世界性宗教，唯有长久流行玉石神话信仰的东
亚大陆才充分保留着偶像崇拜的大传统要素。这至少从一个必要方面说明
玉教接引佛教，使得佛教全面地东传，而不能西传至西亚、北非和欧洲
的道理。至于各地先后出现的玉佛像、玉佛寺、玉观音等现象（图14-6、
图14-7），更以无可辩驳的大量实物见证着本土的玉教接引外来佛教的漫长
历程。

第三节　从玉石之路到佛像之路

　　本节内容基于2014—2015年文学人类学界组织的8次玉帛之路文化考察
结果，试图阐明持续约4 000年之久的西玉东输的玉石之路如何给佛教向中
国传播提供现成的文化通道，从而置换为约距今2 000年的佛像石窟寺传播

之路。具体分析于阗南山（昆仑）出产的和田玉进入中原的必经之路"玉门关"和"雁门关"的文化意义，排演佛教石窟寺造像传统沿着玉石之路而展开传播的时空轨迹：于阗、龟兹、莫高窟、马蹄寺、天梯山、炳灵寺、麦积山、云冈、龙门。由此梳理出文化传播现象的大、小传统因果链，揭示从玉路到丝路，再到佛路的置换效应。

一、玉关内外：佛像（石窟）传播的族属和时空透视

中国是信徒、寺庙、造像最多的文明古国，佛教历史十分悠久。国际旅游界有一种流行的说法：欧洲旅游看教堂，中国旅游看寺庙。这个说法表明佛教文化几乎被当作中国最突出的文化品牌，家喻户晓，尽人皆知。"事实上，中文文献中常以'像教'指代佛教。造像从来都是中国佛教礼拜的核心。"[①]

然而，作为世界五大宗教之一的佛教，产生于南亚的印欧语系民族——印度，首先由印欧语系民族的希腊人和塞种人传播到中亚地区（安息、康居、罽宾、贵霜），其次才通过塞种人的东进，得以跨越葱岭和帕米尔高原，播散到同样是以印欧语系民族为主的新疆和田与龟兹一带，再波及塔克拉玛干沙漠东缘的罗布泊地区（图14-8）。

以上初始阶段的佛教东传过程，直到沿着新疆南北两道进入和跨越甘肃的河西走廊之后，才得以真正同华夏文明发生接触。作为佛教典型建筑样式的石窟寺巨型佛像，就是在这样的外来文化传播背景下，分阶段地、逐步地进入中原华夏国家（不是直线的，也不是一次性的）。在这方面起到文化传播关键作用的人群，不是以唐玄奘为代表的华夏民族的汉人，而是中国版图境内的西北少数民族。换言之，宏观地审视中国接纳佛教的全过程，汉人的佛教信徒们和高僧大德们，是到后来才接替非汉族的传教者，充当"西天取经"的主动角色。最初的佛教传播方式，主要不是遵循中原人想象的"西天取经"式主动模式，而是遵循着一种被动的模式，即由非华夏民族接力棒式的"向东送经"和"向东送像"的模式，才得以将偶像崇拜特色鲜明的中亚犍陀罗再造的佛教，先输入中国新疆，再经由新疆和河西走廊的中介和过渡

---

① ［美］柯嘉豪：《佛教对中国物质文化的影响》，赵悠等译，中西书局，2015年，第52页。

图14-8　西域佛像：新疆若羌楼兰博物馆外景
（2015年摄于第八次玉帛之路考察途中）

作用，最终输入中原。

如果要寻找到一种上古中原国家向西主动出发寻找神圣的文化现象，那就是类似于后代的"西天取经"的一种"西天取玉"现象，其至少开启于西周的穆王时代，到战国时代仍在延续。这要比佛教传播中原的历史早800年至1 000年。换句话讲，玉石之路是中西文化交流的原型之路，佛像之路是在玉石之路基础上拓展而来的派生之路。在玉石向东运输与佛经、佛像石窟寺向东传播两大过程之间，还有中国丝绸向西传播的路线，也就是人们熟知的"丝绸之路"。从原型的意义看，只有玉路是中西交通的初始之路，是交通和贸易开始的原因所在；丝路和佛路都是先后派生而来的，是结果，而非原因。人们习惯性地说"西方佛教僧侣到内地译经传法，都是经由横贯新疆的丝绸之路而来"，[①]那是对中国的玉石之路不知情，附和欧洲人对这一条文化通道的命名方式。不知情的首要原因是缺乏实地调研，次要原因是西学东渐以来形成的崇洋心态和人云亦云，缺乏本土文化自觉的意识。

———————————

① 陈世良：《新疆佛教概述》，见《西域佛教研究》，新疆美术摄影出版社，2008年，第11页。

唐代诗人戴叔伦《塞上曲》云：

> 汉家旗帜满阴山，
> 不遣胡儿匹马还。
> 愿得此身长报国，
> 何须生入玉门关。

诗的末句用了东汉名将班超的典故。班超一生在西域征战30年，暮年垂老时上疏请归，有"臣不敢望到酒泉郡，但愿生入玉门关"两句。自此以后，文人墨客就习惯将玉门关视为胡汉分界的标志、华夏国门所在。王建《秋夜曲》云："玉关遥隔万里道，金刀不剪双泪泉"；李益《塞下曲》云："伏波惟愿裹尸还，定远何须生入关。"王建用"玉关"这样的简称来串联起玉门关两端的万里道路，若不是玉路，其路上的关口怎能叫玉关呢？李益干脆用"入关"二字来概括从外部进入玉门关的现象。无论是为"丝绸之路"命名的德国人李希霍芬，还是只看到"佛教征服中国"表象的荷兰人许里和，都不曾推敲过玉门关得名的中国本土原因。在他们眼中，玉门关只是丝路或佛路漫长途中的一个普通站点而已。本土的交通要道就这样被外国人在殖民时代用欧洲人的视角加以命名为"丝路"。

玉门关与这条文化大通道上运输的玉石真的无关吗？

本着对本土文化自觉和重建中国话语的初衷，2014年6月至2015年9月，中国文学人类学研究会先后组织8次玉石之路田野考察，驱车总里程约两万公里，聚焦河西走廊及其两端的古代交通路线，尝试弄清和相对复原古代西玉东输的"路网"。[①]这8次考察始于山西大同盆地至雁门关一带——那是先秦时代西来文化的进关路线及关口，直到明代时其关口位置略有变动；终于新疆的若羌、且末、于田、和田、墨玉等地，那是昆仑山连接阿尔金山及河西走廊的主要运玉路线站点，即上古时期沿着塔克拉玛干沙漠

---

① 8次考察的学术报告或笔记陆续发表在《民族艺术》《百色学院学报》《丝绸之路》《兰州学刊》《中国玉文化》等刊物和"中国甘肃网"，以下不另注明。笔者前3次考察的学术笔记，见《玉石之路踏查记》，甘肃人民出版社，2015年。

南缘分布的若干重要绿洲。在那里，分布着一系列的早期佛教遗迹，如和田地区民丰县西北沙漠中的尼雅佛寺、民丰县东南安迪尔牧场的安迪尔佛寺、若羌县东北罗布泊西岸的楼兰佛塔、尉犁县东南孔雀河边的营盘佛寺和佛塔、若羌县城东70公里处的米兰佛寺佛像，等等。2003年新疆考古工作者在罗布泊南面古城遗址发现古墓，发掘出一件彩绘佛像的绢衣。①所有这些沿着玉石之路新疆南道而展开的佛教艺术遗迹都属于早期，即公元3、4世纪之间。同一时期，作为世界级艺术宝库的敦煌莫高窟还没有开凿，更不用说大同云冈石窟和洛阳龙门石窟了。只有玉石之路北道的克孜尔石窟始建年代在3世纪。问题随之而起：中国玉石之路的田野考察为什么自始至终都在发现玉石的同时，与佛教和石窟寺佛像"不期而遇"呢？自新疆和田至中原的数千公里的漫长路途中，华夏本土信奉的神圣信仰表现为物质化的玉石及其运输路线，而外来的佛教信仰则表现为佛教建筑及以佛陀为中心的巨型偶像塑造。后者更加具有艺术化的观赏性，以至于今人在欣赏自龟兹克孜尔石窟、敦煌莫高窟、张掖马蹄寺石窟、武威天梯山石窟、永靖炳灵寺石窟、天水麦积山石窟，一直到山西大同云冈石窟和河南洛阳龙门石窟的整个佛教造像衍生系列时，几乎没有人意识到石窟佛像传播所走过的路线，原来就是西周以来日益繁忙的运送和田玉给中原国家统治者的玉石之路！换言之，是周穆王曾经西行昆仑的那一条路线。

第一次玉帛之路考察的第一站是山西大同，那里即是西玉东输进入雁门关之前的重要站点，也是举世闻名的佛教石窟——云冈石窟的所在地。云冈石窟及其佛教造像以气魄宏伟而著称，其艺术风貌不乏犍陀罗艺术的特征（图14-9）。但是那完全不是中原人的作品，而是北魏拓跋氏的代

图14-9　云冈石窟佛像塑造透露出明显的异域艺术风格：犍陀罗特色

（2014年摄于考察现场）

---

① 霍旭初、祁小山编：《丝绸之路·新疆佛教艺术》，新疆大学出版社，2006年，第167页。

表性作品。同样著名的洛阳龙门石窟的建造，原来也要归功于北魏王朝都城从平城（大同）迁往洛阳的历史事件。修造云冈石窟的工匠主要来自河西走廊的武威。武威古称姑臧、凉州，那正是拓跋氏政权在西部的重要根据地。那里在五凉时代就因统治者热衷佛教而兴起修造天梯山石窟。这个事实非常明确地提示着如下信息：拓跋氏在佛像石窟寺艺术自河西向东传播过程中起到关键作用。毫无疑问，北凉国主沮渠蒙逊和北魏拓跋氏都不是佛像石窟寺艺术的首创者或发明者，只是模仿者和传播者而已，真正的佛像艺术发明权，应归属于巴基斯坦地区的犍陀罗艺术，甚至要溯源于进入印度及巴基斯坦地区的希腊人。①

图14-10　佛起源的印度图像叙事：悉达多太子出家像，公元2世纪

（加尔各答印度博物馆藏，2015年摄于上海博物馆印度佛教艺术展）

印度产生的早期佛教本来没有佛像，是希腊人带来的古希腊雕塑人像传统大大改变和再造了佛教文化的面貌（图14-10）。如果追问从中亚地区塞种人的佛像传播，到北魏拓跋氏集团的佛像传播，其背后的驱动力是什么，那么答案会同西玉东输现象的动力学解释一样，只能诉诸宗教信仰本身。不信奉玉石神话信仰（玉教）的人，不会生产和使用玉礼器，更不会不远万里去开采和使用新疆出产的和田玉；不信佛教的人，也不会去翻译佛经和塑造佛像。从空间上看，佛像石窟寺艺术的传播所走的东行路线，在中国境内大体上是沿着玉石之路而来的。其所经历的地理距离，因为一直连接到印度和中亚地区，比新疆和田玉输送中原的

① 参看［日］宫治昭：《犍陀罗美术寻踪》，李萍译，人民美术出版社，2006年，第49—51页；［德］吴黎熙：《佛像解说》，李学涛译，社会科学文献出版社，2010年，第25—35页；［日］佐佐木教悟等：《印度佛教史概说》，杨曾文等译，复旦大学出版社，1989年，第100—103页。

距离还要遥远。

位于玉石之路新疆北道上的龟兹古国和南道上的于阗古国，都曾经是著名的佛国。① 如今更流行的说法则是丝路的北道和南道，二者其实均为西玉东输运动所开辟。从周穆王时代起，丝绸只是中原人用来交换玉石的筹码而已。② 探讨西域佛国的起始年代，可以看出都是在西周、东周时期持续地运送和田玉到中原以后发生的。王征《龟兹石窟塑像调查和塑像风格研究》一文考证：龟兹石窟最早的佛像是公元4世纪中期GK20窟塑像。其肉髻纹样形式和犍陀罗系统类似，但肉髻的形状较小，用刻线表现发纹，这些都是秣菟罗的形式，属于混合形式的早期原型，不是直接来源于犍陀罗的形式。正是这种塑像风格，对北凉、北魏早期石窟造像产生了较大的影响。③ 不过，佛像的出现虽然偏晚，但佛教传播至龟兹的时间却要早出数百年。这种情况同样也出现在中原地区，即先有汉晋时期的佛教信仰和佛经的传播，以及小型的佛像塑造，④ 后有大型石窟寺佛像的修造。研究新疆佛教的专家陈世良指出：

> 佛经故事记载，阿育王时期（公元前273—前232年）佛教就已传入新疆库车、和田等地，并且是由阿育王的太子传来，这大概是佛教僧侣为推崇阿育王的一种传说，并无根据。据现在比较可信的材料记载，大约在公元前80年，佛教由克什米尔传到了和田，最早传来的正是盛行在这个地区的"说一切有部"，属于早期的小乘佛教。
>
> 到了公元2世纪，大乘佛教在贵霜王朝境内兴起之后，又沿"丝绸之路"传进了新疆各地。4世纪以后，流行在和田、叶城等地区。⑤

① 施杰我：《于阗——西域的一个早期佛教中心》，文欣译，见朱玉麒主编：《西域文史》第1辑，科学出版社，2006年，第87—110页。
② 叶舒宪：《河西走廊——西部神话与华夏源流》，云南教育出版社，2008年，第45—46页。
③ 朱玉麒主编：《西域文史》第1辑，科学出版社，2006年，第55—85页。
④ 参看［韩］李正晓：《中国早期佛教造像研究》，文物出版社，2005年；何志国：《早期佛像研究》，华东师范大学出版社，2013年；阮荣春、张同标：《中国佛教美术发展史》，东南大学出版社，2011年。
⑤ 陈世良：《新疆佛教概述》，见《西域佛教研究》，新疆美术摄影出版社，2008年，第10页。

印度阿育王时期相当于中国的战国时代后期，其下限接近秦统一中国的公元前221年。那时候不论是中原腹地还是新疆，外来的佛教还没有规模性传入。到西汉时期，情况发生改变，有了佛教初始传入的一些蛛丝马迹。据陈世良《关于佛教初传龟兹》一文所举证的《梁书·刘之遴传》记载龟兹国进献佛教用具澡灌（罐）上的铭文"元丰二年"，将佛教进入龟兹的时间提前到汉武帝时代的公元前122年，这和佛教进入于阗的时代大致相当。①众所周知，关于汉武帝派张骞"凿空"西域的重大历史事件，当时的张骞团队从新疆带回汉朝首都长安的珍贵物品，既非佛经也非佛像，而是采自昆仑山下的和田玉！司马迁《史记·大宛列传》记录在案的史实，足以说明从玉路到佛路的文化传播的多米诺骨牌效应。

二、从于阗到平城：玉路置换为佛路

只要将沿着玉石之路或佛像之路而自西向东展开的佛教石窟寺大致排列起来，并确认其始建年代，巨型石雕佛像传播的时空线索就会豁然明朗起来。排演新疆以东主要的大型佛教石窟寺建筑的年代，结果是以最靠近新疆的敦煌莫高窟年代为最早。敦煌文书中的碑文材料《李氏修佛龛碑》有如下记述：

> 莫高窟者，厥初前秦建元二年，有沙门乐僔，戒行清虚，执心恬静，当杖锡林野，行止此山，忽见金光，状有千佛，遂架空凿岠，造窟一龛。次有法良禅师，从东届此，又得傅侧，更即营建，伽蓝之起，滥觞于二僧。②

前秦建元二年即公元366年，继龟兹石窟和敦煌莫高窟修造之后仅仅几十年，就有北凉国主沮渠蒙逊在武威修筑天梯山石窟的举动。道世《法苑珠林》记载："北凉河西王蒙逊为母造丈六石像在于山寺，素所敬重。"从这里的"丈六石像"说法看，应属于大型佛像。古代对其具体位置没有确凿的考

---

① 陈世良：《关于佛教初传龟兹》，见《西域佛教研究》，新疆美术摄影出版社，2008年，第141页。
② 转引自陆庆夫：《丝绸之路史地研究》，兰州大学出版社，1999年，第254页。

证，直到20世纪40年代，向达先生才提示其也许就是武威东南50公里的张义堡天梯山大佛寺。1953年史岩先生又去勘查，依据实物确认天梯山石窟即是沮渠蒙逊创凿的凉州石窟。①

巨型佛像从犍陀罗传到于阗和龟兹，再从新疆向东传播，进入河西走廊。如何看待佛教石窟寺建筑传播过程中的多米诺骨牌效应？兰州大学陆庆夫教授给出一幅清晰的时空坐标图。他认为："除北凉兴建的天梯山等石窟外，座落在兰州西南黄河北岸的炳灵寺石窟（即唐述窟）也开凿于五凉时代。其中169窟塑有释迦、无量寿及阿弥陀佛像和弥勒菩萨、大势至观音菩萨等，还有供养人画像及题名。题名中有'□国大禅师昙摩毗之像'，并有西秦建弘元年（420）墨书造像题记，可知此窟正是外国高僧昙摩毗当年'领徒立众，训以禅道'之处所。特别值得一提的是，西秦建弘元年在这里大规模造像，并留下造像题记，这不仅是河西石窟中唯一有十六国纪年的石窟，且就其造像铭文这一点来讲，也是全国最早的，比北魏起码要早数十年，清代学者王昶在《金石萃编》中提出'造像立碑，始于北魏'，这一说法显然是有问题的。"陆庆夫能够根据实物即第四重证据展开立论，而不迷信文献记载，这是他的研究能够突破前人成见的重要契机。他接着指出："炳灵寺石窟在建弘元年大规模兴造，反映了这时正是西秦佛教的兴盛时期，同时也是凉州诸国佛教的兴盛时期。河西在这时期建造的石窟除上述几处外，还有安西榆林窟、玉门昌马石窟、酒泉文殊山石窟、张掖金塔寺石窟、马蹄寺石窟以及童子寺石窟等。"②这样就给河西走廊地区的佛教石窟寺现象作出了整体性的谱系扫描。

如前所述，早在3、4世纪之交，佛教文物就沿着和田到若羌一线的玉石之路延展开来，从4世纪中期到5世纪初期，佛教石窟寺建筑又沿着河西走廊大体呈现出一字排开的现象，直到5世纪中期以后，才终于抵达中原王朝的北大门——北魏的国都山西平城。如果能够结合从河西走廊到中原的玉石之路运输线看其全程，情况就会更加清楚。西玉东输从新疆昆仑山进入河西走廊的第一站是玉门关，玉门关在敦煌以西90公里。从敦煌进入河西走

---

① 暨远志：《武威天梯山早期石窟分期试论》，《敦煌研究》1997年第1期。
② 陆庆夫：《丝绸之路史地研究》，兰州大学出版社，1999年，第254页。

廊腹地的要塞是张掖，张掖距离敦煌586公里。关于张掖马蹄寺石窟明确的修造年代，目前学界尚有争议，有以杜斗城等为代表的"北凉说"和以董玉祥等为代表的"北魏说"。参照张掖的金塔寺——现在已经能够确定其始建年代为北凉时期，马蹄寺修造于北凉的可能性较大。

张掖以东250公里是武威，武威的天梯山石窟年代，如上文所述亦为北凉时期（图14-11、图14-12）。武威以东的重要石窟寺是永靖的炳灵寺，位于兰州西南方120公里处。兰州以东336公里处还有天水麦积山石窟。天水东北方向，沿着河套地区再向东，大约距离兰州1270公里是山西大同，即北魏国都平城，即云冈石窟所在地。麦积山石窟的年代明显早于云冈石窟。学界关于麦积山石窟的开凿年代，主要有后秦、西秦、北魏三种说法，以"后秦说"呼声最高。阎文儒、董玉祥、黄文昆、邓健吾、金维诺、张学荣等都赞同该石窟"当始于东晋十六国的后秦"。张学荣则将时间界定在公元400年至410年。当然也有文献及碑刻等材料显示麦积山石窟始创于东晋时期，即十六国后秦。[①]

图14-11　甘肃武威天梯山石窟大佛像
（2006年摄于武威天梯山）

图14-12　甘肃武威天梯山石窟大佛旁的天王像
（2006年摄于武威天梯山）

---

① 参看魏文斌：《麦积山石窟初期洞窟调查与研究》，兰州大学博士学位论文，2009年，第123—135页。

云冈石窟始建于北魏时期是可以确定的，即北魏兴安二年（453年）。据《魏书·高宗纪》卷五记载："兴安元年……十有二月……乙卯初复佛法。"北魏兴安元年即公元452年。另据《魏书·释老志》中谓修筑石窟的时间是"复法之明年"，也就是公元453年。总结以上的系列案例，从公元366年始建敦煌莫高窟，到公元412年至439年间北凉都姑臧时期始建的天梯山石窟，公元420年前后始建的炳灵寺石窟和麦积山石窟，最后到公元453年始建云冈石窟，以大型石雕佛像为特色的佛教石窟寺建筑样式，总共用了87年时间，走完其在河西走廊西端到中原王朝北方大门的传播全过程。在此过程中起到决定性文化传播作用的人群族属不是中原民族，而是西北少数民族，特别是游牧民族。相比之下，佛像从犍陀罗到新疆的传播过程，则进行得更加缓慢，足足用了数百年时间，其传播的族属为印欧人种，主要是月氏人。可以与此相对照的一个玉路运输的清代数据是：乾隆皇帝为将一块重达5 000公斤以上的新疆和田玉料从叶城的密乐塔山搬运到北京，所耗费的时间为3年。

具体审视传播巨型佛像艺术的人种或族属，从中亚到新疆的传播者属于印欧人种，即塞种和大月氏；从河西走廊到中原的传播者则主要是属于蒙古人种的北方少数民族，汉人在其中的作用似乎微乎其微。联系上古时期西玉东输的输送者主体情况看，一直以来就是华夏文明以外的异族人群充当着河西走廊上远距离贸易的主力军。据《管子》的说法是尧舜"北用禺氏之玉"而王天下。自王国维以来的学界主流观点认为"禺氏"就是大月氏的别名。据此可知，早在夏王朝以前的尧舜时期，新疆的和田玉就通过印欧语系的大月氏人，输送到中原国家。我们据此判断玉石之路上西玉东输的历史有约4 000年，相比佛路和丝路的2 000年，确实有大传统与小传统的巨大差别。问题在于，为什么在同一条道路上传播玉石的人和传播佛教的人，主要是非华夏民族的印欧人种的分支呢？这是一个十分耐人寻味的问题。汉武帝派张骞出使西域的目的就是联合大月氏，共同对付强敌匈奴。虽然联合月氏的初衷没有实现，但这件史实至少可以表明：中原华夏国家与游牧在西北的印欧人种的关系，在当时要大大好于和北方草原新崛起的游牧族匈奴人的关系。如果还要进一步追问其所以然，那么目前除了玉石之路大传统的存在以及活跃在此路上的不同人种间因互利互惠而达成"化干戈为玉帛"的和谐关系以外，还没有什么更恰当的解释。

中国式的和平理想表达方式为什么自古就以"化干戈为玉帛"这样一句尽人皆知的成语来呈现？来自深厚的中国历史经验的民族团结理念，还有比这更实在、更精当的表达吗？迄今还没有过，今后恐怕也很难有。

北魏统治者的族属拓跋氏何许人也？为什么该民族对西来的佛教情有独钟，不惜工本地修筑大型石窟寺佛像呢？台湾大学历史系逯耀东教授的《从平城到洛阳——拓跋魏文化转变的历程》一书，征引诸多前贤名家如陈寅恪、唐长孺、何炳棣、劳贞一等人的观点，论述北魏统治者曾大规模迁徙凉州民众到平城，平城的建筑和雕刻自然因此而受到河西文化的影响。书中写道："这种影响特别表现在云冈石窟的造像和雕刻方面，因此，平城的新制是模拟凉州的都会。这种推论（指陈寅恪《隋唐制度渊源略论稿》）当然可以成立。"[①] 逯耀东没有留意的是，北魏统治者一方面接纳外来的佛教并竭力使之东传中原，另一方面仍然继续着自古以来由本土的玉教信仰所驱动的西玉东输运动，所走的路线依然是先秦时代流行的雁门关道。何以见得？雁门关之外的平城都市，有繁荣昌盛的金玉市场可以为证。

《魏书》卷五十三《李安世传》云："国家有江南使至，多出藏内珍物，令都下富室好容服者货之，令使任情交易。使至金玉肆问价……"这则材料叙述江左使者刘缵抵达平城后，李安世陪同刘缵参观平城市场的情形。所谓"使至金玉肆问价"，可以证明当时的平城也像后来的洛阳一样，是将某类的行业集中在某个地区经营的。在北魏时代的游牧族社会都城有"金玉肆"，其经营的对象和商业功能，如同今日首都北京城王府井商圈里有工艺美术大厦（一般简称"工美大厦"），再加上专营黄金及金银饰品的菜市口百货大楼（北京人简称"菜百"）。前者以玉器及各种玉石制品为主（至今仍有北京玉器厂、牙雕厂等）；后者的名称里保留着"菜市"的文化记忆，而实质是中国目前最大的黄金零售市场，其消费黄金的数量和金额都是闻名遐迩的。《魏书·李安世传》透露的北魏平城的金玉肆有对珍宝器物之类的"问价"

---

① 逯耀东：《从平城到洛阳——拓跋魏文化转变的历程》，（台北）东大图书公司，2001年，第201—202页。

功能。不同于如今的珍宝"问价"更多呈现媒体作秀的意义，古代"金玉肆"更多地富含随行就市的意义。

自古以来奢侈品的交易就不同于一般的民生日用品，其利润与利税让市场管理方有大利可图，这才出现统治者"令都下富室好容服者货之，令使任情交易"的局面。既然平城的商贸重地叫"金玉肆"，那就一定有大量的玉器和玉料在此买卖。从山西大同到雁门关，仅有约100公里，后者是《战国策》等文献中记录的西玉东输之中转站，如果再往上追溯，则要上溯到西周时代第五位帝王周穆王的西游昆仑路线图，其也是先经过河南北上山西诸盆地，跨越滹沱河并出雁门关，然后才取道黄河河套地区而西行昆仑山的。

第四节　"丝路"折射的西方话语权及其对玉文化的遮蔽

1900年，瑞典人斯文·赫定（Sven Hedin）在新疆罗布泊发现楼兰遗址，并采集到中国考古学萌芽期的第一件史前玉器——楼兰玉斧。可惜的是，这位跟随德国老师李希霍芬（Ferdinand Von Richthofen）探索丝绸之路的世界著名探险家，却不知道和田玉对华夏文明特有的价值意义（图14-13、图14-14）。在他眼中，玉斧和欧洲发现的大批史前工具一样，只是古人不经

图14-13　和田地区史前青玉斧，新疆策勒
　　　　　达玛沟采集，距今约3 500年
　　　　　（摄于和田博物馆）

图14-14　新疆罗布泊小河墓地出土的玉斧，距今约
　　　　　4 000年
　　　　　（摄于新疆维吾尔自治区博物馆）

意间留下的遗物，能够证明的只是当时人的手工劳动方式。

一个世纪过去了，西方汉学获得长足发展，但是部分汉学家依然我行我素，自觉或不自觉地坚持他们西方文化本位的立场、理论范式和研究方法，从外部去审视中国文化，并不要求自己像一个人类学家那样，去尝试体认中国古人在其文化内部的特有感知方式和思考方式。

从外部视角看中国文化，其缺陷在于不能思考深层次的文化问题，一般停留在表面现象的探究，无法深入现象背后。所以撰写《佛教征服中国》（*The Buddhist Conquest of China*）这部汉学名著的荷兰人许理和（Erik Zürcher），不会去发问一个外来的宗教为何能"征服"一个古老文明，因为他看不到该文明本土已有的宗教大传统对外来信仰的接引作用。该书讲到佛教从西北传入中国的一节这样写道：

从 西 北 输 入

事实上，佛教何时传入中国，已不可得知。它可能从西北慢慢渗入，经由横跨欧亚的丝绸之路上的两条支线在敦煌进入中国，并且从那里穿过河西走廊进入关中和华北平原，那里正是后汉都城洛阳坐落的地方。这种渗入可能发生于公元前1世纪上半叶（中国势力在中亚巩固的时代）和公元1世纪中叶（佛教的存在首次在当时的中国资料中得到证实）之间。①

许理和清楚地认识到西域对佛教传播中国的跳板意义，却没有意识到中原国家对西域昆仑山的资源依赖现象，②因而就无法洞悉西域的佛国于阗与中原文明早已结下和田玉之不解之缘。在许理和《佛教征服中国》问世后半个世纪，美国耶鲁大学历史学教授芮乐伟·韩森（Valerie Hansen）出版专著《丝绸之路新史》（*The Silk Road: A New History*），充分利用在中亚地区和新疆新发现的多种文字资料，希望能够重新解释丝路的究竟。该书的一大特点

---

① ［荷］许理和：《佛教征服中国》，李四龙等译，江苏人民出版社，2005年，第25页。
② 叶舒宪：《玉石之路与华夏文明的资源依赖——石峁玉器新发现的历史重建意义》，《上海交通大学学报（哲学社会科学版）》2013年第4期。

是其具有国际性的大视野，资料丰富，新见迭出。①但是，如果根本不去追问丝绸之路上比丝绸登场更早的运输物品是什么，以及为什么，则很难从根本的研究范式上获得突破，只有局部观点的突破而已。

　　人类学的文化认知方法，其奥妙就在于外部视角和内部视角之间游走形成的张力场域。如果没有对本土文化的内部的文化体验和长期浸润，仅靠文献阅读和走马观花或蜻蜓点水式的调研，都无法真正切入文化的精神内核，不可避免地造成隔靴搔痒的遗憾。《丝绸之路新史》就是这样，作者对中亚文明、宗教史和艺术史都有丰富的知识储备，甚至能考证出月氏人的语言是大夏语，即一种用希腊字母写的伊朗语，所谓的吐火罗语乃是一种误解；②可惜作者无法进入中国文化的"众妙之门"，无法从内部去审视这条文化大通道对于华夏文明的真实意义。下面先看许里和如何描述第一个去西天取经的汉人和尚。

朱士行在于阗

　　一个极为有趣的事件开启了公元3世纪下半叶的中国佛教史：中国僧人朱士行出游于阗。这是对中国人出国求法的最早的记载，也是中国人第一次自己详细地叙述中亚当地的佛教。

　　……

　　可能在公元260年，朱士行从洛阳向西开始了艰难的旅程，他抱有具体而又十分明确的目的，这些目的也激励了后来的中国佛教探险家，为了对宗教有较全面的理解和实践，去寻求佛教圣典。在大多数情况下，当然也在大多数著名的例子中，朝拜佛教圣地的欲求充当了次一类角色。③

　　佛教圣地不是印度而是于阗，这是把"流"误认成"源"的典型表现。为什么中原人会把西域的于阗国当成佛教发源地？佛教的中亚"二传手"被

———

① ［美］芮乐伟·韩森：《丝绸之路新史》，张湛译，北京联合出版公司，2015年。
② 同上书，第91页。
③ ［荷］许理和：《佛教征服中国》，李四龙等译，江苏人民出版社，2005年，第61页。

误读为"一传手",表明在漫长的传播过程中,有关佛教起源和发祥地的事实真相还无法为中土的国人所知晓。新疆维吾尔自治区博物馆研究馆员贾应逸、祁小山所著《印度到中国新疆的佛教艺术》一书,在"中国新疆篇"部分首列"于阗佛教艺术",其编排理由很简单:

> 佛教何时传入于阗,和佛教传入新疆的问题紧密相连,一直受到学术界的关注。古于阗可以说是新疆境内距印度最近的地方,佛教传入新疆应该首先传入该地区。①

同书还举出当代生活中和田人与印度的贸易往来之便,旁证古代两地之间交往的实际线路情况,即"皮塞路"(皮山至塞图拉)的存在,它从汉代一直延续下来。"直至20世纪三四十年代,和田商人仍沿着这条道路到克什米尔和印度等地经商,交通工具仍是马、骡等牲畜。和田县政府有时一个月内就发放40份赴印度的护照,有的期限仅三个月,可见往来之频繁和往返所需时间之短暂。……和田紧邻印度,商人往来频繁,兴盛在印度的佛教较早地传入该地当是自然的事。"至于早到什么时代,其推测是在公元前后。②发展到公元4世纪,于阗国已经是全球最著名的佛国之一。国王本人就是最虔诚的信徒,所以大力倡导佛教。据法显和尚的旅行记《佛国传》记载,于阗"众僧乃数万人,多大乘学"。"家家门前皆起小塔,最小者可高二丈许。"于是乎,在远隔万里之遥的内地人心目中,于阗就取代印度,被想象成为又一个西天佛法圣地。

同样的道理,在现代西学东渐的背景下,受制于西方人提出的"丝绸之路"话语牢笼,中西交通之路的真相依然不能为多数人所认识和理解。笔者称此类现象为"丝路话语权的遮蔽"。西方自古就不会生产丝绸,所以最看中的东方宝物就是丝绸,其话语命名权遵循的是物以稀为贵的逻辑。而对华夏方面而言,古汉语习惯"玉帛"并称,玉石的价值和神性一定在丝绸之上。因此,盲目因袭殖民时代以来西方话语的结果,被遮蔽的东西正是华夏

---

① 贾应逸、祁小山:《印度到中国新疆的佛教艺术》,甘肃教育出版社,2002年,第176页。
② 同上书,第177页。

国家历史上备受推崇的出自于阗的和田玉，那才是西方学者视而不见的中国人的国宝。

如今，本着超越西方式话语宰制、倡导文化自觉的原则，探求中国故事的中国讲法如何开始，需要从正本清源的再认识和再启蒙工作做起。相传在远古的尧舜时代，政治清平，天下大顺，有来自西域的女神西王母献来白玉环。这个故事虽然异常简洁，几乎只用一个句子就表达完成，但是它足以说明在华夏先民心目中的神物、圣物究竟是什么。它既不是丝绸，也不是人形的圣像（希腊雕塑、佛教艺术等），而是足以代表神和代表天的一种物质——玉。

从《山海经》记述的黄帝在昆仑垄山食玉膏事件，到尧舜时代西王母来献白玉环的传奇，再到周穆王西行昆仑山会见西王母并求取美玉，再到秦昭王梦寐以求赵国人掌握的美玉和氏璧，最后到秦始皇与汉武帝——两位最高统治者或打造象征大一统帝国最高权力的传国玉玺，或依据张骞使团从西域采来的和田玉样品，亲自查证古书，并给出产美玉的于阗南山命名为"昆仑"——这些传说的和历史的事件全都指向一种典型的神话化物质，即西域昆仑神山的和田玉。华夏文明的核心价值在此已经显露无遗，无需他求。

对于阗的本土想象与华夏想象，二者相差很大，不外乎集中在三个神话对象上，那就是：佛法、圣牛与神玉。

既然古代于阗是将美玉输送到中原的神话化圣地，后来又兼为佛法传播中原的西天圣地，那么当地的文化和中原文化对这个西域古国的历史记忆是怎样的呢？简言之，本土的于阗想象与中原人的于阗想象截然不同，后者以昆仑神山和玉女神西王母为主，前者则充斥着印度佛教文化的传奇故事。直到近代以来一批批学者冒险进入塔克拉玛干腹地，于阗古国的神秘面纱才第一次被揭开。人们发现，在后代形成的伊斯兰教于阗之前，有一个佛国于阗，而在佛国于阗之前，还隐约潜藏着一个祆教于阗。如法国汉学家鲁保罗（Jean-Paul Roux）所言：

> 　　祆教在于阗牢固地立足了，当于阗艺术进入佛教的轨道时，它却始终都保持了它经由伊朗时经历的某种东西。
>
> 　　于阗王国位于距被人称为喀喇昆仑山山口不远处，是通向印度和阿

富汗的必经之路。它与迦毕试有密切的联系，与该地区以及其他某些地区共享对该王朝特殊起源的信仰，而这些起源又出自蛇-龙（Zohhak）。在祆教经文中提到它如同是一种三尾魔怪，也就是水的保护神。费尔都西又重新论述了它，而且还赋予它一种与本处所讲完全不同的形象。如果有人置身于于阗城北的丹丹乌利克村中，在一身菩萨像身上发现了湿婆教的残余，即将菩萨描绘成长大胡子和下身穿灯笼裤，上身穿宽松外套，带有一名萨珊王的长筒靴，那么更多地则是发现了它们在印度的存在。如在一个豪华的裸体男美人身上，很接近阿旃陀（Ajanta）的那些裸体男美人，那里的艺术产品始终处于伊朗的影响之下。①

鲁保罗的描述突出了于阗古国文化构成的多元性，这样的文化多元性在最近的考古发现中被进一步证实。在和田以北约120公里处的丹丹乌利克发现了8世纪的佛教艺术，其中依稀可辨粟特系统的祆教神谱。②以前被简单地解读为佛像的一些美术形象，如今得到重新解释，其中杂糅着印度神话、波斯神话和希腊神话等多种成分。

佛的形象首先出现在犍陀罗，先在故事图中被表现，后来又有单身像，还有一些过去七佛像的浮雕。佛的身姿或立，或坐，或倚。如果是立像，则两脚分立，重心置于左脚，右脚似乎正在移动，向左脚靠拢。塑像受到了希腊艺术的影响。③这种多元文化汇聚融合的现象，在佛教从无像到有像的嬗变过程中，从犍陀罗到葱岭以东的中国西域，呈现了一道佛教艺术化的奇观。如受到拜火教影响的佛像，"犍陀罗的佛像，在现大神变的基础上，出现了一种佛肩有火焰的现象，人们称为'焰肩佛'。这种现象，在贵霜货币的图像中也出现过。樋口隆康先生指出，这一现象与月氏人原来信仰拜火教有关。他引用《大唐西域记》卷1，迦毕试国条'大雪山及其传说'中，迦腻色迦请佛加护，'即于两肩起大烟焰，龙退风静，雾卷云开'的记载，说

---

① ［法］鲁保罗：《西域的历史与文明》，耿昇译，新疆人民出版社，2006年，第188—189页。

② 参看荣新江：《佛像还是祆神——从于阗看丝路宗教的混同形态》，见《丝绸之路与东西文化交流》，北京大学出版社，2015年，第313—329页。

③ 贾应逸、祁小山：《印度到中国新疆的佛教艺术》，甘肃教育出版社，2002年，第120页。

明两肩起火焰是月氏人神圣的象征"。[①]

鲁保罗还指出，多元文化融合的现象不仅仅见于于阗古国一地，在于阗以东的米兰古国，也出现类似的情况。

该遗址似乎一直残存到楼兰王国的毁灭。斯文·赫定声称其中包括："四镇"，彼此之间相距4—5公里，它们全部建成了圆弧形，也可能是建于古湖岸，佛教在那里受到了虔诚的修持，在它尚未获得其巨大成功的时代，其居民的印度化却于公元4世纪末在那里获得了迅速发展。法显揭示了那里当时"出家人皆习天竺书、天竺语"。此外，人们在那里还曾发现过窣堵波的残余、雕刻有龛下座佛佛像和青面獠牙的怪神神像的木块残片，带有柏斯波利斯风格柱头的廊柱的一座大寺。此外还有两座圆形建筑，围绕一座窣堵波而建，其墙壁上覆盖以烧陶并布满了绘画，这是新疆最古老的壁画。其中西方的影响很明显，带有一种不知道为什么会使人联想到了幼发拉底河沿岸的杜拉·欧罗波斯（Doura-Europos）因素，而那些带有花环的爱情和长着卷曲短发、身穿衣褶柔软衣衫的人物，它使人联想到了犍陀罗或者更就应该是哈达（Hadda）的那些作品。人们在尼雅发掘到的那些身材魁梧的雕像，无论是佛陀、僧人、飞天，都具有非常明显的希腊化文化特征。[②]

至于佛教向东亚传播之初的具体路线图，鲁保罗的描述是：佛教从印度西北传到安息、大夏、大月氏、康居，东逾葱岭传入中国西北地区，经天山南路二道的龟兹、于阗等国，进玉门关、阳关而传入中国内地。这就意味着，弄清佛教东传是一种多米诺现象，其间每一站点都有自己的文化特色。那种认为佛教从印度到中国只是两点连成一线的流行观念，显然会严重误导对文化传播复杂性的认识。

在佛教东传的历史过程中，是教义和佛经先输入，佛庙其次，佛像最后输入。宿白先生指出："石窟寺是佛庙的一种，它的开凿更应在佛庙、佛像经

---

① 贾应逸、祁小山：《印度到中国新疆的佛教艺术》，甘肃教育出版社，2002年，第121—122页。
② ［法］鲁保罗：《西域的历史与文明》，耿昇译，新疆人民出版社，2006年，第188页。

过一个时期的发展后，才会出现。"① 具体到石窟寺的传播路径，宿白先生给出的一个模式是：

新疆盆地北沿（龟兹克孜尔石窟）—以凉州为代表的河西—平城②

概括而言，佛教进入中国的过程不是一蹴而就的，也不是印度人直接传播到中原内地的；而是经历了大致的"四级跳"过程，即：从印度本土先至中亚诸国，其次到中国西域，再从西域至河西走廊，然后再从河西走廊至中原。第一跳是从印度本土先传播到希腊人统治下的中亚，如上述的安息、大夏、罽宾、贵霜等。第二跳才是进入西域的诸多方国，于阗、尼雅、米兰、楼兰等。这些古代方国皆为非华夏人种的聚居区，以印欧民族为主。佛教是通过印欧民族的中介作用，才第三度启程进入玉门关、阳关和敦煌，抵达河西走廊。在佛教传播途程中的第二和第三跳，起到关键的地理中介作用的正是罽宾国和于阗国，也就是汉武帝时派遣张骞打通西域的两个关键站点。遥远的于阗给华夏国家的最高统治者带来的第一印象，就是那里出产的和田玉。《战国策》称之为"昆山之玉"；《管子》则称之为"牛氏边山"。

《管子·地数》云：

> 桓公问于管子曰："请问天财所出？地利所在？"管子对曰："山上有赭者其下有铁，上有铅者其下有银。……此天财地利之所在也。"桓公问于管子曰："以天财地利立功成名于天下者谁子也？"管子对曰："文武是也。"桓公曰："此若言何谓也？"管子对曰："夫玉起于牛氏边山，金起于汝汉之右洿，珠起于赤野之末光。此皆距周七千八百里，其途远而至难。故先王各用于其重，珠玉为上币，黄金为中币，刀布为下币。令疾则黄金重，令徐则黄金轻。先王权度其号令之徐疾，高下其中币而制下上之用，则文武是也。"③

---

① 宿白：《中国佛教石窟寺遗迹》，文物出版社，2010年，第7页。
② 同上书，第24页。
③ 马非百：《管子轻重篇新释》，中华书局，1979年，第411页。

《管子·轻重甲》云：

> 禺氏不朝，请以白璧为币乎？昆仑之虚不朝，请以璆琳、琅玕为币乎？[①]

同篇又云：

> 怀而不见于抱，挟而不见于掖，而辟千金者，白璧也，然后八千里之禺氏可得而朝也。籫珥而辟千金者，琳琅玕也。然后八千里之昆仑之虚可得而朝也。故物无主，事无接，远近无以相因，则四夷不得而朝矣。[②]

　　《管子》给出的信息有十分明确的，那就是美玉出自7 800里（或8 000里）之外的昆仑山；也有不明确的，就是当地的国族或人种之名称，既说"牛氏"，又说"禺氏"。王念孙认为"牛氏"当作"禺氏"。王国维1925年作《月氏未西徙大夏时故地考》一文，认为《管子》各篇"皆以禺氏为产玉之地。余疑《管子·轻重》诸篇皆汉文景间作，其时月氏已去敦煌、祁连间，而西居且末、于阗间，故云'玉起于禺氏'也"。[③]王国维的这个观点对后世影响较大，当代注解《管子》的学者大都采用其说。如马非百就说："本书文同而字句各异之处甚多。且'牛''禺'一声之转。牛氏、禺氏实皆月支之音译，犹美利坚之或为米利坚。"[④]《管子》的成书年代问题至今还是悬案。如今看来，王国维仅仅从中原国家方面考虑问题，没有兼顾于阗方面自己的文化记忆，也未解释为什么古汉语记载中会有"牛氏边山"这样奇特的命名。

　　现在能够看到的西域本地有关于阗国建国传说，有四种说法，分别有三个出处：一是收录于藏文大藏经中的《于阗国授记》；二是唐玄奘于公元629年路过于阗时的描述；三是玄奘弟子所撰《大慈恩寺三藏法师传》。四种传

---

① 马非百：《管子轻重篇新释》，中华书局，1979年，第560页。
② 同上书，第560—561页。
③ 谢维扬、房鑫亮主编：《王国维全集》第14卷，浙江教育出版社，2010年，第283—284页。
④ 马非百：《管子轻重篇新诠》，中华书局，1979年，第413页。

说的一致性在于国王神奇出生的母题：大家都说第一位于阗国王是生于土中的，因为得到毗沙门天的神力帮助，才有此神迹。[①]通观于阗国家起源的三个出处的四种传说，明确与佛教信仰有关，显然都是佛教传入西域之后的产物。其中多次出现与牛崇拜相关的内容，值得结合《管子》记述的宝玉出产地"牛氏边山"作系统考察。以下引文节录自藏文大藏经《于阗国授记》的中文译本。

> 释迦牟尼佛既聚福德与智慧资粮，为众生故，而证无上等觉，于世上有二十一处宫殿。此于阗乃如来第二十一宫殿，较他处更具福德。[②]

> 昔者，于阗乃为海子，释迦牟尼佛为授记此海子将成桑田且予加持，乃与菩萨、声闻与天龙八部等二十万众眷属，由灵鹫山腾空，既至于阗。（于阗）时为海子，（释迦牟尼佛）乃宴坐于今西玉河近处水中莲花座上，授记此海子将成桑田且予加持，乃口申教敕，命八大菩提萨埵及其两万眷属、八大护法神祇及其三万五千五百有七眷属护持此尊圣之应供处所及此坺域。舍利弗与毗沙门誓愿卷起墨山（本授记下文173b6—7作 mam sa bar na parba ta 山，并称此山色如墨汁，《于阗教法史》作神山）。排出海水而得土地。佛坐于先前莲花座上，即今牛角山上立有释迦牟尼大像处，入深禅定七昼夜，而后返回天竺之吠舍厘城。[③]

如果说这个佛教神话版的于阗起源叙事中有一些元素是完全真实可信的，那就是释迦牟尼佛宴坐于莲花座的具体地点——西玉河。在下文中，西玉河这个地名一再出现，作为于阗国的地理标志。这无疑是指和田出产白玉的玉龙喀什河（又写作"玉陇哈什河"，简称"白玉河"）。这条河如今虽然已经资源枯竭，但是还有零星的采玉人采用挖地三尺的方式探寻残余的和田玉籽料（图14-15）。"牛角山"的出现，绝非偶然。下文讲到"（释迦

---

① 施杰我：《于阗——西域的一个早期佛教中心》，文欣译，见朱玉麒主编：《西域文史》第1辑，科学出版社，2006年，第88页。
② 朱丽双：《〈于阗国授记〉译注》，《中国藏学》2012年第1期。
③ 同上。

牟尼佛）涅槃后百年，于阗转成桑田。昔释迦于海子上宴坐莲花之处，（即）今瞿摩娑罗乾陀窣堵波安置处之中、绿色水晶宫之上、牛头旗檀木制成之窣堵波内，有过去四佛之舍利在焉。届此圣地者将至诚供养，所有供养者皆将领悟授记和不退转。"[1]接下来讲述的是著名的地乳王子故事："地中隆起一乳"哺育阿育王抛弃的男儿——于阗国之先祖，男儿后因得名地乳，玄奘的《大唐西域记》称之为"瞿萨旦那"。"地乳"既是于阗国先祖之名，也是于阗国之别名，先祖因地乳而生，故于阗亦被称为地乳国。相关的传说也见于藏文《牛角山授记》等。张广达和荣新江两位学者综合各家考证，认为所谓地乳建国传说是在佛国于阗滋生出的故事。于阗国名"瞿萨旦那"、于阗的名山"牛头山"或"牛角山"、于阗

图14-15　新疆和田玉龙喀什河当代采玉现场
（2015年摄于新疆和田玉龙喀什河）

的大寺"摩帝"、于阗的大塔"瞿摩娑罗乾陀"等名称中都包含有表"牛"意的塞语词根，这说明了于阗早期居民对牛的崇拜。同时也透露出迁徙到于阗的塞人对牛的崇拜。[2]藏文《于阗国授记》的产生年代较晚，却能从于阗本土信仰方面有效验证先秦古籍《管子》有关"牛氏边山"记载的可信性。显然"牛氏"一名不是从"月氏""禺氏"的音转而得来的，而是从于阗国崇拜牛的真实意义得名的。神牛与神佛的神话想象均源自印度本土，那里孕

育出佛陀的相关信仰，自古就有禁止杀牛和不吃牛肉的悠久传统。[①]直至今日，在印度各城市的大街上依然能够看到游走的牛，因为那是被禁止杀戮的圣物。

第五节　总结：玉路—丝路—佛路
——文化传播的因果链

于阗作为中国玉石之路起点的和田玉原产地，对华夏文明产生了巨大的吸引力，正是由于这种吸引力的作用，才有4 000多年来一直未曾终结的西玉东输运动。起初时，运输玉石的路径是在华夏统治者的强烈需求与活跃在于阗至河西走廊一带的印欧人种的月氏人共同作用下开辟出来的。先秦时代记录的玉路全程是7 800里，约4 000公里，这是一条举世无双的和田玉路（如今走直线的连霍高速路全程4 300公里）。随后伴随着于阗成为佛教国家，再度开启西佛东输的传教运动，玉路置换出新的佛像石窟之路。在没有受到佛教影响之前，于阗国在华夏想象中总是和（黄）河源与玉源联系在一起的，昆仑山在战国时期的《山海经》中就被视为"帝之下都"，类似世界神话中共有的母题——宇宙山和神话朝圣的目的地。后来的佛教顺利东进，就是因为华夏人有关昆仑山和西王母的神圣化想象原型，早在先秦时代就已经铸就对昆仑和西域的艳羡与向往朝圣之情。这就相当于，华夏本土的神话地理观早已为外来宗教信仰的传播预设好了重要的津梁和阶梯。西汉时代中原国家统治者为了获得和田玉而打通的中西交通路线，给佛教的东向传播提供了最佳的顺水推舟契机。这样一种层次分明的历史程序眼光，使得我们能够从多米诺骨牌的递进效应视角，重新审视这样一种世界宗教传播史遗留下来的未解之谜：原产于南亚次大陆的佛教，为什么不能向西传播，即不能传到西亚、北非和欧洲，偏偏只向东传播，最终在印度本土濒临失传，却全面覆盖到整个东亚国家和地区？

---

① 对印度不吃牛肉的生态学解释，参看［美］马文·哈里斯：《好吃：食物与文化之谜》，叶舒宪、户晓辉译，山东画报出版社，2001年。

　　目前的认识和解说是，佛教得以东传的原因不能在佛教信仰本身中去寻找，也不能光看中亚的印欧语系民族的作用，而同时要考虑接受一方即东亚的文化地理上的特殊原因。这就是中原华夏国家已经率先打通与西域诸国的交往关系，开辟好绵延数千公里的西玉东输的交通大动脉，使得西域诸国的佛教徒们有了直接进入中国传教的必要条件。否则的话，要么是印度的佛教与中国内地居民根本就无缘相见，要么是佛教向东亚传播的时间会大大推迟。

　　中国自史前时代形成的玉石神话信仰的大传统，自始至终不但不排斥偶像崇拜，而且玉雕人像和神像的神话信仰传播形式一直延续不断，使在中亚地区由于得到希腊雕塑传统再造的佛像这样的视觉传教方式，得以名正言顺地被接引到华夏文明中来。相反，中亚至西亚和欧洲方面，由于犹太教、基督教和伊斯兰教都禁止偶像崇拜，有效阻挡了作为"像教"的佛教传播，使之很难向西拓展势力，只能向东面传播发展。

　　至于佛教传入中国的"四级跳"中的第三跳和第四跳所走路径，完全是重复着张骞时代或者周穆王时代就已经完全打通的玉石之路。换言之，从玉门关、敦煌再到内地，佛像石窟寺传播的第四跳，其必经之地，就是沿着河西走廊一直向东，再经过拓跋氏之手，从武威传播到晋北的北魏都城平城，然后才随着北魏的迁都，南下进入中原。这样的路线图与今人想象的丝绸之路并不一致，倒是大体上逆向复制出周穆王西游昆仑朝圣玉山所走的北上山西和河套的路线。

第四部

玉文化先统一中国

第十五章

华夏文明的资源依赖

——石峁玉器新发现的历史重建意义

第一节　寻找夏文化：重建神圣符号物叙事链

从 20 世纪末的"夏商周断代工程"到新世纪以来的"中华文明探源工程"，伴随着考古新发现，重建国家早期历史脉络的重大学术研究不断取得引人注目的成果，同时也形成若干疑难点，其中最难获得突破的难点之一是，如何认识夏文化的源流与都城所在，找出中原国家形成的雏形。在启动中国社会科学院重大项目"中华文明探源的神话学研究"（2009—2012 年）前夕，笔者完成的前期准备性工作是在甘肃等西部省区连续 5 年的考察，并在 2008 年出版《河西走廊——西部神话与华夏源流》一书。该书从神话历史视角审视玉文化从周边向中原的运动，初步探讨了晋南的陶寺文化、西北的齐家文化和中原二里头文化三者的关联，希望从中窥测到奠定 4 000 年西玉东输文化现象的玉石之路的形成线索，找出华夏文明诞生前夜西北文化与中原文化互动的主要脉络。①

当时未能解决的几个困惑是：中原地区玉文化从无到有的转变是借助什么样的外力影响而完成的？换言之，从仰韶文化基本没有玉礼器，到龙山文化批量出现玉礼器，其源头从何而来？具体地看，中原地区庙底沟二期文化玉礼器萌芽（山西芮城清凉寺墓地）和陶寺文化玉礼器体系（玉璇玑、玉璧、玉琮组合）是如何西传并影响到齐家文化玉器生产的？齐家文化玉器又

---

① 叶舒宪：《河西走廊：西部神话与华夏源流》，云南教育出版社，2008 年，第七章第五节"寻找夏文化源"，第 155—160 页。

图15-1　陕西神木石峁
遗址的龙山文
化古城东门

（2013年摄于考古工地）

是通过怎样的路径和中原的二里头文化玉器发生关系的？解决这些疑问的关键是，在豫西晋南一带发现史前期批量玉礼器的地方和西北甘宁青等地大批量出现玉礼器的地方之间，找出文化传播上的联系和中介路线。

时隔5年后即2012年，陕北的石峁古城（图15-1）及其玉礼器体系的情况首次得到年代学的证明，无异于给以上的两种联系找到了关键的时空中介点。简言之，距今5 000年至4 300年之际在黄河东岸谷地缓慢形成的玉礼器文化，在山西襄汾陶寺文化衰亡后转移或传播到黄河西岸并北上，在河套地区的石峁遗址获得空前的发扬光大，于4 300年前形成以大件的玉璋和玉刀为主导器形的玉礼器新体系，并直接应用于城墙建筑的辟邪防御；随后再度向西北和南方传播，直接影响到后来的齐家文化玉器（4 000年前）与二里头文化玉器（3 800年前）。①

从理论上看，阐发中华文明起源的难点，在于寻找从龙山文化到夏文化的转移契机和进程，这也就意味着寻找到使得中华文化地理版图从新石器时代

----

① 关于石峁与齐家文化的关系，参看马明志：《河套地区齐家文化遗存的界定及其意义》，《文博》2009年第5期；叶舒宪：《齐家文化玉器色谱浅说》，《丝绸之路》2013年第11期。关于石峁与陶寺文化的关系，依据2013年6月16日在榆林机场对中国社会科学院考古研究所李健民先生的访谈（未刊）。

多中心分立格局（所谓"满天星斗"说）到有史以来的一元中心格局（华夏国家）的转换及其动因，即从多地域的地方性政权到一个具有充分统治力和号召力的中原国家政权雏形样态。这种雏形样态虽然在距今4 000年之际仍然只是"小荷才露尖尖角"的萌芽期，却给后来的商周国家奠定了基本的中原区辐射周边地域的四方一心格局，体现为《山海经》中的五方空间的同心方式国家地理展开模式，又体现为《禹贡》等典籍所载的五服制的、职贡图的范式模型。如果说，青铜时代黄河流域商周国家建构其政权和意识形态所必需的青铜器生产，及其所需要的铜矿资源依赖问题，已经引起中国早期文明研究的充分注意；①那么，探讨4 000年前早于商周青铜开采和生产的中原政权主导性资源依赖的情况，就不能诉诸文献记载，只能以考古新发现的遗址和实物为依据，把目光聚焦到先于青铜礼器数千年就形成华夏礼乐文化之源的玉礼器生产和使用情况上来。②这方面尚未引起研究者的足够关注。原因是华夏玉文化发展史的史前阶段，玉器生产的玉料取材从多点开花的各地区地方玉矿资源，转移和集中到一点独大的新疆和田玉资源，其过程和完成时间问题，学界一直没有得出较为确切的新认识，尚处在自说自话和众说纷纭的状态。

　　笔者将史前用玉的多点开花格局向中原国家用玉的一点独大格局之转变过程，概括为先有"北玉南传""东玉西传"后有"西玉东输"的两阶段过程。③前一阶段在距今4 000年前基本完成，以玉礼器文化自东向西传播，进入河西走廊为标志；后一阶段则以距今4 000年之际为开端，通过齐家文化和中原龙山文化的互动，将西北地区的新疆和田玉及甘青地区的祁连玉源源不断地输送中原。两大阶段的交汇点就在距今4 000年之际，这也正是夏文化发展为华夏第一王朝的年代。为了求证这一资源大转移的过程，仅靠齐家文化和二里头文化的资料则显得捉襟见肘。结合陕西神木县石峁遗址玉器新

①　参看［日］梅原末治：《中国青铜时代考》，胡厚宣译，商务印书馆，1936年；［美］张光直：《中国青铜时代》，生活·读书·新知三联书店，1989年；易华：《青铜之路》，见《夷夏先后说》，民族出版社，2012年；杨建华：《欧亚草原东部的金属之路》，上海古籍出版社，2016年；刘学堂：《青铜长歌》，甘肃人民出版社，2015年。

②　叶舒宪：《中国玉器起源的神话学分析——以兴隆洼文化玉块为例》，《民族艺术》2012年第3期；"丝绸之路"前身为"玉石之路"》，《中国社会科学报》2013年3月8日。

③　叶舒宪：《西玉东输与北玉南调》，《能源评论》2012年第9期；《玉石神话与中华认同的形成——文化大传统视角的探索发现》，《文学评论》2013年第2期。

发现，上海交通大学联合中国收藏家协会学术研究部，于2013年6月在陕西榆林召开"中国玉石之路与玉兵文化研讨会"，通过对陕北地区龙山文化玉器、玉料的实物观摩和现场讨论，与会专家达成基本一致的认识：在龙山文化晚期和齐家文化时代，即距今4 000年前后，西玉东输的华夏国家资源供应模式真正开启，在此过程中，河套地区的古代方国政权起到重要的中转作用。这一模式一旦形成，就一直推展到商周以后的历朝历代，甚至一直延续至今日，其间发生变化的只是运送的规模和具体的输送路线。

2012年以来的考古新发掘情况表明，陕西神木县石峁遗址史前石城及其建筑用玉现象，昭示出以石峁遗址为代表的河套地区龙山文化聚落社会，[①]以其强大的地方性方国政权统治形式，在距今4 300年至4 000年之际，大批量地生产和使用玉礼器、玉兵器。[②]在当地迄今没有找到玉料矿藏资源的条件下，面积达400万平方米的石峁古城政权很可能同时充当着史前期东玉西传（玉教观念和玉文化的传播）与西玉东输（玉石资源的传播）的双重中介作用。石峁玉器群如今的重现天日，对考察华夏文明发生期的玉石资源依赖与具体运输路线图，意义非同小可。

第二节 《管子》"尧舜北用禺氏之玉而王天下"解

华夏国家形成期的资源依赖情况，在先秦文献中有重要的线索提示。如《尸子》所记赴昆仑山采玉运玉之艰难，《管子》一书中向统治者提出的政治经济对策，更有反映远古时期中原王朝政权的资源依赖的说法。《管子·揆度第七十八》云：

> 齐桓公问于管子曰："自燧人以来，其大会可得而闻乎？"管子对
> 曰："燧人以来，未有不以轻重为天下也。共工之王，水处什之七，陆处

---

① 参看戴应新：《陕西神木石峁龙山文化遗址稠查》，《考古》1977年第3期；王炜林、孙周勇、邵晶等：《2012年神木石峁遗址考古工作主要收获》，《中国文物报》2012年12月21日。

② 参看叶舒宪：《重建玉石之路》，《文汇读书周报》2013年5月17日；《探寻中国梦的缘起，重现失落的远古文明》，《鉴宝》2013年第5期。

什之三，乘天势以隘制天下。至于黄帝之王，谨逃其爪牙，不利其器，
烧山林，破增薮，焚沛泽，逐禽兽，实以益人，然后天下可得而牧也。
至于尧舜之王，所以化海内者，北用禹氏之玉，南贵江汉之珠，其胜禽
兽之仇，以大夫随之。"①

　　这里说到国家治理经验的三种历史模式，即如何区别对待自然和自然资
源的三种经济对策，可分别称为共工模式、黄帝模式和尧舜模式。

　　管子明确说到尧舜王权建立的首要条件是"北用禹氏之玉"。此话值得
注意者有二：其一是表明玉料来自北方；其二是表明掌握玉矿资源的人群是
外族的禹氏之人。所谓"禹氏"何许人也？王国维和日本的江上波夫等以为
就是在北方草原与河西地区的游牧民族大月氏；②徐中舒以为是有虞氏，相
当于印欧人种。③至于尧舜圣王通过什么途径得到禹氏掌控的北方玉料，管
子没有具体说明。如今参照陕北石峁古城遗址所见玉器大量使用的情况判
断，玉料或许是通过黄河水路自北向南运送到中原地区的，河套地区史前玉
器的批量发现为此提供了新线索。但是玉料的原产地未必出自北方，而是出
自西北方，即祁连山—昆仑山一线。禹氏活跃在整个北方和西北地区，所以
中原人和东方齐国人印象中的玉料是来自北方的，并不知道其实出自西方。
《管子》书中同一篇再次说到玉矿：

　　　　桓公问管子曰："吾闻海内玉币有七策，可得而闻乎？"管子对曰：
　　"阴山之礌碙，一策也；燕之紫山白金，一策也；发、朝鲜之文皮，一
　　策也；汝、汉水之右衢黄金，一策也；江阳之珠，一策也；秦明山之曾
　　青，一策也；禹氏边山之玉，一策也。此谓以寡为多，以狭为广。天下
　　之数尽于轻重矣。"④

---

① 马非百：《管子轻重篇新诠》，中华书局，1979年，第429页。参看郭沫若：《管子集校（三）》，
　　见《郭沫若全集·历史编》3，人民出版社，1984年，第159页。
② 参看王国维：《月氏未西徙大夏时故地考》，见《王国维全集》第14卷，浙江教育出版社等，
　　2010年，第283页；[日] 江上波夫：《月氏和玉》，见《亚洲文化史研究·论考篇》，东京大学东
　　洋文化研究所，1967年。
③ 徐中舒：《先秦史论稿》，巴蜀书社，1997年，第46页。
④ 马非百：《管子轻重篇新诠》，中华书局，1979年，第460页。

　　管子所说的边山之玉，是作为当时国家重要战略资源而提及的。与边山具体的地理距离，下文有所交代："珠起于赤野之末光，黄金起于汝汉水之右衢，玉起于禺氏之边山。此度去周七千八百里，其途远，其至陀。故先王度用其重而因之，珠玉为上币，黄金为中币，刀布为下币。先王高下其中币，利下上之用。"①在《轻重甲》篇中，管子又一次提及玉矿，表明尧舜时代获得北方玉料的方式之一是靠朝贡。

　　　　禺氏不朝，请以白璧为币乎? 昆仑之虚不朝，请以璆琳、琅玕为币乎? 故夫握而不见于手，含而不见于口，而辟千金者，珠也; 然后，八千里之吴越可得而朝也。一豹之皮，容金而金也; 然后，八千里之发、朝鲜可得而朝也。怀而不见于抱，挟而不见于掖，而辟千金者，白璧也; 然后，八千里之禺氏可得而朝也。②

　　从珠玉资源的输送方向看，边缘性的资源对中央政权的供给是多方向运动的: 玉石，自北而南; 珠，自南而北。两种资源供给路线图大致勾勒出早期华夏国家的地域控制范围，即北至边山，南抵江汉。石峁玉器的生产和使用的具体地理位置，表明这个权倾一时的巨大方国正是处在中原王朝以北的稍远地区，使得"尧舜北用禺氏之玉"的判断得以落实到4 300年前的河套地区北方豪强势力。从距今4 000年以上的龙山文化时期和夏代，直到距今约3 000年的周穆王时代，河套地区的北方豪强政权以玉礼器和祭拜黄河的祭祀权而闻名后世，这就是《穆天子传》所记述的河宗氏之邦。它与西周统治者保持着良好的盟友关系，而与殷商统治者的关系显然是敌对的，所谓"高宗伐鬼方"的事件就表明商代国家与河套地区地方政权的势力冲突和战争情况。显然黄河河套地区距离中原的里程远没有"八千里"之遥，所谓禺氏之玉途经"八千里"抵达中原之说，一定包括禺氏从新疆昆仑山向东输送玉石的全程距离。河套地区或许只是西玉东输路线的黄河上游段到中游段的水路中转站点。2014年6月，第一次玉帛之路考察组在陕西神木县以东的

①　马非百:《管子轻重篇新诠》，中华书局，1979年，第462页。
②　同上书，第560页。

黄河东岸一带，即山西省兴县碧村一个名叫小玉梁的土丘上，发现龙山文化建筑遗址和当地人收藏的龙山文化玉礼器，[①]并及时将情况向山西省文物考古研究所汇报。一年以后的2015年7月，第六次玉帛之路考察组从包头出发，经过黄河河套南下，一路走来，再度沿着黄河考察兴县的龙山文化分布，在县城以西的二十里铺高山上发现龙山文化祭坛遗址。[②]黄河两岸地区的这些史前文化遗迹和玉礼器的集中发现，给史前期玉石之路黄河道漕运假说的论证提供了宝贵的实物资料。尤其对于理解《管子》为什么要说"尧舜北用禺氏之玉"的问题，打开了新的思考方向。在探索研究的问题意识指引下，沿黄河地区及黄河支流地区的更大规模的田野考察工作，[③]已经向学者们发出召唤。

在当今国际考古学界，受到沃勒斯坦（Immanuel Wallerstein）的世界体系理论（World-System Theory）影响，学者们开始关注大范围空间系统中的文化的相互作用关系："关注区域之间的一种劳动分工，其中周边区域为核心区域提供原料，而核心区域则在政治上和经济上占主导地位，所有地区的经济和政治发展受制于它们在该系统中作用变化的影响。菲利普·科尔（Philip Kohnl）认为，古代的世界系统很可能仅在表面上类似现代的世界系统。特别是他声称，核心和周边的等级关系很可能远不如现代的稳定，而政治力量在调节这种等级关系上，可能发挥着更显著的作用。个人和群体的迁徙也再次被讨论。而最重要的是意识到，社会与相邻的社会而言，就像它们与自然环境的关系一样，并非一种封闭的系统，一个社会或文化的发展很可能受制于它所置身其中的一个较大社会网络，或受其影响。人们也日益意识到，也值得对主导这些进程的规则本身进行科学的考察。"[④]华夏文明起源期形成的数千公里玉石资源供应链，充分表明这个文明国家有其不可或缺的战略资源出自边缘地区，对此资源的消费需求却不是出自边地，而是出自中

---

① 叶舒宪：《玉石之路黄河道再探——山西兴县碧村小玉梁史前玉器调查》，《民族艺术》2014年第5期；张建军：《山西兴县碧村小玉梁龙山文化玉器闻见录》，《百色学院学报》2014年第4期。

② 叶舒宪：《兴县猪山的史前祭坛——第六次玉帛之路考察简报》，《百色学院学报》2015年第4期。

③ 参看叶舒宪：《玉石之路踏查续记》，上海科学技术文献出版社，2017年，第165—186、245—274页；《玉石之路踏查三续记》，上海科学技术文献出版社，2018年。

④ 菲利普·科尔：《古代经济、可传播的技术和青铜时代的世界体系》，转引自［加拿大］布鲁斯·特里格：《考古学思想史》，陈淳译，中国人民大学出版社，2010年，第331页。

原核心地区。同时，这种资源需求也拉动了周边地区经济、政治和文化的发展。这种资源依赖格局形成的历史从一个方面还能够说明：为什么直到今日河西走廊以西地区的不同民族会成为这一文明国家的统一的文化共同体成员，以及为什么新疆的广大地区是统一中国的不可分割的组成部分。

资源依赖这个术语打开的全新视角，足以帮助我们揭开笼罩在历史表象上的一层帷幕，窥探到文明大国得以诞生和运作的某些关键奥秘。

第三节　华夏文明之黄河摇篮说的更新

在关于文明起源的理论中，当代有所谓"大河流域"说。如美国学者刘易斯·芒福德（Lewis Mumford）的经典著作《技术与文明》（*Technics and Civilization*）一书指出：

> 文明总是沿着大河的流域在发展：黄河、底格里斯河、尼罗河、幼发拉底河、莱茵河、多瑙河以及泰晤士河。也许海洋两端的文明算是某种例外，在那里海洋代替了河流。各种早期的技术就在这种原始的流域背景下发展着。①

从世界最古老的五大文明古国情况看，芒福德列举的几大河流还应该加上印度河，这样即可完满地将每一个古文明的发生落实到一条母亲河的孕育规律。依次分别是：底格里斯河、幼发拉底河流域（合称两河流域）孕育的苏美尔文明和巴比伦文明；尼罗河流域孕育的古埃及文明；印度河流域孕育的印度文明；黄河流域孕育的华夏文明。由于大河流域与文明古国发生的对应性十分醒目，以至于美国历史学家魏特夫在20世纪中期提出一种新的文明起源理论：挑战-应战模式下的水利灌溉说，即每一文明古国的起源都遵循着人类应对大河泛滥的环境挑战需求，通过人工建设水利设施而实现灌溉农业，在此基础上孕育出伟大的城市文明。细致地而不是笼

---

① ［美］刘易斯·芒福德：《技术与文明》，陈允明等译，中国建筑工业出版社，2009年，第59页。

统地辨析华夏文明起源与黄河的关系，我们看到，华夏文明初始期根本没有也不可能有利用黄河之水利建立大规模灌溉农业的情况。黄土地的生态特性选择的唯一本土性粮食作物是耐干旱的小米，这样在外来输入的小麦进入黄河中游地区以前，也就不需要什么灌溉农业。这个事实意味着华夏文明起源的黄河摇篮说需要重新界定理论方向：黄河不是作为集约化农耕生产的水利灌溉条件而发挥拉动文明起源之作用的，穿越整个黄土高原区的黄河，作为东亚地区最大的河流之一，主要是作为中原文明所依赖的外地资源的水路运输渠道而拉动文明起源的。仅此一个微妙的区别，就让我们不能认同魏特夫的水利说文明起源的普世论调，需要提出符合国情的中国人自己的华夏起源观。玉石之路黄河段的研究课题，将会带来研究格局的更新与文化观念的更新。①从《尚书·禹贡》到《水经注》，华夏九州大地上的河流怎样从文明起源期就承担远距离的资源调配作用，值得结合考古新发现作出全盘的考量。

　　我们提出的假设是，东亚的青铜时代到来之前，先有一个玉器时代作为铺垫。铜矿和其他金属矿石起初被先民发现之际，其实也都是某种特殊石头。据此可以说，冶金术的起源确实以石器时代切磋琢磨的攻玉实践为前身。如果要在漫长无比的石器时代中划分出早段无玉器时代和晚段有玉器时代，那么原有的旧石器时代和新石器时代的划分就不够用了，需要在新石器时代中期至青铜时代初期之间，重新划分出一个玉器时代。对于华夏文明的特殊文化基因而言，玉器时代的孕育作用至关重要。问题在于阐明玉器从石器中被筛选而出的观念因素是什么。刘易斯·芒福德的说法是：

　　　　在挖掘、采石和采矿之间并没有明显的分界。发现石英的露天岩层，也同样可能展现黄金；黏土河岸的河流中也可能闪现一颗或两颗金粒。它们对于原始人之所以可贵，不仅是因为其稀有，而且是因为它们柔软，能延展，不易氧化，不用火就能加工。在所谓的金属时代到来之前，人们应用的是黄金、琥珀和玉石。它们受人珍重主要不是因为能

①　叶舒宪：《黄河水道与玉器时代的齐家古国》，《丝绸之路》2012年第17期；《玉石之路大传统与丝绸之路小传统》，《能源评论》2012年第11期。

制作什么，而是因为它们的稀有及奇异的性质。人们对这些稀有物质的追求与扩大食物来源或感官的舒适毫无关系：因为在发明资本主义和批量生产之前很久，人类就已经不仅能满足生存需求，而且有更多的精力了。①

这种认识过于表面，难道仅仅由于"稀有和奇异"就能被人珍视甚至推崇备至吗？至少还需要从史前信仰观念上说明问题，那就要落实到玉石神话的形成和传播。有关夏代的历史记忆充满着各位统治者崇玉、佩玉和用玉的传说。从鲧生禹和涂山氏生启的方式看，是石中生出玉的神话拟人化；从禹之玉圭和启之玉璜，到夏桀之玉门、瑶台，可以说整个有关夏代的想象都离不开玉的神话信仰。国人都熟悉瑶台是华夏神话中的专名，特指掌管不死仙药的女神西王母的居所，又称瑶池。夏桀建瑶台，莫非要在人间营造一个模仿昆仑山的神仙永生世界？石峁石城发掘出4 000年前建筑用玉景观，让争议夏代是否存在的各方人士都会有新的思考：肯定夏代存在的一方需要探讨石峁建城用玉与夏代玉文化的关系；否认夏代存在的一方则可思索相当于夏代纪年的石峁城之民族属性与文化归属，还有其玉料的来龙去脉；②甚至需要从河套地区的方国政权统治势力及辐射规模，重新审视中原文明崛起的外来影响要素，③尤其是北方草原游牧文化带的形成及其与中原农业文明的冲突、互动及融合。④

第四节　石峁玉器解读：通神、避邪的玉教神话观

笔者自2012年夏以来曾3次走访石峁的龙山文化古城遗址。从考古现场

---

① ［美］刘易斯·芒福德：《技术与文明》，陈允明等译，中国建筑工业出版社，2009年，第67页。
② 叶舒宪：《神木、神煤和神玉》，《能源评论》2013年第4期。
③ 叶舒宪：《文化传播：从草原文明到华夏文明》，《内蒙古社会科学》2013年第1期；《西玉东输与华夏文明起源》，《丝绸之路》2013年第10期。
④ 参看［以色列］吉迪：《中国北方边疆地区的史前社会》，余静译，中国社会科学出版社，2012年，第128—149页。

得知，有中国史前最大城市之称的石峁城有400万平方米，2012年发掘清理的只是该石城的一座东门。在垮塌的墙体中发掘出6件玉器，分别是玉铲、玉璜和玉璜残件。在陕西当地，更受欢迎的观点是将石峁古城看作黄帝集团的遗址，相关文章在《光明日报》刊登并引起持续的争论。[①] 不过，从石峁城墙中木料取样的碳十四测年结果看，建城和使用的年代在距今4 300年至4 000年间，约相当于夏代早期及更早些的传说时代，即唐尧虞舜时代，与自古相传的黄帝5 000年说，尚有近千年的差距。根据以往研究经验，不宜轻易将史前考古遗址同传说的某一位古帝王直接对应，因为此类对应来自主观猜测，很难证实，除非有考古发现的文字记录或其他较确实的符号系统证明，否则容易引起持久的争议。就连河南二里头遗址是不是夏代都城所在，至今还争议颇多，更不用说石峁遗址是不是黄帝集团的遗迹了。

目前更需要学界关注和解释的是：相当于夏代的4 000多年前的古城墙建筑用玉现象意味着什么？这一现象和古书记载中有关夏代帝王的事迹有没有对应点？如果有，又该作出何种联系和因果解释？石峁当地出古玉的名声已有半个多世纪，陕北民间一直有大量玉器外流，学界却弄不大清楚具体出处。20世纪70年代，陕西省考古研究所的戴应新先生到当地调研时，曾经通过村干部动员，一次就从石峁村民手中采集到玉器126件。[②] 当地农民的一个说法就是玉器来自石墙的墙体。为了获取古玉，许多墙体遭到盗掘和破坏，现在残存的城墙已经十分破败和零碎。由于这一带本来就是明代长城分布的地区，人们也就一直以为这些藏玉的石城属于明长城残部。现在终于真相大白：这些残垣断壁是史前期的龙山文化先民修筑和使用的。该城在距今约4 000年时被废弃，之后并没有发现商代及其以后的建筑和遗物，这意味着石峁古城代表的是一种失落的文化。石峁的玉器生产和使用并没有在当地的后世文化中传承下来，而是传播到其他地域。可能的传播方向：一是向西，进入宁夏、甘肃、青海地区，成为齐家文化玉器的源头之一；二是向南，成为延安和关中等地龙山文化玉器的源头，并辗转而波及影响到河洛地区二里头文化玉器

① 沈长云：《石峁古城是黄帝部族居邑》，《光明日报》2013年3月27日。
② 戴应新：《我与石峁龙山文化玉器》，见《中国玉文化玉学论丛》（续编），紫禁城出版社，2004年，第228—239页。

图15-2　河南偃师二里头遗址出土的墨玉璋
（摄于中国国家博物馆玉器馆）

图15-3　陕西神木石峁遗址出土的墨玉璋
（摄于陕西历史博物馆）

及商代玉器。二里头遗址高等级墓葬出土的玉刀、玉璋组合（图15-2），从形制和墨玉用料看，均与石峁玉刀、玉璋如出一辙（图15-3），或可作为文化关联的很好物证。

2012年夏通过答辩的山东大学杨谦的硕士论文《商代中原地区建筑类祭祀研究》，将商代建筑仪式划分为三类：奠祭、祀墙和祀门。三种仪式中仅有祀门仪式使用玉器。如今看来，建筑仪式用玉的传统也是殷商人继承的史前文化传统。石峁古城还有一个让人惊悚的发现：城墙东门路面下和墙基外侧有两处集中埋放人头的遗迹，每处都是24个人头。头骨以年轻女性居多，部分头骨有明显的砍斫痕迹。先民建造城池用砍伐人头的行为作为奠基礼，这和建筑用玉的辟邪目的是一致的。2012年发掘清理的只是古城地势最高处的一座东城门，就发现2处48位牺牲者的头颅。2013年6月笔者再度考察时，人头坑的数量已经增加到4个，开始发掘的东门北侧城墙基址下方，延墙体伸展的方向有新发现的2个人头坑，大坑中依然有24个人头，小坑中则发掘出6个人头。奠基用人头数量已经达到78个之多。照此推测，全城（外城墙现存长度约4 200米，内城墙现存长度约5 700米，合计长度将近10公里）之下不知有多少被砍的人头！这78个人头多为年轻女子之头，她们与石峁建城者和统治者有怎样的关系？是敌对一方的俘虏被残杀，还是族群的牺牲行为？这一切还都是谜。

辟邪的"辟"字，下方加上玉字就是代表玉礼器的"璧"，可象征精神上的通神、防御和保佑；下方加上土字就是代表城墙的"壁"，代表现实的

防御和保护。辟邪需要人头祭祀
的情况，在中原龙山文化的建筑
仪式、遗迹中多有发现，但从来
没有发现使用这么多人头的。辟
邪用玉用金（金属）的情况，在
华夏周边的少数民族建筑奠基礼
上至今还能见到。联系到石峁遗
址出土的玉人头像（见十四章图
14-3），以及石雕巨型人面像（图
15-4）等，4 000年前先民用玉的

图15-4　陕西神木石峁遗址出土的石雕人头像
（摄于榆林学院陕北历史文化博物馆）

辟邪神话功能便呈现得十分明显。有关史前时代的石雕或陶塑人头人面等，
萧兵先生均从辟邪意义上去理解。他写道：

> 李水城《从大溪出土石雕人面谈几个问题》认为，它（即玉雕人
> 面）确实可能是一种"护身符性质的形象化灵物"。它出现在一座儿童
> 墓中，我们觉得就更可能是辟邪护身的"佩饰"，就好像后来的贾宝玉
> 佩戴"通灵宝玉"，一般孩子戴"金锁"项圈、虎面佩饰一样——至于
> 那人面所"属"还难于认定，只是可以肯定，无论是祖灵或人神造像，
> 抑或猎获的"敌枭"造像，都具有辟除邪恶的功能。[1]

结合石峁建城用玉器于墙壁中的情况看，《红楼梦》等文学作品表现的
玉器能够辟邪护身的观念普及流行于民间，其源头显然是史前大传统的玉石
神话信仰。玉器或玉质建筑物的想象，其观念原型即神话中的神仙所居之
地。《山海经·大荒西经》把日月所入的那一座山称为"丰沮玉门"，而夏代
的帝桀也曾修筑人间的"玉门"和"瑶台"。至于瑶台的原型，自然和西王
母神话相关。《穆天子传》卷三云：天子宾于西王母，天子觞西王母于瑶池
之上。西王母为天子谣曰："白云在天，山陵自出。道里悠远，山川间之。将
子无死，尚能复来。"天子答之曰："予归东土，和治诸夏。万民平均，吾顾

① 萧兵：《辟邪趣谈》，上海古籍出版社，2003年，第75页。

见汝。比及三年,将复而野。"

后世文学有关瑶池或瑶台的想象再造,总是和玉界仙境联系在一起。如"仙宫莫非也寂寞,子夜乘风下瑶台";"若非群玉山头见,会向瑶台月下逢";"飞雪漫天传圣讯,速邀芳客赴瑶台";"瑶台休更觅,只此即神仙";等等,皆是其例。夏代帝王用美玉砌成的楼台,从命名上看就是模拟昆仑山玉界的。除了瑶台之外,还有所谓"璇室"。"璇室"特指饰有璇玉的宫室。"璇"通"旋",故又写作"旋室"。有一种说法认为,指装有旋转机关的宫室。《淮南子·墬形训》:"倾宫、旋室、县圃、凉风、樊桐,在昆仑阊阖之中。"高诱注:"旋室,以旋玉饰室也。一说,室旋机关可转旋,故曰旋室。"从石峁玉器中多见玉璇玑的现象看,璇室的原型或许和玉璇玑本身的神话宇宙论意蕴有关,值得进一步探究。在有关夏代玉质建筑物的三种名目中,唯有"玉门"一项成为华夏文明史上著名的河西走廊地名和关口名,而且其地点就在向中原输送和田玉的玉石之路枢纽上。

玉门关遗址位于甘肃省敦煌市城西北约80公里处的戈壁滩上,一名小方盘城,是长城西端的重要关口。现存的玉门关城垣完整,总体呈方形,东西长24米,南北宽26.4米,残垣高9.7米,全为黄胶土筑成,面积633平方米,西墙、北墙各开一门,城北坡下有东西大车道,是历史上中原和西域诸国来往及邮驿之路。关于玉门关的起名问题,民间文学的叙事给出了更加贴近上古信仰的解释:玉门关原来叫小方盘城,当时和田玉大量输入中原,数千里路上的主要运载工具是骆驼。骆驼队一旦进入小方盘城就卧地害病,这使押运玉石的官员十分恼火。有一位回鹘老人说,骆驼害病是由于被运送的玉石在作怪,需要安抚它,为玉石祈祷。具体做法是在小方盘城的城门上砌一圈玉石。玉石进关时见到城上有光泽,以为仍在和田故土,就不作怪了。官员听从回鹘老人的劝说,在小方盘城城门上方砌了一圈晶莹光润的玉石,小方盘城也就改名叫玉门关了。[①]回鹘人,一般被认为是现代新疆维吾尔人的前身,在数千年新疆和田玉输送中原的过程中,他们在月氏人之后充当了最重要的角色。敦煌当地民间文学中的表现的回鹘老人的说法,也间接见证着历史上新疆与中原的相互联系。

根据原始信仰的万物有灵观念,草木、石头等自然物都是像人一样的有

---

① 唐光玉整理:《丝路的传说》,《甘肃民间文学丛刊》1982年第2期。

灵之活物。具体而言，相信玉石通灵的玉教信仰观念的核心在于如下几点：其一，神灵高高在上，看不到也摸不到；其二，世间稀有的玉石即代表着下到凡间的神灵，使得遥不可及的神灵变得具体而实在；其三，玉石之所以能够代表神灵，主要是因为玉石的颜色和半透明性近似天空之体，于是先民在想象中将玉类比于天和天神；其四，将玉石用于祭祀礼仪活动，是让信仰者直接感触到超自然存在，实现人神沟通和天人沟通；其五，最初的玉教形式就是石头崇拜和石头祭祀，祭祀玉石如神在，如羌族的白石崇拜；其六，用玉石作材料，制作出象征圆天的玉礼器——玉璧，专门用于祭祀仪式。考察《尚书·顾命》篇的周公祭祀、《穆天子传》的穆天子与河宗氏祭祀黄河、《山海经》五藏山经的山川祭祀情况，可知华夏祭礼文化在西周时期已经完成改造升级，即形成以玉璧为主体的玉礼器体系。

　　石峁城东门山墙体中发现玉器，表明那也是4 000年前古人心目中的一座"玉门"。最有参照意义的解读旁证，出自云南兰坪河西一带普米族在建筑奠基仪式上演唱的《祭中柱》歌，其歌词云：

> 我们寻找一个藏金埋玉的地方
> 打上地基的围栏
> 挖了第一锄基槽
> 埋下了第一个基石[①]

　　普米族的建筑选址讲究"藏金埋玉"之地，这样的祭祀歌词听起来像是文学性的夸张或夸饰，但它不是在炫富，而是表达一种宗教信仰，因为金玉具有祈祷和辟邪的双重作用。这种做法可以和4 000年前石峁建城者的辟邪行为——墙体中藏玉和墙基下埋人头相互对照诠释。

　　陕西礼泉县流传的唐太宗李世民修建陵墓选址的民间传说，也有先选风水宝地，然后埋下一枚玉钱，压石为记的细节。玉钱自汉代起就被生产和使用，但是玉钱并不能用作在市面上流通的货币，而是用于宗教性或准宗教

[①]　和顺昌讲述：《祭中柱》，见《云南普米族歌谣集成》，采自"中国口头文学遗产数据库"，中国民间文艺家协会与汉王科技公司，2013年。

性的祈祷祭祀场合。建筑必须先破土才能动工，用人做牺牲和用玉钱埋到地下，此类行为都暗含向地鬼买地谢罪的宗教意图。玉和人头一样，具有强烈的避邪神话意蕴。此类民间口传资料虽然产生年代较晚，但是其中体现的玉器通神通灵的作用，依然可以作为第三重证据，给玉教观念支配下的华夏文化文本解读带来有益的启迪。

第十六章

玉文化先统一中国说

本章摘要

战争是人类文明起源期的常见现象，兵器与此相伴而生。玉兵器和玉礼器的出现则是华夏文明起源期的特有文化现象，迄今尚未得到发生学的总体性说明。本章以石峁古城及玉器的新发现为案例，说明玉文化如何比秦始皇武力征服早2 000余年就率先开启统一中国的历程。

本章将具体探寻从仰韶文化到龙山文化的玉文化发展脉络。古城古国的大面积铺开伴随着父权制国家（方国）与武力、战争的同步兴起，而玉制干戈的出现，具有从精神信仰上防御和化解实际的武力攻击的平衡功能，并孕育了"化干戈为玉帛"的中国式和平理想。而其物质的和观念的前提是由北方红山文化和南方良渚文化在5 000年前奠定的。石峁龙山文化古城建筑用玉器的现象，一方面凸显了玉石神话信仰（玉教）的避邪禳敌功能；一方面提示了它同时充当"东玉西传"（玉文化传播）和"西玉东输"（玉料传播）中转站的可能。

2012年5月，中国社会科学院重大项目"中华文明探源的神话学研究"即将结项之际，笔者到陕西神木石峁遗址调研龙山文化玉器的发现情况。2012年年底，陕西省考古研究院发布神木县石峁遗址发掘信息，一座4 000多年前、面积达400万平方米的石头古城重现天日。[①]媒体用"石破天惊"

---

① 王炜林、孙周勇、邵晶等：《2012年神木石峁遗址考古工作主要收获》，《中国文物报》2012年12月21日。

和"改写中国文明史"来形容这次考古发现的意义。2013年4月，笔者和中国收藏家协会学术研究部的同仁第二次到石峁遗址考察，对考古队成员和当地玉器收藏家作初步访谈。本章基于这两次考察结果的初步思考，试着展开四重证据的分析论述，以求抛砖引玉，给夏桀时代筑玉门和瑶台的历史叙事提供新解说。

第一节　玉门瑶台露真容：石峁石城的精神防御功能

　　石峁古城的重现天日，伴随着诸多出人意外的震惊之处，让现代人感受到一系列不可思议的文化现象。这些现象启发探索者去思考：4 000年前石峁古城建城者属于什么样的人群？是何种信仰观念驱使他们做出奇异行为——用玉礼器填充高大的城墙？

图16-1　陕西神木石峁遗址的龙山文化石城一角
（2013年摄于石峁城东门）

　　第一个震惊是年代的发现。石峁出古玉的名声已经有几十年了，但是当地民间大量玉器不断外流，外界和学界却弄不大清楚其具体出处。20世纪70年代，一位考古专业人士通过石峁村干部动员，一次就从村民手中采集到玉器120多件。[1] 石峁村周边乱石嶙峋的山冈上分布着若隐若现的石砌城墙，人们司空见惯，一直以为其是明长城的残破遗存。经过发掘采样石头城墙中的建筑木料，根据碳十四检测获知，这些暴露在山梁上的干打垒式古城残留，既不是明长城，也不是秦汉长城，而是4 300年至4 000年前建造和使用的地方政权的王城（图16-1）。

---

① 戴应新：《我与石峁龙山文化玉器》，见《中国玉文化玉学论丛》（续编），紫禁城出版社，2004年，第228—239页。这批玉器如今收藏在陕西省博物馆，有一小部分作为展品常年展出。

图16-2　陕西神木石峁
　　　　古城选址的风
　　　　水学背景

（2013年摄于石峁城东门
高台）

　　紧接着而来的第二个震惊是古城面积。根据现有城墙残迹的面积测算，石峁石城超过400万平方米，比已知的陶寺古城和良渚古城都大得多，于是当下便获得"中国史前最大的古城"的美称。

　　第三个震惊是这座古城居然有类似北京和紫禁城的环套结构设计，即：外城套着内城，内城之中还有一个被当地百姓叫作皇城台的建筑群。这意味着，国人所熟悉的历代帝王都城建筑格局，早在中原文明崛起以前就诞生在北方的河套地区了！如果说石峁古城的外城相当于北京城，内城则相当于紫禁城，皇城台则相当于故宫中央的太和殿等建筑群。其建筑结构中隐喻的天人合一风水意蕴和神圣王权意蕴，在山川环抱的宏大气势中，得以充分彰显（图16-2）。①

　　第四个让人震惊的发现是城墙附近有两处集中埋放人头的遗迹，每处都是24个人头。一处位于外瓮城南北向长墙的外侧；一处位于门道入口处，靠近北墩台。这两处人头骨摆放方式似有一定规律，但没有明显的挖坑放置迹象。经初步鉴定，这些头骨以年轻女性居多，部分头骨有明显的砍斫痕迹，个别枕骨和下颌部位有灼烧迹象。这两处集中发现的头骨可能与城墙修建时的奠基活动或祭祀活动有关。②

① 戴应新描述的地理位置是："石峁遗址属高家堡公社石峁队，西距高家堡1.5公里，东北距县城60公里，北距长城10公里。榆林到府谷的公路沿着洞川沟从遗址山脚下经过。"见戴应新：《陕西神木石峁龙山文化遗址调查》，《考古》1977年第3期。

② 王炜林、孙周勇、邵晶等：《2012年神木石峁遗址考古工作主要收获》，《中国文物报》2012年12月21日。

图16-3 陕西神木石峁石城东门照壁等倒塌墙体内的玉器

（2013年摄于考古工棚）

石峁遗址先民建造城池为什么要用砍伐人头的行为作为奠基典礼的组成部分？目前正式发掘清理的仅位于古城地势最高处的一座东城门，就发现有48位牺牲者，全城（外城墙现存长度约4 200米，内城墙现存长度约5 700米，合计长度将近10公里）之下又将有多少被砍伐的人头呢？这48个骷髅多为年轻女子之头，那又诉说着史前古城埋藏着怎样的父权制社会暴力之历史秘密呢？[①]

第五大震惊是玉器出土的位置。以往出土古玉大多在墓葬、房址、灰坑、祭祀坑或祭坛等处，2012年却在高出地面的东城门照壁墙体里面发现多件玉铲，在倒塌的城门北墩台散水堆积中发现1件玉璜。这意味着石峁石城的建城者将琢磨好的玉器成品穿插在了筑城时垒砌石块的缝隙之中（图16-3）。

① 石峁遗址墓葬的报告尚未发布，但与石峁遗址处在同一地区的朱开沟遗址第三期墓葬却发现多处异性双人或三人合葬景象：一位男性葬于木棺内，棺外陪葬一位或两位女性。考古工作者推测唯有男性家长享有同穴合葬的权利，陪葬者或许为妾。墓葬形式表明4000年前河套地区父权制社会的确立。参看内蒙古文物考古研究所、鄂尔多斯博物馆：《朱开沟——青铜时代早期遗址发掘报告》，文物出版社，2000年，第230页。

建筑本身用玉的情况，在迄今的史前考古报告中很少出现，而商代建筑基址则有零星的发现。大家都知道优质玉料本身的稀有性，使得玉器成为社会中的顶级奢侈品。与石峁遗址相距不远的内蒙古伊克昭盟伊金霍洛旗朱开沟遗址，是一处龙山时代晚期至夏商时期的遗存，那里只有高等级墓葬中才能见到零星的玉器和绿松石饰品。对比之下，石峁古城的年代始于龙山中晚期，结束于夏代，持续的时间约300年，远不如朱开沟遗址的约800年，为什么玉器在朱开沟那里难得一见，而石峁这里不仅墓葬中有玉器随葬，连建城都使用玉器呢？

遗址的级别当然是解答的关键。朱开沟只是一般的史前聚落，遗址总面积约50万平方米，只是石峁遗址的1/8。石峁古城的规模和建城所需劳动力数量足以说明，这里不仅是河套地区的史前政治军事文化中心，而且是整个北方最显赫的聚落中心和地方政权所在，其武力征服和威慑的范围、所能够获取的自然资源和战略资源的数量规模，都不是一般的史前聚落所能比拟的。石峁玉器以大件的玉璋、玉刀为代表（图16-4），所耗费的玉材数量非同一般。即使当地没有玉石矿藏的原材料供应，石峁王国的

图16-4　陕西神木石峁遗址采集的玉刀
（摄于陕西历史博物馆）

统治者也能够在一个较为广大的地域范围调动和运送玉石，保证玉礼器奢侈品的生产和使用。这就使得建筑用玉这样罕见的现象得以发生在4 000年前。

研究中国神话的学人都熟悉古文献中一再讲到的瑶台、玉门之类的神话建筑，从命名上就不难看出此类神话建筑物肯定与玉石材料有关，而且由此直接催生出中国人有关玉宇琼楼的天界梦想。自儒家圣人推出"不语怪力乱神"的话语禁忌，几千年来没有多少人把瑶台、玉门等玉质建筑当作现实的存在，无非是诗词幻景中描绘的缥缈仙界而已。值得注意的是，古人对夏代统治者的历史记忆中有明确的玉器宝物和修筑瑶台、玉门之类奢华建筑的信息。

《山海经·海外西经》讲到夏启有乘龙升天的本领，其标志物是左手操翳，右手操（玉）环，身佩玉璜。在晋代郭璞所作《山海经图赞》中，统治者凭借玉礼器通天的母题再度得到强调："筮御飞龙，果舞九代。云融是挥，玉璜是佩。对扬帝德，禀天灵诲。"①其末句"禀天灵诲"是承接天神圣旨的意思，玉璜则是通神者的媒介物和神圣标志物。

玉器为什么会和通天通神的母题结合在一起？《竹书纪年》卷上也讲到夏启举行礼仪活动的一个特殊场所是玉石装饰的高台："帝启，元年癸亥，帝即位于夏邑。……大飨诸侯于璿台。""璿台"亦作"璇台"或"琁台"。不论是"璿"字，还是"璇"字，本义皆为美玉。看来夏代君王的升天通神本领与其拥有的神秘玉器存在某种相关性。《文选》王元长《曲水诗序》云："至如夏后二龙，载驱璿台之上。"李善注引《易·归藏》曰："昔者夏后启筮享神于晋之墟，作为璿台于水之阳。"②

修筑璿台的夏启是夏代第一位统治者，修筑玉门的夏桀则是夏代最后一位统治者。笔者在《玉石神话与夏代神话历史》③《三星堆与西南玉石之路——夏桀伐岷山神话解》④等文中已经从神圣资源依赖视角论述到夏代统治者与玉礼器和建筑用玉的特殊关联性，并引用5处古籍记载。

例一，《汲冢古文》说："夏桀作倾宫、瑶台，殚百姓之财。"⑤

例二，《晏子春秋·谏下十八》云："及夏之衰也，其王桀背弃德行，为璿室、玉门。"⑥

例三，《竹书纪年》云："桀倾宫，饰瑶台，作琼室，立玉门。"⑦

例四，《淮南子·本经训》云："晚世之时，帝有桀纣，为琁室、瑶台、

---

① 郭璞著，王招明、王暄注：《山海图赞译注》，岳麓书社，2016年，第222页。
② 王国维：《今本竹书纪年疏证》卷上，见方诗铭等：《古本竹书纪年辑证》（修订本），上海古籍出版社，2005年，第213页。
③ 叶舒宪：《玉的叙事——夏代神话历史的人类学解读》，《中国社会科学报》2009年7月1日。
④ 叶舒宪：《三星堆与西南玉石之路——夏桀伐岷山神话解》，《民族艺术》2011年第4期。
⑤ 《文选·吴都赋》注引，转引自方诗铭等：《古本竹书纪年辑证》，上海古籍出版社，2005年，第19页。
⑥ 同上书，第19页。
⑦ 《太平御览》卷八二皇王部引《纪年》。

象廊、玉床。"高诱注："琁、瑶，石之似玉，以饰室台也。用象牙饰廊殿，以玉为床。言淫役也。琁或作旋，瑶或作摇，言室施机关，可转旋也；台可摇动，极土木之巧也。"①

例五，张衡《东京赋》云："必以肆奢为贤，则是黄帝合宫，有虞总期，固不如夏癸之瑶台，殷辛之琼室也，汤武谁革而用师哉？"②

从表层叙事看，夏桀因为宠幸妹喜或琬琰而亡国，以及因为滥用民力建造玉质宫殿而亡国，说的是两件事；但是从深层的隐喻意义看，两件事也是一件事，因为如前文所分析的，琬琰就是蜀山之玉的人格化、女性化联想的产物。

以上5条记载中，桀以玉材营造的建筑有倾宫、瑶台、璇室（琁室）、琼室、玉门、玉床，花样虽多，但都是玉制。③

以往的研究者们即使发挥想象力，也难以弄清夏代玉材建筑的奥秘，为什么其会给后人留下如此深远的印象——古书中的瑶台、璇室、玉门永远是难解的哑谜。如今有了比夏代纪年还早的石峁古城作为实物证据（第四重证据），是否可以让人明白，玉质建筑不是古人凭空想象的臆造或杜撰，而是以穿插或装点着玉器的建筑作为原型，被神话化再造的结果。实际上史前石峁人在石头建筑中穿插玉器，不是作为建材用，而是为满足精神防御的作用，即发挥玉器中蕴含的能量，产生避邪神话之功效。此种行为的根源在于以玉石为神圣物的信仰和观念。

石峁考古队队员邵晶介绍说，目前还没有展开对石峁古城的大规模发掘，只对石城东门旁的一段墙体垮塌做清理便在墙体中发现6件玉器。这证实了当地老乡一再陈述的，采集的玉器常常出在残垣断壁中。

史前人建城用玉器的现象耐人寻味，城墙上的玉器和城下的女性头骨足以营造出一种强大的精神信仰气场，用今人容易理解和接受的语词可称之为"避邪神话"。玉器能够避邪防灾，护身防病，在中国民间是家喻户晓的常识。此说有曹雪芹笔下主人公贾宝玉的通灵宝玉为证。玉之所以能够为"宝"，关

---

① 刘文典：《淮南鸿烈集解》，中华书局，1989年，第256页。
② 费正刚等辑校：《全汉赋》，北京大学出版社，1993年，第440页。
③ 叶舒宪：《中华文明探源的神话学研究》，社会科学文献出版社，2015年，第352页。

键就在于"通灵"。从民间信仰角度看，通灵即通神，这是玉石神话信仰或玉教之最基本教义。有了这样的史前观念大背景，再看把琢磨好的玉器放进城墙内部的做法，百思不得其解的困惑就可打消。对于一切外来入侵者，石峁古城不只是一座物质的建筑屏障，更是一座符合史前信仰的巨大精神屏障：地下的人头和地上的玉器组合起来，贯通天地之气，沟通人鬼神三界。对于城内的居住者而言，还会有比这更加强大有力的精神安全保障吗？

关于人头与玉器的灵力交感互动，有 3 000 多年前留下的甲骨卜辞材料可引为旁证。王平、顾彬《甲骨文与殷商人祭》一书从商代后期的卜辞文字中归纳出殷商国家人祭礼仪的多种方式，其中第一种称为"斩人牲首法"。

> 商代最常见的杀人祭神方式，伐字所代表的：用戈架在人之颈上。伐字作动词指屠杀人牲，还作名词指被斩首之牺牲者，或指祭祀礼仪的名称。《甲骨文合集》6016 正："戊戌卜，争，贞王归奏玉其伐。"该句卜辞意谓戊戌日占卜，贞人争贞问王返回献玉时是否应该砍下人牲的头用来祭祀。[1]

要追问殷商国家砍伐人头仪式行为的观念动机，从人类学和原始宗教研究提出的"马纳"（灵力）概念中，可以获得初步的解答线索。人头能够集中地代表灵力、魔力的聚集处，[2]其强大的避邪功能早已为史前社会所惯用，在现存的原住民社会也是常见的。下面举出一例台湾原住民的避邪信念与行为。据调查报告，泰雅族的 Məkatashek 氏族男人有一种风俗，他们剪下妻子的部分头发，缠绕于刀柄上。[3]按照译注者杨南郡添加的注释："通常剪下一束敌首的头发，缀系于刀鞘末端，用于避邪。这支氏族的做法特别，借用妻的头发。按原始人相信头颅（包括头发）有灵力，借用灵力驱邪。"[4]

玉器"通灵"或"通神"的信念同样来自玉石中蕴含"马纳"的想象，这

---

① 王平、顾彬：《甲骨文与殷商人祭》，大象出版社，2007年，第81页。
② 参看叶舒宪：《诗经的文化阐释》第七章第七节"颂仪原始：猎头与祭首"，湖北人民出版社，1994年，第515—529页。
③ 台北"帝国"大学土俗·人种学研究室调查，杨南郡译注《台湾原住民族系统所属之研究》第一册本文篇（1935年），台北"行政院"原住民族委员会、南天书局有限公司，2011年，第72页。
④ 同上书，第72页，注释84。

是我们探寻中国神话发生根源所找到的第一重要的支配性想象。唯其如此，才能够将玉教视为华夏文明先于"中国"而出现的"宗教"。就4 000年前的东亚版图而言，哪里出现玉礼器生产，哪里就埋下了中国统一的神话信仰种子。到了周代，虽然金属神话后来居上，青铜礼器生产规模已经凌驾到玉器生产之上，但是古老的玉石神话信念却丝毫未减。表现之一是《国语》中关于"玉帛为二精"的金言；表现之二是秦始皇选择统一中国的至高神权象征物为玉玺，传国玉玺一旦确定，就成为历代帝王遵循效法的对象，直到大清王朝的末代皇帝。

第二节　玉（兵）器功能：多重证据看建筑巫术

探讨避邪神话的观念与实践的代表作品，有中国文学人类学研究会首任会长萧兵先生的专著《避邪趣谈》。[1]这里要引述和论证的，是史前发生的玉石避邪神话衍生为后代的金属避邪神话的情况。就建筑物的神圣性建构而言，即从建筑巫术用玉石，到建筑巫术用金属和钱币。

人类学的田野调查材料有如下论述：

> 广西武鸣县西北部和马山县东部的壮族群众认为恶鬼虽然很厉害，但如果人们能及时做好预防工作，一般还是可以避免受到恶鬼的侵袭或最低限度地减少损失的。该地区的壮族群众在日常生活中，为了防止鬼生事扰人，在举办婚事、丧事、建筑住宅、猪圈、牛栏时，都讲究选择吉日，采取避邪方法，还立下许多禁忌。如在建筑住宅时，必须在房基的四角各放下几枚硬币，意思是向地鬼买地。同时，房屋的内外大门不能串在一条直线上（即不能正相对），需稍微歪过一边，据说鬼行走的路线是直的，不会走弯路。……另外，平常在房屋内的墙隙间放置一些鸡蛋壳，也可使恶鬼惧怕，不再前来生事扰人。[2]

---

① 萧兵：《避邪趣谈》，上海古籍出版社，2003年。

② 吕大吉等主编：《中国各民族原始宗教资料集成·壮族卷》，中国社会科学出版社，1998年，第622页。

这一则民俗资料给出的启迪是：石峁古城门下埋藏的人头，是否相当于房基下的硬币，是向地鬼买地用的贵重牺牲品？石峁城墙石缝中的玉器，是否相当于壮族房屋墙隙间有意放置的鸡蛋壳，为的是借助玉器蕴含的神力，威慑一切妖魔鬼怪魑魅魍魉？

用人牲、玉器或人牲加玉器给建筑物奠基的现象，早自5 000多年前的仰韶文化和红山文化就已露出苗头，到龙山文化和夏商两代一直延续为建筑巫术仪式礼俗。有关红山文化的此类情况，见于辽宁省喀左县东山嘴建筑群遗址。在遗址南部石圈形台址东北侧，距地表深约80厘米处发掘出一具完整的人骨架；在遗址中央方形建筑基址南墙基内侧出土一件双龙首玉璜；在东墙基外侧土层中出土一件绿松石鸮。[①]有关龙山文化建筑仪式情况，宋振豪《中国上古时代的建筑仪式》一文有如下描述：

> 如河南安阳后冈和汤阴白营两处聚落遗址，许多房址的居住面下、墙基下、泥墙中或柱洞下，都发现了用幼童、兽类、大蚌壳和别的物品奠基的。后冈发现的39座房址，有15座共埋置幼童26人，少者1人，多者4人。还有一些房址单用河蚌奠基，但不少房址兼用几种祭品奠基。举例说，F25房址，中部房基下有五层迭压的河蚌，东墙基内埋置幼童1个。F28的居住面垫土中埋入一把蚌镰，东墙内侧斜立一件穿孔蚌，东墙外房基垫土中埋置幼童1个。均是几种祭品兼用。F5房址，三个大河蚌环散水面而埋置，西墙侧另有一个小兽坑，此虽未用人奠基，亦是畜、蚌并用。后冈的奠基人牲在房外或散水下者一般头向均朝房屋，在墙基或泥墙中者则与墙平行。白营发现龙山晚期房址46座，有10座埋置幼童12人，少者1人，多者2人。奠基情况与后冈略有不同，一是用人奠基则不再用其他祭品，反之亦然，只有极个别例外。[②]

相比之下，已发现的石峁遗址奠基巫术仪式所用人牲的数量更多，2处均为24个头骨，人牲的身份不是幼童，而以青年女子为主。24这个数字吻

---

① 郭大顺、张克举：《辽宁喀左县东山嘴红山文化建筑群址发掘简报》，《文物》1984年第11期。
② 宋镇豪：《中国上古时代的建筑仪式》，《中原文物》1990年第3期。

合天文历法中的二十四节气，又是十二地支的倍数，肯定不是巧合。石峁建筑用玉器的作用，大致相当于中原龙山文化的河蚌。用河蚌做成的蚌镰和用玉石做成的玉铲一样，都可以充当避邪驱鬼的工具或武器。用蚌用玉的差别原因在于玉料供应的多少。在这方面，石峁遗址有充足的玉料供应，而中原龙山文化则相对匮乏。

　　至于商代建筑巫术情况，近年来也有较为系统的研究报告问世，人牲加玉石的情况再度呈现。如宋镇豪新著《商代社会生活与礼俗》指出："安阳洹北商城近年发现的宫室基址群，呈成排分布，方向均北偏东13度，与当地太阳南北纬度方向一致。在南北中轴线南段发掘的一号'回'字形大型宫室基址，在基址夯土中及庭院内外发现40余处祭祀遗存，普遍发现羊、猪、犬等祭牲，如主殿正室台基夯土中有一殉狗坑，似属奠基遗存。门塾内外发现的20余处祭祀坑，均是压在路土之下，打破基址的基槽，也属于建筑过程中的祭祀遗存，有人祭坑和属于酒祭或血祭之类特殊祭祀仪式的方形'空坑'，人祭坑中的人牲年龄仅14—15岁，伴出玉器等细小饰品。在靠近庭院的2号门道处有一个长方形人祭坑，里面埋着一具被砍去半个头颅的人架，似属于安门仪式的遗存。主殿台阶前10多个祭祀坑，有的埋人，一坑一人，有4个坑内同出玉柄形饰。"[①]2012年通过答辩的山东大学杨谦的硕士论文《商代中原地区建筑类祭祀研究》，结合古文字和文献材料，试图划分出三种建筑仪式类型，即"奠"祭、祀墙和祀门，三种仪式中仅有祀门仪式使用玉器。该文还分析祭祀牺牲有人牲、动物牺牲、器物和植物四种，使用了斩首、劈砍、土埋和毁器等处理方式，体现出建筑祭仪与其他商代祭祀的差异。有关商代城墙，该文指出偃师商城、桓北商城、郑州望京楼城址、辉县孟庄4个遗址的城墙中发现建筑类祭祀遗存，祭祀遗存均位于护坡底部或基槽夯土中。不过建筑祭祀用玉的案例目前仅有洹北商城一例。

　　在古人的信仰世界中，建筑绝不只是一项技术性的工程，同时也是神圣性的营造过程。建筑巫术现象之所以在考古报告中频繁出现，这和华夏远古社会神话宇宙观支配的吉凶祸福观密切联系在一起。以距今约2 000多年的出土文物《秦简日书》为例，尚可清楚地体认古人观念世界中对一年四季的

---

① 　宋镇豪：《商代社会生活与礼俗》，中国社会科学出版社，2010年，第45页。

建筑行为之种种顾忌。以下引用吴小强对秦简记录的现代汉语译文：

> 春季三月，上帝在申日修造房室，在卯日攻击人，在辰日屠杀生灵，以庚辛日为四废日。
>
> 夏季三月，上帝在寅日修造房室，在午日攻击人，在未日屠杀生灵，以壬癸日为四废日。
>
> 秋季三月，上帝在巳日修造房室，在酉日攻击人，在戌日屠杀生灵，以甲乙日为四废日。
>
> 冬季三月，上帝在辰日修造房室，在子日攻击人，在丑日屠杀生灵，以丙丁日为四废日。
>
> 春季三月，不要建造面朝东方的房子。
>
> 夏季三月，不要建造面朝南方的房子。
>
> 秋季三月，不要建造面朝西方的房子。
>
> 冬季三月，不要建造面朝北方的房子。要是不按照这种规定去做，是非常凶险的，一定会有人死去。
>
> 建造面朝北向的门，应在七月、八月、九月进行，具体日子是丙午日、丁酉日、丙申日，并修筑家院围墙。献祭神灵的牺牲是红色的。
>
> 建造面朝南向的门，应在正月、二月、三月进行，其具体日子是癸酉日、壬辰日、壬午日，并修筑家院围墙。用来献祭神灵的牺牲是黑色的。
>
> 建造面朝东向的门，应在十月、十一月、十二月进行，其具体日子是辛酉日、庚午日、庚辰日，并修筑家院围墙。用来献祭神灵的牺牲是白色的。
>
> 建造面朝西向的门，应在四月、五月、六月进行，其具体日子是乙未日、甲午日、甲辰日，并修筑家院围墙。用来献祭神灵的牺牲是青色的。
>
> 凡是上帝修造房室的日子，都不能修建房子。如果在上帝"为室日"建大内室，大官就会死；建右边房宅，大儿子媳妇就会死；建左边宅房，二儿子媳妇就要死；修筑外墙，孙子、儿子就要死；修筑北边围墙，家里的牛、羊会死光。在上帝屠杀生灵的"杀日"，不要宰杀六畜，不能够在这一天娶媳妇、嫁女儿、祭祷神灵，卖出货物。在上帝的"四

废日"，不能够改建或盖房子。[①]

如果把《秦简日书》作为出土文献即"二重证据"，那么还可以同时参照"三重证据"即人类学民族志材料。先看台湾布农族的神鬼观：布农族认为横死者的灵魂虽能升天，但不会到冥府（asangqanitu）。他们是徘徊在宇宙间的鬼灵，不是出来吓人，就是会给人带来灾祸。[②]建筑当然要考虑防御此类灵鬼的攻击。布农族巫师多为女性，经常戴着以丝线串着竹环的项链。她们举行占卜的方式，"通常是将玉石放置瓢上以判断吉凶"。[③]占卜即祈求神意，占卜用玉石和龟甲，是因为这两种物质皆被神化。部落中通常有因家人频频死亡、横死或自杀、耕地离家太远等因素而迁居，迁居前要寻觅筑屋地点，选定后盖间小屋，于该处夜宿一晚，梦吉则整地，再梦吉即可堆砌石墙并宰猪庆祝。梦兆和占卜一样，是获取神意的又一种方式。有此超自然的启示，方可从事立柱、覆盖屋顶等工事。新居落成之后，先将旧居的粟谷搬运过来，接着宰猪以祈求家宅平安、无病无灾。

还有报告说，台湾地区的高山族"达启觅加蕃"人通常会因为蜜蜂或鼹鼠进入屋内、屋内长出菇蕈、幼儿在屋内遭火烧死、母亲误踩死幼儿或是农作物年年歉收等因素而迁居。此外，房屋老旧、年内有3位家人死亡或是横死者亦会迁居，以避免再遭不测。迁居前先选地盖小屋。卜梦，梦吉则开始整地。整地时，若是锄柄脱落、折断，或有蛇出现等事发生都得立即停工，以免发生意外。建材仰赖亲戚们协助搬运，但若遇亲戚生病或人手不足时，可请邻居前来协助。房屋竣工后饮酒庆祝。东家须准备酒六罋，并宰杀猪牛宴请宾客。新居落成，要先将旧居的粟搬运过来，并以猪肩骨挥祓，祈祷丰收。宰杀牛猪时忌讳使用刀刃，仅能使用竹矛，避免将来粟谷歉收。[④]

以上是日本人类学家在东埔社所作的调查报告。下面再看云南哈尼族的辟邪术：

---

① 吴小强：《秦简日书》，岳麓书院，2000年，第78—79页。
② 台湾旧惯调查会：《番族惯习调查报告书》第6册布农族，台北"中研院"民族学研究所编译，2008年，第62页。
③ 同上书，第63页。
④ 同上书，第105页。

　　哈尼族的驱邪和避邪是利用一定的物品来达到防止鬼怪和敌者冒犯的。最早的避邪物，都是生产工具或认为可以抵御鬼神的自然物。如在门头上悬挂黄泡刺、艾蒿、断锯片、蜂窝、鸡蛋壳、烂草鞋、破犁头、黑蛇头壳等，目的是想以这些东西阻止鬼神或邪恶侵入宅内作祟。在哈尼族的避邪物中，金属器皿被认为可以抵御鬼神，如铜矛、剑这些东西锋利无比，夜里睡觉时压于枕下，或悬挂门头，皆可以达避邪驱鬼之目的。①

　　民族志材料的旁证表明，石峁出土的大量玉兵器和玉工具，包括玉器残件在内，在当时都可能发挥类似的驱邪避鬼功能。尤其是史前玉文化中常见的玉兵器，以往的学界争论在于其用途方面，即：玉兵器究竟是作为实战武器使用，还是作为仪仗用途的礼器使用？现在看来，玉兵器的产生是以实用性玉工具为基础的，②但玉兵器本身却不是实战武器，而是神话想象的强大武器，即驱鬼避邪类神话信仰所催生的精神武器。由此看，龙山文化以来的建筑巫术活动，目的无非是针对两类防御对象：一类是实际的外来攻击者，异族武装之敌人；另一类是虚幻的神话想象的攻击者，鬼怪游魂之类。

　　《周礼》中规定的六种玉礼器之一的圭，从其方形尖顶玉片的外形看，就和玉戈、玉矛一类兵器有着渊源承继关联。钟敬文主编《中国民俗史（先秦卷）》依据《周礼·玉人》所言"大圭长三尺，杼上，终葵首，天子服之"，郑注："终葵，锥也"，认为终葵为巫师所戴方形尖顶面具，亦为方形尖顶的玉片或石片——圭，两者皆当与驱鬼有关。③随着玉器时代的结束和青铜时代的到来，避邪驱鬼之器自然会从玉器转移到金属器。

　　玉器时代说是中国学界针对新石器时代中后期的情况提出的，国际上常用的名称是铜石并用时代。柴尔德（Vere Gordon Childe）《考古学导论》（*A Short Introduction to Archaeology*）在讨论考古学时代划分标准问题时，认为应该坚持通用的五个时代划分（旧石器时代、中石器时代、新石器时代、青铜时代和铁器时代），而不宜轻易添加其他的时代划分。柴尔德还对意大利

---

① 吕大吉主编：《中国各民族原始宗教资料丛编·哈尼族卷》，中国社会科学出版社，1999年，第306页。

② 叶舒宪：《中国戈文化的源流及其文明起源意义》，《民族艺术》2013年第1期。

③ 钟敬文主编：《中国民俗史（先秦卷）》，人民出版社，2008年，第378页。

史前学家提出的铜石并用时代说提出质疑，认为在所有地方的青铜时代初都有类似的现象，即当时金属非常昂贵，仅为社会中少数人所占有，所以一般工具制造仍然沿用石器。

土耳其的学者们被德国的发掘者引入歧途，不幸使用了"铜石并用""铜器"和"青铜器"时代来标志安纳托利亚（Anatolian）史前史的连续阶段，实际上他们所说的"铜器时代"无论类型和时代都等同于爱琴海沿岸和叙利亚—巴勒斯坦的"早期青铜器时代"。至于在其以前的"铜石并用"好像是和希腊的新石器时代排列相类似，或许与爱琴海的早期青铜器时代相一致，这样一来"铜石并用"和"铜器时代"是应该废弃的。至于中石器时代已经确立了，不能轻易地废掉。因而研究者必须全力地使用五个时代的分期。[①]

不过，柴尔德本人实际上并未遵守他提出的原则，在《欧洲文明的曙光》（*The Dawn of European Civilization*）等书中，他又回到铜石并用时代的划分。如他提到铜石并用时代的欧洲西部伊比利亚半岛遗址出土珍贵材料——黄金、象牙、硬玉、黑玉、绿松石等。[②]在讲述特洛伊遗址二期的青铜文化层时，他提到与铜器同时出土的有精致的石器和玉器情况："最精致的石制武器是产自珍宝L期的磨制与装饰精美的绿玉斧，斧柄末端装有水晶球。它们一定是权威的象征。"[③]他还注意到，除了金银外，水晶、青金石、玛瑙和象牙也是特洛伊人的杰作。作为玉石奢侈品的青金石，其出产地在中亚阿富汗，主要消费地是苏美尔、埃及、巴比伦等最早的文明城市，经过土耳其的特洛伊传入迈锡尼和希腊。运送青金石的数千公里路线乃是欧亚大陆最早出现的玉石之路。[④]在《历史发生了什么》（*What Happened in History*）一书中，柴尔德讨论了世界最早的城市文明的发生——"美索不达米亚的城市革命"，注意到早期城市兴起以神庙建筑的奢侈品为中心形象，还特别提

①　［英］戈登·柴尔德：《考古学导论》，安志敏等译，上海三联书店，2008年，第25页。
②　［英］戈登·柴尔德：《欧洲文明的曙光》，陈淳等译，上海三联书店，2008年，第110、116页。
③　同上书，第52页。
④　参看叶舒宪：《苏美尔青金石神话研究——文明探源的神话学视野》，《中南民族大学学报》2011年第4期；《金枝玉叶——比较神话学的中国视角》，复旦大学出版社，2012年，第164—182页。

示建造神庙所用的珍贵材料及所需的大量劳动力。

> 矗立纪念性神庙和人工塔山、生产砖块和高脚杯状陶钉、（从叙利亚或伊朗山区）进口松木，以及用天青石（即青金石——引者注）、银、铅和铜装饰神龛，表明存在可观的劳动力——巨大的人口。就其规模而言，社群已经从村落扩大为城市。同时，它也变得越来越富裕。①

在这里，柴尔德强调了伴随城市文明而来的规模性利用贵金属材料，以及对当时人同样珍视的非金属的石料——青金石（天青石）。至于加工这些在史前社会中没有也不需要的珍贵材料的特殊工匠集团的性质，柴尔德作出精辟的推测性判断，认为他们不是普通意义上的手工业工人，而是一批带有宗教热情的人士，甚至是以为神献身的精神而不计报酬地投入神圣工程的建造。这样看来，催生早期城市文明的神庙建造者，不宜被简单视为一般的手艺人。从史前部落到文明城邦，社会的财富和劳动力是围绕着祭拜神灵的目的而逐渐集中起来的，神话想象中的天神们，无形中成为驱动历史前行的动力源头。这对于认识中国史前玉器生产与文明起源的关系，具有借鉴意义。

文明城邦的建立与跨地区的商品贸易密切相关，为了修筑神庙而需要大量的贵重材料，其中多半是本土所缺乏的，要依靠远程贸易来大量进口。"大约公元前3 000年前，红铜或青铜、建筑木材、至少用于制作手推磨和门墩的石头，已经成为城市居民的生活必需品。对神祇而言，金、银、铅、天青石和其他贵重的物品都是生活必需品。的确，这些材料在遗存中大量出现，则表明进口贸易在当时是相当普遍的；而且从杰姆代特奈斯尔文化阶段起，进口物品在墓葬中也很常见。红铜主要来自波斯湾的阿曼，也可能来自东部山地；锡矿来自伊朗东部的德兰吉亚纳（Drangiana）、叙利亚、小亚细亚，甚或来自欧洲；陶鲁斯山（Taurus Mountains）是银和铅的主要产地；来自山区，也有可能来自叙利亚沿海的木材运达东北部地区；最优质石料来自阿曼，天青石来自阿富汗东北的巴达克善（Badakshan），珍珠母来自波斯湾，贝壳来自印度半岛。贸易是如此广泛、如此活跃，产自印度河流域的商

---

① ［英］戈登·柴尔德：《历史发生了什么》，李宁利译，上海三联书店，2008年，第77—78页。

品——印章、护身符、珠子，甚至陶坯也被运来了！"①在讲到近东的史前文化哈拉夫文化时，柴尔德特意说明了魔力的观念如何支配当时人们的生产和消费行为：雕刻的护身符不仅逼真实用，而且也同样具有魔力。印章的作用也是如此。在黏土上盖印章，应看作是传递魔力的行为。②讲到冶金术的发明，同样涉及辟邪仪式的背景。③印章、串珠和护身符等物品生产与史前中国玉器生产有着异曲同工的观念基础，即避邪神话。

　　玉石、印章和护符等能够承载避邪的神力，因为这些物质在信仰中代表着神。如古埃及神话信仰认为，天神即天空女神，又被叫作绿松石女神，因为绿松石的天蓝色恰好类比蓝天。中国的青绿色玉石也是如此。所谓"苍璧礼天"之说，即是来自颜色类比的神话认识。哈托尔女神，有时被说成拉（Re）神的母亲，表现为一只母牛，在两只牛角之间顶着太阳盘。也有些材料称她为拉神的女儿或神的眼睛。她的名字意思是"荷鲁斯的神庙"（Huwt-Hor），这个名称强调的是她作为"天空夫人"（lady of the sky），因为荷鲁斯是天空之主。④对她的崇拜不限于埃及人，也有希腊人，他们还把她与希腊的爱神阿佛洛狄忒相联系。在拜布罗斯，她还被奉为"拜布罗斯夫人"。在西奈半岛，这个为古代世界提供绿松石的地方，她被供奉在庙宇中，被奉为"绿松石女神"（Mistress of Turquoise）。⑤

　　人类学家昆兹的《宝石的巫术与护身符》一书引述了一则古埃及故事，表明绿松石在当时的神奇价值：法老为了解除精神压力，让20名盛装美女划船在宫廷的湖中荡舟。其中一位美女在划桨时不小心将头上戴着的一个精美绿松石头饰掉进水里，她为此懊悔不已。一位名叫Zazamankh的宫廷巫师有能力通过他的法术对此作出补救。他口中念诵一段法力强大的咒语，那绿松石竟然从水底升起来，漂浮到水面上，美女将它捡起来，重新戴到自己头上。⑥这个古埃及的首饰故事表明，对于现代人而言的装饰品，在远古时主要不是装饰，其

---

① ［英］戈登·柴尔德：《历史发生了什么》，李宁利译，上海三联书店，2008年，第81页。

② 同上书，第61页。

③ 同上书，第66页。

④ Fleming, Fergus, and Alan Lothian, *The Way to Eternity: Egyptian Myth*, London: Duncan Baird Publishers, 1997, p.60.

⑤ Kunz, George Frederick, *The Magic of Jewels and Charms*, New York: Dover, 1997, p.282.

⑥ Ibid., p.316.

承载的美学价值和身份等级意义是派生的，其巫术魔法价值才是原初的和原生的。古埃及人确信不同种类的宝石都具有特殊的护身保佑作用，他们将这些美石组合到自己的项链上，以便获得抵御外来邪魔侵袭的神力。通常的美石有翡翠、红玉髓、天青石、玛瑙、紫水晶、绿宝石、半宝石、金珠、银珠、琉璃珠、陶珠等。为了增强这些首饰的辟邪神力，还要将小型的神像和神圣动物像加在各种宝石之间。即使在木乃伊和木乃伊棺木上，也会模拟性地绘制出装饰有此类珍贵玉石、花卉等图像的项链或项圈，作为护符。[1] 对于中国史前玉器中的玉人形象，石峁玉器中较为少见的玉人头像，曾有玉学专家将其解说为想象中的"一目国"形象，[2] 是否也能够从承载神力或祖灵的意义上重新解说呢？还有，榆林地区收藏家收集的出自石峁遗址的石雕人头像（已公开发表的17件），已有学者参照批量出现的牙璋等玉礼器情况，判断其为石峁巫觋集团宗教法事用具。[3] 目前根据新发现的石峁石城建筑用玉器和埋人头现象，用避邪神话解释这一批石雕人头像，似比泛泛归之为巫觋用品能够更加明确其精神屏障功用。

第三节　石峁玉器：玉教信仰是史前中国的统一要素

玉文化是物质与精神的统一体。催生玉文化的精神因素是玉石神话信仰，可简称为玉教。出土的史前玉器，成为佐证玉教传播范围的生动物证。考古发现表明：距今4 000年以前，位于陕西榆林神木县的石峁文化与位于广东韶关的石峡文化，[4] 不约而同地发展出批量生产和使用玉质礼器的文化现象。将两地在东亚地图上标出并在二者之间连一条线，便呈现出依据考古新

---

[1] Kunz, George Frederick, *The Magic of Jewels and Charms*, New York: Dover, 1997, p.317.

[2] 杨伯达：《"一目国"玉人面考——兼论石峁玉器与贝加尔湖周边玉资源的关系》，见《巫玉之光》，上海古籍出版社，2005年，第150—151页。

[3] 戴应新：《神木石峁龙山文化玉器》，《考古与文物》1988年第5、6期（合刊）；罗宏才：《陕西神木石峁遗址石雕像群组的调查与研究》，见《从中亚到长安》，上海大学出版社，2011年，第3—50页。

[4] 苏秉琦：《石峡文化初论》，《文物》1978年第7期；吴汝祚：《试论石峡文化与海岱、太湖史前文化区的关系》，见广东省韶关市曲江人民政府编：《曲江文物考古五十年》，（香港）中国评论学术出版社，2008年，第177—183页。

知识重新开始思考中华文明发生的学术契机：石峁遗址在黄河流域北端的河套地区，石峡遗址在接近中国版图最南端的邻近珠江水系地区，二者间的直线距离约1 800公里。从气候、温差、降雨量、地理地形、动植物、农作物、生活方式等各方面看，石峁和石峡在自然生态与文化习俗上都相差很大，甚至毫无可比性，可是面对类似的玉礼器，我们必须发问：是什么因素导致史前文化在如此广大的范围里呈现出惊人的雷同现象？从石峁向西约700公里，有甘肃武威皇娘娘台齐家文化遗址，那是河西走廊的腹地；从石峁向西南约700公里，有青海民和喇家遗址，那里是黄河上游地区，这两个地方同样发掘出距今约4 000年的史前玉礼器文化，以玉璧、玉琮、玉刀为主要器形。那么，西北地区的齐家文化与陕北龙山文化在时间和空间上的密切关联意味着什么？齐家文化玉器的玉料来源大体上明确，主要是就地取材的祁连玉外加少量来自新疆的和田玉（这一点目前还有争议）；石峁玉器的来源问题尚未解决，有就地取材说和外来输入说，两种观点都还有待深入论证。如果经验观察表明石峁玉器与齐家文化玉器具有同源性的看法能够得到证明，则西玉东输的玉石之路黄河道路线图就会呼之欲出，石峁遗址就成为联结史前西北玉文化与中原文明发生期夏代玉文化的最重要的节点或中转站。这样的推断同华夏神话资料中提供的信息所指向的问题有对应之处：第一是古书《管子》说的"尧舜北用禺氏之玉而王天下"，究竟反映的是神话想象还是历史记忆？第二是《穆天子传》描述的西周帝王穆天子赴西方昆仑山会见西王母之前，为什么会绕远先到河套地区拜会主持玉礼器仪式祭拜黄河之神的地方豪强河宗氏？第三是东周时期北方赵国流传的和田玉经过河套地区和山西北部进入中原的运输路线是否存在？

　　综上所述，石峁文化作为中国史前最大的石头城和批量使用玉礼器的河套地区玉文化据点，给上述文献记录的三类信息提供了极佳的重新求解的实证材料，使之从以前的"死无对证"悬疑状态，一下子变得柳暗花明，水落石出。石峁古城和玉器的存在将在何种意义上改写中国文明发生史，这在很大程度上取决于史前玉石之路的具体路线图研究。依照我们已经认识到的每一种古代玉器都蕴含着一种神话观，石峁玉器中至少有四类玉器可以给出明确的神话传播路线。

　　第一类，玉璧玉琮类：良渚文化—陶寺文化—石峁文化—齐家文化（图16-5）。

　　过去对齐家文化玉琮的起源一直无解，因为良渚文化距离齐家文化过于遥远，缺乏中间过渡区。现在看，石峁玉器可能充当了东玉西传的"二传手"。

第二类，玉璋：石峁文化—偃师二里头—山东龙山文化—四川广汉三星堆—广东增城、广东东莞（图16-6）。

第三类，玉璇玑：山西芮城清凉寺—石峁文化—山东龙山文化—辽东半岛新石器文化。

早在20世纪70年代采集的石峁玉器中就有玉璇玑，如今在本地收藏家的石峁古玉中，玉璇玑占有相当比例。华夏出土玉璇玑年代最早的地点芮城清凉寺，和石峁一样都邻近黄河，这是否意味着史前玉石之路黄河道的存在呢？这一问题值得深究。

第四类，玉人头像及玉鹰：石峁文化—石家河文化—禹州瓦店。

以上四类玉器的传播路线，合起来构成两纵两横的交叉网格，将玉文化先于武力和政治而统一中国的轮廓和盘托出！更加值得关注的是石峁玉器与西北齐家文化玉器的文化联系，这将从实证方面解决西北玉矿资源输入中原文明的时间和路线问题，从而将河西走廊西端的新疆与中原文明紧密联系为一个统一体，我们称之为资源依赖的文化共同体。它将辅助说明，为什么华夏文明数千年来以中原为基础和中心，却从来也不能忽视西域和新疆！这就给玉文化先统一中国说，提供出又一生动而真切的支持性案例。

我们将考察华夏文明发生的时间坐标向前推数百年至1 000年，即距今5 000—4 400年前。在这一时期，山西芮城清凉寺遗址的庙底沟二期文化和山西襄汾陶寺文化率先呈现出以玉琮、玉璧为代表的中原文化玉礼器体系组合的情况。但其玉文化观念的起源和玉料来源问题均悬而未决，好像是在此前2 000年的仰韶文化传统中没有出现过的玉礼器，突然间降临到中原地区黄河北岸的史前聚落，随后数百年间向北影响到石峁遗址玉器，向南影响到中原"王都"二里头文化的玉器生产。与芮城清凉寺出土玉器同时，或比陶寺玉器更早的史前玉文化高峰，分别出现在北方西辽河流域的红山文化和南方长江下游的凌家滩文化及环太湖的良渚文化。我们用"高峰"一词，是根据2007年出土的凌家滩一座顶级墓葬的随葬玉石器多达300件的奢侈奇观。在距今4 000年前后的文明诞生期，只有殷墟妇好墓所代表的殷商晚期王者级别墓葬，才能有效突破这个数字。

玉器生产无疑是史前社会中的奢侈品生产，批量出产玉礼器的条件至少

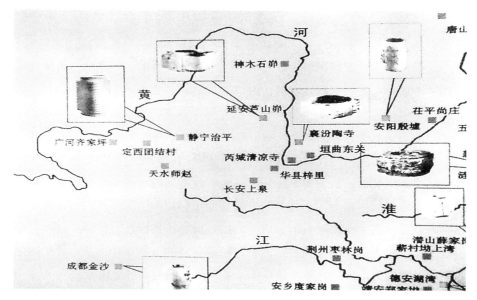

图16-5　史前玉琮出土分布图

（摄于甘肃静宁博物馆）

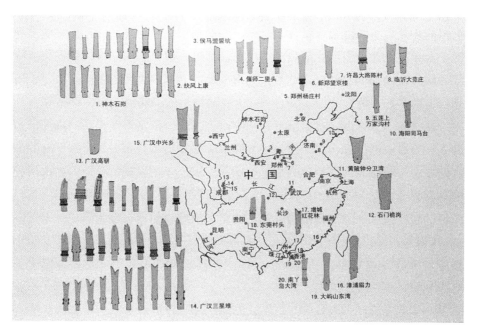

图16-6　出土牙璋遗址分布图

（摄于陕西历史博物馆）

有三：一是要有玉石承载神力、灵力的相关神话观念和信仰崇拜；二是需要有足够的玉石原材料供应；三是要有掌握切磋琢磨等加工技术的专业人员。第一个条件是精神和意识形态的。第二个条件是物质的，它意味着玉文化出现的两种选择：要么是就地取材，因地制宜；要么是外来输入玉石材料。后者又暗示着史前奢侈品生产物资开采、贸易、运输等一系列事项。第三个条件是社会的，意味着史前聚落社会中出现阶级分化和社会分工。

华夏的史前先民为什么会在不同地域中不约而同地生产和使用非实用亦非装饰性的玉礼器？这主要不是一个纯粹的技术问题，而是观念或意识形态的问题：是什么因素驱动玉礼器的生产和使用？目前所能够得出的推断是神话学和宗教学的：有关玉石的神话信仰的形成和传播，使得诸多史前社会相继受到影响，先后接纳此类神话信念，带动各地的玉器生产，从一开始的星星之火，逐渐走向燎原之势，最终统一了华夏文明的大部分地域。

对石峁建筑用玉的新认识是：玉器承载灵力的观念及其辟邪禳敌的宗教护卫功能。结合公元前2000年之际各地古城、古国大面积崛起的背景，玉兵器和玉礼器发挥了一种精神盾牌的重大神话性功能，使之能够和新兴的青铜器同步发展，并以金玉组合和金声玉振的新形式开启夏商周礼乐文明之先河。玉兵文化并未因为青铜兵器的出现而消失，而是和实用性的青铜兵器同步发展，在商周两代达到鼎盛期。这和玉教信念的持续传承密切相关，即：相信借助玉石中蕴藏的神秘灵力，可达到精神上的辟邪镇宅和护身保卫。

在结束本节之前，略提示下一步的研究方向，即玉石之路黄河段的求证问题。石峁玉器已经引起广泛关注，但不应孤立地看待石峁。根据已有的考古发现，与石峁隔黄河相望的两岸多地都有史前玉器发现的报道。如山西省柳林县出土长达36厘米的三孔玉器（现存柳林县文物旅游管理所）。[①]黄河西岸的陕北地区，已经发掘的朱开沟文化，虽然目前仅有较为零星的玉器发现，[②]但是石峁以北的府谷县和以南的新华遗址，均有史前玉器，后者在一个祭祀坑中就发现32件玉器。神木以南的佳县石摞摞山龙山文化遗址出土玉

---

① 图版见古方主编：《中国出土玉器全集》第3卷，科学出版社，2005年，第52页。
② 内蒙古自治区文物考古研究所、鄂尔多斯博物馆：《朱开沟——青铜时代早期遗址发掘报告》，文物出版社，2000年，第120页、图版三五。

器，少量标本见于榆林学院陕北历史文化博物馆。孙周勇经过调研后指出：
"府谷县愣乡出土玉铲、玉刀（现存府谷县文管所），此外还有横山县陈塔、
响水沐浴沟、韩岔梨树焉、高镇油坊头等出土了玉刀、玉铲、玉斧（钺）、
玉环等，其时代确认为龙山晚期。据笔者观察，其玉质、玉色及器形等与新
华玉器大致相同。"[1] 又据马明志的研究，包括石峁陶器和朱开沟陶器在内的
河套地区史前陶器中，有部分属于齐家文化的产品。[2] 这个有关陶器类型归
属的认识，间接预示着从陕甘宁大背景上审视石峁玉器的研究前景，凸显出
齐家文化与陕西龙山文化的关联和互动。

就石峁当地的史前文化遗址看，神木县境内还有多处，其中不仅涉及龙
山文化（图16-7），而且还涉及早
于龙山文化时期的仰韶文化。这说
明河套地区的史前社会文化传承有
序。[3] 当地先于龙山文化的仰韶文
化没有玉礼器生产传统，而龙山时
期的玉器显然是受到外来玉文化影
响的结果。从年代顺序看玉文化传
播路线，一个大体上的推测是：从
芮城清凉寺玉器和陶寺玉器到石峁
玉器，再到西北齐家文化玉器。这
就是说，石峁遗址位于黄河中游的

图16-7 陕西神木石峁遗址出土的玉蚕
（摄于榆林学院陕北历史文化博物馆。除此以
外，榆林市的尚古博物馆和上郡博物馆也收藏
有少量的史前玉器）

特殊位置，使之有可能同时充当"东玉西传"（玉文化传播）和"西玉东输"
（玉料传播）的中转站。

关于陕北史前玉器的玉料来源问题，目前公开发表的主要有两种不同观
点。一是就地取材说，以姬乃军[4]、孙周勇等人为代表。后者对新华遗址出土

① 孙周勇：《神木新华遗址出土玉器的几个问题》，《中原文物》2002年第4期；参看韩建武、赵
 峰等：《陕西历史博物馆新征集文物精粹》，见《陕西历史博物馆馆刊》第1辑，三秦出版社，
 1994年。
② 马明志：《河套地区齐家文化遗存的界定及其意义——兼论西部文化东进与北方边地文化的聚合
 历程》，《文博》2009年第5期。
③ 艾为为：《神木县新石器时代遗址调查简报》，《考古与文物》1990年第5期。
④ 姬乃军：《延安市芦山峁出土玉器有关问题探讨》，《考古与文物》1995年第1期。

玉器的24个标本检测分析后认为，新华玉器玉质繁杂，包括叶蛇纹石、阳起石、透闪石、绿泥石、大理石等，其中以叶蛇纹石为主，其次为阳起石、透闪石类。"对比新华遗址玉器主要化学成分中部分主要元素含量，比较接近于岫岩玉。但其产地，却不敢贸然断定与辽宁岫岩有关。学者们多倾向于石峁玉器及延安芦山峁玉器的产地就在陕北或周围一带。结合陕北地区同期类似玉器出土地域不断扩大及数量增加的现状，将其解释为贸易或战争所得显然难圆其说。我们认为，正如新华遗址出现的大量石质生产工具而现在却在遗址周围根本找不到石头产地一样，陕北地区或周围当存在着目前尚未被发现的玉料产地。"①

二是认为石峁玉器材料是外来输入的。对于具体的玉料输入源头，有人推测部分来自辽宁岫岩玉，部分来自贝加尔湖地区；也有人认为来自甘青地区的西北系玉矿可能性更大。就目前情况看，只要没有发现陕北本地玉矿资源的存在，外来输入说就成为理所当然的选择。考古学界关于玉石之路的讨论已有数十年，石峁古城及玉器对于求证西玉东输的又一条北方路线，有着怎样的启迪意义呢？

第四节 玉文化先统一中国说

玉石神话信仰作为精神文化要素，先于秦始皇的武力征服约2 000年，就开始了统一中国的历程。从距今8 000年到距今5 000年，玉文化用了3 000年时间由北向南传播，主要覆盖到中国东部，随后向西传播，在距今5 000—4 500年时进入中原，形成黄河以东晋南地区的玉礼器体系。这一史前信仰文化的传播过程可概括为"东玉西传"。接下来是继续向西北地区的传播。约距今4 000年前后，位于新疆昆仑山的和田玉开始输入中原，并且一直延续至今。这种西部优质玉石资源的东传，可称为"西玉东输"。石峁遗址及其玉器的新发现，给东玉西传和西玉东输这两种双向运动同时找到新的传播交汇站点，成为考察玉石神话信仰率先统一中国历程的实证性前沿个

① 孙周勇：《神木新华遗址出土玉器的几个问题》，《中原文物》2002年第4期。

案。其意义首先在于提示"玉石之路黄河段"的存在可能性，预示着中国东部与西部之间又有一条重要的文化交通路线，比德国人李希霍芬1877年提出的"丝绸之路"的历史要早一倍之久，而且对华夏文明形成起到更关键的作用。石峁古城建筑用玉器的新发现，一方面验证了古书上关于夏代帝王修筑玉门、瑶台之类神话建筑记载的可信性；另一方面也验证了中国人信仰玉石避邪驱魔功能的史前渊源之深厚。

大传统新视野为探寻华夏文明独特性找到了重要线索。在距今约4 000年之际的文明国家形成期，中原地区金属生产尚处于萌芽状态，与华夏社会共生的核心价值体系来自早于金属生产的玉礼器生产，附属于史前宗教祭祀仪式所形成的一整套玉教神话观。这种玉教神话观通过长期的文化传播逐渐构成中华认同的精神基础，在观念形态上统一了中国多数地区。这要比秦始皇用武力获取行政版图的统一早2 000年。

语言是人的"家"，也可能成为束缚思想的"牢笼"。文化理论要有创新，首先必须冲破既定观念的牢笼。2010年，文学人类学界首次提出再造"大传统"和"小传统"这一对人类学概念，用文化媒介符号的根本性变革作为界限，将文字出现之前的文化传统作为大传统，将文字书写传统作为小传统。大与小的区别以时间长短为尺度，二者的关系则是根脉和枝叶的关系。文字小传统后来居上，压抑和遮蔽了更加深远也更加根本的大传统。层出不穷的考古发现是重建大传统新知识的前提，它有效地探寻和解读前文字时代的符号物，是打通史前与文明，恢复大、小传统连续性的关键。在这打破文字中心主义传统知识观的挑战性探索中，神话学能够充分发挥催化、解码、衔接、贯通的重要作用。

就华夏文明而言，经过神话学解读后的前文字时代大传统和汉字记录的小传统能够联成一个整体的文化文本。这方面主要依靠两个法宝：一个是"神话历史"这个黏合剂般的新概念（它有效打通了文史哲分家的不利局面，把神话当作历史不可分割的重要源头）；另一个是从史前延续到文明时期的玉礼器实物之神话学研究。围绕这两个研究主题，《百色学院学报》自2009年起开设了文学人类学专栏，呼应《民族艺术》自2008年以来开辟的"神话-图像"专栏，努力倡导和探索跨学科研究的创新范式，从理论探讨和个案研究实践相互结合的意义上，尝试提出和解决本土文化研究中的攻坚类和瓶颈类问题。2013年6月在陕西榆林召开的"中国玉石之路与玉兵文化研讨会"上，文学人类学研究者自觉追踪中华文明起源的学术前沿动向，将大小传统再划分的新理论与深入田野考古第一线的新发现材料有效结合起来，力求依据考古发现材料去阐发华夏文明形成的核心价值观及其编码发生过程。该会议论文集后编撰为《玉成中国——玉石之路与玉兵文化探源》一书，于2015年出版。笔者的会议论文先发表于《民族艺术》2013年第4期，以《玉文化先统一中国》为题，本节拟对上述命题作进一步的申论。

考古发掘材料表明，史前时代的人都是神鬼世界的虔诚信仰者，神话思维决定性地支配着人们的文化创造和行为。斯坦福大学人类学系教授伊安·霍德尔（Ian Hodder）编写的《文明萌生期的宗教：以卡托·胡玉克为研究个案》一书，针对距今9 000年前的土耳其中部聚落遗址卡托·胡玉克（又译"加泰土丘"）的文物进行分析，尤其是对宗教象征物进行分析，重建当时社会群体的仪式行为和神话信仰，并以此作为"通向文明起源的关键第一步"。[1]国际上的前沿研究显示，探索地球上最早的古文明的发生，不能只关注文明国家，需要深度考察文明出现之前的数千年文化演进过程。这正是我们重新定义的大传统的新知识范围。伊安·霍德尔强调指出，卡托·胡玉克聚落遗址提供的史前社会案例之所以受到国际上考古学以外的学者关注，如人类学、宗教学和神学研究者的关注和参与讨论，就是因为能够通过交叉科学的视野，在多种因素中寻找驱动文明发生的主导力量。这部作品汇集了多学科研究者的智慧，旨在从个案分析中透视文明起源期的三个观念要素：精神与物质是如何整合的；信念在宗教中起什么作用；宗教的认知基础及其社会作用如何。[2]

如果说西方社会学的创始人马克斯·韦伯当年构想的从宗教观念角度解读资本主义起源的研究案例，其结论至今还处在持续的争议之中，那么，从宗教和信仰观念角度考察文明起源的做法，如今正在成为主流。实际上，只要意识到人类最早建立的文明——苏美尔诸城邦，基本上是以高大

---

[1] Hodder, Ian, ed., *Religion in the Emergence of Civilization: Catalhöyük as Cace Study*, New York: Cambridge University Press, 2010, p.2.

[2] Ibid., p.27.

的神庙为中心而形成的，就可以平息很多争议。虔诚的苏美尔人在两河流域所建立的文明古国虽然早在4 000年前因遭遇闪米特族（阿卡德人和巴比伦人）的入侵而灭亡了，但是其大量泥版文书的现代破译，构成了已知的人类最古老的书面神话遗产，[①]为今人从宗教意识形态方面理解早期文明国家的精神生活，提供了珍贵的一手叙事资料。受到苏美尔神话研究的影响，如今研究古埃及神话的学者也早已走出文学专业的本位主义视角，出现了诸如《埃及诸神的日常生活》[②]这样别开生面的著作，这些研究同样是通过神话叙事去透视古老文明的精神世界奥秘。在同一向度上，国内的文学人类学研究群体一方面用"神话历史"和"神话哲学"的新术语，倡导"走出文学本位的神话观"，在重构神话学知识版图的同时，把研究目标引向中华文明的构成；另一方面也在尝试构建大传统视野的文化文本理论，即一套文化符号分级编码的理论，被命名为"N级编码论"，以及与此相关的研究方法范式——多重证据法。我们期待新理论和新方法能够破解华夏文明有别于世界其他文明古国的特性所在；换言之，找出这个文明与生俱来的、与众不同的核心价值体系。

先秦古书所说"国之大事，在祀与戎"，[③]是将信仰和祭祀神灵（包括神、鬼、精灵等）作为国家社会第一要务，希望通过祭祀来沟通神人关系，求得神灵对社会群体及个人的庇护和保佑。祭祀礼仪行为不是随着文明而来的，而是来自比文字和文明都早得多的史前大传统。例如，3 000多年前的殷商文明考古资料表明，虽然当时已经有了甲骨文字，结束大传统并开启了书写叙事的小传统，但是其祭祀行为的极端重要性和严酷性是让后世文明人难以理解的。根据黄展岳《我国古代的人牲和人殉》一文统计，殷墟14座大墓的殉葬人数，总计3 900人左右。连同中小墓的人殉以及基址、祭祀遗迹中发现的人牲，估计总数在5 000人以上。[④]人祭只是多种多样祭祀活动中较为

---

① ［美］萨缪尔·诺亚·克拉莫尔：《苏美尔神话》，叶舒宪、金立江译，陕西师范大学出版总社，2013年。从考古学视角看苏美尔文明，参看哈里特·克劳福德：《神秘的苏美尔人》，张文立译，浙江人民出版社，2000年。

② Meeks, Dimitri, and Christine Favard-Meeks, *Daly Life of the Egyptian Gods*, Translated from French by G.M. Goshgarian, London: Pimlico, 1999.

③ 《左传·成公十三年》。

④ 黄展岳：《我国古代的人殉和人牲——从人殉、人牲看孔丘"克己复礼"的反动性》，《考古》1974年第3期。

极端的一种。陕西榆林地区神木县石峁遗址属于龙山文化，新发掘出的近百个女性人头骨，通常以24这个数字为一组，分布在史前石头城池的墙基下和城门路径下，这充分表明文明期的人祭现象是直接承袭史前大传统的宗教礼俗。自龙山文化开始，黄河中游地区祭祀神灵的珍贵物品除了以动物和人作为牺牲以外，还出现了批量生产的玉石礼器，如石峁遗址出土的大件玉刀和玉璋等，还有玉雕和石雕人头像等，[①] 以及陶寺遗址的玉璧和玉钺等。而陕西神木县大保当镇新华村1999年发掘的一号坑（K1）出土玉器36件，器形有刀、斧、钺、璋、铲、玦、环7种，显然是以玉兵器为主（图16-8）。其中的有刃玉器以整齐排列的方式插在地上，分为6排，竖直侧立插入土中，每一排的器物数量不等，多者10件，少者2件。犹如一个自西向东排列的玉兵方阵，让人联想到同样自西向东排列的陕西临潼秦兵马俑排列方阵。考古工作者孙周勇有如下分析：

> K1出土的玉器以片状器为主，占总数的85%以上。器物形制简单，器形不甚丰富。许多器物没有明显刃部，个别器体极薄，厚度仅仅两三毫米，显非实用器物，当已具有了礼器的性质。K1特殊的形制及玉器整齐排列及埋葬方式，显然是经过精心策划的。K1坑底中央埋葬鸟禽骨头的小坑，似乎与殷商时期埋葬中常见腰坑有着相似的功能或含义。这些现象都可能表明了K1作为一种文化遗迹，可能和当时某种祭祀活动有关。[②]

这种动物牺牲加玉礼器的祭祀情况，在华夏文明的三级编码时代即文字书写经典形成期，在《山海经》这样的古书叙事中清晰可见。如《北山经》的两段祭祀叙事：

---

① 戴应新：《神木石峁龙山文化玉器》，《考古与文物》1988年第5、6期（合刊）；戴应新：《我与石峁龙山文化玉器》，见杨伯达主编：《中国玉文化玉学论丛》（续编），紫禁城出版社，2004年，第228—239页；罗宏才：《陕西神木石峁遗址石雕像群组的调查与研究》，见《从中亚到长安》，上海大学出版社，2011年，第3—50页。

② 孙周勇：《神木新华遗址出土玉器的几个问题》，《中原文物》2002年第4期。该文收入杨伯达主编：《中国玉文化玉学论丛》（续编），紫禁城出版社，2004年，第109—123页。

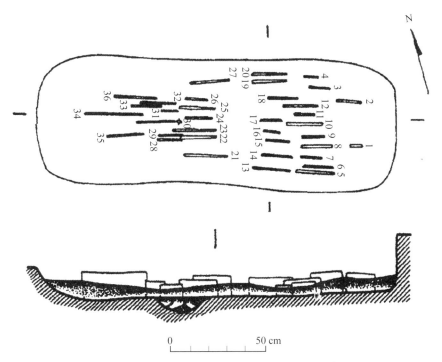

1、3、6.玉钺　2.残片　4.玉环　5.玉芽形器　7.玉铲　8.玉璋
9.残片　10.玉铲　11.残片　12.玉刀　13.玉钺　14.玉铲　15.玉铲　16.残
片　17.玉斧　18.玉刀　19.玉钺　20.玉佩饰　21.玉刀　22.玉璋　23.玉
铲　24.玉钺　25.玉刀　26.玉斧　27.玉钺　28.玉铲　29、31.玉玦　30.玉
铲　32.玉刀　33.玉铲　34.玉铲　35.玉铲　36.玉铲

图16-8　玉兵方阵：陕西神木新华遗址龙山文化玉器坑平面图
（引自孙周勇：《神木新华遗址出土玉器的几个问题》）

凡北次二经之首，自管涔之山至于敦题之山，凡十七山，五千六百九十里。其神皆蛇身人面。其祠：毛用一雄鸡彘瘗；用一璧一珪，投而不糈。[①]

凡北次三经之首，自太行之山以至于无逢之山，凡四十六山，万二千三百五十里。其神状皆马身而人面者廿神。其祠之，皆用一藻茝

---

① 袁珂：《山海经校注》，上海古籍出版社，1980年，第84页。

瘗之。其十四神状皆彘身而载玉。其祠之，皆玉，不瘗。其十神状皆彘身而八足蛇尾。其祠之，皆用一璧瘗之。大凡四十四神，皆用稌糈米祠之，此皆不火食。[①]

从《北山经》的山神祭祀规定看，祭品是动物加玉器，或只用玉器。描绘山神形象特征的一句"其十四神状皆彘身而载玉"，郝懿行注云："载亦戴也，古字通。"既然神灵本身就是佩戴玉器的，所以用人工制作的玉器向他们献祭，也算是投其所好。再如《中山经》：

> 凡薄山之首，自苟林之山至于阳虚之山，凡十六山，二千九百八十二里。升山冢也，其祠礼：太牢，婴用吉玉。首山魅也，其祠用稌、黑牺、太牢之具、蘖酿；干儛，置鼓；婴用一璧。尸水，合天也，肥牲祠之；用一黑犬于上，用一雌鸡于下，刉一牝羊，献血。婴用吉玉，采之，飨之。[②]

这里的祭品出现太牢即牛羊猪，显然比《北山经》要隆重得多。又如《中山经》末尾的记载，祭品中玉礼器的数量大大增加：

> 凡洞庭山之首，自篇遇之山至于荣余之山，凡十万山，二千八百里。其神状皆鸟身而龙首。其祠：毛用一雄鸡、一牝豚刉，糈用稌。凡夫夫之山、即公之山、尧山、阳帝之山皆冢也，其祠：皆肆瘗，祈用酒，毛用少牢，婴毛一吉玉。洞庭、荣余山神也，其祠：皆肆瘗，祈酒太牢祠，婴用圭璧十五，五采惠之。[③]

繁复的祭祀仪式活动，必然催生围绕着祭祀礼仪而形成的早期符号——图像和充当符号的物，从陶器、陶文、骨器、蚌器到玉器，再到青

---

① 袁珂：《山海经校注》，上海古籍出版社，1980年，第99页。
② 同上书，第135页。
③ 同上书，第179页。

铜礼器，这些都是先于汉字的最早形态甲骨文而存在的华夏文化符号。目前看来，最能够体现华夏精神信仰特色的持久性的前文字符号是玉礼器，而生产和使用玉礼器的行为受到神话想象的支配，每一种玉器形式都包含一种神话观念。成功解读这些玉器符号的信仰意义，就相当于找出近 8 000 年的符号物叙事链，这要比甲骨文、金文以来的汉字叙事链在年代上早一倍以上，比《春秋》《史记》等文献叙事早三四倍。这就是为什么必须把神话研究从文字和文献本位的窠臼中解放出来，真正走向大传统的新知识。

据史料所传，夏禹创建华夏第一王朝时，有来自四方"万国"的拥戴者贡献各地的"玉帛"。这一说法突出的两种物质——玉和丝绸，均是在史前大传统中早已被神话化的物质。用《国语》中人物观射父回答楚昭王询问祭神秘诀的话说，叫作"玉帛为二精"。[1]东周时期著名知识人的这个说法，是对我们如今寻找华夏文明核心价值由来的极好提示，因为以玉帛为精的信念来自大传统神话，是构成玉教信仰的核心观念；同时也是贯穿小传统全程的神话观念，具有承上启下的意义。夏朝末代帝王夏桀的亡国，很重要的原因是其不自量力修筑攀比天神世界琼楼玉宇的地上建筑物——瑶台和玉门。商朝的末代统治者是纣王，当其王国被周武王大军推翻时，他将王室所藏的宝玉缠在身体上，自焚升天。周人取代殷商建立新的中原王朝，分封诸侯时动用周王室秘传的玉器珍宝做各地的镇国符号，让周公的儿子去统治鲁国的象征物叫"夏后氏之璜"，是天下独一的神秘玉礼器。西周灭亡后，又经历了春秋战国时追求宝玉和氏璧的传奇历史，再到秦始皇用传国玉玺作为统一帝国至高无上的天命神话符号。一部由玉器神话支配的神话历史展开脉络，清晰可辨，一线贯穿到夏、商、周、秦、汉各个朝代，覆盖从 4 000 年前到 2 000 年前的整个上古史全程。夏禹从天帝那里获得的"玄圭"，夏桀的瑶台玉门，殷纣王用来升天的"天智玉"，鲁国的"夏后氏之璜"，楚王的和氏璧，秦始皇的传国玉玺，等等，总而言之，每一种记载都突出统治者与玉器的关联，而且强调这些神秘玉器的唯一性，这里面当然透露着华夏文明的核心价值所在。

---

[1]　左丘明：《国语》，上海古籍出版社，1988年，第570页。

自20世纪初年西方的"历史科学"观念进入中国，以北京大学顾颉刚为首的古史辨派学者便怀疑华夏上古史的可信性，不仅要打倒三皇五帝之类的历史偶像，还认为相关的远古叙事都是后人编造的神话传说。这是在考古学还没有完整再现出华夏大传统世界的丰富性和深远性之前，书斋作业的学人机械推崇科学主义历史观而陷入盲区的结果。今天，我们借助考古新发现，能够看到玉文化在中国北方地区的发源，足足有八九千年之久，随后逐渐南下，传播到东方沿海地区，南端一直抵达广东和越南。在距今4 000年之际，完成自东向西传播的最后一站，到达河西走廊深处，催生出西北地区齐家文化的玉礼器体系。

总括地讲，史前玉文化大传统从8 000年前到4 000年前，即夏商周三代尚未出现之时，就已经基本覆盖了青藏高原、云贵高原以外的华夏大地，以距今5 000年的安徽含山凌家滩文化和江浙地区良渚文化为其巅峰状态。其神圣符号标记是以玉钺、玉铲、玉圭象征王权，或以玉璧、玉琮、玉璜祭祀天地。从前所未有的大传统景观看，甲骨文中的"王"字为什么写成一件斧钺形，后世"王"字与"玉"字为何如此近似等问题，均可得到洞若观火般的体悟。由此不难理解为什么要说"玉文化先统一中国"，这是大传统新知识能够超越传统文献知识的学理见证。

古史中还有多少未解的传说与奥秘等待着大传统新知识去重解？以下就用中国人自古以来的和平主义理想口号"化干戈为玉帛"为实例，说明从大传统新视野出发，我们还能够获得怎样的超越文献记录的认识和理解。

从先秦儒家创始人孔子所承认的华夏上古史脉络看，并不包括炎帝、黄帝，更不包括燧人氏、伏羲氏等传说的古帝在内，而是以尧舜禹和虞夏商周四代为谱系开端。由于虞夏两代的文字记录迄今尚未见到，商周两代以下才有甲骨文、金文等汉字叙事材料出现，所以我们的考察就可以把视野划分为两段：虞夏大传统和商周小传统。

就目前有限的上古文献提示看，虞和夏如果是中原地区确实存在过的最早的两个王朝，那么它们的先后建立都充分体现出"化干戈为玉帛"的和平主义理念。从尧舜禹统一中原到秦始皇统一中国，王朝的核心区域没有变，变化的是中原国家辐射周边地区的面积；而秦帝国统治的2 000多年前所覆盖到的北方和南方的多数地区，其实早在 4 000 年前就已经被玉文化率先覆盖到了。[①]正是因为有在全国各地寻找美玉的战略资源自觉，才会出现大禹建立统一政权之际，各地方统治者蜂拥而至，"执玉帛者万国"的奇特景观。

最后列举古文献提示的十个与华夏王朝最高统治者相关的事件，旨在殊途同归地显示：作为隐性宗教信仰而存在于华夏文明发生期的玉教，如何直接催生出这个文明的核心价值并支配着最高统治者的行为。

第一，尧舜北用禹氏之玉而王天下，玉教神话观先统一中原。

第二，禹会诸侯于涂山，执玉帛者万国。

第三，夏桀建瑶台玉门，模拟神话想象中的天国永生理想。

第四，殷纣王：化玉帛为升天媒介——神灵永生信仰。

第五，西周王朝秘密贮备天下玉宝，作为镇国秘宝。

第六，周公东封鲁国用"夏后氏之璜"，具有震慑与和亲双重意义。

第七，周公为病重的武王举行仪式，求祖先在天之灵为武王延寿，他与神明对话的媒介物是两件玉礼器：璧和圭（可参考图16-9、图16-10）。

第八，周穆王用玉帛和亲于北方的河宗氏与西方的西王母邦。

第九，秦昭王试图以15座城池换取天下第一美玉和氏璧。

第十，秦始皇化干戈为玉帛：销天下之金与制作唯一象征大一统政权的传国玉玺。

秦始皇统一中国所开创的以传国玉玺象征国家最高统治权的制度，历代传承和延续（图16-11），直至1911年辛亥革命推翻帝制为止。

[①] 南方有广东韶关史前的玉文化发现，以及香港和珠海、越南等地发现的祭祀用玉璋。分别参看苏秉琦：《石峡文化初论》，《文物》1978年第7期；吴汝祚：《试论石峡文化与海岱、太湖史前文化区的关系》，见广东省韶关市曲江人民政府编：《曲江文物考古五十年》，（香港）中国评论学术出版社，2008年，第177—183页；李岩：《广东地区文明进程的玉器传播与使用浅见》，见杨伯达主编：《中国玉文化玉学论丛》四编上，紫禁城出版社，2007年，第325—334页。

图16-9　山西襄汾陶寺遗址出土的玄圭，
距今约4 400年

（引自中国社会科学院考古研究所编：《襄
汾陶寺——1978—1985年考古发掘报告》）

图16-10　甘肃灵台白草坡西周墓出土
的玉圭，距今约3 000年

（甘肃省博物馆藏；引自古方主编：《中国
出土玉器全集》第15卷）

图16-11　清光绪"光绪之宝"青白玉玺

（2016年摄于首都博物馆特展"走近养心殿"）

第十七章

"多元"如何"一体"

——华夏多民族国家构成的奥秘

▶ 本章摘要 ◀

　　考察华夏文明的构成，或讲述中国国家传统的特质，多民族国家说和多元一体说已经成为学界耳熟能详的口头禅，如今的瓶颈问题是，如何动态地而非静止地理解"多元一体"的所以然。本章从玉石神话信仰（玉教）的驱动资源着眼，聚焦西周王室珍藏的具有皇权建构意义的宝玉资源的来源，揭示早期华夏国家形成时期的核心物质与主导精神（即核心价值）的双重认同纽带作用，依据远古不同地域族群在华夏中央王权象征圣物的资源供给网络中的地位和关联，重新梳理"多元一体说"表象背后尚待开掘的隐含意义，重建东亚玉器时代的大传统脉络。被西方人命名为丝绸之路的文化通道，从中国本土视角看，实为玉石之路或玉帛之路；本章将从玉文化的大传统视野，确认玉教的"新教革命"即"白玉崇拜"发生的时空坐标，如何使得多元凝聚为一体的资源供给模型——西玉东输，在商周之际形成运动模式并历代延续，直至今日；揭示"化干戈为玉帛"的政治理想如何在玉石资源的远距离贸易基础上得以发生；阐明昆仑玉山西王母神话，以及西王母献白玉神话的现实物质原型。

第一节　文明发生：人类的最大作品之由来

关于人类文明的由来问题，19世纪的标准答案是环境说，如泰纳

（Hipplyte Adolphe Taine）的"种族、时代和环境"理论。20世纪以来，魏特夫（Karl Wittfogel）"水利造就文明"说流行一时。基于考古学的新知识范式，以柴尔德《人类创造了自身》为标志，人类文明起源奥秘的理论有了新突破。从学科分类上看，其理论创新被概括为一个标志新兴交叉学科的关键词——"认知考古学"。它将考古学所发现的各个地方文化的演进，用人类认知的统合视角给予整体的、动力学的诠释，从而说明人类为什么会先后脱离狩猎采集、原始农耕和畜牧，最终迈进文明国家的门槛。

英国考古学家伦弗瑞在《史前：文明记忆拼图》（*Prehistory: Making of the Human Mind*）一书中指出，认知考古学的特色在于从考古学所关注的遗址与文物，转向遗址和文物所代表的史前人类心智及其进化过程，亦即文明化的过程。对于文明的判断，除了过去特有的一些物质指标，如城市、文字和青铜器等，伦弗瑞又添加了精神方面的指标——思想模式和由此带来的特定文化的价值观。他认为在物质与精神之间，起到关键性的动力要素是精神，而不是物质。"我们现在才刚开始了解人类思想模式的改变，这可能是人类环境中一些重大进展或转变的基础。"①社会变迁的基础是思想观念，这在19世纪被看成是属于"上层建筑"，其下的基础则称为"经济基础"。究竟是以物质生产力为基础还是以人的观念为基础？当代认知考古学主张的是后者。

文明不同于史前的最大特点是，史前人类似乎走的是统一性的道路，从旧石器时代到新石器时代，再到文明时代，即从狩猎采集到农耕或畜牧生产，总之是世界各地大体一致的进程。文明则完全不同，笼统而言的人类文明，其实是由若干地域性的文明国家构成的"拼图"。就其发生的时间顺序而言，有苏美尔文明、古埃及文明，阿卡德文明、巴比伦文明、印度文明、克里特文明、米诺斯文明、华夏文明、希腊文明等。这些文明国家中的任何一个，都与其他文明判然有别，所以史前史研究也就必然要解释文明发生现象，不仅需要说明人类走出史前史而进入文明史的一般原因，而且要研究特定文明国家诞生的文化基因差异，说明是什么因素导致古埃及文明建造出金字塔一类的标志物，而古希腊文明则孕育出奥林匹克运动和悲剧诗人，华夏

---

① ［英］伦弗瑞：《史前：文明记忆拼图》，张明玲译，（台北）猫头鹰出版社，2010年，第16页。

文明则以玉礼器和青铜器为社会权力与等级的标志物，并从巫史传统中催生出历朝历代延续不断的官修史书编撰模式。

对不同文明的文化基因考察，将揭示特定文明国家及其人群的特殊奥秘。就中国文明而言，需要从思想模式和价值观方面说明中国为什么是中国，中国人为什么是中国人，这理所当然地成为"中国文明发生史"的题中之义。

《史前：文明记忆拼图》一书第九章题为"古人的宇宙观"，伦弗瑞在此明确提出：

> 在人类社会中，有形物质如何能够呈现意义而产生新的制度事实；人类创造了物质符号，于是形成可感知的现实。
>
> ……新的物质性使得新的社会互动成为可能。
>
> 上一章我们也看到，物质和财货是如何呈现价值与意义，之所以如此，是透过人类这种赋予无生命物质意义的特殊习性，因而使这些事物成为象征符号，但是它们不只是象征符号，实际上还能将财富具体化，而且能授予人类权力。[①]

伴随特定的地域文明发生而产生的特定神话信仰观念，占据着异乎寻常的地位，对该文明的所有成员——从社会最高统治者到最下层平民，都发挥着潜在的行为支配作用。

伦弗瑞就神话思维对行为支配的作用有清醒的意识，他引用唐诺《现代心智的起源：文化和认知进化的三阶段》（Donald, M., *Origin of the Modern Mind: Three Stages in the Evolution of Culture and Cognition*, Cambridge, Mass., Harvard University Press, 1991）一书中的文化三阶段理论，称之为"人类发展之神话阶段"：随着语言和叙事的发展，有关过去的经验的解释和传说必定会被用来解释现状。

> 我们无法直接接触到史前时期所构思出的神话故事。然而，我们确

---

① ［英］伦弗瑞：《史前：文明记忆拼图》，张明玲译，（台北）猫头鹰出版社，2010年，第202页。

实能获得早期社会活动的痕迹，藉由这些活动，人类试图透过他们在世上的行动与这些现实产生关联，他们的行动曾留下某种物质痕迹。[①]

对于古埃及文明来说，古埃及人留下最显著的物质痕迹就是金字塔，其时间距今约 5 000 年。对于英格兰平原史前居民来说，所留下的最显著的物质痕迹是巨石阵，其时间距今也是 5 000 年左右。对于华夏河套地区的史前居民来说，最显著的物质痕迹有两种：巨大的石头城池与点缀其间的玉礼器。二者一大一小，大者为石头，小者为从万千种类的石头中筛选出来的玉石，用来加工成负载神话信仰意义的玉礼器。借用伦弗瑞的说法："在我们尚未详细确认事项中，其中一项是人造器物在社会关系方面的具体意义。"因为人造器物也可以被赋予神性的特质，所以，"更精确地说，许多社会关系是靠财货与人工器物来维系。在欧洲新石器时代，打磨光亮的石斧（偶尔会以玉石制作）明显具有比较高的价值。当人类后来懂得识别与使用黄铜和黄金后，新的价值系统就出现了。欧洲青铜器时代即奠基于这样的价值系统，并伴随强大的武器工具，如由新材料制成的刀、剑等"。[②]

石斧与玉斧（钺）在华夏史前史中也同样重要，甚至更为重要，因为后来的青铜和黄金出现之后，玉斧的至高价值并没有被金属器物完全取代，而是形成微妙的新老圣物组合价值，所谓"玉振金声"或"金玉良缘"的说法，即是这种新老结合的明证。精致打磨的史前石斧、玉斧，在世界不同地域的社会中具有跨文化的普遍意义，但是唯独在华夏文明中演变成象征王权的玉钺和铜钺，这种情况和华夏史前期长久的玉石神话信仰有不可分割的关系。在距今约 5 300 年的安徽凌家滩文化以及距今约 5 000 年至 4 000 年的环太湖地区良渚文化中，玉钺如何升格为首屈一指的王权象征物（图 17-1），可以在合肥的安徽省博物馆以及杭州余杭区的良渚博物院展厅中得到直观的观照和体会。对照有关 3 000 多年前商周易代之际的历史叙事——周武王手执黄钺斩下殷纣王的头颅，再用玄钺斩下殷纣王妻妾的头颅之细节，[③] 也就有

---

① ［英］伦弗瑞：《史前：文明记忆拼图》，张明玲译，（台北）猫头鹰出版社，2010 年，第 203 页。
② 同上书，第 181 页。
③ 这是《逸周书》和《史记》共同的说法，与郑玄注《周礼》所说周武王用赤刀诛杀纣王不同。参看司马迁：《史记·周本纪》，中华书局，1982 年，第 124—125 页。

图 17-1 安徽含山凌家滩 07M23 号墓出土的玉礼器群——墓主人身下全是玉钺，其玉料为就地取材的杂色玉，没有白玉。距今约 5 300 年

（安徽省文物考古研究所张敬国供图）

了基于文化大传统的深度理解之新知识条件。换言之，五六千年前玉钺已经成为东亚地区的至高神圣物，3 000 年前的改朝换代大革命为何要让最高统治者用斧钺来完成最后一击，就容易理解了。这是从前文字时代的符号叙事大传统出发，重新理解文字叙事小传统的生动案例。历史的源与流，从来也没有像今天这样清晰地呈现出来。

我们参照韦伯论证西欧资本主义起源的理论模式，提出"玉教伦理与华夏文明精神"的命题，就是希望揭示出使得华夏文明有别于其他文明的"文化基因密码"——物质与精神的互动关联及其所铸就的核心价值观。

第二节 玉教传播：华夏玉文化发生期的多元与一体

地域多元和多色彩是东亚史前玉器用料的普遍情况。

中国地质大学（武汉）珠宝学院和安徽省文物考古研究所联合拟就的《安徽凌家滩出土古玉器玉材来源考察结果》认为：5 300 年前的凌家滩玉器基本上是就地取材于多种玉石材料。

（1）5 300多年前的交通情况是很不发达的，只有人力、牲口和漂流，一般来说，古人会就近取材。

（2）肥东县桥头集双山——小黄村一带晋宁期片麻状闪长岩与下元古界双山组（Ptish）镁质大理岩的接触带中具有形成蛇纹石玉和透闪石玉的地质条件。本次考察就找到了蛇纹石玉、含方解石蛇纹石玉、方解石透闪石岩、透闪石大理岩。蛇纹石玉与蛇纹石玉质的古玉器的基本宝玉石学特征可以对比……

（3）火山岩、泥岩、粉砂岩、大理岩、滑石等石料采自周围的火山岩盆地和太湖山一带的沉积岩层中。这些石料并不稀少，没有必要舍近求远去采。

（4）古人的用玉观与现在有一致的，即将自然界分布稀少、细腻、温润、美丽的石头作为珍品，琢制成精美的礼玉、饰玉等；也有与现在不同的，如喜欢五颜六色的花斑状的石头，这些石头分布较多、块体也较大，故用来制作石钺、石斧等工具和仪仗器。[①]

从史前文化的局部看，地方性玉礼器生产就地取材，本身就具有一定的玉矿种类的多元性。再从全局视角看，各地的多元性玉石资源汇合成玉料取材更大的多元性和丰富性。到距今约4 000年至3 000年的夏商周阶段，由于西玉东输的曙光初现，这种多元性局面逐渐发生转变，即向一元性局面演变，从使用地方性的各种玉石向集中使用西域输送而来的昆仑山和田玉（古书称为"昆山之玉"）的转变。除了玉礼器种类（如琮、璧、圭、璋等）的中原王朝一元性整合趋势外，玉料的选择方面也出现向优质透闪石玉材集中的趋势，而且愈演愈烈。到东周和秦汉时代，玉器加工技术出现突飞猛进的大发展，玉材的使用也形成和田玉独尊的一统天下局面。只有在充分认识到"昆山之玉"的优越性和独一性的转变基础上，才会产生出儒家以"温润"为第一物理特征的顶级玉材标准价值。用今日的玉器收藏界经验标准，温润与否是和田玉中的上等籽料所特有的物理特点。君子温润如玉的人格理想，

---

① 安徽省文物考古研究所：《凌家滩——田野考古发掘报告之一》，文物出版社，2006年，第322页。

使得以温润为最大特色的和田玉的文化品格得到普遍的认同和推崇，由此奠定此后 2 000 多年玉文化发展的主流。

物质方面的玉石资源之变化，必然导致精神价值方面的观念变化。玉石资源从多元到一元的转变，非常突出地体现在东周以来的历史叙事中，诸如卞和向楚国最高统治者三献玉璞的典故、完璧归赵的和氏璧典故、秦始皇用和氏璧改制传国玉玺的典故，都明确凸显天下宝玉的唯一性，以至于史书叙事中的宝玉被描绘得神奇无比，至高无上。这些叙事不是文学却胜似文学。对此，我们找到的迄今最恰当的概括词语是"神话历史"。尤其是秦始皇销天下之金，唯独选中宝玉制成大一统帝国象征之玉玺的史实，让玉在宇宙万物中独尊的至高地位，一直延续到清代的末代皇帝玉玺，甚至延续到 2008 年北京奥运会的金镶玉奖牌设计。

大传统的地方性多元玉矿资源，为什么在文明小传统中变化为一元性的至尊宝玉崇拜呢？玉教即玉石神话信仰的数千年演进过程是怎样发生一种九九归一的大变革的呢？

先看商代的最高统治者——末代帝王殷纣王临终的玉文化"表演"。《逸周书·世俘》云：

> 商王纣于商郊。时甲子夕，商王纣取天智玉琰缝身厚以自焚，凡厥有庶告焚玉四千。五日，武王乃俾于千人求之，四千庶（玉）则销，天智玉五在火中不销。[1]

对于接替殷商王权而受天命统治中原的周朝王者来说，前朝统治者遗留下来的所有宝玉，皆可作为天命转移和权力转移的有效物证，所以有必要照单全收，藏之王室，而不必像处置异族的神像、图腾、牌位那样加以取缔或销毁。《逸周书·世俘》篇讲完商王自焚一事，接着叙述的就是周王继承殷商宝玉一事："凡天智玉，武王则宝与同。凡武王俘商旧玉亿有百万。"这里上亿件的玉器数量让后人百思不得其解，引出各种不同的解释。黄怀信依照各类书的引文校注说：这一句话在"俘商旧"后面脱落了"宝玉万四千

---

[1]　黄怀信：《逸周书校补注释》，三秦出版社，2006 年，第 203 页。

佩"6字。"百万"当作"八万"。翻译成现代汉语应是:"凡属天智玉,武王就与宝玉同等看待。武王一共缴获商朝的旧宝玉一万四千枚、佩玉十八万枚。"[①]

不论认为这是历史还是神话,《逸周书》的叙述至少可以表明殷周革命之际有一笔数量巨大的宝玉更易主人。即使不采用有夸张之嫌的上亿之说,至少也还有近20万枚玉器被纳入周王室宝藏。[②]在其财富和奢侈品的后起意义之前,宝玉在文明初始期的更高价值是代表神圣和天命。值得我们从跨文明比较视角思考的是:为什么史籍上要特别强调商周革命时惊人数量的宝玉继承情况,却对金银器、青铜器等其他贵重物品不置一词呢?对于记述三代史实的著作者而言,是怎样一种独特的、来源于大传统的文化价值观发挥作用,在暗中支配着史官叙事的取舍和关注焦点呢?

商纣王自焚之际烧掉了除天智玉之外的宝玉,这一细节清楚表明商代统治者珍视的玉石是多元性的,这一点从考古发掘的商代墓葬用玉情况已经得到充分证明。

再看西周初年的最高统治者珍藏的王室秘宝情况。《尚书·顾命》讲到周成王病危,周康王将继位之际,西周朝廷中的珍藏国宝都被摆出来陈列。

> 越玉五重,陈宝,赤刀、大训、弘璧、琬、琰,在西序;大玉、夷玉、天球、河图,在东序。[③]

在西周王室珍藏的国宝中,排列在前面的,从名称上看几乎全部是玉石类物质。而"越玉"和"夷玉"之类的名称还清楚地透露出多地区和多民族之物产信息。就此而言,3 000年前的中原国家统治,从其首要战略资源依赖性看,就是中原国家以外辐射性的广大区域内出产的玉矿玉料。那时新疆和田玉已经进入中原,但是还没有像东周时期那样获得至高无上的价值。在儒家的温润人格理想取法于和田玉的价值标准成立之前,是以玉石的多元性

---

① 黄怀信:《逸周书校补注释》,三秦出版社,2006年,第204页。
② 杨升南:《商代经济史》,贵州人民出版社,1992年,第538页。
③ 顾颉刚、刘起钎:《尚书校释译论》,中华书局,2005年,第1737页。

为主。只要看看周武王伐纣的联合大军中，有多少非中原族群的成分，就知道周人的民族团结功夫如何了，周王室为什么有那么多来自各个民族地区的宝玉石这一问题，可不言自明。

在温润人格标准确立之后，玉石的多元性必然让位于一元性。为了保证数千公里以外的和田玉资源不断供应，需要从黄河中游到上游，再到河西走廊和北方草原，整个西域的多民族地区间保持贸易与交往关系。由此拉动的华夏最高价值必然是照顾到国家资源依赖局面和西玉东输远距离贸易需求，即以多地域、多民族之间的彼此互利互惠关系为现实基础，用儒家的表述可称为"化干戈为玉帛"。

"化干戈"是中国先民处理多元文化关系的和平主义理念，其目的很明确，就是为了"玉帛"。离开对玉帛的物质层面与精神层面的深入理解，华夏文明能够认同和凝聚多民族文化为一体的具体经验遗产就难以揭示，因此，下文侧重从物质方面说明玉这种物质在东亚史前大传统的信仰建构和神话编码情况。

东亚玉器时代的前身是石器时代，玉器时代最终因融入青铜时代而告终结。需要辨识的一点是，玉器时代的结束并不意味着玉器生产的结束，只是玉器生产独领风骚的局面不复存在，取而代之的是金属器与玉器并重的时代。就此而言，玉器时代的末段与金属时代的前段有所重合。金玉并重的价值观从夏商周到明清，贯穿着中华文明史的全程。这样的情形给人造成一种假象，好像金和玉一开始就是并驾齐驱的宝物、圣物，其实二者进入华夏的时间早晚相差很大，需要重建玉器独尊的年代谱系，方能有效透视玉器大传统与金属小传统的发生学关系。

第三节　"多元"如何"一体"：玉教的"新教革命"

史前期的玉文化发生发展呈现出多元向一体的进化过程。如果把 8 000 年前肇始于内蒙古赤峰地区的兴隆洼文化玉器视为东亚玉文化的开端，把随后的玉文化发展看成一个从小到大、从点到面的扩散过程，那么，玉教信仰大约在 4 000 年前完成其对史前中国的较全面覆盖。进入文明期以后，在距今3 000多年的商周之际发生了东亚玉文化史上类似于"新教革命"的大变革：西周最高统治者的注意力，从四面八方得来的地方性杂色玉料或玉器（如夷玉、越玉、赤刀等），逐渐转向从西域输送来的新疆昆仑山和田玉，尤其是和田玉中的白玉，其神圣价值后来居上，凌驾于以往所有的多元玉料之上，形成和田白玉独尊的新神话（围绕昆仑山和西王母）和新教义；其直接结果是东周时期形成的"白璧无瑕"这一中国式完美理想，以及儒家"君子温润如玉"的人格理想。可见，这种玉教的新教革命对后世中国文化的影响巨大而深远，甚至直接决定当代玉器生产的资源供给模式和羊脂白玉位于价格金字塔顶端的特有文化现象。

周朝的天子用来和亲与结盟各地方族群的物质纽带，首屈一指就是玉石，其次是黄金等贵金属，再次是马匹和丝绸。《穆天子传》所反映的历史真实性，如果说和西周的情况有所出入，那么大致对应着东周的情形。周穆王到河套地区用玉璧拜祭河神，再到昆仑山晋见西王母，用的是玉璧、玉圭。这位周朝统治者一路上所持有、所奉送出的玉礼器，为什么是几千公里的范围内通用的？玉礼器的统一性，何以覆盖面如此广大？原来有一种相对统一的信念借助于信仰的传播力而支配着中原国家的意识形态，那就是昆仑玉山西王母的神话。该神话的意识形态作用突出为三点：其一，神圣地点——西方昆仑山；其二，神圣物质玉的独尊性来源，即昆仑山和田玉；其三，将神圣性、不死性与美玉三要素合为一体的人格化形象——西王母女神。如果将周代的意识形态建构视为华夏核心价值观的初步定型，那么与西王母相关的神话突出表现为白玉崇拜、白玉独尊的思想观念，在其中一定发挥着至关重要的奠基性作用。

从东周到秦汉魏晋持续出现的西王母来到中原王朝献白环的各种叙事，是其很好的例证。王国维《今本竹书纪年疏证》"帝舜有虞氏"条云：

> 九年，西王母来朝。
> 西王母来朝，献白环玉玦。[1]

---

[1] 王国维：《今本竹书纪年疏证》，见方诗铭等：《古本竹书纪年辑证》，上海古籍出版社，2005年，第210页。

清代学者徐文靖撰《竹书统笺》，对这两条记载所作的笺释，主要是大量排比相关素材，展现对西王母主动与中原王朝交往的这个献宝事件的多种叙事版本。兹列举如下：

> 按：《地理志》："金城临羌县西北至塞外，有西王母石室、仙海、盐池西有须抵池，有弱水、昆仑山祠。"《大戴记》曰："舜以天德嗣尧，西王母献其白琯。"《世本》曰："舜时西王母献白环及佩。"《雒书灵准听》曰："舜受终，西王母献益地图。"欧阳询曰："西王母得益地之图来献。"
>
> 按：《瑞应图》曰："黄帝时西王母献白环，舜时又献之。"《晋志》曰："舜时西王母献朝华之琯，以玉为之。及汉章帝时，零陵文学奚景于泠道舜祠下得白玉琯一枚。"咸以为舜时西王母所献云，意是时王母以玉琯献舜，舜或赐象，鼻亭去泠道不远，故于舜祠下得此。[①]

以上徐氏《竹书统笺》引述的多种文献，内容大同小异，有所不同的是所献宝物：白环、玉玦、白琯、益地之图、朝华之管、玉管。他未能引述的数据，还可加上两条：其一是应劭《风俗通义·声音》管条下之"白玉管"；其二是《汉书·律历志》注云"西王母献舜白玉，以玉为琯也"。[②]

把所有这些文献集中起来，计有《竹书纪年》《大戴记》《世本》《雒书灵准听》《瑞应图》《晋书·礼乐志》《风俗通义》《汉书·律历志》，总共有 8 种不同的西王母献宝记述，其中指玉者 7 条，指地图者 1 条；指玉的 7 条中，讲到白玉或白玉器者 6 条，占比 93%。其中最早的著录《竹书纪年》是战国时期成书，较晚的书到了魏晋南北朝时期。由此可知西王母献白玉（器）是古代流传最广的说法，数百年来早已深入人心。《后汉书·马融传》云："纳僬侥之珍羽，受王母之白环。"西王母与白玉环，几乎成为远古圣王年代的珍贵瑞兆之文化记忆。杜甫在《洗兵马》诗中歌颂道："不知何国致白环，复道诸山得银瓮。"宋人王应麟《困学纪闻·评文》亦云："函封远致，不知何

---

① 徐文靖撰：《竹书统笺》卷 2，见宋志英辑：《竹书纪年研究文献辑刊》第 2 册，国家图书馆出版社，2010 年，第 145 页。
② 转引自方向东：《大戴礼记汇校集解》，中华书局，2008 年，第 1162 页。

国之白环；瑑刻孔章，咸曰宁王之大宝。"如果了解到西玉东输的持续数千年运动中，有大量新疆特产优质白玉成为华夏王权和社会等级建构的顶级物质资源，就不会再怀疑西王母神话中潜含着的历史真实性内涵。从屈原《楚辞·九歌·湘夫人》所唱到的"白玉兮为镇，疏石兰兮为芳"，到曹雪芹描绘贾府之富贵，用"白玉为堂金作马"，白玉崇拜主题已经借助于文学想象和修辞，弥漫到本土文化传统的方方面面。以白玉崇拜主题反思对《红楼梦》影响巨大的古书《山海经》，其介绍140座产玉之山特别要提示每一座山出产的玉是否为白玉，这样的提示在《山海经》里出现16次之多，恐怕不会是偶然的。

山经部分的各地物产叙事，首先要记述有没有玉，其次要说明有没有白玉。也就是说，玉和白玉是分开作为不同类别的圣物来陈述的。同样成书于战国时期的《穆天子传》，也有提示玉之颜色的案例。如卷二叙说穆天子在昆仑山观黄帝之宫，并用隆重的牺牲祭祀昆仑山后，继续北行，留宿在一个出产珍珠的地方"珠泽"，在水流边垂钓，说出"珠泽之薮方三十里"一句话。紧接着发生的事件是：

> 乃献白玉。[①]

文本中的这一叙事似有脱落，缺乏主语，只有谓语和宾语，不明确是谁献给谁白玉，其数量单位也不详。今刊的郭璞注与清人洪颐煊校本加注云："《事物纪原》三引作'珠泽之人，献白玉石'"，补足了叙事的主语，可知是昆仑一带的珠泽当地人向穆天子献上白玉石原料。这和上文提及的情况基本相符：昆仑山及周边地区是上等白玉的主要出产地。稍有不同的是，《山海经》认为黄帝所在地为峚山，距离昆仑丘有1 000多里；《穆天子传》则认为黄帝之宫就在昆仑山上。把世界上最珍贵的白玉资源和黄帝、西王母等神话人物联系起来，表明白玉崇拜的玉教新教革命已经完成，西周以来统治阶层使用和田玉的情况有增无减，这就给白玉信仰的形成和普及找到现实的物质原型。

[①] 郭璞注：《穆天子传》，丛书集成初编本，商务印书馆，1937年，第8页。《事物纪原》三引作"珠泽之人献白玉石。"

关于西周玉器生产所用玉料的材质问题，目前虽然还在探索之中，但是已经有初步的定论，足资研究者参考。如中国社会科学院考古研究所编《中国考古学·两周卷》的判断：

> 从出土情况看，各地出土玉器的种类、质量的好坏与有关遗迹的规格有密切关系。在张家坡西周墓地，较大的墓葬所出的玉器不仅数量较多，而且玉质较好，制作较精。如M157、M170两座井叔墓出土的随葬玉器，真玉分别占88%和89%，这种情形也许是他们身份、地位的一种表示。
>
> 关于西周玉器的产地，现在还无法作全面说明，据对张家坡墓地出土玉器检测，这里的玉器多为透闪石软玉，其来源不限于一地，可能来自多个产地。上村岭M2009出土的724件（组）虽可分为白玉、青玉、青白玉、黄玉、碧玉等类，但鉴定发现，大部分为新疆和田玉。①

西周玉器多用新疆和田玉的鉴定发现，是极为重要的新材料，其中的白玉和青白玉是标志玉教革命的特殊物质，在史前期漫长的玉文化发展中较为罕见（图17-2）。从新疆于阗（今和田）到中原地区的里程约三四千公里，用《管子》的话说是"七千八百里"或"八千里"，其距离之遥古今大致相当。这条道路正是1877年被德国人李希霍芬命名为"丝绸之路"的文化通道。西玉东输的当代再发现，将给过去无法想象的历史难题找出解答的线索，也对"丝绸之路"的西方式命名提出质疑和补充。为此，笔者和《丝绸之路》杂志策划了2014年夏甘肃省玉帛之路文化考

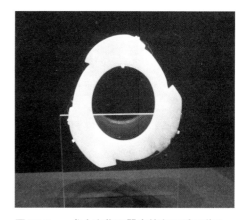

图17-2　龙山文化玉器中的白玉质玉璇玑
（摄于上海博物馆）

---

① 中国社会科学院考古研究所编：《中国考古学·两周卷》，中国社会科学出版社，2004年，第187页。

图17-3 2015年第二次玉帛之路文化考察团在瓜州大头山采集的白玉标本

察团，驱车行走河西地区，历时15天，总行程约4 300公里。考察团在邻近新疆的甘肃瓜州北部大头山，探查到一座长达25公里的山，盛产乳白色的石英石玉（图17-3）。从玉石采样分析报告看，摩氏硬度为7。而在甘肃肃北马鬃山发现的先秦至汉代玉矿，其出产的透闪石玉主要指标都接近新疆和田玉，唯有玉料的颜色分布上有差异。此外还有甘肃榆中马衔山玉矿的发现，以优质透闪石黄玉为突出特色。这些新发现的玉矿说明我国西部高原地区出产美玉的地点是多元的，而不是一元的，古今有多少未知的玉矿储藏，至今还是谜。《山海经》记述的140座产玉之山中有16座产白玉，不可能是书生在书斋里凭空想象出的，应有其实际考察或采样的依据。

　　商周两代的统治者是怎样获得西域的优质玉石资源的？目前的推测是，商代统治者通过西部的羌人和北方的鬼方之人等的中介贸易作用，间接得到昆山之玉。而周穆王西征见西王母的神话叙事，表明周人在借助西域少数民族的贸易作用之外，还有类似张骞的"凿空"西域边疆行为。这是"化干戈为玉帛"这一华夏核心价值理念得以在东周时期流行的关键。

　　关于上古中原核心区域与周边族群的拱卫格局，以及周人的对外关系，许倬云先生有如下陈述："归纳这一大群以音译为名字的族群，则又可归为祝融集团包括己、董、彭、秃、妘、曹、斟、芈八姓，徐偃集团的嬴、偃、盈诸姓，夏人后代的姒、己、弋诸姓，及南方的吴越，北方的戎狄。凡此都在古代中国核心地区之外围。核心地区的族群，可称为中原族群；外围的族群则可称为边缘族群。中原族群的文化系统适当第一章的仰韶—龙山系，边缘族群文化系统则祝融集团地区约略相当于屈家岭文化圈，徐偃集团地区约略相当大汶口文化以下的东方沿海文化圈。夏人后代的姒己诸姓所在，约略相当于第二章的光社文化一系列，在中原龙山文化圈以北的文化。戎狄所在，属草原上文化；吴越文化所在则为长江下游河姆渡以至良渚的文化系列。周人对边缘族群的地区，可能因为文化距离较大，不可能采取完全与其在殷商地区相同的文化融合政策。大体上，周人仍是对土著文化及土著族群以融合为主，而控制与对抗只在融合不易时始为之。"[①]通过指示优质玉石资源为中原统治者独家占有现象，如今不难理解周人与西部民族交往与融合的重要物质纽带何在。生活在周代的河西走廊一带的民族并不尊崇玉教伦理，玉石资源作为"化干戈"的筹码，有效化解着"控制与对抗"的冲突局面，使得中原王朝与西域各族形成长期的互通有无和互惠互利格局。

本节通过西玉东输文化现象的再发现，结合华夏文明形成期的核心物质需求与核心价值形成，揭示了玉教传统的白玉崇拜之观念变革，并由此找出了华夏国家从多元到一体的一个方面原因。

第四节　多元"玉成"一体
——玉教神话观与华夏统一国家形成

本节将史前期产生的玉石神话观（以玉为神和以玉通天）作为文明发生的观念动力要素，运用四重证据法考察夏商周三代玉礼器的王权建构意义，解析玉石之路的开通对西周王朝国宝资源从多源向一源转化的过程，揭示促使华夏国家形成的核心物质与主导精神（即核心价值）的认同纽带作用，阐发早期文明内部多元文化融合的奥秘，从战略资源整合互动关系厘清广幅的多民族国家从"多元"到"一体"的生成脉络；依据远古不同地域族群在华夏中央王权象征圣物的原料供给网络中的关联地位，重新梳理出满天星斗说与多元一体说所缺失的动力要素。

考察华夏文明的构成，或讲述中国国家传统的特质，多民族国家说和多元一体说，已经成为学界耳熟能详的口头禅。如今的瓶颈是，如何动态地而非静止地理解"多元一体"的所以然。切入问题的角度是双向的：可以从"多元"或"多源"看"一体"的形成，也可从"一体"看"多元"或"多

---

① 　许倬云：《西周史》（增补本），生活·读书·新知三联书店，2001年，第132—133页。

源"的数量关系，即大致区分出不同文化之源如何汇流成"一体"的地域空间线路图。本节即采取双向考察的方式，兼顾以上两种维度。先从商周统治者的国家话语层面，注意审视汇聚到中央王权层面的"多元"的核心性物质文化要素；然后再从精神文化的"一体"方面，即从文化认同上，找出使得多元的资源供给实现众星拱月般国家结构态势的动力要素。

本节具体解析的对象是商周两代王室珍藏的具有皇权建构要素意义的宝玉资源的多元来源，兼及相当于夏代初年的陕西石峁遗址古城的用玉情况，希望由此揭示早期华夏国家形成时期的核心物质与主导精神（即核心价值）的双重认同纽带作用，借此阐明华夏文明内部多元文化有机融合的奥秘，即厘清其从"多"到"一"的资源整合性互动关系。依据远古不同地域族群在华夏中央王权象征圣物的原料供给网络中的地位和关联，重新梳理多元一体说表象背后尚待开掘的隐含意义。

1921年中国考古学诞生，北洋政府雇用地矿顾问瑞典人安特生在中原腹地渑池县仰韶村发现了史前文化，并命名为仰韶文化，随后在"X（仰韶彩陶）类似Y（西亚史前彩陶）"的比较中，引发中国文化西来说的争论。随后，傅斯年在山东发掘出龙山文化黑陶，与仰韶文化彩陶形成新的二元对立格局。傅斯年随后在考古发掘的物质资料基础上，构思出一种宏大叙事的华夏文明起源论，题为"夷夏东西说"（1933年），将华夏的主体民族成分简化为东西二元。这个假说的巨大影响，[1]直到20世纪80年代苏秉琦依据史前考古的大量新出材料，重新划分出"区系类型"并提出"满天星斗说"（1981年），才暂告一段落。"东西二元说"反映的知识空缺是早期中国考古发掘的局限所造成的，即只依据史前陶器类型立论，未能看到后来大量出土的史前玉器分布。与考古学的中国文化多元起源观相对应，是文化人类学家和社会学家费孝通提出的"多元一体说"（1988年），即以中国境内现存的50多个民族为文化多元，以"中华民族"的集合体国家为一体。[2]介乎"夷夏东西二元说"和"多元一体说"

---

[1] 反驳傅斯年观点的呼声，直到近年来才见高涨。如民族学者易华著有《夷夏先后说》（民族出版社，2012年），与傅斯年的观点针锋相对；历史学者刘夫德最近提出：傅斯年的夷夏东西说误导作用甚大，堪称"谬种流传"，对后来寻找夏文化步入迷津负有主要责任。见刘夫德：《上古史发掘》，陕西人民出版社，2010年，第3页。

[2] 费孝通等：《中华民族多元一体格局》，中央民族学院出版社，1989年，第1页。

之间或其后，学界还曾经出现一些有影响的观点，如徐旭生（1943年）的三大集团说（华夏集团、苗蛮集团、东夷集团），蒙文通的四大集团说（以上三大集团再加上巴蜀集团），萧兵的五大集团说（以上四大集团再加上偏南方的百越集团），等等。有关华夏之"多元"或"多源"的诸如此类的递进式增加，无非是进一步落实"多元一体"假说之下的具体数量关系，直至考古学者俞伟超的九大集团说，达到较为精细致密的境地。由于学科不同，以上诸种说法似乎相互隔膜，对话沟通不足。俞氏依据考古资料对四大联盟集团作出进一步细分，得出九大集团地域分布情况为：伊洛的夏文化，渤海湾的东夷集团，太行山以东的商族，燕山南北的北狄，泾渭流域的周族，甘青一带的羌戎，长江中游的苗蛮，东南至南海的百越，三峡至成都的巴蜀。[1]就华夏版图整体而言，九大集团虽然已经显得相当周全，实际上至少还有如下地区没有得到观照：东三省的狩猎和游牧文化、内蒙古的草原文化、云贵高原的山地文化，等等。更加严重的遗漏是只字不提今日的西藏和新疆两地。如果将这些遗漏掉的地域文化统统加入，九大集团说就要扩大为十四集团说，多少会显得庞杂臃肿，也难免以今度古之讥。不过，在考虑多元一体的格局形成时，无论如何不能漏掉河西走廊以西的新疆天山、昆仑山地区，从上古至明清，那里一直是这个多元一体国家的最重要的战略资源供应地。[2]

　　以上的回顾大致说明华夏文明起源研究的现代思路形成，以在多元之"多"的数量上大做文章为特色。目前稍显停滞的，是纠缠于多元一体的数量关系之辩驳，而大体上忽略更重要的问题。如：多元是怎样走向一体的？多元中的每一元如何被整合到一体中？多元为什么不发展为多体，却偏偏发展为"一体"呢？

　　换言之，华夏文明从多地域文化起源到统一国家政治体的形成，其演进变化过程如何，其动因又是什么？

　　再换一种发问的角度，问题又变成如下形式：能够吸收和凝聚多源的地域文化成分于一身的中原国家政权是怎样诞生的？华夏统一国家所依赖各地

---

[1]　俞伟超：《早期中国的四大联盟集团》，《香港中文大学中国文化研究所学报》1988年第19期。

[2]　叶舒宪：《玉石之路与华夏文明的资源依赖——石峁玉器新发现的历史重建意义》，《上海交通大学学报（哲学社会科学版）》2013年第4期。

方的核心资源是什么，这些资源又是怎样变化的？

第五节　西周国宝：玉文化的多元一体

　　具体而言，对玉石的崇拜和玉礼器生产已经在史前中国有4 000多年的长久铺垫时期，到西周王朝初年，通过夺取殷商王朝统治者所遗留下来的大量玉石和玉器，加上周人自己通过征伐和贸易交换等手段获取的各地玉料及玉器，足以构成周人的"国宝"观念——多源的玉石资源。相对统一的玉教神话观及与之相应的玉礼器体系，就是以多元化的玉石资源供应充实着西周统治者的物质需求与精神凝聚。请看《尚书·顾命》篇中著名的陈宝叙事：那是在老一代周成王因病驾崩，年轻的周康王即将登基之际，在国家最高统治者新老接替的关键时节，展演在王室内部的一个奢华场景。① "陈宝"的实质不在于夸富或炫耀权力，而是将国家最重要的珍宝一下子都陈列出来，见证统治者即国宝主人的更替大典。人类学调研的原住民社会的珍宝观表明，

---

①《顾命》全文如下：惟四月，哉生魄，王不怿。甲子，王乃洮颒水，相被冕服，凭玉几。乃同召太保奭、芮伯、彤伯、毕公、卫侯、毛公、师氏、虎臣、百尹、御事。王曰："呜呼！疾大渐，惟几；病日臻，既弥留，恐不获誓言嗣，兹予审训命汝。昔君文王、武王，宣重光，奠丽陈教则肄；则肄肄不违，用克达殷集大命。在后之侗，敬迓天威，嗣守文武大训，无敢昏逾。今天降疾，殆，弗兴弗悟；尔尚明时朕言，用敬保元子钊，弘济于艰难。柔远能迩，安劝小大庶邦。思夫人自乱于威仪，尔无以钊冒贡于非几。"兹既受命还，出缀衣于庭。越翼日乙丑，王崩。太保命仲桓、南宫毛，俾爰齐侯吕伋，以二干戈、虎贲百人，逆子钊于南门之外；延入翼室，恤宅宗。丁卯，命作册度。越七日癸酉，伯相命士须材。狄设黼扆、缀衣。牖间南向，敷重篾席、黼纯；华玉仍几。西序东向，敷重厎席、缀纯，文贝仍几。东序西向，敷重丰席、画纯，雕玉仍几。西夹南向，敷重笋席、玄纷纯，漆仍几。越玉五重，陈宝、赤刀、大训、弘璧、琬、琰，在西序；大玉、夷玉、天球、河图，在东序；胤之舞衣、大贝、鼖鼓，在西房；兑之戈、和之弓、垂之竹矢，在东房。大辂在宾阶面，缀辂在阼阶面，先辂在左塾之前，次辂在右塾之前。二人雀弁执惠，立于毕门之内；四人綦弁，执戈、上刃，夹两阶戺；一人冕执刘，立于东堂；一人冕执钺，立于西堂；一人冕执戣，立于东垂；一人冕执瞿，立于西垂；一人冕执锐，立于侧阶。王麻冕黼裳，由宾阶隮。卿士邦君，麻冕蚁裳，入即位。太保、太史、太宗，皆麻冕彤裳。太保承介圭，上宗奉同、瑁，由阼阶隮。太史秉书，由宾阶隮，御王册命。曰："皇后凭玉几，道扬末命，命汝嗣训，临君周邦，率循大卞，燮和天下，用答扬文武之光训。"王再拜，兴。答曰："眇眇予末小子，其能而乱四方，以敬忌天威？"乃受同（瑁），王三宿，三祭，三咤。上宗曰："飨。"太保受同，降，盥，以异同，秉璋以酢。授宗人同；拜，王答拜。太保受同，祭、哜、宅。授宗人同；拜，王答拜。太保降，收。诸侯出庙门俟。参看顾颉刚、刘起釪《尚书校释译论》，中华书局，2005年，第1712—1803页。

宝物之所以为宝物，被看重的不是经济价值，而是其所承载的灵力、神力或法力。约3 000年前周王室宝物的意义，当与此相去不远。

> 越玉五重，陈宝，赤刀、大训、弘璧、琬、琰，在西序；大玉、夷玉、天球、河图，在东序。①

对于以上陈宝场景及9种（若"琬琰"作为一物，则为8种；若"琬"和"琰"之间用顿号断句，则为9种）宝物，《尚书正义》给出的权威注疏和解说，兹引用如下：

> 越玉，马云："越地所献玉也。"夷玉，马云："东夷之美玉。"《说文》夷玉即珣玗琪。球音求，马云："玉磬。"
> 上云"西序东向""东序西向"，则序旁已有王之坐矣。下句陈玉复云"在西序""在东序"者，明于东西序坐北也。"序"者墙之别名，其墙南北长，坐北犹有序墙，故言"在西序""在东序"也。西序二重，东序三重，二序共为列玉五重。又陈先王所宝之器物，河图、大训、贝、鼓、戈、弓皆是先王之宝器也。
> 正义曰：上言"陈宝"，非宝则不得陈之，故知"赤刀"为宝刀也。谓之"赤刀"者，其刀必有赤处。刀一名削，故名赤刃削也……《周礼·考工记》云："筑氏为削，合六而成规。"郑注云："曲刃刀也。"又云："赤刀者，武王诛纣时刀，赤为饰，周正色。"不知其言何所出也。"大训，《虞书》典谟"，王肃亦以为然，郑云"大训谓礼法，先王德教"，皆是以意言耳。"弘"训大也。"大璧、琬琰之圭为二重"，则琬琰共为一重。《周礼·典瑞》云"琬圭以治德，琰圭以易行"，则琬琰别玉而共为重者，盖以其玉形质同，故不别为重也。《考工记》琬圭、琰圭皆九寸。郑玄云："大璧、琬、琰皆度尺二寸者。"
> 传"三玉"至"宝之"，正义曰："三玉为三重"，与上共为五重也。"夷，常"，《释诂》文。《禹贡》雍州所贡球、琳、琅玕，知球是雍州所贡

---

① 《尚书正义》，见阮元：《十三经注疏》，中华书局，1980年，第239页。

也。常玉、天球传不解"常""天"之义，未审孔意如何。王肃云："夷玉，东夷之美玉。天球，玉磬也。"亦不解称天之意。郑玄云："大玉，华山之球也。夷玉，东北之珣玕琪也。天球，雍州所贡之玉，色如天者。皆璞，未见琢治，故不以礼器名之。"《释地》云："东方之美者，有医无闾之珣玕琪焉。"东方实有此玉。郑以夷玉为彼玉，未知经意为然否。"河图，八卦。是伏羲氏王天下，龙马出河，遂则其文以画八卦，谓之河图"，当孔之时，必有书为此说也。《汉书·五行志》："刘歆以为伏牺氏继天而王，受河图，则而画之，八卦是也。"刘歆亦如孔说，是必有书明矣。……王肃亦云："河图，八卦也。"璧，玉人之所贵，是为可宝之物。八卦、典谟非金玉之类，嫌其非宝，故云"河图及典谟皆历代传宝之"。此西序、东序各陈四物，皆是临时处置，未必别有他义。下二房各有二物，亦应无别意也。①

9种国宝的第一宝赤刀，被指认为周武王伐纣大战时砍杀纣王的刀，也就是西周开国者用革故鼎新方式迎来国家王权天命的宝物，难怪它会排在第一的位置。赤刀是什么材料制成的呢？若是青铜器，不应有赤色。若是木器，则无法用来杀伐。从齐家文化和二里头文化到商周两代，目前已经发掘出土的玉刀不在少数，②这些出土的玉刀实物可为文献"陈宝"叙事的解读提供前所未见的第四重证据——物证。更重要的内证是，赤刀和其他4件宝物合称"越玉五重"。赤色或为玉的本色，又称"琼"，是玉中最珍稀的颜色，故为至宝；或是人为涂上的颜色，如出土玉器常见的涂以红色朱砂现象。

9种国宝的第9种河图，以往注释家都认为是与洛书相匹配的河图之书。笔者已撰写专文《河图的原型为西周凤纹玉器说》，③反驳传统的图书说，考证其为黄河出产的带有花纹的玉石，如同今日收藏界珍视万分的"黄河奇石"。因为春秋时代孔子曾经同时感叹"凤鸟不至"与"河不出图"，窃以为所叹为一物。所谓河图，当为玉石上的天然花纹类似凤鸟图象者。凤是西周王权神授神话"凤鸣岐山"的主角，周人以为天降祥瑞之兆，藏之宝之，不

---

① 孔安国：《尚书正义》，见阮元：《十三经注疏》，中华书局，1980年，第240页。
② 参看古方主编：《中国出土玉器全集》第5、14、15卷，科学出版社，2005年。
③ 叶舒宪：《河图的原型为西周凤纹玉器说》，《民族艺术》2012年第4期。

亦宜乎？河图洛书神话最早见于战国时代的《易系词》，是竹简书本普及民间社会以后的想象产物。春秋时代和西周时代的民间不流行竹简之书，所以《顾命》所记和孔子所叹之河图，当为一件西周国宝玉石，出于黄河，上有花纹类似图像，故称河图也。

　　9种宝物中，直接称为玉的有二：夷玉、大玉；其名称从玉旁的有四：弘璧、琬、琰、天球。这6种宝物皆为稀有的玉石或玉器，不言自明，无需多论。加上在西序的5件宝物之总名叫"越玉五重"，不难看出所有西序、东序的九大国宝，统统都是玉！其中唯一没有考证明白的"大训"一宝，从名称看好像与玉无关，但是既然被前后4件玉宝（赤刀、弘璧、琬、琰）夹持在一起，同时摆放在西序，又顶着"越玉"的总名，应该也是一件有铭文训词的玉器。

　　以上的文本分析，将西周统治者珍视无比的九大国宝，一一解说为9件玉石或玉器，其来源有西序的前面5件，号称"越玉五重"者，当为南方异族进献来的玉宝，或许和南方的凌家滩文化、良渚文化和石家河文化十分发达的玉器生产有关。东序的4件宝物中，点明出处的是夷玉，或对应辽宁岫岩玉或医无闾山的珣玗琪。大玉，按照郑玄的注解是华山之球。天球，则为雍州所贡之玉，色如天者（王肃解释为玉磬）。可知9种宝玉的出产地至少有五六个方向，周边的东南西北各方均包含在内。

　　从西周初年的陈宝叙事，到周穆王西征昆仑山博采和田玉一事，西周国家用玉资源发生了一次历史性巨变。反映在出土文物中，西周玉器从穆王朝以后和田玉逐渐增多，尤其是以前十分罕见的羊脂白玉，批量地出土于西周至东周的高等级墓葬中，以陕西扶风强家村1号墓、河南三门峡虢国墓、山西曲沃晋侯墓和陕西韩城梁带村芮国墓等诸侯国国君级别的墓葬为典型代表。西周国家用玉资源从多到一的变化，为解答华夏国家"多元"如何"一体"的难题提供了宝贵的启迪。

　　从利用多地域的多种玉石原料，到集中运用西域昆仑山一地的和田玉料，其间的国家专用玉料之变迁，代表着玉文化传统数千载历史上前所未有的一场大变革，笔者将此称为玉石神话信仰（玉教）的一场"新教革命"。其物质前提在于，唯有新疆昆仑山下白玉河出产的和田玉中有大批量供应的白玉资源！①从

---

① 　叶舒宪：《玉石之路新疆南北道——第七、第八次玉帛之路考察笔记》，《百色学院学报》2015年第5期。

《战国策》到《史记》所提到的"昆山之玉"即专指此地的和田玉。就此而言，玉石神话信仰的"新教革命"发生因素，应是"物质决定精神"的典型案例。

如何证明在中原国家统治者集中使用西域昆仑山一地的和田玉料之前，存在一个长达数千年的广收博采各地多种玉石原料的漫长过程呢？除了以上对《顾命》陈宝叙事的分析以外，运用文学人类学派倡导的四重证据法，将文献证明与考古证明加以整合，大体上能够有效完成这一论证任务。文献证明之一是《左传》"禹合诸侯于涂山，执玉帛者万国"之说。史料中一个"万"字，已将玉料来源之多，表现到无以复加的程度。文献证明之二是《管子》叙述的尧舜"北用禺氏之玉，南用江汉之珠"而王天下。禺氏为西北少数民族，专为玉教信仰支配下的中原政权输送西部之玉料。4 000年前的西北齐家文化，是史前期西北玉文化大繁荣的明证。文献证明之三是"夏桀伐岷山"叙事，当地人以珉类玉石和亲，完成化干戈为玉帛的一次历史壮举。[①]文献证明之四是《穆天子传》的周穆王西征昆仑叙事，笔者将其解读为周天子对神圣资源之山的朝圣之旅。[②]天子先北上河套地区拜会当地豪强河宗氏，后者迎接远道而来的西周天子之礼，居然和华夏之礼同类，所谓"劳用束帛加璧"，随后的祭祀河神之礼，依然是以玉璧为祭品主角的一套仪式行为。玉璧在周天子和河宗氏手中传递之后，由河宗氏敬献给河神，即"沉璧于河"。这样的专业化宗教玉祭方式，一直到《史记》讲述的秦始皇本人的禳灾避祸举动，还是照例沿用的。一个无人提及的问题是：周穆王随身携带到河套地区的玉璧和晋见西王母用的白圭、玄璧，是用何种玉料制成的？如果是昆山之玉的话，那么在他之前，西玉东输的历史已然开启。

第六节　从玉文化源流看商周文化的多元与一体

依照中国人的传统历史观，上古史的开端时期习惯称为三代，即夏商周。由于夏代文字至今未能系统地发掘出来，所以如今讨论夏代情况的学术

---

① 参看叶舒宪：《三星堆与西南玉石之路——夏桀伐岷山神话解》，《民族艺术》2011年第4期。
② 参看叶舒宪：《河西走廊：西部神话与华夏源流》，云南教育出版社，2008年，第三章。

主流，转向了有关夏代作为华夏第一王朝是否存在的争论。就争论的总体情况看，国内学者大都趋向于认可夏代的存在；而国外学者多数对此持否认或存疑的态度。对此，笔者提出的权宜之策是，可以暂且搁置夏代是否存在的无头官司诉讼案，转而去仔细考察距今4 000年前后的华夏文化源流情况。因为就目前控辩双方掌握的证据情况看，谁也不能说服对方。与其重复争论老问题，不如实实在在寻找证据。有鉴于此，笔者于2014年第3期《百色学院学报》组织专栏"四重证据法求证夏王朝"，发表《从汉字"国"的造字原型看华夏国家起源》等一组论文，希望从考古遗址的新材料——主要是2012年中国十大考古发现之一的陕西神木石峁遗址——出发，确认4 000年前中国最重要的地方性政权用玉是怎样一种情况。与此新的知识状况相比，它姓不姓"夏"的问题，只是符号能指的问题，倒是显得不那么重要。[①]

　　4 000年前的石峁遗址还留下一个重要的物质文化方面的特质，即大型石雕人头像的制作传统，这一传统没有被后来的二里头文化和商周文明所继承，终于在文明到来的前夜中断了。从事世界早期文明比较研究的崔格尔教授指出，商代艺术在世界古文明大背景下最突出的成就在于青铜器，而古埃及、美索不达米亚、玛雅、阿兹特克等古文明，皆以石雕人像艺术见长。[②]商周文化为什么没有继续发展石峁古城时代的石雕人像传统？因为始于二里头文化二期以后的青铜礼器、兵器制作新传统，成为整体替代史前石雕人像传统的首要因素，开启了商周贵族艺术追求的主导性方向。能够全面地贯穿于史前大传统和文明小传统的礼仪性奢侈品生产制度似乎只剩下一个绝无仅有的例外，那就是玉礼器制度。无论是文明诞生前夕的石峁文化、石家河文化、龙山文化、良渚文化、石峡文化、齐家文化、夏家店下层文化、二里头文化，还是代表中原文明国家的商周文化，玉礼器的普遍性存在，说明它才是真正未曾中断过的礼制传统。玉礼仪式背后潜在的神话观念及其广泛的跨地域传播活动，需要结合多学科知识加以探索和系统描述。

　　参加过安阳殷墟发掘的人类学家李济先生认为，从安阳的发掘中人们

---

① 　参看许宏：《金玉共振：中原青铜时代伊始玉兵器的演变态势》，《百色学院学报》2014年第3期；章米力：《从玉器传播论华夏早期国家的建立》，《百色学院学报》2014年第3期。

② 　［加拿大］布鲁斯·崔格尔：《理解早期文明——比较研究》，徐坚译，北京大学出版社，2014年，第390—397页。

可以认识到，中华帝国早在约公元前2000年就不仅完成了华北的统一，把新石器时代和青铜时代早期曾区分为若干部落单位的华北合为一体，而且还有能力吸收来源于南方的许多重要的种族成分。商代的人已经能够种植稻米，发展丝织，进口锡锭、贝壳和龟壳，在王家园林中豢养象、孔雀和犀牛。[①]李济的高足张光直先生集中关注商代统治者对各地铜矿资源的大肆追求，认为商代8次迁都都和寻找矿产资源的努力密切相关。如今的冶金史材料表明，华夏的金属资源供应地主要在南方，南铜北运的局面一直到今日也大体上没有改变。但是对商代统治者而言同样重要的战略资源玉石的来源问题，尚未有深入细致的调查研究。安阳的出土玉器是否利用了西域传播而来的和田玉资源问题，由于缺乏权威的科技检测手段，目前考古学者内部还有争议。

李济和张光直都注意到殷商国家政权利用四方各地物产资源的情况，但限于时代条件，却未能就玉石资源方面的情况展开更深入的思考和讨论。前辈学者止步之处，预示着未来研究可以突破的方向。由于华夏国家对玉石资源依赖的悠久性大大高于一切金属资源，这就使得玉石成为更突出的和受到更广泛认同的国家战略物资。从世界文明史的比较大视野看，对于玉石资源的特殊依赖，不论是史前期的地方性玉料依赖，还是商周以后对新疆和田玉的依赖，都足以构成华夏文明发生期孕育出的特殊现象。对文化特殊现象的解读将带来关键性的突破认识。

其实，对玉石资源的这种突出考虑与极度重视，在先秦古籍《山海经》《尸子》《管子》《穆天子传》等书中早就有所体现。只是由于玉教信仰的真相在历史上早已失落，又缺乏国家战略资源意义的审视高度，过去时代的读书人根本无法判断《山海经》记述的140座产玉之山的虚与实。对《穆天子传》讲述的西周天子驾八骏西行，到昆仑的群玉之山"载玉万只"而归的事件，更是当作子虚乌有的虚构来看待。如今依据考古发现的各地史前玉文化情况，可以作出的重新判断是：《穆天子传》描述的是西周时期西玉东输的重要历史现象，尤其是和田白玉批量输入中原国家的情况，与考古发掘的西周以来贵族墓葬出土玉器大致吻合对应；《山海经》140座产玉之山的具体信

---

① 李济：《中国文明的开始》，江苏教育出版社，2005年，第88—89页。

息本身可能虚实相间，半真半假，难以一一考证和落实，但是这种对玉石资源的高度关注和巨细无遗的笔录精神，却非常真实地反映着远古至上古时期华夏统治阶层物质需要与精神追求的特色。

较有说服力的佐证是，在商周易代之际，史家突出记录的历史细节反映了玉石的珍贵国宝属性：殷纣王在国破家亡之际用王宫中宝玉缠身自焚的一景，[①]不知留给后人多少遐想的空间。周人俘获的殷商王室宝玉，数量大得惊人，这足以说明为什么是玉器而不是其他文物，在古老王朝覆灭之际成为人们关注的焦点。

玉石作为一种社会上层所垄断的奢侈品，一般容易被理解为社会财富的象征，而财富观念的古今差别巨大，世俗社会的财富观与前现代社会即全民信仰时代的财富观不可同日而语。由神圣性信仰驱动的崇拜和向往，势必造成社会价值尺度上的理想化标准，后来在东周时期从玉石崇拜信仰中衍生出的儒家玉德理论，无非是将古老的宗教神话信仰引向伦理道德化的结果。玉石的稀有性和神圣性，成为商周社会引领文化认同的标的物。在史前期满天星斗式的地方政权向中原文明国家政权演进的过程中，能够发挥引领文化认同作用的要素，往往是一些相同或相似的观念和信仰。玉教神话在此过程中发挥的不可或缺作用，应该从精神统一和物质统一两个方面去思考。但此类问题迄今为止尚未得到学术界的重视。

至于如何思考在不同地域批量出现的东亚史前玉文化生产问题，可以借鉴国际上的早期文明比较研究之经验，即把财富观所透露的社会经济因素与社会政治观点结合起来作跨学科分析。在人类文化进化的漫长过程中，首屈一指的竞争关系表现为对食物的竞争。在竞争食物的场面中，人类与动物的差别是微乎其微的，可以将食物竞争看成出于生存本能的生物性竞争在人类社会中的延续。在解决了温饱的生存需求之后，人类会转向食物以外的资源竞争。对于石器时代的人类来说，最常用的物质材料就是制作石器工具所必需的石料。从一般性的采石场，到特殊性的采石场，其间的过渡逻辑是顺理成章的。于是，今人可以在近东到土耳其看到距今 10 000

① 司马迁《史记·殷本纪》云："甲子日，纣兵败。纣走，入登鹿台，衣其宝玉衣，赴火而死。周武王遂斩纣头，县之白旗。杀妲己。"司马迁：《史记》，中华书局，1982 年，第 108 页。

年以上的黑曜石开采贸易情况，在内蒙古赤峰地区看到距今约8 000年的石雕人像与玉雕饰物生产，在阿富汗北部山区看到距今约5 000年的青金石开采贸易情况。从工具生产用的一般性石料，到精神生产用的宗教奢侈品玉石料，社会财富的观念就这样伴生性地随着社会等级划分和政治权力的集中化过程而萌发。

> 随着社会的政治不平等不断加剧，财富的积累不可避免地和政治权力的攫取齐头并进，奢侈性消费被视为权力的证据。于是，财富和地位相互强化。在早期文明中，政治权力既是获取财富的重要手段，也是保卫财富的基础。相应的，控制财富是维持政治权力的必要条件。①

当安徽含山县凌家滩文化一座社会首领墓葬在2007年被首次打开时，就连从事发掘工作的职业考古人都不免惊了：墓主人身下密密麻麻地整齐排列着大大小小300多件玉礼器！墓葬的年代据测定为公元前3300年。这个年代与安阳殷墟妇好墓的年代公元前1300年相比，整整早了2 000年。妇好墓出土了迄今所见上古时代最多的一批玉器，共计755件。这意味着什么？意味着华夏先民中的社会领袖人物所拥有的标志财富和权力的奢侈品有其一脉相承的一面——玉器。3 300年前的早期国家的统治者所随葬的玉器，比5 300年前的史前社会领袖随葬的玉器，在数量上超出一倍以上。也就是说，在华夏文明发生历程中，足足经历了20个世纪的光阴，单个的顶级墓葬的用玉数量才达到倍数级的增长。

当然，以上对比有其不对等的一面，殷墟妇好墓为中原文明国家级政权的高等级墓葬，凌家滩07M23号墓葬只是史前期的地方性政权的高等级墓葬，二者有不可同日而语的一面。如果能够找到与妇好墓大约同时的商代地方性权要的出土玉器情况，或许更适宜同凌家滩的地方性玉文化情况作比较。所有这些重要发现，都属于史前文化大传统的新知识建构，即完全处于汉字书写文献的小传统之外。

---

① ［加拿大］布鲁斯·崔格尔：《理解早期文明——比较研究》，徐坚译，北京大学出版社，2014年，第480页。

与商周之际在年代上较为接近的考古学新发现文化，是成都平原的三星堆文化。1986年发现的两个社会领袖级别的祭祀坑（一号坑与二号坑）总共出土玉器600多件，其玉器形制方面与中原国家大同小异。表面上看，三星堆文化遗物以青铜器和玉器并重的情况，类似于商周的中原国家的礼制，仔细辨析则能得知，三星堆文化与中原国家在礼制方面存在明显差异。

> 三星堆无疑地将国家最大资源用来铸造宗教祭祀意味极其浓厚的人像，即使引进一些中原形式的酒器，但中原礼制表示贵族身份的爵觚以及商中晚期以后常出现的鼎簋等食器，在这里的祭祀仪式中都没有任何地位，他们的祭礼与中原差异相当大。[1]

相比于铜器和陶器上的较大差异，三星堆出土的玉器则更多显示出与中原文明玉礼器体系类同的一面，如玉璧、玉琮、玉璋、玉戈、玉刀等器形构成的仪礼体系；虽然也有一些较小的方面之差异，可归之于地方特色。就此而言，可以说是玉文化而非青铜文化，在华夏中原国家与各地方国家之间发挥着更为明显的文化认同或政治统一作用。三星堆与金沙遗址出土的大量玉器，与中原国家玉器最大的差别在于其取材的地方性和单一性。由于包含的石质成分较重而显得玉质较差的岷山玉，在古汉语词汇谱中获得一种专名"珉"，绝非出于偶然。如果从材质优劣上对比凌家滩、三星堆和殷墟三地出土的玉器，可以明显看出，前二者的玉器用料以就地取材的"珉"类玉石为主，而殷墟出土的玉器则以优质透闪石玉料为主，夹杂有少量蛇纹石、石英石、大理石的制品。这种情况暗示着：从史前期到文明早期的中国，存在一个相对统一的玉教神话信仰，由此驱动各地的玉礼器生产和仪式性消费；同时也存在着不同地方玉性玉料的开发利用。

换言之，以玉为神的信仰是统一的，所用玉料情况却是多元的、多样化的、因地制宜的和各自为政的。这就意味着中国玉文化的多元一体，驱动力和凝聚力在于精神信仰方面的普遍崇奉与普遍认同，玉料消费资源的

---

[1] 杜正胜：《关于考古解释与历史重建的一些反省》，见臧振华编：《中国考古学与历史学之整合研究》，台北"中研院"历史语言研究所，1997年，第33页。

多样性则由满天星斗的地方性政权使然。伴随着商周文明国家在中原地区的崛起，玉教神话的精神信仰方面的统一性不仅自身得到空前强化，而且还衍生出金属崇拜与青铜礼器生产和消费的相对统一性（从信仰的对象转移看，神性从原来的玉石转移到新发现的金属矿石，生产方式则从切磋琢磨变成冶炼和浇铸），构成"金玉同盟"的新老圣物组合性国家级礼器新传统。① 与此同时，在物质条件上支配着史前期玉文化繁荣的玉料产地多元性，也伴随着中原文明国家的权力集中化倾向，开始向一元性的方向转化，即开始专注于西域和田玉料的国家垄断性应用。借助于西玉东输数千公里的玉石之路的开通，发展到商代之后的两周时代和秦汉时代，多元一体的华夏玉文化已经基本上被一元一体的玉文化所取代。和田玉为国家级用料、地方玉为地方民间用料的现实区别情况，使得孔子声称君子区分玉和珉的贵贱一事可以判定为非文学的想象虚构，而是新的文化价值阶序象征谱系形成的标志性事件。

在孔子之后，同样以玉表达贵贱区分的还有荀子。《荀子·法行》云："故虽有珉之雕雕，不若玉之章章。"一个文明国家的大思想者，偏偏喜欢拿一些石头来说事，这就是我们这个文明的特色。卞和不是思想者，只是来自乡野的民间草根代表，却也能和思想者、帝王一样青史留名，卞和凭的是什么？一双鉴识玉石的慧眼。班固《汉书·司马相如传上》说："其石见赤玉玫瑰，琳珉昆吾。"颜师古注引张揖曰："琳，玉也。珉，石之次玉者也。"《楚辞·刘向〈九叹·愍命〉》云："藏珉石于金匮兮，捐赤瑾于中庭。"王逸注："瑶石，次玉者。瑶，一作'珉'。"黄灵庚注云："赤瑾，美玉也。言乃藏珉石于金匮，反弃美玉于中庭。言不知别于善恶也。言人不别玉石，则不知忠佞之分也。"② 可见从春秋战国到秦汉，对玉贵珉贱的区分已经十分流行。南朝宋的著名诗人鲍照曾经在街市上经历过一次想买玉器而未能成交的事件，为此写下《见卖玉器者》一诗，其诗序云："见卖玉器者，或人欲买，疑其是珉，不肯成市。"他在诗中对分辨玉石玉料之高下优劣的感叹——"泾渭不可杂，珉玉当早分"，充分体现出

---

① 叶舒宪：《从玉教神话到金属神话——华夏核心价值的大小传统源流》，《民族艺术》2014年第4期。
② 洪兴祖：《楚辞补注》，黄灵庚校点本，上海古籍出版社，2015年，第510页。

本土文化价值隐喻的特殊经验，更是无法为身处玉文化语境之外的人所体会的。这样的珉玉之分，依赖常年接触玉石的实践经验，也依赖和田玉被一致推崇为帝王玉的文化潜规则。若是放置在凌家滩文化和三星堆文化的地方玉世界里，是无法理解的，也是不可想象的。如今我们可以说，造成珉玉之分的关键是玉石之路所带来的西玉东输之成果，即中原文明对新疆和田玉的发现。因为只要同和田玉中的羊脂玉相比，所有其他地方的玉料都可以说是"珉"而已。用今天玉雕手工业与收藏市场的行话说，就是"新疆料"与"地方料"的区别，其经济价值能够相差千万倍。

《礼记·聘义》子贡问于孔子曰："敢问君子贵玉而贱碈者何也。"郑玄注："碈，石似玉，或作玫也。碈，武斤反，字亦作珉，似玉之石。"[1]知道"珉"又写作"碈"或"玫"，就会明白为什么其别字一会从玉旁，一会从石旁，因为它本来的物理属性就介乎石与玉之间。再看《礼记·玉藻》所说的国家标准的社会等级象征物："天子佩白玉而玄组绶；公侯佩山玄玉而朱组绶；大夫佩水苍玉而纯组绶；士佩瓀玟，而缊组绶。"高低贵贱，界限分明，全都以精细地辨识玉质成色好坏为标准。熟悉了古代国家政治等级制的玉色符码系统，对于"玉文化先统一中国"这样的说法，就不至于感到过于新奇了。

中国历史上的宋朝是国土版图较小的一个朝代，由于受到北面辽金文化和西部的西夏文化威胁，在"昆山玉路"与河西走廊几乎完全中断国家贸易的不利情况下，曾出现模拟和田玉青玉之审美境界的替代性器物生产——青瓷，还出现官方利用美石替代和田玉原料的玉简生产，美其名曰"珉简"。据《宋史·乐志十四》的说法："珉简斯镂，衮服孔宜。"《宋史·舆服志六》的记载表明，珉简的使用者社会级别很高，绝非一般的平民百姓，也不是一般的官员，而是皇家的专用物品："皇太子册，用珉简六十枚，乾道中，用七十五枚，每枚高尺二寸，博一寸二分。"

《礼记》所昭示的用玉等级制，源于商周以来的用玉多元化传统。周天子用来同异族社会和亲与结盟的重要物品离不开玉器，这样的事实似乎能够

---

[1]　阮元编：《十三经注疏》，中华书局，1980年，第1694页。

说明为什么在周代文化中催生出"化干戈为玉帛"的和平共处理念。如《穆天子传》讲述的周穆王晋见西王母时，所持玉礼器是从中原王朝带来的"白圭玄璧"，[①]圭璧组合这样特殊的玉礼器，为什么能够在几千公里范围内通用？玉礼器的统一性，何以如此广泛而长久呢？从考古出土的玉璧实物情况看，发现有玉璧的最西端地点是甘肃武威，那里的皇娘娘台齐家文化墓葬中出土玉璧80件，有部分用玉料，部分用石料。再往西，迄今还没有考古发现的玉璧存在。据此而言，假如夏商时期就有西王母的神话，那么西王母所处位置不会超出河西走廊的中段。作为礼器的史前玉璧传播所达到范围之界限，就是"化干戈"后的文化认同所达到的界限。

　　精研西周史的许倬云先生曾对周王朝融合其周边族群文化的策略作出说明，这段话前文已经引用过一次，大体上讲，由仰韶文化和龙山文化一系传承而来的中原族群，因为和外围的各个边缘族群文化距离较大，不可能采取和殷商时期相同的政策。周人对各个土著族群以融合为主，而控制与对抗的局面只在融合不易的时候才出现。这里显示出周人在文化包容性方面，与商人的党同伐异有很大不同。或许这也是周族人能够从商朝的下属国地位成功发动革命，推翻商朝统治并取而代之的一个重要原因。不过，把周代国家及其周边族群分布与各个考古学文化相对应的做法，或许会引发争议。原因在于，将考古学文化与古代民族分布情况对应时，会面临十分复杂的情况，较容易陷入对号入座的误区。考古学者张忠培指出：

　　　　依文献记载，商人和周人当是渊源相异和文化上相互区别的不同民族，依考古学的标准，也可将殷墟时期的商、周分为不同的考古学文化。然而至少到文王时期，周人已接受了商人的文化影响，具有和商人相同的占卜习俗及铜礼器，使用和商人相同的文字。依民族学，则可将此时期的商人和周人，视为同一民族的不同群体，而从考古学来看，不仅此时期商人和周人的遗存，即使灭商以后的周人遗存，仍应界定为不同的考古学文化。同样，至迟到春秋后期，秦、楚已认同华夏。可是，依考古学的标准，仍能将他们的此后一段相当长时间的遗存，和华夏区

---

① 　郭璞注：《穆天子传》，丛书集成初编本，商务印书馆，1937年，第15页。

别开来。……

　　可见，古籍记载的一族，有时恰等于一个考古学文化，有时则是包含着几个考古学文化，还未见过一个以上的族共有一个考古学文化的现象。①

　　这样的警示性见解旨在强调，考古学的文化区分以物质遗存的类型特征为标准，这显然要比历史学、民族学对不同文化的区分更为精细，并依赖相对客观的标准。从周人起源于西北陇东地区的地理位置看，周人与氐羌、西戎各族的互动关系较为明显，与巴蜀地方族群的交往互动关系也有其地缘优势。周人能够发起组织共同讨伐殷纣王统治的联合大军，与周人融合大西北和大西南地方社会势力的军事优势密不可分。与前代的夏族和商族相比，周族对华夏国家多元认同一体的贡献最为显著，究其原委，和周族的出身与其被夹持在东西方两大势力之间的位置有一定关联。《史记·周本纪》说："昔我先王世后稷以服事虞、夏。及夏之衰也，弃稷不务，我先王不窋用失其官，而自窜于戎狄之间。"这就说明，周人能够在华夏中原政权与西北方戎狄游牧族之间长期周旋，历经虞夏与商周四代，游刃有余地谋求自己的生存空间。周人在文化认同上兼有华夏与戎狄的多重身份，这和商人视氐羌、鬼方等为不共戴天之仇敌的态度，判若两极。周族取代商族建立中原王朝新的统治之际，以分封制方式将自己的亲族关系播撒到整个东部平原地区。《左传·昭公七年》引《诗》曰："普天之下，莫非王土"，这两句名言，不妨看作是对周人完成多元一体政治格局建设的很好说明。

　　对比商周两代，商代国家的多元一体是各地资源与人力物力初步的整合，侧重在经济利益方面，远未达到政治有机体的程度；周代的多元一体格局要比商代大大进步，不仅是经济资源方面的互动组合，而且实际朝向封建制国家的"家天下"迈进，加速了自史前期以来缓慢展开的多地域和多族群的大融合过程。按照《史记·周本纪》的说法，周人用由近及远的五服制，将多元的异族之人统合在以我族为轴心的行政整体之下："夫先王之制，邦内

---

① 张忠培：《民族学与考古学的关系》，见臧振华编：《中国考古学与历史学之整合研究》，台北"中研院"历史语言研究所，1997年，第57页。

甸服，邦外侯服，侯卫宾服，夷蛮要服，戎翟荒服。甸服者祭，侯服者祀，宾服者享，要服者贡，荒服者王。"要服者夷蛮之人，荒服者戎翟之人，把他们都覆盖在国家政体之下，与华夏人形成友好互动关系，此乃周人绥靖四方的战略性考虑。同时，让天高皇帝远、鞭长莫及的边缘族群有类似区域自治的生存空间和归属感，不至于成为威胁到自己的敌人。从物资的互通有无需求上看，只要能够为中原输送玉石，不论其族属如何，都能成为玉帛对等贸易的伙伴和朋友。理解其中的奥妙，需要首先明确玉石神话信仰对华夏国家统治者的支配作用：对于和田玉产地的非华夏族群而言，玉料无论好坏，都是无用的石头。只有对把此类石头当成圣物的玉教神话信徒们来说，和田玉才显出其无比珍贵的价值。此种植根于文化特殊性的远距离贸易和民族间交往的奥秘，从经济利益视角看就是各取所需的互惠性。这一点在后世中原国家与西域族群的互动关系中，也会一而再、再而三地折射出来。借用唐代诗人常建《塞下曲》的四句诗，可以将玉文化的化解多元为一体的友谊纽带作用，作画龙点睛一般的概括：

> 玉帛朝回望帝乡，
> 乌孙归去不称王！
> 天涯静处无征战，
> 兵气销为日月光。

弄懂了游牧在河西的乌孙人为什么放弃称王的问题，中国西域史上最大的奥秘之门就可以打开。机缘巧合的是："玉"和"王"两个字几乎看上去一样，大同小异。从"帛"这个字看，《塞下曲》点出的奥秘当然与丝绸有关。不过更值得思索的是，"帛"不是单独出现的语词，在"帛"前面还有更重要的"玉"！眼下全世界的人都知道并关注着"丝绸之路"，有多少人知道这条文化通道上比丝绸更早也更重要的物品是和田玉呢！①

---

① 参看梵人：《玉石之路》，中国文联出版公司，2004年；中国文学人类学研究会与甘肃省政府、《丝绸之路》杂志合作举办的玉帛之路文化考察专辑，见《丝绸之路》2014年第19期。

第七节 总结：玉文化大整合的观念、动力和过程

在学术史上，学术观点上的每一次重要发现和突破总是需要以巨大的勇气去反叛流行已久的正统观点的束缚。目前的情况是，现代疑古派已经将三皇五帝说的传统古史谱系推翻，当今流行的新权威观点以苏秉琦和费孝通的"满天星斗"说和"多元一体"说为主流，众多学者争相称引，但瓶颈的问题少有被关注，那就是：多元的满天星光，是怎样被中原的一元之光所遮掩下去的。诉诸玉文化的物质和精神整合作用，耄耋之年的费孝通先生在21世纪初留意到考古出土的玉器情况，并破天荒地提出"玉魂国魄"说，①似乎在提示玉文化对大一统国家的不可估量的贡献。可惜，热烈讨论并坚定追随费先生"多元一体"论的学者众多，而关注到"玉魂国魄"说的学者寥寥。除了考古专业、博物馆专业和收藏界，文史哲学者和人类学、社会学等方面对本土的玉文化知识相对隔膜，既无参与的热情，也难有发言权。

为弥补这一缺憾，2013年6月，中国文学人类学研究会与中国收藏家协会学术研究部联合在榆林召开"中国玉石之路与玉兵文化研讨会"，台湾的王明珂先生提出"月明星稀"说，对此作出正面呼应。②他指出，中国早期文明发展由"满天星斗"到"月明星稀"的历程，构成人类文明史上的重大议题。距今约4000年前的气候干冷化变迁及其他因素，使得中原以外地区诸多考古学文化突然走向衰亡，而同一时期的中原地区却进入商周，政治社会的发展延续不断，其间玉石文化的社会功能发挥非同小可，犹如文化的黏合剂作用，将史前数千年积累的大传统得以融入华夏文明国家。笔者在这次会议上的论文《玉文化先统一中国说石峁玉器新发现及其文明史意义》，针对石峁遗址城墙内部穿插玉礼器的现象，分析其大批量使用的玉料来源及运输路线图，勾勒出"玉石之路黄河道"的命题，描绘出玉璋、玉璧、玉琮等特殊礼器在4000年前已经覆盖中国大部分地区的情况。

---

① 参看费孝通主编：《玉魂国魄——中国古代玉器与传统文化学术讨论会文集》，北京燕山出版社，2002年。

② 王明珂：《月明星稀的历程：中原周边新石器晚期考古文化变迁的人类生态意义》，见叶舒宪、古方主编：《玉成中国：玉石之路与玉兵文化探源》，中华书局，2015年，第30—51页。

　　本章集中探讨的是距今 3 000 年前后的西周王朝玉文化发展从多元一体到一元一体的历史转变。石峁遗址及其玉礼器的发现，对思考这场大转变给出了有深度的参照材料，因为其年代恰好对应周族祖先公刘等所处的夏朝或更早。两相结合看，玉教神话观是一贯不变的动力要素，它使得华夏史前文化从"多元"而分离的状态走向"一体"。就历史的王朝建构情况看，夏商周三代的中原王朝前后历时 1 000 多年，使得"多元"凝聚为"一体"的文化融合态势相当明显，正是以此为前提和铺垫，秦汉大一统国家才得以呼之欲出。无论是周代还是秦代，其国家版图的西部边界都不到兰州，唯有汉武帝时代的张骞出使西域之后，国家设立河西四郡，汉朝版图才真正拓展到河西走廊最西端的玉门关。在玉门关这个由汉代国家官方命名的西域关口，我们可以充分体会到西玉东输的漫长历史，民间的运输贸易，比西汉的官营玉石口岸至少要早一两千年。

　　以往的"满天星斗"说的局限是，虽然突出揭示史前中国的文化多元状况，却未能有效说明中国何以为中国的奥秘；而"多元一体"说的局限是，其理论上的空间格局是静止性的，无法诠释实际上的空间互动性，也未能主动解答造成多元互动的主因是什么。玉教神话观的提出，依据考古发现的玉文化大传统实物证据，给出了华夏认同的神圣化物质基础，有助于解说统一国家形成的凝聚力源头和精神价值系统的建构方向。总之，玉教神话驱动的礼器奢侈品生产、西玉东输运动、白玉崇拜的起源等文化关联现象，为华夏国家诞生奠定了共同的信仰观念基石，并实际充当着多元文化整合为一的纽带作用。就此意义而言，中国文化的多元一体是"玉成"的一体。

| 第十八章 |

玉帛之路：重建国家文化品牌

◀ 本章摘要 ▶

　　古人遥望河西走廊，会对那里的"玉门县""玉门镇""玉门军""玉门关"之类的古汉语名称心领神会，因为那里自古就是西玉东输的主渠道。自德国人李希霍芬在1877年命名"丝路"之后，这条重要文化通道的丰富性和悠久性在现当代人心目中便受到一定程度的遮蔽，其三四千年输送美玉给华夏文明的历史功绩，需要被提升到本土文化再认识的理论层面。将重建中国话语和重塑国家文化品牌作为未来的学术引领性对策，推动本土话语的"玉石之路"作为举世无双的文化线路遗产，并启动申遗工作，是我们的一项重要任务。

第一节　外国人命名"丝路"，中国人命名"玉路"

　　19世纪六七十年代，中国笼罩在鸦片战争以来的西方殖民阴影之下。一位名叫李希霍芬的德国人趁着请政府国门洞开的机会来到中国，希望为普鲁士帝国做一些地理和资源的调查。他回国后著书立说，题名为《中国》，其根据汉武帝时代张骞通使西域的路线，提出贯通欧亚两大洲的"丝绸之路"学说。如今的国人热衷追随流行的西方话语，却完全忘记了，这位德国人到中国旅行和考察时，怀里揣着的是一面普鲁士国旗。

　　大约一个世纪之后，中国学界根据中国境内大量新的考古发现，提出纠正丝路说的中国命题——"玉石之路"，[①]即认为从新疆出产和田玉的南疆一带到中原王朝之间，存在一条贯穿文明史全程的西玉东输路线，它的存在要比李希霍芬构想的西汉以来的丝绸之路早一倍以上。2012年，中国社会科学院重大项目A类"中华文明探源的神话学研究"以优异成绩完成结项，其结项报告书中提示：

> 探索中华大传统的关键，是弄清从多元到一体的转变奥秘。玉石神话观的传播恰好起到奠定文化认同基石的作用。中西文化的巨大差异植根在早期神话意识形态中，可简化概括为拜金主义和拜玉主义。通过西方神话的意识形态发生学分析，找出的文化基因和整个地中海文明初始期的金属崇拜密不可分。目前有把握归纳出地中海文明的认同基因：金银铜崇拜——金属与神性的认同，催生出"黄金时代""金羊毛""金苹果"之类神话想象叙事。而在太平洋这边的东亚文明初始期，玉石神话与中华认同的形成密不可分。所谓化干戈为玉帛，说的是远古的事实，不是修辞性夸张。由此入手，可以凭借先于汉字而出现的文化符号——玉礼器，探讨史前多元的地域文化向中原中心的大一统国家转化之途径。通过比较神话学，找到文明起源研究新视野：史前拜物教的圣物神话对文化认同的形成以及价值观建构，至关重要。[②]

该报告在未来研究展望部分，将中国史前玉石之路调研列为首要的任务：

一、中国史前玉石之路研究

具体而言，有3个突破口，有待于进一步的深入调研和资料数据分析，从而得出重要新认识。第一，是和田玉进入中原文明的具体路线和时代的研究。这是解决夏商周王权与拜玉主义意识形态建构的关键问

---

① 梵人等：《玉石之路》，中国文联出版社，2004年；骆汉城等：《玉石之路探源》，华夏出版社，2005年；唐启翠：《"玉石之路"研究回顾与展望》，见叶舒宪、古方主编：《玉成中国——玉石之路与玉兵文化探源》，中华书局，2015年，第279—298页。

② 叶舒宪：《中华文明探源的神话学研究》，社会科学文献出版社，2015年，第628—629页。引文略有改动。

题。第二，从前期调研中获得的初步观点是：史前期的玉石之路有沿着黄河上游到中游的文化传播路线。这和古文献中所传"河出昆仑"的神话地理观密切相关，也对应着周穆王西游昆仑之前为什么要到河套地区会见河宗氏，并借河宗氏将玉璧祭献给黄河之神的奥秘所在。值得重点研究。具体步骤是先认清龙山文化玉石之路的河套地区段，以陕西神木石峁遗址出土大件玉礼器系统为代表，暗示着一个强大的方国政权的存在（当地已经发掘出龙山文化古城遗迹），或许就是对应文献提示的（殷）高宗伐鬼方的地理位置。寻找出石峁玉器的玉料来源、其玉器神话观的来龙去脉，及其和陶寺文化、齐家文化、夏家店下层文化、夏商两代文化的关系，意义十分重要。①

为什么中国文学一开始就密集出现对玉的渴求与颂扬的文句？《诗经》喜言"报之以琼瑶"，《楚辞》艳称"登昆仑兮食玉英"，《山海经》更是史无前例地记述着140座产玉之山。显然在汉字的书写文学发生之前，一定曾经存在着一个更加久远的玉器时代，还存在一条自西域昆仑通向中原王朝的玉石之路。战国时代被中原人视为国家珍宝的"昆山之玉"（屡见于《战国策》等书），就是以新疆和田玉为主的西部优质玉料。没有实地考察和调研采样，《山海经》叙事的真相就永远无法得到揭示。自2013年起，中国文学人类学学者秉承四重证据法的研究范式，走出书本文献，进入田野第一线，开展在西部七省区数万公里的系列田野考察和玉石标本采样工作，并在此基础上正式提出新的命名策略，结合西方人看重的东方珍宝——丝绸，和中国古汉语已有的话语习惯，将这条道路的中国段称为"玉帛之路"，②并在2014年中国文联全国委员会上提出议案，将"中国玉石之路申报世界文化遗产"。至2015年年底，玉帛之路的田野考察活动一共有组织地进行了8次，遍及山西、陕西、内蒙古、宁夏、甘肃、青海、新疆等省区，在玉石标本勘察和采样的基础上，划出一个近200万平方公里的"中国西部玉矿资源区"。可以

---

① 叶舒宪：《中华文明探源的神话学研究》，社会科学文献出版社，2015年，第633页。引文略有改动。

② 叶舒宪：《玉石之路踏查记》"尾声：为何要改称丝绸之路为玉帛之路"，甘肃人民出版社，2015年，第203—208页。

说这是继周穆王西征昆仑以来，在国家层面上第一次大体摸清西部产玉的多源性及其矿脉的地理分布范围，并进而将过去一源一路线的玉石之路说，拓展改造为多源多线路的路网说。①

在充分的田野考察基础上，考察组更加明确地意识到，叫"丝路"还是叫"玉路"，这不仅是一个名称或称谓之争，而且是文化命名权与话语权之争。在中国经济崛起的大背景下，中国在世界文化总体格局的话语权，迫切需要寻找到一个有理有据的学术突破口去争取。就此而言，提出和宣传玉帛之路的命题不仅恰逢其时，而且还是树立中国拥有自主知识产权的国家文化品牌的需要，是中国人用中国自己最悠久的一条道路进行爱国主义再教育的极佳契机。

第二节　玉石信仰：中国的珍宝观及华夏核心价值

从地域分布看，玉文化的发展历时近万年，却只是在欧亚大陆东端出现持续不断的崇玉和爱玉传统。以此为基础，玉器成为中国历朝历代的国宝和国粹。而在欧亚大陆的西半部分，新石器时代文物中也有类似玉斧和玉钺的精美文物，如英国大英博物馆珍藏的坎特伯雷地区出土的大玉斧，②长达21厘米，属于公元前4000年的文物。当今的考古专家研究后认为其玉料是来自意大利境内的阿尔卑斯山区。③显然，在欧洲史前时代，也有专门输送稀有的玉石资源的玉石之路。但是在进入文明阶段之后，欧洲人的贵金属崇拜就彻底取代了史前的玉石崇拜，导致石器时代的美石切磋琢磨式制作传统走向衰落，代之而起的乃是冶金技术和铸造技术的新传统。表现在希腊神话

---

① 叶舒宪：《齐家文化玉器与中国西部玉矿资源区——第四、五次玉帛之路考察简报》，2015年8月2日在甘肃广河"齐家文化与华夏文明国际研讨会"上宣读，收入会议论文集《2015中国·广河齐家文化与华夏文明研讨会论文集》，文物出版社，2016年，第319—335页；《三万里路云和月——五次玉帛之路考察小结》，《丝绸之路》2015年第15期；《玉出二马岗，古道辟新途》，《丝绸之路》2015年第15期。"二马岗"，指甘肃肃北的马鬃山玉矿和临洮马衔山玉矿，二者均为古代开采的优质透闪石玉矿，但历史文献中没有任何记载可查。

② ［英］尼尔·麦格雷戈：《大英博物馆世界简史》，余燕译，新星出版社，2014年，第80页。

③ 同上书，第83—84页。

中，便是以"黄金时代"为理想的神话历史观，以及"金苹果"之争和"金羊毛"之追求一类的故事母题。拜金和藏金，兼及宝石和钻石，成为西方文明社会最普遍的奢侈品诉求对象，也就不足为奇。到如今，西方文明初始时代的价值观通过全球化的大普及，甚至将金和银两种金属物质提升到相当于货币的保值增值地位，成为世界各国国库和上层社会都必备的金融储备品种。

反观中国文明，崇玉传统的悠久和贵金属的晚出，使得文学表现和价值观方面都还是以玉石为至上，乃至衍生出晚出的金玉组合的价值观念。中国叙事文学最著名的长篇小说《红楼梦》原名叫《石头记》，曹雪芹为什么用石头这种最平常的物质来命名自己用十年辛苦创作的作品？书名为"石头"，可是两位男女主人公为什么都叫"玉"？玉与石之间形成一个叙事和隐喻的巨大张力场。

人们学习象形字汉字，指代国家的字有两个："國"和"国"。前者以戈守卫城池；后者看似简体字，其实是采用的古代的俗字。为什么"国"字写作四方的城墙守护着城中的玉？从汉字所反映的原型物质看，既然民族国家是"想象的共同体"，那么，中国人对自己国家的想象是怎样用"玉"这种特殊偏好的物质，区别于世界上所有其他国家的？

图18-1　2012年的北京故宫博物院门票及其珍宝馆门票

当我们参观故宫，浏览过主要的皇家建筑，会发现还有一个专门的珍宝馆（图18-1），若是不看珍宝馆内的宝玉，就好像参观法国巴黎的卢浮宫而没有看著名的卢浮宫三宝一样。玉器馆不负所望，珍藏着历代帝王视为天命、王权与国运的宝玉。此外，故宫乐寿堂内展出的清乾隆御制的巨大玉石山子"大禹治水"，原料采自新疆叶城的密乐塔山下，总重达到5000多公斤，自新疆南疆地区费时长达3年才运到北京。这件体量巨大的皇家玉山子，是玉石之路在近代以来异常繁忙景象的一个极好缩影。而这时候的中国丝绸，早已停止走陆路向西运输的旅程。

当我们参观北京天安门广场东侧的中国国家博物馆，会发现在空间巨大的中国通史陈列馆之外，二楼上面还有一个特设的"玉器馆"：专门展示从8000年前兴隆洼文化玉器开始，一直延续到清代末代皇帝的玉器。玉器馆内展品的历史跨度，居然比成文的中国史还要长一倍以上。

对玉石的崇拜与偏好，以及玉器工艺的源远流长，是中国文化独有的一道人文风景。已故人类学家费孝通称之为"玉魂国魄"。

用甲骨文以来的汉字书写的历史仅有3 000多年，用玉礼器书写的历史则长达八九千年！

走出紫禁城，距离最近的收藏更多国宝的地方就是天安门广场东侧的国家博物馆，其前身是中国历史博物馆。如果要找出中国国家博物馆和世界上其他大国国家博物馆有什么明显的不同之处，那就是中国的国家博物馆中特设一个玉器馆，这在全球数以百计的国家博物馆中堪称独一无二。这是由玉器生产在中国传统文化中的至尊地位所决定的。如果要查一下源头的情况，夏朝的末代帝王桀，商代的末代帝王纣，在其统治的最后时刻，都有明确的宝玉叙事，并且一直流传到今天。至于上古三代中的西周，就更不用说了。《尚书·顾命》记录的周成王时代皇家传世国宝，一共有9件，全部是玉石做成的。

当宝玉从国家重器发展为儒家伦理的象征物时，也就是孔子说的"君子比德于玉"，一种远古统治者所一致崇拜的稀有物质，在夏商周三代中原政权的反复建构作用下，就这样升华为华夏文明的核心价值观了。当秦始皇统一中国后，要打造一件象征大一统的国家权力的至高圣物符号，就理所当然地选中了传国玉玺。这就是故宫珍宝馆门票印制的大清皇帝龙钮玉玺在

2 000年前的原型。从公元前221年的秦帝国统一，到1911年的清王朝覆灭，中国的封建社会在其持续2 000多年的全过程中，象征国家统一的唯一物质居然全程不变，甚至还延续到2008年北京奥运会的金镶玉奖牌设计之中。显而易见的是，世界上没有比玉这种物质更能代表华夏古老文明的核心价值观了。

我们跟随欧洲人将贯通中西的欧亚大陆交通要道称作"丝路"，近一个半世纪过去了，命名权和话语权始终掌握在强势的西方文明一边。能够体现本土文化自觉的新名称虽然在中国学界（特别是考古学界）已经出现，并且开始扩大传播范围，走向新媒体，但是与尽人皆知的丝路相比，毕竟还处在弱势地位。西学东渐以来，国人已经习惯于跟着外国说别人的话，而不是站起来说自己的话。如今在21世纪第二个十年里，时机已经成熟，中国人国际形象再造问题，从来没有如此尖锐和迫切地摆在我们面前。

第三节　玉帛之路：中国道路与中国话语

中国崛起需要自己的文化品牌和本土话语权。"玉帛之路"的提出，希望成为一场中国本土文化重新获得自觉的良好开端。

德国人李希霍芬在鸦片战争后考察和研究中国，提出了"丝绸之路"的命名。中国人和全世界现有的丝绸之路说，是直接翻译德文和英文的结果，并不符合古代汉语特有的表达习惯。古汉语讲到两种神话化物质玉石和丝绸时，毫无例外地说"玉帛"，而不说"帛玉"，即玉在前，帛在后，其语词顺序不容颠倒。

按照福柯的"知识/权力"的公式，从话语生产规则看，话语权是生产者的第一要素。话语权往往掌握在强势文化一边。在"丝绸之路"说从西方话语到国际话语的100多年流行过程中，中国声音的缺席是不言而喻的。

中国崛起需要自己的文化品牌和本土话语权。玉石之路和玉帛之路的命名法，有更加合理和周全的所指。"玉石之路"一名用在中国本土遗产的申遗方面，对外宣传则可用"玉帛之路"说，这样就兼顾玉石和丝绸两种路线的命名，特别是能够体现玉为主因、丝绸为果的路线开辟真相。

西方文明的价值观是以金属为核心而形成的。按照早期文明所发现的金属的珍稀程度，古希腊神话建构出依次交替的四个历史时代，称为黄金时代、白银时代、青铜时代和黑铁时代。如今奥运会的冠亚季军分别奖赏金牌、银牌、铜牌的荣誉等级排序，就明显来自古希腊文明时期的价值观。

古代中国人的价值观与此不同，最先受到一致推崇的珍稀宝物不是金属，而是玉石。按照目前已有的考古学实物知识，中国境内崇拜玉石宝物的历史足足有八九千年，而开始使用金属器物的年代仅约 4 000 年。两者的资历相差 4 000 多年。换言之，以玉为宝的价值观，在我们居住的东亚这一片土地上流传了 80 个世纪，属于文化根本性的大传统；而以金属为宝的价值观则是后起的，其时间大约在 40 个世纪以前，属于新兴的文化小传统。这样较为确凿的对历史的新认识，是由考古学积累的当代学界才能够达到的。

当今大国崛起的现实需求，逼迫出一个新的学理问题，那就是重新认识中国文化的特质，确认中国传统的核心价值。这让本来就浮躁的学界愈加躁动。百家争鸣的局面看似繁荣，莫衷一是的混乱却难以澄清。我们对此提出建议：以史为鉴，不难获得共识。最简便的办法是去北京的故宫，获得对华夏文明统治阶层的直观体验，这样核心价值问题会迎刃而解。紫禁城内的珍宝馆门票上方，作为皇家珍宝标志物图像的，是清朝乾隆皇帝的"天子之宝"玉玺，其原型无疑是秦始皇所开创的传国玉玺。玉玺是国家最高统治权的象征，玉则是这个国家认可的最高价值物。自古就有的"黄金有价玉无价"的说法，已经表明了国人心目中什么东西最为神圣。

第四节 "中国玉石之路"申报世界文化遗产

2014 年年初，笔者在中国文联全国委员会上提交议案：标题为《"中国玉石之路"申报世界文化遗产》。其中写道：

一、申报项目缘起

丝绸之路是德国人李希霍芬 1877 年提出的贯通欧亚大陆的洲际交通路线，如今已经举世闻名，且由中国领导人新近提出重建丝绸之路经济带的宏大设想，给沿线各国各族人民带来发展机遇。

玉石之路是中国学界近20年来提出的考古学新概念，相比丝绸之路而言，其被发现和提出的时间较短，讨论以学界人士为主，社会知名度还远远不够。但是伴随着大量史前期和文明期古玉器的不断出土，一条从新疆昆仑山下通往中原国家政权的和田玉资源输送线路，上下4 000年，已经呼之欲出。它不仅年代比丝绸之路早一倍，而且对于华夏文明的形成产生非常重要的核心价值拉动作用，所谓"君子比德于玉""化干戈为玉帛""宁为玉碎"等说法都是中国人的口头禅。从夏商周到元明清，这条西玉东输的玉石之路始终没有中断，构成故宫珍宝馆玉器馆的稀世奇观，而且这条资源运输线直到今天还在驱动着中国举世无双的玉文化产业。

玉石之路的年代上限如何？西玉东输的古老线路图是怎样的？4 000年前的中国有怎样级别的政权和城市，其王权象征的玉器是什么材料制成的？华夏文明起源期的信仰和核心价值是什么？又是怎样体现出来的？

针对这些历史谜题，中国文学人类学研究会与中国收藏家协会合办，陕西省民间文艺家协会、榆林文联承办的"中国玉石之路与玉兵文化研讨会"，于2013年6月14—16日在陕西榆林召开。中国社会科学院考古研究所王仁湘、李建民、许宏等近20位专家到会，宣读论文19篇。与会专家认为，中国人爱玉崇玉，举世闻名。玉石之路是华夏文明的生命孕育之路，是我们中国人所以为中国人的精神价值之本源。陕西省考古研究院和榆林市文物工作者在神木县石峁遗址的新发掘表明：早在4 300年前，这一方神奇的土地上就建造起当时国内最大的石城，并且规模性地生产和使用玉兵器与玉礼器，这充分说明黄河中游的河套地区是华夏先民们点燃中国玉文化梦想之地，也是西玉东输的重要中转站。玉石之路很可能最初沿着黄河上游至中游的水路运输而展开。河套地区大量史前玉器的出现就是明证。

结合考古新发现的石峁古城，我们希望找到失落已久的华夏文明诞生的神圣资源之路，逐渐摸索清楚：西部的昆仑玉及祁连玉，如何沿着黄河及其支流的水道，向东输送到中原国家，成为夏商周三代王权建构所必需玉礼器生产原料；并由此催生出儒家君子比德于玉人格理想、道家瑶池西王母神话及后世的玉皇大帝想象，绵延中国玉石神话梦想数千年，成就历朝历代统治者的传国玉玺，直到2008年北京奥运会的"金镶玉"奖牌设计理念。玉石之路的再发现与再认识，对于重建中国文化自觉与自信，打造中国知识界拥有自主知识产权的国字号学术文化新品牌，具有重要的理论意义和现实意义。

二、申报工作计划

为配合党和国家西部大开发战略，重建丝绸之路经济带的伟大设想，中国民间文艺家协会计划联合国内相关专家群体，启动中国玉石之路申报世界文化遗产－文化线路遗产的工作。这是一项功在当代、利在千秋的事业，对沿线八省区的文化资源发掘是巨大的历史机遇。

2008年，国际上通过《文化线路宪章》，文化线路作为新的大型文化遗产类别被正式纳入《世界遗产名录》范畴，其内涵包括物质的和非物质遗产族群，是文化遗产资源的集合，覆盖面和影响力比局限在单一地域的单个遗产要大许多，在各国引起高度重视。目前已有西班牙的圣地亚哥朝圣之路、法国的米迪运河、以色列的香料之路等相继申报成功，列入《世界遗产名录》。我国目前也正在积极申报丝绸之路和海上丝绸之路等文化线路遗产。

申遗议案提交后得到中国文联的重视，为了给申遗工作提供坚实的学术调研基础，2014年和2015年两年间我们紧锣密鼓地完成覆盖整个西部玉矿资源区的田野调研工作，形成了"从本土视角的玉石之路看丝绸之路形成史"的新观点。2015年1月在中国民间文艺家协会主席团会议上再度起草议案。①

中国文学人类学研究会联合甘肃省委宣传部、西北师范大学《丝绸之路》杂志社和武威电视台等，于2014年夏在兰州举办"中国玉石之路与齐家文化研讨会"，开启了沿河西走廊一带4 300公里的田野调研——"玉帛之路文化考察"。

---

① 叶舒宪、马雄福等：《配合一路一带建设，重讲"中国故事"——关于玉石之路申报世界文化遗产的前期调研》，《中国艺术报》2015年1月30日。

2014年6月至2017年9月我们共举办13次田野考察,[①]具体的考察路线和考察报告发表情况如下:

第一次:2014年6月玉石之路山西道(雁门关道与黄河道:北京—大同—代县—忻州—太原—兴县—北京)(周穆王路、尧舜禹时月氏玉路)。

成果:

1. 考察报告《西玉东输雁门关——玉石之路山西道调研报告》,《百色学院学报》2014年第4期;《玉石之路黄河道再探》,《民族艺术》2014年第5期;《玉石之路黄河道刍议》,《中外文化与文论》2015年第29辑。

2. 系列论文和访谈:见《丝绸之路经济带与古州雁门》第三编"西玉东输至雁门",韩建保、杨继东编,山西人民出版社,2014年,第192—238页。

第二次:2014年7月玉帛之路河西走廊道(齐家文化—沙井文化—四坝文化之旅:民勤—武威—高台—张掖—瓜州—祁连山—西宁—永靖—定西)(图18-2),唐玄奘道。

成果:

1. 大头山白玉矿标本采样。

2. 考察报告由甘肃人民出版社2015年出版丛书"华夏文明之源·玉帛之路"(7种)。

3. 电视纪录片:武威电视台四集纪录片《玉帛之路》。

4.《丝绸之路》考察专号,2014年第19期。

第三次:2015年2月玉帛之路环腾格里沙漠道(原州道、灵州道)。

---

① 十三次考察后出版玉帛之路考察丛书共三辑,第1辑7种,甘肃人民出版社,2015年;第2辑6种,上海科学技术文献出版社,2017年;第3辑7种,陕西师范大学出版总社,2019年。

图18-2　2014年7月第二次玉帛之路考察团在甘肃瓜州：沙漠中寻找兔葫芦遗址

成果：

考察报告见《百色学院学报》2015年第1期。

第四次：2015年4月玉帛之路与齐家文化考察（齐家文化遗址与玉料探源之旅：兰州—广河—临夏—积石山县—临洮马衔山—定西）。

成果：

1. 马衔山玉矿标本。

2. 考察报告《齐家文化与玉石之路——第四次玉帛之路考察报告》，《百色学院学报》2015年第3期。

3. 《齐家玉魂》一书序言《寻找齐家文化玉器的底牌》，甘肃人民出版社，2015年。

4. 访谈，见《齐家文化与玉帛之路文化考察访谈》，《丝绸之路》2015年第13期。

第五次：2015年6月玉帛之路草原道（内蒙、甘肃、宁夏）。

成果：

1. 马鬃山玉矿标本采样。

2. 考察报告见《草原玉石之路与〈穆天子传〉——第五次玉帛之路考察》，《内蒙古社会科学》2015年第5期；《会宁玉璋王——第五次玉帛之路考察笔记》，《民族艺术》2015年第5期；《三万里路云和月——五次玉帛之路考察小结》，《丝绸之路》2015年第15期；《玉出二马岗古道辟新途》，《丝绸之路》2015年第15期。

3. 专题报道见《人民画报》2015年第7期。

第六次：2015年7月玉帛之路河套道（内蒙、陕西、山西）。

成果：

考察报告见《兴县猪山的史前祭坛——第六次玉帛之路考察简报》，《百色学院学报》2015年第4期。

第七次：2015年8月玉帛之路天山北路道（新疆北疆）。

成果：

1. 阿勒泰戈壁金丝玉标本采样。

2. 考察报告见《玉石之路新疆南北道——第七、第八次玉帛之路考察笔记》，《百色学院学报》2015年第5期。

第八次：2015年9月玉帛之路青海与新疆道（青海格尔木、新疆南疆）。

成果：

考察报告《若羌黄玉》，《丝绸之路》2015年第21期；《新疆史前玉斧的文化史意义》，《金融博览》2015年第12期；《从玉石之路到佛像之路——本土信仰被外来信仰置换研究之二》，《民族艺术》2015年第6期。

第九次：2016年1月26日至2月3日玉帛之路关陇道（兰州—通渭—秦

安—庄浪—平凉—镇原—泾川—灵台—千阳—宝鸡—张家川—清水—天水）。

成果：

考察报告见《陇东史前巨人佩玉之谜——第九次玉帛之路（关陇道）踏查手记》，《百色学院学报》2016年第2期；《踏破铁鞋有觅处 西部七省探玉路——九次玉帛之路考察及成果综述》，《丝绸之路》2016年第13期。

第十次：玉帛之路渭河道（渭源—漳县—武山—天水—宝鸡关桃园—陇县—张家川县—清水县—秦安）。

成果：

1. 武山蛇纹石玉标本采样。

2. 考察报告见《武山鸳鸯玉的前世今生——第十次玉帛之路渭河道考察札记，《百色学院学报》2016年第5期；《第十次玉帛之路渭河道考察学术总结》，《丝绸之路》2015年第21期。

第十一次：玉帛之路陇东陕北道（西安—高陵杨官寨—旬邑—宁县—合水—华池—吴起—延安—安塞—绥德—佳县—榆林—靖边—盐池—环县—庆阳—固原—兰州）。

成果：

考察报告见《认识玄玉时代》，《中国社会科学报》2017年5月25日；《探秘玄玉时代的文脉——第十一次玉帛之路文化考察手记》，《丝绸之路》2017年第15期。

第十二次：玉帛之路玉门道（玉门赤金峡—花海，酒泉—小马鬃山—马鬃山—桥湾—兰州）。

成果：

1. 在玉门花海汉长城遗址采集到切割过的马鬃山玉料。

2. 考察报告见《中华文明探源工程与玉文化研究——第十二次玉帛之路文化考察手记》,《丝绸之路》2017年第16期;《玉门、玉门关得名新探》,《民族艺术》2018年第2期。

第十三次:玉帛之路敦煌道与金塔道(酒泉—金塔县,玉门—敦煌三危山,秦安大地湾)。

成果:

1. 金塔县采集到四坝文化玉器标本和马鬃山玉料标本。

2. 考察报告见《玉出三危》,《丝绸之路》2018年第1期;《四坝文化与马鬃山玉矿》,《丝绸之路》2018年第1期;《大地湾出土玉器初识——第十三次玉帛之路文化考察秦安站简报》,《百色学院学报》2018年第1期。

第五节　中国西部玉矿资源区

第二次玉帛之路考察于2014年7月12日从兰州出发,经过永登、天祝和古浪,到达民勤,再从民勤到武威和张掖,经过酒泉到嘉峪关、瓜州和敦煌;返程则穿越祁连山,经过裕固族自治县和西宁、甘肃永靖、临夏、广河、临洮,抵达定西后召开总结会。该次考察以齐家文化遗址、沙井文化遗址和四坝文化遗址及其出土文物为重点调研对象,通过"物的叙事"[①]解读和探究这条文化通道的历史形成真相。考察团仅在瓜州一地,就看到当地文物部门利用卫星遥感探测技术新发现的4个玉门关,加上敦煌以西的玉门关和嘉峪关的2个,河西地区历史上先后被称作玉门关的地方居然多达7处!这是钻在书本故纸堆的学者做梦也难以想到的事实。跟随瓜州博物馆的李宏伟

---

① 关于"物的叙事",参看彭兆荣:《人类学研究知识与技能培养》,见叶舒宪等编:《文化符号学——大小传统新视野》,陕西师范大学出版总社,2013年,第304—316页;叶舒宪:《以物的叙事重建失落的历史世界》,《中国社会科学报》2014年7月4日。

图18-3 发现玉石之路的新证物：甘肃瓜州兔葫芦遗址中发现被切割的玉石原料，切割原因或许是大块玉料远距离运输前的去粗取精和减轻毛料之重量
（2014年摄于考察现场）

馆长等老专家，我们在瓜州的沙漠中探查3 000多年前的兔葫芦遗址，发现了具有西玉东输中转站意义的切割玉料遗址（图18-3），联系2014年中国六大考古发现之一的甘肃马鬃山古代玉矿，[①]我们相信，西玉东输的这一段文化历史隐情被湮没地下数千载之后，不久将重新浮出水面。这一发现的学术意义和历史意义可想而知：要从本土立场和新材料出发，对德国人李希霍芬命名的"丝绸之路"重新正名，必须找到坚实的证据。

第二次考察活动，有新华社甘肃分社和甘肃新闻网等媒体追踪报道考察团的每一日行程，在国内外产生了积极的反响。[②]本次考察对于重新认识"一带一路"的本土文化资源，找到了认识上的一个重要突破口：全盘思考"游动的玉门关"现象，[③]有必要把昆仑山系和祁连山系联系起来，将和田、敦煌、瓜州和肃北马鬃山、嘉峪关玉石山、陇中的马衔山等联系起来看成一个西部美玉资源的整体。目前通过初步的具体空间定位，得出一个大约有200万平方公里范围的西部玉矿资源区：其东端是甘肃临洮的马衔山玉矿，[④]其西端是新疆的和田到喀什一带的产玉之山，东西距离长达2 000公里；其北端是甘肃肃北蒙古族自治县境内的马鬃山，其南端是今日青海玉料（业界又泛称"昆仑玉""昆仑料"）的主产地格尔木，南北距离近1 000公里。[⑤]这个近200万平方公里的玉料资源区，其中心地带是敦煌至阿尔金山一带。海

① 甘肃省文物考古研究所：《甘肃肃北马鬃山玉矿遗址2011年发掘简报》，《文物》2012年第8期。
② 冯玉雷：《玉帛之路——比丝绸之路更早的国际大通道》，《丝绸之路》2014年第19期。
③ 叶舒宪：《游动的玉门关——从兔葫芦沙丘眺望马鬃山》，《丝绸之路》2014年第19期。
④ 古方：《甘肃临洮马衔山玉矿调查》，见叶舒宪、古方主编：《玉成中国——玉石之路与玉兵文化探源》，中华书局，2015年，第72—79页。
⑤ 叶舒宪：《齐家文化玉器与中国西部玉矿资源区——第四、五次玉帛之路考察简报》，2015年8月2日在甘肃广河齐家文化与华夏文明国际研讨会上宣读，收入会议论文集：《2015中国·广河齐家文化与华夏文明国际研讨会论文集》，文物出版社，2016年，第319—335页。

拔 5798 米的阿尔金山主峰，恰好成为可以四面俯视这一巨大玉料资源区的制高点。在这个巨大区域生活的人群，不论是在古代还是在当代，都以西北少数民族为主。《管子》一书中为什么要说"尧舜北用禺氏之玉而王天下"的问题，过去百思不得其解，如今已有豁然开朗之感。西玉东输的漕运线路沿着黄河河套地区南下，给中原人的错觉就是美玉来自北方。禺氏即月氏，尧舜时代通过月氏人的输送得到西域美玉，这就是玉石之路存在 4 000 年的文献依据。文献的记载一旦和实地考察的西部玉矿新发现对应起来，一段陈埋已久的历史隐情就会逐渐浮出水面，四重证据法的知识创新意义，也将再次得到很好的诠释。

古书记载华夏的早期曾有过一个"玉兵时代"，该时代据传是黄帝之时。古人对此半信半疑，但苦于无从考证，真假难辨。现代考古发掘找到大批史前时代的玉石兵器，使得"玉兵时代"的传说得到某种程度的证明。新的问题是：既然青铜器是文明到来的标志之一，那么从玉石兵器演进为青铜兵器的华夏路径是怎样的？华夏文明的核心价值是怎样在一开始就同这些具有文化原型意义的玉兵器联系在一起的？

在玉兵器从局部使用到普遍使用的发展过程中，文化传播发挥着至关重要的作用。玉文化的传播背后有观念的传播作用在支配着，玉石代表神灵和永生的信仰及神话，构成史前"玉教"传播的潜在动力因素。而玉文化观念的传播又导致在更大地理范围内寻找玉石的行为，新疆和田玉被中原文明的发现，揭开了延续 4000 年之久的西玉东输文化现象。对此种现象的探讨引出了国家文化品牌的知识产权问题：

为什么 1877 年德国人李希霍芬开始命名的"丝绸之路"上的重要关口不叫"丝门"却叫"玉门"？

如果说丝绸之路是 2 000 年小传统，玉石之路则是 4 000 年大传统。玉石之路开启的"西玉东输"现象为什么 4 000 年来至今还在延续？这一伟大运动如何给中国文明带来核心价值观——"君子温润如玉"和"化干戈为玉帛"？在 21 世纪中国文化崛起并重新引领世界发展潮流之际，如何让华夏文明多民族团结和认同的宝贵经验"化干戈为玉帛"，真正弘扬到全世界，使之成为化解冲突和战争的法宝，永久维护世界和平的中国声音？这个国家层面的问题，也是本课题研究的现实意义所在。

本项目在学术上超过前人研究之处，主要在于通过四重证据法的实地考察，得出两个方面的新认识。

第一方面：玉石之路的入关路线调研，提出玉石之路黄河道的新命题。

具体而言，玉石之路黄河道，指的是原初的史前期文化传播路径依赖。西玉东输的进关路线有两条：一条是历史上依稀有一些零星记载的雁门关道。这是商周以来的路线，依赖新的运输载体——马。在商代之前，还有一条完全没有记载的黄河河套道，自龙山文化时代到夏代，在没有马和车的大前提之下，主要依靠水路漕运玉石原料。

第二方面：根据考古新发现的上古玉矿及其地理坐标，通过大规模实地考察，全面揭示涵盖约200万平方公里的西部玉矿资源区；通过玉石标本采样和初步分析，为创建一座中国玉石之路博物馆，完成前期的学术准备工作；借助各地玉石标本系列展示和卫星定位图的地理空间对照，勾勒出中国西部玉料原产地的全景图。①

西部玉矿资源区的认定，其学术意义在于重新解读以《楚辞》《山海经》为代表的中国文学西部想象图谱，用四重证据法的新发现实物材料，诠释以往悬而未决的文学和历史难题，找出玉石神话想象的物质原型。其现实意义在于，重新审视西部大开发国家战略，将其从以往的自然资源开发（西气东输、西煤东输等），转型到文化资源开发，如玉帛之路文化旅游新目的地和新线路的打造，以文化方面的会展、旅游、影视等配合当地的玉文化产业发展，拉动地方经济。

总结本章的讨论，根据文学人类学特有的四重证据法研究范式，在中国西部展开的数万公里田野调查，初步探明了一个面积达200万平方公里的西部玉矿资源区，并重构出中国玉石之路的路网系统，给西部大开发国家战略带来了重要的文化转型契机。中国玉石之路长达4 000公里，其历史大约可上溯到4 000年以前，这样的文化线路堪称举世无双，将其申报为世界文化遗产，势在必行。将中国学者依据考古新发现而提出的玉石之路说，与德国

---

① 2015年7月9日项目组曾在上海交通大学举办了一次新闻发布会，展出部分玉石采样标本，国内外70家媒体作了报道。

学者在19世纪提出的丝绸之路说加以整合，用符合本土文化的古汉语的惯用词，称作"玉帛之路"，具有启发本土文化自觉的再启蒙意义。这一突破西方话语的遮蔽、具有中国道路和中国话语特色的"玉帛之路"命题，对于重建中国国家文化品牌，拓展爱国主义教育和文化旅游、文化创意产业，具有充分的理论创新意义和现实指导意义。

玉教伦理与华夏文明

——徐杰舜对叶舒宪教授访谈录

徐杰舜（广西民族大学） 叶舒宪（上海交通大学）

摘　要

　　华夏文明是如何形成的？如果从文化大传统视角考察文明发生期的核心物质与核心价值相互作用情况，我们可以找到玉石神话信仰（简称"玉教"）对于中国传统的文化基因作用；参照韦伯的历史因果诠释模式（"新教伦理与资本主义精神"），我们可以建立一套诠释华夏文明所以然的理论模型，深度解说玉文化中"神话—物质—信仰—观念—行为—事件—历史"之间的因果链。玉石神话大传统向文字教化小传统的转化，突出表现在儒家"君子比德于玉"的特殊教义中。用四重证据法透视"君子温润如玉"的理念，其取象原型为昆仑山和田玉，对和田玉物质和精神价值形成的考察，可以揭示西玉东输的4 000年玉石之路历史，及其所造就的"化干戈为玉帛"的多民族互惠生存理想。

时间：2014年3月19日
地点：上海交通大学人文学院文学人类学研究中心

　　徐杰舜（下称徐）： 认识好多年了，拜读过你的文章，也请过你开会，但没有很好地采访你。这次有机会到上海交通大学讲课也算机缘巧合。昨天的讲座上我还谈到2004年人类学高级论坛上你和李亦园的精彩论辩。我观察你的研究对象更新很快，从20世纪90年代的《诗经》、"老庄"研究、《山海经》研究转向图像化的《熊图腾》，这两年又转向了玉石文化研究，但人类学和四重证据法一直是贯穿其中的精魂。这两天看你发给我的材料，使我想起那年北京会议你带我去逛古玩城，问我"红山文化的宝贝你不买啊？"我当时真的没有入门，没买但却引起了我的兴趣。我研究汉民族的起源、形成和发展，这跟玉文化有很大的关系，考古时代有个五帝时代，把上下五千年的历史向前推进了1 500年，玉器时代实际上与五帝时代有很大关系。我对你的研究很钦佩，你的学术兴趣和方向，始终在中华民族或者汉民族的前沿上。今天有机会采访你，按照惯例，请先介绍一下你的生平——你是哪一年出生？

叶舒宪（下称叶）： 1954年生。

徐： 今年60岁，你是属马的啊。是西安人？

叶： 刚好又一个轮回。北京人。

徐： 出生在北京？小学、中学都是北京读的吗？

叶： 出生在北京。"文革"开始就下放陕西。

徐： 哪一年？

叶： 1966年。父亲下放，全家也随着下放。

徐： 在哪个地方？

叶： 安塞，毛主席写《为人民服务》的纪念张思德同志烧炭的地方。

徐： 在安塞读的中学？

叶： 西安，四十一中学。

徐： 高中毕业就进了大学？

叶： 进工厂，做工人！昆仑机械厂，做钳工。

徐： 我当过车工。

叶： 工厂里出来的，高考到学校了。

徐： 77年，哪个学校？

叶： 陕西师大中文系，毕业留校当老师。过了11年到海南大学，又从海南调到中国社科院。

徐： 我是85年到了广西。比你差不多早了10年。

叶：你是扎根，我逃了。

徐：你不一样啊，你厉害！我是后来才移动一下。

徐：你是文学人类学的领军人物，这是大家都了解的。前些年文学界《狼图腾》很火，大家都在谈狼图腾、狼性什么的，而你却发现了"熊图腾"！黄帝是不是以熊为族群图腾的，这个你都有证明。拜读了《熊图腾》的大作，图文并茂，证据确凿，媒体也炒了一段时间，很快你又转入玉石文化研究。想请你谈谈这个转变，下面再慢慢讲与玉石文化有关的几个问题。

叶：《熊图腾》呢，是一个大众能够接受的提法，学术上有不同的看法，到底算不算图腾，总之，黄帝号"有熊氏"，建立了"有熊国"，伏羲号黄熊、大禹中央熊旗等等文化符号，都在文献世界中有记载，但从古至今的文献没作解释，作为人文研究者，对于这种问题不能听之任之。过去没有材料，说不清楚到底是神话、传说，还是历史，还是附会。文学人类学最大的特点，不以文献为唯一证据。我们最看重的就是第四重证据，是出土的前人不知道、没有见到过的新证据。5 000年前的红山文化女神庙挖出来了，庙里供奉的有熊的头骨，虽然只此一座也足以说明问题。过去被当成神话、传奇的，今天看来都是无风不起浪，肯定有远古的渊源。神话的背后有真实。我们不把神话仅仅当成欣赏的、充满修辞的对象，而是当作远古文化的记忆，这样就会从中引出一些中华文化源流的问题，自然地引向五帝时代。五帝时代到底是什么状况，三皇五帝传了几千年，但没有凭据。现代以来古史辨派把古史体系推翻了，实证派多不承认西周以前的历史。五帝在位统治或许不一定存在，但我可以做的，是根据第四重证据去弄清楚：相当于五帝的时代是什么样子，这是可以依据考古学提供的证据相对清楚地呈现出来的。我们不纠结于真伪难辨的传说，更关注距今5 000年到4 000年的时代里，就是国际通行的进入青铜文明时代之前的核心标志物，非常明显，就是玉器独尊的时代。从这个意义上说，我研究玉，并不是我想当然的凭个人兴趣的研究，而是在考古学提供的物质证据面前，作为中国人，想要弄清楚这个国家，这个民族，这样的一个政权，这样上下几千年，它的根脉怎么发芽的，怎么生长的？这一看，离开了玉不行。全世界普遍的具有共性的认识是石器和陶器有其神圣性，跟精神信仰有关系。但在无文字时代，很难区分日常生活用器、场地和礼仪生活所用的礼器、祭坛。玉器就不一样了。玉器是史前社会稀有的物质，100座墓葬只有1—2座有玉器出土，这些墓葬大多陪葬物十分丰富，足以说明拥有玉器者不仅是社会精英，不只是经济上富有，更重要的是玉器特有的物质特性，说明拥有玉器者往往代表着具有人神沟通的能力，也就是说他们的领袖地位来自他们的通神能力。玉器就是最初的社会精神文明的奢侈品，没有奢侈品不会有人类文明。从史前8 000年延续到史前4 000年，再到今天，玉器神话与信仰是东亚地区，特别是华夏文明最独一无二的文明现象。作为人类学者，难道不该对它作深入思考和研究吗？这就是我提出"玉教"说的原因所在。每一个图腾雅号的背后都有其文化脉络，都需要作一个全景的解读。今天我们要讲的就是中国文明这一个文本，需要我们读懂它。对象看起来很大，但不是毫无头绪。材料已经非常丰富了。专业考古者大都没有时间去通读这个文本，传统的文史哲学者不屑于去看考古资料，以村落和民族志报告为业的人类学者也顾不上。但是我要说，一个事情一定要抓住根本，任何一个村落都是从石器时代过来的，找不到源头或原型，一切的解读都是无源之水，因此从史前到文明这一段是我们特别关注的，我们把考古界提出的"玉器时代"作为主攻。我们不是做器型统计，我们要探寻是什么信仰支撑这个宗教奢侈品的使用，没有观念不会做这个行为。世界很大，只有东亚有这个现象，我们要找的中国道路、中国特色，都在这儿，我们要把有限的精力集中到最根本、最重要的一个角度上来。

徐：这应该是你转移研究方向的背景。你刚才讲的很多人类学者顾不上，也没有想到，还是在按照所谓的规范范式在田野村庄里走，我很赞同你的观点。我们要关注更大的背景：中国人是哪里来的？汉民族是哪里来的？这个根是怎么生长的？你看到了玉石文化研究起源有很重要的意义和价值。那么玉石文化呈现给我们的，展示的四五千年前的社会图景是怎样的？

叶：我们要做的就是把这个说清楚，目前新材料的不断发现，不是最终的成果，只是现在进行时的探索。当时中原有限的玉矿我们还没有找到，没有发现大件的玉器。我们判断，作为华夏的宗教，玉器首先是从四夷传进来的，直到夏商周最高统治者被这个传教同化了，才成为国教。青铜器之前价值最高的东西都是玉器，青铜时代依旧是玉器，玉器及其信仰成了这个文明最高统治者的价值观来源。玉是物质，但它有神话，有宗教信仰。费孝通先生到90岁时意识到玉器对中华文明的精魂意义，2000年发起的中国玉文化传统研究会议，主题就是"玉魂国魄"。十多年来玉文化研讨会开了5届，出版的论文集就在那儿放着。我们现在继承的是早期人类学家在晚年方开启的事业！费孝通先生在北大也有研究所，博士后也很多，跟华夏核心价值观紧密联系的玉文化却没人继承和发扬。我们做跨学科研究有我们的优势，对文献比较熟悉，对近现代新兴的人类学、考古学也熟悉。一个多民族国家靠什么变成一个共同体？文明的背后都有武力支撑，但同样不可缺的是精神凝聚力量。"国之大事，在祀与戎"说得很精准。华夏的精神凝聚物是什么？舜继承尧，为何要辑瑞和颁瑞？大禹治水功成为何有天赐玉圭？会见诸侯而献玉帛者万国？君子为何比德于玉？学道为何比喻为琢玉（切磋）？乃至于现代人的名字很多都以带玉字或玉偏旁为美名，像圭璋、紫琼等等。考古提供的物证表明，玉有八九千年历史，金属才4000年，可见玉在中华民族认同的精神凝聚物中的地位。今天人们习惯了金声玉振、金童玉女、金玉良缘等等说法，却不知道排在语词前面的"金"不过是生活在小传统中的人受拜金主义价值观同化的证据。金属进入中原充其量4000年，在此之前还有4000年，全靠各地文化遗址出土玉器的年代排列，从最北端的黑龙江到南端的广东、广西，从东海之滨到大西北，几千年来玉石信仰和玉器器型的南传西进和西玉东输，沉潜为龙山文化晚期以来的华夏王权核心象征物，说明了什么？说明了玉石被神化了，被传教了。因为玉代表神，它就是宗教。今天的中医还在讲这个，还有中药用玉粉，这是全世界绝无仅有的。

徐：在你的视野之中，玉文化在我们中国究竟多少年？

叶：不是我说的，是公认的，批量使用玉礼器应该是8000年左右。

徐：玉文化与夏的关系你可以描述一下吗？

叶：究竟有没有夏，中外学界争议很大。不过距今约4000年的时代相当于夏，是国内学界普遍认可的，在这个时代之前还有约4000年，这就是我们说的文化大传统。玉的神话信仰起源于北方，向南、向西，最后覆盖全中国的过程就是夏的文化背景。献玉帛者万国是玉石权力认同的标志。秦始皇用和氏璧造出一个传国玉玺，并非是他一时兴起的选择，而是大传统使然！从今日到秦朝约2000年，到夏朝约4000年，先于夏朝还有约4000年的玉文化史，总共就是八九千，一线贯穿，直到末代皇帝。到故宫看一下，最后一个皇帝也是用玉玺来作最高统治的象征，哪儿来的？大传统铸造的，谁也改不了。

徐：这和九鼎的意义相当。

叶：夏禹时代造九鼎几乎是不可能的，因为制造九鼎需要大量青铜，4000年前的物质条件显然不够。我们的四重证据法功效在哪儿？对古代文献记载的传说先来一个证实证伪！器物传说的真伪在四重证据面前一下子就清楚了。前面说了，金属传入中国仅4 000年历史，但是距今4 000年前仅仅发现了一些小铜片，相当于夏晚期的偃师二里头文化遗址，也仅出土小件铜器，如爵、斝和钺、戈、镞等，不见大铜鼎，更无九鼎的影子！相反玉质礼器像玉璋、玉刀却大气得很！神话传说中夏的开国之君有天赐玉圭，万国执玉帛来觐见大禹。第二代夏王夏启佩玉璜升天取回了九歌、九辩，末代夏王桀铸瑶台，末代商王纣在国家灭亡之时裹玉自焚，你看看，无论是文献记载的神话传说，还是考古发现的相当于夏文化的历史时代，玉文化跟夏的关系何其深厚！玉文化值不值得研究还用多说吗？现在的大学里真正懂得玉的价值的老师很少，本土文化的教育和传承难就难在这儿了。很多人都很奇怪我为什么不好好研究文学作品，跑去研究玉。可是什么叫"玉魂国魄"？费孝通用这4个字说明了玉的价值。中华民族多元一体是怎么"一体"的，这"一体"的过程中一定有个精神，"玉教"是很贴切的表述，它让华夏成为文明共同体，找到了不同民族认同的标志物。

徐：你讲到"玉石之路"比丝绸之路早几千年，到现在还是和田玉最好，那么用玉石文化就足以说明问题了，为什么还要提高到"玉教"呢？我希望这点能讲得更清楚一些。

叶：玉石文化主要是从物质文化形态着眼，什么样的材质，什么样的形制代表什么等等，几乎每一种玉器背后都有一个专门的神话。古人不会制造没有意义的东西来。古人并非茫然无知，从浩渺宇宙中切磋、琢磨、筛选出来的珍贵之物，需要花费大量的人力、物力甚至财力，不是非常虔诚是无法做到的。晶莹剔透的玉代表神，背后是一整套神话信仰。而在这么广远的时空中延续传承，非"玉教"不足以说明。我们要做的是把每一种玉器背后的神话观揭示出来，它是不是宗教就很清楚了。

徐：你举个例子来看看。

叶：玉璜，弯弯的，在东亚大陆有约7 000年的历史，干什么用的？大禹的儿子夏启，从天上把九歌带下尘世，这和普罗米修斯干的事情一样。夏启怎么上天，《山海经》说得很清楚，就是佩玉璜。玉璜是彩虹的人工模拟物——天地之间相通的彩虹桥。孔子修《春秋》，史传说当年他修成之时，天降玉璜，为什么？因为春秋时的孔子代天立言，上天降下玉璜，那就是天命瑞征啊。这就是小小玉器背后的神话。这样的例子太多。还有很多史前玉器名字今人都叫不出来，失传了，这样一看不是一个宗教是什么？鉴赏玉，不能只有物理的、化学的分析。玉为什么能够统一中国，他背后有一套神话观念的传承。史前时代的玉文化有什么意义，需要今人来研究澄清。

徐：还可以再举个例子吗？

叶：玉玦，8 000年前最早出现的一种玉器。屈原《湘君》"捐余玦于江中"，韩非子"授人以玦"和鸿门宴上亚父几次举玦示意项羽，诸如此类以玦者缺口之环来表示"诀别""决断"等用法，都是小传统，是战国以后通常的解释。屈原已然不知道玉玦的真正含义了，更不知道玉玦先他存在几千年了。倒是被汉代人视为荒诞不经的《山海经》记载了更久远的耳玦现象背后的神话信仰。玉玦最初出现在8 000年前，主要的出土位置是被葬者的耳朵旁，说明主要功能是耳饰。而2012年田家沟发现的红山文化玉蛇耳坠，将《山海经》里多达9处的珥蛇之神的神话，上推到5 000年前的史前期。西周时代的晋侯墓地出土的龙蛇耳玦以及商周流行的龙蛇纹耳玦，又将珥蛇与玉玦的关联推向了史前8 000年。海南岛、台湾原住民到现在还在戴玦。耳朵是人体接收天籁之音的器官，犹如天线，耳饰选择龙蛇来装饰，也是一种长期的观察和拣选，是人与上天、祖灵沟通的想象。人的意愿都在这一耳朵装饰物上。解读耳饰，仅从装饰之美来解释，不从文化和宗教信仰意义来解读，我认为是无法解释清楚的。按照列维-斯特劳斯的说法，历史学家研究大家都意识到的问题，只有人类学家研究大家意识不到的问题。玉玦从史前8000年一直到楚汉相争的鸿门宴，都在传承着，汉以后中原耳饰多为环、珰等，但直到今天海南岛的黎族妇人依旧佩戴银耳玦，可见其传承的完整性。玉玦的意义变了，但玉文化的大传统依旧以变形的形态继续传承着。

徐：没有文字，没有语言，你要去猜它了。

叶：这个不是猜，原住民还生活在这种文化中。"玦"之本义绝对不是绝交的意思，这是文明人的谐音断意。原住民社会凡是巫师都有通神的标志，玉玦也是。这是借助于神话想象，达到教权的象征物。

徐：你讲这些使我很受启发。文化包括制度、器物和精神三个层面，用"玉石文化"不是很好吗，为什么偏偏一定要用"玉教"呢？

叶：用"玉教"是找到了核心和动力。马克斯·韦伯寻找资本主义精神的根源性动力，不是从物质，而是从人的宗教信仰和观念入手，开创了新天地。他的论证远远不如我们论证华夏文明核心精神可靠，但他开创了一个方法。过去谈论马克思主义经济决定论都是物质基础决定精神意识，但马克思明明还有一句，在一定历史条件下，精神意识反作用于物质生产。就华夏玉文化问题，反问你一句，最好的玉在新疆，但为何唐朝以前新疆当地人不用玉？到底是物质决定了玉的价值，还是中原人的观念决定了它的价值？没有这个观念，玉就是石头。物质和精神观念，究竟谁决定了谁？观念。什么观念？不是理性的观念，是信仰和神话的观念。

徐：信仰也是文化吗？

叶：什么都是文化，太宽泛了。"玉教"说等于找到了玉器能够普及中国的动力要素。

徐：我还是希望你用更通俗的语言说明你为什么一定要用"玉教"？他的内涵到底是什么？

叶：古人把人世间这样一种晶莹温润、色泽漂亮的石头神圣化，认为非人间俗世所有，而是天神恩赐的，谁得到了，谁就拥有了和上天联系的能力，这不是和后来的宗教法器一样吗？这个影响太广远了，几百万平方公里，上下8 000年，多少不一，形态各异，但对这一"石之美者"的功能认识却是统一的，这不是太叫人感到奇怪了吗？这两天中央电视台探索发现频道正在热播的陕西神木石峁遗址，就是公元前2000年的古城遗址，400多万平方米，城墙里压着什么？玉器！这是龙山文化时代迄今所见最大的城址。更重要的是，放眼整个龙山文化晚期，也就是约4 000年前的中国大地，从山东到山西，从河南、陕西到甘肃，黄河中下游区域的玉器种类和器型惊人地一致，请问那时候有统一工厂和制造标准吗？是什么因素导致了如此标准化的生产？是信仰！是背后完整信仰共同体的存在。

徐：有人传播吧？

叶：玉不能吃不能喝，为什么要传播？为什么到麦加，冒死也要去？一定要找到这个原因，找到拉动文明的动力。命是次要的，信仰才是重要的。

徐：我们不能用今天的理念、生存状态去衡量。你要讲成是"教"，你就一定要说出来，它的崇拜对象、内涵、仪式是什么，系统化以后才可以。不系统就是玉石文化。"玉教"是很厉害的一个说法。

叶："拜物教"指的就是一种物。

徐：要人家信啊，你要自圆其说吧，你要建构起来吧。

叶：不是我凭空建构的，不是我发明的，这是失落的，我帮助找回来而已。

徐：那也是你找回来的，起码发现权在你手里。

叶：人家叫玉神物或巫玉、玉崇拜等，与其用这么多费劲儿的词，又不统一，还不如寻找一个言简意赅的词来说，这个词就是"玉教"。

徐：玉崇拜也不难懂啊。

叶：玉崇拜和玉教，是同义词。韦伯说新教伦理，就是"新教"两个字，言简意赅。我们也有个比较长的说法"玉石神话信仰"，但不如"玉教"简洁传神。

徐：玉石神话信仰是比较文学化的说法。

叶：回到宗教学上，它背后有一整套的神话信仰、仪式和器物以及图像，都比文字早。甲骨文才几千年？究竟是什么东西让不同的人群拢到一起成为一个共同体？都说多元一体，究竟怎么从多元拢成一体的？神和神的最佳象征物都在这儿，还打仗吗？化干戈为玉帛！当时没有比玉更珍贵的东西。

徐：玉这个东西，从器物制造到精神崇拜，形式很多，玉的崇拜本身还是较后来才出现的。

叶：不是很早之前的，几千年前做它干什么呢？动辄就随葬100多件玉礼器干什么呢？

徐：在它之前还有，前玉时代。

叶：石器时代。再往前，社会没有达到财富分化等级，我们要找的就是形成权力、文明的脉络和萌芽。

徐：你把玉放到哪儿啊？旧石器还是新石器？

叶：新石器时代中期以后。

徐：玉文化是在石器时代基础上逐渐提炼出来的。

叶：是提炼，不是全世界都提炼。为什么其他地方不提炼，只有我们这里提炼呢？在东亚，玉被奉为顶级的物质。天上谁最大？玉皇大帝！人间山峰谁最高？玉皇顶！语言已经决定了它是最高价值。核心价值来自信仰。零碎的和枝节的东西，起不到决定作用。从星星之火到燎原之势，不是玉教是什么？玉不是部落级的，它覆盖和绵延的历史是绝无仅有的。用玉教都轻了，仅说玉文化是贬低它或泛化它的意义了。

徐：这么说来，你用"玉教"就是想让位置更恰当。

叶：你描述或者解释一种行为，关键是什么？是寻找如此行为的动机。中原和新疆和田、昆仑山，风马牛不相及的地方，为何有玉门关矗立边关？为何周穆王要西巡昆仑，还要绕道河套去以玉璧祭祀河神？见过西王母后不远千里带几车玉回来，如此行为的动机是什么？从一开始新疆和中原联系的关键就是美玉资源。汉代通西域，清康熙平定准噶尔，一直到今天的西气东输，还是这样，一定意义上是因为资源在那儿，而且是唯一性的。资源依赖是物质的，但观念的东西可以驱动社会变迁。这就是神话信仰。

徐：东亚大陆对玉的崇拜，是中华文明独显于世界之林的特殊物质。拿这个来分析中华民族的起源及其凝聚力，是很重要的见解。不过我个人觉得用"玉崇拜"就比较贴切了。玉教要有信众、仪式，还是不太妥帖吧？

叶：有原始宗教，有人为宗教。你的宗教概念是局限在了基督教、伊斯兰教等成熟的人为宗教形态了，好像没有教堂和念经，就不是宗教。想想形形色色的拜物教吧。

徐：你把"玉教"放在民间宗教层面？

叶：他本来是民间的，后来变成主流了，变成国家权力的象征了。

徐：君子的人格全在玉上。孔孟才距今 2 500 年左右，前面还有 6 000 多年。

叶：君子比德于玉，这是传承。你是神，你是王，你的玉好，我拜服你。玉是有灵性的。贾宝玉之名来自哪里？出生时衔玉而生，这玉来自哪里啊？女娲当年补天遗留的一块顽石幻化成形投胎而来。贾宝玉、甄宝玉，都是象征啊。这块通灵宝玉有什么功能？玉上写得很清楚：通灵宝玉！正面有"莫失莫忘，仙寿恒昌"，反面写着"一除邪祟，二疗冤疾，三知祸福"。这几行字不是曹雪芹的臆想，近了说是汉代人明确记载的传统，远了说也就不知几何了。这不是我强加的，至少是 8 000 年的信仰。西方人在神庙中解决的问题，中国人全都投射到玉器上去解决。曹雪芹太清楚了，中医、巫师也都清楚。这就是我们要找的，独此一家的信仰。

徐：佩服佩服。给我上了很好的一堂课。

叶：你去世界各地旅游，去看，只有中国靠玉和石发财致富，捡一点石头就可以养活一家人。这种现象单靠经济学是解释不了的。

徐：对玉的崇拜至今不衰。现在没有那么多神器，都是藏宝了。

叶：学院派里不研究它，大众借助鉴宝之类节目对它有兴趣。

徐：你现在和鉴宝界联系多吗？

叶：主要是和考古学界联袂。

徐：你现在满口都是玉啊！

叶：陶器、铜器都很重要，但专业和精力有限，只能先弄最核心的，而最核心信仰驱动物是玉。西方从石器时代之后整个价值系统是拜金主义，但东亚绝对是拜玉主义。

徐：拜金主义不叫教了。玉崇拜对民族一体化有重要的象征意义，有很好的说明，使我们对玉的认识更加深入一步，不要停留在玉就是藏宝，就是存钱。费孝通先生作为中国人类学先驱之一，在晚年意识到了玉的价值，提出了"玉魂国魄"，是很有启发意义的，然而可惜的是他的人类学弟子却没有人继续做下去。你知识面广、视野开阔，从《熊图腾》到《河西走廊》到《金枝玉叶》，到玉教，再到"玉石之路"考察启动，越探索越深入，真的是值得深入的研究方向。今天这场对话，对我启发很大。我想对很多人都会有启发，因此我想发出去。你觉得用什么题目比较好？

叶：这都是根据研究问题一步一步走到这个方向上来的，一开始也并不是很清楚，我们也是在学习和研究中一点点弄明白的。"玉教"的确很扎眼，可是你要跟传统观念、跟鉴宝划清界限，只有用很重的一些词来提醒他们，不要用市场上的那一套来误解或者亵渎科学研究的内容。今天好的和田玉是黄金价值的几十倍，甚至更多，为什么一块山上的石头可以达到如此登峰造极的价格？除了信仰，没有其他解释。

徐：所以玉的意义和价值，要从鉴宝热闹中跳出来，不然就是对玉的亵渎和价值低估，因为它是一种崇拜性的东西。现在我想回到下一个话题。你对石峁遗址高度重视，去年6月还专门在榆林和神木组织了一次会议，发表了玉文化率先统一中国说，这令我十分惊讶。石峁古城遗址意义如此重大，还请你来介绍一下这个跟玉有关系的石峁遗址的价值和意义。

叶：好的。玉教也好，玉文化也好，通俗来讲分两段。较早的一段是东玉西传，主要是玉石神话信仰和器类器型，大约用了4 000年，覆盖了除青藏高原的其他广大地方。第二段是较晚的西玉东输。在和田美玉发现之前，史前玉器生产基本上是就地取材，而和田玉一旦被中原统治者发现，就成为至高的象征，西玉东输给华夏文明带来的一是物质财富，二是精神财富。儒家最高的理想就是君子温润如玉，圣人如玉。天子佩玉要用纯玉，没任何杂质的，佩玉成色的好坏，反映了一个人的德行。哪一种玉能达到这个标准？和田玉！这种观念什么时候有的？最好的确定办法，就是把所有出土的史前玉器的材质进行排比，出土和田玉的石峁遗址刚好距今约4 000年，正处于玉石之路黄河段的重要位置。黄河从何而来？玉石从何而来？《史记》《千字文》早告诉你了：河出昆仑，玉出昆冈！至少在古人的观念里，养育世人的母亲河和护佑人不死成仙的玉都来自昆仑神山，那里是神的居所，是天地通道。掌管着不死药的西王母就居住在昆仑山上，华夏人文始祖黄帝也居住在昆仑。那么黄河在玉石之路中起着什么作用呢？石峁遗址在黄河流域和西玉东输中起着什么作用呢？《尚书·禹贡》记载有河道漕运。石峁遗址离黄河40公里，向西就是甘肃齐家文化玉器，然后是青海、新疆，这不就连上了吗？新疆玉东输，石峁是必经之路。新石器时代中晚期以来，出土玉器有多少和田玉的成分？应以县为单位，沿着黄河水道调研，就可以弄清楚西玉是如何东输进入中原的。黄河的河套地区段古城遗址最多，也很重要，像新华遗址、陶寺遗址等。可能有些转运码头，都值得作深入的个案式探索，这就是石峁遗址的意义。

徐：去年的会议，王明珂也被你请去了？

叶：王明珂很关注，石峁遗址背后就是大草原，农耕与游牧的交界地带有很多遗址，你去调研一下，在河套地区漫山遍野都是4 000年前的城墙。这些发现足以敲打中原中心主义。以前出玉的遗址大多是孤立的，现在是时间和空间都联系起来了。

徐：整体观的人类学。你是怎样把玉文化放在人类学的大背景里去思考的？如果没有大的视野会看不清楚。你讲玉文化站得比较高，所以提出了玉教的概念。

叶：这确实有信仰的因素在里面。

徐：如果你一定要坚持用玉教，你一定要有更严格的界定，这样人家就能接受，不然猛地一听，有点哗众取宠。

叶：争论不争论这是后人评说的事情，暂时没时间管它了。

徐：你现在更关注的是什么问题？

叶：把玉石之路的路线弄清楚。玉门关为什么不叫丝门关？因为对华夏文明来说最重要的是和田玉，丝绸、麻都是副产品。一定要兼顾的话，称玉帛之路也可以。世人但知"丝路"不见"玉路"，是被外来和尚念的经蒙蔽了。

徐：你现在对玉石之路的探讨最关注的计划是什么？

叶：下田野，一县一村地走。可是没有时间下去，要上课，书稿要校对。神话学文库，你看到18本，后面还有十几本，校对的任务很重。

徐：你万事都俱备了，车啊设备啊什么都有？

叶：什么都没有，人也没有。女生不能下去，男生都嫌艰苦，放下去的都逃回来了。

徐：你说今天访谈的题目叫什么？

叶：你就效法马克斯·韦伯，称作"玉教伦理与华夏精神"。

徐：玉教伦理，你能再具体解读一下吗？

叶：玉石代表天赐给人间的神物，代表人向天神祭祀回报的祭品，代表人神沟通的媒介物。离开了这个中介，你就被神抛弃了。国之大事，在祀与戎，祀就是建立神人沟通，戎就是打仗。为什么打？为什么和？看起来为了争取政权，其实是争夺资源，背后有一个统一的信仰。

徐：你能不能概括一下玉教伦理有哪几个要点？

叶：第一玉代表神，第二代表人格的最高理想，第三代表人永生的保证。不了解这些，就不明白2 000年前中国人花那么大工夫制作金缕玉衣是为什么，从永生理想看，就明白了。

徐：除了这三点，还有吗？

叶：金玉在九窍，则尸体不朽。你还要什么，包你生前和死后。

徐：我帮你概括一下，玉教伦理就是做人的最高境界，像玉一样纯洁。

叶：这句话一定得放在信仰语境中，否则就是世俗的。

徐： 在神的观照下，做人的最高境界，这才是他的伦理。新加坡的政治课讲伦理就是做君子，什么是君子？做人的最高境界。有了玉教伦理，就更清晰明白了，即在神的观照下，做人的最高境界。

叶： 不光是伦理，它还保你长生。不光是道德化，道德是后来的延伸。所有的宗教都是面对你死后怎么办，去天堂抑或地狱。为什么人生而佩玉，死而葬玉？都是神话，人是神话动物，神话是精神之根。

徐： 玉教和华夏精神是什么关系呢？

叶： 华夏精神就是君子精神，人在有限的精神之中，儒家的九德、十一德说背后都是玉。不懂玉，国学的门都找不到。真正的根是从8 000年前开启的。至于把这个叫玉教还是玉崇拜，还是其他的，这都是末节问题，根深蒂固的玉信仰却是毫不含糊的全世界唯一的现象。我先把它端出来，这就是人类学的最大的本土化吧。为什么名字叫琼瑶、玉萍、启翠？琼、瑶、玉、翠都是美玉啊。徐杰舜，"舜"就是得了天下最好的玉而做了王。你掌控了玉资源就掌控了权力啊！

徐： 我们那边舜是草。今天知道了，舜原来还和玉有关系啊。今天就到这里吧，题目就叫"玉教伦理与华夏文明"。感谢你接受我的采访。

本文原载《民族论坛》2014年第11期

（张自永整理，唐启翠修订）

探源中华文明　重讲中国故事

——杨骊　魏宏欢对叶舒宪教授访谈录

杨骊、魏宏欢：叶老师，您好！非常感谢您接受我们的访谈。您的《图说中华文明发生史》新近出版，中国"夏商周断代工程"首席专家李学勤教授在该书的序言中向读者推荐，指出这是一本力图"突破文字小传统的成见束缚的书，对神秘的大传统之门进行了勇敢的叩问"。中国社科院考古研究所王仁湘研究员也认为您的研究是开创性的。两位在历史和考古学方面的资深专家对这本书的推荐绝非溢美之词，可见这本书非同一般的学术价值，我们今天的访谈就从这本书研究的问题"中华文明的发生"开始说起吧。

4月6号，在北京刚刚举办了"早期文明的对话：世界主要文明起源中心的比较"国际学术研讨会，国内外的考古文博界专家济济一堂，共同探讨文明起源的问题。不难看出，文明的起源是目前全世界人文研究的焦点问题之一。在我国，从夏鼐、苏秉琦到严文明、李学勤，都在中国文明探源方面下了很多功夫。在这次研讨会上，北京大学考古文博学院李伯谦教授对考古学界的中国早期文明研究进行了归纳：目前中国文明起源与早期文明的研究成果是经过80多年来几代考古学人的不懈探索得来的，基本可以勾勒出中国文明演进的发展脉络和模式。1.中国古代文明演进历程经历了古国—方国—帝国三个阶段；2.中国古代文明演进的模式是：突出神权模式、突出君权王权模式；3.中国文明演进的特征是：虽然"多元"但趋"一体"，文化谱系绵延不绝，最终形成核心统一的信仰系统、文化价值和制度规范。这可以说是对中国近一个世纪以来的文明探源成果的高度总结。不过，在一般人看来，文明探源这样的问题，主要是历史学界和考古学界的学者在研究，而您以一位文学人类学学者的身份走进文明探源的研究，那么，您的研究跟考古学界的研究路径有什么不同呢？

叶舒宪：我们是学中文专业出身，但不能被文学这个现代的单一学科所局限。作为交叉学科的文学人类学研究，目前的攻关课题主要关注文明探源问题，但它更是一种全新的文化观、知识观。按照乐黛云老师的话来说，它才刚刚出来还没有定型，它是一项"on going"的研究。但它的研究方向已经很明确了："老版"研究路径难以为继，需要要有"新版"的研究路径。

杨骊、魏宏欢：您能否解释一下，这个"老版"和"新版"的研究路径，两者之间的差别何在呢？

叶舒宪：简单地说，"老版"的研究路径是单一学科，缺乏整体性，缺乏人类学视野的研究；"新版"的研究是跨学科或者破学科的，用人类学的整体性视野来进行大文化观照的一种研究。

杨骊、魏宏欢：我们记得2011年在上海举行的中国比较文学第十届学术年会上，"人类学转向"成了那一届年会的热点话题之一。不过，当时的讨论更多地集中在文学领域的研究，而不是史学领域的研究。

叶舒宪：不能孤立地去看文学和史学。文学和史学是现代西方学科分制下的产物，中国的传统学问是文史不分家的。

杨骊、魏宏欢：说到学科分制，我们想起了20世纪美国社会科学家华勒斯坦编著的《否思社会科学》（*Unthinking Social Science*）和《开放社会科学》（*Open the Social Science*）①两本书，分别对19世纪的社会科学范式和1850年到1945年的现代学科制度进行了否思（unthinking）。他指出，现代社会科学范式和学科制度造成现代知识体系的诸多偏狭。当代文化研究已经突破了社会科学与人文科学的界限，而新的自然科学方法的出现突破了社会科学与自然科学的界限，这就意味着，自然科学与社会科学的区分界线也不是绝对的，需要建构"整体性科学"。我能否理解为：在现代学科分制下以单一学科视角进行人文研究类似于盲人摸象？

---

① 参看［美］伊曼纽尔·沃勒斯坦：《否思社会科学——19世纪范式的局限》，刘琦岩、叶萌芽译，生活·读书·新知三联书店，2008年；《开放社会科学：重建社会科学报告书》，刘锋译，生活·读书·新知三联书店，1997年。

叶舒宪：2012年在重庆的文学人类学年会上，我们提出"重估大传统"，当时很多人还不明白其中的意义，几年后你会发现这其实是知识结构的升级，并且这种升级不是一个人或一个学科知识的升级，而是文史哲整个体系都向这个方向升级换代。这就是我们说的人文学科的"人类学转向"。

从这个角度上来说，它的意义就跟爱因斯坦的相对论出现是一样的——尽管牛顿的物理学很伟大，但相对论一出来，"老版"就必须要升级了，否则，它就跟不上今天知识的发展程度。举例来说，以前的研究者再卓越，像王国维、郭沫若，但他们没有看见过2012年石峁遗址发掘出来的巨大城池和玉器文物，那么他们对华夏源流的理解肯定会受到眼界的限制。

杨骊、魏宏欢：对，王国维从罗振玉的"大云书库"接触到大量的甲骨和钟鼎彝器，由此受到启发提出了二重证据法，这在当时已经是了不起的学术开拓了。不过，王国维走的还是传统金石学的路径，如果他能够看到现代考古学发掘出来的那么多东西，有了考古学的知识视野，肯定会有更多的创新想法。您在《图说中华文明发生史》中指出，要用四重证据法重新认识中华文明。对于您的研究，甚至对于文学人类学研究，多重证据法都是一个非常重要的方法论。您能详细讲一下么？

叶舒宪：20世纪20年代，王国维在《古史新证》里提出了二重证据法，用地上的传世文献和地下文献（甲骨文、金文、竹简帛书等）互证的方式来研究古史，开拓了古史研究的新篇章。其后，郭沫若、郑振铎、闻一多、顾颉刚、徐中舒、孙作云等学人借鉴民俗学、神话学、人类学的理论和方法研究古史与文学问题，成为"三重证据法"的早期实验。20世纪90年代，我明确论证"三重证据法"的研究范式，第三重证据包括民间口传类和民族学考察的活态文化材料。新世纪初，我将考古实物、传世文物及图像命名为"第四重证据"，倡导采用多重证据来立体释古。由三重证据法到四重证据法的发展演变，多重证据法成为文学人类学界建构本土方法论的学术进路之一。多重证据法在逐步发展的过程中，从古史考证的方法论发展为文学—文化文本研究、神话历史研究的方法范式。

杨骊、魏宏欢：您这样一说，就能大致看出来多重证据法的优势了。对于传统的文史研究来说，以往只关注文字，不注重第三重证据和第四重证据的研究，是这样吗？

叶舒宪：四重证据法的提出和实践说明我们是以方法论创新而先行的。通过四重证据，我们看到了先于文字的文化传统，这才有了对"大小传统"概念的反弹琵琶式的重构。

杨骊、魏宏欢："大小传统"概念原本出自美国人类学家罗伯特·雷德菲尔德1956年发表的《乡民社会与文化：一位人类学家对文明之研究》。他在研究墨西哥乡民社会时，把社会空间内部的文明划分为两个不同层次的文化传统。所谓"大传统"指代表着国家与权力的，由城镇的知识阶级所掌控的书写文化传统；"小传统"则指代表乡村的，由乡民通过口传等方式传承的文化传统。① 后来这个概念被学界通用。

如果我没有记错的话，您最早是在2010年6月在凯里学院召开的第九届人类学高级论坛暨"人类学与原生态文化"② 研讨会中，在一场关于原生态问题的论战中提出这个概念的。您后来在《中国文化的大传统与小传统》③ 等文章中提出，有必要从反方向上改造雷德菲尔德的概念。您把汉字编码的书面传统视为小传统，把时间和空间上所有无文字的文化传统视为大传统。文字书写系统的有无即是大小传统的分界线。小传统倚重文字符号，就必然对无文字的大传统造成遮蔽。您对前人最具颠覆性的命题就是"大小传统"理论，那么，您今天在四川大学的讲座中提到的那些伟大的人类学家和文学理论家，像弗莱、弗雷泽，他们都还停留在文字小传统上吧？

叶舒宪：如果知识仅限于文字书写的方面，就是小传统的。我现在看文字，它既是传播媒介工具，也是一种"知识的牢笼"。我们将文字历史称作小传统，将先于文字的历史传承称作大传统。中国的成文历史如果以甲骨文叙事为开端，只有3 000多年，但是，不成文的历史以玉礼器生产和使用的兴隆洼文化为开端，延续至今却有8 000多年，8 000多年的中国玉文化史无疑是大传统。今天很多人还把大传统当成是文字的、精英的，认为下里巴人的口传的是小传统，其实不然。

举例说，读书人从学前班就开始学习认字，学习现在认为的一切知识、

---

① 参看 Redfield, Robert, *Peasant Society and Culture: An Anthropological Approach to Civilization*, Chicago: University of Chicago Press, 1956。
② 叶舒宪、郑杭生、徐新建等：《传统是什么？》，《光明日报》2010年8月9日。
③ 叶舒宪：《中国文化的大传统与小传统》，《光明日报》2012年8月30日。

真理等，通常以为离了文字就没有知识了。人类学研究最重要的特色之一在于，它是研究无文字的社会，这就引领出人类学转向以后的一种新知识观。人类学研究不同于其他研究的优势就是关注无文字文化。不管是对史前文化，还是对当代的原住民文化，人类学家都有一套研究无文字文化的方法。你把那些有文字和没有文字的资源进行整合，你的视野就会是一个完整的文化观，否则你怎么研究文明发生史？只靠文字，根本进入不了史前世界，但那恰恰是文明发生的源头。

杨骊、魏宏欢： 我个人认为，对于考古学研究来说，从业者对第三重证据相关的民族学材料关注不够。虽然苏秉琦在《文化与文明》中提出要结合历史传说和考古来研究中华文明起源，严文明也提出了"以考古学为基础，全方位研究古代文明"，不过，目前的考古学研究在很大程度上还在遵循傅斯年提倡的"证而不疏"的原则。另外，我发现很多做美术史研究的学者倒是对第四重证据关注得比较多。

叶舒宪： 这两者的研究不是一回事。美术史研究也关注第四重证据，但他们的专业迫使他们更关注图像的形象、画法、造型等，很多美术史研究不管思想的问题，也不解决思想的问题。考古学对神话思维也不重视，除了陆思贤出过一本《神话考古》，考古学界的多数人受实证主义考古学影响，认为神话是子虚乌有的事情。我们则把文化看成是一个精神物质互动的整体，在这个整体中的每个元素都会受神话思维的支配。因为没有神话的思维，就无法解释熊为什么变成熊神。

杨骊、魏宏欢： 您在今天的讲座中已经从神话思维上讲明白了人们崇拜神熊的原因。说到神话思维，我想起了您在20世纪写过一本书叫《中国神话哲学》，从神话现象中归纳出形而上哲学。但在21世纪，您更多地使用"神话中国"这个词语，"神话中国"算是"神话哲学"的升级版吗？我观察您最近的研究，似乎想在整个文明发展演变当中抽绎出一种统一的思维方式，即文明的起源过程中神话思维能够统摄一切，我这样的理解是否正确？

叶舒宪： 我最近提出的一个学术探索性的命题，叫"神话观念决定论"，还写出一篇文章叫《神话观念决定论刍议》，就是讲的这个问题。神话观念是人类独有的文化现象，没有一种生物像人类这样活在自己创造的神话观念世界里。史前文化现象背后弥漫着这样那样的神话观念，[①]这有待于今天的学者去一一辨析。这意味着当你没找到信仰的内容时，你解读不了它。

杨骊、魏宏欢：那是否可以这样认为，神话思维是人类文明最初的思维方式，同时也是信仰生成机制？

叶舒宪：首先是要信神，如果神都没有哪来的神话，所以神话的前提是信仰。进行纯文学研究的学者就不会往那个方向思考了，一般只做文本、人物、形象、语言等方面的研究，但不进入思维方式的深层分析，就触摸不到神话观及其对文化的支配作用。

杨骊、魏宏欢：对了，您还有一个学术身份是中国神话学会的会长，王倩在《探寻中国文化编码：叶舒宪的神话研究述论》[②]中对您的神话研究有一个述评：您是在原型、集体无意识的理论基础之上，结合国际上神话历史研究的成果，向前推进到了"神话中国"研究。您认可这样的述评吗？

叶舒宪："神话思维"的观点，苏珊·朗格和卡西尔也曾提出，但他们是在纯理论上进行建构，本人对"神话思维"的探讨，是把世界仅存的一个古老而未曾中断的文明，即使用象形汉字的华夏文明，作为出发点、归宿和解析诠释的案例。假如说我还有一些理论建构的兴趣，那除了借鉴西方理论以外，主要来自研究实践中看到的现象和问题，与纯理论研究不同的是它具有一定的应用性。像近年提出的大小传统论和文化的N级编码论，目的是解读文化的构成、特殊性、核心价值，以及回应它同国外研究的区别，解释中国文化的特殊性和特殊的原因所在。由此获得对本土文化的深度理解和解释；简单说来就是，人类学家吉尔茨研究的是巴厘岛一个部落的斗鸡，咱们研究的是一个古老文明的"密码"。

杨骊、魏宏欢：那能不能理解为国外原型理论的中国化呢？

叶舒宪：不只是原型理论，还包括人类学解读文化和写文化的理论。

杨骊、魏宏欢：叶老师，您的研究博古通今、打通中西，您所采用的理论资源也非常浩繁，一个晚辈后生看您的论著，首先就会被您书中那些汪洋

---

① 叶舒宪：《神话观念决定论刍议》，《百色学院学报》2014年第5期。
② 王倩：《探寻中国文化编码：叶舒宪的神话研究述论》，《中国矿业大学学报（社会科学版）》2015年第1期。

大海一般的理论所淹没。您能概括一下您采用了哪些理论的西学源头吗？

叶舒宪：所借鉴的直接来源是原型理论，原型概念来自柏拉图、荣格和弗莱的研究。另外，人类学的口传文化观念来源于反思人类学派对"写文化"方式的探讨。你把这些整合在四重证据、N级编码研究中，就可以建立起自己的理论框架，它们就变成了给你提供工具的一个部分，你可以重新建构一个不被学科本位知识观所束缚的研究体系。一个学者没有理论，没有方法，很难在学术上有大的创获和建树，立不起来。看那些成功的大师们，每个人都是自成一派，都有自己的方法。国内的一般学人是把人家的理论拿来套用，用好都不容易。然而，你用到最后就要融会贯通，要发展自己的理论。文学人类学的理论要尝试发展一种面向未来青年人探索的敞开的文化文本理论，要让它易学易记，而且具有可操作性，不想搞成玄虚或空疏、不实用的东西。

杨骊、魏宏欢：不过，我也有跟王倩论文中相同的疑问，"中国"这个概念在神话时代是不存在的，"神话中国"这个提法是否欠妥呢？

叶舒宪：这就对了！神话要比中国早得多。玉教信仰都有8 000多年了，8 000多年前有中国吗？没有。这就等于找到了一个催生国家和文明的根源性要素，找到了中国文化多元一体的承载物。玉就是华夏文明孕育和起源时期被神圣化的原型物质，现在看来没有玉教就没有中国，所以我叫"玉文化先统一中国"。[①]为什么汉武帝要通西域？你看《史记》的叙事：为什么要等到西汉使者在新疆于阗地区采来和田玉，汉武帝才亲自查验古书给昆仑山命名？从玉教信仰的角度去看，一切都明白了。所以，文史哲要打通，神话不能只属于文学专业，这也是为什么我们要探讨"神话中国"，而不是局限于"中国神话"。"中国神话"就是西学东渐以来纯文学研究的旧提法。

杨骊、魏宏欢：叶老师，您近期的研究在玉石信仰方面特别用力，您本人也是学术圈子里人尽皆知的"玉痴"，能介绍一下您是怎样开始这一段学术历程的吗？

叶舒宪：简单地说，就是因为看到比文字记载更早的神话对象在史前玉器那里。如今我们知道，辽宁建平牛河梁的红山文化女神像被发掘，那女神

---

① 叶舒宪：《玉文化先统一中国说：石峁玉器新发现及其文明史意义》，《民族艺术》2013年第4期。

的眼珠是用玉石镶嵌的。经研究它有 5 000 年以上的历史，那么作为研究神话的学者应当如何面对它？问题就从这里开始了，那时根本没有文字，但它是不是神、神话、信仰，一看那女神像的造型就都明白了。那么，新的思考就被新的研究对象所打开：古人为什么用这个物质来象征神明？玉石之物是载体，其本身是神圣化的。它是如何被神圣化的？为什么非洲人不把玉石视作神，华夏先民把玉石视为神的原因是什么？如果要解释，怎么解释？我们的研究都是跟着研究对象自然而然得出结果的，你必须解释它。"玉帛为二精"是华夏的文献小传统中所遗留的大传统的信仰之信息，光这一句话的解释就可以写 10 本书。"精"是什么，古人的用字意义需要还原到先秦的信仰语境中才能得到合理的解释，一个"精"字已经凸显出华夏宗教史溯源研究的特色概念。为什么庄子把"精"和"神"两个近义词组合成"精神"这个新词？

杨骊、魏宏欢：20世纪考古学界的任式楠、牟永抗等人都提出过，在文明探源中加强对玉文化的研究。关于玉石的信仰问题，杨伯达先生写过《巫玉之光》，还出了续集。不过，您自从2010年的《玉教与儒道思想的神话根源》一文中开始提出"玉教"一词以来，[①]这个说法引起了学界越来越多的关注和争议。

叶舒宪：考古界人士都知道玉文化研究，但是他们的职业研究对象可以不涉及理论问题。我认为这个问题是研究华夏文明起源最重要的一个入口和路径，但是，你不把它当作信仰而只是当作文物、工艺技术或者美术对象，就没有文化整体上的解释力。换句话说，如果不用神话观念决定论来剖析玉石对中国人精神世界的影响，就很难窥见文明发生史的精神源头。

文学专业习惯的研究对象是作家作品，我是把华夏人留到今天的文明当作一件伟大的作品，我要解释它的来龙去脉。玉教是不是宗教？根据红山文化到大汶口文化、良渚文化和凌家滩文化，所有那些史前文化跨地域传播的现象，我们重构玉教的意义在于为此类文化传播现象寻找它的信仰之根。玉为什么成为中国人的国宝？可以参看《国语》中的故事。有一天，楚王问为

---

① 叶舒宪：《玉教与儒道思想的神话根源——探寻中国文明发生期的"国教"》，《民族艺术》2010年第3期。

什么国家的祭祀礼仪要牺牲人间珍贵的东西来奉献神灵呢？有一位叫观射父的人（相当于楚国的"翰林院院长"）对楚王说："一纯二精。""一纯"，就是祭神者内心要纯洁而专一。"二精"是什么？玉帛为二精！这一句是对玉教信仰的画龙点睛一般的解答。华夏神话，从女娲炼五色石（即玉石）补苍天，到《红楼梦》写玉，题名为《石头记》，这些都在玉石信仰这个文化大传统的观念统摄之下。巫是原始宗教，神玉也是原始宗教。但是，玉石文化是比现在知道的儒道佛等宗教更早的原初的国教，或者说它是华夏信仰的原型，这样就找出失落已久的一个根了。

杨骊、魏宏欢： 如果说玉石信仰是宗教，那么玉石是信仰的承载物，它背后信仰的内容有没有一个教义？

叶舒宪： 每一种玉器背后都有专门的教义。史前用得最多的是钺、璧、琮、璋、璜，每一个器形背后都有它的教义，玉器所代表的就是其教义和支撑的神话，古人知道它的含义和用途。曾经有过玉柄型器、勾云佩等，虽然其名目后来都失传了，但并不代表它们不存在，这需要靠我们今天的研究去尽量还原。目前已经写出发表的有玉玦、玉璜、玉璧和玉柄型器的研究，还有汉代玉组佩的图像叙事研究。当有人向你提问，什么是玉教？你去看每一篇的专题研究都在探讨其具体的教义。先民做事一定有idea（理念）支配，关键是没有人去找它背后的idea（理念），如果找到了一定是神话思维的。张光直写过一篇研究玉琮的长文，他的理论核心是贯通天地的法器说。不过，玉琮出现比较晚，是从良渚文化开始，大概有5 000年历史。玉玦是最早的，有8 000多年历史；玉璧、玉璜都是7 000多年的历史。我就按照这个顺序，研究每一种教义的产生。特别是玉璜，它太形象了，它就是一个玉制的天桥，是先民的升天神话观的产物。

杨骊、魏宏欢： 在学术界，很早就有人提出了"玉器时代""玉器之路"。哈佛大学人类学系主任张光直先生在《中国青铜时代》中就曾反对西方考古学的三时期说（即石器时代、铜器时代、铁器时代），认为中国文化发展历程还有一个独特的玉器时代。杨伯达则在1989年提出"玉石之路"的猜想，根据丝绸之路和出土玉器勾勒出新疆和田到安阳的玉石之路。不过，在您的大力推动下，2013年6月，在陕西省榆林市召开的第一届中国玉石之路与玉兵文化研讨会上，在研讨玉石之路的同时，对炙手可热的"丝绸之路"提出了本土立场的反思。其宗旨是，在鸦片战争背景下西方探险家来华提出的丝路命名，反映的是西方立场和西方话语。在文化大国崛起和文化自觉呼声日渐高涨的今天，是不是要考虑中国本土话语对这条文化通道的再命名与再诠释呢？那次会议还实现了考古学与文学人类学的第一次跨学科对话。① 那么，关于玉石之路的后续研究开展得怎样了呢？

叶舒宪：目前，玉石之路申遗调研受到各地政府和媒体的关注，因为这和"一带一路"国家战略相关，形成热点问题。央视百集电视片"中国通史"等节目采纳了本调研成果。甘肃人民出版社推出7卷本玉帛之路丛书。甘肃武威电视台拍摄了4集电视片《玉帛之路》。我们正在建议中国文联协调整合各协会力量，全方位介入，以科学研究的知识创新为素材，发挥影视、摄影、戏剧、美术、民间文学等多方优势，培育讲好"中国故事"的精品力作。等条件成熟的时候，还要举办中国玉石之路展览，创建中国玉石之路博物馆，让这一条举世罕见的文化大通道成为国家民族记忆中的重要遗产，形成国家文化品牌，推动中国文化的特有观念走向世界。

2015年调研计划的重点为玉石之路草原道，主要是新疆、甘肃至宁夏、内蒙古的草原之路。依托国家社科基金重大招标项目"中国文学人类学理论与方法研究"，联合内蒙古社科院等组建考察团，计划行程3 500公里，约10个县，撰写调研报告和报告文学，讲出知识创新版的"中国故事"。②

杨骊、魏宏欢：2010年4月，*America: The Story of Us*（译为《美国：我们的故事》）在美国的历史频道首映后引起轰动，也引起了中国学者对如何讲我们中国故事的反思。其实，据我个人的观察，中国学界从古史辨运动以来直到现在，都有一种内在的焦虑，就是要寻求中国文明的合法性。中国学界从信古到疑古，经历了古史辨运动的疑古之后，又走向释古时代。近20年来，国家启动了声势浩大的"九五计划"夏商周断代工程和"十五计划"文明探源工程，然而，夏朝至今在国际学界都不被承认。目前，随着中国国力日益强盛，我能感觉到学者们有一种喷薄欲出的学术激情和重讲中国故事

---

① 杨骊：《石峁遗址的发现与中华文明探源的进路——关于中国玉石之路与玉兵文化研讨会的再思考》，《中国比较文学》2014年第3期。

② 叶舒宪、曹保明等：《配合"一路一带"建设，重讲中国故事——关于玉石之路申报世界文化遗产的前期调研》，《中国艺术报》2015年1月30日。

的文化自觉，您怎么看这个问题？

叶舒宪：中国人有民族情感，认为中国的历史不仅有夏商周，还有伏羲、盘古，但是这些没有证据。如果国际承认中国的历史从商朝文明开始，那么中国的历史就只有3 000多年。我们现在做的研究是什么？它是否叫夏朝研究不重要。我们还要通过研究去发现比夏朝更早的时代，那时候有没有国家？有没有城墙？有没有玉？……如果这一切被呈现出来，我们就有了实证。[①] 至于是否称作"夏"，那只是命名的问题。可以明确的是，文明起源比商朝早1 000年。当这样的探索深入下去，升级版的知识就会出来了。商之前的文明是不是叫夏不重要，重要的是我们要去揭示这一文明与更早的文明发生的渊源和脉络。

比如我今天讲座里说到那26个汉字的原型研究，是要把每一个字的原型都落实到实物上。也就是说，字是一个能指，真正的原型都在没有文字时代的实物之中。找到每一个字背后的实物，就找到了造字的原型，物就是这个字的所指，它是几千年的历史就是几千年的历史。比如说，稷就是小米，你没有见过小米的样子，你就不知道它的原型是什么。以前，我们认为中国的原型在汉字里，它已经是经典，就得找到典故的出处。与大传统相比，文字还是一套新兴的符号。以前的知识人，并没有意识到比文字更古老的文化符号是哪些。这个知识是孔子、司马迁、章学诚和王国维那些时代都做不到的，因为那时候没有考古发掘的新知识，更不成系统。今天，我们之所以可以重讲和必须重讲中国故事，是因为今天如此丰富的考古发现。

杨骊、魏宏欢：您最初提倡神话哲学、原型批评，后来提出了三重证据法、四重证据法，现在又提出大小传统、N级编码、玉石神话信仰等，有的学者就对您产生了一种误解，认为您在不断地否定自己。

叶舒宪：与时俱进必须勇于超越。这是否定自己还是递进的阶梯呢？一种理论的形成有其自身的发展演变过程。你刚才说到的这些命题并不一定相互冲突，而是在一条逻辑链条上。因为要找文学原型，提出三重证据法和四重证据法，通过它们确认原型不在文字里，而在实物。这一切都来自研究的实践。没有研究的需要就没有多重证据的想法，也就没有大小传统的再划

---

① 叶舒宪：《从汉字"国"的造字原型看华夏国家起源》，《百色学院学报》2014年第3期。

分。因此，一切超越都是在一条逻辑链上，看似变化多端，实际是环环相扣的。

杨骊、魏宏欢：叶老师，说句心里话，我们看您新出版的《图说中华文明发生史》特别震撼。因为书中从全国到世界各地的博物馆图片都有，而这些大多数都是您亲自拍摄的，从中可以看出您治学的功夫和付出的巨大努力，真是让我们这些晚辈汗颜啊！

叶舒宪：这本书确实费了很多工夫，因为是全彩图版，对美编的要求很高。一幅图处理不好又得去重弄，交稿时是2011年，结果折腾了4年多才问世。光是黄河那张俯视图，就得专门坐飞机去拍。封底一上一下的汉画像石拓片图，美编以为都是配图，放哪里都一样，但我要把中央的熊神一上一下严格对应起来，这样东、西、南、北的方位让人一看就明白了。我说我用的不是一般意义上插图，这里的图像就是提供论证的证据。美编也没接触过这样的研究，就得不断沟通，反复沟通。直到今天这样子。

杨骊、魏宏欢：对。彩图本确实很生动，而且语言深入浅出，一般的受众应该都能够读懂的，这对于大众不啻是一顿丰盛的文化大餐。

叶舒宪：我觉得普及版还不够生动，还应该把那些引经据典的、文言文的、生僻的再去掉5万字，厚还是那么厚，但要把那些文字再压缩，变成更通俗的；字还要少，图还要更精美。在读图时代，图像叙事比文字叙事的表现力强大许多。不用说那么多话语，要相信读者都是有感悟力和鉴赏力的。

杨骊、魏宏欢：不过，我倒是更期待您的另一种重讲中国故事的方式。我在您那篇《我的石头记》里，看见您用玉石神话大传统梳理出中国8 000多年编年史体系表，从8 000多年前的珥蛇珥玉、7 000多年前的虹龙神话一直讲到距今2 000多年的秦始皇和氏璧和传国玉玺，用玉石神话的方式对中国文化史进行重写，时间跨度长达8 000年之久，①感觉特别激动人心。

叶舒宪：原著是70余万字的学术版，下个月就要出版，题为《中华文明探源的神话学研究》。现在出版这本《图说中华文明发生史》是简编的普及性彩图版。如果研究性的读者看了此书不满足，可再去看后面那本70余万字的书。

---

① 叶舒宪：《我的"石头"记》，《民族艺术》2012年第3期。

杨骊、魏宏欢：听您这么一说，真是盼望先睹为快了！祝愿《中华文明的探源神话学研究》早日出版。祝愿您的学术探索更上一层楼。谢谢您接受我们的访谈。

本文原载《四川戏剧》2015年第6期

（文字略有改动）

主要参考文献

Barker, Graeme, *The Agricultural Revolution in Prehistory*, New York: Oxford University Press, 2006.

Bayley, Harold, *The Lost Language of Symbolism*, New York: A Citadel Press Book, 1990.

Bellwood, Peter, *First Farmers: The Origins of Agricultural Societies*, Malden (MA): Blackwell, 2005.

Bhattacharyya, Haridas, ed., *The Cultural Heritage of India*, Vol. Ⅲ, Calcutta: Institute of Culture, 1953.

Bradley, Richard, *Image and Audience: Rethinking Prehistoric Art*, New York: Oxford University Press, 2009.

Burkert , Walter, *Babylon, Memphis, Persepolis: Eastern Contexts of Greek Culture*, Cambridge, Mass: Harvard University Press, 2004.

Campbell, Joseph, *The Masks of God: Primitive Mythology*, New York: the Viking Press, 1959.

Cauvin, Jàcques, *The Birth of the Gods and the Origins of Agriculture*, Trans., Trevor Watkins. Cambridge: Cambridge University Press, 2000.

Day, John V., *Indo-European Origins: The Anthropological Evidence*, Washington D. C. : The Institute for the Study of Man, 2001.

Donadoni, Sergio, et al., *Egypt From Myth to Egyptology*, Fabbri Editori, 1990.

Eliade, Mircea, *Myths, Dreams and Mysteries: The Encounter between Contemporary Faiths and Archaic Realities*, Trans., Philip Mairet. New York: Harper, 1960.

Eliade, Mircea, *The Sacred and the Profane*, New York: Harper and Row, 1959.

Eliade, Mircea, *Myth and Reality*, New York: Harper and Row, 1963.

Eliade, Mircea, *Patterns in Comparative Religion*, New York: Sheed and Ward, 1958.

Eliade, Mircea, *The Forge and the Crucible*, Trans., Stephen Corrin, Chicago and London: The University of Chicago Press, 1962.

Frankfort, Henri, et al., *Before Philosophy: The Intellectual Adventure of Ancient Man*, Harmondsworth: Penguin, 1949.

Gimbutas, Marija, *The Living Goddesses*, Berkeley: University of California Press, 1999.

Golan, Ariel, *Prehistoric Religion — Mythology, Symbolism*, Jerusalem: Jerusalem Press, 2003.

Hodder, Ian, *Religion in the Emergence of Civilization: Catalhöyük as Cace Study*, New York: Cambridge University Press, 2010.

Hodder, Ian, ed., *Changing Materialities at Catal Hoyuk*, Baker and Taylor Books, 2005.

Kohl, Philip L., *The Making of Bronze Age Eurasia*, Cambridge: Cambridge University Press, 2007.

Kramer, S. N., *Sumerian Mythology*, Philadelphia: The America Philosophical Society, 1944.

Kunz, George Frederick, *The Magic of Jewels and Charms*, New York: Dover, 1997.

Loewe, Michael, and Ediward L. Shaughnessy, ed., *The Cambridge History of Ancient China, From the Origin of Civilization to 221B. C.*, Cambridge: Cambridge University Press, 1999.

Lincoln, Bruce, *Theorizing Myth: Narrative, Ideology, and Scholarship*, Chicago: University of Chicago Press, 1999.

Mithen, Steven, *After the Ice — A Global Human History 20000–5000 B. C.*, Boston: Harvard University Press, 2006.

Nilsson, Martin P., (Martin Persson), *The Mycenaean Origin of Greek Mythology*, Berkeley: University of California Press, 1972.

Price, Neil, S., ed., *The Archeology of Shamanism*, London and New York: Routledge, 2001.

Redfield, Robert, *Peasant Society and Culture: An Anthropological Approach to Civilization*, Chicago: The University of Chicago Press, 1956.

Renfrew, Colin, and Iain Morley, *Image and Imagination: A Global Prehistory of Figurative Representation*, McDonald Institute of Archeological Research, University of Cambridge, 2007.

Rudgley, Richard, *The Lost Civilizations of the Stone Age*, London: The Free Press, 1999.

Scarre, Chris, ed., *The Human Past*, London: Thames and Hudson, 2009.

Torrance, Robert M., *The Spiritual Quest, Transcendence in Myth, Religion, and Science*, London: University of California Press, 1994.

Tripkovivc, Boban, "The Qaulity and Value in Neolithic Europe: An Alternative View on Obsidian Artifacts", in Tsoni Tsonev and Emmanuela Montagnari Kokelj, eds., *The Humanized Mineral World: Towards Social and Symbolic Evaluation of Prehistoric Technologies in South Eastern Europe*, Liege-Sofia, 2003.

Tsonev, Tsoni, and Emmanuela Montagnari Kokelj, eds., *The Humanized Mineral World: Towards Social and Symbolic Evaluation of Prehistoric Technologies in South Eastern Europe*, Liege-Sofia, 2003.

Williamson, Ray A., *Living the Sky: The Cosmos of the American Indian*, Boston: Houghton Mifflin Company, 1984.

Woodford, Susan, *Images of Myths in Classical Antiquity*, Cambridge: Cambridge University Press, 2003.

〔俄〕E. M. 梅列金斯基：《英雄史诗的起源》，王亚民等译，商务印书馆，2007 年。

〔法〕爱弥尔·涂尔干：《宗教生活的基本形式》，渠东等译，上海人民出版社，1999 年。

〔加拿大〕布鲁斯·特里格：《考古学思想史》，陈淳译，中国人民大学出版社，2010 年。

〔加拿大〕布鲁斯·崔格尔：《理解早期文明——比较研究》，徐坚译，北京大学出版社，2014 年。

〔美〕艾瑟·哈婷：《月亮神话——女性的神话》，蒙子等译，上海文艺出版社，1992 年。

〔美〕菲利普·费尔南德兹-阿迈斯托：《世界：一部历史》，叶建军等译，北京大学出版社，2010 年。

〔美〕B. M. 费根：《地球上的人们——世界史前史导论》，云南民族学院历史系民族学教研室译，文物出版社，1991 年。

〔美〕马丽加·金芭塔丝：《活着的女神》，叶舒宪等译，广西师范大学出版社，2008 年。

〔美〕萨缪尔·诺亚·克拉莫尔：《苏美尔神话》，金立江等译，陕西师范大学出版总社，2013 年。

〔美〕刘莉：《中国新石器时代：迈向早期国家之路》，陈星灿等译，文物出版社，2007 年。

〔美〕刘易斯·芒福德：《技术与文明》，陈允明等译，中国建筑工业出版社，2009 年。

〔美〕马克·基诺耶：《走近古印度城》，张春旭译，浙江人民出版社，2000 年。

〔美〕马歇尔·萨林斯：《历史之岛》，蓝达居等译，上海人民出版社，2003 年。

〔美〕保罗·麦克金德里克：《会说话的希腊石头》，晏绍祥译，浙江人民出版社，2000 年。

〔美〕尼可拉斯·戴维德等：《民族考古学实践》，郭立新等译，岳麓书社，2009 年。

〔美〕马歇尔·萨林斯：《石器时代经济学》，张经纬等译，生活·读书·新知三联书店，2009 年。

〔美〕米尔恰·伊利亚德：《神圣的存在：比较宗教的范型》，晏可佳等译，广西师范大学出版社，2009 年。

〔美〕张光直：《商代文明》，毛小雨译，北京工艺美术出版社，1999 年。

〔美〕张光直：《中国青铜时代》，生活·读书·新知三联书店，1999 年。

〔美〕张光直：《中国青铜时代》二集，生活·读书·新知三联书店，1990 年。

〔美〕路易斯·宾福德：《追寻人类的过去：解释考古材料》，陈胜前译，生活·读书·新知三联书店，2009 年。

〔美〕威廉·A. 哈维兰：《当代人类学》，王铭铭等译，上海人民出版社，1987 年。

［美］拉尔夫·科恩编：《文学理论的未来》，程锡麟等译，中国社会科学出版社，1993年。

［日］白川静：《金文的世界——殷周社会史》，温天河、蔡哲茂译，（台北）联经出版事业公司，1989年。

［日］百田弥荣子：《中国传承曼荼罗——中国神话传说的世界》，范禹译，民族出版社，2005年。

［日］吉田敦颜：《日本神话的考古学》，唐卉、况铭译，陕西师范大学出版总社，2013年。

［日］林巳奈夫：《中国古玉研究》，杨美莉译，（台北）艺术图书公司，1997年。

［日］山崎正和：《世界文明史——舞蹈与神话》，方明生等译，上海译文出版社，2014年。

［日］上野有竹：《有竹斋藏古玉谱》，罗振玉序，那志良等译，（台北）中华书局，1971年。

［日］伊藤道治：《中国古代王朝的形成》，江蓝生译，社会科学文献出版社，2002年。

［以色列］吉迪：《中国北方边疆地区的史前社会》，余静译，中国社会科学出版社，2012年。

［意］马利亚苏塞·达瓦马尼：《宗教现象学》，高秉江译，人民出版社，2006年。

［英］艾兰：《龟之谜》，汪涛译，四川人民出版社，1992年。

［英］彼得·伯克：《图像证史》，杨豫译，北京大学出版社，2008年。

［英］戈登·柴尔德：《考古学导论》，安志敏等译，上海三联书店，2008年。

［英］戈登·柴尔德：《欧洲文明的曙光》，陈淳等译，上海三联书店，2008年。

［英］戈登·柴尔德：《历史发生了什么》，李宁利译，上海三联书店，2008年。

［英］罗伯特·比尔：《藏传佛教象征符号与器物图解》，向红笳译，中国藏学出版社，2007年。

［英］塞顿·劳埃德：《美索不达米亚考古》，杨建华译，文物出版社，1990年。

［英］伊恩·霍德等：《阅读过去》，徐坚译，岳麓书社，2005年。

安徽省文物考古研究所编：《凌家滩——田野考古发掘报告之一》，文物出版社，2006年。

安徽省文物考古研究所等：《蚌埠双墩——新石器时代遗址发掘报告》，科学出版社，2008年。

巴莫阿伊：《彝族祖灵信仰研究》，四川民族出版社，1994年。

北京艺术博物馆编：《时空穿越——红山文化出土玉器精品展》，北京美术摄影出版社，2012年。

常素霞：《中国玉器发展史》，科学出版社，2009年。

陈梦家：《殷墟卜辞综述》，中华书局，1988年。

陈志达：《商代玉石文字概说》，安志敏先生纪念文集编委会编：《考古一生：安志敏先生纪念文集》，文物出版社，2011年。

程万里：《汉画四神图像》，东南大学出版社，2012年。

赤峰学院红山文化国际研究中心编：《红山文化研究——2004年红山文化国际学术研讨会论文集》，文物出版社，2006年。

代云红：《中国文学人类学基本问题研究》，云南大学出版社，2012年。

德清县博物馆编：《德清博物馆文物珍藏》，西泠印社出版社，2010年。

邓聪主编：《东亚玉器》，香港中文大学中国考古艺术研究中心，1998年。

邓淑苹：《古玉新诠》，台北故宫博物院，2011年。

邓淑苹：《新石器时代玉器图录》，台北故宫博物院，1992年。

丁福保：《历代古钱图说》（影印版），陕西旅游出版社，1990年。

丁山：《中国古代宗教与神话考》，上海文艺出版社，1988年。

杜而未：《昆仑文化与不死观念》，（台北）学生书局，1985年。

杜金鹏、许宏主编：《二里头遗址与二里头文化研究》，科学出版社，2006年。

段玉裁：《说文解字注》，上海古籍出版社，1981年。

梵人等：《玉石之路》，中国文联出版社，2004年。

方诗铭等：《古本竹书纪年辑证》，上海古籍出版社，2005年。

方艳：《穆天子传的文化阐释》，中国文联出版社，2015年。

房玄龄注：《管子》，《二十二子》（影印浙江书局本），上海古籍出版社，1986年。

费孝通主编：《玉魂国魄——中国古代玉器与传统文化学术讨论会文集》，北京燕山出版社，2002年。

费振刚等编：《全汉赋》，北京大学出版社，1993年。

冯骥才主编：《中国木版年画集成·内丘神码卷》，中华书局，2009年。

冯时：《中国天文考古学》，社会科学文献出版社，2001年。

冯玉雷：《玉华帛彩》，甘肃人民出版社，2015年。

傅斯年著，岳玉玺等编：《傅斯年选集》，天津人民出版社，1996年。

傅斯年：《民族与古代中国史》，河北教育出版社，2005年。

葛洪著，杨明照校笺：《抱朴子外篇校笺》，中华书局，1991年。

叶舒宪、古方主编：《玉成中国：玉石之路与玉兵文化探源》，中华书局，2015年。

古方主编：《中国出土玉器全集》，科学出版社，2005年。

古文字诂林编委会编：《古文字诂林》，上海教育出版社，1999年。

顾颉刚、刘起钎：《尚书校释译论》，中华书局，2005年。

顾颉刚：《顾颉刚读书笔记》十卷本，（台北）联经出版事业公司，1990年。

顾颉刚：《秦汉的方士与儒生》，上海古籍出版社，1998年。

顾颉刚主编：《古史辨》七卷本，上海古籍出版社，1982年。

郭璞注：《穆天子传》丛书集成初编本，商务印书馆，1937年。

郭庆藩：《庄子集释》，中华书局，1961年。

虢国博物馆编:《虢国墓地出土玉器》,科学出版社,2013年。

何清谷:《三辅黄图校释》,中华书局,2005年。

何星亮:《中国自然神与自然崇拜》,上海三联书店,1992年。

何耀华等主编:《中国各民族原始宗教资料丛编·白族卷》,中国社会科学出版社,1996年。

河南省文物考古研究所等:《三门峡虢国墓》,文物出版社,1999年。

贺学君、蔡大成、〔日〕樱井龙彦编:《中日学者中国神话研究论著目录总汇》,中国社会科学出版社,2012年。

黑龙江文物考古研究所:《黑龙江古代玉器》,文物出版社,2008年。

洪亮吉:《春秋左传诂》,中华书局,1987年。

胡适:《胡适作品集》,(台北)远流出版公司,1986年。

胡新立:《邹城汉画像石》,文物出版社,2008年。

湖北省文物考古研究所、北京大学考古学系等石家河考古队:《邓家湾》(天门石家河考古报告之二),文物出版社,2003年。

黄怀信:《逸周书校补注释》,三秦出版社,2006年。

黄佩贤:《汉代墓室壁画研究》,文物出版社,2008年。

黄悦:《神话叙事与集体记忆——〈淮南子〉的文化阐释》,南方日报出版社,2010年。

姜亮夫:《楚辞学论文集》,上海古籍出版社,1984年。

荆州博物馆编:《石家河文化玉器》,文物出版社,2008年。

李孝定编述:《甲骨文字集释》,台北"中研院"历史语言研究所,1965年。

李学勤:《文物中的古文明》,商务印书馆,2008年。

李永迪编:《殷墟出土器物选粹》,台北"中研院"历史语言研究所,庆祝史语所八十周年筹备会印行,2009年。

刘文典:《淮南鸿烈集解》,中华书局,1989年。

刘学堂:《青铜长歌》,甘肃人民出版社,2015年。

刘云辉:《陕西出土东周玉器》,文物出版社,(台北)众志美术出版社,2006年。

叶舒宪等编:《文化符号学——大小传统新视野》,陕西师范大学出版总社,2013年。

洛阳博物馆等编:《洛阳汉代彩画》,河南美术出版社,1986年。

骆汉城等:《玉石之路探源》,华夏出版社,2005年。

那木吉拉:《阿尔泰神话研究回眸》,民族出版社,2011年。

那志良:《中国古玉图释》,(台北)南天书局,1990年。

牛天伟、金爱秀:《汉画神灵图像考述》,河南大学出版社,2009年。

裘锡圭:《裘锡圭学术文集》,复旦大学出版社,2011年。

曲石:《中国玉器时代》,山西人民出版社,1991年。

屈万里：《尚书释义》，台北中国文化大学出版部，1980年。

阮元编：《十三经注疏》，中华书局，1980年。

上海师范大学古籍整理研究所校点：《国语》，上海古籍出版社，1988年。

司马迁：《史记》，中华书局，1982年。

宋镇豪：《商代社会生活与礼俗》，中国社会科学出版社，2010年。

孙海芳：《玉道行思》，甘肃人民出版社，2015年。

孙庆伟：《周代用玉制度研究》，上海古籍出版社，2008年。

孙诒让：《周礼正义》，中华书局，1987年。

谭佳：《断裂中的神圣重构——〈春秋〉的神话隐喻》，南方日报出版社，2010年。

谭佳：《神话与古史——中国现代学术的建构与认同》，社会科学文献出版社，2016年。

叶舒宪、谭佳：《比较神话学在中国》，社会科学文献出版社，2016年。

唐启翠：《礼制文明与神话编码——〈礼记〉的文化阐释》，南方日报出版社，2010年。

唐启翠：《玉的叙事与神话历史——〈周礼〉成书新证》，上海交通大学博士后出站报告，
    2013年。

叶舒宪、唐启翠编：《儒家神话》，南方日报出版社，2011年。

汪继培辑：《尸子》，《二十二子》本，上海古籍出版社，1986年。

王博文主编：《镇原博物馆文物精品图集》，甘肃文化出版社，2015年。

王汎森：《古史辨运动的兴起》，（台北）允晨出版公司，1987年。

王符：《潜夫论》，诸子集成本，上海书店，1988年。

王国维：《观堂集林》，中华书局，1980年。

王利器：《风俗通义校注》，中华书局，1981年。

王明：《抱朴子内篇校释》，中华书局，1985年。

王聘珍：《大戴礼记解诂》，中华书局，1983年。

王平、顾彬：《甲骨文与殷商人祭》，大象出版社，2007年。

王倩：《20世纪希腊神话研究史略》，陕西师范大学出版总社，2011年。

王倩：《神话学文明起源路径研究》，中国社会科学出版社，2015年。

王先谦：《汉书补注》，中华书局，1983年。

王先谦：《后汉书集解》，中华书局，1984年。

王先谦：《荀子集释》，诸子集成本，上海书店，1988年。

王云五主编：《云五社会科学大词典》第十册《人类学》，台湾商务印书馆，1986年。

王子今：《秦汉名物新考》，东方出版社，2016年。

萧兵：《辟邪趣谈》，上海古籍出版社，2003年。

萧兵：《龙凤龟麟——中国四大灵物探究》，华中师范大学出版社，2015年。

萧兵：《中国早期艺术的文化释读》，湖北人民出版社，2014年。

萧兵等：《〈山海经〉的文化寻踪》，湖北人民出版社，2004年。

谢崇安：《商周艺术》，巴蜀书社，1997年。

谢美英：《尔雅名物新解》，中国社会科学出版社，2015年。

邢昺：《尔雅注疏》，见阮元编：《十三经注疏》，中华书局，1980年。

邢文：《帛书周易研究》，人民出版社，1997年。

徐旭生：《中国古史的传说时代》，文物出版社，1985年。

徐中舒：《历史论文选辑》，中华书局，1998年。

阎根齐主编：《芒砀山西汉梁王墓地》，文物出版社，2001年。

杨伯达：《巫玉之光》，上海古籍出版社，2005年。

杨伯达主编：《中国玉文化玉学论丛》三编，紫禁城出版社，2005年。

杨伯达主编：《中国玉文化玉学论丛》四编，紫禁城出版社，2007年。

杨伯峻：《春秋左传注》，中华书局，2009年。

杨建芳：《长江流域玉文化》，湖北教育出版社，2006年。

杨宽：《先秦史十讲》，复旦大学出版社，2006年。

杨利慧等编：《中国神话母题索引》，陕西师范大学出版总社，2013年。

杨向奎：《宗周社会与礼乐文明》，人民出版社，1997年。

叶舒宪：《河西走廊：西部神话与华夏源流》，云南教育出版社，2008年。

叶舒宪：《金枝玉叶——比较神话学的中国视角》，复旦大学出版社，2012年。

叶舒宪：《千面女神》，上海社会科学院出版社，2004年。

叶舒宪：《熊图腾——中华祖先神话探源》，上海文艺出版社，2007年。

叶舒宪：《英雄与太阳》，上海社会科学院出版社，1991年。

叶舒宪：《原型与跨文化阐释》，暨南大学出版社，2002年。

叶舒宪：《中华文明探源的神话学研究》，社会科学文献出版社，2015年。

叶舒宪：《玉石之路踏查记》，甘肃人民出版社，2015年。

叶舒宪编：《神话-原型批评》增订版，陕西师范大学出版总社，2012年。

易华：《齐家华夏说》，甘肃人民出版社，2015年。

应劭著，吴树平校释：《风俗通义校释》，天津古籍出版社，1980年。

于建设主编：《红山玉器》，远方出版社，2004年。

于省吾：《甲骨文字释林》，中华书局，2009年。

袁珂、周明编：《中国神话资料萃编》，四川社会科学院出版社，1985年。

袁珂：《山海经校注》，上海古籍出版社，1980年。

章鸿钊：《石雅》，百花文艺出版社，2010年。

中国社会科学院考古研究所编：《安阳殷墟出土玉器》，科学出版社，2005年。

中国社会科学院考古研究所编：《二里头（1999—2006）》，文物出版社，2014年。

中国社会科学院考古研究所编：《殷墟的发现与研究》，科学出版社，1994年。

中国社会科学院考古研究所编：《殷周金文集成》修订增补本，中华书局，2007年。

中国社会科学院考古研究所编：《张家坡西周玉器》，科学出版社，2007年。

中国社会科学院考古研究所编：《中国考古学·两周卷》，中国社会科学出版社，2004年。

中国社会科学院考古研究所编：《中国考古学·新石器时代卷》，中国社会科学出版社，
　　2010年。

周原博物馆编：《周原玉器萃编》，世界图书出版公司，2008年。

朱崇先：《彝族氏族祭祖大典仪式与经书研究》，民族出版社，2010年。

朱存明：《汉画像之美》，商务印书馆，2013年。

朱谦之：《老子校释》，中华书局，1984年。

追云燕编：《儒释道诸神传奇》，（台北）满庭芳出版社，1992年。

索 引

图书在版编目(CIP)数据

玉石神话信仰与华夏精神/叶舒宪著. —上海:复旦大学出版社,2019.1(2022.6 重印)
(中国文学人类学理论与方法研究系列丛书)
ISBN 978-7-309-13659-3

Ⅰ.①玉… Ⅱ.①叶… Ⅲ.①玉石-文化-中国 Ⅳ.①TS933.21

中国版本图书馆 CIP 数据核字(2018)第 093480 号

玉石神话信仰与华夏精神
叶舒宪 著

出 品 人 严 峰
责任编辑 宋启立

复旦大学出版社有限公司出版发行
上海市国权路 579 号 邮编:200433
网址:fupnet@fudanpress.com http://www.fudanpress.com
门市零售:86-21-65102580 团体订购:86-21-65104505
出版部电话:86-21-65642845
上海盛通时代印刷有限公司

开本 787×960 1/16 印张 35 字数 526 千
2022 年 6 月第 1 版第 2 次印刷

ISBN 978-7-309-13659-3/T·624
定价:98.00 元